计 算 机 科 学 理 论 系 列 丛 书

教育部高等学校计算机类专业教学指导委员会推荐教材

计算复杂性理论

傅育熙 著

清華大学出版社
北京

内 容 简 介

本书是一本介绍计算复杂性理论的基础教材，内容包括时间复杂性、空间复杂性、NP-理论、多项式谱系、电路复杂性、随机计算及去随机、计数复杂性、交互证明系统、PCP 定理、近似计算与不可近似性。

本书的主要读者群是高年级本科生、硕士生、博士生，以及希望了解（更多）计算复杂性理论的教师和科研工作者。本书可用于以下课程：（1）面向高年级本科生、研究生的"计算复杂性理论导论"课程，内容涵盖前 3 章；（2）面向研究生的"计算复杂性理论高等议题"课程，内容涵盖后 3 章；（3）面向高年级本科生、研究生的"算法理论"课程，涵盖第 4 章、第 6 章中有关随机算法和去随机、近似算法和不可近似性的内容；（4）面向高年级本科生、研究生的"计算理论"课程，以第 1 章的内容为核心，并根据学分多少和授课对象不同做适当补充。

本书封面贴有清华大学出版社防伪标签。无标签者不得销售。

版权所有，侵权必究。举报：010-62782989，beiqinquan@tup.tsinghua.edu.cn。

图书在版编目（CIP）数据

计算复杂性理论 / 傅育熙著. —北京：清华大学出版社，2023.5（2024.5重印）
（计算机科学理论系列丛书）
ISBN 978-7-302-62798-2

Ⅰ．①计⋯ Ⅱ．①傅⋯ Ⅲ．①计算复杂性 Ⅳ．①TP301.5

中国国家版本馆 CIP 数据核字（2023）第 032172 号

责任编辑：龙启铭
封面设计：刘　键
责任校对：徐俊伟
责任印制：沈　露

出版发行：清华大学出版社
　　　　　网　　　　　址：https://www.tup.com.cn, https://www.wqxuetang.com
　　　　　地　　　　　址：北京清华大学学研大厦 A 座　　邮　　编：100084
　　　　　社　总　机：010-83470000　　　　　邮　购：010-62786544
　　　　　投稿与读者服务：010-62776969, c-service@tup.tsinghua.edu.cn
　　　　　质　量　反　馈：010-62772015, zhiliang@tup.tsinghua.edu.cn

印　装　者：三河市龙大印装有限公司
经　　　销：全国新华书店
开　　　本：200mm×230mm　　　　印　　张：24.5　　　字　　数：526 千字
版　　　次：2023 年 5 月第 1 版　　　　　　　印　　次：2024 年 5 月第 2 次印刷
定　　　价：79.00 元

产品编号：092689-01

编 委 的 话

　　全国每年有不计其数的计算机专业教学研讨会，所讨论的内容大同小异。其中的一个名为"说书论教"的研讨会吸引了众多一线教师参与。会议组织者每年邀请四位教材作者进行为期两天的研讨。报告者均为某领域的学者，活跃于国际学术界，多年来一直讲授其研究领域内的一门核心课，并用心为该门课程撰写了教材。会议组织者希望这些作者和与会教师分享授课心得，介绍教材的组织、选题和撰写过程，给出如何围绕该教材开展课堂教学的详细建议。

　　今日的计算机专业教育被迫放弃一个想法：在本科阶段让学生把该学的都学了。该学的太多了，对计算机科技工作者和从业人员而言，终身学习才是道理。在信息技术迅猛发展的今天，计算机专业负责人只负责为专业学生的终身学习计划的前四年提供引导，剩下的都是学生自己的事。基于这一认识，系主任应将计算机专业的基因培育和系统能力培养作为其首选考虑。那么，该如何为学生制定一个终身学习计划的前四年的课程体系？既然我们敢虚构一个研讨会，我们就不怕再虚构一个计算机系。校领导给这个系定名为"机算计系"，要求系主任为计算机专业的学生设计一个开放教育体系。图 1 是系主任的方案框架。系主任认为，本科教育分为三阶段。第一阶段的任务是将专业基因灌注给学生，使学生具备基本的数理、计算思维、问题求解能力；第二阶段为学生提供各类可供选择的课程模块，如系统模块、人机交互模块、计算机应用技术 2.0 模块（即大数据-人工智能模块）、信息安全模块、物联网技术模块等；第三阶段要求每位学生设计一个系统或参与一个成品的研发，并允许学生在全校范围内选听任何和项目相关的课程。系主任认为，开放系统可动态地建立和取消一个模块，也没有必要为每届学生安排同样的模块，所以能以最低的成本应对人才市场的需求变化。

　　学生首选的模块"计算机应用技术 2.0"越来越像社会科学那样大量地使用统计方法。当对事物的本质一无所知，当无法用数学时，我们只能借助于统计。但是，必须充分认识到，理论计算机科学在纵横两个方向有了极大的发展，

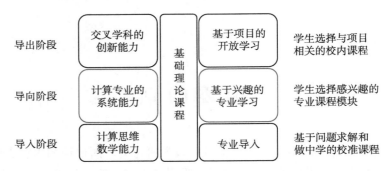

图 1   计算机专业教育的开放体系

一些计算机应用技术的重大突破源自深层次的理论结果。一个好的 211 大学的计算机专业应能在四年时间里为学生提供充足的理论课程。理论课程不一定要每年开设，可以两三年一循环，只要给每位在校生一次选听的机会即可。

无论是"说书论教"还是"机算计系"，都在呼唤好作者、好教材。教育部高等学校计算机类教学指导委员会于 2019 年 5 月启动了"计算机专业教育丛书"计划，基础理论系列丛书是该计划启动的首个项目。十余位志同道合的学者和出版社同仁走到一起，组成了编委会。他们中的好几位教授，已与出版社签订了出书合同。中国的计算机教育界期待着这套系列中的每一本早日与师生见面。正如一位编委所说的，"计算机专业教育丛书"不止是一套丛书，它是一项事业。

计算机科学基础理论系列丛书编委会，二〇二二年十二月二十六日

鸣　　谢

　　国画大师汤胜天先生为本系列的每部著作赐画一幅，吾等感激备至。"科学与艺术是一个硬币的两面，谁也离不开谁"（李政道）。

　　计算机科学基础理论系列丛书编委会，二〇二二年十二月二十六日

前　言

　　当学生时没学懂的地方，教这门课时学懂了；看书时忽略的细节，备课时注意到了；备课时自信能讲好一个定理的证明，上课时挂板了；上课时高调阐述一个得意的观点，回答学生提问时心虚了。十年后，当准备为这门课写自己的教材时，终于知道，关于这门课，知道得太少了。为写教材，花了一年多时间查阅文献，才发现，有个别地方，过去十年一直在误导学生。

　　解惑之道，是一条往返于细节与真理之间的路。这条路，教师多走几遍，学生就多获益几许。要做到在讲堂上从心所欲，教师须经历读书、教书、写书的全过程。编写本书，有几层考虑。其一，我非常想进一步提高"计算复杂性理论"这门课的课堂教学水平。2020 年秋季学期，当第十几次给高年级本科生和研究生讲授这门课时，我已没了以往的激情，这不是个好兆头。为求改变，我边讲课，边把课上所讲内容写下来。2021 年春季学期，我讲授"计算复杂性理论高等议题"这门课。我对这部分内容远不如我对秋季学期讲的那部分内容熟悉，我还是认真做了讲课笔记。之后的一年，我对这些笔记改头换面，补充了所有课上没讲的证明，增加了不少这门课以前没有涉及的内容，在结构上做了变动，直至最后，对这本书的定位也做了些许调整。在本书完稿之前，我已确信我能把这门课讲授得更好。考虑之二，中国的计算机专业教育急需一本系统介绍计算复杂性理论的中文教材。中国的计算机专业教育是全球最大的专业教育，如果它的学生还要为教材发愁，如果它的学生使用的大多数教材都是国外学者撰写的，我们有什么理由说我们的计算机专业教育是好的。出版社的编辑告诉我，百分之九十五以上的中国学生更愿意使用中文教材。我认为他们有绝对的权利要求好的中文教材，任何一本能解决中国计算机专业教育燃眉之急的教材都值得马上写。考虑之三，教育部高等学校计算机类专业教学指导委员会于 2019 年 5 月启动了"计算机专业教育丛书"系列，作为该丛书的编委会主任，我有幸与国内计算机专业领域的一些著名学者探讨过撰写中文专业教材的问题，他们中的一些接受了我的邀请，加入了撰写本丛书教材的队伍。受他们的鼓舞，我决定也写一本教材。我觉得，如果我不这样做的话，一定会被认为有点虚伪。曾经犹豫，因为国内有一批教授能写一本比这本更好的计算复杂性理论教材；不再犹豫，因为有一本将被超越的教材总比没有好。当然，还有一些其他考虑。在高校教书近三十年，能有一本自己的教材，既多了一份对所选择的终身职业的敬意，也多了一个与同行交流的话题。

本书的主要读者群是高年级本科生、硕士生、博士生，以及希望了解（更多）计算复杂性理论的教师和科技工作者。我希望这本书包含足够多的细节，学生在积极参与了课堂学习之后能通过阅读本书的相关章节完全理解有关的定义、定理、证明。我希望这本书自圆其说，读者无须参考任何其他资料就可理解本书的全部内容。这些努力是否成功得由读者裁定。

本书可作为以下课程的主参考书：

（1）面向高年级本科生、研究生的"计算复杂性理论导论"课程，内容涵盖前 3 章，可略去第 1.6 节（但要讲线性加速定理）、第 1.20 节、第 2.10 节、第 3.6 节。若对前 3 章内容做了较大删减，第 4 章的前几节内容也可被涵盖。

（2）面向研究生的"计算复杂性理论高等议题"课程，内容涵盖第 4 章（"计算复杂性理论导论"课程讲过的除外）、第 5 章、第 6 章。

（3）面向高年级本科生、研究生的"算法理论"课程，涵盖第 4 章、第 6 章中有关随机算法和去随机、近似算法和不可近似性的内容。

（4）面向高年级本科生、研究生的"计算理论"课程，以第 1 章的内容为核心，并根据学分多少和授课对象不同做适当补充。

作者在上海交通大学讲授"计算复杂性理论导论"和"计算复杂性理论高等议题"课程多年，也在其他学校讲授过"计算复杂性理论导论"课程。感谢选修这些课的学生，他们的问题总会让我去探究计算复杂性理论的更多细节。特别感谢所有的助教，他们为提高这两门课的教学质量做出了贡献。这两门课的所有电子演示文稿可供读者随意使用，无须征得作者同意。

我希望本书能让读者收获人类智慧，我也期待着收获读者的批评和建议。

傅育熙
二零二三年二月八日
上海交通大学徐汇校区

目　　录

第 1 章 计 算 理 论

计算理论要回答三个问题。第一个问题是：什么是计算？什么问题可以借助机器求解？著名的丢番图方程要求找出整系数多项式方程 $a_1 x_1^{n_1} + a_2 x_2^{n_2} + \ldots + a_k x_k^{n_k} = 0$ 的整数解。希尔伯特第十问题是：是否存在一个计算过程，判定任给的一个丢番图方程是否有整数解？数学家对什么是计算这个问题颇感兴趣。从机械化的角度看，证明过程是一个寻找满足一定数学和逻辑性质的符号串，读者在理解这个证明时，要进行一个形式化验证过程。数学家的兴趣是，证明过程在多大程度上可以机械化。二十世纪上半叶在数学基础和计算基础领域的研究最终达成了共识：计算是一个独立于任何模型的概念，所有计算模型定义的计算都是等价的。建立在这一共识基础上的可计算理论回答了第一个问题。希尔伯特第十问题最终被年青的苏联数学家马蒂雅谢维奇于 1970 年解决，他证明了该问题的答案是否定的 [158]。若一个问题可以借助于机器求解，我们总会设法让机器代替人类解决该问题，因为与人类相比，机器的优势不言而喻。所以第二个问题是：如何让机器求解一个可计算问题？一台专用设备可以解决某一类特定问题，一台冯·诺依曼体系架构的计算机可以通过预置一段程序来解决指定问题。无论是用专用计算设备还是通用计算设备解题，核心都是算法。算法理论研究的，正是如何让机器解决问题。尽管人类对算法的兴趣历史悠久，但作为一门理论，系统性的研究和理论突破发生在计算机出现之后。一个著名的例子是素数分解。这是数论中一个古老问题，直到 2004 年，人们才发现这个问题有高效算法 [7]。另一个著名的问题是图同构问题。种种迹象表明，这不是个难问题，但一直没有找到它的高效算法。巴柏在 2016 年发表了图同构问题的一个准多项式时间算法 [24]，被发现了一个错误后，巴柏在几天之后公布了一个更新。这些例子，把我们带到了第三个问题：给定一个计算问题，解决该问题需要多少资源？这些资源包括时间、空间，但最根本的资源限制是能量。围棋机器人可以完败人类选手，但在下棋过程中，前者所消耗的总能量远大于后者。信息技术的发展迫使我们思考如何制定更公平（因而

物理系统从一个状态（初始状态）到另一个状态（终止状态）的转变过程就是计算，只要初始状态是人类可预置的，则终止状态是人类可观测的。
Diophantine
Hilbert

Matiyasevich

efficient
何谓难？见第2章
Babai
quasi-polynomial
文章未见正式发表

也更环保）的游戏规则。以围棋为例，游戏规则应要求博弈双方在博弈过程中的能耗差限制在一个合理的范围。能耗限制是实实在在的。实际应用中，我们关心一个问题是否有可行算法，即它是否有一个多项式时间算法。如果一个可计算问题没有可行解，它就是一个理论上可计算但实际中不可计算的问题，我们得想其他办法。再看一个著名的问题：给定一个图，该图的一个结点覆盖是一个结点子集，图中的任何一条边都与该结点子集中的某结点关联。最小结点覆盖问题要求计算出一个图的极小的结点覆盖集。实际中，这就是探头安装问题，我们希望用最少的探头，监控到一个楼面的所有走廊。遗憾的是，探头安装问题没有可行解。计算复杂性理论研究如何根据解决问题所消耗的资源量对问题进行分类。它试图刻画一个问题的绝对复杂性，即界定解决该问题所需的最小资源，尽管在这方面计算复杂性理论不太成功。它还希望比较不同问题对资源的相对消耗量，在这方面计算复杂性理论非常成功。计算复杂性理论的核心关注就是可行计算，为了可行性，可以在一定范围内牺牲正确性、精度、完全自动化，甚至可以同时牺牲三者 [231]。

feasible algorithm

可行计算的重要性很早就在埃德蒙兹和科伯姆的文章里被强调 [52,69]。在他们之前，一位伟大的数理逻辑学家也注意到了可行计算的重要实际意义。1988 年 5 月 27 日，哥德尔在 1956 年 3 月 20 日写给病中的冯·诺依曼的一封信重见天日。信中，哥德尔本人试图绕过他的不完备定理给数学带来的桎梏。他写道："...... 容易构造一台图灵机，对每个一阶谓词公式 F 和每个自然数 n，判定是否存在一个长度是 n 的 F 的证明。设 $\psi(F, n)$ 是机器计算这个问题的步数，设 $\phi(n) = \max_F \psi(F, n)$。问题是，对一个最优化的机器而言，$\phi(n)$ 的增长速度有多快？"如果 $\phi(n)$ 的增长速度是低的，那么"只要取一个足够大的 n，当机器找不到一个证明时，继续想那个命题就没有任何意义"。的确，倘若世界上最优秀的数学家穷其一生都无法理解一个定理的叙述或该定理的证明，那又有谁会在乎那个很长的符号串呢！做过严肃数学的人都不愿意相信 $\phi(n)$ 会是一个增长速度缓慢的函数。在读完本书的第 2 章，读者会确信，哥德尔定义的这个问题是一个 NP-完全问题。所以，那台图灵机不会对数学家有什么帮助，更不会对数学家这一职业构成威胁。哥德尔不仅是第一位对计算进行形式化研究的人，也是第一位提出"**NP** 是否等于 **P**？"的人。

Edmonds
Cobham

Gödel
von Neumann
原文及英译见文献
[186]。

长度是指公式的长
度加证明的长度。

可行计算就是实际可计算这一思想贯穿于计算复杂性理论的研究。比如，当我们判断一个串是否是随机串时，我们的标准是看是否存在一个多项式时

实际可计算
= 可行计算
= 高效可计算
= 多项式时间可计算

间算法将这个串和一个真正意义上的同等长度的随机串区分开来。如果没有任何多项式时间算法能做出有意义的区分，在实际中那个串就可被当成一个随机串。基于这一标准的伪随机理论 [227] 在计算机科学中有广泛和深刻的应用。非对称密码学基于同样的标准。如果必须消耗巨大的资源（时间、能量）才能破译一段密文（比如用蛮力算法），破译者不会花五十年的时间进行破译，届时明文所说的可能早已是公开的秘密了。在区块链领域得到很好应用的零知识证明理论中，我们也是假定验证者无法在多项式时间内从交互中获取任何有用信息。另一方面，如果我们必须为某个无可行解的问题设计一个程序解决方案，那么我们只能放弃一些原则。有时我们不能要求程序在所有的输入上都给出正确的结果；有时我们不得不满足于次优解；有时我们允许程序在计算过程中停下来，让人类导航下一步计算。在一些应用领域，比如机器学习，我们会综合使用这些方法。"随机 + 交互 + 小概率错误"是计算技术这个行业流行的口号。如果读者是一位高校教师或学生，一定知道或想知道学校每学期的课程表是如何设计的。为上万名学生安排上课需考虑很多约束，例如教室、教师、同一门课两次授课之间的间隔、学生换教室过程中需步行多少时间、公共课、专业课及各类权重。排课程表问题是一类著名的 NP-完全问题（约束可满足问题）的计算版本，因此没有一款软件能确保在开学前算出一个最优的课程表。目前大多数学校教务处的做法是，用某个（运行时间为多项式的）商业软件算出一个排课预案，然后进行人工调整。这个例子只是信息社会中众多案例中的一个，实用算法的能力及其局限性定义了我们的工作模式。当数据量很大时，实用算法不仅必须是多项式时间的，它们还必须是低次多项式时间的。一个著名的例子是快速傅里叶变换 [58]，该算法基于傅里叶变换的周期性和对称性，用二分法对离散傅里叶变换进行加速，将 $O(n^2)$ 时间算法改进成了 $O(n \log n)$ 时间算法。这个指数加速对实时数字信号处理技术而言是革命性的。信息时代的年轻人已无法想象没有快速傅里叶变换算法的生活。如果计算机科学技术中有什么东西将定义人类社会一切的话，那无疑就是（低次）多项式时间算法。

文献 [103] 讨论了快速傅里叶变换的历史。

"软件定义一切"是一种没有文化的说法。

　　尽管时间是衡量一个问题是否具有可行解的主要指标，从能耗的角度看可行计算更具启发意义。当试图解决一个需要消耗高能量的问题时，我们允许算法通过交互输入一些正能量（如随机性、数据分布、对部分输入参数的限制、启发式规则、人类的判断），也允许算法输出小量的负能量（如没有结果、错误结果）。如果想降低负能量的输出，只能倍增正能量的输入。能量的观点可帮助我们认清计算复杂性理论中的一些基本概念，如什么是问题的固有复杂性。从能量的角度看，问题的固有复杂性是对解决该问题所必须消耗的能量的度量。能量的观点可以简单地排除一些听上去有点恶作剧的"高效算法"[2]。其中一个利用相对论设计的算法是这样的：教授写下了一个 NP-完全问题的大的输入实例，让他的学生将该实例录入电脑并启动解决该问题的程序。之后教授乘上宇宙飞船，以接近光速遨游太空。等教授再次踏入实验室，他的学生早已作古，而教授则看到了电脑上显示的程序运行结果。问题是，如果教授真能以接近光速遨游太空，他的宇宙飞船必须携带起码是指数量级的燃料，他是不太可能在有生之年给宇宙飞船加入那么多燃料的。

paradigm shift

技术的进步终将止步于物理极限，硬件速度的提高不可能让我们逾越多项式时间算法的制约。那么，关于可行计算，还有什么可多说的？计算力的提升让我们在很多领域进行范式转变成为可能。利用强大的计算设备，我们的低次多项式时间算法能够访问超大规模的数据库，处理超大规模的输入，这似乎又提供了无限多的可能性。通过与环境交互，多项式时间算法可以像数据科学家一样实时分析环境数据，可以不间断地进行有监督和无监督学习，可以通过模拟对手实现自我优化。未来会有越来越多被训练出来的不断演化的系统，我们甚至都不知道驱动这些系统运行的多项式时间算法是如何工作的。这一切刚开始不久，它们对计算理论和计算复杂性理论提出的挑战也才开始。

有空不妨去这里看看：ComplexityZoo

本书将只涉及经典复杂性理论那部分内容，重点讨论在各类模型中、各类场景下，"多项式时间可计算性"所对应的复杂性类，包括 **P**、**NP**、**PH**、**P**$_{/poly}$、**RP**、**BPP**、**♯P**、**IP**、**PCP**$(\log, 1)$。本书所追求的，不是介绍众多的计算复杂性类，而是试图就计算复杂性理论中的重要主题做较全面系统深入的讨论。

计算理论不仅使用这些数学分支，它还在一定程度上丰富了这些数学分支。

复杂性理论孕育了计算机科学中许多伟大的定理。要想理解这些定理，读者必须对它们的证明有透彻的理解。伟大的思想都在伟大的证明里。计算理论中的证明会用到递归论的、算术的、组合的、代数的、概率的、统计的、图论的、数论的、信息论的、博弈论的、证明论的、纠错码理论的方法，对这些方法的熟悉过程也是计算复杂性理论学习过程的一部分。

在进入主题之前，有一个决定，我们现在就得做。我们将基于哪个计算模型来展开计算复杂性理论的讨论？答案当然是：图灵机模型 [223, 224]。

1.1 图灵机

给定两个自然数 a、b，我们可以用四则运算法则计算 $a + b$。如果这两个数很大，我们需要一张纸把这两个数写下来。我们希望这张纸足够大，可以把我们计算过程中得到的中间结果记下来。如果一张纸不够用，我们希望有足够多张纸可用。写在纸上的内容是我们可以识别的，所以得有一套事先约定的符号系统，比如阿拉伯数字、算术运算符、括号等。最后，我们还得把这个加法计算的结果写在纸上。在做加法运算时，我们要用到加法运算规则，运算的不同阶段会用到不同的规则。这些规则的使用是如此地机械，使得机器都能做加法运算。图灵在二十世纪三十年代设计的一类机器将加法运算中所涉及的各个方面进行了抽象并形式化成一类计算模型 [223]。

Turing

一台 k-带图灵机（TM）$\mathbb{M}$ 有 k 条带子。第一条带子称为输入带，用来存放输入数据，输入带是只读带。其余 $k-1$ 条带子是工作带，既可以从这些工作带上读信息，也可以往这些工作带上写内容。图灵机的输出写在最后一条工作带（即第 k 条带）上。一条带子被分成了潜在无穷多个格子，每个格子内可以存放一个符号，用 $0, 1, 2, \cdots$ 标注这些格子的地址。为了对带子上的内容进行读写，每条带子有一个读写头。在任何时刻，读写头指向带子上的某一格，在该时刻，读写头只能对这一格里的符号进行读或改写。图1.1 描述的是一台三带图灵机。

Turing machine

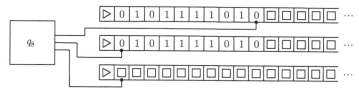

图 1.1 一台三带图灵机

定义 1.1 一台 k-带图灵机是一个三元组 (Γ, Q, δ)，其中

1. Γ 是有限符号集，符号集至少包含 0、1、$\square$、$\triangleright$ 这四个符号；
2. Q 是有限状态集，状态集必须包含起始状态 q_{start} 和终止状态 q_{halt}；
3. $\delta : Q \times \Gamma^k \to Q \times \Gamma^{k-1} \times \{\mathsf{L}, \mathsf{S}, \mathsf{R}\}^k$ 是迁移函数。

transition function

图灵机运行前，必须对带子进行初始化。初始化包含如下三项工作：

1. 符号 ▷ 预置在每条带子的最左端的那个格子里，起到标注带子端点的作用。图灵机不对第 0 格做修改，也不在带子的其他地方写 ▷。
2. 所有工作带的格子里均放着空符号 □。空符号表示无用信息。
3. 输入带上除写有输入符号串的那些格子之外的格子全部放着空符号 □。

图灵机计算始于 q_{start} 状态，止于 q_{halt} 状态。当输入 $(k+1)$-元组 $q, a_1, \cdots, a_k$，迁移函数 δ 会输出一个 $2k$-元组，可用等式表示为

$$\delta(q, a_1, \cdots, a_k) = (q', a_2', \cdots, a_k', A_1, \cdots, A_k) \tag{1.1.1}$$

我们用符号

$$(q, a_1, \cdots, a_k) \to (q', a_2', \cdots, a_k', A_1, \cdots, A_k) \tag{1.1.2}$$

表示等式 (1.1.1)，并称 (1.1.2) 为一条指令。按定义，图灵机只有有限条指令。当图灵机处于状态 q，k 个读写头所指的格子内依次放着 $a_1, \cdots, a_k$ 时，机器可执行指令 (1.1.2)，该指令引发如下操作：将工作带上的符号 $a_2, \cdots, a_k$ 分别改写成 $a_2', \cdots, a_k'$；k 个读写头分别按 $A_1, \cdots, A_k \in \{\mathsf{L}, \mathsf{S}, \mathsf{R}\}$ 所指示的进行移动，这里 L 表示向左移一格，R 表示向右移一格，S 表示原地不动；机器进入 q' 状态。注意，因为输入带是只读带，所以不需要说明对 a_1 的修改。完成这些操作后，图灵机完成了*一步计算*。当输入是 $(q_{\text{halt}}, a_1, a_2, \cdots, a_k)$，规定 $\delta(q_{\text{halt}}, a_1, a_2, \cdots, a_k) = (q_{\text{halt}}, a_2, \cdots, a_k, \mathsf{S}, \cdots, \mathsf{S})$。我们对这个等式的理解是：当机器进入停机状态 q_{halt} 时，机器不再进行任何计算。

用 $\mathbb{M}(x)$ 表示图灵机 $\mathbb{M}$ 的输入带预置了输入 x。$\mathbb{M}(x)$ 会按相关指令计算。

configuration 在计算的任何时刻 t，$\mathbb{M}(x)$ 的*格局* σ_t 是一个 $2k$-元组 $(q, \kappa_2, \cdots, \kappa_k, h_1, \cdots, h_k)$，其中 q 是时刻 t 时的机器状态，符号串 $\kappa_2, \cdots, \kappa_k$ 分别是时刻 t 时 $k-1$ 条工作带上的内容（非 □ 的符号串），自然数 $h_1, \cdots, h_k$ 是时刻 t 时 k 个读写头的位置。格局 σ_t 表示 $\mathbb{M}(x)$ 计算了 t 步后的系统参数。$\mathbb{M}(x)$ 的*初始格局*是 $(q_{\text{start}}, \epsilon, \cdots, \epsilon, 0, \cdots, 0)$，初始格局是唯一的。$\mathbb{M}(x)$ 的*终止格局*是状态为 q_{halt} 的格局。一步计算可表示成一个格局的迁移 $\sigma_t \to \sigma_{t+1}$。$\mathbb{M}(x)$ 从初始格局开始的格局迁移序列 $\sigma_0 \to \sigma_1 \to \cdots \to \sigma_t \to \cdots$ 描述了 $\mathbb{M}(x)$ 的计算。若该计算终止，记为 $\mathbb{M}(x)\!\downarrow$；若该计算不终止，记为 $\mathbb{M}(x)\!\uparrow$。若 $\mathbb{M}(x)$ 的计算终止于格局 σ_T，用 $\sigma_0 \to \sigma_1 \to \cdots \to \sigma_T$ 表示其*计算路径*。

设 $\mathbb{M}$ 为图灵机，x 为输入串。若 $\mathbb{M}(x)$ 的计算终止，称其计算路径长度为该计算的**计算步数**或**计算时间**。通常用时间函数界定图灵机的计算时间。一个**时间函数**是从自然数集 $\mathbb{N}$ 到自然数集 $\mathbb{N}$ 的函数，其输入为串的长度，输出为计算时间的一个上界。我们用 $|x|$ 表示串的长度，比如 $|\underbrace{1\cdots1}_{1024}| = 1024$。作为一个数，$\underbrace{1\cdots1}_{1024}$ 是个天文数字，但它的长度只是 1024。约定俗成，经常将一个时间函数记为 $T(n)$，而非 $T(x)$ 或 $T(|x|)$，其中 n 强调是输入串的长度。

time function

设计图灵机的目的是解决计算问题。在讨论用图灵机求解问题之前，得先对什么是**问题**做形式化描述。先看一个例子：对带权重的有向图，求总权重最小的哈密尔顿回路的权重。假定权重为非 0 自然数，用输出 0 表示没有哈密尔顿回路。因为问题实例（即所有的带权重的有向图）均为有限对象，可以用 0-1 串对其进行编码，所有的输出值可以用二进制表示，所以这个问题本质上是一个 0-1 串到 0-1 串的函数。推而广之，一个函数 $f:\{0,1\}^* \to \{0,1\}^*$ 就是一个问题，反之亦然。用 "$\mathbb{M}(x) = y$" 表示 "$\mathbb{M}(x)\downarrow$ 且计算终止时输出带上的内容是 y"，在此种情况下，称 y 为 $\mathbb{M}(x)$ 的**计算结果**。若对任意输入 $x \in \{0,1\}^*$，有 $\mathbb{M}(x) = f(x)$，称 $\mathbb{M}$ **计算** f，或 $\mathbb{M}$ **解决**问题 f。一个**判定问题**是一个特殊的函数 $d:\{0,1\}^* \to \{0,1\}$，其值域为布尔集 $\{0,1\}$。若 $\mathbb{M}$ 解决 d，亦称 $\mathbb{M}$ **判定**d。称 $\{0,1\}^*$ 的一个子集 L 为**语言**。若图灵机 $\mathbb{M}$ 判定 L 的特征函数

problem

L^* 表示 L 中元素的有限串集合

$$L(x) = \begin{cases} 1, & \text{若 } x \in L \\ 0, & \text{若 } x \notin L \end{cases}$$

称 $\mathbb{M}$ **接受**语言L，或称 L 为**可判定**的。我们常混淆语言和相应的判定问题。

定义 1.2　一个判定问题 $A \subseteq \{0,1\}^*$ 的**补问题** $\overline{A}$ 定义为 $\{0,1\}^* \setminus A$。

看一个熟悉的问题的图灵机解。

回文　一个 0-1 串**回文**指的是从左到右和从右到左看是同一个串。一台判定回文的双带图灵机先将输入复制到工作带，然后将输入带的读写头移到最左端字符那一格，将工作带的读写头移到最右端字符那一格，最后两个读写头相向同步移动，并对所读符号进行比较。图1.2 显示的是当输入为 0101111010 时某个计算时刻的格局。此图灵机的指令定义如下：

"计算机算计"

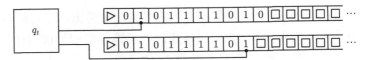

图 1.2 判定回文问题的图灵机

$\langle q_{\mathrm{start}}, \triangleright, \triangleright \rangle \to \langle q_c, \triangleright, \mathrm{R}, \mathrm{R} \rangle,$

$\langle q_c, 0, \square \rangle \to \langle q_c, 0, \mathrm{R}, \mathrm{R} \rangle, \quad \langle q_c, 1, \square \rangle \to \langle q_c, 1, \mathrm{R}, \mathrm{R} \rangle, \quad \langle q_c, \square, \square \rangle \to \langle q_l, \square, \mathrm{L}, \mathrm{L} \rangle,$

$\langle q_l, 0, 0 \rangle \to \langle q_l, 0, \mathrm{L}, \mathrm{S} \rangle, \quad \langle q_l, 1, 0 \rangle \to \langle q_l, 0, \mathrm{L}, \mathrm{S} \rangle, \quad \langle q_l, \triangleright, 0 \rangle \to \langle q_t, 0, \mathrm{R}, \mathrm{S} \rangle,$

$\langle q_l, 0, 1 \rangle \to \langle q_l, 1, \mathrm{L}, \mathrm{S} \rangle, \quad \langle q_l, 1, 1 \rangle \to \langle q_l, 1, \mathrm{L}, \mathrm{S} \rangle, \quad \langle q_l, \triangleright, 1 \rangle \to \langle q_t, 1, \mathrm{R}, \mathrm{S} \rangle,$

$\langle q_t, 0, 0 \rangle \to \langle q_t, \square, \mathrm{R}, \mathrm{L} \rangle, \quad \langle q_t, 1, 1 \rangle \to \langle q_t, \square, \mathrm{R}, \mathrm{L} \rangle, \quad \langle q_t, \square, \triangleright \rangle \to \langle q_y, \triangleright, \mathrm{S}, \mathrm{R} \rangle,$

$\langle q_y, \square, \square \rangle \to \langle q_{\mathrm{halt}}, 1, \mathrm{S}, \mathrm{S} \rangle,$

$\langle q_t, 0, 1 \rangle \to \langle q_n, \square, \mathrm{S}, \mathrm{L} \rangle, \quad \langle q_t, 1, 0 \rangle \to \langle q_n, \square, \mathrm{S}, \mathrm{L} \rangle,$

$\langle q_n, 0, 0 \rangle \to \langle q_n, \square, \mathrm{S}, \mathrm{L} \rangle, \quad \langle q_n, 0, 1 \rangle \to \langle q_n, \square, \mathrm{S}, \mathrm{L} \rangle,$

$\langle q_n, 1, 0 \rangle \to \langle q_n, \square, \mathrm{S}, \mathrm{L} \rangle, \quad \langle q_n, 1, 1 \rangle \to \langle q_n, \square, \mathrm{S}, \mathrm{L} \rangle,$

$\langle q_n, 0, \triangleright \rangle \to \langle q_n, \triangleright, \mathrm{S}, \mathrm{R} \rangle, \quad \langle q_n, 1, \triangleright \rangle \to \langle q_n, \triangleright, \mathrm{S}, \mathrm{R} \rangle,$

$\langle q_n, 0, \square \rangle \to \langle q_{\mathrm{halt}}, 0, \mathrm{S}, \mathrm{S} \rangle, \quad \langle q_n, 1, \square \rangle \to \langle q_{\mathrm{halt}}, 0, \mathrm{S}, \mathrm{S} \rangle.$

　　严格地说，这个指令集并不完全，它并不唯一确定迁移函数，在有些输入上的值未定，不过这些值可随意取。　　　　　　　　　　　　　　　　□

　　上述例子是本书中唯一一次将图灵机的全部指令明确地写出来。在绝大多数情况下，我们将用自然语言和程序语言的混合体定义图灵机的计算行为。

　　本书中，当我们在陈述问题时，所有的变量都是十进制算术变量，所有的输出也以十进制表示。如果一个数学表达式的求值结果不是整数，自动向上取整。我们用 $\llcorner n \lrcorner$ 表示数 n 的二进制形式。

　　解决下述 4 个问题的图灵机留给读者思考。

1. 一进制长度函数 $u(x) = 1^x$，这里 1^x 表示长度为 x 的全 1 串。我们也将把长度为 x 的全 0 串记为 0^x。
2. 加一函数 $s(x) = x + 1$。假定输入为 1^n，计数器初始值为 0。连续做 n 次加一操作，能否在线性时间内完成？
3. 指数函数 $e(x) = 2^x$。
4. 对数函数 $l(x) = \log(x)$。

我们将"当且仅当"
缩写成"当仅当"
Turing computable
Turing solvable

　　称一个函数是图灵机可计算的，或该问题是图灵机可解的，当仅当有一台图灵机计算它。　一个自然的问题是：哪些 0-1 串到 0-1 串的函数是图灵机可

计算的？想必读者知道答案：绝大多数这样的函数是图灵机不可计算的。0-1
串到 0-1 串的函数集是 $\aleph_1$ 的，而图灵机集是 $\aleph_0$ 的。当我们用自然语言和程
序语言的混合体定义一台图灵机时，我们要确保所描述的是一个可计算过程。
在1.5 节我们将进一步讨论图灵机可计算性。

1.2　时间可构造性

设 $T(n) : \mathbb{N} \to \mathbb{N}$ 为时间函数且 $L \subseteq \{0, 1\}^*$ 为可判定问题。若存在判定 L
的图灵机 $\mathbb{M}$ 和常数 $c > 0$，对任意输入 x，$\mathbb{M}$ 在 $cT(|x|)$ 步内停机，则称 L 在
TIME$(T(n))$ 中。**TIME**$(T(n))$ 是一个问题集合，一个问题在此集合中当仅当
该问题在 $T(n)$ 的一个常数倍时间内可判定。一般地，**TIME**$(T(n))$ 依赖于所
用模型。若模型是所有双带图灵机，**TIME**(n) 包含回文问题；若模型是具有
单条读写带的图灵机，可以证明，回文问题不在 **TIME**(n) 中，事实上，它在
TIME(n^2) 中。

（右侧页边注） $\mathbb{N}$ 为自然数集

我们始终假定所关注的图灵机必须将输入完整地读一遍，这相当于所有的
时间函数 $T(n)$ 都必须满足不等式 $T(n) \geqslant n$。有些时间函数非常怪异，第 1.13
节将给出一个例子。为了排除这类怪异的时间函数，我们引入时间可构造性。
设 $T(n)$ 为时间函数。

定义 1.3　若有图灵机在 $O(T(n))$ 时间内计算函数 $1^n \mapsto \llcorner T(n) \lrcorner$，称 $T(n)$
是时间可构造的。

（右侧页边注） time constructible

如果 $T(n)$ 是时间可构造的，就有一台图灵机 $\mathbb{T}$ 在输入 1^n 后在 $cT(n)$ 步
内停机。可以证明，若时间可构造函数 $T(n)$ 的增长速度严格快于线性函数，
一定存在一台图灵机在 $T(n)$ 步内计算函数 $1^n \mapsto \llcorner T(n) \lrcorner$，见推论1.3。利用此
性质，可以给出另外一个时间可构造性定义。

定义 1.4　若有图灵机在输入 1^n 上准确地计算了 $T(n)$ 步后停机，称 $T(n)$
是完全时间可构造的。

定义1.3 和定义1.4 并非等价，在大多数场合，这两个定义都可以用。本书
中使用的时间函数均为（完全）时间可构造的。我们常用的一些时间函数，如
$n^c(\log n)^d$、2^{n^c}、$2^{(\log n)^c}$、$n!$，都是完全时间可构造的，这里 $c \geqslant 1, d \geqslant 0$。

设 $\mathbb{M} = (Q_0, \Gamma_0, \to_0)$ 为一行为不规则的 k_0-带图灵机，其在不同输入上计

算时间会差异很大，设 $\mathbb{T} = (Q_1, \Gamma_1, \rightarrow_1)$ 是一台 k_1-带时钟图灵机。将这两台图灵机复合成一台 (k_0+k_1)-带图灵机，其定义如下：

- $Q = Q_0 \times Q_1$，并对所有 $q \in Q_0$ 引入等式 $(q, q_{\mathtt{halt}}^1) = q_{\mathtt{halt}}$，同样，对所有 $q \in Q_1$ 引入等式 $(q_{\mathtt{halt}}^0, q) = q_{\mathtt{halt}}$。
- $\Gamma = \Gamma_0 \times \Gamma_1$。
- $\rightarrow\ = \rightarrow_0 \times \rightarrow_1$。

给定任意输入，复合后的图灵机的计算时间等于 $\mathbb{M}$ 的计算时间与 $\mathbb{T}$ 的计算时间中较小的那个，其效果相当于用时钟图灵机 $\mathbb{T}$ 对图灵机 $\mathbb{M}$ 的计算掐表，强迫后者在规定时间内停机。称复合后的图灵机为 $\mathbb{M}$ 和 $\mathbb{T}$ 的硬连接。在本书中，hard-wired 每当说"让图灵机 $\mathbb{M}$ 计算 $T(n)$ 步"，其意思是 $T(n)$ 是在定义1.4 或定义1.3 意义下的时间可构造函数（具体用哪个定义视上下文定），因此有 $T(n)$-时钟图灵机或 $O(T(n))$-时钟图灵机 $\mathbb{T}$，当输入长度是 n 时，计算 $T(n)$ 或 $O(T(n))$ 步停机，通过将 $\mathbb{M}$ 和 $\mathbb{T}$ 进行硬连接，强迫 $\mathbb{M}$ 在 $T(n)$ 步或 $O(T(n))$ 步内终止。

1.3 通用图灵机

图灵机是有限对象，因此可用 0-1 串对其编码。一台图灵机有一个有限状态集、一个有限符号集、一个有限指令集。给出状态和符号的编码后，图灵机的编码就是指令集的编码。若图灵机有 7 个状态和 15 个符号，一条指令 $(p, a, b, c) \rightarrow (q, d, e, \mathbf{R}, \mathbf{S}, \mathbf{L})$ 可用如下的串编码：

$$001\dagger1010\dagger1100\dagger0000\dagger\dagger011\dagger1111\dagger0000\dagger01\dagger00\dagger10$$

一个指令集可用如下的串进行编码：

$$\ddagger\_\ddagger\_\cdots\_\ddagger\_\ddagger \tag{1.3.1}$$

很容易将 (1.3.1) 转换成二进制串，比如可以用如下定义的映射：

$$
\begin{aligned}
0 &\mapsto 01 \\
1 &\mapsto 10 \\
\dagger &\mapsto 00
\end{aligned}
$$

$$‡ \quad \mapsto \quad 11$$

这个映射确保图灵机的二进制编码的第一位和最后一位都是 1。我们将固定这个对图灵机的二进制编码。

关于图灵机编码的一个事实是：无法设计一套编码系统，使得本质上相同的图灵机有相同的编码，其根本原因是无法设计一个算法测试两台图灵机是否相等。例如，如果我们对状态给了另外一个编码，图灵机的编码就会不同。另外，我们可以给一台图灵机加一些冗余的状态、符号、指令，得到一台"胖"图灵机。显然有无穷多台"胖"图灵机。一台"胖"图灵机和原来那台"瘦"图灵机本质上是同一台图灵机，在很多构造和证明中可以互换，但它们的编码不一样。为了避免叙述烦琐，我们将做一个实用主义的假定，即每台图灵机有无穷多个编码（在这句话里，我们将相等的图灵机视为同一台图灵机）。另一方面，我们希望将每个二进制串看成一个图灵机的编码。为了做到这一点，我们只需将所有那些不是图灵机编码的二进制串解释成唯一的那个状态集、符号集、指令集均为空集的图灵机的编码。我们用 ⌊M⌋ 表示图灵机 M 的二进制编码，用 $\mathbb{M}_\alpha$ 表示二进制编码为 α 的那台图灵机。

自然数集合 N 和 0-1 串集合之间的一一对应函数可用程序实现。利用此一一对应程序可给出图灵机的一个有效枚举：

effective enumeration

$$\mathbb{M}_0, \mathbb{M}_1, \cdots, \mathbb{M}_i, \cdots \tag{1.3.2}$$

称 i 为图灵机 $\mathbb{M}_i$ 的下标或哥德尔编码。设 ϕ_i 是 $\mathbb{M}_i$ 所计算的函数，由 (1.3.2) 可得图灵机可计算函数的一个枚举

index
Gödel encoding

$$\phi_0, \phi_1, \cdots, \phi_i, \cdots \tag{1.3.3}$$

这里，ϕ_i 为如下定义的函数：

$$\phi_i(x) \overset{\text{def}}{=} \begin{cases} y, & \text{若 } \mathbb{M}_i(x) = y \\ \uparrow, & \text{若 } \mathbb{M}_i(x)\uparrow \end{cases}$$

一般地，ϕ_i 是偏函数。称 ϕ_i 在输入 x 上无定义，记为 $\phi_i(x)\uparrow$，当仅当 $\mathbb{M}_i(x)\uparrow$。类似地，$\phi_i(x)\downarrow$ 当仅当 $\mathbb{M}_i(x)\downarrow$。同样，称 i 为图灵机可计算函数 ϕ_i 的下标。一台图灵机在 (1.3.2) 中出现无穷多次，对应地，一个图灵机可计算函数在式 (1.3.3) 中出现无穷多次。

　　既然已经选定了一个图灵机编码，我们可以将一个二进制串理解成一个数据或一台图灵机。给定任意两个二进制串 α、x，我们可以模拟 $\mathbb{M}_\alpha$ 在输入 x 上的计算。直观上这个模拟过程是有效的，即有一台图灵机 $\mathbb{U}$，满足

$$\mathbb{U}(\alpha, x) \simeq \mathbb{M}_\alpha(x) \tag{1.3.4}$$

universal TM

　　称 $\mathbb{U}$ 为通用图灵机。在 (1.3.4) 中，等价关系 $\simeq$ 的定义如下：若一边有定义，则另一边也有定义且两边相等；若一边无定义，则另一边也无定义。如果将一个程序语言视为一个计算模型的话，那么用这个程序语言写的程序就是"图灵机"，用该程序语言写的该语言的解释器就是一台"通用图灵机"。

定理 1.1（枚举定理）　存在通用图灵机 $\mathbb{U}$，对任意 $\alpha, x \in \{0,1\}^*$，等式 $\mathbb{U}(\alpha, x) \simeq \mathbb{M}_\alpha(x)$ 成立。

Enumeration Thm.

　　枚举定理的证明将在定理1.2 的证明中一并给出。在复杂性理论中，我们不仅关心通用图灵机的存在性，还关心它的模拟效率。下述定理是枚举定理的复杂性版本。

定理 1.2　存在通用图灵机 $\mathbb{U}$ 和多项式 c。对任意长度为 n 的输入串 x，若 $\mathbb{M}_\alpha(x)$ 在 $T(n)$ 步内停机，则 $\mathbb{U}(\alpha, x)$ 在 $c(|\alpha|)T(n) \log T(n)$ 步内停机。

证明　关于 $\mathbb{U}$ 要回答的第一个问题是：它应该有多少条工作带？因为 $\mathbb{M}_\alpha$ 的工作带数可能大于任意指定的自然数，一个合理的选择是，$\mathbb{U}$ 用第一条工作带存储 $\mathbb{M}_\alpha$ 的所有工作带上的内容，称此工作带为 $\mathbb{U}$ 的主工作带；另外，$\mathbb{U}$ 还需要用第二条工作带来存储中间结果和提高数据移动效率。为行文方便，假定 $\mathbb{U}$ 的带是双向潜在无限的（见本章练习 5（a））。$\mathbb{U}$ 用 0-1 串对 $\mathbb{M}_\alpha$ 的状态和符号进行编码。若 $\mathbb{M}_\alpha$ 有 k 条工作带，我们把 $\mathbb{U}$ 的主工作带分成虚拟的 k 层，每层存放 $\mathbb{M}_\alpha$ 的一条带。这 k 条带以 k 个读写头所指的 k 个格子对齐，换言之，我们用 $\mathbb{U}$ 的主工作带上的读写头虚拟了 $\mathbb{M}_\alpha$ 的 k 个读写头。$\mathbb{U}$ 用主工作带上的一片区域存放一个 k 元组，k 元组的每个分量是 $\mathbb{M}_\alpha$ 中一个符号的二进制表示，这片区域的大小依赖于 $\mathbb{M}_\alpha$ 的符号集大小。$\mathbb{M}_\alpha$ 的 k 条工作带上的内容以一串 k-元组的形式存放在 $\mathbb{U}$ 的主工作带上。

　　定义了 $\mathbb{U}$ 使用的数据结构后，继续定义 $\mathbb{U}$ 如何模拟 $\mathbb{M}_\alpha$ 的计算。模拟 $\mathbb{M}_\alpha$ 读写头的读写是简单的，模拟读写头的移动也不难。若 $\mathbb{M}_\alpha$ 的一个读写头

向左移一格，$\mathbb{U}$ 将主工作带上相应的那层整体向右移一格。问题似乎全解决了。但是，因为对 $\mathbb{M}_\alpha$ 的一步计算涉及将整个一层的内容向左或向右移动，$\mathbb{U}$ 模拟 $\mathbb{M}_\alpha$ 所需的时间在最坏情况下是 $O(T(|x|)^2)$。

我们需要引进更加精细的数据结构来减少因整层移动所带来的时间开销。解决方案是在每一层上引入冗余信息。因为冗余信息可以被有用信息覆盖，所以在大多数情况下，我们不需要移动整层内容，而只需在一个局部区域内移动。我们希望冗余信息比较均匀地分布在每一层上，否则还是无法避免重复进行全局性移动。下面是解决方案（参见图1.3）：

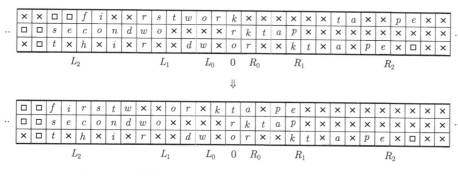

图 1.3　单带模拟多带（第一条虚拟带读写头向右移一格）

（1）$\mathbb{U}$ 用符号 × 表示冗余信息。想象 × 存放在一条虚拟带中的一个格子里。

（2）$\mathbb{U}$ 将主工作带分成若干区间。中心区间只包含地址是 0 的那个格子。中心区间的左边和右边分别是 L_0 和 R_0 区间，各自包含 2 个格子；L_0 的左边是 L_1 区间，R_0 的右边是 R_1 区间，各自包含 4 个格子；以此类推，最左的区间是 $L_{\log T(n)}$，最右的区间是 $R_{\log T(n)}$，各自包含 $2 \times 2^{\log T(n)}$ 个格子。

（3）任何时候，中心区间里放的必须是非 × 的符号，一个非中心区间的任一层要么是满的（即不包含 ×，但可以包含被模拟带的空格符号 □），要么是半满的（即一半的格子里放的是 ×），要么是空的（即所有格子里放的都是 ×）。$\mathbb{U}$ 要求 × 的分布是非对称均匀的：对任意 $i \in [0, \log T(n)]$，若 L_i 是满的，则 R_i 是空的；若 L_i 是半满的，则 R_i 是半满的；若 L_i 是空的，则 R_i 是满的。

当主工作带上的某层向左移动时，只需从 R_0 开始向右找到该层第一个非

空区间 R_i，将其中的 2^i 个非 × 符号依次移到中心区间和 $R_0, \cdots, R_{i-1}$ 中。显然，移动后区间 $R_0, \cdots, R_{i-1}$ 均为半满。为了保持均匀，$\mathbb{U}$ 将 L_{i-1} 中的全部符号（均为非 × 符号）移到 L_i 中，将 L_{i-2} 中的全部符号移到 L_{i-1} 中，以此类推，最后将原来在中心区间里的符号移到 L_0 中；$L_0, \cdots, L_{i-1}$ 的其余格子里全部存放 ×。当 $\mathbb{U}$ 完成了这次对 $L_i, \cdots, L_0, R_0, \cdots, R_i$ 的调整后，接下来的 $2^i - 1$ 步模拟中，区间 $L_{i-1}, \cdots, L_0$ 不可能全为空，同理，区间 $R_0, \cdots, R_{i-1}$ 不可能全为空。因此，在 $\mathbb{U}$ 的整个模拟过程中，涉及对区间 $L_i, \cdots, L_0, R_0, \cdots, R_i$ 的调整最多只有 $k \frac{T}{2^i}$ 次。我们尚需算出在区间 $L_i, \cdots, L_0, R_0, \cdots, R_i$ 内进行数据移动的时间开销。不难看出，借助于第二条工作带，我们可以一边复制一边移动，所有的数据移动都可在线性时间里完成。因为 $L_i, \cdots, L_0, R_0, \cdots, R_i$ 的格子数不超过 2^{i+3}，所以 $\mathbb{U}$ 的计算时间是

$$O\left(k \sum_{i=1}^{\log(T(n))} \frac{T(n)}{2^i} 2^i\right) = C \cdot T(n) \log(T(n))$$

对系数 C 的估算如下：$\mathbb{M}_\alpha$ 的状态编码长度、符号编码长度、迁移函数的编码长度、k 均不超过 $|\alpha|$，所以每一步模拟所进行的移动开销不会超过 $|\alpha|$ 的一个多项式。对计数器的操作是 $T(n) \log(T(n))$ 的一个常数倍，其他额外计算开销也不超过 $T(n) \log(T(n))$ 的一个常数倍。所以存在多项式 c，满足 $C \leqslant c(|\alpha|)$。定理得证。 □

Hennie, Stearns

Hartmanis

因对复杂性理论基础的贡献，哈特马尼斯和斯特恩斯获 1993 年度图灵奖。

oblivious TM

$h(x) = O(h'(x))$ 当且仅当 $h(x)$ 的增长速度不超过 $h'(x)$ 的增长速度。

上述证明中的通用图灵机构造是在亨尼和斯特恩斯的 1966 年文章 [104] 里定义的。在哈特马尼斯和斯特恩斯发表于 1965 年的文章 [100] 中，通用图灵机的时间复杂性是 $O(T(n)^2)$。哈特马尼斯和斯特恩斯的 1965 年文章是奠基性的，"计算复杂性" 这个术语就源自该文。

定理1.2 可进一步加强。先引入一个概念。若一台图灵机在计算的任意时刻读写头的位置不依赖于输入的内容，而只依赖于输入的长度和该时刻已经进行的计算步数，称其为健忘图灵机。

推论 1.1 设 $T(n)$ 是时间可构造的，L 可在 $T(n)$ 时间内被一台图灵机判定。一定存在常数 C 和在 $CT(n) \log T(n)$ 时间内判定 L 的健忘图灵机。

证明 设 $\mathbb{M}_\alpha$ 在 $T(n)$ 时间内判定 L。由定理1.1 知，$\mathbb{U}$ 在 $c(|\alpha|)T(n) \log(T(n))$

时间内判定 L，其中 c 为一多项式。设 $C = c(|\alpha|)$。适当修改 $\mathbb{U}$ 的定义，使其成为健忘图灵机。可做如下改动：

（1）因 $CT(n)\log(T(n))$ 为时间可构造性，预先将所有从 $L_{\log T(n)}$ 到 $R_{\log T(n)}$ 的区间置为半满。

（2）定期调整主工作带上所有虚拟带的内容安排。引入一个计数器，用来统计被模拟图灵机的计算步数。每当计数器加一后，总有一位且仅有一位会从 0 变成了 1，若这一位是第 i 位，$\mathbb{U}$ 通过扫描区间 $L_i, \cdots, L_0, R_0, \cdots, R_i$ 常数遍，将区间 $L_{i-1}, \cdots, L_0, R_0, \cdots, R_{i-1}$ 均置为半满。

在这些改动下，$\mathbb{U}$ 变成了健忘图灵机。我们必须确保第二个改动是正确的。计数器每计算到 2^{i-1} 步，其第 i 位会从 0 变成 1。若 $L_{i-1}, \cdots, L_0, R_0, \cdots, R_{i-1}$ 为半满，移动 2^{i-1} 步内所涉及的区间是 $L_i, \cdots, L_0, R_0, \cdots, R_i$。特别要注意的是，当不得不调整 $L_{i-1}, \cdots, L_0, R_0, \cdots, R_{i-1}$ 时，L_i 和 R_i 均为半满。   □

下述结果是定理1.2 的一个简单推论。

推论 1.2 设 $f \in \mathbf{TIME}(T(n))$。有一台双读写带的图灵机在 $O(T(n)\log T(n))$ 时间内计算 f。有一台单读写带的图灵机在 $O(T(n)^2)$ 时间内计算 f。

证明 将 $\mathbb{U}$ 的输入带和主工作带合二为一。如果只有一条读写带，数据移动需要 $O(T(n)^2)$ 的时间。   □

1.4 对角线方法

有了通用图灵机的概念，我们可以解释在递归论和复杂性理论研究中广泛使用的对角线方法。对角线方法是用来证明否定结果的。在技术上，对角线方法必须用到通用图灵机。作为一个最简单的例子，考察如下定义的判定问题：

diagonal method

$$\mathsf{A}(\alpha) = \begin{cases} 0, & \text{若} \mathbb{M}_\alpha(\alpha) = 1 \\ 1, & \text{若} \mathbb{M}_\alpha(\alpha) \neq 1 \end{cases}$$

假定 A 可由某台图灵机 $\mathbb{A}$ 判定。按定义有：$\mathsf{A}(\llcorner \mathbb{A} \lrcorner) = 0$ 当仅当 $\mathsf{A}(\llcorner \mathbb{A} \lrcorner) = 1$。此矛盾说明我们的假定是错的，即没有任何一台图灵机判定 A。换言之，函数 A 不是图灵机可计算的。函数 A 的定义用到了 $\mathbb{M}_0(0), \mathbb{M}_1(1), \mathbb{M}_{01}(01), \cdots$。

若将 $(\mathbb{M}_i(j))_{i,j}$ 看成一个无限矩阵，$\mathbb{M}_0(0), \mathbb{M}_1(1), \mathbb{M}_{01}(01), \cdots$ 处于对角线位置。对角线证明思路是：从假设出发，定义一台图灵机，将对角线上的计算结果进行反转，说明该图灵机不同于任何一台图灵机，由此推知假设不成立。直观上，当 $\mathbb{M}_\alpha(\alpha)\uparrow$，判定 A 的程序是无法输出 1 的，因为 $\mathbb{M}_\alpha(\alpha)$ 的计算停不下来，程序永远无法知道 $\mathbb{M}_\alpha(\alpha)$ 计算的下一步是否会停下来，还是永远停不下来。

halting problem

利用 A 的图灵机不可判定性，我们可以讨论著名的停机问题。定义函数

$$H(\alpha, x) = \begin{cases} 1, & 若 \ \mathbb{M}_\alpha(x)\downarrow \\ 0, & 若 \ \mathbb{M}_\alpha(x)\uparrow \end{cases}$$

若 H 可由某个图灵机 $\mathbb{M}_H$ 判定，下面定义的图灵机就能判定 A。

$$\mathbb{M}_A(\alpha) = \begin{cases} 0, & 若 \ \mathbb{M}_H(\alpha, \alpha) = 1 \ 并且 \ \mathbb{M}_\alpha(\alpha) = 1 \\ 1, & 否则 \end{cases}$$

此矛盾证明了 H 也是不可判定的。即不存在一段程序，当输入一段程序 $\mathbb{P}$ 和一个输入数据 x，该程序能判定 $\mathbb{P}(x)$ 的计算是否终止。这就是所谓的"停机问题不可判定"。在这个推导里，我们使用了归约方法，将问题 A 有效地归约到问题 H。

注意，不要把归约方向搞反了。

在递归论和计算复杂性理论中，几乎所有的否定性结论都是用对角线方法证明的。有些对角线证明可能非常复杂高深，本书使用的对角线证明都有如下的一般模式：为推出矛盾，构造一台满足一定输入输出性质 Pr 的图灵机 $\mathbb{D}$；给出可计算全函数 p、b、t，当输入为 x（设其长度为 n），$\mathbb{D}$ 模拟所有图灵机 $\mathbb{M}_0, \mathbb{M}_1, \cdots, \mathbb{M}_{p(n)}$ 在所有长度不超过 $b(n)$ 的输入上计算 $t(n)$ 步，将在这些短的输入上已经违背性质 Pr 的 $\mathbb{M}_0, \mathbb{M}_1, \cdots, \mathbb{M}_{p(n)}$ 中的图灵机排除掉，定义 $\mathbb{D}(x)$ 为那些未被排除掉的 $\mathbb{M}_0, \mathbb{M}_1, \cdots, \mathbb{M}_{p(n)}$ 中的某个图灵机在 x 上的计算（结果）；最终，因为所有不满足性质 Pr 的图灵机都已被排除，所以 $\mathbb{D}$ 应该满足性质 Pr。在定义完 $\mathbb{D}$ 后，我们还需要说明 $\mathbb{D}$ 不满足其他一些性质，这样才能推出所需的矛盾。

1.5　丘奇-图灵论题

我们定义了什么叫图灵机可计算，图灵机可计算的函数都是我们直觉意义上可计算的。对于有一定经验的编程高手，将一台图灵机转换成一段高级语言程序是小菜一碟。让我们感到没有把握的是：是否每个直觉意义上可计算的函数都是图灵机可计算的？严格地说，我们无法回答这个问题。“直觉意义上可计算”本身就不是一个形式化概念，设计图灵机模型的本意就是要给出计算的一个形式化模型。但有很强的证据让我们相信，图灵机差不多能计算所有我们认为是计算的东西。这些证据包括：

（1）没有找到一个直觉上可计算但图灵机不可计算的例子。我们尝试得越多，越觉得不太可能找到反例。

（2）研究者为计算设计了很多其他模型，如递归函数 [185]、λ-演算 [51]、波斯特系统 [174]、马尔可夫算法 [157]、明斯基机器 [161]、无穷寄存器机器 [202]，其中的任何一个模型所能计算的 $\mathbb{N}$ 到 $\mathbb{N}$ 的函数都是图灵机可计算的。

几个著名的计算模型是二十世纪三十年代提出的。让我们花点篇幅回顾一下递归函数模型的提出和完善过程，其中的一些概念在下一节需要用到。希尔伯特被誉为二十世纪最伟大的数学家。在 1930 年德国哥尼斯堡召开的德国科学和医学年会上，希尔伯特用下面这句著名的话重申了他对数学形式化的信念：“我们必须知道，我们终将知道”。在希尔伯特讲话的前一天，一位来自维也纳的年轻人哥德尔在一个圆桌会议上宣布了他的不完备性定理，彻底废弃了希尔伯特的宏伟蓝图。在不完备定理的证明中，哥德尔使用了后来成为计算理论核心技术的哥德尔编码。为了进行编码，哥德尔定义了*原始递归函数* [87]。该类函数可归纳定义如下：

Hilbert

primitive recursive

（1）常值函数、后继函数（即加一函数）、投影函数是原始递归函数。

（2）若 $f(y_1,\cdots,y_k)$ 是 k-元原始递归函数，$g_1(\widetilde{x}),\cdots,g_k(\widetilde{x})$ 是 n-元原始递归函数，那么复合函数

$$f(g_1(\widetilde{x}),\cdots,g_k(\widetilde{x}))$$

是 n-元原始递归函数。这里，$\widetilde{x}$ 是对 $x_1,\cdots,x_n$ 的缩写。

（3）若 $f(\widetilde{x})$ 是 n-元原始递归函数，$g(\widetilde{x},y,z)$ 是 $(n+2)$-元原始递归函数，

则由如下两等式递归定义的函数是 $(n+1)$-元原始递归函数。

$$h(\widetilde{x}, 0) = f(\widetilde{x})$$

$$h(\widetilde{x}, y+1) = g(\widetilde{x}, y, h(\widetilde{x}, y))$$

原始递归函数均为全函数。利用对角线方法容易定义一个直观上可计算，但不等于任何原始递归函数的全函数。哥德尔在 1931 年已知晓阿克曼函数，在 1934 年的一次讲座里，哥德尔采纳了埃尔布朗的建议，将原始递归函数类扩充成了哥德尔-埃尔布朗递归函数类。丘奇的学生克林于 1936 年引入了一个与哥德尔-埃尔布朗递归函数类等价的 μ-递归函数类 [133]。用极小化算子可定义：

Ackermann

Herbrand

Kleene

哥德尔的 1934 年
讲义可在文献 [63] 里
找到。

$$g(\widetilde{x}) = \mu y. p(\widetilde{x}, y)$$

$$= \begin{cases} \text{使 } p(\widetilde{x}, y) = 1 \text{ 成立的最小 } y, & \text{若这样的 } y \text{ 存在} \\ \uparrow, & \text{否则} \end{cases}$$

在上述定义中，$p(\widetilde{x}, y)$ 是原始递归函数，"↑"表示"无定义"或"计算不终止"。所以，μ-递归函数类在极小化操作下封闭。鉴于哥德尔-埃尔布朗递归函数类和 μ-递归函数类的等价性，我们将这类函数简称为递归函数。必须指出的是，递归函数一般是偏函数。容易证明，所有递归函数都是图灵机可计算的。反方向的包含关系，即所有图灵机可计算函数都是递归函数，由克林证得，见文献 [135]。

recursive function

在图灵提出其机器模型之前，丘奇在数学基础研究中提出了 λ-演算 [51]。由于克林和罗瑟发现了 λ-演算作为逻辑系统是不一致的 [137]，从数学基础角度而言 λ-演算是不成功的。但作为程序和编程模型，λ-演算非常成功 [4, 34]。在 λ-演算里，基本的语法对象是如下定义的 λ-项：

Church

Rosser

λ-term

$$M := x \mid \lambda x.M \mid M{\cdot}M'$$

其中 x 为变量，$\lambda x.M$ 为函数项，$M{\cdot}M'$ 为函数应用项。直观上，$\lambda x.M$ 是形参为 x 的函数。λ-演算的一步计算由 β-规则和结构化规则所定义，β-规则为：

$$(\lambda x.M){\cdot}N \to M\{N/x\}$$

其中 $M\{N/x\}$ 是将 M 中的变量 x 用 N 替换后所得的项。结构化规则至少包含一条：若 $M \to N$，则 $M{\cdot}M' \to N{\cdot}M'$。有了这两条规则，$\lambda$-项就可以进

行计算。设

$$\mathbf{Y}_f = (\lambda x.f \cdot (x \cdot x))(\lambda x.f \cdot (x \cdot x))$$

根据 β-规则有一步计算 $\mathbf{Y}_f \to f \cdot (\mathbf{Y}_f)$，表明 $\mathbf{Y}_f$ 是 f 的一个不动点。尽管 λ-演算非常简单，但用不动点操作子 $\mathbf{Y}$，我们可以定义非常复杂的计算。事实上，丘奇 [51] 和克林 [134] 证明了所有递归函数都是 λ-可定义函数。

之后，图灵证明了图灵机可计算函数和 λ-可定义函数是相同的 [225]。所以在计算函数这件事上，数学模型、程序模型和机器模型是等价的。这一重要的等价性结果让早期的研究者达成一个共识，即所谓的丘奇-图灵论题 [136]。

丘奇-图灵论题　可计算函数就是图灵机可计算函数。

到目前为止，所有的计算模型，包括量子计算模型，都支持这一论题。丘奇-图灵论题有多种叙述形式，上述陈述中用了图灵机模型，想强调丘奇-图灵论题的物理属性。正如哥德尔和丘奇指出的，图灵机模型是对直觉上可计算概念的一个最简单和最直接的描述，它不依赖于任何形式化系统，强调了计算的物理可实现性。物理可实现性是对计算的最科学的刻画。在此观点下，上述论题可重新叙述如下：

丘奇-图灵论题　物理可实现的计算就是图灵机可计算。

丘奇-图灵论题不是一个数学定理，它更像一条物理学定律。

丘奇-图灵论题告诉我们，没有必要谈论图灵机可计算或递归函数可计算或 λ-演算可计算，只需谈论可计算，计算这一概念是独立于任何计算模型的。

丘奇-图灵论题还告诉我们什么是不可计算，在第 1.4 节我们看了两个不可计算函数的例子。建立在丘奇-图灵论题上的递归论 [185] 研究不可判定问题的分类（图灵度）。我们简单回顾一下递归论的两个基础性定理，不仅因为第 1.6 节会用到这些定理，也想借机说明在实际中我们是如何使用丘奇-图灵论题的。

在 (1.3.3) 中，只考虑了一元可计算函数。一般地，我们可以枚举多元可计算函数。设 $\phi_0^m, \phi_1^m, \cdots, \phi_i^m, \cdots$ 为 m-元可计算函数的一个枚举。s-m-n 定理讨论的是如何将下标也视为输入变量。

定理 1.3（s-m-n 定理）　设 $m, n > 1$。存在 $(m+1)$-元单射原始递归函数 $s_n^m(x, \widetilde{x})$，该函数满足：对所有 e，有 $\phi_e^{m+n}(\widetilde{x}, \widetilde{y}) \simeq \phi_{s_n^m(e, \widetilde{x})}^n(\widetilde{y})$。

Church-Turing
Thesis

recursion theory

s-m-n Theorem

证明   给定计算 $(m+n)$-元函数 ϕ_e^{m+n} 的图灵机 $\mathbb{M}_e$, $(m+1)$-元函数 $s_n^m(e,\widetilde{x})$ 定义如下: 给定输入 $\widetilde{c} = c_1,\cdots,c_m$, 定义图灵机 $\mathbb{M}$ 为 "当输入 $\widetilde{d} = d_1,\cdots,d_n$, 将 $\widetilde{cd}$ 写在第一条工作带上, 然后利用通用图灵机模拟 $\phi_e^{m+n}(\widetilde{cd})$ 的计算"; 将 $\mathbb{M}$ 的哥德尔编码定义为 $s_n^m(e,\widetilde{c})$ 的值。哥德尔编码过程是原始递归的。单射性可通过添加冗余指令得以保证。 $\square$

下述的递归定理是克林发现的 [135]。递归论中深刻的结果都要用到此定理。在 λ-演算里, 递归定理的证明特别简单。

定理 1.4（递归定理）   设 f 是可计算一元全函数。存在 n 满足等式 $\phi_{f(n)} \simeq \phi_n$。

证明   由 s-m-n 定理知, 存在原始递归单射全函数 $s(x)$, 对任意 x, 有

$$\phi_{s(x)}(y) \simeq \begin{cases} \phi_{\phi_x(x)}(y), & \text{若}\,\phi_x(x)\downarrow \\ \uparrow, & \text{否则} \end{cases} \tag{1.5.1}$$

设 v 满足等式 $\phi_v(x) = f(s(x))$。显然 ϕ_v 为全函数, 故 $\phi_v(v)\downarrow$。由 (1.5.1) 推出

$$\phi_{s(v)} \simeq \phi_{\phi_v(v)} = \phi_{f(s(v))}$$

设 $n = s(v)$, 定理得证。 $\square$

设 $g(z,u,x)$ 为可计算三元函数。根据 s-m-n 定理, 存在可计算全函数 $s(z)$, 满足 $\phi_{s(z)}^2(u,x) \simeq g(z,u,x)$。由递归定理知, 存在 e 满足

$$\phi_e^2(u,x) = \phi_{s(e)}^2(u,x) \simeq g(e,u,x)$$

此等式表明, 可用可计算函数 $g(e,u,x)$ 定义 $\phi_e^2(u,x)$, 前提是: 在 $g(e,u,x)$ 的定义中, e 是一个形参, 而非一个具体的数。

在上述证明中, 我们并没有给出递归函数的详细定义, 而是用丘奇-图灵论题论证了它们的存在性。如果一个操作直觉上是可计算的, 那么一定存在一个递归函数（图灵机、λ-项）实现这个操作。因为我们坚信丘奇-图灵论题, 我们坚信这样的一个递归函数（图灵机、λ-项）一定能严格地构造出来。

1.6 加速定理

给定一个问题，是否存在一个最好的解该问题的算法？如果"最好"指的
是"计算步数最少"，我们想知道的是：该问题是否存在一个计算步数最少的
算法？布鲁姆加速定理告诉我们，一般地，这个计算步数最少的算法是不存在
的 [37]。布鲁姆加速定理的结论非常强，为了叙述该定理，引入下述定义。

Blum

定义 1.5　若如下两条满足，称 $\{(\phi_i, \Phi_i)\}_{i \in \omega}$ 为一个**布鲁姆复杂性度量**：

Blum complexity
measure

（1）函数 Φ_i 与 ϕ_i 的定义域相等，其中 ϕ_i 是第 i-台图灵机 $\mathbb{M}_i$ 计算的
函数。

（2）$\Phi_i(x) \leqslant n$ 是可判定的。

一个布鲁姆复杂性度量例子是布鲁姆时间函数 $\{(\phi_i, \mathrm{time}_i)\}_{i \in \omega}$，其中的函
数值 $\mathrm{time}_i(x)$ 表示 $\mathbb{M}_i(x)$ 的最少计算步数。对确定图灵机，计算路径是唯一
的，对第 2 章要引入的非确定图灵机，$\mathbb{M}_i(x)$ 可以有多条计算路径，所以一般
地，函数 time_i 可如下定义：

$$\mathrm{time}_i(x) = \mu t \left(\mathbb{M}_i(x) \text{在} t \text{步内终止} \right)$$

容易验证下述事实。

引理 1.1　$\{(\phi_i, \mathrm{time}_i)\}_{i \in \omega}$ 是布鲁姆复杂性度量。

布鲁姆加速定理的证明是一个典型的递归论证明，其核心部分是下面引理
的证明。

引理 1.2　设 r 为可计算全函数。存在可计算全函数 f，对任意计算 f 的图
灵机 $\mathbb{M}_i$，可有效地计算出满足如下条件的图灵机 $\mathbb{M}_I$：

（1）ϕ_I 是全函数，并且等式 $\phi_I(x) = f(x)$ 几乎处处成立。
（2）不等式 $r(\mathrm{time}_I(x)) < \mathrm{time}_i(x)$ 几乎处处成立。

"几乎处处成立"等
价于"只在有限处不
成立"。

证明　所谓"$\phi_I(x) = f(x)$ 几乎处处成立"指等式只在有限个输入上不成立。
我们要找一个有效过程，即一个可计算全函数 $s'(z)$，给定 i，能算出 $j = s'(i)$。
我们还要用对角线方法，将不满足不等式 $r(\mathrm{time}_{s'(i)}(x)) < \mathrm{time}_i(x)$ 的图灵机
$\mathbb{M}_i$ 排除掉。这两个构造相互交织。首先，根据 s-m-n 定理，有原始递归全函

数 $s(e,u)$，满足

$$\phi_{s(e,u)}(x) \simeq \phi_e^{(2)}(u,x) \tag{1.6.1}$$

为了定义 f，我们构造一个可计算函数 $g(e,u,x)$。由第 1.5 节的最后一段知，存在下标 e，满足

$$\phi_e^{(2)}(u,x) \simeq g(e,u,x) \tag{1.6.2}$$

需要用对角线方法构造函数 $g(e,u,x)$。对输入 x，先定义注销集 $C_{e,u,x}$。设注销集 $C_{e,u,0},\cdots,C_{e,u,x-1}$ 已被定义。若对所有 $i \in \{u,\cdots,x-1\}$，$time_{s(e,i+1)}(x)$ 均有定义，那么 $C_{e,u,x}$ 的定义如下：

$$C_{e,u,x} = \{i \mid u \leqslant i \leqslant x-1,\ time_i(x) \leqslant r(time_{s(e,i+1)}(x))\} \setminus \bigcup_{y<x} C_{e,u,y}$$

否则 $C_{e,u,x}$ 无定义。按假设，$time_{s(e,i+1)}(x)$ 有定义且 r 是全函数，故 $time_i(x) \leqslant r(time_{s(e,i+1)}(x))$ 是可判定的，所以 $C_{e,u,x}$ 是可计算的，并且对所有 $i \in C_{e,u,x}$，$\phi_i(x)$ 有定义。如果把下标 j 定义为 $s(e,i+1)$，那么注销集 $C_{e,u,x}$ 包含所有 $[u,x)$ 中不满足引理第二条性质的下标。有了可计算集 $C_{e,u,x}$，对角线方法告诉我们可将函数 $g(e,u,x)$ 定义如下：

$$g(e,u,x) \simeq \begin{cases} 1 + \max\{\phi_i(x) \mid i \in C_{e,u,x}\}, & \text{若 } C_{e,u,x}{\downarrow} \\ {\uparrow}, & \text{若 } C_{e,u,x}{\uparrow} \end{cases}$$

因为 $C_{e,u,x}$ 是可计算的，所以 $g(e,u,x)$ 是可计算的。函数 $g(e,u,x)$ 有若干好的性质，分别讨论如下。

（1）首先，$g(e,u,x)$ 及其关联的函数 $\phi_e^{(2)}(u,x)$ 和 $\phi_{s(e,u)}(x)$ 均为全函数。此性质可用向下归纳法证明如下：设对所有 $y < x$，$g(e,u,y)$ 均有定义。若 $u \geqslant x$，按定义有 $C_{e,u,x} = \emptyset$，因而 $g(e,u,x) = 1$。若 $u < x$，且 $g(e,x,x)$，$\cdots,g(e,u+1,x)$ 有定义，由 (1.6.1) 和 (1.6.2) 知，$\phi_{s(e,x)}(x),\cdots,\phi_{s(e,u+1)}(x)$ 均有定义。由此推出 $time_{s(e,x)}(x),\cdots,time_{s(e,u+1)}(x)$ 均有定义。所以注销集 $C_{e,u,x}$ 有定义，因而 $g(e,u,x)$ 有定义。这就完成了向下归纳。

（2）存在 v，对所有 $x > v$，有 $\phi_e^{(2)}(0,x) = \phi_e^{(2)}(u,x)$。此性质证明如下：对任意 $i < u$，若 $i \in C_{e,u,y}$，则对所有 $x > y$，有 $i \notin C_{e,u,x}$，这是因为一个下标最多只能出现在一个注销集中。定义

$$v = \max\{y \mid C_{e,0,y} \text{包含一个下标} i < u\}$$

下标 v 的直观意思是：当 v 足够大时，在区间 $[0, u)$ 内终将被注销的下标均已被注销，这些下标不会再出现在 $C_{e,u,v}$ 中。因此，等式 $C_{e,0,x} = C_{e,u,x}$ 对所有 $x > v$ 都成立。

（3）若下标 i 满足 $\phi_i(x) = \phi_e^{(2)}(0, x)$，则 $r(time_{s(e,i+1)}(x)) < time_i(x)$ 几乎处处成立。否则不等式 $time_i(x) \leqslant r(time_{s(e,i+1)}(x))$ 在无穷多个输入 x 上成立。按全函数 g 的定义，必有 $x > i$ 使得

$$\phi_i(x) \neq g(e, 0, x) = \phi_e^{(2)}(0, x)$$

这与假定矛盾。

由上述三个性质，加上等式 (1.6.1) 和 (1.6.2)，易见，若定义 $f(x) = \phi_e^{(2)}(0, x)$，引理的两条性质均成立。 □

对上述证明稍加修改，就能证明布鲁姆加速定理。

Speedup Theorem

定理 1.5（加速定理）　设 r 为可计算全函数。存在可计算全函数 f，对任意计算 f 的图灵机 $\mathbb{M}_i$，存在计算 f 的图灵机 $\mathbb{M}_I$，使得 $r(time_I(x)) < time_i(x)$ 几乎处处成立。

证明　不失一般性，设 r 为增函数。将引理1.2证明中的 $C_{e,u,x}$ 的定义稍做修改，即将 $time_i(x) \leqslant r(time_{s(e,i+1)}(x))$ 改为 $time_i(x) \leqslant r(time_{s(e,i+1)}(x) + x)$，就能有效地计算出 $\mathbb{M}_k$，使得下述两性质成立：

（1）ϕ_k 是全函数，并且等式 $\phi_k(x) = f(x)$ 几乎处处成立。

（2）不等式 $r(time_k(x) + x) < time_i(x)$ 几乎处处成立。

根据性质 1，一定存在自然数 N 使得对所有 $x \geqslant N$，等式 $\phi_k(x) = f(x)$ 成立。对 $\mathbb{M}_k$ 做如下改动：将有限关系 $\{(0, f(0), (1, f(1)), \cdots, (N-1, f(N-1))\}$ 所表示的输入输出行为用图灵机的指令实现，用程序语言的话说，就是增加一条 case 语句处理所有在 $[0, N)$ 中的输入。将修改后得到的图灵机记为 $\mathbb{M}_I$，这台图灵机计算 f。引入 case 语句可能会增加计算时间。但因为 N 是固定的，当输入不超过 N 时其计算时间不超过一个常数，而当输入大于 N 时，其计算时间就是比较输入 x 和 N 大小所用的时间，即线性时间。所以当输入 x 大于一定值时，$\mathbb{M}_I$ 的计算时间不超过 $time_k(|x|) + |x|$。 □

布鲁姆加速定理是复杂性理论的奠基性定理之一，它表达了如下重要的信息：我们不应定义问题的复杂性，我们当然可以定义解的复杂性。在复杂性理论里，我们通过问题具有的解的复杂性对问题进行分类。

在布鲁姆证明其加速定理之前，哈特马尼斯和斯特恩斯于 1965 年证明了所谓的线性加速定理 [100]。

Linear Speedup

定理 1.6（线性加速）   设图灵机 $\mathbb{M}$ 在 $T(n)$ 步内判定 L。对任意 $\epsilon > 0$，存在图灵机 $\mathbb{M}'$，$\mathbb{M}'$ 能在 $\epsilon T(n) + n + 2$ 步内判定 L。

证明   事实上，$\mathbb{M}'$ 可有效地从 $\mathbb{M} = (Q, \Gamma, \delta)$ 构造出来。一个简单的想法是：$\mathbb{M}' = (Q', \Gamma', \delta')$ 的符号集需要包含 Γ 和笛卡儿集 Γ^m；换言之，长度是 m 的 Γ^* 中的符号串可以用 Γ' 中的一个符号表示。$\mathbb{M}'$ 的计算定义如下：

- $\mathbb{M}'$ 用 $n + 2$ 步将输入转换成长度是 n/m 的内部符号串。
- $\mathbb{M}'$ 用 n/m 步将读写头移到第 0 格。
- 设 $\mathbb{M}'$ 的下一步要模拟 $\mathbb{M}$ 的 m 步计算，后者的一条带子上的读写头停在被 $\mathbb{M}'$ 用一个符号编码的连续 m 格中的某一格。在 m 步计算中，读写头可能跑到了 m 格的左边或右边。所以 $\mathbb{M}'$ 在模拟时，也得看左右格的内容，然后决定内容修改和读写头的下一步位置。在最坏情况下，$\mathbb{M}'$ 用 5 步模拟 $\mathbb{M}$ 的 m 步。

因为 $T(n) \geqslant n$，所以 $\mathbb{M}'$ 的计算时间不超过 $n + 2 + \dfrac{n}{m} + \dfrac{5}{m} T(n) \leqslant n + 2 + \dfrac{6}{m} T(n)$。设 $m = 6/\epsilon$，即得定理结论。 $\square$

若 L 可在线性时间内判定，线性加速定理告诉我们 L 可在 $2n$ 时间内判定。当 $T(n) = \omega(n)$，即当 $T(n)$ 的增长速度严格大于线性函数时，我们有一个更"干净"的线性加速定理。

推论 1.3   设 $T(n) = \omega(n)$，设图灵机 $\mathbb{M}$ 在 $T(n)$ 步内判定 L。对任意 $\epsilon > 0$，存在图灵机 $\mathbb{M}'$，$\mathbb{M}'$ 能在 $\epsilon T(n)$ 步内判定 L。

1.7   时间复杂性类

用双带图灵机，回文问题可在线性时间内解决，见第 7 页上的回文例子。可以证明，如果只用单带图灵机，回文问题只能在平方时间内解决 [154]。所以说，回文问题是否在 **TIME**(n) 里依赖于我们使用的模型。按我们的理解，**TIME**(n) 不是一个复杂性类。一个复杂性类是一个模型无关的问题类。最著名的一个复杂性类是多项式时间类，其定义如下：

$$\mathbf{P} = \bigcup_{c \geqslant 1} \mathbf{TIME}(n^c)$$

complexity class

P 的定义不依赖于任何模型。现有模型都是可以在多项式时间内相互模拟的，见文献 [110, 111]。这一现象支持了强丘奇-图灵论题 [70]。

强丘奇-图灵论题　图灵机可模拟任何物理可实现的计算装置，其计算时间不会超过被模拟装置计算时间的一个多项式倍。

Strong Church-Turing Thesis

读者会立刻想到量子计算模型 [166]。到目前为止，我们既不能确信量子计算模型是否物理可实现，也没有一个量子计算模型可在多项式时间内解但图灵机模型不能在多项式时间内解的被证明了的例子。

在计算机科学里，我们将 **P** 等同于有高效算法的问题或有可行算法的问题。常将此观点称为科伯姆-埃德蒙兹命题 [52, 69]。埃德蒙兹在文章 [69] 中给出了图匹配问题的优美算法并强调了 **P** 类问题的实际可计算性。这一观点不是没有争议的，本书无意介入那些哲学讨论，只想提出一个观点：对 **P** 的质疑和对强丘奇-图灵论题的信仰是不一致的。

Cobham-Edmonds Thesis

用同样的方法，我们可以定义其他复杂性类，比如指数时间类：

$$\mathbf{EXP} = \bigcup_{c \geqslant 1} \mathbf{TIME}(2^{n^c})$$

注意，不能将 **TIME**(2^{n^c}) 换成 **TIME**(2^{cn})。若我们有个时间函数为 $\Theta(2^{cn})$ 的算法 $\mathbb{A}$ 和一个时间函数是 $\Theta(n^3)$ 的多项式算法 $\mathbb{B}$，复合算法 $\mathbb{A} \circ \mathbb{B}$ 也是一个指数算法，无论常数 c 多大，$\mathbb{A} \circ \mathbb{B}$ 所判定的语言都不在 **TIME**(2^{cn}) 里。

$f(x) = \Theta(g(x))$ 当仅当 $f(x)$ 和 $g(x)$ 增长得一样快。

设 **T** 是一复杂性类。我们用 **coT** 表示 **T** 的补类，即 $\{\overline{A} \mid A \in \mathbf{T}\}$。按定义知 **coT** 的补类是 **T**。下述结论很明显。

引理 1.3　**coT** $\subseteq$ **T** 当仅当 **T** $\subseteq$ **coT** 当仅当 **coT** $=$ **T**。

本书中，我们偶尔会写 $\mathbb{M} \in \mathbf{T}$，表示 $\mathbb{M}$ 所判定的语言在 **T** 中。

1.8　非确定图灵机

如果我们将 $x \in L$ 视为命题，一台图灵机判定 $x \in L$ 的过程可视为一个证明过程。在这一视角下，**P** 中的问题就是可以在多项式时间里找到证明的问题。有一类命题，它们有多项式长的证明，但尚未发现一个能找到其证明的多项式时间算法。这类命题可以通过如下的指数时间算法进行判定：枚举所有长度不超过某个多项式界的符号串，然后在多项式时间里验证符号串是否是待证命题的证明。用 **EXP** 来刻画这类问题不是很有用，我们希望定义一个问题类，刻画多项式时间可验证的判定问题。为此，我们引入所谓的非确定图灵机的理论模型。

nondeterministic

一台非确定图灵机 $\mathbb{N}$ 可以简单地定义为具有两个迁移函数 δ_0 和 δ_1 的图灵机，"非确定"指未确定任何使用 δ_0 和 δ_1 的策略。非确定图灵机在运行的任意时刻，可以毫无章法地选择迁移函数 δ_0 或迁移函数 δ_1 进行计算。我们可以把一台非确定图灵机在一个给定输入上的所有可能的计算路径想象成一棵二叉树，二叉树的根结点是初始格局，二叉树的叶子结点是终止格局，它的一次计算或者是树中从根结点到某个叶子的路径，或者是一条不终止的无限长路径。非确定图灵机不是物理可实现的，但这类图灵机在理论研究中扮演着非常重要的角色，特别是对我们研究验证问题非常有用。

我们常用非确定图灵机解决存在性问题。非确定图灵机的每条计算路径试图构造一个存在性证明，若构造成功，在输出带上写 1 并停机，称该计算是成功的，该终止格局为接受格局；若构造失败，在输出带上写 0 并停机，并称该计算是失败的，该终止格局为拒绝格局。有些计算路径可能不终止，这些计算也是失败的。只要计算终止，我们总可以假定输出带上的内容或为 1 或为 0。对于解决存在性问题，只要有一个存在性证明就足够了。因此有下面的定义。

定义 1.6　设 $\mathbb{N}$ 为非确定图灵机，当输入 x 时，若 $\mathbb{N}(x)$ 有一条计算路径终止于接受格局，称 $\mathbb{N}$ 接受 x，记为 $\mathbb{N}(x) = 1$。若 $\mathbb{N}(x)$ 的所有的计算路径都不终止于接受格局，称 $\mathbb{N}$ 拒绝 x，记为 $\mathbb{N}(x) = 0$。

设 L 为一语言，若 $x \in L$ 当仅当 $\mathbb{N}(x) = 1$，称 $\mathbb{N}$ 接受 L。

非确定图灵机强于确定图灵机的地方在于它们的猜测能力。我们用顶点覆盖问题来解释什么是猜测。设 (G, N) 为顶点覆盖问题的一个输入实例，其

中 $G = (V, E)$。用一个长度是 $|V|$ 的 0-1 串表示 V 的一个子集，一台非确定图灵机用它的两个迁移函数不确定地产生一个长度是 $|V|$ 的 0-1 串，验证该 0-1 串所对应的 V 的子集大小是否为 N，若是，进一步验证该子集是否是一个顶点覆盖。在此描述中，"不确定地产生一个长度是 $|V|$ 的 0-1 串"的过程就是"猜测 V 的一个子集"的过程。显然，所有 V 的子集都能被猜到。若输入图的确含有一个大小是 N 的顶点覆盖，一定会有一条计算路径成功地猜测到该覆盖，并终止于接受格局。

设 $T: \mathbb{N} \to \mathbb{N}$ 为时间函数。对任意输入 x，若非确定图灵机 $\mathbb{N}$ 的任一计算路径的长度都不超过 $T(|x|)$，称 $T(n)$ 为 $\mathbb{N}$ 的时间函数。设 $L \subseteq \{0,1\}^*$。记号 $L \in \mathbf{NTIME}(T(n))$ 表示存在接受 L 的非确定图灵机 $\mathbb{N}$ 和常数 $c > 0$，$cT(n)$ 为 $\mathbb{N}$ 的时间函数。用此记号，可定义非确定复杂性类，比如：

$$\mathbf{NP} = \bigcup_{c \geqslant 1} \mathbf{NTIME}(n^c)$$

$$\mathbf{NEXP} = \bigcup_{c \geqslant 1} \mathbf{NTIME}(2^{n^c})$$

$\mathbf{NP}$ 就是著名的非确定多项式时间类。与之相关的问题，即"$\mathbf{NP} \overset{?}{=} \mathbf{P}$"，是计算机科学中最重要的基础性问题。

命题 1 $\mathbf{P} \subseteq \mathbf{NP} \subseteq \mathbf{EXP} \subseteq \mathbf{NEXP}$。

证明 因为图灵机是非确定图灵机的特例，第一和第三个子集包含关系成立。第二个包含关系成立的理由是：在指数时间，通用图灵机可以把一台多项式时间的非确定图灵机的所有计算路径都走一遍。 □

非确定图灵机为有限对象，我们可以定义它们的哥德尔编码。固定一个编码方案和一个 $\{0,1\}^*$ 与自然数集 $\mathbb{N}$ 之间的有效一一对应，我们可以有效地枚举所有的非确定图灵机

$$\mathbb{N}_0, \mathbb{N}_1, \cdots, \mathbb{N}_i, \cdots \tag{1.8.1}$$

序列 (1.8.1) 可以由一台确定的图灵机枚举。此枚举满足两个条件：一是所有非确定图灵机都出现在 (1.8.1) 中；二是每个非确定图灵机在 (1.8.1) 中出现无穷多次。借用确定图灵机的研究方案，我们下一个该问的问题是：是否存在通

用非确定图灵机,该图灵机可以模拟任一台非确定图灵机的计算?稍做思考就会发现,确定图灵机的通用图灵机构造可以移植到非确定图灵机上,通用非确定图灵机在模拟输入机器的一步之前,不确定地选被模拟图灵机的 δ_0 或 δ_1。我们要介绍的是一个并非完美但额外的时间开销非常小的“通用”非确定图灵机。为定义该图灵机,引入如下定义。

定义 1.7 设 $\mathbb{N}$ 为 k-带(非确定)图灵机,x 为输入。$\mathbb{N}(x)$ 在第 t 步的快照为 $k+1$ 元组

$$\langle q, a_1, \cdots, a_k \rangle \in Q \times \underbrace{\Gamma \times \cdots \times \Gamma}_{k}$$

其中,q 为 t 时刻的机器状态,$a_1, \cdots, a_k$ 为 t 时刻读写头所指格中的符号。

与格局不同,快照的大小只依赖于 $\mathbb{M}$,不依赖于输入长度。$\mathbb{N}(x)$ 的一条计算路径诱导出一个快照序列。由于快照大小不依赖于输入长度,所以算法可以不用看输入就可以猜测一个快照序列。

本书中用到的“通用”非确定图灵机 $\mathbb{V}$ 定义如下:

1. 输入非确定图灵机编码 α 和 0-1 串 x。
2. $\mathbb{V}$ 猜测 $\mathbb{N}_\alpha(x)$ 的一个终止于接受格局的计算路径的快照序列和一个同等长度的 0-1 串,后者表示 $\mathbb{N}_\alpha$ 在计算时做的非确定选择,0 表示选 δ_0,1 表示选 δ_1。在猜测快照序列时,$\mathbb{V}$ 只跟踪输入带上的符号而忽略工作带,工作带上的符号通过猜测得到。
3. 对每一条工作带,$\mathbb{V}$ 验证在猜测阶段对该条工作带上猜测的符号是否正确。$\mathbb{V}$ 使用另一条工作带来记录 $\mathbb{N}_\alpha$ 在该工作带上的实际读写过程。
4. 若所有验证均成功,$\mathbb{V}$ 停机并接受;若发现错误,$\mathbb{V}$ 停机并拒绝。

若 $\mathbb{V}$ 的所有验证均通过,那么它对工作带上的所有符号的猜测都正确无误。换言之,所猜测的快照序列的确反映了 $\mathbb{N}_\alpha(x)$ 的一个终止于接受状态的计算路径。与确定图灵机的通用机相比,$\mathbb{V}$ 的最大优势是它几乎没有额外的时间开销,能在输入图灵机计算时间的一个常数倍里模拟输入图灵机的运行。$\mathbb{V}$ 的缺点是,它不一定终止,没有任何方法能够阻止它在猜测阶段不停地猜测。在实际使用 $\mathbb{V}$ 时,通常是用它来模拟一类具有某个时间函数的非确定图灵机,在此情况下,我们可以利用时间可构造性来叫停一个超长的猜测。

1.9 命题逻辑

如果把计算看成证明过程，数理逻辑必然在其中扮演重要角色。逻辑常可给出问题的等价刻画，并在此基础上提供对问题的分类方法。命题逻辑是数理逻辑的核心，研究的是不涉及任何论域的纯逻辑推演规则。一个命题是一个具有真假值的陈述，常用 true、1、⊤ 表示真值，用 false、0、⊥ 表示假值。可通过逻辑操作子从已有命题构造新命题，这些操作子包括二元操作子与（∧）、或（∨）、蕴含（⇒）、等价（⇔）和一元操作子非（¬）。将用小写字母 x、y、z、u、v、w 及它们的变体表示逻辑变量。命题公式是由真假值、命题变量、逻辑操作子通过归纳构造得到的。在复杂性理论中，一个逻辑变量 x 的否定形式 $\neg x$ 常常写成 $\overline{x}$。变量 x 或其否定形式 $\overline{x}$ 称为字。一个单项式是若干字的合取，如 $x_1 \wedge \overline{x_2} \wedge x_3$。一个语句是若干字的析取，如 $x_1 \vee \overline{x_2} \vee x_3$。一个析取范式是若干单项式的析取，一个合取范式是若干语句的合取。因为合取和析取满足交换律和结合律，常将括号省略，比如 $x \vee y \vee z$，并用 $\bigvee$ 表示有限析取，用 $\bigwedge$ 表示有限合取。值得指出的是，$\bigvee \emptyset = \bot$ 和 $\bigwedge \emptyset = \top$。用此约定，析取范式和合取范式可分别写成如下形式的命题公式：

$$\bigvee_i \left(\bigwedge_j v_{i_j} \right), \quad \bigwedge_i \left(\bigvee_j v_{i_j} \right)$$

其中 v_{i_j} 为字。常用 ϕ、ψ、φ 表示命题公式。公式的长度和它包含的字数是线性相关的，故有下述定义。注意，字数统计的是字的重复出现次数。

定义 1.8 φ 的长度，记为 $|\varphi|$，是出现在 φ 中的总字数。

为了避免引入过多符号，一个小写字母也用来表示一串变量，如 $u = u_1, \cdots, u_k$。我们将遵循的约定是：带下标的表示单个变量，带上标的表示一串变量，不带上下标的可表示单个变量，也可表示一串变量。

在数学里，我们关注的焦点是定理，在逻辑里，我们关注的焦点是永真式。例如，公式 $\varphi \Rightarrow \varphi$ 和公式 $\varphi \Rightarrow (\varphi \Rightarrow \psi) \Rightarrow \psi$ 是永真式。永真式的演算系统称为证明系统。著名的命题逻辑证明系统有自然演绎系统 [176] 和相继式演算 [84]，对这些证明系统的讨论属于证明论的研究范畴 [219]。我们将避免在证明系统上花费篇幅，也不会从计算复杂性理论的角度讨论证明系统 [57]。我

propositional logic

proposition

boolean expression

literal
monomial
clause

natural deduction
sequent calculus

就语义而言，证明系统是可靠和完备的。因此永真式就是可证公式。

们选择从语义的角度定义永真式。对变量 $x_1, \cdots, x_n$ 的真值指派指的是一个函数 $\rho : \{x_1, \cdots, x_n\} \to \{0, 1\}$。常将 $x_1, \cdots, x_n$ 的真值指派等同于长度为 n 的 0-1 串。给定含有变量 $x_1, \cdots, x_n$ 的公式 φ 和真值指派 ρ，可使用逻辑操作子的真值表（见图1.4）对公式 φ 求值，若值为 1，称该真值指派满足该公式。用 $V(\varphi)$ 表示布尔公式 φ 中变量的集合。永真式的定义如下。

x	y	$x \wedge y$	$x \vee y$	$x \Rightarrow y$	$x \Leftrightarrow y$
0	0	0	0	1	1
0	1	0	1	1	0
1	0	0	1	0	0
1	1	1	1	1	1

图 1.4　真值表

tautology
valid expression

定义 1.9　若对 $V(\varphi)$ 的任何真值指派均使布尔公式 φ 为真，称 φ 为永真式。

若 $\varphi \Rightarrow \psi$ 为永真式，称 φ 蕴含 ψ。若 $\varphi \Leftrightarrow \psi$ 为永真式，称 φ 与 ψ 等价。下面是 4 条熟知的永真式：

$$x \Rightarrow y \Leftrightarrow \overline{x} \vee y \tag{1.9.1}$$

$$x \Leftrightarrow y \Leftrightarrow (\overline{x} \vee y) \wedge (x \vee \overline{y}) \tag{1.9.2}$$

$$x \wedge (y \vee z) \Leftrightarrow (x \wedge y) \vee (x \wedge z) \tag{1.9.3}$$

$$x \vee (y \wedge z) \Leftrightarrow (x \vee y) \wedge (x \vee z) \tag{1.9.4}$$

我们可以将上述永真式中的变量替换成任意命题公式，得到的依然是永真式。

De Morgan

著名的德·摩根律当然也是永真式：

$$\neg(x \wedge y) \Leftrightarrow \overline{x} \vee \overline{y} \tag{1.9.5}$$

$$\neg(x \vee y) \Leftrightarrow \overline{x} \wedge \overline{y} \tag{1.9.6}$$

若 φ 不是永真式，一定有个真值指派满足 $\neg\varphi$，即 $\neg\varphi$ 是可满足的。

satisfiable

定义 1.10　若存在真值指派满足一公式，称该公式为可满足的。

复杂性理论中最著名最重要的问题是关于可满足公式的。

定义 1.11　可满足性问题是 所有可满足的合取范式的集合，记为 SAT。　　　Satisfiability

所有可满足的析取范式构成的问题可在多项式时间判定，但就是找不出可满足问题的多项式时间算法，尽管我们知道它有多项式时间非确定"算法"。

命题 2　SAT $\in$ **NP**。

证明　给定含有变量 $x_1, \cdots, x_n$ 的合取范式 $\varphi(x_1, \cdots, x_n)$，一个多项式时间的非确定图灵机猜测 $x_1, \cdots, x_n$ 的一个真值指派，然后验证 $\varphi(x_1, \cdots, x_n)$ 在该真值指派下是否为真。　　　　　　　　　　　　　　　　　　　　$\square$

可满足性问题和它的很多子问题等价。在一个 k-合取范式里，每个语句最多含有 k 个字。将 SAT 中的 k-合取范式构成的子集记为 kSAT。在第 2 章，我们将详细讨论可满足性问题。

设 $w = w_1, \cdots, w_n$ 和 $z = z_1, \cdots, z_n$ 为两个等长的布尔变量串。布尔公式 $(w_1 = z_1) \wedge \cdots \wedge (w_n = z_n)$ 可定义为 $(w_1 \Rightarrow z_1) \wedge (z_1 \Rightarrow w_1) \wedge \cdots \wedge (w_n \Rightarrow z_n) \wedge (z_n \Rightarrow w_n)$，后者等价于

$$(w_1 \vee \overline{z_1}) \wedge (\overline{w_1} \vee z_1) \wedge \cdots \wedge (w_n \vee \overline{z_n}) \wedge (\overline{w_n} \vee z_n) \qquad (1.9.7)$$

此公式可简写为 $w = z$。若 $z_1 = 1$，$(w_1 \vee \overline{z_1}) \wedge (\overline{w_1} \vee z_1)$ 可简化为 w_1；若 $z_1 = 0$，$(w_1 \vee \overline{z_1}) \wedge (\overline{w_1} \vee z_1)$ 可简化为 $\overline{w_1}$。

变量 $x_1, \cdots, x_n$ 的一个极小项是含有 n 个字的合取式，每个变量 x_i 在该合取式中出现且只出现一次。比如，若 $n = 3$，$x_1 \wedge \overline{x_2} \wedge x_3$ 是一个极小项。设 α 是长度为 n 的 0-1 串。用 x_α 表示那个在真值指派 α 下为真的极小项，比如，$x_{101} = x_1 \wedge \overline{x_2} \wedge x_3$。变量 $x_1, \cdots, x_n$ 的一个极大项是含有 n 个字的析取式，每个变量 x_i 在该析取式中出现且只出现一次。用 x^α 表示那个在真值指派 α 下为假的极大项，比如，$x^{101} = \overline{x_1} \vee x_2 \vee \overline{x_3}$。　　　minterm

maxterm

定义 1.12　若对布尔函数 $f : \{0,1\}^\ell \to \{0,1\}$ 的一部分变量给出赋值 ρ，不管其他变量如何赋值，函数 f 的值总为 1（0），称由赋值 ρ 定义的极小（大）项为函数 f 的极小（大）项。

每个 ℓ-元布尔函数 f 都等价于一个析取范式：

$$f(x) = \bigvee_{f(\alpha)=1} x_\alpha \qquad (1.9.8)$$

也等价于一个合取范式：

$$f(x) = \bigwedge_{f(\alpha)=0} x^\alpha \tag{1.9.9}$$

公式 (1.9.8) 和公式 (1.9.9) 给出的合（析）取范式的大小不超过 $\ell 2^\ell$。若 ℓ 是常数，这两个公式都是常数大小的。

1.10 谓词逻辑

predicate logic

vocabulary

谓词逻辑具有描述个体和刻画个体域性质的能力。为了使用谓词逻辑，我们必须先固定一个个体域的字母表。一个字母表是一个三元组 (C, F, R)，其中可数集 C 中的元素称为个体常量符，可数集 F 中的元素称为函数符，可数集 R 中的元素称为关系符。每个函数符 f 都关联一个正整数 r，该函数符称为 r 元函数符；每个关系符 p 都关联一个正整数 r，该关系符称为 r 元关系符。个

term

体变量用 u、v、w 及其变体表示。我们可以在字母表之上定义项：① 个体常量和个体变量是项；② 若 f 是 r 元函数符，$t_1, \cdots, t_r$ 是项，则 $f(t_1, \cdots, t_r)$ 是项。

若 $t_1, \cdots, t_r$ 为项，p 为 r 元关系，则 $p(t_1, \cdots, t_r)$ 为原子公式；若 t 和 t' 为项，则 $t = t'$ 为原子公式。二元关系符 $=$ 满足如下三条等式公理：

$$x = x$$
$$x_1 = y_1 \wedge \cdots \wedge x_r = y_r \Rightarrow f(x_1, \cdots, x_r) = f(y_1, \cdots, y_r)$$
$$x_1 = y_1 \wedge \cdots \wedge x_r = y_r \Rightarrow R(x_1, \cdots, x_r) = R(y_1, \cdots, y_r)$$

所有公理在项替换下封闭。谓词公式可归纳定义如下：① 原子公式是谓词公式；② 若 φ, ψ 为谓词公式，则 $\varphi \wedge \psi$、$\varphi \vee \psi$ 和 $\neg \varphi$ 为谓词公式；③ 若 φ 是谓词公式，u 为个体变量，则 $\forall u.\varphi$ 和 $\exists u.\varphi$ 为谓词公式。操作子 $\forall$ 和 $\exists$ 分别称为全称量词和存在量词。在公式 $\forall u.\varphi$ 和 $\exists u.\varphi$ 中，φ 是 $\forall u / \exists u$ 的辖域。在 $\forall u.\varphi$ 和 $\exists u.\varphi$ 中的变量 u 是受限的。谓词公式中非受限的变量为自由的。

sentence

一个不含有自由个体变量的谓词公式称为闭公式。常将 $\forall x_1 \cdots \forall x_k.\varphi$ 简写成 $\forall x_1 \cdots x_k.\varphi$，将 $\exists x_1 \cdots \exists x_k.\varphi$ 简写成 $\exists x_1 \cdots x_k.\varphi$。

根据哥德尔完备定理，可证闭公式就是永真式。

与命题逻辑的情况一样，我们可以为可证闭公式设计自然演绎系统和相继式演算。出于同样理由，我们选择用语义的方法定义永真式。一个字母表

为 (C, F, R) 的模型是一个二元组 $M = (U, \mu)$，其中集合 U 为个体域，解释函数 μ 将每个变量 x 解释为 U 中的元素 $\mu(x)$，将 C 中的常量符 c 解释为 U 中的元素 $\mu(c)$，将 F 中的 r 元函数符 f 解释为 r 元函数 $\mu(f): U^r \to U$，将 R 中的 r 元关系符 p 解释为关系 $\mu(p) \subseteq U^r$。对任何项 t，用归纳法可求出其在 U 中的解释 $\mu(t)$。借助于解释函数，定义可满足关系 $\models$ 如下：① 若 $(\mu(t_1), \cdots, \mu(t_r)) \in \mu(p)$，则 $M \models p(t_1, \cdots, t_r)$；② 若 $M \models \varphi$ 且 $M \models \psi$，则 $M \models \varphi \wedge \psi$；③ 若 $M \models \varphi$ 或 $M \models \psi$，则 $M \models \varphi \vee \psi$；④ 若 $\neg(M \models \varphi)$，则 $M \models \neg\varphi$；⑤ 若对任意 $e \in U$，$M_{u=e} \models \varphi$，则 $M \models \forall u.\varphi$；⑥ 若存在 $e \in U$，$M_{u=e} \models \varphi$，则 $M \models \exists u.\varphi$。模型 $M_{u=e}$ 和模型 M 的唯一区别是前者将 u 解释为 e。

$$U^r = \underbrace{U \times \cdots \times U}_{r}$$

　　若对于所有模型 M 均有 $M \models \varphi$，称 φ 为永真式。不难看出，此定义涵盖了命题公式永真式的定义。若 φ 含自由变量 $x_1, \cdots, x_k$，公式 φ 是永真式当仅当 $\forall x_1 \cdots x_k.\varphi$ 是永真式，公式 φ 是可满足的当仅当 $\exists x_1 \cdots x_k.\varphi$ 是永真式。下述两个蕴含反映了量词的基本语义：

$$\forall x.\varphi \Rightarrow \varphi$$
$$\varphi \Rightarrow \exists x.\varphi$$

关于量词的德·摩根律是如下的等价：

$$\neg\forall x.\varphi \Leftrightarrow \exists x.\neg\varphi \tag{1.10.1}$$
$$\neg\exists x.\varphi \Leftrightarrow \forall x.\neg\varphi \tag{1.10.2}$$

一个前束范式是形如 $Q_1 x_1 \cdots Q_k x_n.\varphi(x_1, \cdots, x_n)$ 的闭公式，这里 $Q_1, \cdots, Q_n$ 为量词。用归纳法容易证明，任何一个闭公式等价于一个前束范式。

prenex form

　　一个有限模型 $M = (U, \mu)$（即 U 为有限集）的个体域可写成 $\{0, 1\}^{\log |U|}$；更进一步，可将模型定义在布尔域 $\{0, 1\}$ 上，将一个变量换成 $\log |U|$ 个变量。在计算复杂性理论里，大多数情况下我们关心的谓词逻辑的语义模型的个体域是布尔域 $\{0, 1\}$。在此类模型中，函数与关系没有区别，均为布尔函数。当个体域为布尔域时，如下形式的前束范式称为量化布尔公式（QBF）：

quantified

$$Q_1 x^1 Q_2 x^2 \cdots Q_k x^n.\varphi(x^1, \cdots, x^n) \tag{1.10.3}$$

其中，x^i 为**一串**变量，$Q_1, Q_2, \cdots, Q_k$ 或为 $\forall, \exists, \forall, \exists, \cdots$，或为 $\exists, \forall, \exists, \forall, \cdots$。

定义 1.13   问题 QBF 定义为所有永真的量化布尔公式的集合。

无论是在理论还是在应用中，QBF 都是一个非常重要的问题。定义 kQBF 为 QBF 的子集，包含所有永真的如下形式的量化布尔公式：

$$\exists u^1 \forall u^2 \cdots Q u^k . \varphi(u^1, \cdots, u^k)$$

按对偶性，$\overline{k\text{QBF}}$ 应该包含所有永真的如下形式的量化布尔公式：

$$\forall u^1 \exists u^2 \cdots Q u^k . \varphi(u^1, \cdots, u^k)$$

在后面的章节中，我们将揭示 QBF 和 kQBF 所扮演的角色。

在本书的其余部分，除非特别说明，谓词逻辑的个体域均为布尔域。

1.11　计算的逻辑刻画

逻辑不仅可以刻画问题，还可以描述计算过程 [206]。设单带图灵机 $\mathbb{M} = (\Gamma, Q, \delta)$ 的时间函数是 $T(n)$，x 为输入，$t = T(|x|)$。不失一般性，假定 $\mathbb{M}$ 停机时读写头指向带子的最左格，并且除了输入输出外带子上其他格子中的符号均为 $\square$。设 $\mathbb{M}(x)$ 计算时的格局依次为 $C_{\text{start}} = C_0, C_1, \cdots, C_{t-1}, C_t$，如图1.5所示。在图中，黑圆点表示读写头所在位置，加粗竖杠左面的格子里放的是输入串。每个符号可以用长度为 $\log|\Gamma|$ 的 0-1 串编码，每个状态可以用长度是 $\log|Q|$ 的 0-1 串编码。我们将格局 C_i 的带子上的每个符号用一个长度是 $\ell = \log|\Gamma| + \log|Q| + 1$ 的 0-1 串编码，其中用 $\log|Q|$ 位表示格局 C_i 的状态，用一位表示在第 i 时刻读写头是否指向本格，用 1 表示指向本格，用 0 表示不指向本格。尽管此编码方案有点冗余，但它的好处是明显的。用 $C_i[j]$ 表示 C_i 中第 j 个格子中符号的编码。对任何 $i \in [t]$ 和任何 $j \in [t-1]$，编码 $C_i[j]$ 可利用迁移函数 δ 从编码 $C_{i-1}[j-1]$、$C_{i-1}[j]$、$C_{i-1}[j+1]$ 算出，如图1.5所示。此算法定义了一个函数 $\{0,1\}^{3\ell} \to \{0,1\}^{\ell}$，而此函数可等价地表示成布尔函数 $f : \{0,1\}^{4\ell} \to \{0,1\}$。使用等式 (1.9.9)，可将布尔函数 f 表示成大小不超过 $4\ell 2^{4\ell}$ 的含 4ℓ 个布尔变量的合取范式 ϕ。

有了公式 ϕ，我们可以将 $\mathbb{M}(x)$ 的计算用合取范式表示。对任意 $i, j \in \{0, \cdots, t\}$，引入变量 $z^{i,j}$，注意，$z^{i,j}$ 表示 ℓ 个变量。定义布尔公式：

$$\phi_{i,j} \stackrel{\text{def}}{=} \phi(z^{i-1,j-1}, z^{i-1,j}, z^{i-1,j+1}, z^{i,j}) \tag{1.11.1}$$

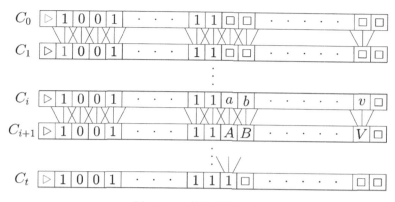

图 1.5　计算的逻辑刻画

需要指出的是，公式 ϕ_{ij} 对其所描述的格子内容编码的状态部分可能是错的（比如对 z^{ij} 中的状态编码可能并不是第 i 个时刻的状态编码），但这不要紧。我们必须确保的是对读写头指向的那格内容编码的状态部分是正确的。

描述 $\mathbb{M}(x)$ 计算的公式由三部分组成：

（1）表示初始格局的公式 γ_0 定义为 $z^{0,0}z^{0,1}\cdots z^{0,t} = \rhd x \square^{t-|x|-1}$。为简化公式，我们将符号及其编码混为一谈，如将 $\square$ 等同于长度为 ℓ 的 $\square$ 的编码，下同。此公式应理解为形如 (1.9.7) 的公式。

（2）对每个 $i \in [t-1]$，表示第 i 个格局编码对第 $i-1$ 个格局编码的逻辑依赖关系，即公式

$$\gamma_i = (z^{i,0} = \rhd) \wedge \left(\bigwedge_{j \in [t-1]} \phi_{i,j} \right) \wedge (z^{i,t} = \square) \tag{1.11.2}$$

（3）表示终止格局的公式 γ_t 定义为 $z^{t,0}z^{t,1}\cdots z^{t,t} = \rhd x 1 \square^{t-|x|-2}$。

表示 "$\mathbb{M}$ 是否接受 x" 的布尔公式就是

$$\psi_{\mathbb{M},x} \overset{\text{def}}{=} \bigwedge_{i=0}^{t} \gamma_i \tag{1.11.3}$$

因为 ℓ 是常量，所以 $\phi_{i,j}$ 的大小为常量，因此 $\psi_{\mathbb{M},x}$ 的大小是 $O(T(n)^2)$，其编码长度为 $O(T(n)^2 \log T(n))$。逻辑表示的正确性由下述引理保证。在引理的叙述中，变量串 z 表示 $\psi_{\mathbb{M},x}$ 中出现的所有变量，$\exists! z.\psi_{\mathbb{M},x}$ 为真当仅当 z 有唯一的真值指派使得 $\psi_{\mathbb{M},x}$ 为真。

定理 1.7（计算的逻辑刻画）　$\mathbb{M}(x) = 1$ 当仅当 $\psi_{\mathbb{M},x}$ 可满足当仅当 $\exists ! z.\psi_{\mathbb{M},x}$ 为真。

证明　逻辑公式 $\psi_{\mathbb{M},x}$ 刻画的是 $\mathbb{M}(x)$ 的唯一的计算路径。输入 x 固定后，对 $\psi_{\mathbb{M},x}$ 中的变量，有唯一可能的赋值使得 $\psi_{\mathbb{M},x}$ 除 $z^{t,(|x|+2)\ell} = 1$ 以外的语句都为真。若 $\mathbb{M}(x) = 1$，则 $z^{t,(|x|+2)\ell} = 1$ 为真，此时 $\psi_{\mathbb{M},x}$ 为真。若 $\mathbb{M}(x) = 0$，则 $z^{t,(|x|+2)\ell} = 1$ 为假，此时 $\psi_{\mathbb{M},x}$ 为假。　　□

公式 $\psi_{\mathbb{M},x}$ 是多项式长的，其构造是模块化的。因此只要记住当前正在输出 $\psi_{\mathbb{M},x}$ 的位是在哪个模块里（这只需要记住一个 $\log T(n)$ 长的 0-1 串），一个简单的计算过程就能算出该位。下述引理叙述中用到的空间复杂性将在第 1.16 节定义。

引理 1.4　给定时间函数为 $T(n)$ 的图灵机 $\mathbb{M}$ 和长度为 n 的输入 x，可在 $O(\log T(n))$ 空间里输出 $\psi_{\mathbb{M},x}$。

ϕ 只含常数个变量，例如 $C_1[3]$ 的输入只依赖于输入串 x 中的常数个位。可将长度为 n 的输入串 x 表示成函数 $f_x : \{0,1\}^{\log n} \to \{0,1\}$，这样就可以用对数多个变量表示输入的一位，并将 f_x 的赋值功能与 ϕ 的逻辑功能合二为一。这样做的好处是可以进一步缩短表示计算的逻辑公式。可将 $\psi_{\mathbb{M},x}$ 换成 $O(\log t)$ 长的公式 $\psi_{\mathbb{M},n}$，其定义如下：

$$\bigwedge_{u \in \{0,1\}^{\log t}} \bigwedge_{v \in \{0,1\}^{\log t}} \bigwedge_{i \in [\ell]} \left(z_i^{u,v} = L(z^{u-1,v-1}, z^{u-1,v}, z^{u-1,v+1}) \right)$$

上式中，$z_i^{u,v}$ 是 ℓ 个变量 $z^{u,v}$ 中的第 i 个，$L(z^{u-1,v-1}, z^{u-1,v}, z^{u-1,v+1})$ 是含有 3ℓ 个变量的大小为 $3\ell 2^{3\ell}$ 的合取范式，参见 (1.9.9)。如果我们将变量 $z^{u-1,v-1}, z^{u-1,v}, z^{u-1,v+1}$ 用长度为 $\log(3\ell)$ 的 0-1 串编码的话，L 可在常数时间里计算出来。我们可以用一个常数大小的 3-合取范式 $\bigwedge_{w \in \{0,1\}^c} \psi_{i,w}^{u,v}$ 等价地表示 $L(z^{u-1,v-1}, z^{u-1,v}, z^{u-1,v+1})$，这里 c 是依赖于机器参数的常量。因此 $\psi_{\mathbb{M},x}$ 也可写成

$$\bigwedge_{u \in \{0,1\}^{\log t}} \bigwedge_{v \in \{0,1\}^{\log t}} \bigwedge_{i \in [\ell]} \bigwedge_{w \in \{0,1\}^c} \psi_{i,w}^{u,v} \tag{1.11.4}$$

其中 $\psi_{i,w}^{u,v}$ 的大小是常量（编码后长度是对数的），因此可在线性时间从 u、v、i、w 算出。不难看出公式 (1.11.4) 的大小是 $O(\log(n))$。

1.12 时间谱系定理

给定时间函数 f 和 g，若 $f \leqslant g$，必有 $\mathbf{TIME}(f(n)) \subseteq \mathbf{TIME}(g(n))$。我们感兴趣的是，在什么情况下，包含关系 $\mathbf{TIME}(f(n)) \subseteq \mathbf{TIME}(g(n))$ 是严格的。哈特马尼斯和斯特恩斯很早就研究了这个问题。下述的时间谱系定理出现在他们那篇著名的 1965 年文章里 [100]。

定理 1.8（时间谱系定理） 若 f 和 g 是时间可构造的且 $f(n) \log f(n) = o(g(n))$，则 $\mathbf{TIME}(f(n)) \subsetneq \mathbf{TIME}(g(n))$。

证明 按定义，显然有 $\mathbf{TIME}(f(n)) \subset \mathbf{TIME}(g(n))$。我们要证的是一个否定结果，即 $\mathbf{TIME}(g(n)) \nsubseteq \mathbf{TIME}(f(n))$。设 L 由如下定义的图灵机 $\mathbb{D}$ 所判定：

> 当输入 x 时，让 $\mathbb{U}(x,x)$ 计算 $g(|x|)$ 步；若 $\mathbb{U}(x,x)$ 在 $g(|x|)$ 步内完成模拟，输出 $\mathbb{M}_x(x)$ 的反转 $\overline{\mathbb{M}_x(x)}$，否则输出 0。

此定义中，"让 $\mathbb{U}(x,x)$ 计算 $g(|x|)$ 步" 指的是：

> 将图灵机 $\lambda z.\mathbb{U}(z,z)$ 和 $g(n)$-时钟图灵机进行硬连接，得到图灵机 $\mathbb{U}_g$，然后计算 $\mathbb{U}_g(x)$。

按定义，$L \in \mathbf{TIME}(g(n))$。假设 $L \in \mathbf{TIME}(f(n))$，并设 L 由图灵机 $\mathbb{M}_z$ 在 $f(n)$ 时间内判定。根据定理的前提 $f(n) \log f(n) = o(g(n))$，只要取 z 足够大，$g(|z|)$ 就远大于 $f(|z|) \log f(|z|)$。根据定理1.2，只要 $g(|z|)$ 远大于 $f(|z|) \log f(|z|)$，通用图灵机就能在 $g(|z|)$ 时间内模拟完 $\mathbb{M}_z(z)$ 的计算。因此有下述两个结论：

（1）$\mathbb{D}(z) = \mathbb{M}_z(z)$，这是因为 $\mathbb{D}$ 和 $\mathbb{M}_z$ 都判定语言 L。

（2）$\mathbb{D}(z) = \overline{\mathbb{M}_z(z)}$，这是因为 $\mathbb{D}(z)$ 完成了对 $\mathbb{M}_z(z)$ 的模拟后将其结果反转。

上述矛盾表明，$L \in \mathbf{TIME}(f(n))$ 不可能成立。 $\qquad \square$

作为时间谱系定理的一个简单应用，如下定义的无穷多个复杂性类构成一个严格包含序列：

$$\mathbf{EXP} = \bigcup_{c>1} \mathbf{TIME}(2^{n^c})$$

旁注：

Time Hierarchy

$f(x) = o(g(x))$ 当且仅当 $f(x)$ 的增长速度严格小于 $g(x)$ 的增长速度。

$\overline{0} = 1$，$\overline{1} = 0$。

图灵机 $\lambda z.\mathbb{U}(z,z)$ 在输入 x 之后，计算 $\mathbb{U}(x,x)$。

$$2\mathbf{EXP} = \bigcup_{c>1} \mathbf{TIME}(2^{2^{n^c}})$$

$$3\mathbf{EXP} = \bigcup_{c>1} \mathbf{TIME}(2^{2^{2^{n^c}}})$$

$$\vdots$$

$$\mathbf{ELEMENTARY} = \mathbf{EXP} \cup 2\mathbf{EXP} \cup 3\mathbf{EXP} \cup \cdots$$

复杂性类 **ELEMENTARY** 就是通常所说的*初等函数类*。一个判定问题在 **ELEMENTARY** 里当仅当该问题可由一台具有形如 $2^{\cdot^{\cdot^{2^{n^c}}}}\Big\} d$ 的时间函数的图灵机判定，这里 c 和 d 都是常数。显然，任何初等函数的增长速度都小于函数 $2^{\cdot^{\cdot^{2^{n}}}}\Big\} n$ 的增长速度。文献里，称后者为*塔函数*。近年的研究表明，很多验证问题的时间函数的增长速度甚至远快于塔函数 [192]。

tower function

非确定时间谱系定理

二十世纪七十年代初，库克研究了非确定图灵机的谱系问题 [54]，证明了如果 $1 \leqslant r(x) < r'(x)$，那么必有 $\mathbf{NTIME}(n^{r(n)}) \subsetneq \mathbf{NTIME}(n^{r'(n)})$。几年之后，塞弗斯、费舍尔和迈耶 [196] 证明了条件 $f(n+1) = o(g(n))$ 也蕴含 $\mathbf{NTIME}(f(n)) \subsetneq \mathbf{NTIME}(g(n))$。又过了几年，扎克给出了塞弗斯-费舍尔-迈耶定理的一个简单证明 [245]。本书中，我们介绍扎克的证明。

Cook

Seiferas, Fischer
Meyer
Zák

定理 1.9（非确定时间谱系定理） *若 f 和 g 为时间可构造，且 $f(n+1) = o(g(n))$，则 $\mathbf{NTIME}(f(n)) \subsetneq \mathbf{NTIME}(g(n))$。*

证明   扎克设计了一个精致的非确定图灵机 $\mathbb{Z}$，其定义如下：

（1）$\mathbb{Z}$ 的输入带上的读写头和第一条工作带上的读写头同步全速向右扫描。

- 若输入长度是 1 或输入包含一个 0，$\mathbb{Z}$ 停机并输出 0。
- 第一条工作带上的读写头在第一格上写 1，然后在大部分时间写 0，但偶尔会写 1。设 $h_0, h_1, h_2, \cdots$ 是第一条工作带上读写头写 1 的那些格子的地址，这些地址由第二条工作带上的操作决定。

（2）在第二条工作带上，$\mathbb{Z}$ 枚举所有的非确定图灵机和一个固定的 $h(n)$-时钟图灵机的硬连接，这里 $h(n) = 2f(n)$（见推论1.3 和该推论之前的那一段）。设 $\mathbb{L}_1, \mathbb{L}_2, \cdots$ 为这些硬连接的一个有效枚举。当 $\mathbb{Z}$ 在第二条工作带上枚举完 $\mathbb{L}_i$ 后，依次做如下操作：

（a）暂停输入带和第一条工作带的读写头的同步全速向右扫描。

（b）利用第一条工作带上的标记将 $1^{h_{i-1}+1}$ 在第三条工作带上构造出来。

假设在第三条工作带上保留着以前构造出来的 $1^{h_{i-2}+1}$，这一步只要在 $1^{h_{i-2}+1}$ 后添加 $h_{i-1} - h_{i-2}$ 个 1 即可。这样做确保第一条工作带上的读写头只往回看 h_{i-2} 两次，所以额外的时间开销是线性的。

（c）将编码 $\mathbb{L}_{i-1}$ 从第二条工作带上复制到第三条工作带上。

第二条工作带上的读写头只回看 $\mathbb{L}_{i-1}$ 一次，所以额外的时间开销是线性的。

（d）将第一条工作带和第二条工作带上的读写头移到暂停之前的位置。

恢复输入带和第一条工作带读写头的同步全速向右扫描。与此同时，$\mathbb{Z}$ 用暴力法计算 $\mathbb{L}_{i-1}(1^{h_{i-1}+1})$。计算完 $\mathbb{L}_{i-1}(1^{h_{i-1}+1})$ 后，$\mathbb{Z}$ 将结果写在第二条工作带上，与此同时，在第一条工作带上写 1，这个写了 1 的格子的地址就是 h_i。之后，$\mathbb{Z}$ 在第二条工作带上枚举 $\mathbb{L}_{i+1}$。

（3）设输入是 1^n，其中 $n > 1$。当 $\mathbb{Z}$ 扫描完输入时，做如下操作：

（a）若 $n = h_i$，$\mathbb{Z}$ 接受 1^n 当仅当 $\mathbb{L}_{i-1}(1^{h_{i-1}+1}) = 0$。

（b）若 $h_{i-1} < n < h_i$，$\mathbb{Z}$ 非确定地让 $\mathbb{V}(\mathbb{L}_{i-1}, 1^{n+1})$ 计算 $g(n)$ 步。

在第（3）（b）步，$\mathbb{V}(\mathbb{L}_{i-1}, 1^{n+1})$ 表示用定义1.7 之后定义的"通用"非确定图灵机 $\mathbb{V}$ 模拟 $\mathbb{L}_{i-1}(1^{n+1})$ 的计算。

设 $\mathbb{Z}$ 所接受的语言是 L。第（1）步的计算时间是线性的。在第（2）步里，第（2）（a）步到第（2）（d）步的累加时间开销是线性的，其余部分的计算时间也是线性的。在第（3）步，因为 $\mathbb{Z}$ 刚把 $\mathbb{L}_{i-1}(1^{h_{i-1}+1})$ 写在了第二条工作带上，所以第（3）（a）步几乎没有时间开销。因为"通用"非确定图灵机可做到线性时间模拟，第（3）（b）步的时间开销是 $O(g(n))$。因此图灵机 $\mathbb{Z}$ 的

总的时间开销是 $O(n) + O(g(n))$。由此推知 $L \in \mathbf{NTIME}(g(n))$。

另一方面，可用反证法证明 $L \notin \mathbf{NTIME}(f(n))$。假设 $L \in \mathbf{NTIME}(f(n))$，即存在 $\mathbb{N}_i$ 在 $O(f(n))$ 时间内接受 L。根据推论1.3 和该推论之前的那一段，我们可以假定 $\mathbb{N}_i$ 的时间函数是 $2f(n)$。按照我们的定义，$\mathbb{L}_i$ 是 $h(n)$-时钟图灵机和 $\mathbb{L}_i$ 的硬连接。因此 $\mathbb{L}_i$ 接受 L。因为 $f(n) = o(g(n))$，所以当 i 足够大时，第（3）（b）步中定义的模拟能够完成。这就确保导出如下矛盾：

$$\mathbb{L}_i(1^{h_i+1}) = \mathbb{Z}(1^{h_i+1}) \tag{1.12.1}$$

$$= \mathbb{L}_i(1^{h_i+2}) \tag{1.12.2}$$

$$= \mathbb{Z}(1^{h_i+2}) \tag{1.12.3}$$

$$= \cdots$$

$$= \mathbb{L}_i(1^{h_{i+1}}) \tag{1.12.4}$$

$$= \mathbb{Z}(1^{h_{i+1}}) \tag{1.12.5}$$

$$\neq \mathbb{L}_i(1^{h_i+1}) \tag{1.12.6}$$

上述推导中，(1.12.1)、(1.12.3)、(1.12.4)、(1.12.5) 是因为 $\mathbb{Z}$ 和 $\mathbb{L}_i$ 均接受 L，(1.12.2)、(1.12.4)、$\cdots$ 是因为第（3）（b）步中定义的模拟能够完成。最后，(1.12.6) 归因于（3）（a）步中定义的反转。导出的矛盾说明假设 $L \in \mathbf{NTIME}(f(n))$ 不成立。 $\square$

lazy   定理1.9的证明所用的对角化方法称为迟对角线方法。非确定图灵机 $\mathbb{Z}$ 反转的是长度为输入长度的对数长的输入 $1^{h_{i-1}+1}$ 上的值，这样才能用暴力法计算出该值。为确保能够延迟，$\mathbb{Z}$ 错位模拟，对于 $m \in (h_{i-1}, h_i)$，它在输入 1^m 上模拟 $\mathbb{L}_{i-1}(1^{m+1})$ 的计算而非 $\mathbb{L}_{i-1}(1^m)$ 的计算。

在结束本节之前，考虑如下的问题：根据时间谱系定理（定理1.8），有

$$\mathbf{TIME}(n^c) \subsetneq \mathbf{TIME}(2^{n^c})$$

那么是否对所有可计算全函数 $b(x)$，均有

$$\mathbf{TIME}(b(n)) \subsetneq \mathbf{TIME}(2^{b(n)})$$

下一节将给出这个问题的答案。

1.13   间隙定理

间隙定理是又一个让人感到惊讶的结果。这个定理最早由苏联的特拉克滕布罗特宣布 [220]，八年后加拿大的鲍罗丁发表了同样的结果 [39]。间隙定理告诉我们，若不对时间函数做任何限制，即使多花指数级的时间也不可能多解决一个问题。

Gap Theorem
Trakhtenbrot
Borodin

定理 1.10（间隙定理） 设 $r(x) \geqslant x$ 为可计算全函数。存在可计算全函数 $b(x)$ 使得等式 $\mathbf{TIME}(b(x)) = \mathbf{TIME}(r(b(x)))$ 成立。

证明   定义 $k_0 < k_1 < k_2 < \cdots < k_x$ 如下：

$$k_0 = 0$$

$$k_{i+1} = r(k_i) + 1, \quad \text{当 } i < x$$

这些数定义了 $x+1$ 个连续的区间 $[k_0, r(k_0)], [k_1, r(k_1)], \cdots, [k_x, r(k_x)]$，这些区间构成了 $[0, r(k_x)]$ 的一个有效划分。用 $P(i, k)$ 表示如下的可判定性质：

  "对任意 $j \leqslant i$ 和任意满足 $|z| = i$ 的输入 z，或 $\mathbb{M}_i(z)$ 在 k 步内停机，或 $\mathbb{M}_i(z)$ 在 $r(k)$ 步内不停机。"

设 $n_i = \sum_{j=0}^{i} |\Gamma_i|^i$。易见，$n_i$ 表示 $\mathbb{M}_0, \cdots, \mathbb{M}_i$ 中所有长度是 i 的符号串的总数。将这 n_i 个符号串分别作为 $\mathbb{M}_0, \cdots, \mathbb{M}_i$ 中相应的图灵机的输入，得到的计算结果不会超过 n_i 个。在 $n_i + 1$ 个区间 $[k_0, r(k_0)], \cdots, [k_{n_i}, r(k_{n_i})]$ 中，至少有一个不包含这些结果中的任何一个结果。因此，存在一个最小的 $j \leqslant n_i$ 使得 $P(i, k_j)$ 为真。定义 $b(i) = k_j$，易见对所有 i，$P(i, b(i))$ 为真。

假设 $\mathbb{M}_g$ 在 $r(b(n))$ 步内接受语言 L。按定义有性质：

  "对任意满足 $|x| \geqslant g$ 的输入 x，或者 $\mathbb{M}_g(x)$ 在 $b(|x|)$ 步内停机，或者 $\mathbb{M}_g(x)$ 在 $r(b(|x|))$ 步内不停机。"

由假定知，若 x 足够大，$\mathbb{M}_g(x)$ 必在 $r(b(n))$ 步内停机，根据函数 b 的定义，这必定意味着 $\mathbb{M}_g(|x|)$ 在 $b(|x|)$ 步内停机。定理得证。   □

间隙定理的结论显然与时间谱系定理的结论相矛盾。因此，上述证明里定义的可计算全函数 b 不是时间可构造的。间隙定理是计算复杂性理论中的又一个奠基性定理，它告诉我们应该将目光局限在什么样的时间函数上。

1.14　神谕图灵机

oracle
oracle OTM

实际程序执行时可以多次调用子程序，并可对调用结果进行操作。为了形式化子程序调用，我们要借助于带有神谕的图灵机。一台神谕图灵机 $\mathbb{M}^?$ 有一条额外的读写带，称为神谕带，以及三个额外的状态 q_{query}、q_{yes}、q_{no}。在使用 $\mathbb{M}^?$ 时，需要提供一个神谕。一个神谕 B 是一个判定问题，即 $\{0,1\}^*$ 的一个子集。用 $\mathbb{M}^B$ 表示连接了神谕 B 的神谕图灵机 $\mathbb{M}^?$。设输入为 x，假定 $\mathbb{M}^B(x)$ 的计算在某一时刻进入状态 q_{query} 时神谕带上写着字符串 z。此时，若 $z \in B$，机器下一时刻进入状态 q_{yes}，若 $z \notin B$，机器下一时刻进入状态 q_{no}。这一过程算作一步计算。非确定神谕图灵机的定义类似。神谕是对子程序的推广，$\mathbb{M}^B$ 就是一段调用判定 B 的子程序的程序。与子程序不一样，对神谕没有可判定性要求，即神谕可以是不可判定的。利用哥德尔编码，同样可以给出神谕图灵机的一个有效枚举：

$$\mathbb{M}_0^?, \mathbb{M}_1^?, \mathbb{M}_2^?, \cdots$$

可利用神谕图灵机定义复杂性类。举例说明如下：

- $\mathbf{P}^O$ 是带神谕 O 的具有多项式时间函数的神谕图灵机可判定的问题类。
- $\mathbf{NP}^O$ 是带神谕 O 的多项式时间非确定神谕图灵机可接受的问题类。

符号 $\mathbf{NP}^{O[k]}$ 代表 $\mathbf{NP}^O$ 的一个子类。一个在 $\mathbf{NP}^O$ 中的问题 L 也在 $\mathbf{NP}^{O[k]}$ 中当仅当存在多项式时间非确定神谕图灵机 $\mathbb{M}^?$，$\mathbb{M}^O$ 接受 L 且 $\mathbb{M}^O$ 的每次运行过程中问神谕 O 问题的次数不超过 k。一个神谕图灵机可以将得到的答案进行反转，所以 $\mathbf{NP}^{\overline{O}} = \mathbf{NP}^O$。如果神谕 A 是多项式时间可判定问题，显然有 $\mathbf{P}^A = \mathbf{P}$。我们还可以用某一类神谕定义复杂性类，比如

$$\mathbf{NP}^{\mathbf{NP}} = \bigcup_{A \in \mathbf{NP}} \mathbf{NP}^A$$

一类神谕可以用该类中最难的作为代表，比如 $\mathbf{NP}^{\mathbf{NP}} = \mathbf{NP}^{\text{SAT}}$，这是因为问任何一个 NP 语言的问题都可以在多项式时间内转换成问 SAT 的问题。

神谕图灵机提供了一种判定一类子程序调用是否能实质性地提高计算能力的形式化工具。

low

定义 1.14　若 $\boldsymbol{A}^B = \boldsymbol{A}$，称复杂性类 $\boldsymbol{B}$ 对复杂性类 $\boldsymbol{A}$ 是低的。

直观上，若 B 对 A 是低的，那么从 A 的角度看，调用类型为 B 的子程序是不必要的。看些例子：

- **P** 对自己而言是低的。在多项式时间里，只能调用多项式次神谕，并且问题的大小都是多项式的。所以总的计算时间还是多项式的。
- **EXP** 对自己而言不是低的。一台指数时间的神谕图灵机运行时可问指数大小的问题，所以直观上有 $\mathbf{EXP}^{\mathbf{EXP}} = 2\text{-}\mathbf{EXP}$。此等式的证明留作练习。
- 普遍认为 **NP** 对自己而言不是低的。目前我们不知道准确答案。第 2 章将专门讨论这类问题。

使用一个比 **P** 和 **NP** 强很多的神谕，我们可能无法区分 **P** 和 **NP**。例如，因为 $\mathbf{EXP} \subseteq \mathbf{P}^{\mathbf{EXP}} \subseteq \mathbf{NP}^{\mathbf{EXP}} \subseteq \mathbf{EXP}$。若 O 是 **EXP** 中的完全问题，就有 $\mathbf{P}^O = \mathbf{NP}^O$。

1.15　归约

对问题难度进行比较是计算理论的核心研究内容 [185]。比较的标准是归约关系。下述定义给出了最简单的归约方法。

定义 1.15　可计算全函数 $f : \{0,1\}^* \to \{0,1\}^*$ 是从问题 A 到问题 B 的 m-归约，记为 $A \leqslant_m B$，若满足：对任意 0-1 串 x，$x \in A$ 当仅当 $f(x) \in B$。

根据定义1.2 和定义1.15，函数 f 是 A 到 B 的 m-归约当仅当函数 f 是 $\overline{A}$ 到 $\overline{B}$ 的 m-归约，参见图1.6。

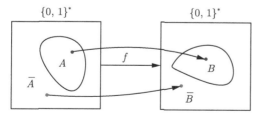

图 1.6　归约

如果 f 将 A 归约到 B，并且图灵机 $\mathbb{M}$ 判定 B，那么有图灵机 $\mathbb{M}'$ 判定 A，此图灵机的定义如下：给定输入 x，计算 $f(x)$，然后计算 $\mathbb{M}(f(x))$，若

$\mathbb{M}(f(x))$ 的结果是 1，输出 1，否则输出 0。因此，$A \leqslant_m B$ 可理解为 "A 至少与 B 一样容易"，或 "B 至少与 A 一样难"。在第 1.4 节，我们定义了一个从问题 A 到问题 H 的 m-归约，从前者的不可判定性，推出后者的不可判定性。换一种说法，如果 H 有一个算法，将此算法和归约函数复合后就得到 A 的一个算法，这与 A 是不可判定的结论矛盾。

从子程序调用的角度看，m-归约对调用结果的使用限制太大，调用者只能调用子程序一次，并且只能将调用子程序的结果作为程序的结果输出并停机。一般的子程序调用关系可用神谕图灵机定义。

定义 1.16　设 A 和 B 为判定问题。若存在神谕图灵机 $\mathbb{M}^?$ 使得 $\mathbb{M}^B$ 判定 A，称 A 图灵归约到 B，记为 $A \leqslant_T B$。

图灵归约和 m-归约是递归论的主要研究工具，在罗杰斯的专著里有关于归约的详细讨论 [185]。

在计算复杂性理论，我们关心多项式时间可完成的归约，换言之，我们关心的是高效归约。上述的 m-归约和图灵归约的高效版本定义如下 [53, 126]。

Karp reduction

定义 1.17　若从 A 到 B 有一个多项式时间可计算的 m-归约函数，称 A 可卡普归约到 B，记为 $A \leqslant_K B$。

Cook reduction

定义 1.18　若 $A \in \mathbf{P}^B$，称 A 可库克归约到 B，记为 $A \leqslant_C B$。

显然，$A \leqslant_C B$ 当仅当 $A \leqslant_C \overline{B}$。因为归约是比较问题难易程度的，所以归约必须具有传递性。下述命题证实了 $\leqslant_K$ 和 $\leqslant_C$ 的传递性。

命题 3　若 $A \leqslant_K B \leqslant_K C$，则 $A \leqslant_K C$。若 $A \leqslant_C B \leqslant_C C$，则 $A \leqslant_C C$。

高效归约是计算复杂性理论的最基本的工具。没有高效归约，就没有计算复杂性理论。看两个例子。第一个例子是关于可满足性问题之间的归约。显然，$k\mathrm{SAT} \leqslant_K \mathrm{SAT}$。当 $k \geqslant 3$，反方向的卡普归约也成立。只需考虑 $k = 3$ 的情况。

引理 1.5　$\mathrm{SAT} \leqslant_K 3\mathrm{SAT}$。

证明　语句 $x_1 \vee x_2 \vee \cdots \vee x_k$ 的一个真值指派可扩展到合取范式 $(x_1 \vee x_2 \vee z_1) \wedge (\overline{z_1} \vee x_3 \vee z_2) \wedge \cdots \wedge (\overline{z_{k-4}} \vee x_{k-2} \vee z_{k-3}) \wedge (\overline{z_{k-3}} \vee x_{k-1} \vee x_k)$ 的一个真值指派，其中 $\{z_1, \cdots, z_{k-3}\}$ 和 $\{x_1, \cdots, x_k\}$ 不相交，反之，后者的一个可满足真值指派也是前者的可满足真值指派。归约过程显然是多项式时间的。　□

上述归约表明 3SAT 和 SAT 的难度一样。

命题 4　3SAT $\leqslant_K$ IS。

证明　从 3SAT 到独立集问题 IS 的卡普归约定义如下：设 3-合取范式 φ 含有 m 个语句、n 个变量，将 φ 映射到如下定义的有 $7m$ 个结点的图 G_φ：

- 从 φ 的每条语句构造一个含 7 个结点的团，每个结点对应一个使该语句为真的对出现在该语句中的三个变量的真值指派。
- 属于不同团的两结点有一条边相连当仅当所代表的真值指派有冲突。

一个团中的任意两点有边相连。

易见，φ 有一个满足 m' 个语句的真值指派当仅当 G_φ 有一个大小是 m' 的独立集。所需的卡普归约将 φ 映射到 (G_φ, m)。　　　　□

1.16　空间复杂性类

一个简单的判定输入图是否存在哈密尔顿回路的算法可设计如下：在工作带上枚举所有的结点排列，同时验证排列是否构成图中的简单圈。这个算法是指数级时间的，但其所用的工作带上的格子数是多项式的。类似的思路可以帮助我们在下围棋时找到一个最优策略（假设棋盘是输入），方法是枚举所有可能的下法和对手所有可能的应招，选出最好的策略。这个算法当然也是指数级时间的，使用的工作带上的格子数也是多项式的。但是，寻找哈密尔顿回路和寻找围棋的最优策略给人的感觉是难度差别很大的两个问题。前者的答案有一个简单的证明，后者的答案（一个最优策略）可能无法在多项式时间内写出来。对于难问题，我们应该有不同的衡量标准对它们进一步区分。空间复杂性提供了一个标准。借助于图灵机模型，我们不仅能方便地定义时间复杂性，也能方便地定义空间复杂性。与时间资源不一样，空间资源可以重用。可重用性导致空间复杂性对问题有风格迥异的刻画。本章将介绍空间复杂性理论的基本结果和主要研究方法。

设 $S : \mathbb{N} \to \mathbb{N}$，且 $L \subseteq \{0,1\}^*$。若有常数 c 和判定语言 L 的图灵机 $\mathbb{M}$，当输入 x 时，$\mathbb{M}(x)$ 计算时使用的工作带上的格子数不会超过 $cS(n)$，那么 L 在 **SPACE**$(S(n))$ 中。称 $S(n)$ 为 $\mathbb{M}$ 的空间函数。我们假定图灵机至少要有能力找到输入串的任何指定位，从空间使用的角度看，图灵机必须而且只需维持一个计数器，记住当前输入带上只读头的位置，此位置用一个长度是 $\log n$ 的

0-1 串表示。所以我们规定所有的空间函数 $S(n)$ 都满足不等式 $S(n) \geqslant \log n$。若有常数 c 和接受 L 的非确定图灵机 $\mathbb{N}$，无论选择哪条计算路径，$\mathbb{N}$ 所用的工作带上的格子数不超过 $cS(n)$，那么 $L \in \mathbf{NSPACE}(S(n))$。用符号 $\mathbf{SPACE}(\_)$ 和 $\mathbf{NSPACE}(\_)$，可定义几个常用的空间复杂性类及它们的非确定版本：对数空间类和多项式空间类。

$$\mathbf{L} \stackrel{\text{def}}{=} \mathbf{SPACE}(\log(n))$$

$$\mathbf{NL} \stackrel{\text{def}}{=} \mathbf{NSPACE}(\log(n))$$

$$\mathbf{PSPACE} \stackrel{\text{def}}{=} \bigcup_{c>0} \mathbf{SPACE}(n^c)$$

$$\mathbf{NPSPACE} \stackrel{\text{def}}{=} \bigcup_{c>0} \mathbf{NSPACE}(n^c)$$

本章将对这些空间复杂性类做详细研究。先看一个在 $\mathbf{L}$ 中的问题。定义

$$\text{MULP} \stackrel{\text{def}}{=} \{(a,b,c) \mid a,b,c \text{为二进制数，且} a{\cdot}b = c\} \tag{1.16.1}$$

用读小学时学的乘法算法就可在对数空间判定 MULP。算法只需维护一个最大值为 $|a| + |b| - 1$ 的计数器，用来记住正在处理 $a{\cdot}b$ 的哪一位，还需有个最大值为 $|c| + 1$ 的计数器，用来存储进位。

空间复杂性有类似于加速定理的结果。事实上，定理1.6 的证明给出了一种空间压缩方法。在该方法中，对一步计算的模拟可以在工作带上的常数格内完成。我们可以对这常数格的内容进一步压缩，用一个符号表示这一段内容。

定理 1.11（空间压缩定理） 设图灵机 $\mathbb{M}$ 在 $S(n)$ 空间判定 L。对任意 $\epsilon > 0$，存在图灵机 $\mathbb{M}'$，$\mathbb{M}'$ 能在 $\epsilon S(n) + 1$ 空间内判定 L。

我们还需假定所有的空间函数都是可构造的。与时间可构造一样，我们也可以给出两个空间可构造性定义。

定义 1.19 若有图灵机在 $O(S(n))$ 空间内计算函数 $1^n \mapsto \llcorner S(n) \lrcorner$，称 $S(n)$ 是空间可构造的。

空间可构造性主要用于对格子做标记。下面的空间可构造性的定义更直接。

定义 1.20 若有图灵机当输入为 1^n 时准确地使用了工作带上的 $S(n)$ 格后停机，称 $S(n)$ 是完全空间可构造的。

设图灵机 $\mathbb{M}$ 在输入 1^n 上使用了工作带上的 $S(n)$ 格后停机。我们可以标注 $\mathbb{M}$ 访问过的 $S(n)$ 个格子，然后在标注过的区域内，将 $1^{S(n)}$ 转换成 $\llcorner S(n)\lrcorner$。例如在图1.7 中，带颜色的串是计数器，红色的表示被覆盖的是 0，蓝色的表示被覆盖的是 1。因此定义1.20 蕴含定义1.19。反之，如果函数 $S(n)$ 按定义1.19是空间可构造的，那么利用定理1.11，有一台空间复杂性是 $\epsilon S(n)+1$ 的图灵机计算 $\llcorner S(n)\lrcorner$。不失一般性，假设 $\llcorner S(n)\lrcorner$ 的长度加上 $\epsilon S(n)+1$ 不超过 $S(n)$。我们可以用此图灵机通过连续做减一操作准确地标注工作带上 $S(n)$ 个格子。因此，定义1.19 和定义1.20 是等价的。

扫码查看彩图

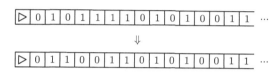

图 1.7　保留原有内容的计数器

在研究空间复杂性时，一个重要的工具是格局图。给定图灵机 $\mathbb{M}$ 和输入 x，格局图 $G_{\mathbb{M},x}$ 的结点是 $\mathbb{M}(x)$ 的格局，有向边表示一步计算。在讨论格局图时，我们假定只有唯一的接受格局（状态为 q_{start}，读写头位置均为 0，除最后一条工作带上输出 1 外，其余工作带上内容均为空）。用 C_{start} 表示起始格局，用 C_{accept} 表示接受格局。显然，$\mathbb{M}$ 接受 x 当仅当在 $G_{\mathbb{M},x}$ 中有一条从 C_{start} 到 C_{accept} 的路径。格局图将问题 "$\mathbb{M}$ 是否接受 x" 转换成了图的可达性问题。可达性问题有多项式时间算法，所以算法的复杂性本质上依赖于 $G_{\mathbb{M},x}$ 的大小。设 $\mathbb{M}$ 的空间函数是 $S(n)$。状态的编码长度是常数，带子上的内容长度是 $O(S(n))$，读写头位置的编码长度是 $O(\log S(n))$。所以格局图 $G_{\mathbb{M},x}$ 的结点大小是 $O(S(n))$，结点个数不会超过 $2^{O(S(n))}$。

图的可达性问题的一个输入实例为三元组 (G, s, t)，请问在有向图 G 中从 s 到 t 是否有一条路径？

设 $\kappa = \langle q, h, \tau_1\tau_2\cdots\tau_S \rangle$ 表示一个格局，这里 q 为状态，h 为读写头位置，$\tau_1\tau_2\cdots\tau_S$ 为工作带上的内容。设状态的编码长度为 Q，符号的编码长度为 e。为状态编码引入布尔变量 $u = u_1, \cdots, u_Q$，为符号 τ_i 的编码引入布尔变量 $x_i = x_i^1, \cdots, x_i^e, x_i^h$，其中 x_i^h 取值为 1 时表示读写头指向本格，x_i^h 取值为 0 时表示读写头不指向本格。设 $v = v_1, \cdots, v_Q$、$\cdots$、$y_i = y_i^1, \cdots, y_i^e, y_i^h$、$\cdots$ 是为另一个格局引入的变量。对 $i \in [S]$，定义 $\varphi_i(u, x, v, y)$ 为公式

$$\left(x_i^h \wedge \phi(u, x_i, v, y_i, y_{i-1}^h, y_{i+1}^h)\right) \vee \left(\overline{x_{i-1}^h} \wedge \overline{x_i^h} \wedge \overline{x_{i+1}^h} \wedge (x_i^1 = y_i^1 \wedge \cdots \wedge x_i^e = y_i^e)\right)$$

这里 $\phi(u, x_i, v, y_i, y_{i-1}^h, y_{i+1}^h)$ 是根据 $\mathbb{M}$ 的迁移函数定义的合取范式,见 (1.9.9),额外需要注意的是对表示读写头位置的变量 y_i、y_{i-1}^h、y_{i+1}^h 的赋值。因为命题 ϕ 中含有的变量 u、x_i、v、y_i、y_{i-1}^h、y_{i+1}^h 个数是常数,所以 $\phi(u, x_i, v, y_i, y_{i-1}^h, y_{i+1}^h)$ 的大小为常数。另外公式 $x_i^1 = y_i^1 \wedge \cdots \wedge x_i^e = y_i^e$ 的长度为常数,所以 φ_i 的大小为常数。定义

$$\varphi_{\mathbb{M},x} = \bigwedge_{i \in [S(n)]} \varphi_i \tag{1.16.2}$$

此公式的长度是 $O(S(n) \log S(n))$,导致对数放大的原因是公式中含有 $O(S(n))$ 个变量,所以变量的编码长度为 $\log S(n)$。

事实上,可设计某种编码方案,使得此公式可用长度为 O(S(n)) 的 0-1 串表示。

给定两个格局(的编码）C 和 C',用 $\varphi_{\mathbb{M},x}(C, C')$ 表示用 C 和 C' 对 $\varphi_{\mathbb{M},x}$ 中的变量进行赋值,这个赋值可在 $O(|\varphi_{\mathbb{M},x}|) = O(S(n) \log S(n))$ 时间完成,也可在 $O(\log S(n))$ 空间完成。下述引理是使用格局图的基础。

引理 1.6 对任意格局 C 和 C',$\varphi_{\mathbb{M},x}(C, C') = 1$ 当仅当从格局 C 可一步到达格局 C'。表达式 $\varphi_{\mathbb{M},x}(C, C')$ 的求值可在 $O(|\varphi_{\mathbb{M},x}|)$ 时间和对数空间完成。

证明 按定义,对 $\varphi_{\mathbb{M},x}(C, C')$ 的一遍扫描即可完成求值。对数空间用来存放当前扫描的位置。 □

还有值得注意的一点:只要维持一个长度是 $O(\log S(n))$ 的计数器,就可以依次将 $\varphi_1, \cdots, \varphi_S$ 输出,所以 $\varphi_{\mathbb{M},x}$ 可在 $O(\log S(n))$ 空间构造出来。

看一个使用格局图的简单例子。

命题 5 设 $S(n) : \mathbb{N} \to \mathbb{N}$ 为空间可构造。有下述包含关系:

$$\mathbf{TIME}(S(n)) \subseteq \mathbf{SPACE}(S(n)) \subseteq \mathbf{NSPACE}(S(n)) \subseteq \mathbf{TIME}(2^{O(S(n))})$$

证明 图灵机在 $S(n)$ 时间内最多访问 $S(n)$ 格,这就是第一个包含。图灵机是非确定图灵机的特例,这就是第二个包含。可在 $2^{O(S(n))}$ 时间构造出格局图,引理1.6指出一步到达可在多项式时间判定,图的可达性问题有多项式算法,指数的多项式是指数,这就是第三个包含。 □

一个多项式时间的非确定图灵机的每条计算路径都可以在多项式空间里完成,而空间是可重用的。因此,$\mathbf{NP} \subseteq \mathbf{PSPACE}$。此包含关系表明,"猜测,然后验证之"要比双人博弈容易。要找出围棋的致胜策略,我们能想到的算法

就是遍历博弈树。直观上，**NP** 中的命题有短的证明；**PSPACE** 中最难的命题没有短的证明，但只需要多项式张纸和橡皮就可以把证明推演出来；而 **EXP** 中最难的问题需要指数张纸才能把证明写出来。

在第 1 章，我们从时间开销的角度讨论了通用图灵机。如果关注的是空间开销，通用图灵机能做得多好？

定理 1.12（通用图灵机，空间版本）　*存在通用图灵机，当输入空间函数为 $S(n)$ 的图灵机 $\mathbb{M}$ 和串 x，通用图灵机在 $cS(|x|)$ 空间内完成 $\mathbb{M}(x)$ 的计算，其中 c 依赖于 $\mathbb{M}$ 但不依赖于输入 x。*

证明　通用图灵机只需用一条读写带记录 $\mathbb{M}$ 的工作带内容，用计数器将读写头的当前地址记下，再用一个计数器将当前状态记下，就能模拟输入图灵机的计算。模拟时还需要一些额外的空间，这些空间的大小只依赖于输入机器 $\mathbb{M}$，不依赖于输入串 x。　□

用此通用图灵机，可以得到一个看上去很难加强的空间谱系定理 [100]。

定理 1.13（空间谱系定理）　*设空间函数 f,g 为空间可构造，且 $f(n) = o(g(n))$。包含关系 $\textbf{SPACE}(f(n)) \subseteq \textbf{SPACE}(g(n))$ 是严格的。*

证明　这里的证明与时间谱系定理的证明几乎完全一样。图灵机 $\mathbb{V}$ 的定义如下：

- 利用 $g(n)$ 的可构造性，在工作带上标注 $g(n)$ 大小的领地。
- $\mathbb{V}(x)$ 模拟 $\mathbb{M}_x(x)$ 的计算，每当 $\mathbb{M}_x(x)$ 试图跨越标注的领地，停机。
- 若模拟能够完成，$\mathbb{V}$ 将结果反转。

显然，$\mathbb{V}$ 定义的语言在 $\textbf{SPACE}(g(n))$ 中。如果该语言也在 $\textbf{SPACE}(f(n))$ 中，根据定理1.11，它就被某个空间函数为 $f(n)$ 的图灵机 $\mathbb{M}_\alpha$ 所判定。根据定理1.12 及定理假定 $f(n) = o(g(n))$，当 α 足够长时，$\mathbb{V}$ 就能在 $g(|\alpha|)$ 空间内模拟完 $\mathbb{M}_\alpha(\alpha)$ 的计算。这就导出矛盾 $\overline{\mathbb{M}_\alpha(\alpha)} = \mathbb{V}(\alpha) = \mathbb{M}_\alpha(\alpha)$。　□

1.17　对数空间类

无论我们关心的是何种资源，我们首先感兴趣的是最小资源类。对时间复杂性而言，最小资源类是 **P**。对空间复杂性而言，最小资源类是 **L**。在讨论 **L**

之前，我们引入一个比较问题的空间复杂性的方法。我们需要满足如下性质的归约：若 C 在空间复杂性类 $\mathbf{K}$ 中并且 B 可归约到 C，则 B 也在 $\mathbf{K}$ 中。为此引入下述定义。

implicitly logspace computable

定义 1.21 若下述条件满足，称 $f : \{0,1\}^* \to \{0,1\}^*$ 为隐式对数空间可计算：

1. $\exists c.\forall x.|f(x)| \leqslant c|x|^c$。
2. $\{\langle x, i\rangle \mid i \leqslant |f(x)|\} \in \mathbf{L}$。
3. $\{\langle x, i\rangle \mid f(x)_i = 1\} \in \mathbf{L}$。

在输入 x 后，隐式对数空间可计算函数 f 的输出长度有个多项式的界，这就是条件 1。根据条件 2，可用二分法将输出的准确长度在对数空间算出。在条件 2 的基础上，条件 3 确保输出的每一位可在对数空间算出。

定义 1.22 问题 B 可对数空间归约到问题 C，记为 $B \leqslant_L C$，若存在隐式对数空间可计算的从 B 到 C 的归约。

若 $B \leqslant_L C$，我们可推出结论说"B 的空间复杂性不超过 C 的空间复杂性"或"C 的空间复杂性至少与 B 的空间复杂性一样"。在此意义下，对数空间归约当然应该是传递的。

引理 1.7 若 $B \leqslant_L C$ 和 $C \leqslant_L D$，则有 $B \leqslant_L D$。

证明 设 $f : B \to C$ 和 $g : C \to D$ 为隐式对数空间可计算函数。从 B 到 D 的隐式对数空间可计算函数定义如下：给定输入 x，先计算 $f(x)$，再计算 $g(f(x))$。因为 $f(x)$ 是多项式长的，所以 $g(f(x))$ 是多项式长的。需要注意的是，因为 $f(x)$ 是多项式长的，所以不能把它写在工作带上。但计算 g 的图灵机每步计算只需要看 $f(x)$ 的一位。隐式对数空间可计算函数的条件 3 确保 $f(x)$ 的任意指定位都可以在对数空间算出来。所以根本不需要把 $f(x)$ 写在工作带上，只需要一个对数长的计数器记录 g 正在读 $f(x)$ 的哪一位。用通用图灵机模拟 f 和 g 的计算，根据定理1.12，通用图灵机也只使用了对数空间。 $\square$

根据命题 5 中的最后一个包含关系，对数空间归约一定是卡普归约。尚不清楚反方向的蕴含是否成立。所有的 NP-完全性证明用对数空间归约同样成立。事实上，有些作者在讨论时间复杂性时也用对数空间归约 [168]。

对数归约可用另一类更直观的函数定义。函数 $f : \{0,1\}^* \to \{0,1\}^*$ 是对数空间可计算当仅当有一台图灵机计算 f 时使用了工作带上对数个格子，并且这台图灵机除了工作带之外，还有一条只写输出带。输出值 $f(x)$ 写在这条输出带上。只写输出带的读写头每写一次，必须向右移一格。所以只写输出带上的内容既不能被改写，也不能被读。下述引理的证明留给读者。

logspace
write-only

引理 1.8 隐式对数空间可计算函数就是对数空间可计算函数。

若对所有 $A \in \mathbf{L}$ 有 $A \leqslant_L A'$，称 A' 是 L-难的。若 $A' \in \mathbf{L}$ 是 L-难的，称 A' 是 L-完全的。类似地，可以定义相对于 **NL**、**PSPACE**、**NPSPACE** 的难问题和完全问题。非确定对数空间类 **NL** 有个标准的完全问题，其定义如下：

$$\text{Reachability} = \{\langle G, s, t\rangle \mid \text{有向图}G\text{中从}s\text{到}t\text{有一条路径}\}$$

我们有下面著名的对可达性问题和 **NL** 的刻画。

定理 1.14（可达性问题的复杂性） Reachability 是 NL-完全的。

证明 设输入图有 n 个结点。从图的当前结点 v 猜测其一个邻居，然后释放 v 所占用的空间。从 s 出发重复此操作 $n-1$ 次，看是否能到达 t。结点的长度是对数的，控制猜测次数的计数器也是对数长的。因此，Reachability 在 **NL** 中。

设非确定图灵机 N 在对数空间判定 L。从 L 到 Reachability 的对数空间归约定义如下：

$$x \mapsto \langle G_{\mathrm{N},x}, C_{\text{start}}, C_{\text{accept}}\rangle \tag{1.17.1}$$

格局图 $G_{\mathrm{N},x}$ 可用邻接矩阵表示，矩阵的每个元素可在对数空间计算出，见引理1.6。起始格局 C_{start} 和接受格局 C_{accept} 是固定的 0-1 串。因此 (1.17.1) 定义了一个对数空间归约。□

如果一台永远终止的图灵机的空间函数是对数的，它一定有一个多项式的时间函数。我们可以假定对数空间非确定图灵机的每条计算路径都终止，因为我们总是可以将一台图灵机和一台多项式时间时钟图灵机进行硬连接。此类图灵机的格局图是有向无圈图，故有下述推论。

推论 1.4 有向无圈图的可达性问题是 NL-完全的。

1.18 多项式空间类

多项式空间类是一个非常大的类，本书中讨论的绝大多数复杂性类都包含在这个类里，这从一个方面反映了 **PSPACE** 中问题的多样性。**PSPACE** 中的难问题是对人类计算能力的极限挑战，人类发明的智力对抗游戏（如围棋、象棋）都在这个类里。我们已经无奈地接受了一个事实，在这类博弈中，人类是玩不过多项式空间图灵机的。本节证明关于 **PSPACE** 的若干性质。首先介绍最著名的 **PSPACE**-完全问题，这就是量化布尔公式问题 QBF，见定义1.13。

quantified Boolean
formula

引理 1.9 QBF 可在线性空间判定。

证明 设 $\psi = Q_1x_1Q_2x_2\cdots Q_nx_x.\varphi(x_1,\cdots,x_n)$。不失一般性，假定每个 x_i 都是单个变元。将 ψ 想象成一棵带标号的求值二叉树，见图1.8，每条边的标号表明对变量的赋值，每层结点的标号依次为 $Q_1x_1,\cdots,Q_nx_n$，叶子结点的标号是 φ 在从根结点到该叶子结点所定义的真值指派下的值。算法从根结点出发对树做深度优先遍历，过程中将遍历过的结点的布尔值算出来，直至把根结点的值算出来。用一个长度不超过 n 的 0-1 串表示算法当前访问结点的位置。当 0-1 串的长度为 n 时，它给出了一个真值指派。命题公式 $\varphi(x_1,\cdots,x_n)$ 放在一条工作带上。给定 $x_1,\cdots,x_n$ 的一个真值指派，$\varphi(x_1,\cdots,x_n)$ 的值可在线性空间算出。 □

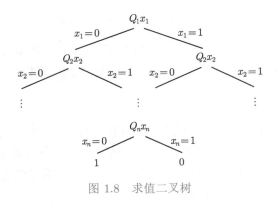

图 1.8 求值二叉树

Stockmeyer
Meyer

下面著名的结果是斯托克迈尔和梅耶证明的 [213]。

定理 1.15（斯托克迈尔-梅耶定理）　QBF 是 PSPACE-完全的。

证明　根据引理1.9，只需证明 QBF 是 PSPACE-难的。设 $\mathbb{M}$ 在 $S(|x|)$ 空间判定 L，$x \in \{0,1\}^*$。我们的想法是将格局图 $G_{\mathbb{M},x}$ 中一条从 C_{start} 到 C_{accept} 的路径用量化布尔公式表示出来。因为格局图的大小是 $2^{S(|x|)}$，所以从 C_{start} 到 C_{accept} 的路径长度不超过 $2^{S(|x|)}$。如果有这样一条路径，就一定有格局 C，从 C_{start} 到 C 的路径长度和从 C 到 C_{accept} 的路径长度均不超过 $2^{S(|x|)-1}$。对每个 $i \in [S(|x|)]$，我们拟构造公式 $\psi_i(\_,\_)$，使得 $\psi_i(C',C'')$ 为真当仅当从格局 C' 到格局 C'' 有一条长度不超过 2^i 的路径。用归纳法定义 $\psi_{i+1}(\_,\_)$ 时，我们要确保 $\psi_{i+1}(\_,\_)$ 的定义只引用 $\psi_i(\_,\_)$ 一次，否则我们无法避免被定义的公式是指数长的。解决方案是将 $\psi_{i+1}(C,C')$ 归纳定义为下述公式：

$$\exists C'' \forall D^1 \forall D^2.((D^1{=}C \wedge D^2{=}C'') \vee (D^1{=}C'' \wedge D^2{=}C')) \Rightarrow \psi_{i-1}(D^1,D^2)$$

并将 $\psi_0(C,C')$ 定义为引理1.6之前定义的 $\varphi_{\mathbb{M},x}$。不难看出，有递推公式

$$|\psi_{i+1}| = |\psi_i| + O(S(|x|)) \tag{1.18.1}$$

定义 φ_x 为 $\psi_{S(|x|)}$。根据递推式 (1.18.1)，公式 φ_x 中含有 $O(S(n))^2$ 个变量。因为变量的编码长度是 $O(\log S(n))$，所以 $|\varphi_x| = |\psi_{S(|x|)}| = O(S(|x|)^2 \log S(|x|))$。由引理1.9知，可在多项式空间计算出 φ_x 的值。按定义，$\mathbb{M}(x) = 1$ 当仅当 $\varphi_x \in$ QBF。因此我们定义了一个从 L 到 QBF 的归约。要输出 φ_x，只需记住正在输出哪个 ψ_i。因此只需维护一个长度是 $\log S(|x|)$ 的计数器。这说明我们定义的归约是对数空间归约。　　　　□

可将量化布尔公式

$$\exists x_1 \forall x_2 \exists x_3 \forall x_4 \cdots \exists x_{2n-1} \forall x_{2n}.\varphi(x_1,\cdots,x_{2n}) \tag{1.18.2}$$

的求值过程看成一个双人博弈过程。我方对应存在量词 $\exists$，对手对应全称量词 $\forall$，选手每一步下棋就是对其变量赋值。我方有致胜策略当仅当 (1.18.2) 为真。帕帕季米特里乌在文献 [167] 中讨论了双人博弈的 PSPACE-完全性问题。

空间复杂性类所呈现的结构和时间复杂性类很不一样。定理1.15是一个例子。下面的萨维奇定理是一个相似的例子 [191]。　　　　　　　　　　　　　　Savitch

定理 1.16（萨维奇定理） $\mathbf{NSPACE}(S(n)) \subseteq \mathbf{SPACE}(S(n)^2)$，这里 $S(n)$ 为空间可构造函数。

证明 设非确定图灵机 $\mathbb{N}$ 在 $S(n)$ 空间判定 L，$x \in \{0,1\}^*$。不难看出，定理1.15 的证明思想同样适用于非确定图灵机。算法用非确定图灵机的猜测功能代替存在量词，用计数器的枚举能力代替全称量词。先猜测 C_{start} 到 C_{accept} 的一条路径的中点 C_1，然后猜测 C_{start} 到 C_1 的一条路径的中点 C_2^l 和 C_1 到 C_{accept} 的一条路径的中点 C_2^r，以此类推。所有这些猜测可用一棵高度为 $S(n)$ 的二叉树表示，见图1.9。算法的任务是测试这棵树的所有结点在水平轴上的投影是否构成从 C_{start} 到 C_{accept} 的一条路径。当然，必须枚举所有可能的叶子结点。为了节省空间，算法对二叉树进行深度优先遍历，同时测试是否存在局部路径。在任何时刻，算法维护一个长度为 $S(n)$ 的计数器，用来标明算法正在处理的结点在树中的位置。算法还需维护 $S(n)$ 个长度为 $S(n)$ 的计数器，用来存放当前路径（比如图1.9 中左边粗线段所示构成的路径）上猜测的格局。此算法的空间复杂性为 $O(S(n)^2)$。

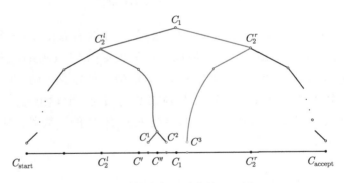

图 1.9 萨维奇证明中的二叉树

我们用图1.9 进一步说明本算法的思想。假设算法正在处理图1.9 中左边粗线段所示路径。这表明算法已经知道从格局 C_{start} 到格局 C^1 存在一条路径，接下来算法将释放 C^1 所占用的空间，然后猜 C^2 为全 0 串。如果从 C'' 不能一步到达 C^2，对计数器 C^2 加一并重新验证从 C'' 是否能一步到达 C^2；如果从 C'' 能一步到达 C^2，算法找到 C^2 的最近的祖先（在本例中就是 C_2^l），该祖先是其父结点（在本例中就是 C_1）的左儿子，验证从 C^2 是否能一步到

达 C_1，若不能，则对计数器 C^2 加一并重复刚才描述的操作，若能，则删去左边粗线段所示路径，猜 C_1 的右儿子（在本例中为 C_2^r）为全 0 串，然后一直猜左儿子为全 0 串，见图1.9 中右边粗线段所示路径。当猜到叶子结点 C^3 时，找出该叶子的最近的祖先（在本例中为 C_2^r），该祖先是其父结点（在本例中就是 C_1）的右儿子，然后验证从该祖先的父结点 C_1 是否一步到达 C^3。算法在计算过程中，当对一个结点猜测到全 1 串时还未成功，退回到其父结点并对父结点做加一操作。　　　　　　　　　　　　　　　　　　　□

萨维奇定理的下述推论非常有用。当我们需要说明一个问题是多项式空间的，只需为该问题设计一个多项式空间的非确定图灵机。

推论 1.5　　**PSPACE = NPSPACE**。

1.19　对数空间的补封闭性

根据萨维奇定理，可证明 **NPSPACE** 在补运算下封闭，推导如下：

$$
\begin{aligned}
\mathbf{coNPSPACE} &= \overline{\mathbf{NPSPACE}} \\
&= \overline{\mathbf{PSPACE}} \\
&= \mathbf{PSPACE} \\
&= \mathbf{NPSPACE}
\end{aligned}
$$

可验证，此推导不适用于对数空间类。斯泽勒普森伊 [218] 和伊默尔曼 [117] 证明了 **NL** 也在补运算下封闭。这一结果多少有点出人意料。

Szelepcsényi
Immerman

定理 1.17（伊默尔曼-斯泽勒普森伊定理）　　$\overline{\mathrm{Reachability}} \in \mathbf{NL}$。

证明　　需设计一对数空间非确定图灵机，当输入一个可达性问题实例 (G,s,t) 时，$\mathbb{N}((G,s,t)) = 1$ 当仅当从 s 到 t 没有路径。设 G 有 n 个结点。对任意 $i \in [n-1]$，引入集合 C_i 和数 c_i，其定义如下：

- C_i 为从 s 出发 i 步之内到达的结点集合。显然有 $C_1 \subseteq C_2 \subseteq \cdots \subseteq C_{n-1}$。
- $c_i = |C_i|$，即 c_i 是 C_i 中元素的个数。

每个 c_i 的长度是对数的，所以可以把固定数目的 c_i 存放在工作带上，但不能把所有的 c_i 存放在工作带上。每个 C_i 一般含有线性多个结点，所以不能把任何 C_i 存放在工作带上。考察下述非确定算法：

(1) 设所有 $c_1, \cdots, c_{n-1}$ 初值为 0。

(2) 计算 c_1。

(3) 对所有 $i \in [n-1]$，从 c_i 计算 c_{i+1}。当成功计算出 c_{i+1} 后，删掉 c_i。

(4) 从 c_{n-1} 判定是否 $t \notin C_{n-1}$。

算法的第（2）步显然可以在对数空间完成。第（3）步的计算可用如下方法：

- 对每个不为 s 的结点 v，若 $v \in C_i$ 或从某个 C_i 中的结点 u 到 v 有条边，计数器 c_{i+1} 加 1。

问题是，如何知道 C_i？因为 C_i 不可存放在工作带上，所以算法只能去猜 C_i。要确保对 C_i 猜测的正确性，得做到如下两点：设 C_i' 是算法对 C_i 的猜测。

- C_i' 中的每个结点都可从 s 出发在 i 步之内到达。可用 Reachability 的非确定算法完成此验证。如果的确 C_i' 中的每个结点都可从 s 出发在 i 步内到达，总有一条路径能验证成功。
- C_i' 包含了所有从 s 出发在 i 步之内能到达的结点。这可通过一边猜 C_i' 中的元素，一边对计数器加一，最终算出 $|C_i'|$。若 $|C_i'| = c_i$，继续计算，否则计算终止并拒绝。

非确定算法总会有一条计算路径将 $C_1, \cdots, C_{n-1}$ 都正确地猜出，将 $c_1, \cdots, c_{n-1}$ 都正确地算出。其余的计算路径都将失败并停机。

在计算第（4）步时，非确定图灵机已经正确地算出 c_{n-1}。要判定是否 $t \notin C_{n-1}$，猜测一次 C_{n-1} 即可。只要 t 从 s 不可达，就一定会有一条成功的计算路径。具体算法见图1.10。   □

推论 1.6   coNL = NL。

证明   因 Reachability 是 NL-完全的，所以 $\overline{\text{Reachability}}$ 是 coNL-完全的。此完全性结果和定理1.17一起推出 **coNL** $\subseteq$ **NL**。按补问题的定义，**coNL** $\subseteq$ **NL** 当仅当 **NL** $\subseteq$ **coNL**。推论得证。   □

伊默尔曼-斯泽勒普森伊定理的证明可推广到下述结果的证明。

设结点为 $s = v_0, v_1, \cdots, v_{n-1}$。

（1）$c_1 := 0; \cdots; c_{n-1} := 0; c'_1 := 0; \cdots; c'_{n-1} := 0$。

（2）计算 c_1。

（3）依次设 i 的值为 $2, \cdots, n-1$，重复（3）（a）和（3）（b）：

　　（a）依次设 k 的值为 $1, \cdots, n-1$，重复如下计算:猜测是否 $v_k \in C_{i-1}$，

　　　　（i）若猜测为"是"，猜测从 s 出发在 $i-1$ 步内到达 v_k 的路径，若成功，$c'_{i-1} := c'_{i-1} + 1$ 且 $c_i := c_i + 1$，否则停机。

　　　　（ii）若猜测为"否"，置 c''_{i-1} 的初值为 0，依次做（3）（a）（ii）（A）和（3）（a）（ii）（B）：

　　　　　　A. 依次设 j 的值为 $1, \cdots, n-1$，重复如下计算：若猜测 $v_j \in C_{i-1}$，猜测从 s 出发在 $i-1$ 步内到达 v_i 的路径，若失败，停机，若成功，$c''_{i-1} := c''_{i-1} + 1$，并且如果从 v_j 到 v_k 有边，$c_i := c_i + 1$。

　　　　　　B. 若 $c''_{i-1} \neq c_{i-1}$，停机。

　　（b）若 $c'_{i-1} \neq c_{i-1}$，停机，否则释放 c_{i-1} 占用的空间并继续。

（4）用和第（3）步一样的方法猜测 C_{n-1}（需用到计数器 c'_{n-1}），并在猜测过程中留意是否 $t \in C_{n-1}$；若猜测 C_{n-1} 成功且 $t \in C_{n-1}$，在输出带上写 0，若猜测 C_{n-1} 成功且 $t \notin C_{n-1}$，则在输出带上写 1。

图 1.10 $\overline{\texttt{Reachability}}$ 的对数空间非确定判定算法

推论 1.7 $\mathbf{coNSPACE}(S(n)) = \mathbf{NSPACE}(S(n))$，这里 $S(n)$ 为空间可构造的。

下述定理是伊默尔曼-斯泽勒普森伊定理的一个推论。

命题 6 2SAT 是 NL-完全的。

证明 给定含 k 个变量 $x_1, \cdots, x_k$ 的 2-合取范式 φ，构造结点数为 $2k$ 的有向图，用 $x_1, \cdots, x_k, \overline{x_1}, \cdots, \overline{x_k}$ 表示结点。若 φ 含有语句 $v \vee v'$，在图中添加边 $\overline{v} \to v'$ 和边 $\overline{v'} \to v$。欲证：φ 不可满足当仅当存在某个字 v，$v \to^* \overline{v}$ 且 $\overline{v} \to^* v$。先证"$\Leftarrow$"方向：若对 v 赋真值，$v \to^* \overline{v}$ 强迫对 v 赋假值；若对 v 赋假值，$\overline{v} \to^* v$ 强迫对 v 赋真值。换言之，φ 蕴含假，即 φ 不可满足。再证"$\Rightarrow$"

$\to^*$ 表示零步或多步可达。

方向：假定不存在任何字 v 使得 $v \to^* \overline{v}$ 和 $\overline{v} \to^* v$ 同时成立。用归纳法构造一真值指派。假定 v 尚未被赋值，并且没有 $v \to^* \overline{v}$。对所有 $v \to^* w$，给 w 赋真值并给 $\overline{w}$ 赋假值。注意两点：① w 不可能已被赋假值，否则因为 $\overline{w} \to^* \overline{v}$，按归纳 v 应已被赋假值；② 不能有 $v \to^* \overline{w}$，否则就有 $v \to^* w \to^* \overline{v}$，与假设矛盾。此赋值为良定义，所有的字都会被赋值，所有语句的值均为真。上述构造将 $\overline{2SAT}$ 对数空间归约到了图的不可达性问题。根据定理1.14，$2SAT \in \mathbf{NL}$。

反之，给定有向无圈图 G 和其中的两个结点 s 与 t，将 G 的每条边 $x \to y$ 变成一个语句 $\overline{x} \lor y$，将 s 和 $\overline{t}$ 也作为语句，得到 2-合取范式 φ_G。易见，从 s 不可达 t 当且仅当 φ_G 不蕴含 t 当且仅当 φ_G 可满足。所以有向无圈图的不可达问题可对数空间归约到 2SAT。由推论 1.4 和定理1.17 知，2SAT 是 NL-难的。□

可用伊默尔曼-斯泽勒普森伊定理证明 $\mathbf{L}$ 对自己而言是低的，即 $\mathbf{NL^{NL}} = \mathbf{NL}$。设 $L \in \mathbf{NL^{NL}}$ 由非确定图灵机 $\mathbb{L}$ 在对数空间判定，$\mathbb{L}$ 在计算时会用到一个 $\mathbf{NL}$ 中的神谕 O。设 O 由非确定对数空间图灵机 $\mathbb{O}$ 判定。根据引理1.6，$\overline{O}$ 由某个非确定对数空间图灵机 $\mathbb{O}'$ 判定。不失一般性，假定 $\mathbb{O}$ 和 $\mathbb{O}'$ 拒绝时不停机。设计 $\mathbb{L}'$ 如下：

> 每当 $\mathbb{L}$ 询问 "$z \in O$?"，$\mathbb{L}'$ 交叉调用 $\mathbb{O}(z)$ 和 $\mathbb{O}'(z)$。若 $\mathbb{O}(z)$ 接受，将 1 作为神谕的答案继续计算；若 $\mathbb{O}'(z)$ 接受，将 0 作为神谕的答案继续计算。

将 $\mathbb{L}'$ 和一个多项式时间计数器进行硬连接得到 $\mathbb{L}''$。显然 $\mathbb{L}''$ 接受 L。因计数器运行时使用的是对数空间，所以 $\mathbb{L}''$ 是对数空间图灵机。这一结果表明，基于 $\mathbf{NL}$ 的空间谱系塌陷。

关于空间谱系的定义，请参考第 2 章中给出的时间谱系的定义。

1.20　$\mathbf{TIME}(T(n)) = \mathbf{SPACE}(T(n))$ 吗

时间复杂性和空间复杂性之间的关系是计算复杂性理论中一个大的未知领域。由谱系定理知，无穷包含序列 $\mathbf{P} \subseteq \mathbf{PSPACE} \subseteq \mathbf{EXP} \subseteq \mathbf{EXPSPACE} \subseteq \cdots$ 中有无限多个包含关系是严格的，我们尚未证明其中的任何一个包含关系是严格的。如果我们讨论的不是复杂性类而是 $\mathbf{TIME}(T(n))$ 和 $\mathbf{SPACE}(T(n))$ 之间的关系，我们有下述结论。

定理 1.18（时空定理）　$\mathbf{TIME}(S(n)) \subseteq \mathbf{SPACE}(S(n)/\log S(n))$。

这个有趣的结果是霍普克罗夫特、保罗、瓦里昂特证明的 [114]。由定理1.18我们推不出比如说 $\mathbf{P} \subsetneq \mathbf{PSPACE}$。但它是我们知道的唯一一个关于 $\mathbf{TIME}(\_)$ 和 $\mathbf{SPACE}(\_)$ 之间的非平凡结论，其证明思想也被用来证明计算复杂性理论中的若干其他结果，我们在本节花点篇幅介绍这个证明。我们的证明假定 $S(n)$ 是空间可构造的，但即便没有此假设，定理也成立，见练习26。

设 k-带图灵机 $\mathbb{M}$ 在 $t = O(S(n))$ 时间内判定某语言 L，设 x 是长度为 n 的输入。将 $\mathbb{M}$ 的每条工作带分成大小为 $t^{2/3}$ 的区块。当 $\mathbb{M}(x)$ 计算时，$\mathbb{M}$ 的每条带子最多会用到 $t^{1/3}$ 个区块。可以把某个时刻一条带子上的内容按区块划分写成 $w_1 w_2 \cdots w_{t^{1/3}}$，其中 w_i 表示存放在第 i 个区块中的字符串。我们希望 $\mathbb{M}(x)$ 的计算满足如下的跨界性质：

每个读写头从一个区块进入相邻区块的时刻总是 $t^{2/3}$ 的整数倍。

为了满足此性质，对 $\mathbb{M}$ 做如下修改：

（1）添加一条工作带，其读写头向右走 $t^{2/3}$ 步，再向左走 $t^{2/3}$ 步，如此反复。此工作带用来控制何时读写头可以跨界。

（2）将 $w_1 w_2 \cdots w_{t^{1/3}}$ 改成（方括号不是符号串的一部分，只是视觉上分隔）：

$$[\triangleleft w_1 w_2][w_1 w_2 w_3][w_2 w_3 w_4] \cdots [w_{t^{1/3}-2} w_{t^{1/3}-1} w_{t^{1/3}}][w_{t^{1/3}-1} w_{t^{1/3}} \square]$$

如果将 $w_{i-1} w_i w_{i+1}$ 视为一个区块，可使得修改后的图灵机读写头只在 $3t^{2/3}$ 的整数步跨越区块，并且修改后的图灵机的计算时间为 $\mathbb{M}(x)$ 的计算时间的常数倍，见练习25。之所以要将 $w_{i-1} w_i w_{i+1}$ 视为一个区块是为了避免读写头反复越界，破坏了计算时间线性放大的性质。利用空间压缩性质可将 $3t^{2/3}$ 长的符号串压缩到 $t^{2/3}$ 长的符号串。

在接下来的证明中我们假定 $\mathbb{M}$ 满足跨界性质。

将 $\mathbb{M}(x)$ 的计算时间分成等长的 $t^{1/3}$ 时段 $\Delta_1, \cdots, \Delta_{t^{1/3}}$。根据跨界性质，$\mathbb{M}$ 的读写头永远是在一个时间段 Δ 的最后一步才能从一个区块移到相邻的区块。设 $h_\Delta = (h_\Delta^1, \cdots, h_\Delta^k)$，其中 $h_\Delta^{k'}$ 表示第 Δ 个时间段结束后第 k' 条带上读写头的位置，以此类推。设 $f_\Delta^{k'}$ 表示进入第 Δ 个时段那一刻第 k' 个读写头所处的那个区块的内容，设 $c_\Delta^{k'}$ 表示第 Δ 个时段结束的那一时刻第 k' 个

Hopcroft
Paul
Valiant

将 t 格分解成 $t^{1/3}$ 个 $t^{2/3}$ 大小的区块的想法源自萨维奇定理。

读写头所处的那个区块的内容。记 $f_\Delta = (f_\Delta^1, \cdots, f_\Delta^k)$ 和 $c_\Delta = (c_\Delta^1, \cdots, c_\Delta^k)$。设 q_Δ 表示第 Δ 个时段结束的那一刻图灵机的状态，要求 $q_{\Delta_{t^{1/3}}} = q_{\mathrm{halt}}$。记 $V_\Delta = (q_\Delta, h_\Delta)$。称 $V_{\Delta_1}, \cdots, V_{\Delta_{t^{1/3}}}$ 为状态-地址对。构造图 $\mathcal{G}_{\mathrm{M},x}$ 如下：

- 结点就是状态-地址对。
- 从 $V_{\Delta-1}$ 到 V_Δ 有一条边。
- 对 $k' \in [k]$，设 $\Delta^{k'}$ 是离 Δ 最近的满足如下条件的前一个时段：若第 k' 个读写头在该时段所处的区块和第 Δ 个时段所处的区块是同一个区块，则从 $V_{\Delta^{k'}}$ 到 V_Δ 有一条边，此时称 $V_{\Delta^{k'}}$ 为 V_Δ 的前辈。如果第 k' 个读写头之前没有访问过第 Δ 个时段所处的区块，则没有这条边。

按定义，$\mathcal{G}_{\mathrm{M},x}$ 中有一个入度为 0 的结点，其余结点（即内部结点）的入度大于 0 但不超过 $k+1$。

给定图 $\mathcal{G}_{\mathrm{M},x}$ 和 $f_{\Delta_1}, \cdots, f_{\Delta_{t^{1/3}}}$ 和 $c_{\Delta_1}, \cdots, c_{\Delta_{t^{1/3}}}$，容易验证 $\mathcal{G}_{\mathrm{M},x}$ 是否反映了 $\mathrm{M}(x)$ 的计算。反之，通过枚举图 $\mathcal{G}_{\mathrm{M},x}$ 和 $f_{\Delta_1}, \cdots, f_{\Delta_{t^{1/3}}}$ 与 $c_{\Delta_1}, \cdots, c_{\Delta_{t^{1/3}}}$，可将 $\mathrm{M}(x)$ 算出来。可用下述非确定算法实现此想法：

（1）猜测状态-地址对 $V_{\Delta_1}, \cdots, V_{\Delta_{t^{1/3}}}$。

（2）猜测图 $\mathcal{G}_{\mathrm{M},x}$。

（3）猜测 $f_{\Delta_1}, \cdots, f_{\Delta_{t^{1/3}}}$ 和 $c_{\Delta_1}, \cdots, c_{\Delta_{t^{1/3}}}$。

（4）若 $\mathcal{G}_{\mathrm{M},x}$ 是连通的并且每个结点都可从它的前辈结点通过迁移函数推出，输出 $\mathrm{M}(x)$，否则停机。

在状态-地址对 $V_\Delta = (q_\Delta, h_\Delta)$ 中，q_Δ 的大小是常数，h_Δ 的大小是 $O(\log(t))$。算法的第一步用了 $O(t^{1/3} \log(t))$ 空间。第二步也用了 $O(t^{1/3} \log(t))$ 空间，这是因为每个结点的前辈结点数不超过常量 $k+1$。值得注意的是，一个结点的所有前辈结点可从 $h_{\Delta_1}, \cdots, h_{\Delta_{t^{1/3}}}$ 算出。因为 f_Δ 和 c_Δ 的大小是 $O(t^{2/3})$，所以第三步所使用的空间大小是 $O(S(n))$。为了降低空间使用，我们不把所有的 $f_{\Delta_1}, \cdots, f_{\Delta_{t^{1/3}}}$ 和 $c_{\Delta_1}, \cdots, c_{\Delta_{t^{1/3}}}$ 存放在工作带上，只将当前时刻所需的那部分放在工作带上。那么，这部分需要占用多少空间呢？可将此问题抽象成在连通有向无圈图的结点上按如下规则投放石子：

（1）如果入度为 0 的结点上没有石子，可以放一枚石子。

（2）若一个内结点的所有的前辈结点都放了石子，该结点可以放一枚石子。

（3）任何时候可以将一个结点上的石子拿走（拿走了的石子可被重新投

放）。

一个石子投放策略是一个最终将一枚石子放在一个指定结点上的方案。我们追求的是最优石子投放策略，即使用石子数最少的那个石子投送策略。不难看出，最优石子投放策略给出的界就是非确定图灵机需要的空间上界。

一般地，设 $\mathfrak{G}_d$ 为所有入度不超过 d 的连通有向无圈图构成的集合，设 $G \in \mathfrak{G}_d$，且 G 含有 n 个结点。我们感兴趣的是，G 中任意点 v 的最优石子投放策略（即最终将石子放在结点 v 上的一个最优石子投放策略）使用了几枚石子？定义 G 的最优石子投放策略为

$$\max_{v \in G}\{s \mid v\text{的最优石子投放策略用了}s\text{枚石子}\}$$

定义 $P_d(n)$ 和 $R_d(s)$ 如下：

$$P_d(n) = \max_{G \in \mathfrak{G}_d}\{s \mid G\text{有 } n \text{ 个结点，其最优石子投放策略用了 } s \text{ 枚石子}\}$$

$$R_d(s) = \min_{G \in \mathfrak{G}_d}\{e \mid G\text{有 } e \text{ 条边，其最优石子投放策略用了 } s \text{ 枚石子}\}$$

下述引理是关键，其证明中的很多细节需要读者补充，见练习25。

引理 1.10　　$P_d(n) = O(n/\log(n))$。

证明　　假设 $R_d(s) = \Omega(s\log(s))$。设入度不超过 d 的连通有向无圈图 G 有 n 个结点。因结点的入度数有个常数界，图 G 有 $\Phi(n)$ 条边。设 G 的最优投放策略需用 s 枚石子，则根据假定 G 至少包含 $\Omega(s\log(s))$ 条边。因此 $n = \Omega(s\log(s))$。不难看出 $s = \omega\left(\dfrac{n}{\log n}\right)$ 和 $n = \Omega(s\log(s))$ 矛盾。所以 $s = O\left(\dfrac{n}{\log n}\right)$。故只需证 $R_d(s) = \Omega(s\log(s))$。

设 $G \in \mathfrak{G}_d$ 含有 $R_d(s)$ 条边，其最优石子投放策略需用 s 枚石子。将 G 的结点集划分为 V_1 和 V_2，其中 V_1 中的结点的最优投放策略需用 $s/2$ 枚石子。设 G_1 为由 V_1 中结点导出的子图，G_2 为由 V_2 中结点导出的子图。没有从 G_2 中的结点到 G_1 中的结点的边，否则后者必有一个结点的最优石子投放策略需用多于 $s/2$ 枚石子。我们首先说明若在图 G_2 中玩石子投放游戏，V_2 中一定存在一个结点，其最优石子投放策略需用 $s/2 - d$ 枚石子，否则 G 中的任意结点的最优石子投放策略都不需要 s 枚石子，这与 G 的定义矛盾。由此可知 G_2 至

少有 $R_d(s/2-d)$ 条边。其次，若在图 G_1 中玩石子投放游戏，V_1 中一定存在一个结点，其最优石子投放策略需用 $s/2-d$ 枚石子。由此可知 G_1 至少也有 $R_d(s/2-d)$ 条边。将所有从 G_1 中的结点到 G_2 中的结点的边的集合记为 A。若 $|A| \geqslant s/4$，有 $R_d(s) \geqslant 2R_d(s/2-d) + s/4$。若 $|A| < s/4$，将 A 中的边落在 V_1 中的全部结点放上石子的投放策略所用的石子数小于 $s/2 + s/4 = 3s/4$。在图 G_2 中玩石子游戏的最优石子投放策略至少需要 $3s/4$ 枚石子，否则 G 就不需要 s 枚石子。一个至少需要 $3s/4$ 枚石子的图比一个至少需要 $s/2$ 枚石子的图至少多出 $\dfrac{1}{d} \cdot \dfrac{s}{4}$ 条边。所以无论如何都有

$$R_d(s) \geqslant 2R_d(s/2-d) + \Omega(s)$$

解此递归式得 $R_d(s) = \Omega(s\log(s))$。引理得证。   □

有了引理1.10，我们可以设计如下的判定 L 的非确定图灵机：

(1) 猜测状态-地址对 $V_{\Delta_1}, \cdots, V_{\Delta_{t^{1/3}}}$。

(2) 猜测图 $\mathcal{G}_{\mathbb{M},x}$。

(3) 猜测一个长度不超过 $2^{t^{1/3}}$ 的图 $\mathcal{G}_{\mathbb{M},x}$ 的结点子集序列，称序列中的一个结点子集为石子图案。若序列中有大小超过 $t^{1/3}/\log(t^{1/3})$ 的石子图案，停机并拒绝；否则验证此序列是否给出一个石子投放策略。若的确是一个石子投放策略，输出计算出的 $c_{t^{1/3}}$ 中给出的结果。

第（3）步验证所产生的石子图案序列是否对应于一个石子投放策略，只需验证相邻的两个石子图案变化是否对应于 $\mathbb{M}(x)$ 的计算，后者可能需要验证图 $\mathcal{G}_{\mathbb{M},x}$ 中的某个内结点是否可从它的前辈结点经过一步计算得到。一个石子图案存放空间大小是

$$\text{石子大小} \times \text{最优策略使用的石子数} = O(t^{2/3}) \cdot O\left(\frac{3t^{1/3}}{\log(t)}\right) = O\left(\frac{t}{\log(t)}\right)$$

算法在任何时刻只需存放两个石子图案，所以空间复杂性是 $O\left(\dfrac{t}{\log(t)}\right)$。

可将上述非确定图灵机转换成空间复杂性为 $O\left(\dfrac{t}{\log(t)}\right)$ 的确定图灵机。第（1）步和第（2）步可通过使用计数器进行枚举。使用萨维奇定理（定理1.16）的证明思想，可用 $t^{1/3}$ 个大小是 $t^{1/3}$ 的计数器来枚举第（3）步需要产生的长

度是 $2^{t^{1/3}}$ 的石子图案序列，每个计数器用来枚举石子图案。必须指出的是，算法在任何时刻只需存放两个石子图案，使用的空间还是 $O\left(\dfrac{t}{\log(t)}\right)$。定理1.18得证。

第 1 章练习

1. 设计一个计算两个自然数相乘的图灵机。

2. 在第 7 页，定义了何谓一台图灵机 $\mathbb{M}$ 解决一个问题 $f:\{0,1\}^* \to \{0,1\}^*$。证明绝大部分问题是不可计算的。

3. 设计一台将一进制数 1^n 转换成二进制数 $\llcorner n \lrcorner$ 的图灵机。你设计的图灵机的时间函数是什么？将二进制数转换成一进制数呢？

4. 函数 $\log^*(x)$ 定义如下：

$$\log^*(1) = 0$$
$$\log^*(x) = 1 + \log^*(\log(x)), \quad 若 x > 1$$

设计计算 $\log^*(x)$ 的图灵机。你设计的图灵机的时间复杂性是多少？

5. 证明符号集为 $\{0,1,\square,\triangleright\}$ 的多带图灵机可以模拟如下类型的图灵机，并且模拟过程中使用的额外计算是多项式时间的：

   （a）带子是双向无限的，符号集可以任意大小。证明模拟可以在线性时间内完成。

   （b）将带子换成三维坐标定义的第一象限体，符号存放在整数坐标点上。

   （c）证明具有一条读写带的图灵机可以模拟 k 带图灵机。

6. 有一台"厉害的"双带图灵机，该机有三个特殊的状态 $q_?, q_=, q_{\neq}$。当机器处于状态 $q_?$ 时，进行如下计算：若两个读写头处于同一位置（比如都处于所在带子的第 7 格），机器进入状态 $q_=$，若两个读写头处于不同位置，机器进入状态 $q_{\neq}$。设计一台多带图灵机模拟这台"厉害的"的图灵机的计算。

7. 设 $T(n), T'(n)$ 为时间可构造。证明 $T(n)+T'(n)$、$T(n)\cdot T'(n)$、$T(n)^{T'(n)}$ 均为时间可构造。能证明 $T(n)/T'(n)$ 是时间可构造吗？$\log T(n)$ 呢？

8. 如果在定理1.2 的证明中，我们让 $|R_i| = 2 \cdot 2^{i^2}$。证明在哪一步会出问题？如果没有问题的话，我们会得到一个更高效的通用图灵机！

9. 证明引理1.1。

10. 证明推论1.3。

11. 利用分配律 $x \wedge (y \vee z) = (x \wedge y) \vee (x \wedge z)$ 和 $x \vee (y \wedge z) = (x \vee y) \wedge (x \vee z)$，是否可在多项式时间内将合（析）取范式转换成析（合）取范式？

12. 用对角线方法定义一个可计算全函数，该函数与任何一个原始递归函数不相等。

13. 说明：若忽略不终止性，在第 28 页上定义的非确定的"通用"图灵机是正确的。

14. 证明命题3。

15. 证明 $\mathbf{EXP}^{\mathbf{EXP}} = 2\text{-}\mathbf{EXP}$。

16. 证明 $2\mathrm{SAT} \in \mathbf{P}$。此结论来自文献 [53]。

17. 写一段对数空间程序，解决在 (1.16.1) 中定义的问题 MULP。

18. 证明定理1.11。

19. 证明引理1.8。

20. 将引理1.9 的证明中描述的线性空间算法用程序实现。

21. 说明定理1.15 的证明中构造的 φ_x 是对数空间可计算的。

22. 用程序实现萨维奇定理证明中的算法。

23. 证明 $\mathbf{PSPACE}^{\mathbf{PSPACE}} = \mathbf{PSPACE}$。

24. 间隙定理（定理1.10）的证明用了很一般的方法，其中的 $b(n)$ 函数可以理解为其他的资源函数。说明用其他资源函数定义的复杂性类也应该有间隙定理。给出空间间隙定理的叙述和证明。

25. 将引理1.10 的证明细节补上。

26. 证明：即便 $S(n)$ 不是空间可构造的，定理1.18 依然成立。

第 2 章 难 解 性

二十世纪五六十年代，苏联有一批做控制论的学者和他们的学生从控制论、算法复杂性和计算复杂性的角度研究了搜索算法 [221]。深入研究让他们相信，很多搜索问题没有比直截了当的暴力算法（俄语称为 perebor 算法）好的算法。苏联的控制论学者研究了很多实际搜索问题的算法，包括布尔函数的最小电路实现问题的算法，取得了两个具有里程碑意义的突破结果。一个突破发生在七十年代初期，柯尔莫果洛夫的学生莱文证明了存在一类他称之为通用 perebor 问题，所有的搜索问题都可归约到这类问题，换言之，存在最难的搜索问题。另一个方面，在二十世纪七十年代末期，哈奇扬在其同事工作的基础上证明了线性规划问题有多项式时间算法 [130]，在复杂性理论意义上，找到了一个容易的非常实际的搜索问题。1971 年，莱文在柯尔莫果洛夫研讨会和马尔可夫研讨会上报告了他的结果，正式的文章只有两页，以莱文标志性的超凝练形式发表于 1973 年 [145]。在同一时期，库克定义了 NP-完全问题并证明了可满足性问题是 NP-完全的，文章发表于 1971 年 [53]。莱文的通用 perebor 问题就是库克的 NP-完全问题的搜索版本或构造版本，后者可看作前者的判定版本或存在版本。本质上莱文和库克引入了同一个概念，找到了同一个完备问题。紧接着，卡普证明了 21 个熟知的组合问题是 NP-完全的 [126]，计算复杂性理论进入了 NP 时代。1979 年，在加里和约翰逊合写的 NP 理论的专著中，作者介绍了当时知道的数百个 NP-完全问题 [83]。NP 完备问题的普遍性促使人们寻找这类问题的可行解。在所有的尝试失败后，人们试图去证明 $\mathbf{NP} \neq \mathbf{P}$。如今，我们知道的有关 "$\mathbf{NP} \overset{?}{=} \mathbf{P}$" 的最好的结果都有如下形式的陈述："某某方法不可能解决这个问题"[3, 31, 180]。一部分计算机科学家相信 $\mathbf{NP} \neq \mathbf{P}$ 独立于现有数学体系 [1]。如果真是这样，那么有一些非常有趣的可能性（假设 ZF 公理集合论是数学基础）：SAT 没有多项式时间算法，但不可能在 ZF 中证明这一点；存在 SAT 的多项式时间算法，但不可能在 ZF 中证明该算法的正确性；可在 ZF 中构造 SAT 的一个算法，但既不能证明该算

cybernetics

brute force

Kolmogorov
Levin

Khachijan

Markov
莱文研究的是所谓的铺砖问题。

Garey, Johnson

法是多项式时间的，也不能证明它不是多项式时间的。一部分人认为 $\mathbf{NP} \neq \mathbf{P}$ 是一条物理学定律，毕竟，可行计算描述的也是一类物理过程。如果我们相信丘奇-图灵论题是物理学定律的话，计算复杂性理论的研究似乎在暗示，从这条定性的定律推不出我们关心的定量结果。关于 $\mathbf{NP}$ 的最根本问题可能不是它是否等于 $\mathbf{P}$，而是 $\mathbf{NP} \neq \mathbf{P}$ 是人类智慧的结晶还是自然规律？阿伦森在文

Aaronson

献 [2] 中从多个物理可实现角度讨论了" $\mathbf{NP} \neq \mathbf{P}$？"。

    NP 问题类是计算复杂性理论中最本质的概念。对 NP-完全问题的研究从好几个方面推动了计算复杂性理论乃至整个计算机科学的发展。在计算机科学之外，NP-完全性的影响力渗透到科学、数学、工程等广泛领域。在实际应用中，NP-完全性理论提供了一个快速验证问题难易性的方法。如果一个问题是 NP-难的，就不必费心去找可行解，而应该专注于想其他办法。说出来有点尴尬，"其他办法"中最好的办法可能就是修改原问题。

    没有人真正理解 $\mathbf{NP}$ 类的内在复杂性和结构，但一个合格的计算机科学家应能大致判断一个问题是否是 NP-难的，就像一个合格的计算机科学家能凭直觉判断一个问题是否可计算。本章介绍 NP 理论的基本内容和基于 NP 理论的多项式谱系。

2.1   可验证性

Cole

    在 1903 年举办的美国数学家学会会议上，数学家科尔一言不发地走到黑板前，写下了下面的等式，并在黑板上验证了这个等式。

$$2^{67} - 1 = 147573952589676412927 = 193707721 \times 761838257287$$

尽管科尔花了"三年中的所有周日"找这个分解，而验证这个分解的正确性用不了一堂课。大数分解可能不是 $\mathbf{NP}$ 中最难的问题，但这个例子指出了该类问题的固有性质，即高效可验证性。可用此性质判定一个问题是否在 $\mathbf{NP}$ 中。

定理 2.1（高效可验证性）   语言 $L \subseteq \{0,1\}^*$ 在 $\mathbf{NP}$ 中当仅当存在多项式 $p: \mathbb{N} \to \mathbb{N}$ 和多项式时间图灵机 $\mathbb{M}$ 满足：对任意 $x \in \{0,1\}^*$，下述等价关系成立：

$$x \in L \text{ 当仅当 } \exists u \in \{0,1\}^{p(|x|)}. \mathbb{M}(x,u) = 1$$

称 $\mathbb{M}$ 为 L 的验证器。若 x 和 u 满足 $|u| = p(|x|)$ 和 $\mathbb{M}(x, u) = 1$，称 u 为 $x \in L$ 的证书（或证明）。

verifier certificate

证明　设非确定图灵机 $\mathbb{N}$ 在多项式时间 $p(n)$ 接受 L。按时间可构造性，可假定对任意输入串 x，$\mathbb{N}(x)$ 的所有计算路径长度均为 $p(|x|)$。用通用图灵机对 $\mathbb{N}(x)$ 的计算进行模拟，模拟时需要一长度为 $p(|x|)$ 的 0-1 串，该 0-1 串表示 $\mathbb{N}$ 计算时对迁移函数的选择。反之，设 $\mathbb{M}$ 是 L 的验证器。一台非确定图灵机可以在多项式时间内猜测一个长度为 $p(|x|)$ 的证书 u，然后计算 $\mathbb{M}(x, u)$。　□

在上述定理给出的等价性刻画中，存在量词取代了非确定性。对于非确定性，重要的是它的逻辑属性，而非它的计算属性。

如果把 $x \in L$ 看作一个命题，判定 $x \in L$ 就是试图证明 $x \in L$。从这一角度看，定理2.1 可解释为：**NP** 是所有具有多项式长证明的问题，而 **P** 是所有能在多项式时间找出证明的问题。直觉上，多项式长的证明不一定能在多项式时间找出来，所以我们相信 **NP** 严格包含 **P**。我们将 **NP** 中的问题称为 NP-问题，将 **P** 中的问题称为 P-问题。

切记：验证是多项式时间可计算的。

多项式长的证明都是可以在多项式时间里猜测的，验证一个猜测是否是一个合法的证明总可以在多项式时间完成。"猜测-然后验证之"这一方法让我们较容易证明一个问题是 NP-问题。看几个例子：

- 给定图 G 和自然数 k，独立集问题 IS 是：是否存在 G 的 k 个结点，这些结点之间没有边？验证算法猜测一个结点集，然后验证该集合是否具有 k 个结点及是否构成一个独立集。

independent set

- 给定图 $G = (V, E)$，旅行商问题 TSP 是：G 是否包含一个简单圈，即 G 是否有一个长度是 $|V|$ 的包含每个结点的圈？一个验证算法是猜测 $|V|$ 条边，然后验证这些边是否构成一个简单圈。

travelling sales person

- 给定图 G_0 和 G_1，图同构问题 GI是：是否存在 G_0 和 G_1 之间的一个同构态射？一个验证算法是猜测结点之间的一个对应，然后验证其是否给出一个同构。

graph isomorphism

很多时候，证明一个问题是 NP-问题需要用到与问题相关的某个领域的非平凡结论。给定 $m \times n$ 整数矩阵 $\boldsymbol{A}$、m-维整数向量 $\boldsymbol{b}$ 和 n-维整数变量向量 $\boldsymbol{x}$，不等式方程 $\boldsymbol{Ax} \geqslant \mathbf{b}$ 是整数规划 IP 的特例，该实例在整数规划问题中当

仅当 $Ax \geqslant b$ 有整数解。整数规划理论 [194] 中的一个结论 [175] 说，若不等式 $Ax \geqslant b$ 有整数解，它一定有一个多项式大小的解。因此，IP $\in$ NP。

除直接验证外，还可通过归约证明一个问题是 NP-问题，见第 1.15 节中的例子。

2.2 NP-完全性

我们已知 $\mathbf{P} \subseteq \mathbf{NP}$，但不知是否有 $\mathbf{P} = \mathbf{NP}$。如果我们想了解 **NP** 的内部结构，应首先刻画出 **NP** 中最难的那类问题。我们已经知道如何用卡普归约比较问题的难易，所以下面的定义应该是自然的。

NP-hard
NP-complete

定义 2.1 若对任意 $A \in \mathbf{NP}$，均有 $A \leqslant_K B$，称 B 为 NP-难的。若 B 是 NP-难的且 $B \in \mathbf{NP}$，称 B 是 NP-完全的。

设 **NPC** 为所有 NP-完全问题类。按定义，若一个 NP-完全问题有一个多项式时间算法，任何一个 NP-问题有多项式算法。NP-完全问题就是最难的那类 NP-问题。$\mathbf{NP} = \mathbf{P}$ 当仅当一个 NP-完全问题可以卡普归约到一个 P-问题当仅当 $\mathbf{NPC} = \mathbf{P}$。

定义2.1用到了卡普归约，库克在文献 [53] 中用的是库克归约，帕帕季米特里乌在教材 [168] 中用的是对数归约。读者一定会问：他们所定义的 NP-完全性是否一致？我们现在能说的是：① 因为 $A \leqslant_L B$ 蕴含 $A \leqslant_K B$ 蕴含 $A \leqslant_C B$，所以帕帕季米特里乌意义下的 NP-完全性蕴含卡普意义下的 NP-完全，卡普意义下的 NP-完全性蕴含库克意义下的 NP-完全性；② 未发现一个 NP 问题在一个意义下是完全的但在另一个意义下的完全性未能被证明。一个很能说明库克归约和卡普归约差别的例子是：在库克归约下，**NP** 和 **coNP** 是相等的，即在计算的意义下，**NP** 和 **coNP** 是一样难的；而在卡普归约下，$\mathbf{NP} \overset{?}{=} \mathbf{coNP}$ 是个未知的大问题。大多数学者认为在卡普归约意义下 $\mathbf{NP} \neq \mathbf{coNP}$，其理由是：一方面 **NP** 中的问题都有短的证明，另一方面完全没有理由相信 coNP-完全问题有短的证明，即从验证的角度看，**NP** 和 **coNP** 大不一样。

要证明一个 NP-问题是完全的，需要证明所有的 NP-问题可归约到该问题。有一个简单的方法让我们找到"第一个"NP-完全问题：构造包含所有 NP-问题的 NP-问题。事实上，利用通用图灵机可以为下述语言构造一台通用验证器。

$$\text{TMNP} = \{\langle \alpha, x, 1^n, 1^t \rangle \mid \exists u \in \{0,1\}^n.\ \mathbb{M}_\alpha(x, u)\text{在}t\text{步内输出}1\}$$

易见，$\text{TMNP} \in \mathbf{NP}$。文献中也称 TMNP 为有界停机问题。下述定理的证明印证了 TMNP 是包含所有 NP-语言的 NP-语言。

bounded halting
problem

定理 2.2（NP-完全问题的存在性）　TMNP 是 NP-完全的。

证明　设 $L \in \mathbf{NP}$ 有一个多项式 $q(n)$ 时间验证器 $\mathbb{M}$，证书的长度是多项式值 $p(n)$。易见，"$x \in L$"当仅当"$\exists u \in \{0,1\}^{p(|x|)}.\ \mathbb{M}(x, u)$ 在 $q(|x|+p(|x|))$ 步内输出 1"当仅当"$\langle \llcorner \mathbb{M} \lrcorner, x, 1^{p(|x|)}, 1^{q(|x|+p(|x|))} \rangle \in \text{TMNP}$"。我们所需要的从 L 到 TMNP 的卡普归约将输入串 x 映射到四元组 $\langle \llcorner \mathbb{M} \lrcorner, x, 1^{p(|x|)}, 1^{q(|x|+p(|x|))} \rangle$，归约时间是多项式的。　□

根据卡普归约的传递性，欲证 $L \in \mathbf{NPC}$，只需证 $\text{TMNP} \leqslant_K L \in \mathbf{NP}$。我们用 TMNP 的一个变种来说明此方法。在推论1.1 的证明里，我们构造了一台健忘通用图灵机 $\mathbb{U}$，其时间开销有个对数放大。定义

$$\text{TMNP}_{\mathbb{U}} = \{\langle \alpha, x, 1^n, 1^t \rangle \mid \exists u \in \{0,1\}^n.\ \mathbb{U}(\alpha, x, u)\text{在}t\text{步内输出}1\}$$

显然，$\text{TMNP}_{\mathbb{U}} \in \mathbf{NP}$ 且 $\text{TMNP}_{\mathbb{U}} \leqslant_K \text{TMNP}$。为了验证完全性，定义函数

$$r(z) = \begin{cases} \langle \alpha, x, 1^n, 1^{c(|\alpha|)t \log t} \rangle, & \text{若 } z = \langle \alpha, x, 1^n, 1^t \rangle \\ z, & \text{否则} \end{cases}$$

其中 c 函数就是推论1.1中给出的 c 函数。根据推论1.1不难看出，r 是从 TMNP 到 $\text{TMNP}_{\mathbb{U}}$ 的卡普归约。

尽管 TMNP 看上去有点人为，它却是实实在在的。但这样定义出来的问题并不能体现 $\mathbf{NP}$ 类的重要性。我们需要说明 $\mathbf{NPC}$ 包含很多实际中出现的重要问题。

2.3　库克-莱文定理

库克和莱文找到了第一个自然的 NP-完全问题，就是我们已经讨论过的可满足性问题，见定义1.11。下述定理常称为库克-莱文定理 [53, 145]。

定理 2.3（库克-莱文定理） 可满足性问题 SAT 是 NP-完全的。

证明 用第 1.11 节中定义的归约（定理1.7），将判定一个 NP-问题的验证器 $\mathbb{M}$ 在输入 x 和证书 u 上的计算 $\mathbb{M}(x,u)$ 用布尔公式 $\psi_{\mathbb{M},x}(u,y,z)$ 表示。根据引理1.4，归约是对数空间的，因而是多项式时间的。   □

上述证明中的卡普归约 $\psi_{\mathbb{M},\_}$ 有良好的性质。设 Ctf(x) 为满足 $\mathbb{M}(x,u)=1$ 的证书集合，Tas$(\psi_{\mathbb{M},x}(u,y,z))$ 为满足 $\psi_{\mathbb{M},x}(u,y,z)=1$ 的证书集合，这里满足 $\psi_{\mathbb{M},x}(u,y,z)=1$ 的证书就是使 $\psi_{\mathbb{M},x}(u,y,z)=1$ 为真的真值指派。根据 $\mathbb{M}(x,u)$ 计算的唯一性，归约 $\psi_{\mathbb{M},\_}$ 是从 Ctf(x) 到 Tas$(_{\mathbb{M},x}(u,y,z))$ 的双射，其逆函数也是多项式时间可计算的。称满足这些性质的多项式时间归约为莱文归约。搜索问题之间的归约必须是莱文归约。莱文性质在复杂性理论的一些证明里起着关键作用。我们用一个例子来说明如何使用莱文性质。假定 **NP** 问题有多项式算法。给定一个旅行商问题的输入实例，在多项式时间内将其归约到一合取范式 $\tau(x_1,\cdots,x_n)$。调用 SAT 问题的多项式算法判定 $\tau(x_1,\cdots,x_n)$ 是否可满足。若可满足，再判定 $\tau(0,x_2,\cdots,x_n)$ 是否可满足。若 $\tau(0,x_2,\cdots,x_n)$ 可满足，继续判定 $\tau(0,0,x_3,\cdots,x_n)$ 是否可满足；若 $\tau(0,x_2,\cdots,x_n)$ 不可满足，继续判定 $\tau(1,0,x_3,\cdots,x_n)$ 是否可满足。此方法可在多项式时间内找到一个满足 $\tau(x_1,\cdots,x_n)$ 的真值指派。根据莱文性质，可在多项式时间内找到一个旅行商走法。此算法用到了自归约方法（见定义 4.17），即将一个问题的判定/计算归约到一个规模更小的同一问题的判定/计算。大多数 **NP** 中的问题和其搜索版本有相同的难度。

在库克的文章之后，卡普于 1972 年发表了一篇有重要意义的文章，证明了 21 个常见的组合问题是 NP-完全问题。图2.1 指出了这 21 个组合问题和卡普所用的归约关系。比如，MaxCut 的完全性是通过将 Partition 归约到 MaxCut 得到的，而 Partition 的完全性证明用的是 Knapsack $\leqslant_K$ Partition。

在卡普的文章发表之后，大量的 NP-完全问题被发现。伯曼和哈特马尼斯考察了当时知道的 NP-完全问题，发现了一个重要现象 [36]。用 $A \leqslant_K^1 B$ 表示从 A 到 B 有个单射卡普归约，用 $A \cong_p B$ 表示从 A 到 B 有个双射卡普归约。若 $A \cong_p B$，称 A 和 B 为多项式同构的。若从 A 到 B 的卡普归约 r 满足：对任意 x 有 $|r(x)| > |x|$，称 r 为严格增长的。若一个卡普归约 f 有一个多项式时间可计算的逆函数 f^{-1}，称 f 为可逆的。可逆的卡普归约 f 的逆函

Levin reduction

self-reduction

整数分解问题的判定版本（素数判定问题的否问题）在 **P** 中。这是否让读者有那么一丝的不安？

Berman

invertible

```
SAT   ≤_K   0-1-IntegerProgramming
      ≤_K   Clique
            ≤_K   SetPacking
            ≤_K   VetexCover
                  ≤_K   SetCovering, FeedbackNodeSet, FeedbackArcSet
                  ≤_K   DirectedHamiltonCircuit
                        ≤_K   UndirectedHC
      ≤_K   3SAT
            ≤_K   ChromaticNumber
            ≤_K   CliqueCover
            ≤_K   ExactCover
                  ≤_K   HittingSet, SteinerTree, 3DimMatching
                  ≤_K   Knapsack
                        ≤_K   JobSequencing
                        ≤_K   Partition
                              ≤_K   MaxCut
```

图 2.1　卡普的 21 个 NP-完全问题

数也是卡普归约，并且 f 和 f^{-1} 都是单射。下述定理的证明用到了递归论中的米希尔同构定理的证明思想，后者的证明受到了集合论中相应证明的启发。

定理 2.4（伯曼-哈特马尼斯定理）　若有严格增长的可逆卡普归约 $f: A \to B$ 和 $g: B \to A$，则 $A \cong_p B$。

证明　根据 f 和 g 的严格增长性质，对任意串 x，序列

$$x_0 = x, x_1 = g^{-1}(x_0), x_2 = f^{-1}(x_1), x_3 = g^{-1}(x_2), x_4 = f^{-1}(x_3), \cdots \quad (2.3.1)$$

Myhill

若从集合 A 到集合 B 有单射且从 B 到 A 有单射，则 A 和 B 的基数相等。

中的串长度严格递减，因此 (2.3.1) 的长度不会超过 $|x_0|$。定义 $h : A \to B$ 如下：

1. 若 (2.3.1) 止于某个偶数下标的 x_{2i}，称 x 为 A-类的，设 $h(x) = f(x)$。
2. 若 (2.3.1) 止于某个奇数下标的 x_{2i+1}，称 x 为 B-类的，设 $h(x) = g^{-1}(x)$。

设 $x \neq x'$。若 x 和 x' 均为 A-类的或均为 B-类的，必有 $h(x) \neq h(x')$。若 x 为 A-类的而 x' 为 B-类的，并且 $h(x) = h(x')$，按定义有 $f(x) = g^{-1}(x')$，即 $g(f(x)) = x'$。此等式说明 x, x' 为同类，与假设矛盾。结论：h 是单射。一个串 z 如果不是 A-类的像，就是 B-类元素 $g(z)$ 的逆像，故 h 是满的。因为只用了线性多次 $\{f, g, f^{-1}, g^{-1}\}$ 中的函数，h 必定是多项式时间可计算的。   □

伯曼和哈特马尼斯注意到，通过添加无用信息，容易将一个 NP-完全问题到另一个 NP-完全问题的卡普归约变成严格增长的可逆卡普归约，在此基础上和定理2.4 的基础上提出了下述猜测。

伯曼-哈特马尼斯猜测. 所有 NP-完全问题都是多项式同构的。

伯曼-哈特马尼斯猜测的重要性在于下面的命题。

命题 7   若伯曼-哈特马尼斯猜测成立，则 $\mathbf{NP} \neq \mathbf{P}$。

证明   设 $S \subseteq \{0,1\}^*$，符号 $S^{\leqslant n}$ 表示 S 中所有长度不超过 n 的串构成的集合。若 $|S^{\leqslant n}| = 2^{n^{O(1)}}$，称 S 为稠密的；若 $|S^{\leqslant n}| = n^{O(1)}$，称 S 为稀疏的。设 L 为稠密，L' 为稀疏，且从 L 到 L' 有在多项式时间 $p(n)$ 内可计算的双射卡普归约函数 r。按定义有 $r(L^{\leqslant n}) \subseteq (L')^{\leqslant p(n)}$。这会引发矛盾，因为 $r(L^{\leqslant n})$ 呈指数增长，而 $(L')^{\leqslant p(n)}$ 呈多项式增长。结论：一个稠密的语言不可能与一个稀疏的语言多项式同构。已知 NP-完全问题 SAT 是稠密的（见本章练习8），而 P-问题 $\{1^n \mid n \in \mathbb{N}\}$ 是稀疏的，因此 SAT 和 $\{1^n \mid n \in \mathbb{N}\}$ 不是多项式同构的。若 $\mathbf{NP} = \mathbf{P}$，则 $\mathbf{NPC} = \mathbf{P}$，即 $\{1^n \mid n \in \mathbb{N}\}$ 也是 NP-完全的。根据伯曼-哈特马尼斯猜测，SAT 和 $\{1^n \mid n \in \mathbb{N}\}$ 多项式同构，矛盾。因此，$\mathbf{NP} \neq \mathbf{P}$。   □

撇开伯曼-哈特马尼斯猜测不说，上述证明用到了一个简单的事实：若不存在稀疏的 NP-完全问题，则 $\mathbf{NP} \neq \mathbf{P}$。马哈尼证明了反方向的蕴含也成立 [155]。

$O(1)$ 指代常数
dense
sparse

Mahaney

必须指出的是，有迹象表明伯曼-哈特马尼斯猜测不一定成立。在计算复杂性理论学术界，伯曼-哈特马尼斯猜测并非广为接受。

在本节最后，让我们回到本书开头提到的哥德尔的那个问题。设 $\mathcal{A}$ 是读者熟悉的一个公理系统，如皮亚诺算术、策梅洛-弗兰克尔集合论，该公理系统可以解释合取范式。下述定义的问题可看成希尔伯特问题的有限版本。

Peano arithmetic
Zermelo-Fraenkel

$$\texttt{THEOREM} = \left\{ (\varphi, 1^{|\varphi|^c}) \mid \varphi \text{有一个长度不超过} |\varphi|^c \text{的} \mathcal{A} \text{中的证明} \right\}$$

证明论中有个广泛流传的说法，公理系统中的验证都是多项式时间可完成的，即给定命题 Prp 和证明 prf, 验证 prf 是否的确是 Prp 的证明可以在 |Prp|+|prf| 的一个多项式时间内完成。给定输入 $(s, 1^m)$，验证器先验证输入是否为形如 $(\varphi, 1^{|\varphi|^c})$ 的合法输入；若否，则拒绝；若是，则猜测一个长度为 m 的证明，然后验证该证明是否证明了 φ。因此 THEOREM $\in$ **NP**。另一方面，根据假定，可将命题公式翻译为公理系统中的命题（比如用算术化），所以 SAT 可卡普归约到 THEOREM。结论是：THEOREM 是 NP-完全的。对哥德尔来说，这个结果否定了他当年的猜想，但更重要的是，这个结果进一步巩固了他的不完备定理在数学中的地位。

2.4　拉德纳定理

如果 **NP** $\neq$ **P**，那么所有的 NP-完全问题都在 **NP** \ **P** 里。我们感兴趣的是，除了 NP-完全问题，**NP** \ **P** 里还有其他的 NP-问题吗？在图2.2 中，哪个划分是合理的？显然我们不可能找到一个 **NP** 中的具体问题，它既不在 **P** 中，也不在 **NP** 中，否则我们就证明了 **NP** $\neq$ **P**。拉德纳研究了此问题，他的研究结果表明，若 **NP** $\neq$ **P**，那么 **NP** 含有无穷多个既非 P-问题也非 NP-完全问题，而且其结构相当复杂 [139]。本节证明拉德纳定理的一个弱化版本。

Ladner

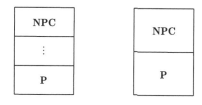

图 2.2　**NP** 的结构

定理 2.5（拉德纳定理）   若 $\mathbf{P} \neq \mathbf{NP}$，则 $\mathbf{P} \cup \mathbf{NPC} \neq \mathbf{NP}$。

证明   已知 SAT 是 NP-完全的，但 2SAT 在 $\mathbf{P}$ 里（见命题6）。作为集合，2SAT 要比 SAT 稀疏很多。证明的基本思路是从 SAT 中删去足够多的元素，使得剩下的集合足够稀疏，不再是 NP-完全的，但又不能太稀疏，否则剩下的集合会在 $\mathbf{P}$ 里。如何删除？一个最简单的方法还是用填充技术，在不改变可满足性的前提下，将每个合取范式按一定比例拉长。比如将 ψ 变成 $\psi \wedge v_1 \wedge \cdots \wedge n_h$，其中 $v_1, \cdots, v_h$ 不出现在 ψ 里。显然，ψ 可满足当仅当 $\psi \wedge v_1 \wedge \cdots \wedge n_h$ 可满足。如果把 ψ 看成二进制编码，$\psi \wedge v_1 \wedge \cdots \wedge n_h$ 可用 $\psi 01^h$ 表示。关键是确定 h 的大小。下述容易验证的结果（其证明留作练习）应给我们启发。

- $\left\{ \psi 01^{|\psi|^c} \mid \psi \in \text{SAT} \right\}$ 是 NP-完全的；
- $\left\{ \psi 01^{2^{|\psi|}} \mid \psi \in \text{SAT} \right\}$ 是多项式时间可判定的。

我们希望找到一个增长速度小于指数函数但快于任何一个多项式的函数 $h(n)$，使得 $\left\{ \psi 01^{h(|\psi|)} \mid \psi \in \text{SAT} \right\}$ 就是我们要的 NP-问题。设 $h(n) = |\psi|^{H(|\psi|)}$，我们必须定义一个增长速度恰当的函数 H。设

$$\text{SAT}_H = \left\{ \psi 01^{|\psi|^{H(|\psi|)}} \mid \psi \in \text{SAT} \right\} \tag{2.4.1}$$

并定义

$$\text{SAT}_H(x) = \begin{cases} 1, & \text{若 } x \in \text{SAT}_H \\ 0, & \text{若 } x \notin \text{SAT}_H \end{cases}$$

拉德纳证明的难点在于：要同时定义依赖于函数 H 的问题 (2.4.1) 和依赖于问题 SAT_H 的函数 H。拉德纳给出的函数 H 定义如下：

$$H(n) = \begin{cases} i, & \begin{array}{l} i \text{ 是满足①和②的最小下标：① } i < \log\log n; \\ ② \text{ 对所有满足} |x| \leqslant \log n \text{的} x，\mathbb{M}_i(x) \text{在} i|x|^i \text{步内} \\ \text{输出} \text{SAT}_H(x) \end{array} \\ \log\log n, & \text{否则} \end{cases}$$

在判定一个长度是 n 的串是否属于 SAT_H 时，需要知道 H 在某个严格小于 n 的输入上的值，当定义 $H(n)$ 的值时，需要判定长度不超过 $\log(n)$ 的串是否在 SAT_H 里。根据归纳，两者都是良定义的。函数 H 满足如下性质：

1. H 是非递减函数。这是因为：若 $H(n) = \log\log n$，则 $\log\log n \leqslant H(n+1)$；否则，对任意 $i < H(n)$，即 i 不满足 $H(n)$ 应该满足的性质，则 i 也一定不满足 $H(n+1)$ 应该满足的性质，按定义必有 $i < H(n+1)$。nondecreasing

2. H 可在多项式时间内计算。计算 $H(n)$ 包含如下几项内容：

    - 对每个 $i < \log\log n$ 和长度不超过 $\log n$ 的 x，H 调用通用图灵机模拟 $\mathbb{M}_i(x)$ 的 $i|x|^i$ 步计算。被模拟的图灵机个数不超过 $\log\log n$，长度不超过 $\log n$ 的串的个数不超过 $O(n)$。根据定理1.2，通用图灵机对每个 $\mathbb{M}_i(x)$ 的模拟时间不超过 $c(\log\log\log n)C\log C$，其中 $C = (\log\log n)(\log n)^{\log\log n}$，$c$ 是定理1.2给出的多项式。注意，下标小于 $\log\log n$ 的自然数的二进制长度不超过 $\log\log\log n$。不难看出，$c(\log\log\log n)C\log C = o(n)$。

    - 对每个 $i < \log\log n$ 和长度不超过 $\log n$ 的 x，要判定是否 $x \in \mathrm{SAT}_H$。用暴力法判定 $x \in \mathrm{SAT}_H$ 的时间是 $O(n)$。

    - 对每个 $i < \log\log n$ 和长度不超过 $\log n$ 的 x，要计算 H 在一个长度不超过 $|x| \leqslant \log n$ 的输入上的值。

    设 $T(n)$ 是计算 $H(n)$ 的时间函数。综上所述，有归纳公式

    $$T(n) \leqslant (\log\log n)O(n)\left(o(n) + O(n) + T(\log n) + O(1)\right)$$

    由此不等式推得 $T(n) = o(n^3)$。

利用 H 函数的这两点性质，我们可以完成定理的证明。假定有 $\mathbb{M}_i$ 在 cn^c 步判定 SAT_H。只要取 $i \geqslant c$，那么按照定义，对所有足够大的 n 就有 $H(n) \leqslant i$。由 H 的非递减性知，存在常数 D，对所有 $n \geqslant D$，$H(x)$ 是常函数。这意味着 $\mathrm{SAT} \leqslant_K \mathrm{SAT}_H$。所以假设 $\mathrm{SAT}_H \in \mathbf{P}$ 蕴含 $\mathbf{NP} = \mathbf{P}$，与定理的前提 $\mathbf{NP} \neq \mathbf{P}$ 矛盾。结论：$\mathrm{SAT}_H \notin \mathbf{P}$，并且 H 的值域 $H(\mathbb{N})$ 是无限集，即 H 不会停止增长。

设 SAT_H 是 NP-完全的。一定有某个多项式 dn^d 时间内可计算的归约函数 $r : \mathrm{SAT} \to \mathrm{SAT}_H$。因 H 不会停止增长，必有足够大 N，当 $|\psi| > d$ 和

$$|r(\varphi)| = |\psi 01^{|\psi|^{H(|\psi|)}}| > N$$

时，有 $H(|\psi|) > 2d+1$。因此，$|\psi|^{2d+1} < |\psi|^{H(|\psi|)} < |r(\varphi)| \leqslant d|\varphi|^d < |\psi| \cdot |\varphi|^d$。由此推得 $|\psi| < \sqrt{|\varphi|}$。用此不等式，可定义判定 SAT 的递归算法 $Sat(\varphi)$ 如下：

（1）计算 $r(\varphi)$，其结果必定形如 $\psi 01^{|\psi|^{H(|\psi|)}}$。

（2）若 $|r(\varphi)| > N$，递归调用 $\mathrm{Sat}(\psi)$，否则用暴力法判定 φ 的可满足性。

设此算法的递归调用深度为 k。应有不等式 $1 \leqslant |\varphi|^{2^{-k}} \leqslant N$，即 $k \leqslant \log\log|\varphi|$。所以 Sat 为多项式算法，和定理前提 $\mathbf{NP} \neq \mathbf{P}$ 矛盾。结论：$\mathrm{SAT}_H \notin \mathbf{NPC}$。 □

在文献 [139] 中，拉德纳证明了更一般的结果：假定 $\mathbf{NP} \neq \mathbf{P}$，在 $\mathbf{P}$ 和 $\mathbf{NPC}$ 之间可定义无限多层问题类。

2.5 贝克-吉尔-索罗维定理

在结束对 $\mathbf{NP}$ 的讨论之前，总要花点篇幅讨论一下"$\mathbf{P} \overset{?}{=} \mathbf{NP}$"这个问题。我们是否能用对角线方法证明 $\mathbf{P} \neq \mathbf{NP}$？关于这点，贝克、吉尔和索罗维证明了一个发人深省的结果 [31]。

Baker, Gill
Solovay

定理 2.6（贝克-吉尔-索罗维定理） *存在 A 和 B 使得 $\mathbf{P}^A = \mathbf{NP}^A$ 且 $\mathbf{P}^B \neq \mathbf{NP}^B$。*

证明 神谕 A 容易构造。因为 $\mathbf{PSPACE} = \mathbf{P}^{\mathrm{PSPACE}} \subseteq \mathbf{NP}^{\mathrm{PSPACE}} = \mathbf{PSPACE}$。取 A 为 $\mathbf{PSPACE}$-完全问题 QBF，显然就有 $\mathbf{P}^A = \mathbf{NP}^A$。

不等式 $\mathbf{P}^B \neq \mathbf{NP}^B$ 成立的直觉是，一台判定 $\mathbf{P}^B$ 中问题的图灵机只能访问神谕多项式次，而一台接受 $\mathbf{NP}^B$ 中语言的图灵机若拒绝输入的话则可能要访问神谕指数多次。为了定义神谕 B，我们构造 $B_0 \subseteq B_1 \subseteq B_2 \subseteq \cdots$，同时找到 $n_0 < n_1 < n_2 < \cdots$。设 $B_0 = \emptyset$ 和 $n_0 = 0$。用对角线方法从 B_i 构造 B_{i+1}：

1. 设 n_{i+1} 是一个大于 $n_0, n_1, \cdots, n_i$ 的数。另外，确保 n_{i+1} 严格大于构造 $B_1, \cdots, B_i$ 时所询问过的所有问题的长度。

2. 让 $\mathrm{M}_i^{B_i}(1^{n_{i+1}})$ 计算 $2^{n_{i+1}-1}$ 步。

   - 若 $\mathrm{M}_i^{B_i}(1^{n_{i+1}})$ 在 $2^{n_{i+1}-1}$ 步内计算未终止，定义 $B_{i+1} = B_i$。
   - 若 $\mathrm{M}_i^{B_i}$ 在 $2^{n_{i+1}-1}$ 步内接受 $1^{n_{i+1}}$，定义 $B_{i+1} = B_i$。
   - 若 $\mathrm{M}_i^{B_i}$ 在 $2^{n_{i+1}-1}$ 步内拒绝 $1^{n_{i+1}}$，定义 $B_{i+1} = B_i \cup \{s\}$，其中 s 是任意一个满足 $|s| = n_{i+1}$ 并且在计算 $\mathrm{M}_i^{B_i}(1^{n_{i+1}})$ 时没被当作问

　　　　题问神谕 B_i 的 0-1 串。

定义 $B = \bigcup_{i \in \mathbb{N}} B_i$，并定义 U_B 为问题 $\{1^n \mid B$ 包含一个长度为 n 的 0-1 串$\}$。显然 $U_B \in \mathbf{NP}^B$，一个非确定图灵机只需猜测一个长度为 n 的 0-1 串，然后问神谕 B 该串是否在 B 中。可用反证法证明 $U_B \notin \mathbf{P}^B$。假设 $\mathbb{M}_i^B$ 在多项式时间 $T(n)$ 内判定 U_B。取满足 $T(n_i) < 2^{n_i - 1}$ 的足够大的 i。按定义，$\mathbb{M}_i^B(1^{n_{i+1}}) = 0$，当仅当 B 不含有长度是 n_{i+1} 的 0-1 串，当仅当 B_{i+1} 不含有长度是 n_{i+1} 的 0-1 串，当仅当 $\mathbb{M}_i^{B_i}(1^{n_{i+1}}) = 1$，由此推出 $\mathbb{M}_i^{B_{i+1}}(1^{n_{i+1}}) = 1$，进而有 $\mathbb{M}_i^B(1^{n_{i+1}}) = 1$，矛盾。因此 $U_B \notin \mathbf{P}^B$。　　　　　□

　　　第一眼看贝克-吉尔-索罗维定理可能会迷惑（见本章练习9）。定理的本质是关于相对化证明的。若 $\mathbf{A} \neq \mathbf{B}$（或 $\mathbf{A} = \mathbf{B}$）的一个证明本质上也是 $\mathbf{A}^O \neq \mathbf{B}^O$（或 $\mathbf{A}^O = \mathbf{B}^O$）的一个证明，则称该证明是可相对化的。需要强调的是，在相对化过程中，神谕 O 是任意的。贝克-吉尔-索罗维定理指出，如果有 $\mathbf{P} = \mathbf{NP}$ 或 $\mathbf{P} \neq \mathbf{NP}$ 的证明，该证明一定是不可相对化的。正如贝克、吉尔和索罗维在文献 [31] 中所述，"我们认为这是 $\mathbf{P} \overset{?}{=} \mathbf{NP}$ 这一问题难度的又一佐证。……一般的对角线方法不太可能产生一个在 $\mathbf{NP}$ 中但不在 $\mathbf{P}$ 中的语言，这类证明在相对化后也应能成立。…… 另一方面，我们也不觉得会有一个用非确定图灵机在多项式时间内模拟确定图灵机的一般方法，因为这类方法也可相对化。"贝克-吉尔-索罗维定理并没有排除解决问题 $\mathbf{P} \overset{?}{=} \mathbf{NP}$ 的可能的对角线证明，只是排除了可以相对化的对角线证明。

relativize

　　　贝克-吉尔-索罗维定理曾一度被称为相对化壁垒。二十世纪七十年代中期到八十年代中期，研究者普遍持有如下的观点 [113]：如果一个命题的否定形式相对于某个神谕是成立的，那么该命题本身是很难证的。二十世纪八十年代末和九十年代初相继证明的两大结果，即 $\mathbf{IP} = \mathbf{PSPACE}$ 和 PCP 定理，都是不可相对化的，这在很大程度上扭转了上述观点。我们将在第 5 章和第 6 章分别讨论这些内容。事实上，复杂性理论中的一些深刻的结果是不可相对化的。例如，第 1 章讨论的加速定理（定理1.5）是不可相对化的，第 1.20 节证明的霍普克罗夫特-保罗-瓦里昂特定理（定理1.18）是不可相对化的。在文献 [99] 中，作者证明了存在某个神谕 A 使得 $\mathbf{TIME}^A(S(n)) = \mathbf{SPACE}^A(S(n))$。事实上，贝克-吉尔-索罗维定理的证明也是不可相对化的！布鲁姆的加速定理是在二十世纪六十年代证明的，霍普克罗夫特-保罗-瓦里昂特定理的证明和贝克-吉

barrier result

尔-索罗维定理的证明是在 1975 年发表的。相对化壁垒似乎从一开始就被神秘
化了。

2.6 多项式谱系

定理2.1 证明了，$L \in \mathbf{NP}$ 当仅当存在多项式 $p_1 : \mathbb{N} \to \mathbb{N}$ 和多项式时间图
灵机 $\mathbb{M}$，对任意 $x \in \{0,1\}^*$，有

$$x \in L \text{ 当仅当 } \exists u_1 \in \{0,1\}^{p_1(|x|)}.\mathbb{M}(x, u_1) = 1$$

用库克-莱文归约，可将 $\mathbb{M}(x, u_1) = 1$ 转换成一合取范式 $\psi(x, u_1, y)$，其中 y 是
归约过程中引入的变量。根据自归约，我们可以通过调用解决 L 的算法线性
多次，求出一个证书 u。在实际问题里，证书就是一个解。比如在旅行商问题
里，证书就是一个访问所有结点的简单圈；在结点覆盖问题里，证书就是一个
结点覆盖。在优化问题里，我们并不满足于找到一个解，而是希望找出最优解。
从算法的角度看，寻找最优解要做些额外的计算，即将一个解和其他所有的解
进行比较；从逻辑的角度看，判定一个解是否最优对应一个全称量词。一般地，
最优解应满足如下形式的命题：

$$\exists u_1 \in \{0,1\}^{p_1(|x|)}.\forall u_2 \in \{0,1\}^{p_2(|x|)}.\psi(x, u_1, u_2) \tag{2.6.1}$$

直觉上，从判定是否存在一个解到寻找最优解，问题难度发生了跳跃。很难想
象一个短的证书能让我们确信某个解是指数大的解空间中最优的，优化问题应
该比 NP-问题更难。

早在 1949 年，香农已经注意到用形如 (2.6.1) 的逻辑公式刻画的问题是很
难的。在文献 [200] 中，他写道"电路合成异常困难。更难的是，证明一个电
路是满足一定函数功能的电路中最经济的"。这段话提到的问题可定义如下：

$$\overline{\text{MIN-DNF}} = \{\langle \varphi, k \rangle \mid \varphi \text{ DNF} \wedge \forall \text{ DNF } \phi.|\phi| > k \vee \exists u.\varphi(u) \not\Leftrightarrow \phi(u)\}$$

判定一个析取范式的极小性就是问 $(\varphi, |\varphi|)$ 是否在 $\overline{\text{MIN-DNF}}$ 中。易见，定义这
个问题的逻辑公式有如下形式：

$$\forall u_1 \in \{0,1\}^{p_1(|x|)}.\exists u_2 \in \{0,1\}^{p_2(|x|)}.\psi(x, u_1, u_2) \tag{2.6.2}$$

$\overline{\text{MIN-DNF}}$ 在语义上的补问题，即

$$\text{MIN-DNF} = \{\langle \varphi, k \rangle \mid \varphi \text{ DNF} \wedge \exists \text{ DNF } \phi. |\phi| \leqslant k \wedge \forall u. \varphi(u) \Leftrightarrow \phi(u)\} \quad (2.6.3)$$

有形如 (2.6.1) 的逻辑公式所定义。注意，在 MIN-DNF 的定义中，$\varphi(u) \Leftrightarrow \phi(u)$ 是合取范式，公式 $\forall u. \varphi(u) \Leftrightarrow \phi(u)$ 相当于判定 $\varphi \Leftrightarrow \phi$ 是否为永真式。因此 MIN-DNF 可用一个多项式时间带神谕的非确定图灵机通过询问 SAT 来判定，即 $\text{MIN-DNF} \in \mathbf{NP}^{\text{SAT}}$。凭直觉，MIN-DNF 比 NP-问题要难。另一方面，不难看出 $\overline{\text{MIN-DNF}} \in \mathbf{coNP}^{\text{SAT}}$，所以 $\overline{\text{MIN-DNF}}$ 只可能更难。

在本章的剩余部分，我们将系统地研究那些难度在 NP-问题之上的、可用多项式长的、量词交替次数固定的量化布尔公式描述的问题类。如果读者熟悉递归论中的算术谱系 [185]，会立刻把 (2.6.1) 和 (2.6.2) 跟算术谱系联系起来。斯托克迈尔和梅耶在二十世纪七十年代初研究了如何建立复杂性理论的"算术谱系"[212]，即多项式谱系，并指出了一些在谱系中第二层的问题，其中一些问题的完全性证明直至二十世纪末才由乌曼斯 [226] 给出。用多项式谱系的术语来说，MIN-DNF 和 $\overline{\text{MIN-DNF}}$ 都在第二层。二人博弈的最优策略问题可以看成对优化问题的推广。从第 1 章的讨论知道，围棋的最优策略可用一个形如 $\exists x_1 \forall x_2 \exists x_3 \forall x_4. \cdots \exists x_{n-1} \forall x_n. \psi$ 的量化公式刻画。判定此公式是否为真的算法难度不在于公式中量词出现了多少次，而在于两类量词交替出现了多少次。在多项式谱系里，我们根据量词的交替出现次数对问题进行分类。根据定理1.15，这类问题应该都在 **PSPACE** 里。

arithmetic hierarchy

Umans

简单地说，多项式谱系就是包含序列 $\mathbf{NP} \subseteq \mathbf{NP}^{\mathbf{NP}} \subseteq \mathbf{NP}^{\mathbf{NP}^{\mathbf{NP}}} \subseteq \cdots$。我们相信，序列中的每个包含关系都是严格的。为便于归纳证明，我们用带神谕的图灵机定义复杂性类 Σ_i^p、Π_i^p、Δ_i^p 如下：

polynomial hierarchy

$$\Sigma_0^p = \mathbf{P}$$
$$\Sigma_{i+1}^p = \mathbf{NP}^{\Sigma_i^p}$$
$$\Delta_{i+1}^p = \mathbf{P}^{\Sigma_i^p}$$
$$\Pi_i^p = \overline{\Sigma_i^p}$$

根据定义，有

$$\Sigma_i^p \subseteq \Delta_{i+1}^p \subseteq \Sigma_{i+1}^p \quad (2.6.4)$$

因为 $\overline{\Delta_i^p} = \Delta_i^p$，所以也有

$$\Pi_i^p \subseteq \Delta_{i+1}^p \subseteq \Pi_{i+1}^p \tag{2.6.5}$$

(2.6.4) 和 (2.6.5) 的一个直接结论是

$$\Sigma_i^p \cup \Pi_i^p \subseteq \Delta_{i+1}^p \subseteq \Sigma_{i+1}^p \cap \Pi_{i+1}^p$$

同样根据定义，有 $\Pi_{i+1}^p = \mathbf{coNP}^{\Sigma_i^p}$。在第 0 层，有 $\Sigma_0^p = \Pi_0^p = \Delta_0^p = \mathbf{P}$。在第 1 层，有 $\Sigma_1^p = \mathbf{NP}$ 和 $\Pi_1^p = \mathbf{coNP}$。多项式谱系定义为

$$\mathbf{PH} = \bigcup_{i \geqslant 0} \Sigma_i^p \tag{2.6.6}$$

由 (2.6.4) 和 (2.6.5) 知，$\mathbf{PH} = \bigcup_{i \geqslant 0} \Pi_i^p = \bigcup_{i \geqslant 0} \Delta_i^p$。

记 $\mathbf{PH}_i = \Sigma_i^p \cup \Pi_i^p$，并称 $\mathbf{PH}_i$ 为多项式谱系的第 i 层。显然 $\Delta_i^p \subseteq \mathbf{PH}_i$。我们已知的一些自然问题在 $\mathbf{PH}_2$ 里，对 $\mathbf{PH}_3$ 知道得很少。乌曼斯在文献 [226] 中证明了一些组合问题是 Σ_2^p-完全的，包括 MIN-DNF 和如下定义的变种。

TERMWISE-MIN-DNF

给定析取范式 $\varphi = \bigvee_{i \in [m]} \varphi_i$ 和自然数 k，是否存在大小不超过 k 的析取范式 $\varphi' = \bigvee_{i \in [m]} \varphi_i'$ 使得 $\varphi \Leftrightarrow \varphi'$ 为永真式，并且对任意 $i \in [m]$，φ_i' 中的字都出现在 φ_i 中。

接着看一个在 Δ_2^p 中的问题：EXACT-IS $= \{\langle G, k \rangle \mid G$ 中最大独立集有 k 个结点$\}$。要说明 (G, k) 在 EXACT-IS 中，只需说明：存在一个大小为 k 的独立集，任意独立集不小于 k。这句话也可以换个次序说：任意独立集不小于 k，存在一个大小为 k 的独立集。因此 EXACT-IS $\in \Sigma_2^p \cap \Pi_2^p$。

2.7 谱系的逻辑刻画

根据计算的逻辑刻画（见第 1.11 节），$\mathbf{P}$ 中的神谕都有多项式大小的逻辑刻画。根据定理2.1，$\mathbf{NP}$ 和 $\mathbf{coNP}$ 中的神谕也有多项式大小的逻辑刻画。用归纳法，应该可以给出 Σ_i^p 的多项式大小的逻辑刻画。斯托克迈尔和拉索尔研究

Wrathall

了多项式谱系的逻辑定义 [214, 243]，后者证明了用逻辑定义的多项式谱系和用神谕定义的多项式谱系是等同的。

定理 2.7（谱系的逻辑刻画） 设 $i \geqslant 1$。下述命题成立。

（1）$L \in \Sigma_i^p$ 当仅当存在多项式时间图灵机 $\mathbb{M}$ 和多项式 q，对任意 $x \in \{0,1\}^*$，$x \in L$ 与下述命题等价：

$$\exists u_1 \in \{0,1\}^{q(|x|)} \forall u_2 \in \{0,1\}^{q(|x|)} \cdots Q_i u_i \in \{0,1\}^{q(|x|)}.\mathbb{M}(x, u_1 \cdots u_i) = 1$$

（2）$L \in \Pi_i^p$ 当仅当存在多项式时间图灵机 $\mathbb{M}$ 和多项式 q，对任意 $x \in \{0,1\}^*$，$x \in L$ 与下述命题等价：

$$\forall u_1 \in \{0,1\}^{q(|x|)} \exists u_2 \in \{0,1\}^{q(|x|)} \cdots Q_i u_i \in \{0,1\}^{q(|x|)}.\mathbb{M}(x, u_1 \cdots u_i) = 1$$

在命题一中，若 i 为奇数，$Q_i = \exists$，否则，$Q_i = \forall$；在命题二中则相反。

证明 只证（1）。设 $\mathbb{M}$ 为多项式时间图灵机，q 为多项式，满足：$x \in L$ 当仅当

$$\exists u_1 \in \{0,1\}^{q(|x|)} \cdots Q u_{i+1} \in \{0,1\}^{q(|x|)}.\mathbb{M}(x, u_1, \cdots, u_{i+1}) = 1$$

定义 L' 为问题

$$\{(x,u) \mid \forall u_2 \in \{0,1\}^{q(|x|)} \cdots Q u_{i+1} \in \{0,1\}^{q(|x|)}.\mathbb{M}(x, u, u_2, \cdots, u_{i+1}) = 0\}$$

根据归纳假定，$L' \in \Pi_i^p$。设计多项式时间非确定神谕图灵机如下：当输入为 x 时，猜测 $u \in \{0,1\}^{q(|x|)}$，问 $(x,u) \in L'$ 是否成立，然后将神谕的答案反转后输出。因此 $L \in \mathbf{NP}^{L'} \subseteq \Sigma_{i+1}^p$。

设 L 被使用神谕 $A \in \Sigma_i^p$ 的多项式时间非确定图灵机 $\mathbb{N}$ 所接受。根据库克-莱文定理，$x \in L$ 当仅当

$$\exists z_1 \cdots z_n.\exists w_1, \cdots, w_k.\exists s_1, \cdots, s_m, d_1, \cdots, d_k.\psi_1 \wedge \psi_2 \qquad (2.7.1)$$

其中 $z_1 \cdots z_n$ 是库克-莱文归约引入的变量，公式 ψ_1 是合取范式，表示 $\mathbb{N}(x)$ 的计算进行了 m 步，依次使用了迁移函数 $\delta_{s_1}, \cdots, \delta_{s_m}$，向神谕 A 提出了问题 $w_1, \cdots, w_k$，得到神谕的答复 $d_1, \cdots, d_k$；公式 ψ_2 说明 $d_1, \cdots, d_k$ 是正确

的答复，公式 ψ_2 可定义为

$$\left(\bigwedge_{i\in[k]} d_i = 1 \Rightarrow w_i \in A\right) \wedge \left(\bigwedge_{i\in[k]} d_i = 0 \Rightarrow w_i \in \overline{A}\right) \tag{2.7.2}$$

根据归纳，在 (2.7.2) 中的 $w_i \in \overline{A}$ 可用形如 $\underbrace{\forall\exists\forall\cdots}_{i}\_$ 的公式替换。所以 (2.7.1) 是满足要求的公式。注意，$(\forall u.\varphi) \wedge (\forall v.\psi)$ 和 $\forall u.\forall v.(\varphi \wedge \psi)$ 等价；同样地，$(\exists u.\varphi) \wedge (\exists v.\psi)$ 和 $\exists u.\exists v.(\varphi \wedge \psi)$ 等价。因此，与 $w_i \in A$ 等价的形如 $\underbrace{\exists\forall\exists\cdots}_{i}\_$ 的量化布尔公式中的量词都可以被合并掉。   □

有了定理2.7 给出的逻辑刻画，下述定理应该不会让读者感到惊讶，定理中的问题 iQBF 是在定义1.13 中引入的。

定理 2.8 iQBF 是 Σ_i^p-完全的。

证明 iQBF $\in \Sigma_i^p$ 由定理2.7 直接推出。设 $L \in \Sigma_{2i+1}^p$，$x \in L$ 当仅当

$$\exists u_1 \forall u_2 \cdots \exists u_{2i+1}.\mathbb{M}(x, u_1, \cdots, u_{2i+1}) = 1。$$

用库克-莱文归约将 $\mathbb{M}(x, \tilde{u}) = 1$ 归约到形如 $\exists z.\varphi$ 的公式，就有 $x \in L$ 当仅当 $\exists u_1 \forall u_2 \cdots \exists u_{2i+1} z.\varphi$ 为真。若 $L \in \Sigma_{2i}^p$，将定理2.7 中的第（2）个等价性命题用于 $\overline{L} \in \Pi_{2i}^p$，可得到从 $\overline{L}$ 到 $\overline{2i\text{QBF}}$ 的卡普归约，即从 L 到 $2i$QBF 的卡普归约。   □

定理2.8 和定理1.15 的一个直接推论是下述著名的结果。

定理 2.9 $\mathbf{PH} \subseteq \mathbf{PSPACE}$。

2.8 谱系的交替机刻画

Chandra, Kozen

钱德拉、科赞和斯托克迈尔在文献 [47] 中引入了交替图灵机。很多问题用交替图灵机解决比较自然，问题的复杂性也能得到准确的刻画。本节描述如何用交替图灵机给出多项式谱系的又一个等价刻画。

定义 2.2　一台交替图灵机 是非确定图灵机，其每个非终止状态带有一个标号，标号为集合 $\{\exists, \forall\}$ 中的元素。

接受格局和拒绝格局的定义同非确定图灵机。标号为 $\exists$ 的状态就相当于非确定图灵机里的非停机的状态，在此状态下图灵机不确定地选择下一步计算。直觉上，在标号为 $\forall$ 的状态下，交替图灵机要选择所有下一步计算，换言之，在 $\forall$ 的状态下机器要引入一个并行计算。设交替图灵机 $\mathbb{A}$ 预置了输入 x。$\mathbb{A}(x)$ 的一棵接受树是满足如下条件的结点为格局的二叉树：

（1）根结点为 $\mathbb{A}(x)$ 的初始格局，叶结点为 $\mathbb{A}(x)$ 的接受格局；每条边表示一步计算。

（2）若一个结点的状态标号为 $\exists$，该结点有且只有一个儿子在树中；若一个结点的状态标号为 $\forall$，该结点的两个儿子都在树中。

称 $\mathbb{A}$ 接受 x，记为 $\mathbb{A}(x) = 1$，当仅当 $\mathbb{A}(x)$ 有一棵接受树。若对任意 x，$x \in L$ 当仅当 $\mathbb{A}(x) = 1$，称 $\mathbb{A}$ 接受 L。

交替图灵机能比较贴切地描述二人博弈过程，存在状态为我方的状态，全称状态是对手的状态，博弈的最优策略可在多项式时间里找到。所以直观上，交替图灵机在多项式时间判定的问题就是图灵机在多项式空间判定的问题。为了验证这一直觉，得引入交替图灵机定义的时间类和空间类。设 $T: \mathbb{N} \to \mathbb{N}$ 为时间函数。称 $T(n)$ 为交替图灵机 $\mathbb{A}$ 的时间函数当仅当对任意输入 $x \in \{0,1\}^*$，$\mathbb{A}(x)$ 的所有计算路径长度不超过 $T(|x|)$。一个语言 L 在 **ATIME**$(T(n))$ 里当仅当存在 c 和接受 L 的具有时间函数 $cT(n)$ 的交替图灵机。设 $S: \mathbb{N} \to \mathbb{N}$ 为空间函数。称 $S(n)$ 为交替图灵机 $\mathbb{A}$ 的空间函数当仅当对任意输入 $x \in \{0,1\}^*$，$\mathbb{A}(x)$ 在所有的计算路径上使用的工作带上的格子数不超过 $S(|x|)$。一个语言 L 在 **ASPACE**$(S(n))$ 里当仅当存在 c 和接受 L 的具有空间函数 $cS(n)$ 的交替图灵机。

用定理1.16证明中的算法，容易验证 QBF 可在平方空间内由交替图灵机判定。只要用标号为 $\exists$ 的状态猜测一个格局，用标号为 $\forall$ 的状态进行并发验证即可。格局的大小是线性的，进行二分的次数也是线性的。所以空间开销是平方的。

用 **ATIME**(_) 和 **ASPACE**(_) 可定义下述复杂性类：

$$\mathbf{AL} = \mathbf{ASPACE}(\log n)$$

$$\mathbf{AP} = \bigcup_{c>0} \mathbf{ATIME}(n^c)$$

$$\mathbf{APSPACE} = \bigcup_{c>0} \mathbf{ASPACE}(n^c)$$

$$\mathbf{AEXP} = \bigcup_{c>0} \mathbf{ATIME}(2^{n^c})$$

$$\mathbf{AEXPSPACE} = \bigcup_{c>0} \mathbf{ASPACE}(2^{n^c})$$

钱德拉、科赞和斯托克迈尔研究了这些复杂性类，揭示了它们和经典复杂性类之间的联系。在下述定理的证明中，我们只给出论证思路，细节由读者补充，见本章练习15。

定理 2.10（钱德拉-科赞-斯托克迈尔定理）　设 $S(n)$、$T(n)$ 均为时间可构造和空间可构造的。下述包含关系成立。

　　（1）$\mathbf{NSPACE}(S(n)) \subseteq \mathbf{ATIME}(S^2(n))$。

　　（2）$\mathbf{ATIME}(T(n)) \subseteq \mathbf{SPACE}(T(n))$。

　　（3）$\mathbf{ASPACE}(S(n)) \subseteq \bigcup_{c>0} \mathbf{TIME}(c^{S(n)})$。

　　（4）$\mathbf{TIME}(T(n)) \subseteq \mathbf{ASPACE}(\log T(n))$。

证明　　（1）用萨维奇定理（定理1.16）的证明思路。在格局图中，用标号为 ∃ 的状态猜测可达路径的中间结点，然后用标号为 ∀ 的状态并行验证长度减半的可达路径的存在性。猜测结点需要 $S(n)$ 时间，递归深度也为 $S(n)$。

　　（2）根据可构造性，可以假定格局图是个有向无圈图。用深度优先法遍历格局图，判定是否存在一棵接受树。要用到长度是 $T(n)$ 的计数器。

　　（3）用深度优先法遍历格局图，判定是否存在一棵接受树。

　　（4）设 $\mathbb{M}$ 的时间函数为 $T(n)$，输入 x 的长度为 n。设 $t = T(|x|)$。交替图灵机判定 $\mathbb{M}(x) = 1$ 是否成立的算法基于第 1.11 节给出的计算的逻辑刻画，更准确地说，基于图1.5。假定 $z^{t,|x|+1} = 1$。算法在存在状态下猜测

$$z^{t-1,|x|}, z^{t-1,|x|+1}, z^{t-1,|x|+2}$$

并验证 $\phi(z^{t-1,|x|}, z^{t-1,|x|+1}, z^{t-1,|x|+2}, z^{t,|x|+1})$ 是否为真。若为假，停机并输出 0；否则在全称状态下并行地对 $z^{t-1,|x|}$、$z^{t-1,|x|+1}$、$z^{t-1,|x|+2}$ 中的每一个递归

调用本算法。计算过程中，猜测的 0-1 串长度是对数的，递归高度的控制和下标控制均可用长度为对数的计数器完成。　　　　　　　　　　　　　　　□

定理2.10 的（1）和（2）及定理1.16 蕴含 **AP = PSPACE**，**AEXP = EXPSPACE**，等等。定理2.10 的（3）和（4）蕴含 **AL = P**，**ASPACE = EXP**，等等。这些等式和明显的包含关系可用以下推论总结 [47]。

推论 2.1　下述等式和包含关系成立。

$$
\begin{array}{ccccccccc}
\mathbf{AL} & \subseteq & \mathbf{AP} & \subseteq & \mathbf{APSPACE} & \subseteq & \mathbf{AEXP} & & \cdots \\
\| & & \| & & \| & & \| & & \cdots \\
\mathbf{L} & \subseteq & \mathbf{P} & \subseteq & \mathbf{PSPACE} & \subseteq & \mathbf{EXP} & \subseteq & \mathbf{EXPSPACE} \quad \cdots
\end{array}
$$

可看出，用交替图灵机定义的类和用经典图灵机定义的类有个错位对应。推论2.1 也证实了前文提到的直觉，即 **AP = PSPACE**。

在本节的最后，我们解释如何用交替图灵机刻画多项式谱系。首先引入如下定义：$L \in \Sigma_i \mathbf{TIME}(T(n))/\Pi_i \mathbf{TIME}(T(n))$ 当仅当 L 可被一个具有 $O(T(n))$ 时间函数的、初始状态 q_{start} 标号为 $\exists/\forall$ 的交替图灵机 $\mathbb{A}$ 所判定，并且该交替图灵机在计算时标号为 $\exists$ 的状态和标号为 $\forall$ 的状态最多交替 $i-1$ 次。下述定理给出的就是多项式谱系的交替图灵机刻画。

定理 2.11（谱系的交替机刻画）　对所有 $i \geqslant 1$，下列等式成立：

$$
\Sigma_i^p = \bigcup_{c>0} \Sigma_i \mathbf{TIME}(n^c)
$$

$$
\Pi_i^p = \bigcup_{c>0} \Pi_i \mathbf{TIME}(n^c)
$$

证明　Σ_i^p-完全问题 $i\mathrm{QBF}$ 可被一个多项式时间的、初始状态 q_{start} 的标号为 $\exists$ 的交替图灵机所接受，该交替图灵机在计算时标号为 $\exists$ 的状态和标号为 $\forall$ 的状态最多交替 $i-1$ 次。因此，$\Sigma_i^p \subseteq \bigcup_{c>0} \Sigma_i \mathbf{TIME}(n^c)$。反之，假设 $L \in \bigcup_{c>0} \Sigma_i \mathbf{TIME}(n^c)$ 被交替图灵机 $\mathbb{A}$ 所接受。设 x 为输入，用库克-莱文归约可将 $\mathbb{A}(x)$ 的计算用合取范式表示，再用接受树的定义，即可得到 $x \in L$ 的逻辑刻画，证明了 $L \in \Sigma_i^p$。　　　　　　　　　　　　　□

2.9 无限谱系假设

计算复杂性理论中常有如下形式的定理，"若多项式谱系不塌陷，某结论成立"。此类相对结果基于所谓的无限谱系假设，即多项式谱系的任意层都不塌陷。

无限谱系假设. $\forall i. \mathbf{PH}_i \subsetneq \mathbf{PH}_{i+1}$。

显然，$\mathbf{PH}_i \subsetneq \mathbf{PH}_{i+1}$ 当仅当 $\Sigma_i^p \subsetneq \Sigma_{i+1}^p$ 当仅当 $\Pi_i^p \subsetneq \Pi_{i+1}^p$。图2.3 是从无限谱系假设的视角看到的 $\mathbf{PH}$。本节讨论一些与多项式谱系相关的相对性结论。

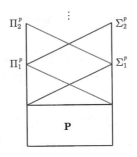

图 2.3　无限谱系假设

命题 8　若 $\mathbf{NP} = \mathbf{P}$，则 $\mathbf{PH} = \mathbf{P}$。

证明　假定 $\Sigma_i^p = \mathbf{P}$，可推得 $\Sigma_{i+1}^p = \mathbf{NP}^{\Sigma_i^p} = \mathbf{NP}^{\mathbf{P}} = \mathbf{NP} = \mathbf{P}$。　□

根据命题8，无限谱系假设是一个比 $\mathbf{NP} \neq \mathbf{P}$ 还要强的假设。如果我们无法从 $\mathbf{NP} \neq \mathbf{P}$ 推出一个问题的难解性时，可以试一下无限谱系假设。下述结果出现在文献 [212] 中。

命题 9　对任意 $i \geqslant 1$，若 $\Sigma_i^p \subseteq \Pi_i^p$ 或 $\Pi_i^p \subseteq \Sigma_i^p$，则 $\mathbf{PH} = \mathbf{PH}_i$。

证明　根据引理1.3，$\Sigma_i^p \subseteq \Pi_i^p$ 当仅当 $\Pi_i^p \subseteq \Sigma_i^p$ 当仅当 $\Sigma_i^p = \Pi_i^p$。假设 $\Sigma_i^p = \Pi_i^p$ 和 $L \in \Sigma_{i+1}^p$。按定义，有一个多项式时间非确定图灵机 N 判定 L，计算过程中要访问一个在 Σ_i^p 中的神谕 A。接下来的证明和定理2.7的一个方向的证明一样，唯一需要指出的是，根据假定 $\Sigma_i^p = \Pi_i^p$，在 (2.7.2) 中的 $w_i \in \overline{A}$ 也可用形如 $\exists \forall \exists \cdots \_$ 的公式替换。通过合并相同的量词就可推出 $\Sigma_{k+1}^p = \Sigma_k^p$，因此 $\Sigma_{k+1}^p = \Sigma_k^p = \Pi_k^p = \Pi_{k+1}^p$。　□

Σ_i^p 和 Π_i^p 就像是第 i 层的两大支柱，缺少其中的一根，多项式谱系就塌陷到第 i 层。多项式谱系的任何一层发生塌陷，整个谱系就塌陷，见练习13。

命题 10 若有 **PH**-完全问题，则 **PH** 必塌陷到某一层 PH_i。

证明 设有 **PH**-完全语言 L。L 必定在某一层 Σ_i^p。那么 **PH** 可卡普归约到 Σ_i^p 中的问题，即 $PH = \Sigma_i^p$。$\qquad\square$

如果我们使用无限谱系假设，我们就应该假定多项式谱系是一个开放的类，在 **PH** 中，只有更难的问题，没有最难的问题。因为多项式空间类是一个封闭的类，所以直觉上多项式空间类不同于多项式谱系类。

命题 11 若 **PH** = **PSPACE**，则 **PH** 必塌陷。

证明 若 **PH** = **PSPACE**，则因 QBF 是 **PSPACE**-完全的，因此必须是 **PH**-完全的。用命题10 即得本命题。$\qquad\square$

2.10 第二层中的完全问题

在讨论多项式谱系的一节里，如果不给出某个实际问题是第二层的完全问题的证明，这一节似乎就是不完整的。斯托克迈尔在文献 [214] 中猜想在 (2.6.3) 中定义的 MIN-DNF 是 Σ_2^p-完全的，见第 78 页的定义。尽管普遍的观点认为斯托克迈尔的猜想是对的，但很长一段时间，该猜测一直没有得到证实，直到乌曼斯发表了文献 [226]。通过调用 MIN-DNF 的算法，利用二分法可在多项式时间内判定某个电路是否是与该电路等价的所有电路中最小的。电路优化问题是非常实际的问题，因此这是一个有实际意义的结果。不难想到，证明是将 2QBF 归约到 MIN-DNF。设 $\exists x \forall y.\varphi(x,y)$ 为前者的输入实例。若 $\exists x \forall y.\varphi(x,y)$ 是永真式，一定存在对 x 的真值指派，使得 $\varphi(x,y)$ 为永真式。基于此事实，引入如下定义。

定义 2.3 设 C 为合取项，f 为布尔函数。若 $C \Rightarrow f$ 为永真式，称 C 为 f 的蕴含项。

implicant

项 C 定义了对出现在 C 中变量的唯一真值指派，在该真值指派下，f 成为一个永真式。例如，设 f 为布尔公式

$$(x_1 \wedge x_2 \wedge y \wedge z) \vee (x_1 \wedge x_2 \wedge \overline{y}) \vee (x_1 \wedge x_2 \wedge \overline{z}) \vee (\overline{x_1} \wedge z) \vee (\overline{x_1} \wedge \overline{z})$$

易见，$x_1 \wedge x_2$ 是 f 的一个蕴含项，$\overline{x_1}$ 也是 f 的一个蕴含项。当 x_1 和 x_2 取真值时，f 成为永真式；当 x_1 取假值时，f 也成为永真式。对出现在 C 中的变量只有唯一的真值指派 ρ_C 使 C 为真。我们用符号 f_C 表示将 f 中的变量用 ρ_C 替换后得到的布尔函数。借助于蕴含项，我们定义下述在技术上更容易处理的问题：

$$\text{Short-IMP}^{\text{DNF}} = \big\{\langle \phi, k \rangle \mid \text{析取范式 } \phi \text{ 有一个大小不超过 } k \text{ 的蕴含项}\big\}$$

事实上，乌曼斯的主要证明用的是下述更特殊的子问题。

Short-IML^{CORE}.

　　给定析取范式 $\varphi = \bigvee_{i \in [n]} \varphi_i$ 和自然数 k，是否存在 φ 的蕴含项 C，满足如下条件：① C 的大小不超过 k，② C 中的变量都出现在 φ_n 中？

　　乌曼斯将 2QBF 归约到 Short-IML^{CORE}，并将后者归约到 MIN-DNF。

　　设 $\exists x \forall y. \varphi(x, y)$ 为 2QBF 的输入实例，$x = x_1, \cdots, x_m$。定义 φ' 如下：将 φ 中的字 $x_1, \cdots, x_m$ 分别换成新变量 $w_1, \cdots, w_m$，将字 $\overline{x_1}, \cdots, \overline{x_m}$ 分别换成新变量 $u_1, \cdots, u_m$。设 $V_i = \{w_i, u_i\}$。有下面的结论。

引理 2.1　$\exists x \forall y. \varphi(x, y) \in \text{2QBF}$ 当仅当 φ' 有一个大小为 m 的蕴含项 C' 满足条件 $\forall i \in [m]. C' \cap V_i \neq \emptyset$。

证明　若 $\exists x \forall y. \varphi(x, y) \in \text{2QBF}$，则存在 x 的真值指派使得 $\varphi(x, y)$ 为永真式，即有一个大小为 m 的 φ 的蕴含项 C，其中的每个字都在 $\{x_1, \overline{x_1}, \cdots, x_m, \overline{x_m}\}$ 中。将 C 中的每个字 x_i 换成 w_i，每个字 $\overline{x_j}$ 换成 u_j，得到项 C'。在 C' 所确定的真值指派下，φ' 为真。因此，C' 为 φ' 的蕴含项，并且 $\forall i \in [m]. C' \cap V_i \neq \emptyset$。

　　设 φ' 有一个满足条件 $\forall i \in [m]. C' \cap V_i \neq \emptyset$ 的大小为 m 的蕴含项 C'。根据假设，C' 定义了对 x 的一个真值指派，使得 $\varphi(x, y)$ 为永真。因此 $\exists x \forall y. \varphi(x, y)$ 在 2QBF 中。　　□

　　为了将引理2.1 中的条件 $\forall i \in [m]. C' \cap V_i \neq \emptyset$ 用公式表示，我们需要一种技术，能强迫一个蕴含项在一堆不相交的变量集中的每一个选一个变量。设 $m \geqslant 1$，$V_0, V_1, \cdots, V_m$ 是上述定义的两两不相交的布尔变量集。定义 $(V_0, V_1, \cdots, V_m)$-选择函数为如下的布尔公式：

$$\left(\bigvee_{v \in V_0} v \wedge z_1 \right) \vee \bigvee_{i=1}^{m-1} \left(\bigvee_{v \in V_i} \overline{z_i} \wedge v \wedge z_{i+1} \right) \vee \left(\bigvee_{v \in V_m} \overline{z_m} \wedge v \right) \qquad (2.10.1)$$

下面的引理解释了选择函数的用处。

引理 2.2　设 f 是 $(V_0, V_1, \cdots, V_m)$-选择函数，$V \subseteq \bigcup_{0 \leqslant i \leqslant m} V_i$，$C = \bigwedge V$。则 C 是 f 的蕴含项当仅当对所有 $i \in \{0, 1, \cdots, m\}$ 集合 $V \cap V_i \neq \emptyset$ 非空。

证明　设 C 是 f 的蕴含项。假设 $V \cap V_i = \emptyset$。将 V 中的变量均置为 1，将所有 $k > i$ 的 z_k 置为 1，其余变量均置为 0。在此真值指派下，C 为真，f 为假，矛盾。另一方面，设对所有 $i \in \{0, 1, \cdots, m\}$ 交集 $V \cap V_i$ 非空。将 V 中的所有变量均置为 1，(2.10.1) 中的公式包含项 z_1、$\overline{z_1} \wedge z_2$、$\cdots$、$\overline{z_{m-1}} \wedge z_m$、$\overline{z_m}$。在任何赋值下，这些项的值都不可能全为 0。　　　　$\square$

综合引理2.1 和引理2.2，就不难证明下述结果。

命题 12　Short-IML^{CORE} 是 Σ_2^p-完全的。

证明　我们将 2QBF 归约到 Short-IML^{CORE}。设 ϕ 是 $(\{w_1, u_1\}, \cdots, \{w_m, u_m\})$-选择公式。将 $\exists x \forall y . \varphi(x, y)$ 归约到 $\varphi'' = \phi \wedge \varphi' \vee \bigwedge \{w_1, u_1, \cdots, w_m, u_m\}$。利用分配律，可将 $\phi \wedge \varphi'$ 转换成析取范式。只需证明如下性质：

$\exists x \forall y . \varphi(x, y) \in$ 2QBF 当仅当 φ'' 有一个大小不超过 m 的变量都在 $\{w_1, u_1, \cdots, w_m, u_m\}$ 中的蕴含项 C''。

设 $\exists x \forall y . \varphi(x, y) \in$ 2QBF。从引理2.1 知 φ' 有满足所需性质的蕴含项 C''，根据引理2.2，C'' 也是 ϕ 的蕴含项，因此 C'' 是 φ'' 的蕴含项。另一方面，设 φ'' 有一个大小不超过 m 的蕴含项 C''，且 C'' 中的变量都在 $\{w_1, u_1, \cdots, w_m, u_m\}$ 中。对于任意 $i \in [m]$，w_i, u_i 中至少有一个在 C'' 中，否则可以用引理2.2 的证明推出，存在真值指派不满足 $\phi \wedge \varphi'$，因而也不满足 φ''。因为 C'' 的大小不超过 m，所以对任意 $i \in [m]$，w_j, u_j 两者中有且仅有一个出现在 C''。所以从 $C'' \Rightarrow \varphi''$ 可推出 $C'' \Rightarrow \varphi'$，再用引理2.1 即得 $\exists x \forall y . \varphi(x, y) \in$ 2QBF。　　　　$\square$

接下来的任务就是将 Short-IML^{CORE} 归约到 MIN-DNF。

定理 2.12（乌曼斯定理） MIN-DNF 是 Σ_2^p-完全的。

证明 设 $\langle \varphi, k \rangle = \langle \varphi_1 \vee \cdots \vee \varphi_{n-1} \vee \varphi_n, k \rangle$ 为 Short-IML^{CORE} 的输入实例。利用等价关系 $\varphi \Leftrightarrow \varphi \wedge \neg \varphi_n \vee \varphi_n$，我们对 φ 做些变化，使其满足一定的语义分离性质。用分配律将 $\varphi \wedge \neg \varphi_n$ 转换成多项式大小的析取范式 $\bigvee_{i \in [m]} \phi_i$。设 $m' = \max\{m, k+1\}$。定义

$$\varphi' = \varphi_n w_1 w_2 \cdots w_{m'} \vee \bigvee_{i \in [m]} \phi_i w_1 \cdots w_{i-1} w_{i+1} \cdots w_{m'}$$

记 $\phi_i w_1 \cdots w_{i-1} w_{i+1} \cdots w_{m'}$ 为 ϕ_i'。设 $k' = k + m' + \sum_{i \in [m]} |\phi_i'|$。下述归约

$$\langle \varphi, k \rangle \quad \mapsto \quad \langle \varphi', k' \rangle \tag{2.10.2}$$

就是我们要找的。若 C 是 φ 的蕴含项，且 C 中的变量均出现在 φ_n，则易见

$$\varphi' \Leftrightarrow C w_1 w_2 \cdots w_{m'} \vee \bigvee_{i \in [m]} \phi_i' \tag{2.10.3}$$

等价关系 (2.10.3) 右面的项的大小不超过 k'。因此，若 $\langle \varphi, k \rangle \in$ Short-IML^{CORE}，则 $\langle \varphi', k' \rangle \in$ MIN-DNF，证明了归约 (2.10.2) 的一个方向的正确性。反之，设 $\langle \varphi', k' \rangle \in$ MIN-DNF。根据定义，存在满足 $|\chi| \leqslant k'$ 和 $\chi \Leftrightarrow \varphi'$ 的析取范式 χ。我们先证明，在一定意义上 χ 包含了每个 ϕ_i'。设 α_i 是使得 ϕ_i' 为真的真值指派，并且 $\alpha_i(w_i) = 0$。按定义，α_i 将 φ' 置为真。因此 α_i 必将 χ 置为真，必将 χ 中的某一项 χ_i 置为真。对于 $j \neq i$，项 χ_i 必含有 w_j，否则 χ_i 在真值指派 $(\alpha_i)_{w_j=0}$ 下为真，但是此真值指派使得 φ' 为假，矛盾。若项 χ_i 不包含项 ϕ_i' 中的某个字，可修改 α_i 使得对该字的赋值为 0 而不改变对 χ_i 的赋值。同样，这个真值指派也使得 φ' 为假，矛盾。这样就推出

$$\sum_{i \in [m]} |\chi_i| \geqslant \sum_{i \in [m]} |\varphi_i'|$$

因为 $\varphi_n w_1 w_2 \cdots w_{m'}$ 和 φ_i' 不可能被同一个真值指派满足，所以除了 $\{\chi_i\}_{i \in [m]}$，χ 剩余的项，记为 χ_0，应该满足 $\varphi_n w_1 w_2 \cdots w_{m'} \Rightarrow \chi_0$。因为 $|\chi| \leqslant k'$，所以

$$|\chi_0| \leqslant k' - \sum_{i \in [m]} |\chi_i| \leqslant k + m' < 2m' \tag{2.10.4}$$

如果 φ' 的蕴含项置 $\varphi_n w_1 w_2 \cdots w_{m'}$ 为真,该蕴含项一定要包含 $w_1 w_2 \cdots w_{m'}$。从 (2.10.4) 可知 χ_0 只含一项 C',否则它的长度就会超过 $2m'$。设 $C = C' \setminus \{w_1, w_2, \cdots, w_{m'}\}$。可以看出 C 是 φ_n 的蕴含项。结论:(2.10.2) 满足归约所需的条件。　　　　　　　　　　　　　　　　　　　　　　　　　　□

第 2 章练习

1. 证明:假定 $\mathbf{NP} \neq \mathbf{P}$,不存在保持可满足性的多项式时间算法将合取范式转换成析取范式。

2. 证明:若 A、$B \in \mathbf{NP}$,则 $A \cup B$、$A \cap B$、$AB \in \mathbf{NP}$。

3. 设 $A \in \mathbf{NPC}$ 和 $B \in \mathbf{P}$。证明:若 $A \cap B = \emptyset$,则 $A \cup B \in \mathbf{NPC}$。

4. 证明:$\mathtt{SAT} \leqslant_K \mathtt{IP}$。

5. 证明 $\left\{ \psi 01^{|\psi|^c} \mid \psi \in \mathtt{SAT} \right\} \in \mathbf{NPC}$,并且 $\left\{ \psi 01^{2^{|\psi|}} \mid \psi \in \mathtt{SAT} \right\} \in \mathbf{P}$。

6. 在定理2.3 的证明中,我们假定 $\mathtt{TMNP}$ 的验证器 $\mathbb{M}$ 是健忘的。如果不做此假定,我们应该如何构造从 $\mathtt{TMNP}$ 到 $\mathtt{SAT}$ 的归约?

7. 设 $\mathtt{TMEXP}$ 为语言 $\{\langle \alpha, x, 1^n \rangle \mid \mathbb{M}_\alpha(x)$在$2^n$步内输出1$\}$。证明 $\mathtt{TMEXP}$ 是 **EXP**-完全的。这种构造时间复杂性类完全问题的一般方法是否适用于空间复杂性类,比如 **PSPACE**?

8. 在命题7 的证明中,我们用到了 $\mathtt{SAT}$ 的稠密性。证明此性质。

9. 指出下面"证明"的错误:假定 $\mathbf{NP} = \mathbf{P}$,那么 $\mathbf{NP}^O = \mathbf{P}^O$ 对任意神谕 O 成立。根据定理2.6,存在神谕 B 使得 $\mathbf{NP}^B \neq \mathbf{P}^B$。矛盾。因此 $\mathbf{NP} \neq \mathbf{P}$。

10. 设 f 是可计算函数,g 是处处有定义的可计算函数。定义神谕是函数 g 的类型 $\mathbf{P}^g$,并定义 $f \leqslant_C g$。

11. 在库克归约的定义中,子程序调用是适应性的,即神谕图灵问的第 $i+1$ 个问题可能依赖于神谕前面问过的 i 个问题的答案。定义非适应性库克归约 $\leqslant_C^{na}$。

    adaptive
    nonadaptive
    在递归论里,非适应性图灵归约称为真值表归约。

12. 在量化布尔公式的定义中,见 (1.10.3),要求 $\varphi(x^1, \cdots, x^n)$ 是合取范式。证明:① 若要求 $\varphi(x^1, \cdots, x^n)$ 是析取范式,$\mathtt{QBF}$ 依然是 PSPACE-完全的;② 若只要求 $\varphi(x^1, \cdots, x^n)$ 不含量词,$\mathtt{QBF}$ 依然是 PSPACE-完全的。

13. 证明：$\Sigma_i^p = \Sigma_{i+1}^p$ 蕴含 $\Sigma_i^p = \mathbf{PH}$。

14. 定义一个神谕 A，使得 $\mathbf{PH}^A = \mathbf{P}^A$ 成立。

15. 说明在定理2.10 的证明中，哪些地方需用到时间/空间可构造性？

16. 证明：若 A、$B \in \Sigma_i^p$，必有 $A \cup B$、$A \cap B \in \Sigma_i^p$。

17. 在定义多项式谱系时，用的是卡普归约。如果用库克归约，会有何不同？

18. 证明第 80 页上定义的 TERMWISE-MIN-DNF 是 Σ_2^p-完全的。

19. 将 MIN-DNF 的定义中的析取范式换成合取范式，得到 MIN-CNF。证明 MIN-CNF 是 Σ_2^p-完全的。

20. 问题 Short-IMP^{DNF} 的更一般形式是：

$$\text{Short-IMP} = \left\{ \langle \phi, k \rangle \mid \phi \text{有一个大小不超过 } k \text{ 的蕴含项} \right\}$$

定义从 2QBF 到 Short-IML 的映射如下：

$$\exists x_1 \cdots x_m. \forall y. \phi \mapsto \phi \wedge \bigwedge_{i \in [m]} (x_i \wedge \overline{w_i} \vee \overline{x_i} \wedge w_i)$$

上述公式中，$w_1, \cdots, w_m$ 为新变量。证明此映射为卡普归约，从而推出 Short-IMP 是 Σ_2^p-完全的。

第 3 章　电路复杂性

图灵机的一次计算经历一个状态变化序列，在相同的状态下，图灵机可以执行同一条指令，也可以执行不同的指令。在一次计算过程中，同一指令可能被执行很多遍。如果输入的某一位从 0 变成了 1，图灵机的计算过程可能完全不一样。一台"小"的图灵机可能计算时间很长，而一台"大"的图灵机在相同的输入下可能会计算得很快。图灵机计算的这些非结构性特点让我们难以用组合方法、代数方法分析图灵机计算，因而也很难推出图灵机计算复杂性的下界。鉴于这些难点，人们研究了一些具体模型的计算复杂性理论 [57, 68, 121, 138]。不同的具体模型侧重于研究不同对象的复杂性，如决策树复杂性、电路复杂性、通讯复杂性、证明复杂性等。与图灵机相比，具体模型有简单得多的计算结构和计算逻辑，适合于做底层分析。在理论层面，起初的希望是证明出一些具体问题的绝对的计算复杂性下界，并希望这些绝对的下界能帮助我们推出有关结构复杂性的一些绝对的否定结果，比如 $\mathbf{P} \neq \mathbf{NP}$。现在我们知道，基于这些具体模型的复杂性理论研究毫无例外地遇到了瓶颈。即便如此，研究具体模型时所开发出的技术和方法对基于图灵机的计算复杂性理论的研究大有帮助。

concrete model

unconditional

图灵机模型是一致模型，一台图灵机可以处理所有长度的输入。不难想象，一个处理所有输入的算法要比一个处理特定长度输入的算法复杂。在实际应用中，我们并不需要一个处理所有输入的程序。对某个应用，一个能处理输入长度不超过 10^6 的程序可能就够用了。我们可以为每个输入长度精心设计一个算法，该算法的时间开销一般会小于图灵机模型在同样输入上的计算时间开销。非一致模型允许不同长度的输入用不同的算法计算。不得不问的是，非一致性能在多大程度上提高计算效率？NP-完全问题是否可以由多项式时间的非一致模型判定？对后一个问题，我们会给出一个有条件的否定答案。

nonuniform

早在二十世纪三、四十年代，香农及其合作者就用布尔代数设计和分析交

Shannon

换电路 [184, 198, 199]。在二十世纪五十年代的苏联，以卢帕诺夫为首的一组数学家研究了交换电路的下界问题 [152]。随后，以电路模型和图灵机模型之间的关系为切入点，学术界从复杂性理论的角度对电路模型进行了研究 [189]。电路模型是非一致模型，有非常简单的计算结构，一个电路的计算复杂度和它的组合复杂度是一致的。一个电路由门和它们之间的连线组成。一个门有 n 个扇入（输入）和一个扇出（输出）。一个有 n 个输入、单输出的电路是一个有向无圈图，它有 n 个扇入为 0 的源，有一个扇出为 1 的池。基本的门有与门、或门、非门，分别用 $\wedge$、$\vee$ 和 $\neg$ 标注。一个电路等价于一个命题公式，其输入为布尔值。一个不包含非门的电路称为单调电路。图3.1定义了一个计算 $x_1 = x_2$ 的电路。通常用 C、C'、C_1 等表示电路，用 $C(x)$ 表示电路 C 在输入 x 上的计算输出。

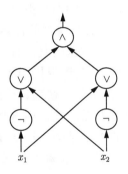

图 3.1　计算 $x_1 = x_2$ 的电路

一个电路只能处理长度固定的输入，要处理任意长度的输入实例，需要可数无限个电路，每个电路处理固定长度的所有输入实例。一个电路族由一个无穷电路系列 $\{C_n\}_{n \in \mathbf{N}}$ 构成，其中 C_n 有 n 个输入。若有问题 L 满足：对所有 $x \in \{0,1\}^*$，$L(x) = 1$ 当仅当 $C_{|x|}(x) = 1$，称电路族 $\{C_n\}_{n \in \mathbf{N}}$ 接受 L。

以下是几个例子。第一个例子表明，基于非一致特性，电路模型接受的语言可以是不可判定的。

例 3.1　设 $\mathrm{Re} = \{1^n \mid n \in R$，且$R$是一个非递归的递归可枚举集$\}$。语言 Re 不可判定，但有个电路族接受它。对于一个长度为 n 的输入串，可设计一个全部由与门构成的电路，使用的与门数不超过 $n-1$。这个电路的高度可以是线性的，也可以是对数的。　　　　　　　　　　　　　　　　　　　□

对四则运算的电路算法已有深入研究 [190]。只用小学生四则运算算法，我们就可以为二进制加法和乘法设计简单的电路。

例 3.2　一个做二进制加法的电路接受两个长度是 n 的数，输出一个长度是 $n+1$ 的数。这个电路的高度是线性的。二进制乘法可通过尽可能并行地做线性次二进制加法实现，实现乘法运算的电路高度是 $n\log n$。　　□

四则运算是处理器的基本操作，我们必须为其设计出比例3.2给出的电路算法高效得多的电路算法。我们将再次讨论这个问题。

用电路解决问题时，我们感兴趣的是某一功能最少用几个门就能实现，这不仅具有现实意义，也具有极大的理论意义。电路 C 的电路复杂性指的是它含有的门的个数。用 $|C|$ 表示 C 的电路复杂性。设 $S : \mathbf{N} \to \mathbf{N}$。语言 L 在 **SIZE**$(S(n))$ 中当仅当存在接受 L 的电路族 $\{C_n\}_{n \in \mathbf{N}}$ 使得对所有 $n \in \mathbf{N}$ 都有 $|C_n| \leqslant S(n)$。例3.1中的那个问题的电路复杂性是线性的。不同于 **TIME**(_) 和 **SPACE**(_)，等式 **SIZE**$(3S(n)) = $ **SIZE**$(S(n))$ 不成立，下一节我们将证明此结论。

circuit complexity

例 3.3　设 $f : \{0,1\}^n \to \{0,1\}$。函数 f 的一个解码函数 $d : \{0,1\}^n \to \{0,1\}^{2^n}$ 将一个长度为 n 的二进制数 x 映射到长度是 2^n 的二进制数 $d(x)$，$d(x)$ 的第 x 位是 $f(x)$，其余的位均为 0。实现编码函数的电路有 2^n 个输出，所以至多需用 2^n 个门。实现一个极小项最多用 $2n-1$ 个门，比如 $\overline{x_1} \wedge \cdots \wedge \overline{x_n}$ 需要用到 n 个非门和 $n-1$ 个与门。函数 f 在一个极小项上的输出或为该极小项的值，或为该极小项的值与 0 的合取。因此实现一对输入输出的电路的大小为 $2n$。所以编码函数的电路复杂性上界小于 $2n2^n$。

如果 n 为偶数，$x_1, \cdots, x_n$ 的极小项可以将 $x_1, \cdots, x_{n/2}$ 的极小项和 $x_{n/2+1}, \cdots, x_n$ 的极小项输入一个与门后得到。因此解码函数 d 的电路复杂性 $C(n)$ 满足下述不等式：

$$C(n) \leqslant 2 \cdot C(n/2) + 2^{n/2} \times 2^{n/2} < 2(2(n/2))2^{n/2} + 2^n = 2n2^{n/2} + 2^n$$

只要 n 足够大，$C(n) < 2 \times 2^n$。　　□

3.1   电路谱系定理

香农很早就证明了绝大多数布尔函数的电路复杂性是指数的 [199]。下述
香农定理的证明是一个简单的组合论证，或更准确地说是一个计数论证。

counting argument

定理 3.1(香农定理)   绝大多数 n-元布尔函数的电路复杂性大于 $\dfrac{2^n}{n} - o\left(\dfrac{2^n}{n}\right)$。

证明   固定一个输出门。在一个有 n 个输入和 S 个门的电路里，每个输入有
$S+n+2$ 种选择（包括常量 0 和 1），每个门最多有两个输入、三种类型，总
的可能数不超过 $(S+n+2)^{2S}3^S$。这要除以对 $S-1$ 个门的排列数。因此，由
S 个门组成的电路所计算的函数的个数不超过

$$
\frac{(S+n+2)^{2S}3^S}{(S-1)!} < \frac{(S+n+2)^{2S}(3e)^S}{S^S}S
$$

$$
= \left(1 + \frac{n+2}{S}\right)^S (3e(S+n+2))^S S
$$

$$
< (e^{\frac{n+2}{S}}3e(S+n+2))^S S
$$

$$
< (3e^2(S+n+2))^S S
$$

$$
< (6e^2 S)^S S
$$

$$
< (7e^2 S)^S
$$

第一个不等式用到了斯特林不等式。设由 S 个门组成的电路所计算的函
数的个数为所有 n-元布尔函数的 ϵ-部分，应有 $(7e^2 S)^S \geqslant \epsilon 2^{2^n}$。两边取对
数，得

Stirling
$n! < \left(\dfrac{n}{e}\right)^n$

$$
S(\log(7e^2) + \log S) \geqslant 2^n - \log \epsilon^{-1} \tag{3.1.1}
$$

易见，$S \leqslant \dfrac{2^n}{n} - \log\left(\dfrac{1}{\epsilon}\right)$ 和 (3.1.1) 矛盾。 $\square$

香农定理并未给出最难的布尔函数的电路复杂性的任何上界。卢帕诺夫
研究了这个问题 [152]。

定理 3.2（卢帕诺夫定理）　对足够大的 n，最难的 n-元布尔函数的电路复杂性有上界 $\dfrac{2^n}{n} + o\left(\dfrac{2^n}{n}\right)$。

另一方面，卢茨给出了最难的布尔函数的电路复杂性的一个下界 [153]，改进了香农定理提到的下界。

定理 3.3（卢茨定理）　存在 $c < 1$，对足够大的 n，最难的 n-元布尔函数的电路复杂性有下界 $\dfrac{2^n}{n}\left(1 + c\dfrac{\log n}{n}\right)$。

Lutz

弗兰森和米尔特森进一步改进了卢帕诺夫和卢茨的结果，给出了更精细的界 [81]。读者可以略去下述定理的证明而不影响对本章其余内容的理解。

Frandsen
Miltersen

定理 3.4（弗兰森-米尔特森定理）　最难的 n-元布尔函数 f 的电路复杂性 $|C_f|$ 满足下列不等式：

$$\frac{2^n}{n}\left(1 + \frac{\log n}{n} - O\left(\frac{1}{n}\right)\right) \leqslant |C_f| \leqslant \frac{2^n}{n}\left(1 + 3\frac{\log n}{n} + O\left(\frac{1}{n}\right)\right)$$

证明　设 C_f 含有 n 个输入和 s 个门。弗兰森和米尔特森将电路 C_f 翻译到一个栈机器程序 P，通过后者的长度上界给出了 $|C_f|$ 的一个上界。首先规定：

- 用自然数 $1, \cdots, n$ 表示电路的输入。
- 用 $n+1, \cdots, n+s$ 表示 s 个门所代表的逻辑操作。

程序是有限长指令序列，指令或为压栈操作，或为逻辑操作。

- Push i，这里 i 表示输入或前面的逻辑操作结果。
- 逻辑操作从栈顶取出两个元数，然后将逻辑操作结果压入栈顶。

当程序运行结束后，栈顶只有一个元数。

将电路翻译成图3.2中所定义的栈机器程序 P。每个压栈操作使得栈长度加一，逻辑运算操作使得栈长度减一。因为最后栈里只剩一个元数，所以 P 必须有 $s+1$ 个压栈操作。压栈操作的参数的长度是 $\log(n+s)$，用常数位 c 可以表示逻辑操作子。因此 $|P| < (s+1)(c + \log(n+s))$。总共有 2^{2^n} 个 n-元布尔函数，所以一定有某个 n-元布尔函数，计算它的最优电路含有的门的个数 s 满足

$$(s+1)(c + \log(n+s)) \geqslant 2^n \tag{3.1.2}$$

输入：电路 $C=\{1,\cdots,n\}\cup\bigcup_{i=n+1}^{n+s}\{g_i=g_{i_1}\ op\ g_{i_2}\}$，这里 $g_1,\cdots,g_n$ 为输入。

输出：栈机器程序 P，其计算的布尔函数和 C 计算的一样。

过程：**begin** 置程序 P 为空；执行 SM$(n+s)$ **end**

其中 SM(i) 定义如下：

1. 若 g_i 为输入，在 P 中加入 Push i；
2. 若 g_i 是已经被加入 P 中的第 j 个布尔操作，在 P 中加入 Push $n+j$；
3. 若 $g_i=g_{i_1}\ op\ g_{i_2}$，执行如下程序：SM(i_1)；SM(i_2)；在 P 中加入 op。

图 3.2   从电路 C 到栈机器程序 P 的翻译程序

我们证明当 n 足够大时，(3.1.2) 蕴含 $s>\dfrac{2^n}{n}\left(1+\dfrac{log(n)}{n}-\dfrac{c}{n}\right)$。如若不然，必有 $s\leqslant\dfrac{2^n}{n}\left(1+\dfrac{log(n)}{n}-\dfrac{c}{n}\right)$，由此推出不等式 $n+s\leqslant\dfrac{2^n}{n}\left(1+\dfrac{log(n)}{n}-\dfrac{c}{n}+\dfrac{n^2}{2^n}\right)$。利用不等式 $\log(1+x)<x\log(e)$ 可推得

$$2^n\leqslant(s+1)(c+\log(n+s))$$

$$\leqslant\frac{2^n}{n}\left(1+\frac{\log(n)}{n}-\frac{c}{n}+\frac{n^2}{2^n}\right)\left(n-\log n+c+\left(\frac{\log n}{n}-\frac{c}{n}+\frac{n^2}{2^n}\right)\log e\right)$$

$$\leqslant\frac{2^n}{n^2}\left(n+\log(n)-c+\frac{n^2}{2^n}\right)\left(n-\log n+c+\left(\frac{\log n}{n}-\frac{c}{n}+\frac{n^2}{2^n}\right)\log e\right)$$

$$\leqslant(2^n/n^2)(n^2-\log^2(n)+O(\log n))\ <\ 2^n$$

此矛盾证明了定理给出的 $|C_f|$ 的下界是正确的。

上界的正确性证明是对卢帕诺夫证明 [152] 的一个小的改进。首先介绍布尔函数的卢帕诺夫分解。设 f 为 n-元布尔函数，$x_1,\cdots,x_n$ 为输入变量。将变量分为两组，$a=x_1,\cdots,x_k$ 和 $b=x_{k+1},\cdots,x_n$，将 $f(x)$ 写成 $f(a;b)$。我们可以用一个 2^k 行 2^{n-k} 列布尔矩阵 $\boldsymbol{A}$ 定义 $f(a;b)$ 的值。固定 s，设 $p=2^k/s$。为简化行文，假定 s 整除 2^k。将 $\boldsymbol{A}$ 的行分成 p 组，分别用 $A_1,\cdots,A_p$ 表示，每组含有 s 个元素。定义函数

$$f_i(a;b)=\begin{cases}f(a;b),&\text{若}a\in A_i\\0,&\text{否则}\end{cases}$$

显然有下述等式

$$f(a; b) = \bigvee_{i=1}^{p} f_i(a; b) \tag{3.1.3}$$

固定 b，让 a 在 A_i 中依次取遍所有值，得到一个 s-元组 v。另外一个 b' 可能诱导出相同的 v，用 $B_{i,v}$ 表示所有诱导出同一个 v 的 $(n-k)$-元组 b 的集合。根据定义，不同的 $B_{i,v}$ 是不相交的。定义 $(n-k)$-元指示函数 $f_{i,v}^{|}$ 如下：

$$f_{i,v}^{|}(b) = \begin{cases} 1, & \text{若 } b \in B_{i,v} \\ 0, & \text{否则} \end{cases}$$

定义 k-元指示函数 $f_{i,v}^{-}$ 如下：

$$f_{i,v}^{-}(a) = \begin{cases} 1, & \text{若} a \text{是} A_i \text{的第} j \text{个元素，并且} v_j = 1 \\ 0, & \text{否则} \end{cases}$$

用这两个函数可以对 f_i 进行分解：

$$f_i(a; b) = \bigvee_{v} f_{i,v}^{-}(a) \cdot f_{i,v}^{|}(b) \tag{3.1.4}$$

从 (3.1.3) 和 (3.1.4) 即得 (k, s)-卢帕诺夫表示：

$$f(a; b) = \bigvee_{i=1}^{p} \bigvee_{v} \left(f_{i,v}^{-}(a) \wedge f_{i,v}^{|}(b) \right) \tag{3.1.5}$$

我们必须给出实现上述逻辑运算的电路大小上界。根据例 3.3，(k, s)-卢帕诺夫表示让我们可以借助于解码电路来实现 $f_{i,v}^{-}$ 和 $f_{i,v}^{|}$。首先，计算所有极小项的电路需要 $2(2^k + 2^{(n-k)})$ 个门。利用这些极小项的电路输出，最多用 2^{n-k} 个门就可实现 $f_{i,v}^{|}$ 的解码电路。因为有 p 个 i，所以计算所有 $f_{i,v}^{|}$ 的解码电路的大小不超过 $p \cdot 2^{n-k}$。接着考察 $f_{i,v}^{-}$（弗兰森和米尔特森改进的就是这种情况下的上界分析）。关键的一点是，我们不需要为每个 v 引入一组门，而只需引入一个门。这是因为对每个 $i \in [p]$，可先构造只有一个分量为 1 的 v 所定义的 $f_{i,v}^{-}(a)$，然后以这些电路的输出为输入，用一个或门就可以计算出有两个分量为 1 的 v 所定义的 $f_{i,v}^{-}(a)$；以此类推。可看出只需为每个 v 引入一

个或门即可。所以只需为 $f^-_{i,v}(a)$ 引入 $p2^s$ 个或门。根据 (3.1.5)，只需再引入 2^s 个与门和 2^s 个或门就可计算 $\bigvee_v \left(f^-_{i,v}(a) \wedge f^|_{i,v}(b) \right)$，然后再引入 p 个或门即可。

综上所述，计算 f 最多用 $2(2^k + 2^{n-k}) + p2^{n-k} + 3p2^s$ 个门就够了。设 $k = 2\log(n)$ 和 $s = n - 3\log(n)$。有下述推导：

$$
\begin{aligned}
2(2^k + 2^{n-k}) + p2^{n-k} + 3p2^s &= 2^n/s + 2(2^k + 2^{n-k}) + 3{\cdot}2^{k+s}/s \\
&= 2^n/(n - 3\log(n)) + O(2^n/n^2) \\
&= \frac{2^n}{n} \left(1 + 3\frac{\log(n)}{n - 3\log(n)} + O\left(\frac{1}{n}\right) \right) \\
&= \frac{2^n}{n} \left(1 + 3\frac{\log n}{n} + O\left(\frac{\log^2(n)}{n^2}\right) + O\left(\frac{1}{n}\right) \right) \\
&= \frac{2^n}{n} \left(1 + 3\frac{\log n}{n} + O\left(\frac{1}{n}\right) \right)
\end{aligned}
$$

定理得证。 $\square$

定理3.1、定理3.2、定理3.3和定理3.4指出一个事实，即绝大多数布尔函数和最难的布尔函数是一样难的，这被称为香农效应 [237]。

Shannon effect

Circuit Hierarchy

用定理3.4给出的上下界，可以证明电路谱系定理。与已经讨论过的时间谱系定理和空间谱系定理相比，电路谱系定理要精细得多。

定理 3.5（电路谱系定理）　若有 $\epsilon > 0$ 满足 $n < (2+\epsilon)S(n) < S'(n) \ll 2^n/n$，则有 $\mathbf{SIZE}(S(n)) \subsetneq \mathbf{SIZE}(S'(n))$。

证明　设

$$
m = \max m. \left(S'(n) \geqslant \left(1 + \frac{\epsilon}{4}\right) \frac{2^m}{m} \right) \tag{3.1.6}
$$

定理的前提和定理3.4给出的上界确保当 n 足够大时，$0 < m < n$。定理的前提还蕴含下述不等式：

$$
S(n) < \left(1 - \frac{\epsilon}{4 + 2\epsilon} \right) \frac{2^m}{m} \tag{3.1.7}
$$

如若 (3.1.7) 不成立，就有

$$S'(n) > (2 + \epsilon)S(n) \geqslant \left(2 + \frac{\epsilon}{2}\right)\frac{2^m}{m} > \left(1 + \frac{\epsilon}{4}\right)\frac{2^{m+1}}{m+1}$$

此不等式与 (3.1.6) 矛盾。设 $\mathcal{B}_{m,n}$ 为所有只依赖于前 m 个输入的 n-元布尔函数。从定理3.4的上界和 (3.1.6) 推出，对足够大的 n 有 $\mathcal{B}_{m,n} \subseteq \mathbf{SIZE}(S'(n))$。从定理3.4的下界和 (3.1.7) 推出，对足够大的 n 有 $\mathcal{B}_{m,n} \nsubseteq \mathbf{SIZE}(S(n))$。　　　□

3.2　一致电路

在实际应用中，如果只考虑长度小于某个指定值的输入，非一致性不是问题。在理论研究中，如果要考虑所有输入，非一致性所导致的不可判定性并非总是我们需要的。但如果我们在电路模型中引入一致性条件，我们又回到了经典的场景。本节解释此现象。

定义 3.1　设 $\{C_n\}_{n \in \mathbf{N}}$ 为电路族。若存在一个将 1^n 映射到 C_n 的隐式对数空间可计算函数，称电路族 $\{C_n\}_{n \in \mathbf{N}}$ 是一致的。 ～～～uniform

一致电路族给出了 $\mathbf{P}$ 的一个有用的等价刻画。

定理 3.6（一致电路族定理）　语言 L 被一致电路族接受当仅当 $L \in \mathbf{P}$。

证明　设 L 可被一致电路族接受。当输入 x 时，隐式对数空间可计算函数在多项式时间产生一个多项式大小的电路 $C_{|x|}$，然后在多项式时间完成 $C_{|x|}(x)$ 的计算。因此 $L \in \mathbf{P}$。反方向的证明也简单，将图 1.5 中所描述的计算结构用电路实现，见图3.3，根据第 1.11 节中的讨论，所有的电路模块 C 都是相同的，其大小为常量，因此这个电路可在对数空间输出。　　　□

用 CKT-SAT 表示电路版本的可满足性问题。一个二进制串在 CKT-SAT 里当仅当它是一个电路 C 的编码并且 $\exists u \in \{0,1\}^n.C(u) = 1$，这里 n 是 C 的扇入。

引理 3.1　对所有 $L \in \mathbf{NP}$，有 $L \leqslant_L$ CKT-SAT。

证明　设 $L \in \mathbf{NP}$，p 是一个多项式，$\mathbb{M}$ 是个多项式时间图灵机，满足：

$$x \in L \text{ 当仅当 } \exists u \in \{0,1\}^{p(|x|)}.\mathbb{M}(x,u) = 1.$$

用定理3.6证明中给出的归约将 $\mathbb{M}(x,u)$ 在对数空间归约到计算 $\mathbb{M}(x,u)$ 的电路，然后将输入 x 和电路进行硬连接，得到一个输入端为 u 的电路。这给出了从 L 到 CKT-SAT 的对数空间归约。 $\square$

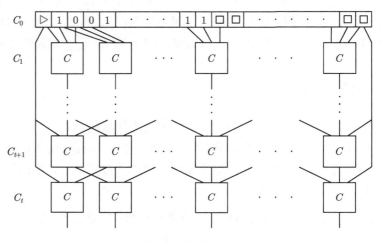

图 3.3   格局电路

引理 3.2   CKT-SAT $\leqslant_L$ SAT。

证明   设 C 为输入电路。为 C 中的每个门的输入和输出引入一个布尔变量。输入的 C 包含了所有门的输入编码和输出编码，可将这些编码作为相应变量的编码。若一个与门的输入为 x,y，输出为 z，引入布尔公式 $z = x \wedge y$，此公式等价于合取范式 $(\overline{x} \vee \overline{y} \vee z) \wedge (\overline{z} \vee x) \wedge (\overline{z} \vee y)$。或门和非门同样可用合取范式表示。这些合取范式的大小是对数长的（因为变量的编码是对数长的），可在对数空间逐个输出。 $\square$

引理3.1和引理3.2指出了一个值得关注的现象（尽管我们不能证明这种现象是普遍规律）：库克-莱文归约是对数空间归约 [168]。在证明问题的 NP-难性质时，既可以用库克归约，也可以用卡普归约，还可以用对数空间归约。

3.3　$\mathbf{P}_{/\mathrm{poly}}$

在第3.2节，通过引进一致性，我们限制了多项式大小电路族的能力，使得它们和多项式时间图灵机的计算能力一样。在本节，我们让多项式时间图灵机拥有额外的信息，使得它们的能力和多项式大小的电路族的能力一样。为了让图灵机获得所需的非计算能力，得给它们一些建议。一个建议就是一个 0-1 串。一个建议类型是一个函数 $a: \mathbf{N} \to \mathbf{N}$。一个满足建议类型 a 的建议族是一无穷建议序列 $\{\alpha_n\}_{n\in\mathbf{N}}$，使得对任意 $n \in \mathbf{N}$，有 $|\alpha_n| = a(n)$。一台具有建议类型 $a(n)$ 的图灵机 $\mathbb{M}$ 需要一个类型为 $a(n)$ 的建议族 $\{\alpha_n\}_{n\in\mathbf{N}}$，当接受长度为 n 的输入串 x 时，计算 $\mathbb{M}(x, \alpha_n)$。所有被具有建议类型 $a(n)$ 的图灵机在 $O(T(n))$ 时间内判定的语言构成复杂性类

advice

$$\mathbf{TIME}(T(n))/a(n)$$

带建议的图灵机是由卡普和立普顿在文献 [128] 中引入的。用带有建议的图灵机可定义相应的复杂性类。

Lipton

- $L \in \mathbf{P}_{/\mathrm{poly}}$ 当仅当 L 可被具有多项式建议类型的多项式时间图灵机判定。
- $L \in \mathbf{NP}_{/\mathrm{poly}}$ 当仅当 L 可被具有多项式建议类型的多项式时间非确定图灵机接受。
- $L \in \mathbf{L}_{/\mathrm{poly}}$ 当仅当 L 可被具有多项式建议类型的对数空间图灵机判定。

卡普和立普顿证明了下面的等价性结论 [128]。

定理 3.7（非一致电路族定理）　$\mathbf{P}_{/\mathrm{poly}} = \bigcup_{c,c'} \mathbf{SIZE}(cn^{c'})$。

证明　设 L 由多项式大小的电路族 $\{C_n\}_{n\in\mathbf{N}}$ 接受。当输入为 x 时，将 $C_{|x|}$ 的二进制编码作为建议，在多项式时间完成 $C_{|x|}(x)$ 的计算。故 $L \in \mathbf{P}_{/\mathrm{poly}}$。

反向包含关系的证明再次用到图 1.5 中所描述的计算的逻辑刻画。输入 x，使用建议 $\alpha(|x|)$ 的图灵机的计算可转换成电路的计算（参见图3.3），再将 $\alpha(|x|)$ 和电路进行硬连接得到输入长度为 $|x|$ 的多项式大小的电路。此过程为对数空间归约。　　　　　　　　　　　　　　　　　　　　　　　　　　　□

由定理3.6和定理3.7可知，一致电路族和多项式大小的电路族的区别就是 $\mathbf{P}$ 和 $\mathbf{P}_{/\mathrm{poly}}$ 的区别。由此立即得到下述重要的推论。

推论 3.1 $\mathbf{P} \subseteq \mathbf{P}_{/\text{poly}}$。

如果 $\mathbf{NP} \not\subseteq \mathbf{P}_{/\text{poly}}$，由推论3.1立即可知 $\mathbf{NP} \neq \mathbf{P}$。所以我们不应该去证明 $\mathbf{NP}$ 不是 $\mathbf{P}_{/\text{poly}}$ 的子类，我们能做的是说明 $\mathbf{NP} \subseteq \mathbf{P}_{/\text{poly}}$ 不太可能。在文献 [128] 中，卡普和立普顿在假定 $\mathbf{NP} \not\subseteq \mathbf{P}_{/\text{poly}}$ 的前提下，证明了多项式谱系塌陷到第二层。

定理 3.8（卡普-立普顿定理） 若 $\mathbf{NP} \subseteq \mathbf{P}_{/\text{poly}}$，则 $\mathbf{PH} = \mathbf{PH}_2$。

证明 假设 $\mathbf{NP} \subseteq \mathbf{P}_{/\text{poly}}$，欲证 $\mathbf{PH} = \Sigma_2^p$。根据命题 9，只需证 $\Pi_2^p \subseteq \Sigma_2^p$。从假设 $\mathbf{NP} \subseteq \mathbf{P}_{/\text{poly}}$ 知，SAT 由一多项式大小的电路族 $\{C_n\}_{n \in \mathbf{N}}$ 接受。给定公式 $\psi = \forall u \in \{0,1\}^m . \exists v \in \{0,1\}^m . \varphi(u,v)$，我们假定 $\varphi(u,v)$ 为任意布尔公式（参见第 2 章的练习 12）。一定存在多项式时间图灵机，对任意输入 u，输出一个和 $\varphi(u,v)$ 等价的合取范式 $\varphi'(u,v)$。由假设知，$\varphi'(u,v) \in$ SAT 可由一个多项式大小的电路 $C' \in \{C_n\}_{n \in \mathbf{N}}$ 判定。利用自归约，可以从 C' 在多项式时间内构造出一个大小被一多项式 q 界定的电路 C 使得 $C(u) = v$ 当仅当 $\varphi'(u,v)$ 可满足。上述过程将公式 $\forall u \in \{0,1\}^m . \exists v \in \{0,1\}^m . \varphi(u,v)$ 归约到了公式

$$\exists C \in \{0,1\}^{q(|\psi|)} . \forall u \in \{0,1\}^m . (C \text{是电路的编码}) \wedge \varphi'(u, C(u)) \tag{3.3.1}$$

若 (3.3.1) 为真，必有电路 C，使得对任意 u，取 $v = C(u)$，命题 $\varphi'(u,v)$ 为真。我们的构造将一个 Π_2^p 中的问题实例 ψ 卡普归约到了 Σ_2^p 中的一个问题实例 (3.3.1)。因此，$\Pi_2^p \subseteq \Sigma_2^p$。 □

如果我们坚信无限谱系假设，卡普-立普顿定理告诉我们 NP-完全问题不可能有多项式时间的非一致解。换言之，即便我们为每个输入长度设计一段程序，也不可能在多项式时间里解决 NP-完全问题。

下面这个结果也出现在文献 [128] 中，作者称其为迈耶定理。

Meyer

定理 3.9（迈耶定理） 若 $\mathbf{EXP} \subseteq \mathbf{P}_{/\text{poly}}$，则 $\sum_2$ SAT 是 $\mathbf{EXP}$-难的。

证明 不失一般性，设 $L \in \mathbf{EXP}$ 由运行时间为 $2^{p(n)}$ 的单带图灵机 $\mathbb{M}$ 判定，这里 $p(z)$ 是一个多项式。设输入 x 长度为 n。通过模拟 $\mathbb{M}(x)$ 计算 i 步，可在指数时间将 $\mathbb{M}(x)$ 在第 i 时刻的快照 z_i 和读写头位置 h_i 计算出来。同理，可

以在指数时间将 $\mathbb{M}(x)$ 在第 i_p 时刻的快照 z_{i_p} 和读写头位置 h_{i_p} 计算出来，这里 i_p 是满足 $i_p < i$ 和 $h_{i_p} = h_i$ 的最大下标。根据定理假设，有大小不超过多项式 $q(n)$ 的电路 C 和 C_p 分别实现这两个指数计算。有序对 $C_p(i)$、$C(i-1)$ 和 $C(i)$ 应满足 $\mathbb{M}$ 的迁移函数所定义的多项式时间可验证的关系 $\mathcal{T}$。关系 $\mathcal{T}$ 用来说明 $C(0), C(1), \cdots, C_{2^{p(n)}}$ 是否是 $\mathbb{M}(x)$ 的接受路径所对应的快照序列。不难看出，$x \in L$ 当仅当

$$\exists C, C_p \in \{0,1\}^{q(n)}. \forall i \in \{0,1\}^{p(n)}. \mathcal{T}(x, C_p(i), C(i-1), C(i)) = 1$$

证明细节留给读者。　　　　　　　　　　　　　　　　　　　　　　　　　　□

3.4　并行计算

人类对计算能力永无止境的追求源自他们对未知世界永不停息的探索。在科学计算和工程应用领域，海量的重复计算和海量的数据对计算速度提出了极高的要求。在 DNA 结构模拟和全球天气预报方面，现有的计算能力尚无法完全满足需要，没有人会傻到让计算机根据今天收集到的数据花两天的时间去计算明天的天气预报。并行计算提供了一种提高解决问题计算速度的可行方法。全球天气预报可被分解成数千万个区域的天气预报，每个由一台处理器负责计算。我们将这样的并行计算平台称为并行计算机 [95]。一台并行计算机可以是一个包含多处理器的计算机系统，也可以是多个独立的计算机通过连接后得到的系统。并行计算机有不同的并发机制（共享存储、消息传送），不同的通信拓扑结构（树状、环状、网格、超立方体），相应地有不同的性能参数模型。基于不同的并行计算平台，我们可以设计不同的并行程序语言 [241]，实现不同的并行算法 [46]。

本节讨论在并行计算领域众所周知的高效并行计算类。我们将用电路模型研究并行计算，为此，对并行计算机做如下抽象：众多的处理器通过互联构成网络，处理器同步计算，网络通信延迟时间不超过处理器数的对数。并行计算必须显著地提高计算速度，比如实现指数加速。大规模并行计算的目标是要在 `polylog` 时间内完成计算任务。称一个问题具有高效并行算法当仅当在输入长度为 n 时，一台并行计算机用 $n^{O(1)}$ 多个处理器在 `polylog` 时间内完成计算。看几个实际的并行算法的例子。

例 **3.4**   矩阵乘法是经典的并行计算问题，也是典型的数据并行例子。在讨论整数矩阵乘法之前，先看一下布尔矩阵的乘法。设 $\boldsymbol{A}$ 为 $(n \times n)$-布尔矩阵。若想计算布尔矩阵自乘

$$(\boldsymbol{A}^2)_{ij} = \bigvee_{k=1}^{n} \boldsymbol{A}_{ik} \wedge \boldsymbol{A}_{kj}$$

可用 n^3 个与门在一步计算所有的 $\boldsymbol{A}_{ik} \wedge \boldsymbol{A}_{kj}$，然后用最多 $n^2(n-1)$ 个或门在 $\log(n)$ 步计算所有 $(\boldsymbol{A}^2)_{ij}$，全部门可安排在 $\log(n) + 1$ 层。要计算矩阵的幂 $\boldsymbol{A}^n$，可用一个高度是 $\log(n)(\log(n) + 1)$ 的电路完成。

例 **3.5**   给定数 $x_1, \cdots, x_n$，要求并行地计算连续和

$$x_1, \ x_1 + x_2, \ x_1 + x_2 + x_3, \ \cdots, \ x_1 + x_2 + \cdots + x_n$$

用一步并行计算可得 $x_1 + x_2$，$x_3 + x_4$，$\cdots$，$x_{n-1} + x_n$。用归纳法，可以在 $2(\log(n) - 1)$ 并行步计算得到

$$x_1 + x_2, \ x_1 + x_2 + x_3 + x_4, \ x_1 + x_2 + x_3 + x_4 + x_5 + x_6, \ \cdots$$

再用一步并行计算就可算出连续和。忽略网络延迟，我们用了 $2\log(n)$ 个并行步算出了连续和。

parallel prefix
Ofman

例3.5描述的算法称为并行前置算法，由奥弗曼提出 [165]。值得注意的是，这个并行算法并没有用到加法操作子的任何特殊性质，只用了加法的结合律。

电路中的每一层门都可并行计算。电路越矮，并行度越高。因此用电路模型可以完美地描述并行性。设 $H : \mathbf{N} \to \mathbf{N}$。称 $H(n)$ 为电路族 $\{C_n\}_{n \in \mathbf{N}}$ 的高度函数当仅当对所有 $n \in \mathbf{N}$，电路 C_n 的高度不超过 $H(n)$。

定义 **3.2**   语言 L 在 $\mathbf{NC}^d$ 中当仅当 L 可由一个高度函数为 $O(\log^d(n))$ 的一致电路族所接受。高效并行计算类 $\mathbf{NC}$ 定义为 $\bigcup_{d \in \mathbf{N}} \mathbf{NC}^d$。

一个 $\mathbf{NC}^d$ 中的语言显然可以由一台高效并行计算机计算。反之，只要每个处理器完成的是常量的计算，一台高效并行计算机就可以由 polylog 高度的一致电路接受。因此，直观上，$\mathbf{NC}$ 刻画了所有具有高效并行算法的问题。这个类首先由皮彭格尔（Nicholas Pippenger）研究 [173]，库克在文献 [56] 中

Nick's Class

将这个类命名为 $\mathbf{NC}$。

有些问题有代数方法的解，对这些问题寻找并行化算法有迹可循。一个有 n 个结点的图 G 的邻接矩阵 $\boldsymbol{A}_G$ 就是一个布尔矩阵，$\boldsymbol{A}_G^{n-1}$ 中的元素 $\left(\boldsymbol{A}_G^{n-1}\right)_{i,j}=1$ 当仅当从结点 i 到结点 j 有一条（长度不超过 $n-1$ 的）路径。从例3.4得知可达性有高效并行算法。

命题 13　图的可达性问题在 $\mathbf{NC}^2$ 中。

有些问题乍一看没有并行算法，但通过一些巧妙的变换可将问题转换成求一些代数值，后者可并行化。一个有意思的例子是算术加法和算术乘法的并行化。事实上，例3.5中定义的并行前缀算法可用来加速二进制加法。假设 $a_n a_{n-1}\cdots a_1 a_0$ 与 $b_n b_{n-1}\cdots b_1 b_0$ 为二进制数，且 $a_n = b_n = 0$。设 $0 \leqslant i \leqslant n-1$，用 x_i 表示第 i-位加法产生的进位。定义

$$g_i = a_i \wedge b_i, \quad \text{进位产生位}$$

$$p_i = a_i \vee b_i, \quad \text{进位传播位}$$

易见，$x_i = g_i \vee (p_i \wedge x_{i-1}) = g_i \vee (p_i \wedge g_{i-1}) \vee (p_i \wedge p_{i-1} \wedge x_{i-2})$。引入二元运算

$$(g', p') \odot (g, p) = (g \vee (p \wedge g'), p \wedge p')$$

设 $(g_0, p_0) = (a_0 \wedge b_0, 0)$。容易验证 $\odot$ 满足结合律。利用上述并行前置算法，进位 $x_0, \cdots, x_{n-1}$ 可在 $2\log n$ 并行步通过计算下列序列得到。

$$(g_0, p_0), \ (g_0, p_0) \odot (g_1, p_1), \ (g_0, p_0) \odot (g_1, p_1) \odot (g_2, p_2), \ \cdots$$

最后用常数个并行步计算 $a_1 \oplus b_1 \oplus x_0, \cdots, a_n \oplus b_n \oplus x_{n-1}$，就得到 $a_n a_{n-1} \cdots a_1 a_0$ 与 $b_n b_{n-1} \cdots b_1 b_0$ 的和，这里 $\oplus$ 为异或操作。故二进制加法在 $\mathbf{NC}^1$ 中。此并行算法称为超前进位法。供职于 IBM 的罗森伯格于 1957 年以此算法申请了专利。奥弗曼和华莱士也分别发表了同样的算法 [165, 235]。

carry lookahead
Rosenberger
Wallace

　　二进制乘法可通过连续做二进制加法实现，所以二进制乘法在 $\mathbf{NC}^2$ 中。事实上，奥弗曼和华莱士独立地证明了二进制乘法也在 $\mathbf{NC}^1$ 中 [165, 235]。提高乘法运算并行性的关键是提高 n 个长度不超过 $2n$ 的二进制数加法的并行性。进位保留法将进位转变成被加项。假定我们要计算三个二进制数之和 $a+b+c$。对第 i 位计算得到一个长度是 2 的二进制数，记为 $2p_i + q_i = a_i + b_i + c_i$。将每一位 p_i 和 q_i 拼接起来，得到 $a+b+c = 2p+q$，这里 $2p$ 可通过在 p 后面

carry save

Schönhage
Strassen
添加 0 得到。将 n 个被加项分成 $n/3$ 组，并行地对这些组进行上述转换，得到 $2n/3$ 个被加项。重复进行 $\log_{2/3}(n)$ 步后，剩下两个被加项，然后再用超前进位法。因此电路高度为 $O(\log n)$。舍恩哈格和斯特拉森也研究了二进制乘法 [193]，设计了高度为 $O(\log n)$、大小为 $O(n \log(n) \log \log(n))$ 的电路。关于二进制四则运算的更多讨论，可参阅文献 [190]。由进位保留法推知整数矩阵相乘在 $\mathbf{NC}^1$ 中。

$\mathbf{NC}^d$ 有一个常用的变种，即 $\mathbf{AC}^d$。在前者的定义中，与门和或门的扇入为 2，在后者的定义中，与门和或门的扇入为大于等于 2。定义

$$\mathbf{AC} = \bigcup_{d \in \mathbf{N}} \mathbf{AC}^d$$

一个扇入为 k 的与门可以用一个由扇入为 2 的与门构成的电路实现，该电路的高度为 $\log(k)$。因此有 $\mathbf{NC}^i \subseteq \mathbf{AC}^i \subseteq \mathbf{NC}^{i+1}$，由此推得下述事实。

引理 3.3 $\mathbf{AC} = \mathbf{NC}$。

我们可以假定一个与门和或门允许任意扇入的电路满足如下特殊性质：① 通过复制，可以让任何一个门（除了输出的那个门）的输出只作为另外一个门的输入，即电路中的门构成一棵树。② 根据德·摩根律，可假定所有的非门的输入均为电路的输入。进一步，可以将电路的扇入翻倍而将非门去掉。③ 若一个与门的某个输入为另一个与门的输出，可以将这两个与门合并；若一个或门的某个输入为另一个或门的输出，可以合并这两个或门。因此，可以
alternating circuit
将与门和或门交替分层安排。我们将满足这些性质的电路称为交替电路。我们将交替电路的最底层（即输入为电路的输入的那些门构成的那层）称为第一层，其上层为第二层，以此类推。交替电路便于用归纳法进行分析处理。下面看一个交替电路的典型例子。

parity function
例 3.6 n-元奇偶函数 $\oplus$ 定义为：$\oplus(x_1, \cdots, x_n) = 1$ 当仅当输入 $x_1, \cdots, x_n$ 中 1 的个数为奇数，等价地，$\oplus(x_1, \cdots, x_n)$ 可定义为 $\sum_{i \in [n]} x_i = 1 \pmod 2$。显然奇偶函数可以用一个高度是 $\log n$ 的电路实现。奇偶函数也可用一个两层交替电路实现，例如下述公式定义的电路：

$$\bigvee_{\oplus(x_1,\cdots,x_n)=1} \left(\bigwedge_{i \in [n]}^{x_i=1} x_i \wedge \bigwedge_{i \in [n]}^{x_i=0} \overline{x_i} \right) \quad \text{或} \quad \bigwedge_{\oplus(x_1,\cdots,x_n)=0} \left(\bigvee_{i \in [n]}^{x_i=1} \overline{x_i} \vee \bigvee_{i \in [n]}^{x_i=0} x_i \right)$$

因为有 2^{n-1} 个向量 $(x_1, \cdots, x_n)$ 满足 $\oplus(x_1, \cdots, x_n) = 1$，所以两层交替电路有 $2^{n-1} + 1$ 个门。奇偶函数也可以用一个三层交替电路实现：将 n 个变量分成 $\sqrt{n}$ 组，每组有 $\sqrt{n}$ 个变量，将 $\oplus(x_1, \cdots, x_n)$ 等价地写成

$$\oplus\big(\oplus(x_1, \cdots, x_{\sqrt{n}}), \cdots, \oplus(x_{n-\sqrt{n}+1}, \cdots, x_n)\big)$$

并将里层的奇偶函数用 $\sqrt{n}$-析取范式实现，外层的奇偶函数用 $\sqrt{n}$-合取范式实现，得到一个四层的电路。将中间的两层合并，得到一个三层的交替电路。因为合并后的三层交替电路本质上由 $\sqrt{n}+1$ 个计算 $\sqrt{n}$ 个变量的奇偶函数的电路组成，所以这个电路的大小不超过 $(1+\sqrt{n})(2^{\sqrt{n-1}}+1) \leqslant n2^{\sqrt{n}}$。沿用此思路，可为奇偶函数设计一个高度为 $d > 2$ 的，门个数不超过 $n2^{n^{\frac{1}{d-1}}}$ 的交替电路。我们将在本章的最后一节证明 $n2^{n^{\frac{1}{d-1}}}$ 几乎就是最优上界。

3.5　P-完全性

一个 P-问题是否有高效并行算法提供了研究 **P** 的内部结构的新视角。是否每个 **P** 中的问题都有高效并行算法？与复杂性理论中类似的问题一样，我们不知道这个问题的答案。我们能做的只是和我们在研究 **NP** 类时所做的一样，刻画出 **P** 中最不可能具有高效并行算法的那类问题。在定义这类问题之前，首先必须回答的是：应该用什么标准比较问题的可高效并行化？卡普归约不是一个选项，不可能用多项式时间归约比较多项式时间可解问题的任何特性。下述引理给出了我们需要的答案。

引理 3.4　隐式对数空间可计算函数具有高效并行算法。

证明　根据定义 1.21，隐式对数空间可计算函数 f 输出的每一位 $f(x)_i$ 都可在对数空间算出来，这些位的计算是可并行进行的。因为下述两点，$f(x)_i$ 的计算也可高效并行化。

1. 对数空间可计算函数的格局图可用一个多项式大小的邻接矩阵表示。因为格局的大小是对数的，所以可以在对数时间里完成对邻接矩阵的每个元素的计算，见引理 1.7。因此，对数空间可计算函数的格局图的邻接矩阵可高效并行地产生。

2. 从邻接矩阵计算 $f(x)_i$ 的值相当于判定格局图的可达性，根据命题 13，可达性判定具有高效并行算法。

根据隐式对数空间可计算函数的复合性，引理所述性质成立。   □

假设 $A \leqslant_L B$ 且 $B \in \mathbf{NC}$。因为两个高效并行算法的复合也是高效并行算法，根据引理3.4，A 也具有高效并行算法。基于此结论和对数归约的传递性，引入下述定义是有意义的 [55]。

P-complete

定义 3.3   若任意 $A' \in \mathbf{P}$ 都可对数空间归约到 $A \in \mathbf{P}$，称 A 是P-完全的。

定义3.3和定理3.6证明中构造的电路告诉我们如何定义一个 P-完全语言，即电路求值问题 Circuit-Eval [140]。此问题包含了所有有序对 (C, v)，其中 C 为有 n 个输入的电路（的编码），$v \in \{0,1\}^n$ 并且 $C(v) = 1$。问题 Circuit-Eval 包含了所有的电路求值，是最不可能具有高效并行算法的。

引理 3.5   Circuit-Eval 是 P-完全的。

此完全性结果可进一步加强。设 Monotone-Circuit-Eval 是 Circuit-Eval 的子集，其中的电路都是单调的，即电路不含非门。

引理 3.6   Monotone-Circuit-Eval 是 P-完全的。

De Morgan law

证明   可以将定理3.6证明中构造的电路做些变换，使其成为单调电路。从电路的输出门出发，用结构归纳，使用德·摩根律逐层将非门向下推，最终只保留输入端的非门。在这个过程中，两个连在一起的非门可以被删除。一个与门（或门）可能会变成两个与门（或门），其中的一个要用德·摩根律进行变换，另一个则不需要，这样做是因为每个与门（或门）的输出或者直接作为另一个门的输入，或者用非门取反后作为另一个门的输入。注意，必须将每个输入 $v = v_1 \cdots v_n$ 变成两倍长的输入 $v_1 \overline{v_1} \cdots v_n \overline{v_n}$。   □

对数空间归约有高效并行算法，两个高效并行算法的复合还是高效并行算法。故有下述结论，该结论说明 P-完全问题的确是 $\mathbf{P}$ 中最难以并行化的那类问题。

命题 14   设 L 是 P-完全的。$L \in \mathbf{NC}$ 当仅当 $\mathbf{NC} = \mathbf{P}$。

高效并行性对 $\mathbf{P}$ 的内部结构做了一个划分。下述结果只是给出了一个可供想象的无限谱系结构，我们压根就不知道其中的任何一个包含关系是否为严格的。

定理 3.10（NC 谱系）　　$\mathbf{NC}^1 \subseteq \mathbf{L} \subseteq \mathbf{NL} \subseteq \mathbf{NC}^2 \subseteq \cdots \subseteq \mathbf{NC}^i \subseteq \cdots \mathbf{P}$。

证明　　只有两个包含关系需要验证。首先，NL-完全问题 Reachability 在 $\mathbf{NC}^2$ 中，故 $\mathbf{NL} \subseteq \mathbf{NC}^2$。其次，设 $\{C_n\}_{n \in \mathbf{N}}$ 接受 $L \in \mathbf{NC}^1$，设 $x \in \{0,1\}^n$。下面这个证明思路读者应该熟悉了：一个电路是一个有向无圈图，可用深度优先法遍历所有的门，计算出访问过的门的输出值。需要用一个长度为 $\log(n)$ 的计数器记住当前访问的门的位置。因此 $\mathbf{NC}^1 \subseteq \mathbf{L}$。　　　　　　　□

复杂性类 $\mathbf{NC}$ 和 $\mathbf{P}$ 是否相等是结构复杂性理论中又一个重大问题。此问题不仅具有理论意义，也极具实际意义。如果无限包含序列 $\mathbf{NC}^1 \subseteq \mathbf{NC}^2 \subseteq \cdots \subseteq \mathbf{NC}^i \subseteq \cdots$ 中的每个包含都是严格的，就有 $\mathbf{NL} \neq \mathbf{NC} \neq \mathbf{P}$。反之，若 $\mathbf{NC} = \mathbf{P}$，那么这个序列必塌陷。事实上，只要 $\mathbf{NC}$ 有完全问题，这个包含序列就塌陷，见练习7。已知的 P-完全问题不少，也有些问题我们既不知道它们是否是 P-完全的，也不知道它们是否在 $\mathbf{NC}$ 中。

3.6　哈斯塔德对换引理

具有常数高度的电路族可能是唯一一类我们能有信心地说我们完全理解的电路族。在 $\mathbf{NC}^0$ 中的电路族有简单的刻画，也很容易看出包含关系 $\mathbf{NC}^0 \subseteq \mathbf{AC}^0$ 是严格的，见练习9。我们希望证明包含关系 $\mathbf{AC}^0 \subseteq \mathbf{NC}^1$ 也是严格的。例3.6中定义的奇偶函数在 $\mathbf{NC}^1$ 中，但直观上没有常数高度的电路族判定，还有很多这样的例子。二十世纪八十年代，这个问题被解决了。弗斯特、萨克斯、西普塞 [82] 和阿杰泰 [8] 证明了奇偶函数 $\oplus$ 不在 $\mathbf{AC}^0$ 里。他们的证明使用了随机限制技术 [217]，证明了常数高度的计算奇偶函数的电路的大小有下界 $n^{\Omega(\log n)}$，这个下界大于任何多项式。姚期智沿用了该技术，将下界提高到了约为 $2^{n^{1/(4d)}}$，其中 d 为电路族高度 [244]。哈斯塔德简化了姚先生的证明并证明了很强的对换引理 [101]，利用此引理，哈斯塔德给出了几乎是最优的下界 $2^{n^{1/d}}$。概率方法之外，斯摩伦斯基用代数方法证明了对换引理 [207]，拉兹博罗夫给出了一个用计数方法的简单而巧妙的证明 [179]。我们将介绍的就是拉兹博罗夫的证明。

上述所有证明的一个基本思路是利用结合律将一个高度是 $d+1$ 的交替电路（见图 3.4）转换成高度是 d 的交替电路。图3.5（a）是交换后的电路，图3.5（b）是将交换后得到的电路的第二层和第三层合并后得到的交替电路。这个思路的问

Furst
Saxe
Sipser

Switching Lemma
Smolensky
Razborov

题是转换后的交替电路可能变得太大。交替引理给出了一个解决方案：如果为电路的足够多的输入随机地选取一组输入，会大概率地得到一个交换后门电路个数得到控制的交替电路，这是因为若一个语句（项）中的一个字取 1（0）值，该语句（项）就消失了，一个语句（项）中的一个字取 0（1）值，该字就消失了。用归纳法我们最终得到一个两层电路，对这个电路的一部分输入确定了一组特定输入后电路的输出值就确定了。这就引起矛盾，因为奇偶函数只有在所有输入值确定后输出才能确定。下面我们就解释如何兑现这一想法。

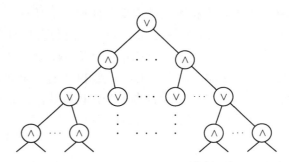

图 3.4　离应为 $d+1$ 的交替电路

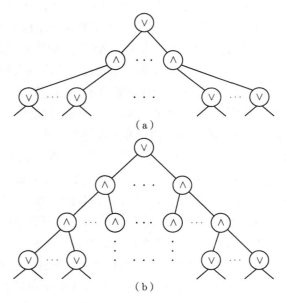

图 3.5　AC 电路的与或门交换

设 $X = \{x_1, \cdots, x_n\}$。若函数 $\rho : X \to X \cup \{0, 1\}$ 满足：对任意 $x \in X$ 有 $\rho(x) \in \{x, 0, 1\}$，称 ρ 为对 X 中变量的限制。若 $\rho(x) = x$，说明对变量 x 没有限制。称集合 $\{x \mid \rho(x) \neq x\}$ 为 ρ 的支集。对于定义在 X 上的布尔函数 f，f_ρ 是定义在 $\{x \mid x \in X \land \rho(x) = x\}$ 上的布尔函数 $f(\rho(x_1), \cdots, \rho(x_n))$。在下面的证明中，我们需要随机选取限制。设 $p \in (0, 1/2]$。对变量集 $X = \{x_1, \cdots, x_n\}$ 的 p-随机限制 ρ 定义如下：对每个 x，$\rho(x)$ 以 p 的概率取 x，以 $(1 - p)/2$ 的概率取 0 和 1。平均而言，p-随机限制对 X 中的 pn 个变量不做限制。

restriction

support

设

$$0 < s \leqslant l = n - u \leqslant u < n \tag{3.6.1}$$

用 R^u 表示所有对 u 个变量赋值的限制。显然

$$|R^u| = \binom{n}{u} 2^u$$

在定义 1.12 中，我们引入了极小项的概念。一个 n-元布尔函数 f 可以有多个长度不等的极小项，我们用符号 $\min(f)$ 表示长度最大的极小项的长度。

引理 3.7　设 f 为 n-元布尔函数，若 $\min(f) \leqslant s$，则 f 可表示为 s-析取范式。

证明　可以用等式 (1.9.8) 将 $f(x)$ 写成析取范式 $\bigvee_{f(\alpha)=1} x_\alpha$。设 f 有一个极小项 x_β。一定存在满足 $\beta \subseteq \alpha$ 的 α。使 x_β 为假的真值指派，一定使 x_α 为假，此时 $\bigvee_{f(\alpha')=1}^{\alpha' \neq \alpha} x_{\alpha'}$ 和 $f(x)$ 等价。另一方面，因为 x_β 是极小项，使 x_β 为真的真值指派，一定使 $f(x)$ 为真。结合这两方面的蕴含，得

$$f(x) \Leftrightarrow x_\beta \vee \bigvee_{f(\alpha')=1}^{\alpha' \neq \alpha} x_{\alpha'}$$

用归纳法即得引理结论。　　　　　　　　　　　　　　　　　　　　$\square$

定义 $\mathrm{Bad}_f(u, s) = \{\rho \in R^u \mid \min(f_\rho) > s\}$。根据引理3.7，$\mathrm{Bad}_f(u, s)$ 应该包含所有使得 f_ρ 不可表示为 s-析取范式的限制 ρ。拉兹博罗夫证明了下面的关键引理 [179]。

引理 3.8　若 f 是 t-合取范式，则 $|\mathrm{Bad}_f(u, s)| \leqslant |R^{u+s}| \cdot (2t)^s$。

证明   拉兹博罗夫的证明思路出奇地简单：构造从 $\mathrm{Bad}_f(u,s)$ 到 $R^{u+s} \times S$ 的编码函数 $\mathfrak{e}$ 和相应的解码函数，其中 $S \subseteq \{0,1\}^{ts+s}$ 且 $|S| \leqslant (2t)^s$。固定 f 中语句的一个序和每个语句中字的一个序。设 $\rho \in \mathrm{Bad}_f(u,s)$，即 f_ρ 有一个长度 $s' > s$ 的极小项 τ'。去掉 τ' 中的 $s' - s$ 个字，得到项 τ。在下述证明中，我们忽略这 $s' - s$ 个字。读者也可假设这些字被赋了真值。有几点值得说明：

- 有些语句消失了（因为取值为 1）；
- 有些语句中的变量消失了（因为该变量的赋值为 0）；
- 不可能有语句取值为 0（因为 f_ρ 有极小项）；
- $f_{\rho\tau}$ 不可能是常量（因为 τ' 是 f_ρ 的极小项并且 τ' 的定义域严格包含 τ 的定义域）。

设 C_1 是 f 中第一个满足如下性质的语句：C_1 在限制 ρ 下值未定，但在限制 $\rho\tau$ 下取值 1。用 τ_1 表示将 τ 限制在 C_1 中的变量得到的限制。用 $\alpha_1 \in \{0,1\}^t$ 表示 τ_1 的支集的特征函数，即若 x 在 τ_1 的支集里，则 $\alpha_1(x) = 1$，否则 $\alpha_1(x) = 0$。用 $\overline{\tau_1}$ 表示满足如下条件的唯一的限制：其支集的特征函数就是 α_1，但 C_1 在限制 $\overline{\tau_1}$ 下值未定。借助于 C_1 和 α_1，我们可以将 $\overline{\tau_1}$ 算出来。

将 ρ 换成 $\rho\tau_1$，将 τ 换成 $\tau \setminus \tau_1$。重复上述操作，得到 τ_2、$\overline{\tau_2}$、α_2。用归纳法可得 $\tau_1, \tau_2, \cdots, \tau_m$、$\overline{\tau_1}, \overline{\tau_2}, \cdots, \overline{\tau_m}$、$\alpha_1, \alpha_2, \cdots, \alpha_m$，这里 $m \leqslant s$ 并且 $\tau = \tau_1\tau_2\cdots\tau_m$。我们需要一些额外的信息将 $\tau_1, \tau_2, \cdots, \tau_m$ 恢复出来。设向量 $\beta \in \{0,1\}^s$ 指明对 τ 的支集中的变量赋值和 $\overline{\tau_1\tau_2}\cdots\overline{\tau_m}$ 对该变量的赋值是否一致。编码 $\mathfrak{e}$ 的定义如下：

$$\mathfrak{e}(\rho) \stackrel{\text{def}}{=} \langle \rho\overline{\tau_1\tau_2}\cdots\overline{\tau_m}, \alpha_1, \alpha_2, \cdots, \alpha_m, \beta \rangle$$

从 $\mathfrak{e}(\rho)$ 可将 ρ 恢复出来，方法如下：找出 f 中第一个在限制 $\rho\overline{\tau_1\tau_2}\cdots\overline{\tau_m}$ 下值未定的语句 C_1，从 α_1 可以恢复 $\overline{\tau_1}$，从 β 可以恢复 τ_1，并由此得到 $\rho\tau_1\overline{\tau_2}\cdots\overline{\tau_m}$。用归纳法最终得到 $\rho\tau_1\tau_2\cdots\tau_m$ 以及 ρ。因此 $\mathfrak{e}$ 是单射。

最后，我们估算一下 $\mathfrak{e}$ 的值域的大小。首先，$\rho\overline{\tau_1\tau_2}\cdots\overline{\tau_m} \in R^{u+s}$，所以这类可能的限制个数不超过 $|R^{u+s}|$。其次，可能的 $\beta \in \{0,1\}^s$ 数不超过 2^s。再者，设 α_i 含有 k_i 个 1，则 $k_i \geqslant 1$，并且 $k_1 + \cdots + k_m = s$。串 $(\alpha_1, \alpha_2, \cdots, \alpha_m) \in \{0,1\}^{mt}$ 的个数不超过 $\prod_{i \in [m]} \binom{t}{k_i} \leqslant \prod_{i \in [m]} t^{k_i} = t^s$。满足 $k_1 + \cdots + k_m = s$ 的正整数

向量 $(k_1, \cdots, k_m)$ 的个数不超过 $\binom{s-1}{m-1} \leqslant 2^s$（见例4.1）。所以 $\mathfrak{c}$ 的值域大小不超过 $|R^{u+s}| \cdot (2t)^s$。　　　　　　　　　　　　　　　　　　□

用拉兹博罗夫引理，我们能比较容易地推出哈斯塔德对换引理。哈斯塔德对换引理特别引人注目的一点是其给出的上界 $(8pt)^s$ 不依赖于输入长度。

引理 3.9（哈斯塔德对换引理）　设 f 可表示为 t-析取范式，ρ 为 p-随机限制。若 $p < 1/(8t)$，则下述概率不等式成立：

$$\Pr_{\rho \in_{\mathrm{R}} R^u} [f_\rho \text{不可表示为} \ s\text{-合取范式}] \leqslant (8pt)^s \tag{3.6.2}$$

证明　设 f 可表示为含 n 个变量的 t-析取范式。设 $u = (1-p)n$ 和 $p \leqslant 1/2$ 并设 s 满足 (3.6.1)。利用拉兹博罗夫引理3.8和条件 $p \in (0, 1/(8t)]$，可得

$$\frac{\mathrm{Bad}_f(u,s)}{|R^u|} \leqslant \frac{\binom{n}{u+s} 2^{u+s}(2t)^s}{\binom{n}{u} 2^u} \leqslant \left(\frac{n-u}{u}\right)^s (4t)^s \leqslant \left(\frac{p}{1-p}\right)^s (4t)^s \leqslant (8pt)^s$$

上述第二个不等式之所以成立是因为：

$$\binom{n}{u+s} \Big/ \binom{n}{u} = \frac{u!}{(u+s)!} \cdot \frac{(n-u)!}{(n-u-s)!} \leqslant \frac{1}{u^s} \cdot (n-u)^s$$

定理得证。　　　　　　　　　　　　　　　　　　　　　　　　　　　　□

哈斯塔德原文 [101] 中的证明用的是条件概率推导，得到了一个更紧的上界 $(5pt)^s$。

接下来我们解释如何从交换引理推出常数高度的计算奇偶函数电路族的指数复杂性下界 [101]。

定理 3.11（奇偶函数的电路复杂性）　计算 n-元奇偶函数的高度为 $d+1$ 的电路族需 $2^{\Omega(n^{1/d})}$ 个门。

证明　给定一个高度是 $d+1$ 的计算 n-元奇偶函数的大小为 S 的电路，利用哈斯塔德对换引理将该电路转换成一个高度是 2 的电路。我们首先限制电路最底层的门的扇入数。不失一般性，假定电路的最底层为或门。将每个最底层的或门视为一个 1-析取范式。取 $p = 1/16$、$t = 1$ 和 $s = 2\log S$，根据哈斯塔德对换引理，在一个随机限制下，每个或门不能表示成一个 s-合取范式的概率

至多为 $(8pt)^s = \dfrac{1}{S^2}$。因为电路的每一层门的个数都不会超过 S，所以最底层的所有门都能表示成 s-合取范式的概率至少为 $1 - \dfrac{1}{S}$。因为 $p = 1/16$，所以存在一个限制，在该限制下，新电路有至少 $\dfrac{n}{16}$ 个输入变量。

我们已将给定的电路转换成了一个最底层的或门的扇入均不超过 $2\log S$。这个电路有 $d + 2$ 层。将第二层的与门和第三层的与门合为一层，得到一个 $d + 1$ 层的电路。设 $k = 2\log S$、$q = 1/16k$、$s = k$ 和 $t = k$。根据哈斯塔德对换引理，在一个随机限制下，第二层的每个与门不能表示成一个 k-析取范式的概率至多为 $(8qk)^k = \dfrac{1}{S^2}$。用同样的推理，我们得知一定存在一个限制，在该限制下，第二层的每个与门可表示成一个 k-析取范式。将得到的新的电路的第二层的或门和第三层的或门合并，得到一个高度是 d 的，输入变量不超过 $\dfrac{n}{16} \cdot \dfrac{1}{16k} = \dfrac{n}{16^2 k}$，最底层门的扇入数不超过 k 的交替电路。

$16^d 2^{d-1}$ 为常量。 重复上面的操作，最终我们得到一个两层的交替电路，该电路的第一层的门的扇入不超过 $k = 2\log S$，输入变量数不超过 $\dfrac{n}{O((\log S)^{d-1})}$。将此电路中的 k 个变量取特定值后电路的输出为常量（当第二层为合取范式时为 0，析取范式时为 1）。因此将原始给定电路的

$$n - \frac{n}{O((\log S)^{d-1})} + 2\log S$$

个输入变量取特定值后电路的输出为常量。但 n-元奇偶函数只有在所有的 n 个输入确定后才输出常量，因此

$$n \leqslant n - \frac{n}{O((\log S)^{d-1})} + 2\log S$$

由上述不等式即可推得 $S = 2^{\Omega(n^{1/d})}$。 $\square$

定理3.11说，一个解决奇偶函数的常数高度的电路族的大小是指数的，由此得到我们想要的否定结论。

推论 3.2　奇偶函数不在 $\mathbf{AC}^0$ 中。

利用此结论，我们可以通过归约证明其他一些布尔函数不在 $\mathbf{AC}^0$ 中，比如 n-元阈值函数 Th_k^n。当 n 个输入中有至少 k 个输入为 1 时，函数 Th_k^n 值为 1，否则值为 0。对任意奇数 $k \in [n]$，容易从计算 Th_k^n 的电路构造计算 $Th_k^n \wedge \neg(Th_{k+1}^n)$ 的电路，此电路可判定输入中是否准确地有 k 个输入为 1。显然，实现下述布尔函数

threshold function

$$\bigvee_{\substack{k \in [n] \\ k为奇数}} \left(Th_k^n \wedge \neg(Th_{k+1}^n)\right)$$

的电路计算奇偶函数。如果阈值函数在 $\mathbf{AC}^0$ 中，奇偶函数就在 $\mathbf{AC}^0$ 中，矛盾。因此阈值函数不在 $\mathbf{AC}^0$ 中。

另一个著名的在 $\mathbf{NC}^1$ 中但不在 $\mathbf{AC}^0$ 中的函数是多数票函数 Maj_n，若 n 个输入中值为 1 的输入个数至少是 $n/2$，函数 Maj_n 输出 1，否则输出 0。我们将证明留给读者。

majority function

第3章练习

1. 一个输入变量为 $x_1, \cdots, x_n$ 的布尔非转移程序是一个指令序列，其中第 i 条指令或为 $y_i = z_i \wedge z_i'$，或为 $y_i = z_i \vee z_i'$。这里 z_i 和 z_i' 或为输入变量，或为输入变量的反，或为满足 $j < i$ 的某个下标 y_j。程序的最后一条指令计算出的变量值即为程序的输出。证明：若一个布尔函数可由含有 S 个门的电路计算，则该函数可由含有 S 条指令的非转移程序计算。

straight-line program

2. 通过对布尔函数的输入变量个数进行归纳，证明一个布尔函数可由一个单调电路计算当仅当该布尔函数是单调的。

3. 证明：若 $\mathbf{NP} \subseteq \mathbf{P}_{/\log}$，则 $\mathbf{NP} = \mathbf{P}$。

4. 说明二进制减法运算在 $\mathbf{NC}^1$ 中。

5. 证明 $\mathbf{NC}^1$ 是 $\mathbf{PSPACE}$ 的严格的子类。

6. 证明：若 $\mathbf{NC}^i = \mathbf{NC}^{i+1}$，则 $\mathbf{NC}^i = \mathbf{NC}$。

7. 证明：若 $\mathbf{NC}$ 有个完全问题，则 $\mathbf{NC}^1 \subseteq \mathbf{NC}^2 \subseteq \cdots \subseteq \mathbf{NC}^i \subseteq \cdots$ 塌陷。

8. 若存在多项式 $p(n)$，对任意 n，有不等式 $|L \cap \{0,1\}^n| \leqslant p(n)$，称 L 是稀疏的。证明每个稀疏的语言都在 $\mathbf{P}_{/\text{poly}}$ 里。

9. 证明 $\mathbf{NC}^0$ 严格包含在 $\mathbf{AC}^0$ 中。

10. 为奇偶函数设计一个高度为 $d > 2$、门个数不超过 $n2^{n^{\frac{1}{d-1}}}$ 的交替电路。

11. 解释如何用计算多数票函数 Maj_n 的电路实现计算阈值函数 Th_k^n 的电路，并由此推出 Maj_n 不在 $\mathbf{AC}^0$ 中。

12. 一个 n-元布尔函数 f 的布尔公式复杂性是和 f 等价的最小的 n-元布尔公式的长度。试讨论电路复杂性和布尔公式复杂性的关系。

第 4 章　随机计算与去随机

　　随机算法运行时需用到一个随机串。即便输入相同，算法的每次运行使用的是独立产生的随机串。因此，固定算法的输入，算法的输出是一个随机变量。随机算法有两个优势，其一是简单，其二是高效。如果要计算机专业人士选出最著名的一个算法，快速排序会得票很多。这是一个比较早的算法，在二十世纪五十年代末由著名的英国计算机科学家霍尔提出 [105]。该算法的基本思想是从输入序列中选一个元素，即所谓的核心元素，按该元素值将输入序列分成左右两堆，然后递归地对两堆进行排序。快速排序的最坏时间复杂性是 $O(n^2)$，但其实际表现不亚于其他一些排序算法。快速排序算法的关键是如何选择核心元素。随机地选取核心元素给出了一个简单而高效的解决方案，见图4.1中定义的算法，其平均比较次数是 $n \ln n + \Theta(n)$。这是一个拉斯维加斯算法（此术语首次在 [21] 中引入），即其计算结果永远是正确的。早期研究过的一个随机算法处理有限域上的多项式分解 [35]，这也是一个拉斯维加斯算法，其期望运行时间为多项式。另一类研究得更早的随机算法是所谓的蒙特卡罗算法，这类随机算法的计算结果有一定的出错率。蒙特卡罗算法最早出现在数值分析和统计物理学的研究中，通过采样和模拟估算数值/物理量，或做出预测。现代意义上的蒙特卡罗方法源于乌拉姆、冯·诺依曼、费米的工作 [60]。著名的斯特拉森-索罗维素数判定随机算法是蒙特卡罗算法 [210]，当输入是素数时，算法一定接受，当输入为合数时，算法可能出错，因此当算法回答"否"时一定是对的。拉比也研究了素数判定问题的蒙特卡罗算法 [177]，该算法与米勒的确定算法有关联 [159]。之后，阿德曼和黄设计了一个复杂的蒙特卡罗算法 [6]，当输入是合数时，算法一定拒绝，当输入为素数时，算法可能判断错误，因此当算法回答"是"时一定是对的。通过并行执行斯特拉森-索罗维算法和阿德曼-黄算法，可构造素数判定问题的拉斯维加斯算法。很少有几个算法问题能像素数判定问题那样既简单易懂又长时间吸引了数学家的关注 [96]。素数判定问题最终被阿格拉瓦尔、卡亚勒和萨克塞纳证明有多项式时间的确定算法 [7]。在素数测试的蒙特卡罗算法发表之

Quicksort
Hoare
pivotal element

Las Vegas

Monte Carlo

Ulam, Fermi

Rabin
Miller
Adleman

AKS 算法，一位印度理工学院教授指导的两位本科生的毕业设计。

假定黎曼假设成立，
米勒给出了素数判定
问题的多项式时间算
法 [159]。

后和多项式时间的确定算法发表之前的二十多年时间里，近似算法的设计和分析技术发展成了计算机科学中的一个重要研究分支 [163]。

输入：两两不等的 $x_1, x_2, \cdots, x_n$，记为 L。

输出：将 $x_1, x_2, \cdots, x_n$ 从小到大排好序的 $y_1, y_2, \cdots, y_n$。

1. 从输入中**随机选** x 作为核心元素。
2. 将 x 和输入的其他元素进行比较，记 L_0 为比 x 小的输入元素序列，L_1 为不小于 x 的输入元素序列。
3. 将 L_0 和 L_1 作为递归调用的输入，分别得到输出 w_0 和 w_1。
4. 输出 w_0、x 和 w_1。

图 4.1　快速排序算法的随机化

在计算模型层面，我们可以用概率图灵机研究随机计算。最早将随机性引入图灵机模型的是文献 [144] 的作者。桑托斯从可计算理论的角度研究了概率图灵机 [188]。在复杂性理论层面，吉尔基于概率图灵机定义了若干多项式时间复杂性类 [85,86]。这些随机复杂性类中，**ZPP** 刻画了拉斯维加斯算法判定的语言，**BPP** 刻画了蒙特卡罗算法判定的语言，**BPP** 的两个子类 **RP** 和 **coRP** 分别对应于上文提及的两类单向正确的蒙特卡罗算法。

Santos
Gill

学术界对上述这些复杂性类的认识经历了一个过程。早期，人们猜想概率算法能显著地降低解决问题所需的时间，即一个有蒙特卡罗算法的问题不一定有经典的多项式时间算法。在对伪随机理论 [17,227,240] 有了深入研究后，专家们现在倾向于认为 **P** 的随机版本 **BPP**（包括它的子类 **RP** 和 **coRP**），和 **P** 是相等的。但是，到目前为止，我们既无法证明 **BPP** 中的问题都有伪多项式算法，也无法证明它们都有亚指数算法。现有的实质性的能去随机的例子很少。直觉似乎告诉我们，有些用蒙特卡罗算法解决的问题没有多项式时间的解，其中最著名的例子是多项式等价性测试问题（见第135页上的定义）[122]。那到底是什么说服了专家们相信 **BPP = P**？事实上，相信 **BPP = P** 在很大程度上是不得已而为之。因帕利亚佐和维格森证明了如下的大结果 [116]：

$\bigcup_c \mathbf{TIME}(2^{\log(n)^c})$
$\bigcap_\epsilon \mathbf{TIME}(2^{n^\epsilon})$

Impagliazzo
Wigderson
非一致电路

若 **SAT** 没有 $2^{o(n)}$ 大小的电路解，那么 **BPP = P**。

此结果令人震惊。理论计算机科学界被迫在 "**SAT** 没有 $2^{o(n)}$ 大小的电路解"

和"BPP ≠ P"之间做选择！你会做何选择？我们都相信 SAT 是难的。如果 SAT 真的是那么难，随机算法（至少在理论上）就是个骗局。但是因为我们无法知道真相，所以无论 BPP = P 是否成立，随机算法对我们而言都非常有用。

吉尔在文 [85, 86] 中还引入了另一个随机复杂性类 PP，这个类包含 BPP。不管我们是否相信 BPP = P，我们应该相信 PP ≠ P，因为 NP ⊆ PP。复杂性类 PP 和瓦里昂特引入的计数复杂性类 ♯P [229, 230] 关系密切，后者可看成是前者的计算版本，两类问题的难度是一样的。包含关系 NP ⊆ PP 的证明非常简单，我们不禁要问，PP 比 NP 大多少？户田证明了一个发人深省的结果：用 PP 中的语言作为神谕，可以在多项式时间内解决多项式谱系 PH 中的所有问题。如果我们相信无限谱系假设，我们就能推出 NP ⊊ PP，而且必然会认为后者比前者大很多。所有这些，都将是本章讨论的内容。

自然界是否存在真正意义上的随机性，这不是一个容易回答的问题，即便存在，我们也不一定有高效的方法在无损的前提下获取和利用真正的随机性。但我们可以非常肯定地说，通过随机性去理解自然界（量子力学）和人类社会是非常有效的途径。在计算世界里，越来越多的理论基于随机方法，本书其余各章内容本质上都基于随机方法。在计算机应用技术领域，随机方法似乎已经成为主流方法。对于计算机专业的学生，掌握随机方法是项基本要求。

我们将花一定的篇幅介绍随机算法，定义并研究上文提到的复杂性类，讨论三类重要的随机算法设计工具，即通用哈希函数族、随机游走和蒙特卡罗方法，最后讨论如何用扩张图进行去随机，并证明莱因戈尔德定理。在第4.10.1节，有一个对本书所需的线性代数的概述。

4.1　随机算法

大数定理指出，当试验次数越来越多时，统计结果将趋向于期望值。随机算法本质上都基于大数定理。本节将介绍若干随机算法及其分析技术，并借机复习概率论中的相关概念、术语和符号。

一个样本空间 Ω 是由一个随机试验的所有可能的样本点（亦称基本事件）构成的集合。用小写字母 a, b, c, 表示样本点。伯努利试验是只有两种可能结果（成功、失败）的随机试验。投硬币就是一个经典的伯努利试验，常用 1 表示面朝上 (成功事件) 的采样点，用 0 表示面朝下（失败事件）的采样点。本

"指数时间假设"说，SAT 的时间复杂性下界为 2^{cn}，其中 c 为某个介于 0 和 1 之间的常数。顺便说一句，目前 SAT 最快的算法 PPSZ 是一个定义简单但分析难度很大的随机算法。

sample space
Bernoulli trial

书中用到的所有样本空间均为离散的，即有限或可数无限的。对于离散样本空

event 间，无需引入可测空间的概念。称样本空间的子集为事件，用大写字母 A、B、C 表示事件。

distribution 样本空间 Ω 上的一个分布是一个函数 $D : \Omega \to \mathbf{R}^{\geqslant 0}$，其中 $\mathbf{R}^{\geqslant 0}$ 为非负实
normalization 数集，此函数必须满足归一化条件，即等式 $\sum_{a \in \Omega} D(a) = 1$。均匀分布 U 的定义
uniform 是 $U(a) = \dfrac{1}{|\Omega|}$。伯努利分布 B 的定义是：$B(1) = p, B(0) = 1-p$，这里 $p \in (0,1)$。

binomial 基于参数 n 和 $p \in (0,1)$ 的二次分布 $B_{n,p}$ 定义在样本空间 {成功, 失败}^{n} 上。对
样本点 $\mathbf{t}$，$B_{n,p}(\mathbf{t}) = p^j(1-p)^{n-j}$，这里 $j = |\{i \mid i \in [n], \; \mathbf{t}(i) = 成功\}|$。此值表示
在 n 次相互独立的伯努利实验中，j 次成功 $n-j$ 次失败的概率。定义在样本空
geometric 间 {失败}$^* \times$ {成功} 上基于 $p \in (0,1)$ 的几何分布定义为 $G_p(\mathbf{s}) = (1-p)^{|\mathbf{s}|-1} p$，
表示在 $|\mathbf{s}|$ 次相互独立的伯努利实验中，连续 $|\mathbf{s}| - 1$ 次失败以后成功的概率。

给定样本空间 Ω 上的分布 D，概率函数 $\mathrm{Pr} : 2^\Omega \to \mathbf{R}^{\geqslant 0}$ 是从事件集到非
负实数集的函数，该函数必须满足条件 $\mathrm{Pr}[A] = \sum_{a \in A} D(a)$，此等式必须对所
有事件成立。称 $\mathrm{Pr}[A]$ 为事件 A 的概率。根据定义，$\mathrm{Pr}[\emptyset] = 0$，且 $\mathrm{Pr}[\Omega] = 1$。
probability space 样本空间 Ω 和概率函数 Pr 构成概率空间。

例 4.1　设 $0 < m < n$。设样本空间 Ω 为 $[n]$ 的大小为 m 的多重子集（即
元素可以相等）。设事件 A 包含了所有满足等式 $n_1 + \cdots + n_m = n$ 的多重集
$\{n_1, \cdots, n_m\}$。样本空间的大小为 n^m。事件 A 的大小计算如下：一字排的 n
个完全一样的小球用 $n-1$ 块颜色各异的木片隔开。取 $m-1$ 快木片保留，去
掉其余的木片，得到 m 个正整数，这 m 个整数之和为 n。这样的取法总共有
$\binom{n-1}{m-1}$ 个。取均匀分布，事件 A 的概率是 $\binom{n-1}{m-1}/n^m$。　　　　　$\square$

inclusion-exclusion 设 $A_1, \cdots, A_n$ 为概率空间中的事件，容斥原理指的是等式
principle

$$\mathrm{Pr}\left[\bigcup_{i \in [n]} A_i \right] = \sum_{i \in [n]} \mathrm{Pr}[A_i] - \sum_{i < j \in [n]} \mathrm{Pr}[A_i \cap A_j] + \sum_{i < j < k \in [n]} \mathrm{Pr}[A_i \cap A_j \cap A_k] - \cdots$$

union bound 上述等式蕴含下列简单的概率不等式，称不等式的右边为一致限。

$$\mathrm{Pr}\left[\bigcup_{i \in [n]} A_i \right] \leqslant \sum_{i \in [n]} \mathrm{Pr}[A_i] \tag{4.1.1}$$

例 4.2　设有 n 个小球和 n 个瓮。将每个球放入一个随机选定的瓮，第 j 个瓮中有 i 个球的概率是

$$\binom{n}{i}\left(\frac{1}{n}\right)^i\left(1-\frac{1}{n}\right)^{n-i} \leqslant \binom{n}{i}\left(\frac{1}{n}\right)^i \leqslant \left(\frac{ne}{i}\right)^i\left(\frac{1}{n}\right)^i = \left(\frac{e}{i}\right)^i$$

陶器，拉丁语为
urn。

根据一致限不等式，第 j 个瓮中含有的球的个数至少是 k 的概率不超过

$$\sum_{i=k}^n\left(\frac{e}{i}\right)^i \leqslant \left(\frac{e}{k}\right)^k\left(1+\frac{e}{k}+\cdots+\frac{e^n}{k^n}\right) \leqslant \left(\frac{e}{k}\right)^k\frac{1}{1-e/k}$$

再用一致限不等式，得到事件"至少有一个瓮含有的球的个数至少是 k"的概率上界，并由此得到事件"所有瓮含有的球的个数均小于 k"的概率下界。　□

　　这个例子中讨论的问题常称为占用问题，在计算机科学中有诸多应用。与之相关的问题有生日问题和赠券收集者问题，这些都是瓮问题的特例 [120]。

occupancy prob.
urn problem

　　设 A, B 为事件。有时将 $\Pr[A\cap B]$ 简写为 $\Pr[AB]$。条件概率 $\Pr[B|A]$ 指的是在事件 A 发生的前提下，事件 B 发生的概率，其计算公式为

$$\Pr[B|A] = \frac{\Pr[AB]}{\Pr[A]} \tag{4.1.2}$$

由 (4.1.2) 得交事件 AB 的概率计算公式：$\Pr[AB] = \Pr[A]\cdot\Pr[B|A]$。此公式可推广到多事件条件概率公式：

$$\Pr[A_1\cdots A_k] = \Pr[A_1\cdots A_{k-1}]\cdot\Pr[A_k|A_1A_2\cdots A_{k-1}]$$
$$= \cdots$$
$$= \Pr[A_1]\cdot\Pr[A_2|A_1]\cdot\Pr[A_3|A_1A_2]\cdots\Pr[A_k|A_1A_2\cdots A_{k-1}]$$

事件 A 的全概率公式为

$$\Pr[A] = \Pr[B_1]\cdot\Pr[A|B_1] + \cdots + \Pr[B_m]\cdot\Pr[A|B_m] \tag{4.1.3}$$

这里 $B_1,\cdots,B_m$ 是对样本空间的一个划分。

最小割算法　考虑允许多重边的无向连通图 G，其结点数为 n。图的最小割问题是：最少删去多少条 G 中的边（这些边构成 G 的一个最小割），剩余的图就

min-cut

分成至少两部分。此问题可以用网络流方法解决。文献 [124] 讨论的随机算法
基于边收缩操作：随机地选一条边，将这条边的两个端点重合成一个结点，删
去由此引进的自环；重复此操作直至只剩下两个结点，随机算法输出这两个结
点之间的边。算法输出的必为 G 的一个割，尽管可能不是最小割。设 C 为 G
的一个最小割。如果算法非常幸运，每次随机选的边都不在 C 中，算法最终

edge contraction

会输出 C。若 C 含有 k 条边，则 G 至少有 $kn/2$ 条边，否则图中必有一个结
点的度数小于 k，该结点和其邻居的连边构成一个更小的割。设事件 A_i 表示
第 i 次选的边不在 C 中。有 $\Pr[A_1] = 1 - \dfrac{2}{n}$。假定事件 A_1 发生了，那么在
第二次选边前图中至少有 $k(n-1)/2$ 条边，因此 $\Pr[A_2|A_1] = 1 - \dfrac{2}{n-1}$。用
归纳可推得 $\Pr[A_i|A_1\cdots A_{i-1}] = 1 - \dfrac{2}{n-i+1}$。根据上述的多事件条件概率
公式可得

$$\Pr[A_1\cdots A_{n-2}] = \prod_{i=1}^{n-2}\left(1 - \frac{2}{n-i+1}\right) = \frac{2}{n(n-1)} > \frac{2}{n^2}$$

所以算法至少以 $\dfrac{2}{n^2}$ 的概率输出最小割。如果将此算法运行 n^2 遍，可将算法
的出错概率降至 $\left(1 - \dfrac{2}{n^2}\right)^{n^2} < \dfrac{1}{e^2}$。这是一个蒙特卡罗算法。

    一个图的边子集有指数多个。本算法基于的事实"若 C 含有 k 条边，则
G 至少有 $kn/2$ 条边"确保随机选出的边集是最小割的概率足够大（多项式的
倒数）。这是随机算法设计的第一原则：算法进行采样的样本空间要包含足够
多的满足所需性质的样本点，否则无法在多项式时间内完成所需的采样。 □

game tree evalua-
tion

博弈树求值算法   我们介绍的下一个随机算法是关于博弈树求值的 [208]。假
定 $\mathbb{A}$ 是交替图灵机，当输入 x 的长度为 n 时，计算 $T(n)$ 步停机，不失一般
性，设 $T(n)$ 为偶数。假设 $\mathbb{A}(x)$ 的运行可用一棵博弈树表示，该博弈树是一
棵二叉树，若一层的标号是 ∃（或 ∀），其下一层的标号是 ∀（或 ∃），每个叶
子结点的标号是 0 或 1。这棵博弈树存在一棵接受子树当仅当 $\mathbb{A}(x) = 1$。一
个线性时间的深度优先遍历算法可以判断给定博弈树是否存在接受子树，不难
看出，在最坏情况下，算法要遍历所有结点。随机算法基于如下基本事实：对
于一个标号是 ∃ 的结点，若它的一个儿子为真，它就为真；对于一个标号是 ∀

的结点，若它的一个儿子为假，它就为假；在遍历树时，如果随机地选当前结点的儿子进行遍历的话，算法对每个结点的期望访问次数就会小于 1。我们证明，期望访问的结点数为 $3^{\frac{T(n)}{2}}$。不失一般性，设根结点的标号为 $\forall$，它的两个儿子的标号均为 $\exists$。分两种情况讨论。

1. 根结点的值为 1。它的两个儿子的值均为 1。考察其中的一个儿子，该儿子至少有一个儿子的值为 1。以 1/2 的概率后者会被选中。根据归纳假定，求这个选中结点的值需遍历的结点数期望值不超过 $3^{\frac{T(n)}{2}-1}$。以至多 1/2 的概率两个标号为 $\forall$ 的儿子的值均需求出，这种情况下需要访问的结点数期望值不超过 $2 \cdot 3^{\frac{T(n)}{2}-1}$。因此，求根结点的一个儿子的值需遍历的结点数期望值不超过 $\frac{1}{2} \cdot 3^{\frac{T(n)}{2}-1} + \frac{1}{2} \cdot 2 \cdot 3^{\frac{T(n)}{2}-1} \leqslant \frac{1}{2} \cdot 3^{\frac{T(n)}{2}}$，求根结点的两个儿子的值需遍历的结点数期望值不超过 $2 \cdot \frac{1}{2} \cdot 3^{\frac{T(n)}{2}} = 3^{\frac{T(n)}{2}}$。

2. 根结点的值为 0。若根结点有一个儿子的值为 1，另一个儿子的值为 0，最多以 1/2 的概率选到值为 1 的儿子，求此儿子的值需遍历的结点数期望值不超过 $\frac{1}{2} \cdot 3^{\frac{T(n)}{2}}$；求根结点的另一个儿子的值需遍历的结点数期望值不超过 $2 \cdot 3^{\frac{T(n)}{2}-1}$；所以总的遍历的结点数期望值不超过

$$\frac{1}{2}\left(\frac{1}{2} \cdot 3^{\frac{T(n)}{2}} + 2 \cdot 3^{\frac{T(n)}{2}-1}\right) + \frac{1}{2} \cdot 2 \cdot 3^{\frac{T(n)}{2}-1} \leqslant 3^{\frac{T(n)}{2}}$$

若根结点的两个儿子的值均为 0，无论选哪个儿子，该儿子的两个儿子都需遍历，由归纳知总的遍历的结点数期望值不超过 $2 \cdot 3^{\frac{T(n)}{2}-1} < 3^{\frac{T(n)}{2}}$。

设 $m = 2^{T(n)}$。由全概率公式 (4.1.3) 可推出，算法遍历的结点数的期望值不超过 $3^{\frac{T(n)}{2}} = 2^{\log(3)\frac{T(n)}{2}} = m^{\log(3)/2} = m^{0.793}$。这是一个拉斯维加斯算法。　□

在谈论随机事件时，我们总是关心和事件关联的某个值。比如，当我们随机地选定某个地理位置时，我们可能关心这一点在 2020 年 10 月 12 日晚上九时的气温。一个取值于实数域 $\mathbf{R}$ 的概率空间 (Ω, Pr) 上的随机变量是一个从 Ω 到实数域 $\mathbf{R}$ 的函数。一般地，一个取值于可测空间 $\mathbf{E}$ 的随机变量是从一个概率空间 (Ω, Pr) 到 $\mathbf{E}$ 的可测函数 $X : \Omega \to \mathbf{E}$。此可测函数定义了 $\mathbf{E}$ 上的一个概率空间，因此常忽略概率空间 (Ω, Pr) 而直接将 $\mathbf{E}$ 视为概率空间，此时可将随机变量 X 视为 $\mathbf{E}$ 上的分布。在第 5.7 节会用到这个一般的定义。用 X、Y、Z 表示随机变量。随机变量的加法运算 $X + Y$ 定义为

random variable

measurable space

$(X+Y)(a) = X(a) + Y(a)$，乘法运算 $X{\cdot}Y$ 定义为 $(X{\cdot}Y)(a) = X(a){\cdot}Y(a)$，数乘运算 CX 定义为 $(CX)(a) = CX(a)$。设 $r \in \mathbf{R}$，定义

$$\Pr[X = r] = \sum_{a \in \Omega, X(a) = r} D(a)$$

等价地，$\Pr[X = r] = \Pr[\{a \in \Omega \mid X(a) = r\}]$。伯努利随机变量（亦称指示变量，表示某个指定事件是否发生）在成功事件上的值为 1，在失败事件上的值为 0。基于参数 n 和 $p \in (0,1)$ 的二次随机变量 $X_{n,p}$ 在 $[0,n]$ 上取值，$\Pr[X_{n,p} = j] = \binom{n}{l} p^j (1-p)^{n-j}$。定义在样本空间 $\{失败\}^* \times \{成功\}$ 上基于 $p \in (0,1)$ 的几何随机变量 X_p 取值为自然数，$\Pr[X_p = n] = (1-p)^{n-1} p$。

称随机变量 $X_1, \cdots, X_n$ 相互独立，若对任意 $I \subseteq [n]$ 和任意 $\{r_i\}_{i \in I} \subseteq \mathbf{R}$，有下述等式

$$\Pr\left[\bigcap_{i \in I}(X_i = r_i)\right] = \prod_{i \in I} \Pr[X_i = r_i]$$

称随机变量 $X_1, \cdots, X_n$ 是 k-独立的，若对任意大小不超过 k 的子集 $I \subseteq [n]$ 和任意 $\{r_i\}_{i \in I} \subseteq \mathbf{R}$，有

$$\Pr\left[\bigcap_{i \in I}(X_i = r_i)\right] = \prod_{i \in I} \Pr[X_i = r_i]$$

常称 2-独立为两两独立。

随机变量 X 的期望值 $\mathrm{E}[X]$，俗称平均值，定义如下：

$$\mathrm{E}[X] = \sum_{r \in X(\Omega)} r \Pr[X = r]$$

期望值可能是 ∞。按定义有 $\mathrm{E}[CX] = C\mathrm{E}[X]$；若 $X_1, \cdots, X_k$ 的期望值均为有限，有等式 $\mathrm{E}[\sum_{i \in [k]} X_i] = \sum_{i \in [k]} \mathrm{E}[X_i]$。换言之，期望具有线性性。设 $X_1, \cdots, X_n$ 为成功概率为 p 的伯努利随机变量，显然 $\mathrm{E}[X_i] = p$。设 $X = X_1 + \cdots + X_n$。按线性性，有 $\mathrm{E}[X] = \mathrm{E}[\sum_{i \in [n]} X_i] = \sum_{i \in [n]} \mathrm{E}[X_i] = np$。下述结果容易从定义推出。

命题 15 若 $X_1, \cdots, X_n$ 相互独立，则 $\mathrm{E}\left[\prod_{i \in [n]} X_i\right] = \prod_{i \in [n]} \mathrm{E}[X_i]$。

（左侧边注）
indicator
binomial

geometric
mutually independent

pairwise
independence
expectation

几何随机变量的期望值众所周知。显然，

$$pE[X_p] = E[X_p] - (1-p)E[X_p]$$
$$= \left(\sum_{i \geqslant 1} i \cdot (1-p)^{i-1} p\right) - \left(\sum_{i \geqslant 1} i \cdot (1-p)^i p\right)$$
$$= \sum_{i \geqslant 1} (1-p)^{i-1} p$$
$$= 1$$

因此 $E[X_p] = 1/p$。

快速排序　图4.1中定义的快速排序随机算法的复杂性就是其期望比较次数。快速排序算法的第一个性质是：两个元素最多比较一次，比较时其中的一个元素必为核心元素。基于此观测，可以引入指示变量 $Y_{i,j}$，若 y_i 和 y_j 比较过，$Y_{i,j}=1$，否则 $Y_{i,j}=0$。第二个性质是：若 y_i 和 y_j 进行了比较，那么在比较前，集合 $\{y_i, y_{i+1}, \cdots, y_{j-1}, y_j\}$ 中的任何两个元素之间没有进行过比较（否则 y_i 和 y_j 不会出现在同一个递归调用的输入里）。假设 $\{y_i, y_{i+1}, \cdots, y_{j-1}, y_j\}$ 是某次递归调用的输入。选 $\{y_i, y_{i+1}, \cdots, y_{j-1}, y_j\}$ 中任何一个元素作为核心元素，比较次数都是 $j-i$。最坏情况发生在选了 y_i 或 y_j，其发生概率为 $\dfrac{2}{j-i+1}$。因此期望比较次数不会超过

$$E\left[\sum_{i=1}^{n-1}\sum_{j=i+1}^{n} Y_{i,j}\right] = \sum_{i=1}^{n-1}\sum_{j=i+1}^{n} E[Y_{i,j}] \leqslant \sum_{i=1}^{n-1}\sum_{j=i+1}^{n} \frac{2}{j-i+1} = 2(n+1)\sum_{k=1}^{n}\frac{1}{k} - 4n$$

调和级数 $\sum_{k=1}^{n}\dfrac{1}{k}$ 等于 $\ln(n) + \Theta(1)$。因此快速排序的总的比较次数的期望值不超过 $2n\ln(n) + \Theta(n)$。

　　有些问题的输入是一个对象列表。这类问题的算法表现常依赖于输入对象是如何排列的。"对手"可以安排输入对象的特定排列，使得一个特定的确定算法表现很糟。在这种情况下，随机性是打败"对手"的最佳方法。　　□

在分布式环境下，常可将计算视为程序和输入数据之间的博弈。

赠券收集者问题　一个著名的用到几何分布随机变量相加性的例子是赠券收集者问题。假设某品牌的每袋米中随机地含有 n 种赠券中的一张，一位顾客每

coupon collector

次购买一袋，需要购买多少次这个品牌的米才能收集到所有种类的赠券。设 X_i 为收集到 $i-1$ 个不同种类的赠券后到收集到第一张未收集过的赠券时购买该品牌米的次数。易见，$\mathrm{E}[X_i] = \dfrac{n-i+1}{n}$。所以 $\mathrm{E}[\sum_{i\in[n]} X_i] = \sum_{i\in[n]} \mathrm{E}[X_i] = \sum_{i\in[n]} \dfrac{n-i+1}{n} = n\sum_{i\in[n]} \dfrac{1}{i} = n(\ln(n) + \Theta(1)) = n\ln n + \Theta(n)$。设 $X = \sum_{i\in[n]} X_i$，在期望意义下该顾客需要购买该品牌米 $\mathrm{E}[X] = n\ln n + \Theta(n)$ 次，才能收集到所有种类的赠券。　□

概率图灵机的实现　实际中使用的硬币都带有偏差，面朝上的概率可能略大于面朝下的，或反之。如果不做试验，我们无法知道面朝上的精确概率。如果某硬币面朝上的概率是某个未知的 ρ，面朝下的概率就是 $1-\rho$，冯·诺依曼建议将连续两次投硬币的结果当作一次结果；把"面朝上-面朝下"解释成"朝上"，把"面朝下-面朝上"解释成"朝下"，如果这两个事件都不发生，接着投两次硬币 [164]。根据几何分布的期望值计算，平均投 $(2\rho(1-\rho))^{-1}$ 次后会出现"朝上"或"朝下"。当我们实现一台概率图灵机时，我们不得不将就一个有偏重的硬币。冯·诺依曼告诉我们，这不应该阻止我们实现概率图灵机。

也可以用理想的概率图灵机实现有偏差的硬币。设某个硬币面朝上的概率为 $p = 0.p_1p_2p_3\cdots$。概率图灵机 $\mathbb{B}$ 产生随机串 $b_1, b_2, \cdots$，并进行下述计算：

- 若 $b_i < p_i$，机器输出"面朝上"并停机；
- 若 $b_i > p_i$，机器输出"面朝下"并停机；
- 若 $b_i = p_i$，机器计算第 $i+1$ 步。

若此机器在第 i 步输出"面朝上"，必有 $b_i < p_i \wedge \forall j < i.b_j = p_j$，此事件发生的概率是 $1/2^i$。因此，"面朝上"的概率是 $\sum_i p_i \dfrac{1}{2^i} = p$。此算法的期望投硬币次数为 $\sum_i i\dfrac{1}{2^i} = 2$。因此 $\mathbb{B}$ 在常数时间内模拟该有偏差的硬币。　□

对随机算法的出错率估算经常会用到概率论中几个著名的关于尾分布的不等式。马尔可夫不等式说的是：随机变量取值不小于期望值 k 倍的概率不超过 k 分之一，即对所有 $k > 0$，有

Markov inequality

$$\Pr[X \geqslant k\mathrm{E}[X]] \leqslant \frac{1}{k} \tag{4.1.4}$$

不等式 (4.1.4) 的证明非常简单。按期望值定义，$d \cdot \Pr[X \geqslant d] \leqslant \mathrm{E}[X]$，用

$k\mathrm{E}[X]$ 替换 d 即得 (4.1.4)。从证明可见，马尔可夫不等式给出的是一个相对较弱的尾分布上界。如果知道随机变量的更多描述，可从马尔可夫不等式推出强很多的尾分布上界。

拉斯维加斯算法与蒙特卡罗算法之间的转换　　如果我们有一个平均计算时间为 $T(n)$ 的拉斯维加斯算法 $\mathbb{L}$，我们可以构造一个最坏情况计算时间为 $9T(n)$ 的蒙特卡罗算法，方法是模拟 $\mathbb{L}$ 在输入 x 上的计算 $9T(n)$ 步，如果在 $9T(n)$ 步内 $\mathbb{L}$ 没有终止，算法就终止并输出"否"。根据马尔可夫不等式，此算法 $\mathbb{L}$ 在 $9T(n)$ 步不终止的概率是 $\Pr[X \geqslant 9T(n)] \leqslant \dfrac{1}{9}$。因此我们构造的蒙特卡罗算法接受时一定是对的，拒绝时可能是错的，算法的出错概率不超过 1/9。同样地，如果在 $9T(n)$ 步内 $\mathbb{L}$ 未终止，我们可让算法终止并输出"是"，得到的蒙特卡罗算法拒绝时一定是对的，接受时可能是错的，算法的出错概率也不超过 1/9。

　　反之，假设我们有两个最坏情况时间为 $T(n)$ 的蒙特卡罗算法 $\mathbb{M}_0, \mathbb{M}_1$，它们判定同一个问题，$\mathbb{M}_1$ 接受时一定是对的，$\mathbb{M}_0$ 拒绝时一定是对的，两者的出错概率均为 1/3。设计判定同一问题的拉斯维加斯算法如下：并行地计算 $\mathbb{M}_0(x)$ 和 $\mathbb{M}_1(x)$，若前者回答"否"，就回答"否"并终止，若后者回答"是"，就回答"是"并终止；若前者回答"是"后者回答"否"，再次计算 $\mathbb{M}_0(x)$ 和 $\mathbb{M}_1(x)$。最后这种情况发生的概率是 1/9，因此此拉斯维加斯算法的期望运行时间是 $9T(n)/8$。　　　　　　　　　　　　　　　　　　　　　　　　□

　　期望值是随机变量 X 的一阶矩，k-阶矩定义为 $\mathrm{E}[X^k]$。随机变量的高阶矩揭示了诸如偏差、峰值等性质。例如，利用二阶矩我们可以度量样本点围绕期望值的波动程度。方差定义为 $\mathbf{Var}[X] = \mathrm{E}[(X - \mathrm{E}[X])^2]$。利用线性性质，易证 $\mathbf{Var}[X] = \mathrm{E}[X^2] - \mathrm{E}[X]^2$。记 $\sigma[X] = \sqrt{\mathbf{Var}[X]}$，称其为 X 的标准差。从马尔可夫不等式容易推得

moment

variance

standard deviation

$$\Pr[|X - \mathrm{E}[X]| \geqslant k\sigma[X]] \leqslant \frac{1}{k^2} \tag{4.1.5}$$

这就是著名的切比雪夫不等式。在使用不等式 (4.1.5) 进行尾分布估算时，常会用到下面性质，其证明用到线性性质、命题15和等式 $\mathrm{E}[X - \mathrm{E}[X]] = 0$。

Chebyshev

命题 16　　若 $X_1, \cdots, X_n$ 两两独立，$\mathbf{Var}[\sum_{i \in [n]} X_i] = \sum_{i \in [n]} \mathbf{Var}[X_i]$

证明　$E[(\sum_{i \in [n]} X_i)^2] - \sum_{i \in [n]} E[X_i^2] = \sum_{i,j \in [n]} E[X_i X_j] = \sum_{i,j \in [n]} E[X_i]E[X_j]$，且 $E[\sum_{i \in [n]} X_i]^2 - \sum_{i \in [n]} E[X_i]^2 = \sum_{i,j \in [n]} E[X_i]E[X_j]$。将第一个等式减去第二个等式，并重新安排等式两边，即得 $\mathbf{Var}[\sum_{i \in [n]} X_i] = \sum_{i \in [n]} (E[X_i^2] - E[X_i]^2) = \sum_{i \in [n]} \mathbf{Var}[X_i]$。　　　　　　　　　　　　　　　　　　　　　　　　　　　$\square$

2-point sampling

两点采样技术　设 Z_0 和 Z_1 取值于有限域 $\mathbf{F}_p$，并相互独立。对所有 $i \in \mathbf{F}_p$，定义 $X_i = Z_0 + iZ_1$。假定 $i \neq j$，a、$b \in \mathbf{F}_p$。事件 $X_i = a$ 和事件 $X_j = b$ 分别等价于 $Z_0 + iZ_1 = a$ 和 $Z_0 + jZ_1 = b$。由此两等式得 $Z_1 = \dfrac{a-b}{i-j}$，故满足两个等式的 Z_0 和 Z_1 有唯一取值。结论：$\Pr[X_i = a \wedge X_j = b] = \dfrac{1}{p^2}$，即 X_i 和 X_j 相互独立。

两点采样可推广到多点采样。设 $Z_1, \cdots, Z_n$ 取值于有限域 $\mathbf{F}_p$ 并完全独立。对 $[n]$ 的任何非空子集 S，可定义 $X_S = \sum_{s \in S} Z_s$。易证 $\{X_S\}_{\emptyset \neq S \subseteq [n]}$ 两两独立。因此从 n 个完全独立的随机串可定义 $2^n - 1$ 个两两独立的随机串。

两点采样技术的应用　设 $\mathbb{P}$ 为一个判定语言 L 的单向出错的多项式时间随机算法，当 $x \in L$ 时，$\mathbb{P}(x)$ 的出错概率为 $1/3$，当 $x \notin L$ 时，$\mathbb{P}(x)$ 只回答"否"。设 x 的长度为 n，$\mathbb{P}(x)$ 运行时使用的随机串长度为 $p(n)$。为降低出错率，可将 $\mathbb{P}(x)$ 独立地运行多项式 $t(n)$ 遍，若有一次回答"是"，就接受 x，否则拒绝 x。此算法的出错概率为 $2^{-t(n)}$，运行时使用的随机串长度为 $t(n)p(n)$。随机串也是一类资源。如果我们只希望新算法使用的随机串长度是原算法使用的随机串长度的一个常数倍，我们可以用两个独立的随机串 $r, s \in \{0,1\}^{p(n)}$ 构造 $t(n)$ 个两两独立的随机串：$r + n^1 \cdot s$、$r + n^2 \cdot s$、$\cdots$、$r + n^t \cdot s$，这里 "+" 和 "·" 分别为有限域 $\{0,1\}^{p(n)}$ 中的加法和乘法，$n^1, n^2, \cdots, n^t$ 为有限域中两两不等的元素。两两独立性证明可在第4.2节中找到。设 X_i 是使用随机串 $r + n^i \cdot s$ 时算法 $\mathbb{P}(x)$ 输出值的指示变量（$\mathbb{P}(x) = 1$ 则 $X_i = 1$，$\mathbb{P}(x) = 0$ 则 $X_i = 0$）。设 $X = \sum_{i \in [t(n)]} X_i$。若 $x \in L$，则有 $E[X] = \sum_{i \in [t(n)]} E[X_i] \geqslant 2t(n)/3$。根据方差的计算公式，$\mathbf{Var}[X_i] = E[X_i^2] - E[X_i]^2 = 2/3 - 4/9 = 2/9$。所以 $\sigma[X_i] = \sqrt{2}/3$。由命题16知，$\sigma[X] = \sqrt{\sum_{i \in [t(n)]} 2/9} = \sqrt{2t(n)}/3$。用切比雪夫不等式 (4.1.5)，可推出新算法的出错

概率为

$$\Pr[X = 0] \leqslant \Pr[|X - \mathrm{E}[X]| \geqslant 2t(n)/3]$$

$$\leqslant \frac{1}{2t(n)}$$

新算法使用的随机串长度为 $2p(n)$，而非 $f(n)p(n)$。两点采样技术及其变种常用于去随机算法和降随机过程。   □

在用不等式 (4.1.4) 和 (4.1.5) 设计随机算法时，通过增加采样点可以线性地降低出错概率。如果希望指数地降低出错概率，我们可以通过高阶矩提供的关于随机变量的更多数据对尾分布上界进行修正。

随机变量 X 的矩母函数定义为 $M_X(t) = \mathrm{E}[e^{tX}]$。若随机变量 $X_1, \cdots, X_n$ 相互独立，就有   moment generating function

$$M_{\sum_{i \in [n]} X_i}(t) = \prod_{i \in [n]} M_{X_i}(t) \tag{4.1.6}$$

若求导和计算期望值可交换，就有 $M_X^{(n)}(t) = \mathrm{E}[X^n e^{tX}]$，实例化后得 $M_X^{(n)}(0) = \mathrm{E}[X^n]$。此等式表明，矩母函数内含了所有高阶矩。因此可尝试用矩母函数给出尾分布的上界。设 $t > 0$。根据马尔可夫不等式，有 $\Pr[X \geqslant a] = \Pr[e^{tX} \geqslant e^{ta}] \leqslant \dfrac{\mathrm{E}[e^{tX}]}{e^{ta}}$，所以，

$$\Pr[X \geqslant a] \leqslant \min_{t>0} \frac{\mathrm{E}[e^{tX}]}{e^{ta}} \tag{4.1.7}$$

若 $t < 0$，同理有 $\Pr[X \leqslant a] = \Pr[e^{tX} \geqslant e^{ta}] \leqslant \dfrac{\mathrm{E}[e^{tX}]}{e^{ta}}$，所以，

$$\Pr[X \leqslant a] \leqslant \min_{t<0} \frac{\mathrm{E}[e^{tX}]}{e^{ta}} \tag{4.1.8}$$

对特定分布，选特殊的 t，尝试得到 $\Pr[X \geqslant a]$ 或 $\Pr[X \leqslant a]$ 的一个好的上界。用不等式 (4.1.7) 和 (4.1.8) 得到的尾分布上界统称为切诺夫界 [49]。   Chernoff bound

设 $X_1, \cdots, X_n$ 为相互独立的伯努利试验，并设 $\Pr[X_i = 1] = p_i$。这类试验常称为泊松试验。定义 $X = \sum_{i=1}^{n} X_i$。利用不等式 $1 + x \leqslant e^x$，得到   Poisson trial

$$M_{X_i}(t) = \mathrm{E}[e^{tX_i}] = p_i e^t + (1 - p_i) = 1 + p_i(e^t - 1) \leqslant e^{p_i(e^t - 1)}$$

设 $\mu = \mathrm{E}[X] = \sum_{i=1}^{n} p_i$，由 (4.1.6) 推得 $M_X(t) \leqslant e^{(e^t-1)\mu}$。用这些符号，可陈述关于泊松试验的切诺夫界如下。

定理 4.1（切诺夫界） 设 $0 < \delta < 1$。有

$$\Pr[X \geqslant (1+\delta)\mu] \leqslant \left[\frac{e^{\delta}}{(1+\delta)^{(1+\delta)}}\right]^{\mu} \leqslant e^{-\mu\delta^2/3} \qquad (4.1.9)$$

$$\Pr[X \leqslant (1-\delta)\mu] \leqslant \left[\frac{e^{-\delta}}{(1-\delta)^{(1-\delta)}}\right]^{\mu} \leqslant e^{-\mu\delta^2/2} \qquad (4.1.10)$$

证明 若 $t > 0$，则有 $\Pr[X \geqslant (1+\delta)\mu] = \Pr[e^{tX} \geqslant e^{t(1+\delta)\mu}] \leqslant \dfrac{\mathrm{E}[e^{tX}]}{e^{t(1+\delta)\mu}} \leqslant \dfrac{e^{(e^t-1)\mu}}{e^{t(1+\delta)\mu}}$。设 $t = \ln(1+\delta)$，得到 (4.1.9) 的第一个不等式。(4.1.9) 的第二个不等式的证明如下：对 $\left[\dfrac{e^{\delta}}{(1+\delta)^{(1+\delta)}}\right]^{\mu} e^{\mu\delta^2/3}$ 取对数后除以 μ，得到关于 δ 的表达式 $f(\delta)$。通过对 $f(x)$ 的一阶导和二阶导分析后得出 $f(\delta) \leqslant 0$。

当 $t < 0$ 时证明类似，可取 $t = \ln(1-\delta)$。 $\qquad \square$

综合 (4.1.9) 和 (4.1.10)，有*切诺夫不等式*：

$$\Pr[|X - \mu| \geqslant \delta\mu] \leqslant 2e^{-\mu\delta^2/3} \qquad (4.1.11)$$

误差压缩 设 $\rho \in (0, 1/2)$。设 $\mathbf{Err}(\rho)$ 表示所有可以被出错概率不超过 ρ 的最坏情况计算时间为多项式的蒙特卡罗算法判定的语言。一个非常有意义的问题是：若 $\rho \neq \rho'$，是否有 $\mathbf{Err}(\rho) = \mathbf{Err}(\rho')$？下面的误差压缩定理说，在一个非常大的区间内，答案是肯定的。

定理 4.2（误差压缩定理） 设 $c, d > 0$。有 $\mathbf{Err}(2^{-n^d}) = \mathbf{Err}(1/2 - 1/n^c)$。

证明 按定义有 $\mathbf{Err}(2^{-n^d}) \subseteq \mathbf{Err}(1/2 - 1/n^c)$，所以只需证明反方向的包含。设 $L \in \mathbf{Err}(1/2 - 1/n^c)$，即存在判定 L 的多项式时间蒙特卡罗算法 $\mathbb{P}$，其出错概率不超过 $1/2 - 1/n^c$。设计蒙特卡罗算法 $\mathbb{P}'$ 如下：当输入为 x 时，$\mathbb{P}'$ 做如下计算：

1. $\mathbb{P}'(x)$ 模拟 $\mathbb{P}(x)$ 的计算 $k = 12|x|^{2c+d} + 1$ 遍，得到 k 个试验结果 $y_1, \cdots, y_k \in \{0, 1\}$。

2. 按多数原则, 若试验结果 $y_1, \cdots, y_k$ 的多数为 1, $\mathbb{P}'$ 接受 x, 否则拒绝 x。

majority rule

对每个 $i \in [k]$ 引入 y_i 的指示变量 X_i, 即

$$X_i = \begin{cases} 1, & \text{若 } y_i = 1 \\ 0, & \text{若 } y_i = 0 \end{cases}$$

设 $X = \sum_{i=1}^{k} X_i$。设 $\delta = |x|^{-c}$。设 $p = 1/2 + \delta$ 和 $\overline{p} = 1/2 - \delta$。根据线性性, 若 $x \in L$, 则 $\mathrm{E}[X] \geqslant kp$; 若 $x \notin L$, 则 $\mathrm{E}[X] \leqslant k\overline{p}$。如若 $x \in L$, 有

$$\Pr\left[X < \frac{k}{2}\right] < \Pr[X < (1-\delta)kp] \tag{4.1.12}$$

$$\leqslant \Pr[X < (1-\delta)\mathrm{E}[X]]$$

$$< e^{-\frac{\delta^2}{2}kp} \tag{4.1.13}$$

$$< \frac{1}{2^{|x|^d}}$$

上述推导中, (4.1.12) 是因为: $(1-\delta)p = (1-\delta)\left(\dfrac{1}{2}+\delta\right) = \dfrac{1}{2} + \dfrac{1}{2}\delta - \delta^2 > \dfrac{1}{2}$; (4.1.13) 用的是 (4.1.10)。如若 $x \notin L$, 基于同样原因有

$$\Pr\left[X > \frac{k}{2}\right] < \Pr[X > (1+\delta)k\overline{p}]$$

$$\leqslant \Pr[X > (1+\delta)\mathrm{E}[X]]$$

$$< e^{-\frac{\delta^2}{3}k\overline{p}}$$

$$< \frac{1}{2^{|x|^d}}$$

结论: 多项式时间蒙特卡罗算法 $\mathbb{P}'$ 的出错概率不超过 $\dfrac{1}{2^{n^d}}$。 □

在定理4.2的证明中, 我们假定算法回答"是"和回答"否"时都可能出错。如果算法是单向出错的, 证明并不需要用切诺夫不等式。只需将 $\mathbb{P}(x)$ 运行 n^c 遍, 出错率就可以控制在 $\left(\dfrac{1}{2} - \dfrac{1}{n^c}\right)^{n^c} \leqslant \dfrac{1}{2^{n^c}}\dfrac{1}{e^2}$。 □

通过将蒙特卡罗算法独立地重复多项式次, 可以指数地降低其出错概率。

值得指出的是，不能把 $\mathbf{Err}(1/2 - 1/n^c)$ 换成 $\mathbf{Err}(1/2 - 1/2^{-n^c})$，这是因为一个多项式时间算法无法进行指数多次试验。

去随机　关于随机算法的最根本的问题是：是否所有多项式时间蒙特卡罗算法所判定的问题都在 $\mathbf{P}$ 中？我们目前所知的能被去随机的蒙特卡罗算法非常之少，阿德曼定理给出了一个例子 [5]。为了介绍此定理，先得引入随机电路族。

定义 4.1　设 $p(n)$ 为多项式，$\{C_{p(n),n}\}_{n \in \mathbf{N}}$ 为多项式大小的电路。对任意 $n \in \mathbf{N}$，电路 $C_{p(n),n}$ 有 n 个正常输入，还有 $p(n)$ 个随机输入。称此电路族 $\{C_{p(n),n}\}_{n \in \mathbf{N}}$ 为随机电路族。若对任意长度为 n 的输入 x 下述条件满足，称其接受语言 L：

1. 若 $x \in L$，则 $\mathrm{Pr}_{r \in \{0,1\}^{p(n)}}[C_{p(n),n}(x) = 1] \geqslant 1/2$。
2. 若 $x \notin L$，则 $\mathrm{Pr}_{r \in \{0,1\}^{p(n)}}[C_{p(n),n}(x) = 1] = 0$。

下述定理的证明基于一个计数论证。

定理 4.3（电路去随机）　一个多项式大小的随机电路族判定的问题可由一个多项式大小的电路族判定。

证明　设语言 L 可由多项式大小的随机电路族 $\{C_{p(n),n}\}_{n \in \mathbf{N}}$ 判定。设 $L_n = \{x \in L \mid |x| = n\}$。一定存在 $r_1 \in \{0,1\}^{p(n)}$，使得 L_n 中至少有一半的 x 满足 $C_{p(n),n}(r_1, x) = 1$，否则 L_n 中的某个 x 就不满足定义4.1的性质一。将 r_1 烧到电路 $C_{p(n),n}$，得到电路 C_1。将满足 $C_{p(n),n}(r_1, x) = 1$ 的 x 从 L_n 中删掉。对瘦身后的 L_n 重复上述过程，得到电路 $C_2, \cdots, C_n$。用或门将 $C_1, C_2, \cdots, C_n$ 的输出做析取，定义4.1中的性质二确保所得多项式大小的电路能正确地判定所有长度的输入。　　□

为什么？　　　　定理4.3适用于非一致电路。它的一致化版本是否成立？答案是否定的。定理4.5将对上述定理做进一步阐述。　　□

去随机提供了算法设计的一个思路。我们可以先为待解问题设计一个随机算法，然后着手将该算法去随机化。对于有些问题，我们必须对其代数和组合结构有深刻的了解，才能将一个直截了当的随机算法转换成一个不用任何随机性的算法，第4.12节将介绍这类问题中的一个著名例子。还有些问题，我们只知道其高效的随机算法，却不知道任何确定的高效算法。最著名的例子是多项式测零问题 ZEROP [160,195,246]。

多项式测零　　计算在本质上就是等式重写，测试两个表达式是否相等是一个很一般的问题，因此表达式测零是一个基本问题。假定有一个未打开的定义在有限域 $\mathbf{F}_q$ 上的 n-元 d-次多项式 $p(x_1,\cdots,x_n)$。我们希望测试该多项式是否是恒等于零的多项式。这个问题有如下的多项式时间随机算法：

$\prod_i p_i(X_1,\cdots,X_n)$ 形式的多项式是一个未打开的多项式。要将其打开一般需花指数时间。

1. 独立地，随机地选 $x_1,\cdots,x_n\in\mathbf{F}_q$。
2. 测试 $p(x_1,\cdots,x_n)$ 是否为 0。若是，接受；否则，拒绝。

施瓦茨-兹蓬引理 [195,246]（这个引理被重复发现了很多次）说：若有限域 $\mathbf{F}_q$ 上的 n-元 d-次多项式 $p(x_1,x_2,\cdots,x_n)$ 不恒等 0，则

Schwartz-Zippel

$$\mathrm{Pr}_{a_1,\cdots,a_n\in_\mathrm{R}\mathbf{F}_q}[p(a_1,\cdots,a_n)\neq 0]\geq 1-d/q$$

根据这一引理，上述算法的正确性至少是 $1-d/q$。只要取一个足够大的有限域，算法的出错概率可控制在很小范围。此算法可用来测试两个 n 输入的电路是否相等。　　　　　　　　　　　　　　　　　　　　　□

现有的 ZEROP 算法基本上是蛮力算法。尽管我们知道只要测试输入多项式在多项式大小的一组输入上的值即可，我们不知道如何高效地找出这组输入。现有的结果指出，如果 ZEROP 有一个多项式时间算法，一大类多项式时间随机算法都可去随机。所以"ZEROP $\in$ **P**?"是否成立是个大的未解问题。

匹配问题的并行测试算法　　多项式等价性测试问题的随机算法有个有趣的应用。洛瓦茨 [149] 设计了如下的二分图匹配问题算法：

Lovácz

1. 设有 $2n$ 个结点的二分图，用 $n\times n$ 布尔矩阵表示该图。扫描输入，若第 i 行第 j 列元素为 1，用变量 $x_{i,j}$ 替换。
2. 给变量随机地独立地赋 $[2n]$ 中的值，计算矩阵的行列式值。
3. 若值为 0，输出"无匹配"，否则输出"有匹配"。

矩阵的行列式计算和矩阵相乘有同样的复杂性。从第3章知，矩阵相乘有高效并行算法。同样地，行列式计算也具有高效并行算法。所以洛瓦茨算法给出了大规模匹配问题的一个对数时间随机并行算法。　　　　　　　　　　　　□

关于随机算法，本节就介绍这么多，希望了解更多随机算法的读者可参阅

Motwani
Raghavan

莫特瓦尼和拉加万的经典教材 [163]。一些早期的综述也值得一读 [127,239]。关于概率论及其在计算机科学中的应用，可参考的教材和专著不少，如 [15,97,146,162]。

4.2　通用哈希函数族

fingerprinting

指印技术是数据处理中常用的技术。比较一个巨大的集合 U 中两元素 x 和 y 是否相等的时间复杂性一般是 $\log|U|$。可设计一个小得多的集合 V，随机地选一个从 U 到 V 的映射 h；如果等价性质 "$x=y$ 当仅当 $h(x)=h(y)$" 能以较大概率成立，就可通过比较 $h(x)$ 和 $h(y)$ 来判断 $x=y$ 是否成立。问题是我们无法真正产生随机的 h。实际的解决方案有两种，第一种是通过对一些我们不太理解的临时采集的物理量进行计算而得，但这样产生的串的随机性无法被证明。第二种方法是使用伪随机数产生器，尽管这样产生的串不完全是随机的，但在理论上它们是安全可靠的 [17,227]。伪随机串也不是免费的午餐，算法也应尽可能少用。哈希函数提供了用最少的随机串实现指印技术的有效工具。

哈希技术能将无结构的数据集映射到结构化的、大小合适的、便于快速查找的数据集，在计算机科学中应用广泛。一个好的哈希函数应类似于一个单值函数，发生碰撞的概率很小。通用哈希函数 [44,45] 是这样一类函数。

uniform function
哈希函数也称散列函数。

定义 4.2　设 $\mathcal{H} \subseteq B^A$，其中 B^A 是从集合 A 到集合 B 的函数集。若对 A 中任意两个不相等的元素 x 和 x'，有 $\Pr_{h \in_R \mathcal{H}}[h(x)=h(x')] \leqslant 1/|B|$，则称 $\mathcal{H}$ 为通用哈希函数族。

universal

复杂性理论中常用的哈希函数定义在特征为 2 的有限域上（见下图），并且满足定义4.3给出的更严格的条件。

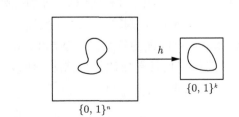

$$\{0,1\}^n \quad \xrightarrow{h} \quad \{0,1\}^k$$

定义 4.3　设集合 $\mathcal{H}_{n,k}$ 中的元素为从 $\{0,1\}^n$ 到 $\{0,1\}^k$ 的函数。若下述条件满足，称 $\mathcal{H}_{n,k}$ 为 m-独立的：对任意 m 个互不相等的元素 $x_1,\cdots,x_m \in \{0,1\}^n$ 和任意 $y_1,\cdots,y_m \in \{0,1\}^k$，有概率等式 $\mathrm{Pr}_{h\in_{\mathrm{R}}\mathcal{H}_{n,k}}[\bigwedge_{i=1}^m h(x_i)=y_i] = \frac{1}{2^{mk}}$。

随机地从 $\mathcal{H}_{n,k}$ 中选一个函数，该函数在 m 个互不相等的输入上的值分布和单值函数的完全相同。从定义4.3可推出 m-独立函数的如下性质。

引理 4.1　若 $\mathcal{H}_{n,k}$ 是 m-独立的，则对任意 $m' < m$，$\mathcal{H}_{n,k}$ 是 m'-独立的。

证明　设 $x_1,\cdots,x_{m'} \in \{0,1\}^n$ 为 m' 个互不相等元素，$y_1,\cdots,y_{m'} \in \{0,1\}^k$。任取 $x_{m'+1},\cdots,x_m \in \{0,1\}^n$，使得 $x_1,\cdots,x_m \in \{0,1\}^n$ 互不相等。按定义4.3，$\mathrm{Pr}_{h\in_{\mathrm{R}}\mathcal{H}_{n,k}}\left[\bigwedge_{i=1}^{m'} h(x_i)=y_i\right]$ 等于

$$\sum_{y_{m'+1},\cdots,y_m \in \{0,1\}^k} \mathrm{Pr}_{h\in_{\mathrm{R}}\mathcal{H}_{n,k}}\left[\left(\bigwedge_{i=1}^{m'} h(x_i)=y_i\right) \wedge \left(\bigwedge_{j=m'+1}^m h(x_j)=y_j\right)\right]$$

上述概率值为 $\frac{1}{2^{mk}}\cdot 2^{(m-m')k} = \frac{1}{2^{m'k}}$。　　　　　　　□

由引理4.1知，若随机地从 m-独立的哈希函数族 $\mathcal{H}_{n,k}$ 中选一个函数，该函数将定义域中的一个元素映射到值域中指定元素的概率是 $1/2^k$，将定义域中的两个不等元素映射到值域中同一指定元素的概率是 $1/2^{2k}$，以此类推。因此，m-独立的哈希函数族是通用哈希函数族。当 $m=2$ 时，称 $\mathcal{H}_{n,k}$ 为两两独立哈希函数族。

实际使用的哈希函数应该有高效的生成算法，从哈希函数族中随机地选取一个函数应该能在多项式时间完成，这就要求哈希函数应有简单的表示。一个常用的满足这些条件的 m-独立哈希函数族定义在有限域 $\mathbf{F}_{2^n}$ 上。设 $\mathcal{H}_{n,n}$ 是从 $\mathbf{F}_{2^n}$ 到 $\mathbf{F}_{2^n}$ 的函数集的子集，它由所有形如 $h_{a_0,\cdots,a_{m-1}}$ 的函数构成，这里 $a_0,\cdots,a_{m-1} \in \mathbf{F}_{2^n}$，函数 $h_{a_0,\cdots,a_{m-1}}:\mathbf{F}_{2^n} \to \mathbf{F}_{2^n}$ 的定义如下：

$$h_{a_0,\cdots,a_{m-1}}(x) = \sum_{j\in\{0,\cdots,m-1\}} a_j x^j$$

函数 $h_{a_0,\cdots,a_{m-1}}$ 的定义只用到了有限域的加法和乘法，所以是高效的。随机地选 $\mathcal{H}_{n,n}$ 中的一个元素相当于在有限域 $\mathbf{F}_{2^n}$ 中独立随机地选 m 个元素，也是

高效可计算的。对两两不等的 $x_1, \cdots, x_m \in \mathbf{F}_{2^n}$ 和任意 $y_1, \cdots, y_m \in \mathbf{F}_{2^n}$，等式 $h_{a_0, \cdots, a_{m-1}}(x_1) = y_1$，$\cdots$，$h_{a_0, \cdots, a_{m-1}}(x_m) = y_m$ 等价于下述方程组：

$$a_0 + a_1 x_1 + \cdots + a_{m-2} x_1^{m-2} + a_{m-1} x_1^{m-1} = y_1$$

$$\vdots$$

$$a_0 + a_1 x_m + \cdots + a_{m-2} x_m^{m-2} + a_{m-1} x_m^{m-1} = y_m$$

表示成矩阵形式就是：

$$\begin{pmatrix} 1 & x_1 & \cdots & x_1^{m-2} & x_1^{m-1} \\ \vdots & \vdots & \vdots & \vdots & \vdots \\ 1 & x_i & \cdots & x_i^{m-2} & x_i^{m-1} \\ \vdots & \vdots & \vdots & \vdots & \vdots \\ 1 & x_m & \cdots & x_m^{m-2} & x_m^{m-1} \end{pmatrix} \begin{pmatrix} a_0 \\ a_1 \\ \vdots \\ a_{m-2} \\ a_{m-1} \end{pmatrix} = \begin{pmatrix} y_1 \\ y_2 \\ \vdots \\ y_{m-1} \\ y_m \end{pmatrix} \tag{4.2.1}$$

Vandermonde

上式中的矩阵是著名的范德蒙矩阵。众所周知，范德蒙矩阵是非奇异的，事实上，(4.2.1) 中的方阵的行列式值为 $\prod_{1 \leqslant i < j \leqslant n}(x_j - x_i)$。因此方程组 (4.2.1) 有唯一解 $a_0, \cdots, a_{m-1}$。故 $\Pr_{h \in_{\mathrm{R}} \mathcal{H}_{n,n}}[\bigwedge_{i=1}^m h(x_i) = y_i] = \dfrac{1}{2^{mn}}$，所以 $\mathcal{H}_{n,n}$ 是 m-独立的。对于 $k < n$，我们可以通过和投影函数做复合从 $\mathcal{H}_{n,n}$ 得到 $\mathcal{H}_{n,k}$。对于 $k > n$，我们可以通过和嵌入函数做复合从 $\mathcal{H}_{k,k}$ 得到 $\mathcal{H}_{n,k}$。

　　通用哈希函数族的早期应用包括：西普塞用其证明了 **BPP** 包含在 $\Sigma_4^p \cap \Pi_4^p$ [205]，斯托克迈尔首次将其用于集合下界测试 [215]，巴柏用其来研究亚瑟-梅林博弈 [22]。瓦里昂特和瓦齐拉尼用通用哈希函数族证明了下述有重要应用价值的结果。

Vazirani

引理 4.2　设 $\mathcal{H}_{n,k}$ 是两两独立的、类型为 $\{0,1\}^n \to \{0,1\}^k$ 的、高效哈希函数族。设 $S \subseteq \{0,1\}^n$ 满足 $2^{k-2} \leqslant |S| < 2^{k-1}$。下述概率不等式成立：

$\exists! x \in S.h(x) = y$ 表示存在唯一的 $x \in S$ 使得 $h(x) = y$。

$$\Pr_{h \in_{\mathrm{R}} \mathcal{H}_{n,k}, y \in_{\mathrm{R}} \{0,1\}^k}[\exists! x \in S.h(x) = y] > \frac{1}{8}$$

证明　选定 $y \in \{0,1\}^k$。设 $p = 2^{-k}$。根据引理假定，$\Pr_{h \in_R \mathcal{H}_{n,k}}[h(x) = y] = p$，并且对于 $x \neq x'$ 有等式 $\Pr_{h \in_R \mathcal{H}_{n,k}}[h(x) = y \wedge h(x') = y] = 2^{-2k} = p^2$。根据容

斥原理，有概率不等式

$$\Pr[\exists x \in S.h(x)=y] \geqslant \sum_{x \in S} \Pr[h(x)=y] - \sum_{x<x'} \Pr \left[\begin{array}{c} h(x)=y, \\ h(x')=y \end{array} \right]$$

$$= |S|p - \binom{|S|}{2}p^2$$

根据一致界，有概率不等式

$$\Pr \left[\exists x, x' \in S. \left(\begin{array}{c} x \neq x', \\ h(x)=y, \\ h(x')=y \end{array} \right) \right] \leqslant \sum_{x<x'} \Pr \left[\begin{array}{c} h(x)=y, \\ h(x')=y \end{array} \right]$$

从上述两个不等式立即得到

$$\Pr_{h \in_R \mathcal{H}_{n,k}}[\exists! x \in S.h(x)=y] \geqslant |S|p - 2\binom{|S|}{2}p^2$$

$$= |S|p\left(1 - (|S|-1)p\right)$$

$$> |S|p\left(1 - 2^{k-1} \cdot \frac{1}{2^k}\right)$$

$$\geqslant 2^{k-2} \cdot \frac{1}{2^k} \cdot \frac{1}{2}$$

$$= \frac{1}{8}$$

引理得证。 □

　　此引理的直观是，若 S 足够小，随机选取的函数 h 看上去像是一个从 S 到值域的单射；若 S 足够大，随机选取的函数 h 看上去像是一个从 S 到值域的满射；若 S 的大小恰到好处，随机选取的函数 h 看上去像是一个从 S 到值域的双射。引理4.2有个平凡的推论。

引理 4.3　$\Pr_{h \in_R \mathcal{H}_{n,k}, y \in_R \{0,1\}^k}[集合\{x \mid h(x)=y\}的元素个数为奇数] > \frac{1}{8}$。

4.3　概率图灵机

　　随机计算的形式化模型是概率图灵机。概率图灵机（PTM）是具有特殊   Probabilistic TM

计算策略的非确定图灵机。一台非确定图灵机 $\mathbb{P}$ 具有两个迁移函数，记为 δ_0 和 δ_1。作为概率图灵机，$\mathbb{P}$ 的计算策略是：在任何时刻，$\mathbb{P}$ 以 $1/2$ 的概率选择迁移函数 δ_0，以 $1/2$ 的概率选择迁移函数 δ_1，所有的随机选择都是相互独立的。当输入为 x 时，概率图灵机 $\mathbb{P}$ 的输出可看成是一个随机变量，常用 $\mathbb{P}(x)$ 表示。按约定，$\Pr[\mathbb{P}(x) = y]$ 就是 $\mathbb{P}$ 在输入 x 后输出是 y 的概率。

关于概率图灵机，我们关心两个基本问题：

1. 什么是概率图灵机计算了某函数？什么函数可由概率图灵机计算？
2. 如何用概率图灵机定义复杂性类？

为回答第一个问题，可定义概率图灵机 $\mathbb{P}$ 计算的函数 ϕ 如下：

$$\phi(x) = \begin{cases} y, & \text{若 } \Pr[\mathbb{P}(x) = y] > 1/2 \\ \uparrow, & \text{否则} \end{cases} \tag{4.3.1}$$

利用第 7 页上定义的符号 $L(x)$，可给出如下定义。

定义 4.4　称语言 L 可由概率图灵机 $\mathbb{P}$ 判定当仅当 $\Pr[\mathbb{P}(x) = L(x)] > 1/2$。

Santos 桑托斯证明了下述结果 [187]。

定理 4.4（桑托斯定理）　概率图灵机可计算的函数就是可计算函数。

图灵机是概率图灵机的特例，因此图灵可计算均为概率图灵机可计算。对另一个方向的证明感兴趣的读者可参阅桑托斯的论文。

从可计算角度，定理4.4给概率图灵机画了句号。从计算复杂性理论的角度看，概率图灵机似乎提供了更多选项。在概率模型的框架下，我们不仅可以研究最坏时间复杂性，还可以研究平均时间复杂性，后者似乎更有意义。吉尔给出的下述反例让我们重新思考这个问题 [85,86]。

引理 4.4　每个递归集都可由一个概率图灵机在常数平均时间内判定。

证明　设图灵机 $\mathbb{M}$ 判定递归集 W。概率图灵机 $\mathbb{P}$ 的定义如下：

```
repeat
    模拟 M(x) 计算一步；
    if M(x) 执行完此步后停机并回答"是" then 回答"是"；
```

> if $\mathbb{M}(x)$ 执行完此步后停机并回答"否" then 回答"否";
>
> 投硬币;
>
> until 投硬币结果 = 面朝上;
>
> 投硬币;
>
> if 投硬币结果 = 面朝上 then 接受 else 拒绝。

当输入 x 后，$\mathbb{P}(x)$ 有一个非零的概率模拟完 $\mathbb{M}(x)$ 的计算，因此按定义4.4，$\mathbb{P}$ 判定 W。在期望意义下，$\mathbb{P}(x)$ 模拟 $\mathbb{M}(x)$ 计算两步。所以平均计算时间是个常数。 □

仔细研究这个例子会发现，问题出在定义 (4.4)。正如在这个例子里一样，出错概率可以指数的速度接近 $1/2$。在概率论中，有解决此类问题的一般方法。

定义 4.5　若存在正实数 $\epsilon < 1/2$ 和多项式时间概率图灵机 $\mathbb{P}$，使得 $x \in L$ 当仅当 $\Pr[\mathbb{P}(x) = L(x)] \geqslant 1/2 + \epsilon$，称 L 由概率图灵机 $\mathbb{P}$ 按有界误差标准判定。　　　　　bounded error

定义4.5中的"$+\epsilon$"提出的是如下要求：无论是接受还是拒绝，都要有显著的多数。定义4.3.1则不同，多数可以是 $\dfrac{1}{2} + \dfrac{1}{e(n)}$，其中 $e(n)$ 可以是一个增长速度非常快的函数。使用定义4.5，引理4.4证明中举出的反例失效。还有一个办法让引理4.4的证明失效，即强迫计算在某个时间可构造函数指定的时间内终止，即定义概率版本的最坏时间复杂性。

定义 4.6　设 $T : \mathbf{N} \to \mathbf{N}$ 为时间函数。若对所有 $x \in \{0,1\}^*$，$\mathbb{P}(x)$ 的所有计算路径长度都不超过 $T(|x|)$，称 $T(n)$ 为概率图灵机 $\mathbb{P}$ 的时间函数。

可以用定义4.5和定义4.6形式化 **P** 的随机版本，也可以用定义4.4和定义4.6形式化 **P** 的随机版本。我们将在以下两节分别讨论这两类刻画。

4.4　BPP 与 ZPP

用定义4.5的标准可定义 **BPTIME**$(T(n))$：$L \in$ **BPTIME**$(T(n))$ 当仅当有概率图灵机 $\mathbb{P}$ 和常数 c，$cT(n)$ 为 $\mathbb{P}$ 的时间函数且 $\mathbb{P}$ 按定义4.5判定 L。下述

定义给出了具有蒙特卡罗算法的问题类。

定义 4.7 $\mathbf{BPP} = \bigcup_{c>0} \mathbf{BPTIME}(n^c)$。

BPP 可能是最重要的概率图灵机定义的复杂性类。按照定义，$\mathbf{P} \subseteq \mathbf{BPP} = \mathbf{coBPP}$。

　　判定 **BPP** 中语言的不同的概率图灵机有不同的出错概率。根据误差压缩定理（定理4.2），在定义4.5中，我们可以选任何介于 0 和 $\frac{1}{2}$ 之间的数作为 ϵ，我们甚至可以选任何多项式的倒数函数作为 ϵ。误差压缩定理提供了一个强有力的研究 **BPP** 的工具。一个简单的应用是，**BPP** 可等价地刻画如下：设 ρ 是一个严格介于 0 和 $1/2$ 之间的常量或多项式的倒数函数，

$L \in \mathbf{BPP}$ 当仅当存在多项式 $p : \mathbf{N} \to \mathbf{N}$ 和多项式时间图灵机 $\mathbb{M}$，

对所有 $x \in \{0,1\}^*$，$\Pr_{r \in_R \{0,1\}^{p(|x|)}}[\mathbb{M}(x,r) \neq L(x)] \leqslant \rho$ 成立。

robustness误差压错定理讲的是 **BPP** 的健壮性。说到健壮性，在定义 **BPP** 时可将最坏情况时间复杂性换成期望时间复杂性。根据第129页上讨论的拉斯维加斯算法与蒙特卡罗算法之间的转换关系可知，这两种定义是等价的。与 **P** 一样，**BPP** 中的问题也是实际可解的。有些研究者甚至认为后者是比前者更实际的问题类，因为人类制造的复杂的硬件都会有非零的出错概率，硬件的老损也会增加设备的不可靠性，随机算法的出错概率可以做到远小于硬件的出错概率。

　　看两个应用误差压缩定理的例子，第一个是阿德曼证明的著名结果 [5]。

定理 4.5（阿德曼定理） $\mathbf{BPP} \subseteq \mathbf{P}_{/\mathrm{poly}}$。

证明   设 $L \in \mathbf{BPP}$。存在多项式 $p(x)$ 和多项式时间图灵机 $\mathbb{M}$ 使得对所有 $x \in \{0,1\}^n$ 有 $\Pr_{r \in_R \{0,1\}^{p(n)}}[\mathbb{M}(x,r) \neq L(x)] \leqslant 1/2^{n+1}$。对每个长度为 n 的输入 x，最多有 $\frac{1}{2^{n+1}} \cdot 2^{p(n)}$ 个随机串 r 使得 $\mathbb{M}(x,r)$ 误判。因此涉嫌误判的随机串个数不超过 $2^n \cdot \frac{1}{2^{n+1}} \cdot 2^{p(n)} = 2^{p(n)-1}$。换言之，必有不涉及任何误判的串 r_n。所以有多项式时间的带建议 $\{r_n\}_{n \in \mathbf{N}}$ 的图灵机 $\mathbb{M}$ 判定 L。   □

　　阿德曼将上述结果解释为"非一致性强于随机性"。阿德曼定理和卡普-立普顿定理（定理3.8）告诉我们，如果我们相信无限谱系假设，就能推出 $\mathbf{NP} \not\subseteq \mathbf{BPP}$，并由此推出 $\mathbf{P} \neq \mathbf{NP}$。

第二个例子是西普塞证明的关于 **BPP** 和多项式谱系之间关系的结论 [205]。西普塞原先的结果是 **BPP** $\subseteq \sum_4^p \cap \prod_4^p$，后来高奇指出该结果可以改进成 **BPP** $\subseteq \sum_2^p \cap \prod_2^p$，这些在文献 [205] 中都有说明。我们将介绍的证明是洛特曼给出的，该证明用了概率论证方法 [143]。

Gács

Lautemann

定理 4.6（西普塞-高奇定理）　　**BPP** $\subseteq \sum_2^p \cap \prod_2^p$。

证明　设 $L \in$ **BPP**。有多项式 p 和多项式时间图灵机 $\mathbb{M}$，对任意 $x \in \{0,1\}^n$，

$$\Pr_{r \in_R \{0,1\}^{p(n)}}[\mathbb{M}(x,r)=1] \geqslant 1-2^{-n}, \quad 若 x \in L$$
$$\Pr_{r \in_R \{0,1\}^{p(n)}}[\mathbb{M}(x,r)=1] \leqslant 2^{-n}, \quad 若 x \notin L$$

设 S_x 是所有支持 x 的长度为 $p(n)$ 的 r，即满足 $\mathbb{M}(x,r)=1$ 的 r 构成的集合。按定义将上述概率不等式改写成

$$|S_x| \geqslant (1-2^{-n})2^{p(n)}, \quad 若 x \in L$$
$$|S_x| \leqslant 2^{-n}2^{p(n)}, \quad 若 x \notin L$$

对于集合 $S \subseteq \{0,1\}^{p(n)}$ 和串 $u \in \{0,1\}^{p(n)}$，定义 $S+u$ 为 $\{r+u \mid r \in S\}$，这里 $+$ 是按位异或。设 $k = \left\lceil \frac{p(n)}{n} \right\rceil + 1$。先叙述两个断言。

断言一　若 $S \subseteq \{0,1\}^{p(n)}$ 满足 $|S| \leqslant 2^{-n}2^{p(n)}$，则对任意 k 个向量 $u_1,\cdots,u_k$，有 $\bigcup_{i=1}^k (S+u_i) \neq \{0,1\}^{p(n)}$。

证明　证明就是比大小。有 $|\bigcup_{i=1}^k (S+u_i)| \leqslant \bigcup_{i=1}^k |S+u_i| \leqslant k|S| = o(2^{p(n)})$。当 n 足够大时，$\bigcup_{i=1}^k (S+u_i)$ 是 $\{0,1\}^{p(n)}$ 的真子集。　　　□

断言二　若 $S \subseteq \{0,1\}^{p(n)}$ 满足 $|S| \geqslant (1-2^{-n})2^{p(n)}$，则存在 $u_1,\cdots,u_k$ 使得 $\bigcup_{i=1}^k (S+u_i) = \{0,1\}^{p(n)}$。

证明　固定 $r \in \{0,1\}^{p(n)}$。有 $\Pr_{u_i \in_R \{0,1\}^{p(n)}}[u_i \in S+r] \geqslant 1-2^{-n}$。由此推出

$$\Pr_{u_1,\cdots,u_k \in_R \{0,1\}^{p(n)}}\left[\bigwedge_{i=1}^k u_i \notin S+r\right] \leqslant 2^{-kn} < 2^{-p(n)}$$

注意，$u_i \notin S + r$ 当仅当 $r \notin S + u_i$，所以根据一致限不等式 (4.1.1)，有

$$\Pr_{u_1,\cdots,u_k \in_R \{0,1\}^{p(n)}} \left[\exists r \in \{0,1\}^{p(n)}.r \notin \bigcup_{i=1}^{k}(S+u_i) \right] < 1$$

上述概率不等式意味着，必存在 $u_1,\cdots,u_k$ 使得 $\bigcup_{i=1}^{k}(S+u_i) = \{0,1\}^{p(n)}$。□

上述两断言说明，$x \in L$ 当仅当

$$\exists u_1,\cdots,u_k \in \{0,1\}^{p(n)}.\forall r \in \{0,1\}^{p(n)}.r \in \bigcup_{i=1}^{k}(S_x+u_i)$$

等价地，$\exists u_1,\cdots,u_k \in \{0,1\}^{p(n)}.\forall r \in \{0,1\}^{p(n)}.\bigvee_{i=1}^{k}\mathbb{M}(x,r+u_i) = 1$。因为 k 是 n 的多项式，所以 $\bigvee_{i=1}^{k}\mathbb{M}(x,r+u_i) = 1$ 在多项式时间内可判定，故 $L \in \sum_{2}^{p}$，由此得 $\mathbf{BPP} \subseteq \sum_{2}^{p}$。由于 $\mathbf{BPP}$ 在补运算下封闭，所以 $\mathbf{BPP} \subseteq \prod_{2}^{p}$。□

probabilistic
method

Erdös

　　断言二的证明用的是概率方法。在组合学和理论计算机科学研究中，有时需要证明满足某一性质的一类对象存在。概率方法首先在对象上引入某个测度，然后证明满足所需性质的对象的测度非零。由此推出满足所需性质的对象一定存在。一个常被引用的例子是厄多斯用概率方法证明的如下结论 [71]：存在 n 个结点的图，该图要么含有 $2\log(n)$-结点的完全图，要么含有 $2\log(n)$-结点的独立集。当然，概率方法只证明存在性，不能帮助我们找到任何满足所需性质的对象。

　　作为误差压缩定理的最后一个应用例子，我们证明 $\mathbf{BPP}$ 对自己是低的。

定理 4.7　$\mathbf{BPP}^{\mathbf{BPP}} = \mathbf{BPP}$。

证明　设 $p(n)$ 为多项式，概率图灵机 $\mathbb{P}$ 在时间 $p(n)$ 内判定 $L \in \mathbf{BPP}^{\mathbf{BPP}}$，出错率不超过 $\frac{1}{3}$，运行时调用某个神谕 $O \in \mathbf{BPP}$。根据定理4.2，O 可由一台多项式时间概率图灵机判定，其出错概率不超过 $\frac{1}{9p(n)2^{p(n)}}$。当输入 x 长度为 n 时，$\mathbb{P}(x)$ 在每条计算路径上调用神谕的次数不可能超过 $p(n)$，因此由于神谕回答错误而导致该计算路径出错的概率不超过 $\frac{1}{9 \cdot 2^{p(n)}}$。用一致界得知，由于

神谕回答错误而导致 $\mathbb{P}(x)$ 出错的概率不超过 $\dfrac{1}{9}$。结论：$\mathbb{P}(x)$ 的出错概率不超过 $1/9 + 1/3 = 4/9$。定理得证。   □

概率图灵机之所以有用是它们能加快解题速度，代价是牺牲正确率。如果我们不愿意牺牲正确性，有可能通过牺牲最坏情况时间复杂性来维持正确性，在最坏情况下，计算时间可能没有上界。这时候我们要用平均时间复杂性取代最坏情况时间复杂性。设 $T(n)$ 为时间函数，L 为语言。$L \in \mathbf{ZTIME}(T(n))$ 当仅当有概率图灵机 $\mathbb{P}$ 和常数 c，对任意长度为 n 的输入 x，计算 $\mathbb{P}(x)$ 的期望时间不超过 $cT(n)$，且当 $\mathbb{P}(x)$ 的计算终止时，$\mathbb{P}(x) = L(x)$。在此定义中，$\mathbb{P}$ 称为零误差概率图灵机。下述定义给出了具有拉斯维加斯算法的问题类。 zero-sided error

定义 4.8　$\mathbf{ZPP} = \bigcup_{c>0} \mathbf{ZTIME}(n^c)$。

在多项式时间零误差概率图灵机判定的类 $\mathbf{ZPP}$ 和多项式时间有界误差概率图灵机判定的类 $\mathbf{BPP}$ 之间有一复杂性类，该类中的语言可由多项式时间的单侧误差概率图灵机所判定。单侧误差概率图灵机做出的接受决定都是正确的，做出的拒绝决定可能是错误的。定义 $\mathbf{RTIME}(T(n))$ 如下： one-sided error
$L \in \mathbf{RTIME}(T(n))$ 当仅当有概率图灵机 $\mathbb{P}$ 和常数 c，$cT(n)$ 为 $\mathbb{P}$ 的时间函数，且对任意输入 $x \in \{0,1\}^*$，随机变量 $\mathbb{P}(x)$ 满足如下概率不等式：

$$\Pr[\mathbb{P}(x) = 1] \geqslant 2/3, \quad \text{若 } x \in L \tag{4.4.1}$$
$$\Pr[\mathbb{P}(x) = 1] = 0, \quad \text{若 } x \notin L$$

在有些应用场景，我们可以允许单侧误差，但无法承受双侧误差带来的损失，也不能允许计算超时。从应用的角度看，下述定义给出的复杂性类可能比 $\mathbf{BBP}$ 和 $\mathbf{ZPP}$ 更有意义。

定义 4.9　$\mathbf{RP} = \bigcup_{c>0} \mathbf{RTIME}(n^c)$。

对单侧误差概率图灵机，我们也有误差压缩定理。因此 (4.4.1) 中的参数 2/3 可以换成任何一个大于 1/2 的常数。

当我们进行安全性或可靠性验证时，希望测试某个坏状态是否不可达。我们可用第4.8节讨论的方法设计一个多项式时间概率图灵机，该算法拒绝（即坏状态可达）时一定是正确的，接受（即坏状态不可达）时有个小概率错误。所以 Reachability $\in \mathbf{coRP}$。另一个在 $\mathbf{coRP}$ 中的问题是 ZEROP。

根据第129页上关于拉斯维加斯算法与蒙特卡罗算法之间关系的讨论，有下述等式。

定理 4.8　　$\mathbf{ZPP} = \mathbf{RP} \cap \mathbf{coRP}$。

4.5　　PP 与 ♯P

用定义4.4的标准可定义 $\mathbf{PTIME}(T(n))$：$L \in \mathbf{PTIME}(T(n))$ 当仅当有概率图灵机 $\mathbb{P}$ 在 $cT(n)$ 时间内按定义4.4判定 L，这里 c 是常量。利用 $\mathbf{PTIME}(\_)$，可定义一个直觉上很大的概率多项式时间类。

定义 4.10　　$\mathbf{PP} = \bigcup_{c>0} \mathbf{PTIME}(n^c)$。

$\mathbf{PP}$ 可等价地刻画如下：$L \in \mathbf{PP}$ 当仅当存在多项式 $p : \mathbf{N} \to \mathbf{N}$ 和多项式时间图灵机 $\mathbb{M}$，对所有 $x \in \{0,1\}^*$，概率不等式

$$\Pr_{r \in_R \{0,1\}^{p(|x|)}}[\mathbb{M}(x,r) = L(x)] > 1/2$$

成立。这个概率不等式并未考虑 $\Pr_{r \in_R \{0,1\}^{p(|x|)}}[\mathbb{M}(x,r) = L(x)] = 1/2$ 的情况。在一些讨论中，比如在设计计数问题的算法时，需要考虑这种边界情况。

引理 4.5　　$L \in \mathbf{PP}$ 当仅当存在满足下述条件的多项式 $p : \mathbf{N} \to \mathbf{N}$ 和多项式时间图灵机 $\mathbb{M}$：对任意 $x \in \{0,1\}^*$，

$$若 x \in L, \quad 则 \Pr_{r \in_R \{0,1\}^{p(|x|)}}[\mathbb{M}(x,r) = 1] \geqslant 1/2 \tag{4.5.1}$$

$$若 x \notin L, \quad 则 \Pr_{r \in_R \{0,1\}^{p(|x|)}}[\mathbb{M}(x,r) = 0] > 1/2 \tag{4.5.2}$$

如果将 (4.5.1) 中的 $\geqslant$ 换成 $>$ 并将 (4.5.2) 中的 $>$ 换成 $\geqslant$，结论一样成立。

证明　　设概率图灵机 $\mathbb{P}$ 满足 (4.5.1) 和 (4.5.2)。对 $\mathbb{P}$ 做如下修改，得到 $\mathbb{P}'$：设输入为 x，

1. 若 $\mathbb{P}(x)$ 计算过程中至少选择迁移函数 δ_1 一次，并终止于接受格局，连续投两次硬币，若均为面朝下，拒绝；否则，接受。

2. 若 $\mathbb{P}(x)$ 计算过程中至少选择迁移函数 δ_1 一次，并终止于拒绝格局，连续投两次硬币，若均为面朝上，接受；否则，拒绝。

3. 若 $\mathbb{P}(x)$ 计算过程中只使用了迁移函数 δ_0 并终止于接受格局，接受。

4. 若 $\mathbb{P}(x)$ 计算过程中只使用了迁移函数 δ_0 并终止于拒绝格局，投硬币，面朝上，接收；面朝下，拒绝。

不难看出，$\mathbb{P}'$ 满足定义4.4的接受标准。另一种情况的证明类似。　　□

下述引理给出了 **PP** 的一个上下界 [86]，其证明用到了引理 4.5。

引理 4.6　**NP**, **coNP** $\subseteq$ **PP** $\subseteq$ **PSPACE**。

证明　设 L 在多项式时间被非确定图灵机 $\mathbb{N}$ 判定。设计满足如下条件的概率图灵机 $\mathbb{P}$：当输入为 x 时，

1. $\mathbb{P}$ 概率地模拟 $\mathbb{N}(x)$ 的非确定计算；
2. 若 $\mathbb{N}(x)$ 的计算终止于接受格局，$\mathbb{P}$ 接受；否则投硬币，面朝上，$\mathbb{P}$ 接受，面朝下，$\mathbb{P}$ 拒绝。

显然 $\mathbb{P}$ 判定 L，所以 **NP** $\subseteq$ **PP**。因 **PP** 在补运算下封闭，所以 **coNP** $\subseteq$ **PP**。通用图灵机可在多项式空间内模拟多项式时间概率图灵机的所有计算并记下接受路径数，所以 **PP** $\subseteq$ **PSPACE**。　　□

为了研究 **PP** 的完全问题，我们引入 SAT 的两个概率版本（更准确地说是计算问题的判定版本）。

1. $\langle \varphi, i \rangle \in \natural\text{SAT}$ 当仅当满足 φ 的真值指派个数超过 i。
2. $\varphi \in \text{MajSAT}$ 当仅当满足 φ 的真值指派个数超过一半。

吉尔指出这两个问题是等价的 [86]。

命题 17　$\text{MajSAT} \leqslant_K \natural\text{SAT} \leqslant_K \text{MajSAT}$。

证明　归约 $\text{MajSAT} \leqslant_K \natural\text{SAT}$ 直截了当，重点是构造反向归约。设 $\langle \varphi, i \rangle \in \natural\text{SAT}$，并假定 φ 含 n 个变量。设 $i = \sum_{h=1}^{j} 2^{i_h}$，这里 $0 < i_1 < i_2 < \cdots < i_j$。引入新变量 $z_1, \cdots, z_i$ 和 x。构造合取范式 ψ，使得有 $2^{n+j} - 2^{i_j} - \cdots - 2^{i_1}$ 个真值指派让 ψ 为真。公式 ψ 定义为合取范式 $\bigwedge_{j' \in [j]} \phi_{j'}$，其中 $\phi_1, \cdots, \phi_j$ 定义如下：

$$\phi_1 = x_{i_1+1} \vee \cdots \vee x_n \vee \overline{z_1} \vee z_2 \vee \cdots \vee z_i$$
$$\phi_2 = x_{i_2+1} \vee \cdots \vee x_n \vee z_1 \vee \overline{z_2} \vee \cdots \vee z_i$$
$$\vdots$$
$$\phi_j = x_{i_j+1} \vee \cdots \vee x_n \vee z_1 \vee z_2 \vee \cdots \vee \overline{z_i}$$

当 z_1 取真值，$x_{i_1+1},\cdots,x_n,z_2,\cdots,z_j$ 取假值时，ϕ_1 取假值，因而整个公式取假值。这时对 $x_1,\cdots,x_{i_1}$ 的赋值有 2^{i_1} 个可能性。其他情况的分析类似。公式 $(x\wedge\varphi\wedge z_1\wedge\cdots\wedge z_j)\vee(\overline{x}\wedge\psi)$ 含有 $n+j+1$ 个变量，使其为真的真值指派个数为 $i+(2^{n+j}-i)=2^{n+j}$。因此，$\langle\varphi,i\rangle\in\natural\mathtt{SAT}$ 当仅当

$$(x\wedge\varphi\wedge z_1\wedge\cdots\wedge z_j)\vee(\overline{x}\wedge\psi)\in\mathtt{MajSAT}$$

定理得证。   □

Simons

在吉尔证明上述定理之前，西蒙斯证明了下面的结果 [203]。

定理 4.9（$\natural$P 完备问题） $\natural\mathtt{SAT}$ 是 **PP**-完全的。

证明 只需证 MajSAT 是 **PP**-完全的。随机地产生一个真值指派，并输出输入合取范式在该真值指派下的值。此算法证明了 $\mathtt{MajSAT}\in\mathbf{PP}$。设 $L\in\mathbf{PP}$，按定义，存在多项式 $p:\mathbf{N}\to\mathbf{N}$ 和多项式时间图灵机 $\mathbb{M}$，对所有 $x\in\{0,1\}^*$，不等式 $\mathrm{Pr}_{r\in_R\{0,1\}^{p(|x|)}}[\mathbb{M}(x,r)=L(x)]>1/2$ 成立。用卡普-莱文归约将 $\mathbb{M}(x,r)$ 归约到一个合取范式。归约的正确性由莱文性质保证。   □

图灵机定义的复杂性类，如 **P** 和 **PSPACE**，在语言的并和交下封闭。例如，L_1、$L_2\in\mathbf{P}$ 蕴含 $L_1\cup L_2\in\mathbf{P}$ 和 $L_1\cap L_2\in\mathbf{P}$。对于 **PP**，这些性质并非显然。在文献 [30] 中，作者证明了 **PP** 在语言的并和交下也封闭。

PP 类问题关心的是具有某个性质的对象是否占多数？不难想象，如果有一个计算"具有某个性质的对象是否占多数"的定性算法，可以用二分法将"具有某个性质的对象个数"计算出来。反之，如果有一个计算"具有某个性质的对象个数"的定量算法，当然就知道"具有某个性质的对象是否占多数"。要进一步研究 **PP** 问题类，可以从研究"计数对象个数"的角度去展开。瓦里昂特是第一个研究这类称之为计数问题的复杂性理论的学者 [229,230]。之后的研究表明，计数复杂性不止是刻画了一个复杂性类，它还是一种技术，在电路复杂性、交互证明系统等领域有应用。计数复杂性加深了我们对一些优化问题、博弈问题的认识。将在第4.7节讨论的户田定理告诉我们，可将这类优化问题高效地转化成计数问题。事实上，多项式谱系中的所有问题都可以高效地转化成计数问题，无论如何这是认识上的一个飞跃。

在应用领域，一类称为网络可靠性问题可归约到计数问题 [230]。将网络视为有向图，图中有一个源点 s 和一个接收点 t，求该图有多少个子图满足从 s 到 t 有一条路径。这是一个计数问题。这类子图个数和总的子图个数的比值可看成是衡量网络可靠性的一个参数。子图可通过删除原图中的一些边得到，这对应于网络连线的不稳定性；也可以通过删除原图中的一些结点得到，这对应于网络结点的不稳定性。很多组合问题都有相应的计数版本。例如二分图的完美匹配问题的计数版本问：一个二分图有多少个完美匹配？这个问题等价于求一个布尔方阵的积和式，瓦里昂特证明了后者是计数问题中那类最难的问题 [229]，这将在第4.6节讨论。完美匹配问题有多项式算法，但它的计数版本和一个 NP-完全问题（如 SAT）的计数版本是同样难的。另一个例子是求一个有向图中所有简单圈（即没有重复结点的圈）的个数，将这个问题记为 ♯CYCLE。为了说明此问题的难度，文章 [118] 将一个 NP-完全问题，即哈密尔顿回路问题归约到该问题。假定图 G 有 n 个结点，构造图 G' 如下：将 G 中的一条边 $a \to b$ 变成 G' 中从 a 到 b 的 2^{n^2} 条路径，方法如下图所示，添加的红色结点数为 $2n^2$。若 G 有哈密尔顿回路，则 G' 至少有 $(2^{n^2})^n = 2^{n^3}$ 个简单圈。若 G 没有哈密尔顿回路且 $n > 2$，则 G 的简单圈的个数小于 n^{n-1}，G' 的简单圈个数小于 $n^{n-1}(2^{n^2})^{n-1} < \dfrac{1}{(n - \log n)^2} \cdot 2^{n^3}$。这是一个多项式时间归约，所以若 ♯CYCLE 有多项式时间算法，哈密尔顿回路问题就有多项式时间算法。

扫码查看彩图

在理论层面，计数问题是计数组合学的研究内容 [211]。有些计数问题非常难，我们既不知道它们的程序解，也不知道它们的闭公式解。

　　瓦里昂特将计数问题形式化为类型是 $\{0,1\}^* \to \mathbf{N}$ 的函数。一个计数问题的输入实例是 0-1 串，输出是一个自然数。我们当然关心这类问题的多项式可计算性。类型 **FP** 表示所有可在多项式时间计算的计数问题。若计算 $f \in \mathbf{FP}$ 的图灵机的时间函数是 $T(n)$，对任意 $x \in \{0,1\}^*$，应有 $|f(x)| \leqslant T(|x|)$，即计算结果是多项式长的。我们将只关心计数值是多项式长的计数问题。就像我们将 **P** 类问题推广到 **NP** 类问题一样，我们可以用非确定图灵机推广 **FP** 类。设

enumerative combinatorics

$\mathbb{N}$ 是解决某个判定问题的多项式时间非确定图灵机。若对任意 0-1 串 x，$\mathbb{N}(x)$ 有 $f(x)$ 条计算路径最终输出 1，称 $\mathbb{N}$ 解决了计数问题 $f : \{0,1\}^* \to \mathbb{N}$。将此类计数问题归入复杂性类 $\sharp\mathbf{P}$。用经典图灵机，我们可以给出 $\sharp\mathbf{P}$ 的等价定义。

读作 "sharp $\mathbf{P}$" 或 "number $\mathbf{P}$"。

定义 4.11 计数问题 f 在 $\sharp\mathbf{P}$ 中当仅当存在多项式时间图灵机 $\mathbb{M}$ 和多项式 $p : \mathbb{N} \to \mathbb{N}$ 使得对所有输入 x 有 $f(x) = |\{y \in \{0,1\}^{p(|x|)} \mid \mathbb{M}(x,y) = 1\}|$，此时称图灵机 $\mathbb{M}$ 见证了 $f \in \sharp\mathbf{P}$。

计数复杂性最关心的当然是 $\sharp\mathbf{P}$ 中的函数是否都是多项式时间可计算的。目前我们只知道下面这个明显的结论。

引理 4.7 $\mathbf{FP} \subseteq \sharp\mathbf{P}$。

证明 若 $f \in \mathbf{FP}$，程序 "$if\, y < \llcorner f(x) \lrcorner\; then\; 1\; else\; 0$" 见证了 $f \in \sharp\mathbf{P}$。 □

反方向的包含关系非常不可能，我们也不太可能证明 $\sharp\mathbf{P} \neq \mathbf{FP}$，这些可从下面的引理看出，其证明留作练习。

引理 4.8 若 $\mathbf{PSPACE} = \mathbf{P}$，则 $\sharp\mathbf{P} = \mathbf{FP}$。若 $\sharp\mathbf{P} = \mathbf{FP}$，则 $\mathbf{NP} = \mathbf{P}$。

如果我们能够计数，就能通过计数将随机算法的成功率算出来。下述定理证实，$\mathbf{PP}$ 可看成是 $\sharp\mathbf{P}$ 的判定版本，后者可看成是前者的计算版本。

定理 4.10（计数与概率） $\mathbf{PP} = \mathbf{P}$ 当仅当 $\sharp\mathbf{P} = \mathbf{FP}$。

证明 如果能计算出满足公式的真值指派个数，当然能计算出满足公式的真值指派比例。用库克-莱文归约易证：$\sharp\mathbf{P} = \mathbf{FP}$ 蕴含 $\mathbf{PP} = \mathbf{P}$。反之，假定 $\mathbf{PP} = \mathbf{P}$。设 $f \in \sharp\mathbf{P}$，p 是多项式，$\mathbb{M}$ 是多项式时间图灵机，使得对所有 x 有

$$f(x) = |\{y \in \{0,1\}^{p(|x|)} \mid \mathbb{M}(x,y) = 1\}|$$

设 $\ell \in \{0,1\}^{p(|x|)}$，定义 $\mathbb{L}$ 如下：

$$\mathbb{L}(x, by) = if\, b = 1\; then\; \mathbb{M}(x,y)\; else\; if\, y < \ell\; then\; 1\; else\; 0$$

不难看出，$\mathbb{L}$ 判定 $\mathbf{PP}$ 中的一个语言。若 $\mathbf{PP} = \mathbf{P}$，则有多项式时间图灵机 $\mathbb{L}'$，它所判定的语言和 $\mathbb{L}$ 所判定的语言是同一个语言。通用图灵机可通过模拟 $\mathbb{L}'(x)$ 在多项式时间内判定 $f(x) + \ell \geqslant 2^{p(|x|)}$ 是否成立，因此可用二分法算出满足 $f(x) + \ell' = 2^{p(|x|)}$ 的 ℓ'，并由此算得 $f(x) = 2^{p(|x|)} - \ell'$。 □

可将计数问题 $f: \{0,1\}^* \to \mathbf{N}$ 视为神谕，当问该神谕问题 x 时，神谕回复 $f(x)$ 的二进制表示，此回复是多项式长的。我们用 $\mathbf{FP}^f$ 表示所有使用神谕 f 在多项式时间可计算的类型为 $\{0,1\}^* \to \mathbf{N}$ 的函数。利用此符号，可定义 ♯**P**-完全性。

定义 4.12 若 $f \in \sharp\mathbf{P}$，且 ♯**P** 中的所有问题都在 $\mathbf{FP}^f$ 中，称 f 是 ♯**P**-完全的。

用 $\sharp\varphi$ 表示使得 φ 为真的真值指派个数。计数问题 ♯SAT 包含所有有序对 $\langle\varphi, \sharp\varphi\rangle$，输入合取范式 φ 后，输出 $\sharp\varphi$。读者一定会想到下述结论 [204]。

定理 4.11 ♯SAT 是 ♯**P**-完全的。

证明 设图灵机 $\mathbb{M}$ 见证了 $f \in \sharp\mathbf{P}$，即 $f(x) = \left|\{y \in \{0,1\}^{p(|x|)} \mid \mathbb{M}(x,y)=1\}\right|$。用库克-莱文归约将 $\mathbb{M}(x,y)=1$ 转换成一个合取范式 $\psi(x,y,z)$，使得 $\psi(x,y,z)$ 的可满足真值指派和满足 $\mathbb{M}(x,y)=1$ 的 y 一一对应。因此只需向 ♯SAT 提出问题 $\psi(x,y,z)$，即得答案 $\sharp\psi(x,y,z)$，此答案就是 $f(x)$。 □

很多 NP-完全问题的计数版本是 ♯**P**-完全的。显然，如果从 SAT 到一个 NP-完全问题 L 的卡普归约建立了一个证书与证书之间的一一对应，后者就是 ♯**P**-完全的。

结束本节之前，我们揭示判定问题复杂性类 **PP** 和计数问题复杂性类 ♯**P** 在什么意义下是等价的 [16]。

定理 4.12 $\mathbf{P}^{\mathbf{PP}} = \mathbf{P}^{\sharp\mathbf{P}}$。

证明 用定理4.10的证明思路，证明 $\mathbf{P}^{\sharp\mathrm{SAT}} = \mathbf{P}^{\sharp\mathrm{SAT}}$ 即可。 □

4.6 积和式计算

给定 $n \times n$ 矩阵 $\boldsymbol{A}$，其行列式定义为   determinant

$$|\boldsymbol{A}| = \sum_{\sigma \in P_n} (-1)^{sw(\sigma)} \prod_{i=1}^n \boldsymbol{A}_{i,\sigma(i)}$$

其中 $P_n \subseteq [n] \to [n]$ 为置换函数子集，$sw(\sigma) = |\{(j,k) \mid j < k \wedge \sigma(j) > \sigma(k)\}|$。用高斯消元法，可在多项式时间里计算行列式的值。与行列式的计算公式类似的一个计算为矩阵 $\boldsymbol{A}$ 的 *积和式*，其定义为如下的积之和：   permanent
sum of product

$$\mathrm{perm}(\boldsymbol{A}) = \sum_{\sigma \in P_n} \prod_{i=1}^{n} \boldsymbol{A}_{i,\sigma(i)}$$

从几何的角度看，行列式计算的是由 $\boldsymbol{A}$ 的列向量构成的平行多面体的有向体积。该体积非零蕴涵了矩阵满秩、列（行）向量线性无关、逆矩阵的存在性、方程唯一解等一系列性质。积和式有诸多组合上的解释。对 0-1 矩阵而言，积和式计算的是具有 $2n$ 个结点的二分图的完美匹配个数。如果将 $\boldsymbol{A}$ 看成是具有 n 个结点的图的邻接矩阵，乘积 $\prod_{i=1}^{n} \boldsymbol{A}_{i,\sigma(i)}$ 为 1 表示置换 σ 定义了一个圈覆盖。图的一个圈覆盖指的是图的一组不相交的简单圈，这些简单圈覆盖了图的所有结点。积和式计算的就是图的圈覆盖个数。非 0-1 矩阵表示的是带权重的图，对积和式的组合解释也要考虑权重。当所要计算的具有"积之和"形式，常可将其规约成积和式的计算。

鉴于行列式计算有多项式算法，一个自然的想法是为积和式计算设计一个多项式时间算法。瓦里昂特从理论上论证说明积和式计算非常不可能有多项式时间算法，他证明了这个问题是 $\sharp\mathbf{P}$-完全的 [229]。瓦里昂特引入复杂性类 $\sharp\mathbf{P}$，就是为了刻画积和式计算的难度。本节介绍瓦里昂特的证明。

定理 4.13（瓦里昂特定理）　0-1 矩阵的积和式计算是 $\sharp\mathbf{P}$-完全的。

证明　先将 $\sharp$3SAT 库克归约到整数矩阵的积和式计算。给定含有 n 个变量 $x_1, \cdots, x_n$ 的 3-合取范式 $\varphi = C_1 \wedge \cdots \wedge C_m$。对变量 x_i，定义如下的变量图：

扫码查看彩图

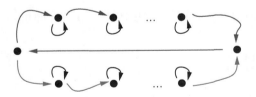

图中的边并未标出权重，应理解为其权重为 1。此图具有两个互斥的圈覆盖，其一由蓝边和紫边构成的大圈和下排结点上的自环组成，其二由红边和紫边构成的大圈和上排结点上的自环组成，两个圈覆盖的权重均为 1。读者应将前一个圈覆盖理解成对变量 x_i 赋真值，后一个圈覆盖理解成对变量 x_i 赋假值。图中蓝边数和 x_i 在 φ 中出现次数相等，红边数和 $\overline{x_i}$ 在 φ 中出现次数相等。设 $C_j = \overline{x_i} \vee x_{i'} \vee x_{i''}$，语句 C_j 所定义的语句图如下：

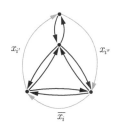

扫码查看彩图

图中的三条绿边对应于语句 C_j 中的三个字。它的一个圈覆盖可含有两条绿边、一条绿边、零条绿边，权重值均为 1，但不能含有三条绿边。在语句图中，一个圈覆盖包含的绿边所表示的字的值应为假，不包含的绿边所表示的字的值应为真。和 x_i 对应的变量图中的红边和 C_j 所对应的语句图中表示 $\overline{x_i}$ 的绿边不能同时出现在任何一个圈覆盖中。为了确保此类互斥性，引入异或连接图：

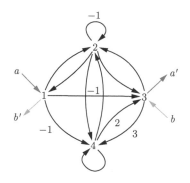

扫码查看彩图

由结点 **1**、**2**、**3**、**4** 定义的子图可用下面的邻接矩阵表示：

$$\boldsymbol{O} = \begin{pmatrix} 0 & 1 & -1 & -1 \\ 1 & -1 & 1 & 1 \\ 0 & 1 & 1 & 2 \\ 0 & 1 & 3 & 0 \end{pmatrix}$$

在上图中，通过引进共享结点 **1** 和共享结点 **3**，迫使从 a 到 a' 的边和从 b 到 b' 的边不可能同时出现在一个圈覆盖里。如果圈覆盖里包含 $a \to \mathbf{1}$ 和 $\mathbf{3} \to a'$，异或连接图对该圈覆盖值的贡献是对总权重乘以 4。如果圈覆盖里包含 $b \to \mathbf{3}$ 和 $\mathbf{1} \to b'$，异或连接图对该圈覆盖值的贡献也是对总权重乘以 4。余子式

$O_{(1,3),(1,3)}$、$O_{(1),(1)}$、$O_{(3),(3)}$ 和矩阵 O 的积和式均为 0，其中 $O_{(1,3),(1,3)}$ 表示将矩阵 O 的第一行、第三行和第一列、第三列删去后得到的矩阵，$O_{(1),(1)}$ 表示将矩阵 O 的第一行和第一列删去后得到的矩阵，$O_{(3),(3)}$ 表示将矩阵 O 的第三行和第三列删去后得到的矩阵。换言之，如果圈覆盖包含 $a \to 1 \to b'$ 和 $b \to 3 \to a'$，或包含这两条路径之一，或不包含这四条边，则异或连接图对该圈覆盖值的贡献是将其置为 0，所以这四种情况下的圈覆盖可以不考虑。通过将语句图中的表示字 x 的边和变量 x 的变量图中的一条蓝边做异或连接，将语句图中的表示字 $\bar{x}$ 的边和变量 x 的变量图中的一条红边做异或连接，得到对应于 φ 的大图 G_φ。根据上述分析，φ 的一个使其为真的真值指派对应于 G_φ 的一个权重值为 4^{3m} 的圈覆盖。设 M_φ 为 G_φ 的带权重的邻接矩阵，有如下结论：

矩阵 M_φ 的积和式等于 $4^{3m} \cdot \sharp\varphi$。

图 G_φ 的权重为整数。下一步将 G_φ 转换成一个权重是 -1、0、1 的图。设 $a \notin \{0,1\}$ 为一条边的权重，将 a 转换成 $2^{a_k} + 2^{a_{k-1}} + \cdots + 2^{a_1}$，其中 $a_k > a_{k-1} > \cdots > a_1$，将该边用 k 条权重分别为 $a_1, a_2, \cdots, a_{k-1}, a_k$ 的并行边替换，见下左图；将权重是 2^{a_1} 的边用 a_1 条权重为 2 的边替换，见下中图；

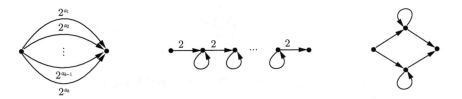

若 $a_1 = 0$，将权重为 2^{a_1} 的边用 $\bullet \to \bullet \to \bullet$ 替换；将权重为 2 的边用上右图替换。用同样方法可以对权重是负数的边进行转换。这是一个多项式时间归约，设 N 为规约后得到的图的结点数。此图的积和式不超过 $N!$，此阶乘小于 $2^{N^2} + 1$。所以我们可以将 -1 换成 2^{N^2}，再将上述转换重复一遍。对最后得到的图，我们可以用模运算（$mod\ 2^{N^2} + 1$）求其积和式。

从上述归约可知，我们只需调用求 0-1 矩阵的积和式的程序一次，就可以算出 $\sharp$3SAT。   □

4.7　户田定理

如果在有限域 $\mathbf{F}_2$ 中计数，我们就得到 $\sharp\mathbf{P}$ 的一个简化版本 $\oplus\mathbf{P}$，即奇偶$\mathbf{P}$。语言 L 在复杂性类 $\oplus\mathbf{P}$ 中当仅当存在多项式时间非确定图灵机 $\mathbb{N}$，使得对任意输入 x，$x \in L$ 当仅当 $\mathbb{N}(x)$ 有奇数条接受路径。这个类是由帕帕季米特里乌和扎克斯引入的 [171]。用库克-莱文归约容易证明 $\oplus\mathbf{P} \subseteq \mathbf{P}^{\sharp\mathbf{P}}$。尚不知反方向的命题 $\sharp\mathbf{P} \subseteq \mathbf{P}^{\oplus\mathbf{P}}$ 是否成立。

与 $\mathbf{PP}$ 一样，可将 $\oplus\mathbf{P}$ 看成是 $\sharp\mathbf{P}$ 的又一个判定版本。与 $\mathbf{PP}$ 不一样，$\oplus\mathbf{P}$ 关注的是计数值的最低位。最低位视角的意义之一在于启发我们的好奇心，是否可以用成功率值的最低位是 "1" 来对问题进行分类？在模算术里，如果一个奇数和 -1 相等，这个数和模差不多一样大，所以借助于最低位的奇偶性统计成功率是可行的。这一想法将在户田定理的证明中得到体现。

我们也将 $\oplus$ 视为逻辑量词。公式 $\oplus_{x_1,\cdots,x_n}\varphi(x_1,\cdots,x_n)$ 为真当仅当使得 $\varphi(x_1,\cdots,x_n)$ 为真的真值指派个数为奇数。用归纳，可定义 $\oplus_x \oplus_y \psi(x,y)$ 为真当仅当使得 $\oplus_y\psi(x,y)$ 为真的对 x 的真值指派个数为奇数。

引理 4.9　$\oplus_{x,y}\psi(x,y) \Leftrightarrow \oplus_x \oplus_y \psi(x,y)$。

证明　若 $\oplus_{x,y}\psi(x,y)$ 为真，使 $\oplus_y\psi(x,y)$ 为真的对 x 的真值指派个数必为奇数，因为偶数个奇数相加为偶数。反之，若 $\oplus_x \oplus_y \psi(x,y)$ 为真，那么使得 $\oplus_y\psi(x,y)$ 为真的对 x 的真值指派个数为奇数。因为奇数个奇数相加为奇数，所以 $\oplus_{x,y}\psi(x,y)$ 为真。　　　　□

设 $\oplus\mathrm{SAT}$ 为所有取值为真的公式 $\oplus_{x_1,\cdots,x_n}\varphi(x_1,\cdots,x_n)$，其中 $\varphi(x_1,\cdots,x_n)$ 不含量词。根据库克-莱文归约，$\oplus\mathrm{SAT}$ 是 $\oplus\mathbf{P}$-完全的。借助于引理4.3，瓦里昂特-瓦齐拉尼给出了一个多少令人惊讶的从 SAT 中元素到 $\oplus\mathrm{SAT}$ 中元素的多项式时间随机算法 [232]。

命题 18　存在一个多项式时间概率图灵机 $\mathbb{A}$，对于任意输入公式 $\varphi(z,x)$，输出公式满足下述性质：① 若 φ 可满足，则 $\Pr[\oplus_x\mathbb{A}(\varphi)$可满足$] \geqslant 1/8n$；② 若 φ 不可满足，则 $\mathbb{A}(\varphi)$ 不可满足。

证明　首先需要强调的是，公式 φ 除含有变量 $x = x_1,\cdots,x_n$ 外，还可以含有其他自由变量 $z = z_1,\cdots,z_m$，输出 $\mathbb{A}(\varphi)$ 也含有这些自由变量。尽管命题

Parity **P**

Zachos

的结论有点令人惊讶，但证明的思路是简单的。假设 SAT 问题有多项式时间的解，那么我们可以在多项式时间里判定输入 φ 是否可满足，如果可满足，可以在多项式时间里找到一组真值指派 $x_1 = c_1, \cdots, x_n = c_n$ 满足 φ。我们可以让算法输出 $\varphi \wedge x_1 = c_1 \wedge \cdots \wedge x_n = c_n$，显然此公式有唯一的真值指派使其为真。当然，我们找不到 SAT 问题的多项式时间算法，我们能做的，是猜测这样一个真值指派。设 T 是所有使 φ 为真的真值指派集合，设 S 为将 T 中元素投射到 $x_1, \cdots, x_n$ 上后得到的集合，T 中元素为 $(m+n)$-元组，S 中元素为 n-元组。换言之，S 中的元素只描述了对 $x_1, \cdots, x_n$ 的真值指派，而忽略了对其他变量的真值指派。算法 $\mathbb{A}$ 随机地选 $k \in_\mathrm{R} \{2, \cdots, n+1\}$ 和 $h \in_\mathrm{R} \mathcal{H}_{n,k}$。因为存在唯一的 k 满足 $2^{k-2} \leqslant |S| < 2^{k-1}$，所以成功选中满足这两个不等式的 k 的概率是 $1/n$。考虑公式

$$\varphi(z, x_1, \cdots, x_n) \wedge (h(x_1, \cdots, x_n) = 0^k) \tag{4.7.1}$$

根据引理4.3，若 $\varphi(z, x)$ 可满足，公式 (4.7.1) 至少以 $1/8$ 概率可满足，并且所有可满足真值指派对 $x_1, \cdots, x_n$ 的赋值是一样的。若 $\varphi(z, x)$ 不可满足，公式 (4.7.1) 当然也不可满足。用库克-莱文归约，可将 $h(x_1, \cdots, x_n) = 0^k$ 转换成一个公式 $\tau(x, y)$，其中 y 是归约引进的变量。根据库克-莱文归约性质，在对 $\tau(x, y)$ 的可满足真值指派中，一旦我们确定了对 x 的真值指派，对 y 的真值指派也唯一确定了。设 $\mathbb{A}(\varphi) = \varphi(z, x) \wedge \tau(x, y)$。若 $\varphi(z, x)$ 可满足，就有 $\Pr[\oplus_x \mathbb{A}(\varphi) \text{可满足}] \geqslant 1/8n$。注意，由于 y 的赋值由 x 的赋值唯一确定，$\oplus_x \mathbb{A}(\varphi)$ 等价于 $\oplus_{x,y} \mathbb{A}(\varphi)$。 $\square$

算法 $\mathbb{A}$ 有两个特点。一是它并不在乎输入的公式是什么形式的。从 (4.7.1) 可看出，算法只是在输入上添加了一些额外的语句。二是输入可以带参变量。若视 z 为 $z'x'$，可将 x' 作为指定变量，将 $\oplus_{x,y} \mathbb{A}(\varphi(z'x', x))$ 作为算法 $\mathbb{A}$ 的输入，递归地进行概率归约，产生一个不含自由变量 x' 的奇偶公式。最终产生一个不含自由变量的奇偶公式。

算法 $\mathbb{A}$ 的正确率不够高。好在可以用通常的方法，在多项式时间里将出错率指数地降低。方法是将归约算法运行 k 遍，得到 k 个公式 $\psi_1, \cdots, \psi_k$，从这些公式构造某种"析取式" $\psi = \dot\bigvee(\psi_1, \cdots, \psi_k)$，使得 $\oplus \psi$ 可满足当仅当存在 $i \in [k]$ 公式 $\oplus \psi_i$ 可满足。这样可将出错概率降低到 $\left(1 - \dfrac{1}{8n}\right)^k$。为了定义

$\dot{\bigvee}(\psi_1, \cdots, \psi_k)$，引入一些辅助算子。设 $\phi(x) \cdot \varphi(y)$ 和 $\phi(x) + \varphi(xz)$ 满足如下等式（见练习11）：

$$\sharp(\phi(x) \cdot \varphi(y)) = \sharp\phi(x)\sharp\varphi(y), \quad \text{附加条件：} x \cap y = \emptyset \qquad (4.7.2)$$

$$\sharp(\phi(x) + \varphi(y)) = \sharp(\phi) + \sharp(\varphi), \quad \text{附加条件：} x \subseteq y \qquad (4.7.3)$$

公式 $\phi \cdot \varphi$ 和公式 $\phi + \varphi$ 的长度为 $|\phi|, |\varphi|$ 的线性函数。公式 $\phi(x_1, \cdots, x_n) + 1$ 定义为 $z \wedge \phi(x_1, \cdots, x_n) \vee \bar{z} \wedge \overline{x_1} \wedge \cdots \wedge \overline{x_n}$，这里引入了一个新变量 z。同样，$\phi(x) + \varphi(y)$ 的定义中也需引入新变量 z。借助于这三个辅助算子，可陈述下述显然成立的逻辑等价关系：

$$\oplus_x \phi(x) \wedge \oplus_y \varphi(y) \Leftrightarrow \oplus_{x,y}(\phi \cdot \varphi)(x, y) \qquad (4.7.4)$$

$$\oplus_x \phi(x) \vee \oplus_y \varphi(y) \Leftrightarrow \oplus_{x,y,z}((\phi + 1) \cdot (\varphi + 1) + 1)(x, y, z) \qquad (4.7.5)$$

$$\neg \oplus_x \phi(x) \Leftrightarrow \oplus_{x,z}(\phi + 1)(x, z) \qquad (4.7.6)$$

这些逻辑等价关系表明，如果一个公式不含全称量词和存在量词，那么奇偶性量词 $\oplus$ 可提到最外层，并且根据引理4.9，量词 $\oplus$ 只需出现一次。

为了更好地叙述下一个结论，引入如下定义。

定义 4.13　从 A 到 B 的多项式时间概率归约是满足如下条件的概率图灵机 $\mathbb{R}$：对任意 x，概率不等式 $\Pr[B(\mathbb{R}(x)) = A(x)] \geqslant 2/3$ 成立。

用符号 $A \leqslant_r B$ 表示从 A 到 B 有多项式时间概率归约。不难看出，$A \leqslant_r B \in \mathbf{BPP}$ 蕴含 $A \in \mathbf{BPP}$。可将命题18中定义的概率图灵机提升成概率归约。

定理 4.14　$i\mathrm{QBF} \leqslant_r \oplus \mathrm{SAT}$。

证明　设 $\psi \in i\mathrm{QBF}$ 且 $|\psi| = n$。将 ψ 中的全称量词用德·摩根公式换成存在量词，假定转换后的公式依然用 ψ 表示。存在量词说的是可满足性，根据命题18，存在量词可用奇偶量词 $\oplus$ 代替。用结构归纳对 ψ 进行转换，归纳基础是命题18。若外层是逻辑算子与、或、非，用等价关系 (4.7.4)、(4.7.5) 和 (4.7.6) 将奇偶量词提到最外层。设 $\exists x.\varphi(z, x)$ 是 ψ 的子公式，且 $\varphi(z, x)$ 含有 $j < i$ 个存在量词。根据归纳假定，$\varphi(z, x)$ 可转换成公式 $\oplus_u \psi_j(z, x, u)$，并且该公式不可满足的概率不会超过 $\dfrac{1}{2^{2+(i-j)}}$。将公式 $\oplus_u \psi_j(z, x, u)$ 中的奇偶算子 $\oplus_u$ 去掉，将 $\psi_j(z, x, u)$ 作为 $\mathbb{F}$ 的输入，并进行如下计算：

1. 将 $\psi_j(z,x,u)$ 作为输入，调用命题18中给出的算法 $k = 8n(2+(i-j))$ 遍，得到 k 个公式 $\psi_j^1(z,x,u^1), \cdots, \psi_j^k(z,x,u^k)$；
2. 用等价关系 (4.7.4)、(4.7.5) 和 (4.7.6) 将 $\bigvee_{k'\in[k]} \oplus_{u^{k'}} \psi_j^{k'}(z,x,u^{k'})$ 转换成 $\oplus_{x,w}\psi_{j+1}(z,x,w)$。

根据命题18，若公式 $\psi_j(z,x,u)$ 可满足，则公式 $\oplus_{x,w}\psi_{j+1}(z,x,w)$ 不可满足的概率不超过 $(1-1/8n)^{8n(2+(i-j))} \leqslant \frac{1}{2^{2+(i-j)}}$。因此，公式 $\oplus_{x,w}\psi_{j+1}(z,x,w)$ 不可满足的概率不超过 $\frac{1}{2^{2+(i-j)}} + \frac{1}{2^{2+(i-j)}} = \frac{1}{2^{2+(i-j-1)}}$。递归算法最终得到一个其值为假的公式 $\mathbb{F}(\psi)$ 的概率不超过 $1/4$。因为 i 是常数，所以归约是多项式时间的。$\qquad\square$

根据引理18和上述证明可看出，若输入公式不在 iQBF 中，算法 $\mathbb{F}$ 输出的公式的值为假。换言之，若将 $\mathbb{F}$ 输出公式最外面的奇偶算子删掉，得到的是一个不可满足的公式。

户田找到了如何将定理4.14给出的随机算法去随机的方法。其基本思想是在保持奇偶性的前提下，将算法 $\mathbb{F}$ 得到的公式的可满足真值指派数指数地提高，通过访问神谕 $\sharp$SAT 判定输入的真假值。下述命题的证明体现了这一想法。

命题 19 iQBF $\in \mathbf{P}^{\sharp\mathrm{SAT}[1]}$。

证明   根据定理4.14，有多项式时间图灵机 $\mathbb{F}$ 和多项式 $p(n)$，对任意 ψ，有

$$\psi \in i\mathrm{QBF} \Rightarrow \Pr_{r\in\{0,1\}^{p(n)}}[\mathbb{F}(\psi,r) \in \oplus\mathrm{SAT}] \geqslant \frac{2}{3}$$

$$\psi \notin i\mathrm{QBF} \Rightarrow \Pr_{r\in\{0,1\}^{p(n)}}[\mathbb{F}(\psi,r) \in \oplus\mathrm{SAT}] \leqslant \frac{1}{3}$$

公式 $\mathbb{F}(\psi,r)$ 的形式为 $\oplus_z\Phi(\psi,r,z)$。对 ψ 做硬连接，得到公式 $\oplus_z\Phi_\psi^0(r,z)$。借助辅助逻辑算子"·"和"+"，可从公式 $\Phi_\psi^0(r,z)$ 构造公式 $\Phi_\psi^1(r,z) = 4\cdot(\Phi_\psi^0(r,z))^3 + 3\cdot(\Phi_\psi^0(r,z))^4$。不难看出，对固定 r，有下述蕴含关系：

$4(a-1)^3+3(a-1)^4$ 的常数项为 -1，没有一次项。

$$\sharp\Phi_\psi^0(r,z) = -1 \ (\mathrm{mod}\ 2^{2^0}) \Rightarrow \sharp\Phi_\psi^1(r,z) = -1 \ (\mathrm{mod}\ 2^{2^1})$$

$$\sharp\Phi_\psi^0(r,z) = 0 \ (\mathrm{mod}\ 2^{2^0}) \Rightarrow \sharp\Phi_\psi^1(r,z) = 0 \ (\mathrm{mod}\ 2^{2^1})$$

注意，根据定理4.14证明之后的那句话，$\sharp\Phi_\psi^1(r,z)$ 不可能是非零的偶数。用同样方法，归纳构造 $\Phi_\psi^{\log p(n)}(r,z)$，此公式满足如下推导关系：

$$\sharp\Phi_\psi^0(r,z) = -1 \ (\mathrm{mod}\ 2^{2^0}) \Rightarrow \sharp\Phi_\psi^{\log p(n)}(r,z) = -1 \ (\mathrm{mod}\ 2^{p(n)})$$

$$\sharp\Phi_\psi^0(r,z) = 0 \ (\mathrm{mod}\ 2^{2^0}) \Rightarrow \sharp\Phi_\psi^{\log p(n)}(r,z) = 0 \ (\mathrm{mod}\ 2^{p(n)})$$

现将 r 视为变量，就有

$$\psi \in i\mathrm{QBF} \Rightarrow \sharp\Phi_\psi^{\log p(n)}(r,z) \leqslant -\frac{2}{3}\cdot 2^{p(n)} \ (\mathrm{mod}\ 2^{p(n)})$$

$$\psi \notin i\mathrm{QBF} \Rightarrow \sharp\Phi_\psi^{\log p(n)}(r,z) \geqslant -\frac{1}{3}\cdot 2^{p(n)} \ (\mathrm{mod}\ 2^{p(n)})$$

上述计算均为多项式时间的。算法最后询问神谕 $\sharp\mathrm{SAT}$ 关于 $\sharp\Phi_\psi^{\log p(n)}(r,z)$ 的值，然后做出是否接受 ψ 的判断。最后需要指出的是，$\Phi_\psi^{\log p(n)}(r,z)$ 可由 ψ 高效地构造出来。 $\square$

因为 $i\mathrm{QBF}$ 是 Σ_i^p-完全的（定理 2.8），从命题19即得下述定理。

定理 4.15（户田定理） $\mathbf{PH} \subseteq \mathbf{P}^{\sharp\mathbf{P}[1]}$。

户田定理常常叙述成 $\mathbf{PH} \subseteq \mathbf{P}^{\mathbf{PP}}$，参见定理4.12。注意，根据定理4.12的证明，我们推不出 $\mathbf{PH} \subseteq \mathbf{P}^{\mathbf{PP}[1]}$。

4.8 随机游走

在概率论中，每当讨论随机游走，酒鬼总会出现。关于酒鬼的基本假定是，酒鬼熟悉镇上的每个路口，当他醉酒时，在一个特定的十字路口会以一定的概率往左拐，一定的概率往前走，一定的概率往右拐，一定的概率往回走。今晚酒鬼又醉了，他在晚上十点被送出了酒馆的门，随即进入了随机游走模式。镇上的每个人都关心酒鬼。他家人想知道他几点到家，如果不赶快开门的话，酒鬼会继续游走。他的邻居想着今晚门铃会被醉鬼按响几次。酒馆老板琢磨着，醉鬼是否会折回酒馆，按他们的经验，一旦酒鬼回到酒馆，他一定会继续喝到连随机游走都做不了。随机游走理论告诉我们如何形式化这一场景并给出回答这些问题的理论基础。在第4.9节，我们将介绍如何用随机游走进行随机采样。

　　在本节，我们将用随机游走理论研究概率图灵机定义的空间复杂性类。我们最感兴趣的当然是对数空间类。概率对数空间类 **RL** 的定义如下：$L \in \mathbf{RL}$ 当仅当存在对数空间概率图灵机 $\mathbb{P}$，对任意输入 x，若 $x \in L$，则 $\Pr[\mathbb{P}(x){=}1] \geqslant \frac{2}{3}$；若 $x \notin L$，则 $\Pr[\mathbb{P}(x){=}1] = 0$。判定 **RL** 中语言的概率图灵机是单侧误差的。定理4.2中陈述的性质对 **RL** 同样成立。同样由于单侧误差性，我们有下面简单的结果。

命题 20　　**RL** $\subseteq$ **NL**。

　　我们不知道命题20中的包含是否严格。若为严格，定有 Reachability $\notin$ **RL**。可达性问题 Reachability 考虑的是有向图。把有向图换成无向图往往会使问题变得简单一点。定义 Connectivity 为无向图的连通性问题。我们想知道：

$$\text{Connectivity} \in \mathbf{RL} \text{ 吗?}$$

之所以认为 Connectivity 会比 Reachability 容易，是因为无向图的邻接矩阵是对称矩阵。我们有很多代数的和概率的工具对对称矩阵进行分析。在本节的最后，我们将证明连通性问题在 **RL** 中。在此之前，我们得花一定的篇幅概述马尔可夫链的相关内容。

随机过程　一个随机过程 $\mathbf{X} = \{X_t \mid t \in T\}$ 是一组取值于状态空间 Ω 的随机变量。若 T 是可数无限的，$\mathbf{X}$ 是离散时间过程；若 Ω 是可数无限的，$\mathbf{X}$ 是离散空间过程；若 Ω 是有限的，$\mathbf{X}$ 是有限过程。常用 $\{0, 1, 2, \cdots\}$ 表示离散状态空间，用 $\{0, 1, 2, \cdots, n\}$ 表示有限状态空间。离散时间随机过程从状态的初始分布 X_0 开始，在下一时刻变成状态的另一分布 X_1，以此类推。在第 t 步的状态分布 X_t 可能依赖全部历史 $X_0, \cdots, X_{t-1}$。

　　$X_0, X_1, X_2, \cdots$ 的马尔可夫性质指的是，当前状态分布只依赖于前一个状态分布，前一个状态分布只依赖于再前一个状态分布，以此类推。换言之，

$$\Pr[X_t = a_t \mid X_{t-1} = a_{t-1}] = \Pr[X_t = a_t \mid X_{t-1} = a_{t-1}, \cdots, X_0 = a_0]$$

马尔可夫链是满足马尔可夫性质的离散时间离散空间随机过程。在 1906 年，马尔可夫首次研究了这类随机过程。一个多世纪之后的今天，马尔可夫链随机过程在计算机科学、物理学、统计学、工程等领域得到了广泛应用。

stochastic process

discrete time

discrete space

Markov property

从现在开始，未来与过去无关。

Markov chain

称马尔可夫链是时间同质的，若对所有 $t \geqslant 1$ 等式 $\Pr[X_{t+1} = j \mid X_t = i] = \Pr[X_t = j \mid X_{t-1} = i]$ 成立。从现在开始，我们讨论的马尔可夫链均为时间同质的。用 $\boldsymbol{M}_{j,i}$ 表示 $\Pr[X_{t+1} = j \mid X_t = i]$。马尔可夫链可用初始状态分布和迁移矩阵 $\boldsymbol{M} = (\boldsymbol{M}_{j,i})_{j,i}$ 定义，这里 $\boldsymbol{M}_{j,i}$ 表示从状态 i 经一步迁移到状态 j 的概率。迁移矩阵必须满足随机性质：对所有 i，有 $\sum_j \boldsymbol{M}_{j,i} = 1$。比如初始状态分布 $\boldsymbol{m} = (1, 0, 0, \cdots)^{\dagger}$，这里 $(\_)^{\dagger}$ 为转置操作，和迁移矩阵

time homogeneous

transition matrix
stochastic property

$$\boldsymbol{M} = \begin{pmatrix} 0 & 1/2 & 1/2 & 0 & \cdots \\ 1/4 & 0 & 1/3 & 1/2 & \cdots \\ 0 & 1/3 & 1/9 & 1/4 & \cdots \\ 1/2 & 1/6 & 0 & 1/8 & \cdots \\ \vdots & \vdots & \vdots & \vdots & \vdots \end{pmatrix}$$

定义了一个马尔可夫链。迁移矩阵还可以用迁移图来定义，图4.2是一个例子。

transition graph

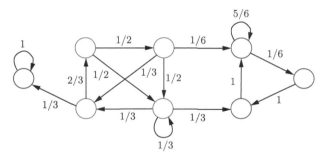

扫码查看彩图

图 4.2　迁移图

如果醉鬼处于上中那个红色状态，那么在下一时刻，有 $1/6$ 的概率他会处于右边的蓝色状态，有 $1/2$ 的概率他会处于下中的红色状态，有 $1/3$ 的概率他会处于下左的红色状态。这称为醉鬼的一步随机游走。我们感兴趣的当然不止是一步随机游走，而是任意指定步随机游走后醉鬼出现在某个圈内的概率。我们用状态上的随机变量表示醉鬼出现在每个圆圈上的可能性。

random walk

上图是一个有 $n+1$ 个状态的马尔可夫链。状态 n 和其他状态不一样，一旦进入该状态，随机游走就终止。从任何一个其他状态出发随机游走，最终都将大概率地进入状态 n。设随机变量 Z_j 的值为从状态 j 走到状态 n 的步数，设 $h_j = \mathrm{E}[Z_j]$。若 $j \in [n-1]$，状态 j 会以 $1/2$ 的概率迁移到状态 $j-1$，以 $1/2$ 的概率迁移到状态 $j+1$。因此有

$$\mathrm{E}[Z_j] = \mathrm{E}\left[\frac{1}{2}(1 + Z_{j-1}) + \frac{1}{2}(1 + Z_{j+1})\right]$$

根据期望的线性性，此等式等同于

$$\mathrm{E}[Z_j] = \frac{\mathrm{E}[Z_{j-1}]}{2} + \frac{\mathrm{E}[Z_{j+1}]}{2} + 1$$

按定义还应该有 $\mathrm{E}[Z_n] = 0$ 和 $\mathrm{E}[Z_0] = \mathrm{E}[Z_1] + 1$。解此方程组，得 $\mathrm{E}[Z_0] = n^2$，即从状态 0 出发，平均进行 n^2 步随机游走就会终止于状态 n。

2SAT 的随机算法   上述这个例子可以帮助我们设计 2SAT 的随机算法。设输入为含有 n 个变量 $x_1, \cdots, x_n$ 的 2-合取范式 φ。随机产生 $x_1, \cdots, x_n$ 的一个真值指派，若 φ 不被满足，重复做下述操作 $2n^2$ 遍：

1. 随机选一个不被满足的语句，随机选被选中语句中两个字中的一个，将对该字中出现的变量的赋值翻转。
2. 若 φ 在新的真值指派下为真，输出"是"并停机，否则继续。

若上述 $2n^2$ 遍操作未找到一个满足 φ 的真值指派，输出"否"并停机。假设 φ 可满足，ρ 是使其为真的真值指派。构造含 $n+1$ 个结点的马尔可夫链，状态 j 表示真值指派对 $x_1, \cdots, x_n$ 中 j 个变量的赋值和 ρ 是一样的，在其余的 $n-j$ 个变量上的真值指派都不一样。此马尔可夫链与上面的马尔可夫链的区别在于：从状态 j 迁移到状态 $j+1$ 的概率至少为 $1/2$（一语句中的两个字的取值可能均为假，翻转其中的任何一个变量的赋值会使该语句取真值），从状态 j 迁移到状态 $j-1$ 的概率不超过 $1/2$，故状态 j 会以更快的速度进入终止状态 n。用前图所定义的马尔可夫链分析 2SAT 随机算法，可得出算法的最坏时间复杂性。   □

状态分类   设 $\boldsymbol{m}_t$ 是表示 t 时刻状态空间的概率分布的向量。本书中，所有不

加说明的向量均为列向量。按迁移矩阵的定义，有

$$\boldsymbol{m}_{t+1} = \boldsymbol{M} \cdot \boldsymbol{m}_t$$

根据矩阵乘法定义，t-步迁移矩阵 $\boldsymbol{M}^t$ 的第 i 列第 j 行元素表示从状态 i 出发走 t 步后到达状态 j 的概率。若存在 $n \geqslant 0$ 使得 $(\boldsymbol{M}^n)_{j,i} > 0$，称状态 j 从状态 i 可达。若状态 i 和状态 j 相互可达，称它们是连通的。相互可达连通的状态构成一个连通类。如果一马尔可夫链的所有状态都相互连通，称该马尔可夫链是不可约的，否则称其为可约的。一个有限马尔可夫链是不可约的当仅当它的迁移图是强连通的。 communicate irreducible

　　状态 i 的周期定义为 $\mathcal{T}_i = \{t \geqslant 1 \mid (\boldsymbol{M}^t)_{i,i} > 0\}$ 的最大公约数。若 $\gcd \mathcal{T}_i = 1$，称状态 i 是非周期的。直觉上，连通的状态有相同的周期。 period aperiodic

引理 4.10　　若状态 i 与 j 连通，则 $\gcd \mathcal{T}_i = \gcd \mathcal{T}_j$。

证明　　按定义，存在 $s, t > 0$，使得 $(\boldsymbol{M}^s)_{j,i} > 0$ 和 $(\boldsymbol{M}^t)_{i,j} > 0$。显然 $\mathcal{T}_i + (s+t) \subseteq \mathcal{T}_j$。由此得 $\gcd \mathcal{T}_i \geqslant \gcd \mathcal{T}_j$。同理有 $\gcd \mathcal{T}_j \geqslant \gcd \mathcal{T}_i$。　　□

根据引理4.10，可将不可约马尔可夫链的周期定义为状态的周期。

　　酒鬼的家人希望知道酒鬼在半夜之前回家的可能性。如果酒鬼从一个街口走到邻近街口需五分钟，两小时内他会访问二十四个街口，他在半夜之前回到家的概率严格小于 $\sum_{t=1}^{24} r_{家,酒馆}^t$，别忘了他可能再次回到酒馆。我们用 $r_{j,i}^t$ 表示从状态 i 出发在时刻 t 第一次访问 j 的概率，即

$$r_{j,i}^t = \Pr[X_t = j \wedge \forall s \in [t-1]. X_s \neq j \mid X_0 = i]$$

马尔可夫链可能存在某个状态 i，从 i 出发能反复回到 i。如果下列等式成立，称状态 i 是常返的： recurrent

$$\sum_{t \geqslant 1} r_{i,i}^t = 1$$

我们的酒鬼生活在一个有城墙围起来的古镇，随机游走只能在古镇内进行。在古镇里酒馆晚上十二点歇业，酒鬼能大概率地走回家。如果状态 i 不是常返的，称其为瞬变的。瞬变的状态 i 满足 $\sum_{t \geqslant 1} r_{i,i}^t < 1$。有些状态，一旦进入，就永远出不来。如果下列等式成立，称状态 i 是吸收的： transient absorbing

$$M_{i,i} = 1$$

在图4.2中，紫色的是吸收态，红色的是瞬变态，蓝色的是常返态。

引理 4.11 若一个连通类中的一个状态是常返的（瞬变的），该连通类中所有的状态都是常返的（瞬变的）。

证明 设状态 i 是瞬变的，应有 $\sum_{t \geqslant 1} r_{i,i}^t = \epsilon < 1$。设 j 为不同于 i 的状态，p 为从 j 到 i 的一条路径的概率，q 为从 i 到 j 的一条路径的概率。显然 $\sum_{t \geqslant 1} r_{j,j}^t = pq \left(\sum_{t \geqslant 1} r_{i,i}^t \right) + (1 - pq) < 1$。 □

hitting time   从 i 到 j 的期望首中时 $h_{j,i}$ 定义如 (4.8.1)，$h_{i,i}$ 为状态 i 的期望首归时。

$$h_{j,i} = \sum_{t \geqslant 1} t \cdot r_{j,i}^t \tag{4.8.1}$$

在平均意义下，从状态 i 出发走 $h_{j,i}$ 步会第一次到达状态 j，走 $h_{i,i}$ 步会回到状态 i。如果 $h_{i,i} < \infty$，称 i 是正常返的。如果 $h_{i,i} = \infty$，称 i 是零常返的。零常返态只存在于状态数是无限的马尔可夫链中。图4.3给出了一个例子。蓝色的状态是常返态，因在 t 步之内不返回的概率是 $1/t$。它也是零常返的，因为

$$h_{\text{蓝},\text{蓝}} = 1 \cdot \frac{1}{2} + 2 \cdot \frac{1}{2} \frac{1}{3} + 3 \cdot \frac{1}{3} \frac{1}{4} + 4 \cdot \frac{1}{4} \frac{1}{5} + \cdots = \infty$$

扫码查看彩图

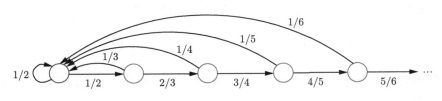

图 4.3 零常返态

ergodic   一个非周期的、正常返的状态称为是遍历的。一个马尔可夫链是常返的（非周期的、遍历的）当仅当该马尔可夫链的所有状态均为常返的（非周期的、遍历的）。一个马尔可夫链是吸收的当仅当存在一个吸收状态并且从任意状态都可达吸收状态。一个马尔可夫链 $\boldsymbol{M}$ 是规则的当仅当 $\exists r > 0. \forall i, j. (\boldsymbol{M}^r)_{j,i} > 0$。

regular

遍历马尔可夫链 从现在开始，我们讨论的马尔可夫链都是有限的。

引理 4.12　在一个有限马尔可夫链里，至少有一个状态是常返的，所有常返状态都是正常返的。

证明　在一个有限马尔可夫链 M 里，一定存在一个没有出边的连通类。从该类中的任意结点出发，在 d 步之内返回出发点的概率至少不小于某个 $p > 0$，这里 d 是该连通类的直径。所以从该连通类中的任意结点出发永远不回去的概率是 $\lim_{t \to \infty}(1 - p)^{dt} = 0$，即一定是常返态。从常返态 i 出发，若在 dt 步之内返回出发点的概率是 1，期望首中时是常数；若在 dt 步之内返回出发点的概率是某个 $q \in (0, 1)$，期望首中时 $\sum_{t \geqslant 1} t r_{i,i}^t$ 不超过 $\sum_{t \geqslant 1} dt q^{dt} < \infty$。　□

图中两点的距离是两点之间最短路径的长度。连通图的直径是图中任意两点距离中的最大值。

引理4.12告诉我们：一个有限马尔可夫链包含两类连通类，常返连通类和瞬变连通类。前者不含出边，后者必含出边。有限马尔可夫链至少有一个常返连通类。如果我们将一个连通类想象成一个大结点，那么有限马尔可夫链都是有向无圈图。

从引理4.11和引理4.12可得下述非常有用的推论。

推论 4.1　在一个有限不可约马尔可夫链里，所有状态都是正常返的。

在有限不可约马尔可夫链里，非周期性既是一个稳态性质（见定理4.16），也是一个图性质（见引理4.15）。

定理 4.16（有限不可约马尔可夫链的等价刻画）　设 M 为有限不可约马尔可夫链。下列陈述等价：① M 是非周期的。② M 是遍历的。③ M 是规则的。

证明　(①⇔②) 这是推论4.1的明显结论。(①⇒③) 假设 $\forall i. \gcd \mathcal{T}_i = 1$。因 $\mathcal{T}_i$ 在加法运算下封闭，一定存在 t_i 使得对所有 $t \geqslant t_i$ 有 $t \in \mathcal{T}_i$。根据不可约性，对每个 j，存在 $t_{j,i}$，使得 $(M^{t_{j,i}})_{j,i} > 0$。设 $t = \prod_i t_i \cdot \prod_{i \neq j} t_{j,i}$。因为 t 足够大，M^t 的对角线上的元素全为正的，所以对所有 i, j，有 $(M^t)_{i,j} > 0$。(③⇒①) 假定 M 的周期是 $t > 1$。对任意 $k > 1$，矩阵 M^{kt-1} 的对角线上至少有一元素是 0。这与③ 矛盾。　□

若自然数子集在加法运算下封闭并且该集合的最大公约数为 1，那么只有有限个自然数不在该子集里。

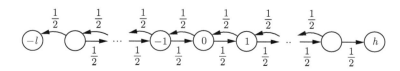

赌徒破产问题   上图定义了一个有 $l+h+1$ 个状态 $-l, -l+1, \cdots,$ $-1, 0, 1, \cdots,$ $h-1, h$ 的马尔可夫链，这里 l 和 h 为正整数。状态 $-l$ 和状态 h 是吸收态，其他状态均为瞬变态。用 $X_{j,t}$ 表示在第 t 时刻马尔可夫链处于状态 j 的指示变量。对于瞬变态 $j \in [-l+1, \cdots, h-1]$，有 $\lim_{t\to\infty} \mathrm{E}[X_{j,t}] = 0$。如果系统从状态 0 开始随机游走，那么因为选择邻结点是公平的，所以 $\sum_{j=-l}^{h} j \cdot \mathrm{E}[X_{j,t}] = 0$。由此推得

$$(-l) \lim_{t\to\infty} \mathrm{E}[X_{-l,t}] + h \lim_{t\to\infty} \mathrm{E}[X_{h,t}] = 0$$

Gambler's Ruin

结合等式 $\lim_{t\to\infty} \mathrm{E}[X_{-l,t}] + \lim_{t\to\infty} \mathrm{E}[X_{h,t}] = 1$，可推得 $\lim_{t\to\infty} \mathrm{E}[X_{-l,t}] = \dfrac{l}{l+h}$ 和 $\lim_{t\to\infty} \mathrm{E}[X_{h,t}] = \dfrac{h}{l+h}$。这个马尔可夫链有很多现实的解释，其中最著名的是赌徒破产问题。博弈双方分别有 l 元和 h 元，游戏规则是：投硬币，面朝上博弈者一给博弈者二 1 元，面朝下博弈者二给博弈者一 1 元，游戏在任何一方没有钱时终止。上述分析给出了博弈双方的赢率。   □

稳态分析   在经典的马尔可夫链理论里，我们最感兴趣的是随机游走收敛于稳态分布的速率。为简化讨论，假定有限马尔可夫链用下面的标准形式的迁移矩阵表示，其中 $\boldsymbol{T}$ 是瞬变状态的迁移矩阵，$\boldsymbol{E}$ 是常返态的迁移矩阵。

$$\begin{pmatrix} \boldsymbol{T} & \boldsymbol{0} \\ \boldsymbol{L} & \boldsymbol{E} \end{pmatrix} \tag{4.8.2}$$

我们假定 $\boldsymbol{E}$ 是遍历的，且不失一般性，假定 $\boldsymbol{T}$ 和 $\boldsymbol{E}$ 都只含一个连通类。显然，

$$\begin{pmatrix} \boldsymbol{T} & \boldsymbol{0} \\ \boldsymbol{L} & \boldsymbol{E} \end{pmatrix}^n = \begin{pmatrix} \boldsymbol{T}^n & \boldsymbol{0} \\ \boldsymbol{L}' & \boldsymbol{E}^n \end{pmatrix} \tag{4.8.3}$$

瞬变状态矩阵 $\boldsymbol{T}$ 的稳态性质相对简单，有下面的极限定理。

定理 4.17（瞬变态极限定理） $\lim_{n\to\infty} \boldsymbol{T}^n = \boldsymbol{0}$。

fundamental matrix of $\boldsymbol{T}$

用瞬变状态矩阵 $\boldsymbol{T}$ 可定义反映瞬变状态本质性质的矩阵 $\boldsymbol{N} = \sum_{n \geqslant 0} \boldsymbol{T}^n$，称为 $\boldsymbol{T}$ 的基本矩阵。因为 $\boldsymbol{N}(\boldsymbol{I}-\boldsymbol{T}) = (\boldsymbol{I}-\boldsymbol{T})\boldsymbol{N} = \boldsymbol{I}$，所以 $\boldsymbol{N}$ 和 $\boldsymbol{I}-\boldsymbol{T}$ 互逆。下述定理解释了矩阵 $\boldsymbol{N}$ 中元素的含义。

定理 4.18（瞬变态的期望访问次数）　元素 $N_{j,i}$ 是从状态 i 出发到状态 j 的期望访问次数。

证明　设 X_k 是定义为 $\Pr[X_k = 1] = (T^k)_{j,i}$ 的泊松分布，表示的是从状态 i 经过 k 步后到达状态 j 的概率，即在期望意义下从状态 i 经过 k 步后访问状态 j 的次数。设 $X = \sum_{k=1}^{\infty} X_k$。显然 $\mathrm{E}[X] = N_{j,i}$。值得注意的是，$N_{i,i}$ 将第 0 步的访问计算在内。　　□

定理 4.19（瞬变态的期望停留步数）　$\sum_j N_{j,i}$ 是从状态 i 出发停留在瞬变状态的期望步数。

证明　$\sum_j N_{j,i}$ 是从状态 i 出发访问瞬变状态的期望次数。这就是从状态 i 出发停留在瞬变状态的期望步数。　　□

　　遍历状态矩阵 E 的稳态分析相对复杂一点。首先引入马尔可夫矩阵的不动点概念。马尔可夫链 M 的一个分布 π 是稳态分布当仅当下述等式成立：　　stationary

$$\pi = M\pi$$

若 M 有限，稳态分布 $\pi = \begin{pmatrix} \pi_0 \\ \pi_1 \\ \vdots \\ \pi_n \end{pmatrix}$ 满足 $\sum_{j=0}^n M_{i,j}\pi_j = \pi_i = \sum_{j=0}^n M_{j,i}\pi_i$，即

$$\sum_{j=0}^n M_{i,j}\pi_j = \sum_{j=0}^n M_{j,i}\pi_i \tag{4.8.4}$$

等式 (4.8.4) 说明在稳态分布下流入状态 i 的概率等于流出状态 i 的概率。

定理 4.20（稳态分布的存在性）　极限 $W = \lim_{n\to\infty} E^n$ 存在，且 $W = (\pi, \pi, \cdots, \pi)$，其中 π 是正向量并且是 E 的稳态分布。

正向量指的是向量的每个元素都是正的。

证明　因为 E 是遍历的，根据命题4.16，E 是规则的，所以可以假定 E 的每个元素都大于 0。设 r 是 E 的一行，设 $\Delta(r) = \max r - \min r$。有几点结论：

　　1. 易证 $\Delta(rE) < (1-2p)\Delta(r)$，其中 p 是 E 中最小元素。

2. 由此知 $\lim_{n\to\infty} \boldsymbol{E}^n = \boldsymbol{W}$ 存在并且 $\boldsymbol{W}$ 的每一行的元素都相等，即 $\boldsymbol{W} = (\pi, \pi, \cdots, \pi)$。

3. 因为 $\boldsymbol{r}\boldsymbol{E}$ 的最小元素不小于 $\boldsymbol{r}$ 的最小元素，所以 π 是正的。

另外，$\boldsymbol{W} = \lim_{n\to\infty} \boldsymbol{E}^n = \boldsymbol{E}\lim_{n\to\infty} \boldsymbol{E}^n = \boldsymbol{E}\boldsymbol{W}$，即 $\pi = \boldsymbol{E}\pi$。 □

定理4.20告诉我们，只要 $\boldsymbol{E}$ 有唯一的稳态分布，$\boldsymbol{W}$ 就可通过解线性方程得到。

从随机游走的角度看，从一个初始状态出发随机游走的步数越多，所达到的分布越接近于稳态分布。换句话说，当随机游走很长时间后，初始分布会被忘掉。下述定理的证明解释了这一现象。

命题 21　对所有 $\boldsymbol{v}$，有 $\pi = \lim_{n\to\infty} \boldsymbol{E}^n \boldsymbol{v}$。

证明　设 $\boldsymbol{E} = (\boldsymbol{m}_0, \cdots, \boldsymbol{m}_k)$。有 $\boldsymbol{E}^{n+1} = (\boldsymbol{E}^n\boldsymbol{m}_0, \cdots, \boldsymbol{E}^n\boldsymbol{m}_k)$，所以

$$\left(\lim_{n\to\infty} \boldsymbol{E}^n\boldsymbol{m}_0, \cdots, \lim_{n\to\infty} \boldsymbol{E}^n\boldsymbol{m}_k\right) = \lim_{n\to\infty} \boldsymbol{E}^{n+1} = (\pi, \cdots, \pi)$$

由此推得 $\lim_{n\to\infty} \boldsymbol{E}^n\boldsymbol{m}_0 = \cdots = \lim_{n\to\infty} \boldsymbol{E}^n\boldsymbol{m}_k = \pi$。从这些等式推出

$$\lim_{n\to\infty} \boldsymbol{E}^n\boldsymbol{v} = \lim_{n\to\infty} \boldsymbol{E}^n(v_0\boldsymbol{m}_0 + \cdots + v_k\boldsymbol{m}_k) = v_0\pi + \cdots + v_k\pi = \pi$$

定理得证。 □

上述定理给了我们需要的唯一性。

定理 4.21（稳态分布的唯一性）　遍历马尔可夫链 $\boldsymbol{E}$ 的稳态分布是唯一的。

证明　设 π 与 π' 是 $\boldsymbol{E}$ 的两个稳态分布。根据命题21，有 $\pi = \lim_{n\to\infty} \boldsymbol{E}^n\pi = \lim_{n\to\infty} \boldsymbol{E}^n\pi' = \pi'$。 □

在定理4.21中，我们假定 $\boldsymbol{E}$ 是遍历的。事实上，即便状态具有周期性，稳态分布也是唯一的。从迁移图的角度看，只需在每个结点上加个自环，周期性就被打破。

推论 4.2　有限可约马尔可夫链有唯一的稳态分布。

证明　设 $\boldsymbol{M}$ 为有限可约马尔可夫链。显然 $(\boldsymbol{I}+\boldsymbol{M})/2$ 是非周期的，所以根据定理4.16和定理4.21，$(\boldsymbol{I}+\boldsymbol{M})/2$ 有唯一的稳态分布。容易验证，$\boldsymbol{M}$ 的稳态分布也是 $(\boldsymbol{I}+\boldsymbol{M})/2$ 的稳态分布。所以 $\boldsymbol{M}$ 有唯一的稳态分布。 □

由定理4.17、推论4.2和等式 (4.8.3) 推知，(4.8.2) 有唯一的稳态分布。

作为 E 的唯一的稳态分布，π 和 E 的一些定量性质相关联。为揭示这种关联，先定义一个矩阵。用等式 $EW = W$ 和 $W^2 = W$ 可进行如下等式推导：

$$(E - W)^n = \sum_{i=0}^{n} (-1)^i \binom{n}{i} E^{n-i} W^i = E^n + \sum_{i=1}^{n} (-1)^i \binom{n}{i} W = E^n - W$$

由上述等式推出 $\lim_{n \to \infty} (E - W)^n = 0$。若横向量 x 满足 $x(I - E + W) = 0$，会有 $x = x(E - W) = x(E - W)^n$。两边取极限得 $x = 0$，即 $I - E + W$ 是非奇异的。所以 $Z = (I - E + W)^{-1}$ 存在，称其为 E 的基本矩阵。

fundamental
matrix of E

引理 4.13 ① $1Z = 1$。② $Z\pi = \pi$。③ $(I - E)Z = I - W$。

证明 ① 容易验证 $1E = 1$ 和 $1W = 1$。所以有推导 $1Z^{-1} = 1(I - E + W) = 1$。② 第二个等式容易从 $E\pi = \pi$ 和 $W\pi = \pi$ 推出。③ 第三个等式从下列推导得到：$(I - W)Z^{-1} = (I - W)(I - E + W) = I - E + W - W + WE - W^2 = I - E$。　□

设 H 是期望首中时矩阵，其第 j 行第 i 列的元素是 $h_{j,i}$；D 是对角线矩阵，其第 i 行第 i 列的元素是 $h_{i,i}$；I 是所有元素为 1 的矩阵。

引理 4.14 $H = I + (H - D)E$。

证明 对 $i \neq j$，首中时 $h_{j,i} = E_{j,i} + \sum_{k \neq j} E_{k,i}(h_{j,k} + 1) = 1 + \sum_{k \neq j} E_{k,i} h_{j,k}$。对 i，首归时 $h_{i,i} = E_{i,i} + \sum_{k \neq i} E_{k,i}(h_{i,k} + 1) = 1 + \sum_{k \neq i} E_{k,i} h_{i,k}$。　□

下述定理指出了稳态分布和首中时（首归时）之间的关系。

定理 4.22（首中时计算公式） ① 对所有 i，$h_{i,i} = 1/\pi_i$。② 对所有 i 与 j，$h_{j,i} = (z_{j,j} - z_{j,i})/\pi_j$。

证明 ① $1 = I\pi = H\pi - (H - D)E\pi = H\pi - (H - D)\pi = D\pi$。② 在下列推导中，等式 (4.8.5) 用的是引理4.13的 ③，等式 (4.8.6) 用的是引理4.14，等式 (4.8.7) 用的是 $IZ = I$。

$$(H - D)(I - W) = (H - D)(I - E)Z \tag{4.8.5}$$

$$= (\boldsymbol{I} - \boldsymbol{D})\boldsymbol{Z} \qquad (4.8.6)$$

$$= \boldsymbol{I} - \boldsymbol{D}\boldsymbol{Z} \qquad (4.8.7)$$

重新安排等式两边，得

$$\boldsymbol{H} - \boldsymbol{D} = \boldsymbol{I} - \boldsymbol{D}\boldsymbol{Z} + (\boldsymbol{H} - \boldsymbol{D})\boldsymbol{W} \qquad (4.8.8)$$

若 $i \neq j$，等式 (4.8.8) 给出 $h_{j,i} = 1 - z_{j,i}h_{j,j} + ((\boldsymbol{H} - \boldsymbol{D})\pi)_j$。取等式 (4.8.8) 两边的第 j 行第 j 列的元素，得 $0 = h_{j,j} - h_{j,j} = 1 - z_{j,j}h_{j,j} + ((\boldsymbol{H} - \boldsymbol{D})\pi)_j$。将两个等式相减，得到 $h_{j,i} = (z_{j,j} - z_{j,i})h_{j,j} = (z_{j,j} - z_{j,i})/\pi_j$。 $\square$

容易验证，$\lim_{t\to\infty}(\boldsymbol{M}^t)_{i,i} = \dfrac{1}{h_{i,i}}$。此等式的直观解释是：在期望意义下从状态 i 出发走 $h_{i,i}$ 步后回到状态 i，所以状态 i 被访问的频率是 $\dfrac{1}{h_{i,i}}$；当 t 趋于无穷大时，$\lim_{t\to\infty}(\boldsymbol{M}^t)_{i,i}$ 表示的就是这个频率。从这个等式可算得 $\pi_i = \lim_{t\to\infty}(\boldsymbol{M}^t)_{i,i}$。

定理4.22的 ① 可用来计算 $h_{i,i}$。矩阵的逆矩阵可用高斯消元法计算，因此基本矩阵 $\boldsymbol{Z}$ 可在多项式时间内计算得到。定理4.22的 ② 告诉我们可以在多项式时间内计算 $h_{j,i}$。

random walk

normalization

在无向图里，结点上的一个自环应视为该结点的一条出边。

连通问题的随机算法　以上内容足以指导我们如何用图上的随机游走为图连通问题 Connectivity 设计随机算法。图 G 定义的马尔可夫链 G 是 G 的邻接矩阵 $\boldsymbol{A} = (a_{j,i})_{j,i\in[n]}$ 的归一化。归一化将 $\boldsymbol{A}$ 的每一列转换成一个分布，得到马尔可夫链 $G = \left(\dfrac{a_{j,i}}{\sum_{j\in[n]} a_{j,i}}\right)_{j,i\in[n]}$。先看一个例子：某有向图的结点分成 n 层，每层有 d 个结点；每层中的结点有指向上一层所有结点的边；最上层的结点有指向最下层所有结点的边。显然，这是一个周期为 n 的有向图。若将此有向图的边换成无向边，得到的无向图或者周期为 2，或者无周期；前者当 n 为偶数时发生，后者当 n 为奇数时发生。无向图的周期性要比有向图的周期性简单得多。

引理 4.15　无向图 G 定义的马尔可夫链是非周期的当仅当 G 不是二分图。

证明　（⇒）二分图的周期是 2。(⇐) 若 G 不是二分图，它一定有一个长度是奇数的圈。因为无向图的每个结点都有长度是 2 的圈，所以当 k 足够大时，每个结点就有长度是 $2k+1$ 的圈。因此 G 中圈的长度的最大公约数是 1。　□

一个无向图是二分图当仅当它只有长度是偶数的圈。

从这个引理可看出，破坏一个图的周期性很简单，只需在每个结点上加个自环即可。

想象图 G 的每个结点持有一定的能量，在每个时刻每个结点将其能量沿着其出边平均分摊输送出去。一段时间后，每个结点在每个时刻接收的能量和其送出的能量会相等，系统进入了稳定态。这就是下面的定理。

定理 4.23（图的稳态分布）　设连通图 $G = (V, E)$ 有 n 个结点，其出度分别为 $d_1, \cdots, d_n$。该图定义的马尔可夫链的稳态分布是

$$\pi = \begin{pmatrix} \dfrac{d_1}{2|E|} \\ \vdots \\ \dfrac{d_n}{2|E|} \end{pmatrix}$$

证明　显然 $\sum_v \dfrac{d_v}{2|E|} = 1$。易验证 $G\pi = \pi$。定理4.21指出 π 是唯一的。　□

图 $G = (V, E)$ 的覆盖时间指的是从图 G 中一个结点出发访问图 G 中所有其他结点的随机游走的期望时间中的最大值。为了设计算法，我们只需给出覆盖时间的一个上界。一个简单的估算基于下述引理。

cover time

引理 4.16　设 $G = (V, E)$ 为连通图。若 $(u,v) \in E$，则有 $h_{u,v} < 2|E|$。

证明　根据定理4.22，有 $2|E|/d_u = h_{u,u}$。如果忽略自环，按期望值的定义，就有不等式 $h_{u,u} \geqslant \sum_{v \neq u}(1 + h_{u,v})/d_u$。由此推出 $h_{u,v} < 2|E|$。　□

利用引理4.16，可简单地给出覆盖时间的上界。

引理 4.17　连通图 $G = (V, E)$ 的覆盖时间不超过 $4|V||E|$。

证明　固定图的一棵生成树。该树的一个深度优先算法是一个长度不超过 $2(|V| - 1)$ 的游走，该游走构成一个圈。由引理4.16知，随机游走依次经过该

圈结点最终回到出发点的期望时间是

$$\sum_{i=1}^{2|V|-2} h_{v_i,v_{i+1}} < (2|V|-2)(2|E|) < 4|V||E|$$

图 G 的覆盖时间不会超过上式给出的界。   □

终于，我们可以用引理4.17设计 Connectivity 的单侧误差概率算法。设 $((V,E),s,t)$ 是输入。算法如下：

1. 在每个结点加一个环。
2. 从 s 出发随机游走 $12|V||E|$ 步。
3. 若 t 曾被击中，回答"是"，否则回答"否"。

图 (V,E) 可能含有几个连通类，我们的注意力集中在 s 所在的连通类。根据引理4.17和马尔可夫不等式，出错概率不超过 $\frac{1}{3}$。此算法的空间复杂性是 $O(\log n)$。因此有如下结论。

定理 4.24   Connectivity $\in$ **RL**。

定理4.24首次出现在文献 [10]。我们不知道包含关系 **L** $\subseteq$ **RL** 是否严格。一个非常有意义的问题是：定理4.24是否可去随机？第4.12节将回答这个问题。如果我们并不要求算法是一致的，那么 Connectivity 的确有个对数空间的非一致算法。该算法基于所谓的通用遍历序列的存在性，细节请参阅 [10]。

universal traversal sequence

4.9   蒙特卡罗方法

二十世纪四十年代的曼哈顿计划中，蒙特卡罗方法被用于研究诸如中子扩散等物理问题。蒙特卡罗方法也是在那时被命名的。

在统计物理学里，我们通过对系统状态的采样推知系统的全局性质（固态、液态、气态），其原理是全局性质常由其内部的局部交互（状态）决定。这一采样方法的推广就是现在众所周知的蒙特卡罗方法，或蒙特卡罗模拟。它是一种通过随机采样近似求值的计算方法。蒙特卡罗模拟的可能是个随机过程，也可能是个确定过程。在数学、物理、统计、工程、金融、商业等应用中，我们不可能（或不愿意）用大的计算力计算某值，或者根本不知道如何去计算某个参数，这种情况下，蒙特卡罗方法常被使用。应用蒙特卡罗方法需解决两个问题，一是如何合理地采样，二是如何产生所需的随机性。本节讨论第一个问题，下一节将讨论第二个问题。

　　计数问题探讨的是：在一个样本空间 Ω 里有多少个样本点满足某个指定性质？出于计算效率的考虑，我们不能用暴力法一个个验证样本空间 Ω 中有多少个样本点满足指定性质。蒙特卡罗方法提供了一个解决方案，此方法随机地从 Ω 中取出 m 个样本点，若其中的 m' 个样本点满足指定性质，可用 $\dfrac{m'}{m}\cdot|\Omega|$ 近似计数问题的解。蒙特卡罗方法将计数问题归约到了随机采样问题，随机计算和计数之间的关系以另一种形式呈现了出来。

　　蒙特卡罗方法应以较大的概率算出较好的结果。下述定义中，常量 ϵ 可视为算法 $\mathbb{A}$ 的精度参数，δ 可视为算法 $\mathbb{A}$ 的可信度参数。

定义 4.14　设 $\mathbb{A}$ 为随机近似算法，f 为计数问题，ϵ、$\delta \in (0,1)$。称算法 $\mathbb{A}$ 为 f 的完全多项式随机 (ϵ,δ)-近似方案（FPRAS），若对任意输入 x，有不等式

$$\Pr[|\mathbb{A}(x) - f(x)| \leqslant \epsilon f(x)] \geqslant 1 - \delta \tag{4.9.1}$$

fully polynomial randomized approximation scheme

并且其计算时间为 $|x|$、$\dfrac{1}{\epsilon}$ 和 $\log\dfrac{1}{\delta}$ 的多项式。

概率不等式 (4.9.1) 可写成如下的等价形式：

$$\Pr\left[\left|1 - \frac{\mathbb{A}(x)}{f(x)}\right| \geqslant \epsilon\right] \leqslant \delta$$

为了更好地理解 $\dfrac{1}{\epsilon}$ 和 $\log\dfrac{1}{\delta}$ 这两项，假定随机算法产生了 n 个独立等分布的随机采样，用指示变量 $X_1,\cdots,X_m$ 表示采样结果，并设 $\mu = \mathrm{E}[X_i]$。如果采样次数是 $m = \dfrac{3}{\mu}\cdot\dfrac{1}{\epsilon^2}\cdot\ln\dfrac{2}{\delta}$，由切诺夫不等式 (4.1.11) 即得

$$\Pr\left[\left|\frac{1}{m}\sum_{i\in[m]}X_i - \mu\right| \geqslant \epsilon\mu\right] \leqslant \delta \tag{4.9.2}$$

所以如果采样所需的计算时间是输入 x 的长度的多项式，要得到一个 (ϵ,δ)-近似算法，就得采样 $\mathtt{poly}\left(\dfrac{1}{\epsilon},\log\dfrac{1}{\delta}\right)$ 次，总的计算时间就是 $\mathtt{poly}\left(|x|,\dfrac{1}{\epsilon},\log\dfrac{1}{\delta}\right)$。读者可能并未注意到此分析过程中的瑕疵。蒙特卡罗方法必须是高效的，所以 m 必须有多项式界。我们可以取 ϵ 为多项式的倒数，取 δ 为指数的倒数，但

我们无法确保 $\frac{1}{\mu}$ 是多项式。期望值 μ 正是算法想要估算的，如果样本空间是指数大小的，而满足所需性质的样本点只有多项式个，$\frac{1}{\mu}$ 就是指数大小的。采样次数 m 也必须是指数的。我们用一个常被引用的例子来说明此问题的常用解决方案。

计数问题 ♯DNF 要求算出输入的 n 变量析取范式 $\varphi = D_1 \vee \cdots \vee D_k$ 有多少使该公式为真的真值指派。析取范式的可满足问题有一个线性时间算法。但因为有等式 $\sharp\varphi + \sharp\overline{\varphi} = 2^n$，所以与 ♯SAT 一样 ♯DNF 是 ♯**P**-完全的。正如上一段指出的，如果满足 φ 的真值指派个数是多项式的，我们必须进行指数次采样才能得到好的近似结果。我们需要一个稍微细致一点的采样方案。一个简单的思路是将样本空间 $\{0,1\}^n$ 删减成一个多项式大小的样本空间，同时确保好的样本点不会被删掉。设 D_i 是 n_i 个字的合取，满足 D_i 的真值指派有 2^{n-n_i} 个，设 H_i 就是这 2^{n-n_i} 个真值指派构成的集合，显然 $|H_i|$ 可在多项式时间内算出。定义 $U = \sum_{i \in [k]}\{(\rho, i) \mid \rho \in H_i\}$，集合 U 的大小也容易在多项式时间算出。一个真值指派可能同时满足几个析取项，所以一个真值指派可能出现在 U 的几个元素中。定义 U 的子集 G 如下：$(\rho, i) \in G$ 当仅当 $(\rho, i) \in U$ 并且 $\forall(\rho, j) \in U.i \leqslant j$。按定义，满足 D 的真值指派在 G 中算了并只算了一次，因此 $|G|$ 就是算法要估算的那个值。集合 G 和 U 满足如下容易证明的性质：

1. 可在多项式时间算出 $|U|$。
2. $G \subseteq U$，并且和 U 相比 G 足够大，因为 $|G|/|U| \geqslant \frac{1}{k}$。
3. $(\rho, i) \in G$ 有多项式时间的验证算法。
4. 有一个简单的高效算法，对 U 中元素进行随机采样：随机取 $i \in [k]$，再对不出现在 D_i 中的变量随机产生一个真值指派 ρ。

利用这些性质和不等式 (4.9.2)，容易设计 ♯DNF 的 (ϵ, δ)-近似算法，该算法输出 φ 的近似值 $\frac{m'}{m}|U|$。

上述算法出现在文献 [129] 中，该文作者将 ♯DNF 视为集合并问题的特例。设 $D_1, \cdots, D_k \subseteq V$，其中 V 为有限样本空间。集合并问题要求算出并集 $D = D_1 \cup \cdots \cup D_k$ 的大小。我们对集合 $D_1, \cdots, D_k$ 做如下假设：对每个 $i \in [k]$，下述性质成立。

1. $|D_i|$ 可在多项式时间算出。
2. 可一致随机地从集合 D_i 采样。
3. 对任意 $v \in V$，命题 $v \in D_i$ 可在多项式时间判定。

用这些性质可设计集合并问题的蒙特卡罗算法。设 $U = \{\langle v, i \rangle \mid v \in H_i\}$。易见，$|U| = \sum_{i \in [k]} |H_i| \geqslant |D|$，且 $\dfrac{|D|}{|U|} \geqslant \dfrac{1}{k}$。设 $G = \{\langle v, i \rangle \in U \mid \forall \langle v, i' \rangle \in U. i \leqslant i'\}$。

显然有 $|G| = |D|$，因此 $\dfrac{|G|}{|U|} \geqslant \dfrac{1}{k}$。设 $m = 3k \cdot \dfrac{1}{\epsilon^2} \cdot \ln \dfrac{2}{\delta}$，可为集合并问题设计近似算法，见图4.4。因为 $|G|$ 至少是 $|U|$ 的一个多项式的倒数，所以根据 (4.9.2)，此算法是集合并问题的多项式时间的 (ϵ, δ)-近似算法。

---

1. $X := 0$；
2. $m := 3k \cdot \dfrac{1}{\epsilon^2} \cdot \ln \dfrac{2}{\delta}$；
3. 将下述操作独立重复 m 遍：
   (a) 随机取 $j \in_R [k]$；
   (b) 随机取 $a \in_R D_j$；
   (c) 若 $\langle a, j \rangle \in G$，则 $X := X + 1$。
4. 输出 $\dfrac{X}{m} \cdot |U|$。

图 4.4　集合并问题的近似算法

4.9.1　近似采样

从上面的例子可看出，蒙特卡罗算法的好坏取决于采样算法的优劣，有必要对采样算法的优劣引入一个定量标准。

定义 4.15　设 s 为样本空间 Ω 的一个采样算法的输出。若对任意 $S \subseteq \Omega$，有

$$\left| \Pr[s \in S] - \frac{|S|}{|\Omega|} \right| \leqslant \epsilon \tag{4.9.3}$$

称该采样算法生成了 Ω 的ϵ-近似一致样本。　　　　　　　　　　　　　　　　ϵ-uniform

当然，采样过程需要是多项式时间的，所以引入下面的定义。

定义 4.16   一个问题的完全多项式几乎一致采样器（FPAUS）满足如下条件：对任意输入 x 和输入参数 $\epsilon \in (0,1)$，算法在 $\mathrm{poly}(|x|, \log \frac{1}{\epsilon})$ 时间里生成解空间 Ω_x 的 ϵ-近似一致样本。

fully   polynomial
almost   uniform
sampler

概率不等式 (4.9.3) 等价于

$$\frac{|S|}{|\Omega|}\left(1 - \frac{|\Omega|}{|S|}\cdot\epsilon\right) \leqslant \frac{|S|}{|\Omega|} - \epsilon \leqslant \Pr[s \in S] \leqslant \frac{|S|}{|\Omega|} + \epsilon \leqslant \frac{|S|}{|\Omega|}\left(1 + \frac{|\Omega|}{|S|}\cdot\epsilon\right)$$

算法所能处理的空间 Ω 一般是指数大小的。取 ϵ 为某个指数的倒数，$\epsilon' = \frac{|\Omega|}{|S|}\cdot\epsilon$ 也为指数的倒数。从上述不等式推出

$$\frac{|S|}{|\Omega|}(1 - \epsilon') \leqslant \Pr[s \in S] \leqslant \frac{|S|}{|\Omega|}(1 + \epsilon') \tag{4.9.4}$$

此推导是可逆的。设 $\rho = (1 + \epsilon')^2$。只要 $\epsilon'(1 + \epsilon') \leqslant 1$，就有 $\frac{1}{\rho} \leqslant 1 - \epsilon'$。从 (4.9.4) 可得

$$\frac{|S|}{|\Omega|}\cdot\frac{1}{\rho} \leqslant \Pr[s \in S] \leqslant \frac{|S|}{|\Omega|}\cdot\rho \tag{4.9.5}$$

反之，若 $\rho > 1$，可设 $\epsilon' = \rho - 1$，则 $\frac{1}{\rho} \geqslant \frac{1 - \epsilon'}{1 - \epsilon'\epsilon'} \geqslant 1 - \epsilon'$。因此 (4.9.5) 蕴含 (4.9.4)。我们可以用 (4.9.3)、(4.9.4)、(4.9.5) 中的任何一个条件定义完全多项式几乎一致采样器。

我们用两个例子说明 FPAUS 和 FPRAS 之间的关系，第一个例子是关于独立集的。记 ♯IS 为独立集问题的计数版本。设输入图 $G = (V, E)$ 有 n 个结点 m 条边。用 $IS(G)$ 表示 G 的所有独立集的集合。假设 $E = \{e_1, e_2, \cdots, e_k\}$，对 $i \in [m]$，定义 $E_i = \{e_1, \cdots, e_i\}$，并定义 $G_i = (V, E_i)$。不难看出有下述包含关系：

$$2^n = IS(G_0) \supseteq IS(G_1) \supseteq IS(G_2) \supseteq \cdots \supseteq IS(G_k)$$

首先比较一下 $IS(G_{i-1})$ 和 $IS(G_i)$ 的大小。设 e_i 的两个端点分别是 u 和 v。集合 $IS(G_{i-1}) \setminus IS(G_i)$ 中的每个独立集 I 既包含 u 也包含 v。将 $I \in IS(G_{i-1}) \setminus IS(G_i)$ 映射到 $I \setminus \{u\} \in IS(G_i)$ 是单射，所以 $|IS(G_{i-1}) \setminus IS(G_i)| \leqslant |IS(G_i)|$。因此有

$$r_i = \frac{|IS(G_i)|}{|IS(G_{i-1})|} = \frac{|IS(G_i)|}{|IS(G_i)| + |IS(G_{i-1}) \setminus IS(G_i)|} \geqslant \frac{1}{2} \tag{4.9.6}$$

因为 $|IS(G_i)|$ 和 $|IS(G_{i-1})|$ 差别很小，根据前文的分析，只要做多项式次采样，就能比较精确地估算出 r_i。算法见图4.5。为了分析此算法，对每个 $j \in [m]$，引入指示变量 X_j。若第 j 个采样点在 $IS(G_i)$ 中，$X_j = 1$，否则 $X_j = 0$。根据定义4.16，有

$$\left| \Pr[X_j = 1] - \frac{|IS(G_i)|}{|IS(G_{i-1})|} \right| \leqslant \frac{\epsilon}{6k}$$

---

1. $X := 0$；
2. 将下述操作独立重复 $m = 6^4 k^2 \dfrac{1}{\epsilon^2} \ln \dfrac{2k}{\delta}$ 遍：

  (a) 产生 $IS(G_{i-1})$ 中的一个 $\dfrac{\epsilon}{6k}$-一致样本点；

  (b) 若样本点在 $IS(G_i)$ 中，则 $X := X + 1$。
3. 输出 $\dfrac{X}{m}$。

图 4.5　估算 r_i 的随机算法 $\mathbb{E}$

即

$$\left| \mathrm{E}[X_j] - \frac{|IS(G_i)|}{|IS(G_{i-1})|} \right| \leqslant \frac{\epsilon}{6k}$$

用期望的线性性，得

$$| \mathrm{E}[\mathbb{E}(G_{i-1}, G_i)] - r_i | = \left| \mathrm{E}\left[\frac{\sum_{j \in [m]} X_j}{m} \right] - \frac{|IS(G_i)|}{|IS(G_{i-1})|} \right| \leqslant \frac{\epsilon}{6k} \tag{4.9.7}$$

由 (4.9.6) 和 (4.9.7) 推得

$$\mathrm{E}[\mathbb{E}(G_{i-1}, G_i)] \geqslant r_i - \frac{\epsilon}{6k} \geqslant \frac{1}{2} - \frac{\epsilon}{6k} \geqslant \frac{1}{3}$$

因为 $m = 6^4 k^2 \dfrac{1}{\epsilon^2} \ln \dfrac{2k}{\delta} = \dfrac{3}{\mathrm{E}[\mathbb{E}(G_{i-1}, G_i)]} \cdot \dfrac{1}{(\epsilon/12k)^2} \cdot \ln \dfrac{2}{\delta/k}$，根据 (4.9.2)，有

$$\Pr\left[\left| 1 - \frac{\mathbb{E}(G_{i-1}, G_i)}{\mathrm{E}[\mathbb{E}(G_{i-1}, G_i)]} \right| \geqslant \frac{\epsilon}{12k} \right] \leqslant \frac{\delta}{k}$$

由上式得知下述不等式成立的概率为 $1 - \dfrac{\delta}{k}$：

$$1 - \frac{\epsilon}{12k} \leqslant \frac{\mathbb{E}(G_{i-1}, G_i)}{\mathbb{E}[\mathbb{E}(G_{i-1}, G_i)]} \leqslant 1 + \frac{\epsilon}{12k}$$

另外，从 (4.9.6) 和 (4.9.7) 还可推得

$$1 - \frac{\epsilon}{3k} \leqslant 1 - \frac{\epsilon}{6kr_i} \leqslant \frac{\mathbb{E}[\mathbb{E}(G_{i-1}, G_i)]}{r_i} \leqslant 1 + \frac{\epsilon}{6kr_i} \leqslant 1 + \frac{\epsilon}{3k}$$

从上面两行不等式推知

$$1 - \frac{\epsilon}{2k} \leqslant \left(1 - \frac{\epsilon}{3k}\right)\left(1 - \frac{\epsilon}{12k}\right) \leqslant \frac{\mathbb{E}(G_{i-1}, G_i)}{r_i} \leqslant \left(1 + \frac{\epsilon}{3k}\right)\left(1 + \frac{\epsilon}{12k}\right) \leqslant 1 + \frac{\epsilon}{2k}$$

成立的概率是 $1 - \dfrac{\delta}{k}$，即

$$1 - \frac{\epsilon}{2k} \leqslant \frac{\mathbb{E}(G_{i-1}, G_i)}{r_i} \leqslant 1 + \frac{\epsilon}{2k} \tag{4.9.8}$$

成立的概率是 $1 - \dfrac{\delta}{k}$。我们证明了下述结论。

引理 4.18 算法 $\mathbb{E}$ 是计算 r_i 的 $\left(\dfrac{\epsilon}{2k}, \dfrac{\delta}{k}\right)$-近似算法。

回到问题 ♯IS，可用下述方法计算输入图 G 的独立集个数：

$$|IS(G)| = \frac{|IS(G_k)|}{|IS(G_{k-1})|} \cdot \frac{|IS(G_{k-1})|}{|IS(G_{k-2})|} \cdot \cdots \cdot \frac{|IS(G_1)|}{|IS(G_0)|} \cdot |IS(G_0)|$$

$$= \left(\prod_{i \in [k]} r_i\right) \cdot 2^n$$

根据引理4.18，可用 $\left(\prod_{i \in [k]} \mathbb{E}(G_{i-1}, G_i)\right) \cdot 2^n$ 来近似 $|IS(G)|$。由 (4.9.8) 得

$$1 - \epsilon \leqslant \left(1 - \frac{\epsilon}{2k}\right)^k \leqslant \prod_{i \in [k]} \frac{\mathbb{E}(G_{i-1}, G_i)}{r_i} \leqslant \left(1 + \frac{\epsilon}{2k}\right)^k \leqslant 1 + \epsilon$$

因此，$\left(\prod_{i \in [k]} \mathbb{E}(G_{i-1}, G_i)\right) \cdot 2^n$ 给出了一个完全多项式随机 (ϵ, δ)-近似方案。

命题 22　若 ♯IS 有完全多项式几乎一致采样器, 则 ♯IS 有完全多项式随机近似方案。

　　用类似的思想可以设计二分图完美匹配的计数问题的近似算法。设 H 为有 $2n$ 个结点的二分图。对于 $i \in [n]$, 用 H_i 表示所有大小为 i 的 H 的匹配集。按定义, H_1 就是图 H 的边集, H_n 就是完美匹配集。我们拟用下式来近似计算图 H 的完美匹配集大小:

$$\frac{|H_n|}{|H_{n-1}|} \cdot \frac{|H_{n-1}|}{|H_{n-2}|} \cdot \cdots \cdot \frac{|H_2|}{|H_1|} \cdot |H_1| \qquad (4.9.9)$$

　　为了近似计算 $|H_i|/|H_{i-1}|$, 我们需要确保 $|H_i|$ 和 $|H_{i-1}|$ 是多项式相关的。将 H_i 中的一个匹配删去一条边后得到 H_{i-1} 中的一个匹配。在此关联关系中, H_{i-1} 中的一个匹配至多和 H_i 中的 $(n-k+1)^2 < n^2$ 条边关联, 因此 $|H_i| < n^2 \cdot |H_{i-1}|$。另一方面, 假定每个结点的度数至少是 $n/2$, 可证 $|H_{i-1}| < n^2 \cdot |H_i|$。设 $h \in H_{i-1}$, 可用增广路经 p 将 h 转换成 H_i 中的元素。相对于 h 的一条增广路径是两个未匹配的结点之间的路径, 路径中的边交替地出现在 h 和不出现在 h 中。按定义, 增广路径的长度是奇数, 其中不在 h 中的边比在 h 中的边多一条。因此, m 和 p 的对称差 m' 是一个满足 $|m'| = |m| + 1$ 的匹配。设 $a \to b \to \cdots \to c \to d$ 为增广路径。因为 b 和 c 的度数均至少为 $n/2$ 且 $|h| < n$, 所以 b 和 c 之间必有匹配边。因此 $a \to b \to \cdots \to c \to d$ 的长度为 3。一个匹配 $h_i \in H_i$ 可由 H_{i-1} 中的多个匹配通过增广路径得到, 有多种可能性。用长度是一的增广路径, 至多有 i 个可能; 用长度是三的增广路径, 至多有 $2 \cdot \frac{i(i-1)}{2}$ 个可能。因此, $|H_{i-1}| \leqslant i \cdot |H_i| + i(i-1) \cdot |H_i| < n^2 \cdot |H_i|$。在不等式

augmenting path

$$\frac{1}{n^2} \leqslant \frac{|H_i|}{|H_{i-1}|} \leqslant n^2$$

的基础上, 用证明命题 22 的同样方法, 可得到如下结论。

命题 23　若结点度数至少是结点个数 1/4 的二分图的完美匹配有完全多项式几乎一致采样器, 则完美匹配计数问题有完全多项式随机近似方案。

　　命题 22 和命题 23 不禁让人觉得, 它们应该是某个更抽象结论的特例。我们甚至可以问, 从问题的完全多项式随机近似方案是否可构造问题解的完全多项

式几乎一致采样器？杰鲁姆、瓦里昂特、瓦齐拉尼在文 [118] 中讨论了此问题，他们的结论适用于一类相当普遍的组合问题，即自归约问题 [209]。

Jerrum

self-reducible

定义 4.17 满足下述条件的关系 $\mathcal{M} \subseteq \{0,1\}^* \times \{0,1\}^*$ 称为自归约的：

1. $\mathcal{M}$ 是多项式时间可判定的。
2. $x\mathcal{M}y$ 蕴含 $y = g(x)$，这里 $g : \{0,1\}^* \to \mathbf{N}$ 是多项式时间可计算的。
3. 存在可计算函数 $\hbar : \{0,1\}^* \times \{0,1\}^* \to \{0,1\}^*$ 和 $\ell : \{0,1\}^* \to \mathbf{N}$，满足
   (a) $\ell(x) = O(\log|x|)$。
   (b) 对任意 $x \in \{0,1\}^*$，$g(x) > 0$ 蕴含 $\ell(x) > 0$。
   (c) 对任意 $x, w \in \{0,1\}^*$，有 $\hbar(x, w) \leqslant |x|$。
   使得对所有 $x \in \{0,1\}^*$ 和 $y = y_1 \cdots y_n \in \{0,1\}^*$，有下述等价关系：

$$x\mathcal{M}y \text{ 当仅当 } \hbar(x, y_1 \cdots y_{\ell(x)}) \, \mathcal{M} \, y_{\ell(x)+1} \cdots y_n$$

可将 $\mathcal{M}$ 视为输入输出关系。条件2说的是：若输入的长度是固定的，输出的长度一定固定。条件3说的是：如果 x 有输出 y，可将判定 $x\mathcal{M}y$ 归约到判定 $\hbar(x, y_1 \cdots y_{\ell(x)}) \, \mathcal{M} \, y_{\ell(x)+1} \cdots y_n$，这里 $\hbar(x, y_1 \cdots y_{\ell(x)})$ 不会比 x 长。条件 3（b）说，自归约终止于输出串为空串。条件 3（a）说，只有多项式个可能的前缀 $y_1 \cdots y_{\ell(x)}$，因此算法可以对它们进行枚举。一个计数问题的见证者 $\mathbb{M}$ 定义了 $\{0,1\}^*$ 上的一个二元关系，定义4.17同样适用于 $\mathbb{M}$。反之，根据条件1，函数 $x \mapsto |\{y \mid x\mathcal{M}y\}|$ 是一个计数问题。因此我们可以谈论 $\mathcal{M}$ 的完全多项式随机 (ϵ, δ)-近似方案和完全多项式几乎一致采样器。

本节其余部分假定 $\mathcal{M}$ 为自归约关系。定义函数 $\sharp_\mathcal{M} : \{0,1\}^* \times \{0,1\}^* \to \mathbf{N}$ 如下：

$$\sharp_\mathcal{M}(x, w) \overset{\text{def}}{=} |\{z \mid x \, \mathcal{M} \, wz\}|$$

若 $w = uv$ 且 $|u| = \ell(x)$，则 $\sharp_\mathcal{M}(x, w) = \sharp_\mathcal{M}(\hbar(x, u), v)$。用符号 $\sharp_\mathcal{M}(x)$ 表示 $\sharp_\mathcal{M}(x, 空串)$。显然，$\sharp_\mathcal{M}(x) = |\{y \mid x\mathcal{M}y\}|$。自归约性提供的算法优势可从下述技术引理的证明中看出。

引理 4.19 如果计数函数 $x \mapsto \sharp_\mathcal{M}(x)$ 有完全多项式随机近似方案，则计数函数 $x \mapsto \sharp_\mathcal{M}(x, w)$ 有完全多项式随机近似方案。

证明　设函数 $x \mapsto \sharp_{\mathcal{M}}(x)$ 有完全多项式随机近似方案 $\mathbb{AC}$。根据自归约性质，可定义函数 $x \mapsto \sharp_{\mathcal{M}}(x, w)$ 的完全多项式随机近似方案 $\mathbb{EXT}(x, w)$ 如下：

---

1. if $|w| = g(x)$ then 输出 w 并停机；
2. 一致随机地选择一条长度为 s 的路径 δ，设 $\ulcorner 0.\delta \urcorner$ 为 $0.\delta$ 的十进制形式；
3. $N_0 := \mathbb{EXT}(x, w0)$；
4. if $\ulcorner 0.\delta \urcorner < \max \left\{ \dfrac{N_0}{N}, 1 \right\}$ then $\mathbb{AUG}(x, w0, N_0)$ else $\mathbb{AUG}(x, w1, N - N_0)$.

图 4.6　完全多项式几乎一致采样器 $\mathbb{AUG}(x, w, N)$

---

1. while $|w| > \ell(x)$ do begin
   (a) 将 w 写成 uv，这里 $|u| = \ell(x)$；
   (b) $x := \hbar(x, u)$；
   (c) $w := v$。
   end
2. 输出 $\sum_{u' \in \{0,1\}^{\ell(x) - |w|}} \mathbb{AC}(\hbar(x, wu'), \epsilon)$。

因为 $\ell(x) - |w|$ 是 $O(\log n)$ 的，所以 $\{0,1\}^{\ell(x) - |w|}$ 含多项式个元素。算法是多项式时间的。因为 $\mathbb{EXT}$ 只调用 $\mathbb{AC}$ 多项式次，根据一致界不等式，$\mathbb{EXT}$ 的误差不超过 $\mathbb{AC}$ 的误差的多项式倍。可通过控制 $\mathbb{AC}$ 的误差来实现 $\mathbb{EXT}$ 对误差的要求。　　　　　　　　　　　　　　　　　　　　　　　□

有了上述的预备知识，我们可以证明文 [118] 中的主要结果。

定理 4.25（几乎一致采样器与随机近似方案的等价性）　设 $\mathcal{M}$ 为自归约关系。$\mathcal{M}$ 有完全多项式随机近似方案当仅当 $\mathcal{M}$ 有完全多项式几乎一致采样器。

证明　先证 $(\Rightarrow)$，设函数 $x \mapsto \sharp_{\mathcal{M}}(x)$ 有完全多项式近似方案 $\mathbb{AC}$。根据引理4.19，函数 $\sharp_{\mathcal{M}}(x, w)$ 有完全多项式 (ϵ, δ)-近似方案 $\mathbb{EXT}(x, w)$。设计一个概率图灵机，若 $\mathbb{EXT}(x, w) \neq 0$，调用 $\mathbb{AUG}(x, w, \mathbb{EXT}(x, w))$，后者大概率地以近似于 $\dfrac{1}{\sharp_{\mathcal{M}}(x, w)}$ 的概率输出 $\{z \mid x \mathcal{M} wz\}$ 中的每个元数。算法 $\mathbb{AUG}$ 的设计

思路很简单：调用 EXT 计算近似值 $N_0 = \text{EXT}(x, w0)$，随后概率地运行多项式 s 步，记住路径 δ（δ 是长度为 s 的 0-1 串，记录了每一步对迁移函数的选择，s 的大小依赖于所需精度），将 δ 理解成小数点后的二进制数所对应的小于 $\dfrac{N_0}{N}$ 的十进制数，递归调用 $\text{AUG}(x, w0, N_0)$，否则递归调用 $\text{AUG}(x, w1, N - N_0)$，算法定义见图4.6。图4.6定义的算法的第4步进行了一个分类，我们需估算一下被错误归类的比例 ϵ'。根据假定，算法 $\text{EXT}(x, w)$ 以 $1 - \delta$ 的概率得出的结果满足不等式 $(1-\epsilon)\sharp_{\mathcal{M}}(x, w) \leqslant \text{EXT}(x, w) \leqslant (1+\epsilon)\sharp_{\mathcal{M}}(x, w)$。假设 EXT 总是以 $1 - \delta$ 的概率给出正确的答案。在开始，算法 AUG 需调用 $\text{EXT}(x, \epsilon)$ 一次，然后调用 EXT 两次，递归调用本身不超过 $g(x)$ 次，所以由于调用 EXT 导致的出错率不超过 $\delta \cdot (2g(x)+1)$，因此可取 δ 为 $\dfrac{\epsilon'}{2g(x)+1}$。但由于 EXT 还会引发另外一个相对误差 ϵ，这个相对误差会被放大到 $\epsilon \cdot (2g(x)+1)$，相应的绝对误差不超过 $2^{g(x)} \cdot \epsilon \cdot (2g(x)+1)$。因为 $g(x)$ 为多项式时间可计算的，总可取 ϵ 为增长速度快于 $2g(x)+1$ 的多项式的倒数，因此只需设 $\delta = \dfrac{\epsilon'}{2^{g(x)} \cdot (2g(x)+1)}$。不难看出 $\log\dfrac{1}{\epsilon'} = \text{poly}\left(\log\dfrac{1}{\delta}\right)$，所以 AUG 的计算时间为 $\text{poly}(|x|, \log\dfrac{1}{\epsilon'})$。因此我们定义了 $\mathcal{M}$ 的一个完全多项式几乎一致采样器。

再证 ($\Leftarrow$)，设 $\mathcal{M}$ 有完全多项式几乎一致采样器 $\mathbb{G}$。给定输入 x 和 ϵ。调用足够多次采样器 $\mathbb{G}$，对每个采集的样本点 y，可验证其是否为成功的样本点，即 xMy 是否成立。因为 $\mathcal{M}$ 是多项式时间可判定的，所以可在多项式时间验证样本点是否成功。从成功的样本点中，找出出现次数最多的前缀 $w \in \{0,1\}^{\ell(x)}$，并用 w 的出现次数估算 $\dfrac{\sharp_{\mathcal{M}}(x, w)}{\sharp_{\mathcal{M}}(x)|}$。因为 $\sharp_{\mathcal{M}}(x, w) = \sharp_{\mathcal{M}}(\hbar(x, w))$，所以我们可重复上述操作，估算出所有下述比值

$$\frac{\sharp_{\mathcal{M}}(x)}{\sharp_{\mathcal{M}}(\hbar(x, w))}, \quad \frac{\sharp_{\mathcal{M}}(\hbar(x, w))}{\sharp_{\mathcal{M}}(\hbar(\sharp_{\mathcal{M}}(\hbar(x, w)), w'))}, \quad \dots$$

将这些估算值相乘，得到 $\sharp_{\mathcal{M}}(x)$ 的估算值。见图4.7中定义的算法 $\mathbb{AC}$。接下来讨论 $\mathbb{AC}$ 的性能。假设算法 $\mathbb{AC}$ 的误差用不等式4.9.5刻画，ρ 取值为 $1 + \dfrac{\epsilon}{2g(x_0)}$。若 $\sharp_{\mathcal{M}}(x) = \emptyset$，算法显然输出 0。若 $\sharp_{\mathcal{M}}(x) \neq \emptyset$，算法或非正常终止于第 3（b）步，或正常终止于第4步。设 W', x' 是某次进入循环前的值，W'', x'' 是从该次

循环出来后的值，x_0 表示循环开始时变量 x 的初值。我们将证明：事件 "正常终止于第4步，且循环语句每次循环结束时不等式 (4.9.10) 成立" 发生的概率至少是 $3/4$。

$$\frac{\sharp_{\mathcal{M}}(x'')}{\sharp_{\mathcal{M}}(x')} \cdot \frac{1}{\rho} \leqslant \frac{C''}{C'} \leqslant \frac{\sharp_{\mathcal{M}}(x'')}{\sharp_{\mathcal{M}}(x')} \cdot \rho \qquad\qquad (4.9.10)$$

---

1. $W := 1$；
2. $C' := 180|x|^{3c} g(x)^3/\epsilon^2$；（注：常量 c 满足 $2^{\sigma(x)} \leqslant |x|^c$）
3. while $g(x) > 0$ do begin
   (a) 用 $\mathbb{G}\left(x, \dfrac{\epsilon}{11g(x)}\right)$ 进行 $3C'$ 次采样；
   (b) 若少于 C' 个采样点是成功的，输出 0 并终止，否则设 $y_1, \cdots, y_{C'}$ 为前 C' 个成功采样点；
   (c) 设 $w \in \{0,1\}^{\ell(x)}$ 为出现在 $y_1, \cdots, y_{C'}$ 中次数最多（假设为 C'' 次）的长度为 $\ell(x)$ 前缀；
   (d) $W := W \cdot \dfrac{C'}{C''}$；
   (e) $x := \hbar(x, w)$。
   end
4. 输出 W

图 4.7　从完全多项式几乎一致采样器到完全多项式随机近似方案 $\mathbb{AC}$

假设上述事件发生，按照循环体的定义，有

$$\frac{W''}{W'} = \frac{C'}{C''} \text{ 且 } \sharp_{\mathcal{M}}(x'') = \sharp_{\mathcal{M}}(x', w) \qquad\qquad (4.9.11)$$

从 (4.9.10) 可推出

$$\frac{\sharp_{\mathcal{M}}(x')}{\sharp_{\mathcal{M}}(x'')} \cdot \frac{1}{\rho} \leqslant \frac{W''}{W'} \leqslant \frac{\sharp_{\mathcal{M}}(x')}{\sharp_{\mathcal{M}}(x'')} \cdot \rho$$

因为 W 的初始值为 1，并且循环语句最多被执行 $g(x_0)$ 遍，所以

$$\sharp_{\mathcal{M}}(x_0) \cdot \frac{1}{\rho^{g(x_0)}} \leqslant \mathbb{AC}(x_0) \leqslant \sharp_{\mathcal{M}}(x_0) \cdot \rho^{g(x_0)}$$

因为 $\left(1 + \dfrac{\epsilon}{2g(x_0)}\right)^{g(x_0)} \leqslant 1 + \epsilon$，所以 $\sharp_{\mathcal{M}}(x_0) \cdot (1 - \epsilon) \leqslant \mathbb{AC}(x_0) \leqslant \sharp_{\mathcal{M}}(x_0) \cdot (1 + \epsilon)$ 成立的概率是 $3/4$。从本章练习20知可将 $\mathbb{AC}$ 转换成一个完全多项式随机 (ϵ, δ)-近似方案。

最后我们证明事件"正常终止于第4步，并且循环语句每次循环结束时不等式 (4.9.10) 成立"发生的概率至少是 $3/4$。设随机变量 Y_i 为循环语句第 i 次采样点是否成功的指示变量，设 $Y = \sum_{i=1}^{3C'} Y_i$。若 ϵ 足够小且 $\sharp_{\mathcal{M}}(x) \neq \emptyset$，$\mathbb{G}$ 输出成功的样本点的概率远大于 $1/2$。因此，$\mathbb{E}[Y] \geqslant \dfrac{3C'}{2}$，且 $\mathbf{Var}(Y) \geqslant \dfrac{3C'}{4}$。根据切比雪夫不等式，有 $\Pr[Y < C'] < \dfrac{3}{C'} < \dfrac{1}{60g(x_0)}$。所以事件"正常终止于第4步"发生的概率至少是 $\left(1 - \dfrac{1}{60g(x_0)}\right)^{g(x_0)} > \dfrac{59}{60}$。对每个 $u \in \{0,1\}^{\sigma(x)}$ 和每个 $j \in [C']$，引入指示变量 X_u^j，若 u 为 y_j 的前缀，$X_u^j = 1$，否则 $X_u^j = 0$。设 $X_u = \dfrac{1}{C'} \cdot \sum_{j \in [C']} X_u^j$，并设 $\mu_u = \mathbb{E}[X_u]$。因为 X_u^j 是指示变量，所以 $\mathbf{Var}(X_u) \leqslant \dfrac{C'}{(C')^2} = \dfrac{1}{C'}$。根据切比雪夫不等式，有

$$\Pr\left[|X_u - \mu_u| > \frac{\epsilon}{6|x|^c g(x_0)}\right] < \frac{36|x|^{2c} g(x_0)^2}{C' \epsilon^2} < \frac{1}{5|x|^c g(x_0)}$$

用一致界不等式可得

$$\Pr\left[|X_u - \mu_w| > \frac{\epsilon}{6|x|^c g(x_0)}\right] < \Pr\left[\exists u \in \{0,1\}^{\sigma(x)}. |X_u - \mu_u| > \frac{\epsilon}{6|x|^c g(x_0)}\right]$$
$$< \frac{1}{5g(x_0)}$$

因此，

$$\Pr\left[|X_u - \mu_w| \leqslant \frac{\epsilon}{6|x|^c g(x_0)}\right] \geqslant 1 - \frac{1}{5g(x_0)} \tag{4.9.12}$$

因为 w 极大化 $\sharp_{\mathcal{M}}(x, w)$，所以 $\mu_w \geqslant \dfrac{1}{|x|^c}$。从 (4.9.12) 得

$$\Pr\left[|X_u - \mu_w| \leqslant \frac{\epsilon}{5g(x_0)} \mu_w\right] \geqslant 1 - \frac{1}{5g(x_0)} \tag{4.9.13}$$

根据图4.7中算法的第 3（a）步定义，μ_w 近似 $\frac{\sharp_{\mathcal{M}}(x, w)}{\sharp_{\mathcal{M}}(x)}$，设 $\rho' = 1 + \frac{\epsilon}{11g(x_0)}$，有

$$\frac{\sharp_{\mathcal{M}}(x, w)}{\sharp_{\mathcal{M}}(x)} \cdot \frac{1}{\rho'} \leqslant \mu_w \leqslant \frac{\sharp_{\mathcal{M}}(x, w)}{\sharp_{\mathcal{M}}(x)} \cdot \rho'$$

从上式可推出

$$\frac{\sharp_{\mathcal{M}}(x, w)}{\sharp_{\mathcal{M}}(x)} \cdot \frac{1}{(\rho')^2} \leqslant \mu_w \leqslant \frac{\sharp_{\mathcal{M}}(x, w)}{\sharp_{\mathcal{M}}(x)} \cdot (\rho')^2$$

进而推得

$$\frac{\sharp_{\mathcal{M}}(x, w)}{\sharp_{\mathcal{M}}(x)} \left(1 - \frac{\epsilon}{5g(x_0)}\right) \leqslant \mu_w \leqslant \frac{\sharp_{\mathcal{M}}(x, w)}{\sharp_{\mathcal{M}}(x)} \left(1 + \frac{\epsilon}{5g(x_0)}\right) \qquad (4.9.14)$$

从 (4.9.14) 和 (4.9.13) 推知，下述不等式至少以 $1 - \frac{1}{5g(x_0)}$ 概率成立。

$$\frac{\sharp_{\mathcal{M}}(x, w)}{\sharp_{\mathcal{M}}(x)} \left(1 - \frac{\epsilon}{5g(x_0)}\right)^2 \leqslant X_w \leqslant \frac{\sharp_{\mathcal{M}}(x, w)}{\sharp_{\mathcal{M}}(x)} \left(1 + \frac{\epsilon}{5g(x_0)}\right)^2$$

从上述不等式可推出

$$\frac{\sharp_{\mathcal{M}}(x, w)}{\sharp_{\mathcal{M}}(x)} \left(1 - \frac{\epsilon}{2g(x_0)}\right) \leqslant X_w \leqslant \frac{\sharp_{\mathcal{M}}(x, w)}{\sharp_{\mathcal{M}}(x)} \left(1 + \frac{\epsilon}{2g(x_0)}\right)$$

因为循环次数不超过 $g(x_0)$，下述不等式以 $\left(1 - \frac{1}{5g(x_0)}\right)^{g(x_0)} \geqslant \frac{4}{5}$ 的概率成立。

$$\frac{\sharp_{\mathcal{M}}(x, w)}{\sharp_{\mathcal{M}}(x)} \left(1 - \frac{\epsilon}{2g(x_0)}\right)^{g(x_0)} \leqslant X_w \leqslant \frac{\sharp_{\mathcal{M}}(x, w)}{\sharp_{\mathcal{M}}(x)} \left(1 + \frac{\epsilon}{2g(x_0)}\right)^{g(x_0)}$$

上面的不等式蕴含 (4.9.10)，并且 $\frac{4}{5} \cdot \frac{59}{60} \geqslant \frac{3}{4}$，所以欲证性质成立。　　　　□

4.9.2　马尔可夫链蒙特卡罗方法

上节定义的蒙特卡罗算法需要用到多项式时间近似采样器。如何实现一个随机近似采样器？马尔可夫链蒙特卡罗方法提供了一个简单而通用的近似　　　MCMC

采样方法，通过定义遍历的马尔可夫链，我们可以让随机游走在多项式时间里逼近指定的稳态分布。设 X_0 是初始分布，随机游走 s 步后，分布 X_s 差不多已经忘掉了初始分布而非常接近于稳态分布；然后再随机游走 s 步，分布 X_{2s} 差不多已经忘掉了 X_s；以此类推，得到一系列 $X_s, X_{2s}, X_{3s}, \cdots$ 几乎是两两独立的近似采样。

我们首先用上节讨论的图的独立集采样来说明马尔可夫链蒙特卡罗方法。设 $G_i = (V, E_i)$ 为输入图。马尔可夫链 $\boldsymbol{G}_i$ 定义如下：$\boldsymbol{G}_i$ 的状态即为 $\boldsymbol{G}_i$ 中的独立集；若独立集 I, I' 满足 $I \subseteq I'$ 和 $|I| = |I'| + 1$，则 I 和 I' 互为邻居，并设 $\boldsymbol{G}_i(I, I') = \boldsymbol{G}_i(I', I) = \dfrac{1}{|V| + 1}$；若 I 有 N 个邻居，则设 $\boldsymbol{G}_i(I, I) = \dfrac{|V| - N + 1}{|V| + 1}$；矩阵 $\boldsymbol{G}_i$ 的其余元素值为 0。从空集状态出发可以走到所有状态，因此 $\boldsymbol{G}_i$ 是不可约的；因为有自环，所以 $\boldsymbol{G}_i$ 是遍历的。按定理4.2，$\boldsymbol{G}_i$ 有唯一稳态分布。因为图 $\boldsymbol{G}_i$ 的每个结点的度数均为 $|V| + 1$，所以根据定理4.23，$\boldsymbol{G}_i$ 的稳态分布是均匀分布。

在第4.9.1节的二分图的例子里，可定义马尔可夫链 $\boldsymbol{H}_i$ 如下：状态即为 $\boldsymbol{H}_i \cup \boldsymbol{H}_{i-1}$ 中的匹配；在每个状态下，随机游走以 $1/2$ 的概率迁移到本状态，以总概率 $1/2$ 均匀地迁移到其邻居。邻居结点定义如下：

- 若 $h \in \boldsymbol{H}_{i-1}$ 且 $h \cup \{e\} \in \boldsymbol{H}_i$，则状态 h 和状态 $h \cup \{e\}$ 之间有一条边。
- 若 $(u, v) \in h \in \boldsymbol{H}_{i-1}$ 且边 (v, w) 的端点 w 未被 h 匹配，则状态 h 和状态 $h \cup \{(v, w)\} \setminus \{(u, v)\}$ 之间有一条边。

基于同样的理由，马尔可夫链 $\boldsymbol{H}_i$ 有唯一的稳态分布且该分布是均匀分布。

Metropolis 有时算法需要用到一个非均匀分布，梅特罗波利斯算法给出了一个构造遍历马尔可夫链的一般方法，使得该遍历链的稳态分布为指定的分布。此算法用到了一类特殊的马尔可夫链。

设 π 是遍历马尔可夫链 $\boldsymbol{M}$ 的稳态分布。因为 $\sum_i \dfrac{\boldsymbol{M}_{j,i} \cdot \pi_i}{\pi_j} = 1$，可定义马尔可夫链 $\widehat{\boldsymbol{M}}$ 如下：

$$\widehat{\boldsymbol{M}}_{i,j} = \frac{\pi_i}{\pi_j} \cdot \boldsymbol{M}_{j,i}$$

time reversal 称 $\widehat{\boldsymbol{M}}$ 为 $\boldsymbol{M}$ 的时间逆。等式 $\pi_j \widehat{\boldsymbol{M}}_{i,j} = \pi_i \boldsymbol{M}_{j,i}$ 的直观意思是：$\widehat{\boldsymbol{M}}$ 将从状态 i 流入状态 j 的概率 $\boldsymbol{M}_{j,i} \pi_i$ 返还给了状态 i。从迁移图的角度看，$\widehat{\boldsymbol{M}}$ 为将 $\boldsymbol{M}$

的有向边反向后得到的马尔可夫链。由于

$$\widehat{\boldsymbol{M}}\pi=\begin{pmatrix}\sum_{j\in[n]}\widehat{\boldsymbol{M}}_{1,j}\pi_j\\ \vdots\\ \sum_{j\in[n]}\widehat{\boldsymbol{M}}_{n,j}\pi_j\end{pmatrix}=\begin{pmatrix}\sum_{j\in[n]}\pi_1\boldsymbol{M}_{j,1}\\ \vdots\\ \sum_{j\in[n]}\pi_n\boldsymbol{M}_{j,n}\end{pmatrix}=\pi$$

所以 π 也是 $\widehat{\boldsymbol{M}}$ 的稳态分布。设 $x_0,\cdots,x_t$ 为状态，有下述推导：

$$\begin{aligned}\Pr[X_0=x_0,X_1=x_1,\cdots,X_t=x_t]&=\boldsymbol{M}_{x_t,x_{t-1}}\cdots\boldsymbol{M}_{x_2,x_1}\boldsymbol{M}_{x_1,x_0}\pi_{x_0}\\ &=\widehat{\boldsymbol{M}}_{x_0,x_1}\widehat{\boldsymbol{M}}_{x_1,x_2}\cdots\widehat{\boldsymbol{M}}_{x_{t-1},x_t}\pi_{x_t}\\ &=\Pr[\widehat{X}_0=x_t,\widehat{X}_1=x_{t-1},\cdots,\widehat{X}_t=x_0]\end{aligned}$$

此等式说明了为什么将 $\widehat{\boldsymbol{M}}$ 称为 $\boldsymbol{M}$ 的时间逆。

　　有一类特殊的马尔可夫链 $\boldsymbol{M}$ 满足 $\widehat{\boldsymbol{M}}=\boldsymbol{M}$，这类马尔可夫链可刻画如下。

定义 4.18　若有 n 个状态的马尔可夫链 $\boldsymbol{M}$ 是遍历的，并且存在分布 π 满足等式 $\boldsymbol{M}_{j,i}\cdot\pi_i=\boldsymbol{M}_{i,j}\cdot\pi_j$，称 $\boldsymbol{M}$ 为时间可逆的。　　　　time reversible

因为 $\sum_{i\in[n]}\boldsymbol{M}_{j,i}\cdot\pi_i=\sum_{i\in[n]}\boldsymbol{M}_{i,j}\cdot\pi_j=\pi_j$，故 π 是 $\boldsymbol{M}$ 的稳态分布。因此对时间可逆马尔可夫链 $\boldsymbol{M}$ 而言，$\boldsymbol{M}$ 是其本身的时间逆。从定理4.23的证明可推知，无向连通图上的随机游走矩阵定义了一个时间可逆马尔可夫链。时间可逆马尔可夫链迁移矩阵可视为无向连通图上的随机游走矩阵的推广，前者是加权对称的。

　　以第4.9.1节定义的遍历链 $\boldsymbol{G}_i$ 为例，设 π 是我们想要逼近的大小为 i 的独立集空间上的非均匀分布。重新定义迁移矩阵 $\boldsymbol{G}_i'$ 如下：

$$\boldsymbol{G}_i'(I,J)=\begin{cases}\dfrac{1}{|V|+1}\cdot\min\{1,\dfrac{\pi_I}{\pi_J}\},&\text{若}I\neq J，\text{且}I\text{和}J\text{间有边}\\ 0,&\text{若}I\neq J，\text{且}I\text{和}J\text{间没有边}\\ 1-\sum_{I'}\boldsymbol{G}_i'(I',J),&\text{若}I=J\end{cases}$$

根据定义，对所有 I,J，有等式 $\boldsymbol{G}_i'(J,I)\cdot\pi_I=\boldsymbol{G}_i'(I,J)\cdot\pi_J$。马尔可夫链 $\boldsymbol{G}_i'$ 是时间可逆的，其稳态分布为 π。

　　为了确保马尔可夫链蒙特卡罗方法的有效性，必须确保随机游走多项式步后就能非常接近稳态分布。这就是均混时间。

4.9.3　均混时间

本节讨论马尔可夫链的长期行为，即马尔可夫链逼近稳态分布的速率。为了讨论逼近速率，我们得有一个分布之间近似程度的度量关系。

定义 4.19　定义在可数空间 Ω 上的两个分布 D_1, D_2 的全变分距离为

$$\|D_1 - D_2\|_{tv} = \max_{A \subseteq \Omega} |D_1(A) - D_2(A)|$$

total variation

按定义4.19计算 $\|D_1 - D_2\|_{tv}$，得对所有事件 $A \subseteq \Omega$ 计算 $\|D_1 - D_2\|_{tv}$。下述引理指出，计算量可显著降低。

引理 4.20　$\|D_1 - D_2\|_{tv}$ 等于 $\frac{1}{2} \sum_{x \in \Omega} |D_1(x) - D_2(x)|$。

证明　设 $A_1 = \{x \in \Omega \mid D_1(x) \geqslant D_2(x)\}$ 和 $A_2 = \{x \in \Omega \mid D_1(x) < D_2(x)\}$。由 $D_1(A_1) + D_1(A_2) = D_2(A_1) + D_2(A_2)$ 得 $D_1(A_1) - D_2(A_1) = D_2(A_2) - D_1(A_2)$。在图4.8中，$D_1(A_1) - D_2(A_1)$ 就是蓝线在上红线在下围起来的面积，$D_2(A_2) - D_1(A_2)$ 就是红线在上蓝线在下围起来的面积。这两块面积相等。事件 A_1 和事件 $A_2 = A_2' \cup A_2''$ 发生的概率极大，因此有下述推导：

$$\max_{A \subseteq \Omega} |D_1(A) - D_2(A)| = D_1(A_1) - D_2(A_1)$$

$$= \frac{1}{2} \sum_{x \in \Omega} |D_1(x) - D_2(x)|$$

$$= \|D_1 - D_2\|_{tv}$$

定理得证。　　　　　　　　　　　　　　　　　　　　　　　　　　　□

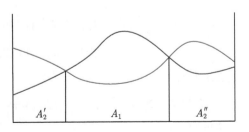

图 4.8　全变分距离示意图

从引理4.20容易看出，全变分距离满足三角不等式。

设 π 是有限遍历马尔可夫链 M 的稳态分布，Ω 为其状态集，$x \in \Omega$。定义

$$\Delta_x(t) = \|M^t e_x - \pi\|_{tv} \tag{4.9.15}$$

$$\Delta(t) = \max_{x \in \Omega} \Delta_x(t) \tag{4.9.16}$$

参数 $\Delta_x(t)$ 表示从状态 x 开始随机游走 t 步后状态分布与稳态分布的全变分距离，参数 $\Delta(t)$ 表示从任意初始状态分布开始随机游走 t 步后状态分布与稳态分布的全变分距离上限。用此两参数，可相应地定义

$$\tau_x(\epsilon) = \min t.\Delta_x(t) \leqslant \epsilon$$

$$\tau(\epsilon) = \max_{x \in \Omega} \tau_x(\epsilon)$$

若将 τ 视为函数，它就是 M 的均混时间函数。若 $\tau(\epsilon) = \texttt{poly}\left(n, \log \dfrac{1}{\epsilon}\right)$，称   mixing time

M 为快速均混的，这里 n 为输入长度，其准确含义依赖于具体问题。称   rapidly mixing

$$\tau_{mix} = \tau\left(\frac{1}{4}\right)$$

为 M 的均混时间。如何估算 $\Delta_x(t)$？假设有一男一女两个醉鬼分别从 x 和 y 出发，都按照迁移矩阵 M 的定义进行随机游走。如果他们相遇，就不再分开，永远一起按照 M 的定义进行随机游走。这是一个定义在空间 $\Omega \times \Omega$ 的马尔可夫链上的随机游走。若其中的一个醉鬼按稳态分布 π 选择出发点，我们可以用两位醉鬼的期望相遇时间来估算 $\Delta_x(t)$。如果可能，我们可设法设计出空间 $\Omega \times \Omega$ 上的随机游走新模式，让两位醉鬼尽可能早地相遇。这个新的马尔可夫链可能让我们更好地估算 $\Delta_x(t)$。这就是所谓耦合的思路。   coupling

    设 D_1 为定义在 Ω_1 上的分布，D_2 为定义在 Ω_2 上的分布。一个定义在积空间 $\Omega_1 \times \Omega_2$ 上的分布称为联合分布。称 $\sum_{y \in \Omega_2} D(\_, y)$ 和 $\sum_{x \in \Omega_1} D(x, \_)$ joint distribution

为联合分布的边缘分布。我们感兴趣的情况是 D_1 和 D_2 定义在同一个样本空   marginal

间 Ω。在此种情况下，若定义在 $\Omega \times \Omega$ 上的联合分布 D 满足等式

$$D_1 = \sum_{y \in \Omega} D(\_, y) \tag{4.9.17}$$

$$D_2 = \sum_{x \in \Omega} D(x, \_) \tag{4.9.18}$$

称 D 为 D_1 和 D_2 的耦合分布。显然，积分布 $D_1 \times D_2$ 是耦合分布。但对我们而言，这通常不是个很有用的耦合分布。我们寻找的是使 $\sum_{x\in\Omega} D(x,x)$ 最大的耦合分布，下面的引理告诉我们为什么 $\sum_{x\in\Omega} D(x,x)$ 越大越好。

引理 4.21　对 D_1 和 D_2 的任意耦合分布 D，有 $\sum_{y\neq z} D(y,z) \geqslant \|D_1 - D_2\|_{tv}$。并且存在最优耦合分布 D 使得 $\sum_{y\neq z} D(y,z) = \|D_1 - D_2\|_{tv}$。

证明　根据 (4.9.17) 和 (4.9.18)，$D(x,x) \leqslant \min\{D_1(x), D_2(x)\}$。因此有

$$\sum_{y\neq z} D(y,z) = 1 - \sum_{x\in\Omega} D(x,x)$$
$$\geqslant \sum_{x\in\Omega} (D_1(x) - \min\{D_1(x), D_2(x)\})$$
$$= \sum_{x\in\Omega} \{D_1(x) - D_2(x) \mid D_1(x) > D_2(x)\}$$
$$= \|D_1 - D_2\|_{tv}$$

所以 $\sum_{y\neq z} D(y,z) \geqslant \|D_1 - D_2\|_{tv}$。反之，给定 D_1, D_2 后，可以定义 $D(x,x) = \min\{D_1(x), D_2(x)\}$，$D$ 在非对角线上的取值受到 $|\Omega|$ 个等式的约束，但一般有无限多个取值可能。一个简单的确定 D 的方法是：迫使 D 在非对角线上的分布是独立的，即对于 $x \neq y$ 定义

$$D(x,y) = \frac{(D_1(x) - D(x,x))(D_2(y) - D(y,y))}{1 - \sum_{x\in\Omega} D(x,x)}$$

容易验证，这样的 D 是满足 $\sum_{y\neq z} D(y,z) = \|D_1 - D_2\|_{tv}$ 的耦合分布。　□

将分布的耦合推广到马尔可夫链上，就是对马尔可夫矩阵的列向量所表示的分布做耦合。

定义 4.20　状态空间为 Ω 的马尔可夫链 M 的耦合 $Z = (X, Y)$ 是状态空间为 $\Omega \times \Omega$ 的满足如下条件的马尔可夫链：

$$\sum_{y\in\Omega} \Pr[X_{t+1} = x' \mid Z_t = (x,y)] = M_{x',x}$$
$$\sum_{x\in\Omega} \Pr[Y_{t+1} = y' \mid Z_t = (x,y)] = M_{y',y}$$

由定义4.9.15得 $\Delta_x(t) = \|\boldsymbol{M}^t\boldsymbol{e}_x - \boldsymbol{M}^t\pi\|_{tv}$。由引理4.21知，存在马尔可夫链 $\boldsymbol{M}$ 上的耦合分布 $\boldsymbol{Z} = (\boldsymbol{X}, \boldsymbol{Y})$ 是最优的，即有等式

$$\|\boldsymbol{M}^t\boldsymbol{e}_x - \boldsymbol{M}^t\pi\|_{tv} = \Pr[X_t \neq Y_t] \tag{4.9.19}$$

在下述讨论中，固定 $\boldsymbol{Z} = (\boldsymbol{X}, \boldsymbol{Y})$ 为状态空间为 Ω 的马尔可夫链 $\boldsymbol{M}$ 的最优耦合。等式 (4.9.19) 能帮助我们简化很多证明。下述引理的证明是个例子。

引理 4.22 函数 $\Delta_x(t)$ 和函数 $\Delta(t)$ 均为单调递减函数。

证明 根据引理4.21的证明，可定义耦合分布 $\boldsymbol{Z} = (\boldsymbol{X}, \boldsymbol{Y})$ 使得 $(X_t, Y_t) \longrightarrow (X_{t+1}, Y_{t+1})$ 满足下述性质：

- 若 $X_t = Y_t$，则 $X_{t+1} = Y_{t+1}$，即 $X_t \longrightarrow X_{t+1}$ 和 $Y_t \longrightarrow Y_{t+1}$ 耦合游走；
- 若 $X_t \neq Y_t$，则 $X_t \longrightarrow X_{t+1}$ 和 $Y_t \longrightarrow Y_{t+1}$ 独立游走。

这些性质保证 $\Pr[X_t = Y_t] \leqslant \Pr[X_{t+1} = Y_{t+1}]$，由此推得

$$\Delta_x(t) = \Pr[X_t \neq Y_t] \geqslant \Pr[X_{t+1} \neq Y_{t+1}] = \Delta_x(t+1)$$

定理得证。 □

　　正如上文所提及，我们可以用 $\boldsymbol{Z}$ 给出 $\Delta(t)$ 的上界，这个上界可以借助于 $\boldsymbol{M}$ 的稳态分布 π 表示。因为随机游走逼近稳定分布，也可以用下述参数估算逼近速率。

$$\delta(t) = \max_{x,y\in\Omega} .\Pr[X_t \neq Y_t \mid Z_0 = (x, y)]$$

按定义有 $\Delta(t) = \max_{x\in\Omega} \|\boldsymbol{M}^t\boldsymbol{e}_x - \pi\|_{tv} \leqslant \max_{x,y\in\Omega} \|\boldsymbol{M}^t\boldsymbol{e}_x - \boldsymbol{M}^t\boldsymbol{e}_y\|_{tv} = \delta(t)$。由三角不等式得 $\delta(t) \leqslant \max_{x\in\Omega} \|\boldsymbol{M}^t\boldsymbol{e}_x - \pi\|_{tv} + \max_{y\in\Omega} \|\pi - \boldsymbol{M}^t\boldsymbol{e}_y\|_{tv} = 2\Delta(t)$。因此 $\delta(t)$ 和 $\Delta(t)$ 都可用来定义均混时间。

引理 4.23 $\Delta(t) \leqslant \delta(t) \leqslant 2\Delta(t)$。

从上述引理即得著名的耦合引理。

引理 4.24（耦合引理） 若 $\delta(T) \leqslant \epsilon$，则 $\tau(\epsilon) \leqslant T$。

根据耦合定理，若存在 T，对任意 x、$y \in \Omega$，有 $\Pr[X_T \neq Y_T \mid Z_0 = (x, y)] \leqslant \epsilon$，就可得 $\tau(\epsilon) \leqslant T$。因此，对均混时间的估算就是对 $\Pr[X_T \neq Y_T \mid Z_0 = (x, y)]$ 的估算。用引理4.23可以证明 $\Delta(t)$ 的几何收敛性。

定理 4.26（几何收敛）   存在 $\alpha \in (0, 1)$，使得 $\Delta(t) \leqslant \alpha^t$。

证明   设 β_i 是 $\boldsymbol{M}$ 的第 i 行中非零元素的最小值。一个状态要么一步不可达状态 i，要么至少以概率 β_i 到达状态 i。设计耦合，使其满足如下性质：若从两个不同的状态 j 和状态 j' 都可一步到达状态 i，则从 (j, j') 一步到达状态 (i, i) 的概率是 β_i。设 $\alpha = 1 - \min_{i \in [n]}\{\beta_i\}$。应有 $\Delta(t) \leqslant \delta(t) = \max_{x, y \in \Omega} . \|\boldsymbol{M}^t \boldsymbol{e}_x - \boldsymbol{M}^t \boldsymbol{e}_y\|_{tv} \leqslant \alpha^t$。 $\square$

submultiplicative   若 $\delta(1) \in (0, 1)$，几何收敛性质也可从下述引理所描述的子乘性推出。

引理 4.25 $\delta(s + t) \leqslant \delta(s)\delta(t)$。

证明   假定 $Z_0 = (x, y)$。有下述推导：

$$
\begin{aligned}
\boldsymbol{M}^{s+t}(w, x) &= \sum_{z \in \Omega} \boldsymbol{M}^t(w, z) \cdot \boldsymbol{M}^s(z, x) \\
&= \sum_{z \in \Omega} \boldsymbol{M}^t(w, z) \cdot \Pr[X_s = z] \\
&= \mathrm{E}(\boldsymbol{M}^t(w, X_s))
\end{aligned}
$$

同理，$\boldsymbol{M}^{s+t}(w, y) = \mathrm{E}(\boldsymbol{M}^t(w, Y_s))$。因此有

$$
\begin{aligned}
\delta(s + t) &= \max_{x, y \in \Omega} . \Pr[X_{s+t} \neq Y_{s+t} \mid Z_0 = (x, y)] \\
&= \frac{1}{2} \sum_{w \in \Omega} \left| \boldsymbol{M}^{s+t}(w, x) - \boldsymbol{M}^{s+t}(w, y) \right| \\
&= \frac{1}{2} \sum_{w \in \Omega} \left| \mathrm{E}(\boldsymbol{M}^t(w, X_s)) - \mathrm{E}(\boldsymbol{M}^t(w, Y_s)) \right| \\
&= \frac{1}{2} \sum_{w \in \Omega} \left| \mathrm{E}\left[\boldsymbol{M}^t(w, X_s) - \boldsymbol{M}^t(w, Y_s) \right] \right| \\
&\leqslant \mathrm{E}\left[\frac{1}{2} \sum_{w \in \Omega} \left| [\boldsymbol{M}^t(w, X_s) - \boldsymbol{M}^t(w, Y_s)] \right| \right]
\end{aligned}
$$

$$\leqslant \max_{x',y'\in\Omega} .\Pr[X_{s+t} \neq Y_{s+t} \mid Z_s = (x',y')]\cdot\Pr[X_s \neq Y_s \mid Z_0 = (x,y)]$$

$$= \delta(t)\cdot\Pr[X_s \neq Y_s \mid Z_0 = (x,y)]$$

最后得 $\delta(s+t) \leqslant \delta(t)\cdot \max_{x,y\in\Omega} .\Pr[X_s \neq Y_s \mid Z_0 = (x,y)] \leqslant \delta(s)\cdot\delta(t)$。　　$\square$

看两个应用耦合方法的例子。

超立方上的随机游走　维数为 n 的超立方体的结点集为 $\{0,1\}^n$，$x,y \in \{0,1\}^n$ 之间有条边当仅当 0-1 串 x 和 0-1 串 y 只有一位不同。定义马尔可夫链如下：在每个状态 $x = (x,\cdots,x_n)$，随机地选 $i \in [n]$，以 $1/2$ 概率迁移到 $(x_1,\cdots,x_{i-1},0,x_{i+1},\cdots,x_n)$，以 1/2 概率迁移到 $(x_1,\cdots,x_{i-1},1,x_{i+1},\cdots,x_n)$。因为有自环，所以此马尔可夫链是遍历的，其稳态分布为均匀分布。构造简单的耦合分布如下：在每一步，X_t 和 Y_t 做完全相同的动作。当耦合分布沿着 i-轴方向走一步后，第 i 个分量一定相等。从第127页对赠券收集者问题的讨论得知，按耦合分布随机游走 $n\ln(n) + cn$ 步后，在期望意义下每个方向都会走过。随机游走 $n\ln\dfrac{n}{\epsilon}$ 步后，未沿一个方向走的概率不超过

$$\left(1 - \frac{1}{n}\right)^{n\ln\frac{n}{\epsilon}} < e^{\ln\frac{\epsilon}{n}} = \frac{\epsilon}{n}$$

根据一致界不等式，未沿某个方向走的概率不超过 ϵ。因此，$\Pr[X_T \neq Y_T \mid Z_0 = (x,y)] \leqslant \epsilon$。根据耦合定理（定理4.24），可推出 $\tau(\epsilon) \leqslant n\ln\dfrac{n}{\epsilon}$。　　$\square$

下面一个例子里，我们需要用到条件期望值，其定义如下。

定义 4.21　$E[Y \mid Z = z] = \sum_y y\cdot\Pr[Y = y \mid Z = z]$。

容易验证，条件期望算子也满足线性性，如 $E[\sum_i Y_i \mid Z = z] = \sum_i E[Y_i \mid Z = z]$。下述等式类似于全概率公式，可由定义直接推出。

$$E[X] = \sum_y \Pr[Y = y]\cdot E[X \mid Y = y]$$

符号 $E[Y \mid Z]$ 表示一个随机变量，当 $Z = z$ 时，该随机变量 $E[Y \mid Z]$ 取值 $E[Y \mid Z = z]$。有下面重要的等式。

引理 4.26　$E[X] = E[E[X \mid Y]]$。

证明　　$\mathrm{E}[\mathrm{E}[X \mid Y]] = \sum_z \mathrm{E}[X \mid Y = z] \cdot \Pr[Y = z] = \mathrm{E}[X]$。　　　　　　$\square$

固定大小独立集上的随机游走　　设马尔可夫链的状态集是图 $G = (V, E)$ 的所有大小为 k 的独立集，结点 IS 和结点 IS' 之间有边当仅当 $|IS \cap IS'| = k-1$。独立随机选 $u \in IS$ 和 $v \in V$，若 $IS \setminus \{u\} \cup \{v\}$ 为大小为 k 的独立集，从 IS 到 $IS \setminus \{u\} \cup \{v\}$ 有一条权重为 $1/kn$ 的边，否则从 IS 到自身有一个权重为 $1/kn$ 的环。每个结点都有自环，所以此马尔可夫链为遍历的。固定任意两个大小均为 k 的独立集 IS 和 IS' 之间的一个双射，此双射必须将 $IS \cap IS'$ 中的一个元素映射到其本身。从 (X_t, Y_t) 出发的一个随机游走定义如下：独立随机选 $u \in X_t$ 和 $v \in V$，从 X_t 出发根据 u, v 进行随机游走；从 Y_t 出发根据 u', v 进行随机游走；这里 u' 是和 u 对应的 Y_t 中的元素。此定义给出了马尔可夫链的一个耦合。设 $W_t = |X_t \setminus Y_t|$。若 $W_t > 0$，一步随机游走可能会使 $W_{t+1} = W_t + 1$，也可能会使 $W_{t+1} = W_t - 1$。若前一种情况发生，必须是 $u \in X_t \cap Y_t$，并且 u 从 X_t 和 Y_t 中的一个中删去但不从另一个中删去，而且 v 要么是 $X_t \setminus Y_t$ 中的元素或 $X_t \setminus Y_t$ 中的某个元素的邻居，要么是 $Y_t \setminus X_t$ 中的元素或 $Y_t \setminus X_t$ 中的某个元素的邻居。设马尔可夫链状态的最大度数为 deg，若 $W_t > 0$，有

$$\Pr[W_{t+1} = W_t + 1] \leqslant \frac{k - W_t}{k} \cdot \frac{2W_t(deg+1)}{n} = \frac{W_t}{k} \cdot \frac{2(k - W_t)(deg+1)}{n}$$

若 $W_{t+1} = W_t - 1$ 发生，必须是 $u \notin Y_t$，并且 w 既不在 $X_t \cup Y_t \setminus \{u, u'\}$ 中也不是 $X_t \cup Y_t \setminus \{u, u'\}$ 中元素的邻居，这里 $u' \in Y_t$ 对应于 u。若 $W_t > 0$，有

$$\Pr[W_{t+1} = W_t - 1] \geqslant \frac{W_t}{k} \cdot \frac{n - (k + W_t - 2)(deg+1)}{n}$$

若 $W_t > 0$，有 $\mathrm{E}[W_{t+1} \mid W_t] = W_t + \Pr[W_{t+1} = W_t + 1] - \Pr[W_{t+1} = W_t - 1]$。易证，$\mathrm{E}[W_{t+1} \mid W_t] \leqslant W_t(1 - c(n, k))$，其中 $c(n, k) = \dfrac{n - 3(k-1)(deg+1)}{kn}$。因为 $\mathrm{E}[W_{t+1} \mid W_t = 0] = 0$，所以此不等式在 $W_t = 0$ 时也成立。用引理4.26可推出 $\mathrm{E}[W_{t+1}] = \mathrm{E}[\mathrm{E}[W_{t+1} \mid W_t]] \leqslant \mathrm{E}[W_t](1 - c(n, k))$。因为 d_0 不可能超过 k，所以用归纳得 $\Pr[W_t > 0] \leqslant \mathrm{E}[W_t] \leqslant k(1 - c(n, k)) \leqslant ke^{-\frac{t}{c(n,k)}} = ke^{-t \cdot \frac{kn}{n - 3(k-1)(\Delta+1)}}$。若 $k \leqslant \dfrac{n}{3deg + 3}$ 且上式右端表达式不超过 ϵ，就有 $\tau(\epsilon) \leqslant \dfrac{kn \ln(k\epsilon^{-1})}{n - 3(k-1)(\Delta+1)}$。上式为 n 和 $\ln \dfrac{1}{\epsilon}$ 的多项式。　　　　　　$\square$

4.10　扩张图与去随机

计算机科学中的一个大问题是：**BPP** 是否等于 **P**，即随机性是否能从根本上提高解题速度？正如我们在第4章的引言部分所述，计算复杂性理论中的一些结果强烈地暗示 **BPP** 就是 **P**，另一方面，实际的可去随机的例子非常少。一般的想法是，给定一个问题的多项式时间随机算法，我们试图从该随机算法出发构造一个经典的算法，将算法所依赖的随机性去掉。如果没有时间限制，去随机总是可以做的。我们关心的是去随机后是否得到一个多项式时间算法。阿德曼定理（定理4.5）给出了用非一致性做去随机的方法。如果在特定应用中，我们关心的输入实例都有个长度限制，比如长度不超过 2^{10}，非一致性给出的多项式时间算法是有用的。但我们不知道寻找建议是否要花指数时间。

"建议"，见第103页。

如果算法 $A(x,r)$ 在多项式时间 $T(n)$ 完成计算，$A(x,r)$ 计算时需要用的随机串 r 的长度是 $m(n)$，那么通过枚举所有长度是 $m(n)$ 的随机串可以在 $O\left(T(n)\cdot 2^{m(n)}\right)$ 时间内解决该问题。去随机的一个基本思路是设法降低算法所使用的随机串长度，同时又能以所需的精度"枚举"长度是 $m(n)$ 的随机串。如果能将随机串的长度 $m(n)$ 降为 $O(\log(n)^c)$，可得到一个伪多项式时间算法；如果能将随机串的长度降为 $O(\log(n))$，可得到一个多项式算法。伪随机理论 [227] 研究了多个可降低算法使用的随机串长度的理论工具。例如，伪随机数产生器可将一个短的种子随机串拉伸到一个长的伪随机串。随机算法可以用该伪随机串进行计算，得到的结果和使用真正的同样长度的随机串进行计算没有显著差别，可再使用误差压缩技术进一步提高正确率。另一类工具是扩张图，它们是一类连通性很好的正则图。这类图具有完全图的很多性质，比如这些图的直径是对数长的，因此在这些图上的随机游走所使用的随机串长度比在一般的马尔可夫链上的随机游走所使用的随机串长度小很多。基于此性质，扩张图也可以用来降低随机算法所依赖的随机串长度。还有其他的一些工具，如纠错码、随机性提取器、（局部）列表可破译码。有兴趣的读者可参阅瓦丹的专著 [227] 和阿罗拉与巴拉克合著的教材的第三部分 [17]。

pseudorandomness

extractor
list decodable code
Vadhan

就人类认知而言，伪随机数产生器和扩张图非常不同。我们并不知道伪随机数是否存在，但知道可以用算法构造扩张图。无论我们用哪类伪随机对象做去随机化，伪随机对象的算法可构造性至关重要。第4.8节讨论了无向图上的随机游走，引理4.17指出随机游走可在多项式长的期望时间遍历图的所有结

universal traversal
sequence

点。如何将基于引理4.17的算法去随机，显式地构造一个多项式时间或对数空
间可计算的访问图中所有结点的通用遍历序列 [10]？这是一个未解决的问题。
如果我们能在对数空间解决通用遍历序列问题，就能在对数空间解决连通性问
题 Connectivity。莱因戈尔德用扩张图成功地对 Connectivity 的单侧误差
随机算法（见定理4.24）完成了去随机化，该方法的基础是扩张图的算法可构
造性。目前我们并不知道是否可推广该方法来解决通用遍历序列问题 [182]。

本节有两个目的。一是介绍扩张图。在计算复杂性理论之外，扩张图在计
算机科学的其他领域也有广泛应用。二是介绍因戈尔德的去随机算法，这是我
们已知的几个著名的去随机算法中的一个。扩张图的研究大量地使用代数方
法，本节首先概述所需的线性代数知识。

4.10.1　线性代数相关知识

线性代数是数学、物理学、工程技术领域的基本工具。线性代数研究的
对象是线性变换。一个从 n-维复数域上的向量空间 $\boldsymbol{C}^n$ 到其自身的函数 f 是
n-维线性变换当仅当对所有 $\boldsymbol{u}$、$\boldsymbol{v}$、$\boldsymbol{w} \in \boldsymbol{C}^n$，等式 $f(\boldsymbol{u}+\boldsymbol{v}) = f(\boldsymbol{u}) + f(\boldsymbol{v})$
和 $f(c\boldsymbol{w}) = cf(\boldsymbol{w})$ 成立。一个线性变化可以是平移、旋转、伸缩。除非特别
说明或标注，所有向量均指列向量。向量 $\boldsymbol{v}$ 的第 i 个元素用 v_i 指代。符号
$\boldsymbol{e}_i$ 表示第 i 个元素是 1 其余元素是 0 的 n-维向量。根据线性性，有 $f(\boldsymbol{v}) = v_1 f(\boldsymbol{e}_1) + \cdots + v_n f(\boldsymbol{e}_n)$。设 $\boldsymbol{c}_i = f(\boldsymbol{e}_i)$，其第 j 个元素为 c_{ji}。下述等式给出
了线性变换的矩阵表示：

$$f(\boldsymbol{v}) = v_1 \boldsymbol{c}_1 + \cdots + v_n \boldsymbol{c}_n = (\boldsymbol{c}_1 \cdots \boldsymbol{c}_n)\,\boldsymbol{v} = \begin{pmatrix} c_{11} & c_{12} & \cdots & c_{1n} \\ \vdots & \vdots & \cdots & \vdots \\ c_{n1} & c_{n2} & \cdots & c_{nn} \end{pmatrix} \boldsymbol{v} = (c_{ji})_{j,i\in[n]}\,\boldsymbol{v}。$$

等式中的矩阵为 $n \times n$-矩阵。将该矩阵记为 $\boldsymbol{C}$，其第 j 行第 i 列元素常表示为
C_{ji}。若将 $\boldsymbol{C}$ 中的第 j 行表示的行向量记为 $\boldsymbol{r}_j$，矩阵 $\boldsymbol{C}$ 也可表示为 $\begin{pmatrix} \boldsymbol{r}_1 \\ \vdots \\ \boldsymbol{r}_n \end{pmatrix}$。

行向量 $\boldsymbol{r}_j = (r_{j1}, \cdots, r_{jn})$ 和列向量 $\boldsymbol{v}$ 的点积为 $\boldsymbol{r}_j \boldsymbol{v} = \sum_{k\in[n]} r_{jk} v_k$。根据线

性变换性质可定义 Cv 如下：

$$f(v) = Cv = \begin{pmatrix} r_1 \\ \vdots \\ r_n \end{pmatrix} v = \begin{pmatrix} r_1 v \\ \vdots \\ r_n v \end{pmatrix}$$

设 D 为另一个 $n \times n$-矩阵。矩阵 C 和矩阵 D 的乘积记为 DC。若 D 表示线性变换 g 的话，DC 就是线性变换 $g \circ f$。容易验证，$(DC)_{ji} = \sum_{k \in [n]} D_{jk} C_{ki}$。

如果线性变换 f 和 g 满足 $g \circ f = id_{\mathbb{C}} = f \circ g$，称 g 为 f 的逆变换，记为 $g = f^{-1}$。逆变换是唯一的。用矩阵的语言说就是，D 为 C 的逆矩阵当仅当 $CD = I_n = DC$，其中 I_n 为 $n \times n$ 对角矩阵，下标 n 常被省略。矩阵 C 的逆矩阵记为 C^{-1}。矩阵 C 的行列式为 $\det(C) = \sum_{\sigma:[n] \mapsto [n]} (-1)^{sgn(\sigma)} \prod_{i=1}^{n} c_{i,\sigma(i)}$，其中 $\sigma : [n] \mapsto [n]$ 为双射，$sgn(\sigma) = |\{(j,k) \mid j < k \wedge \sigma(j) > \sigma(k)\}|$。在几何上，$\det(C)$ 是由 C 的列向量定义的平行 n-面体的有向体积。线性变换 C 有逆变换当仅当该 n-面体的体积为非零。行列式值为零的线性变换必为降维变换，当然没有逆变换，即没有逆矩阵。

一个复数 $a + ib$ 的共轭复数为 $a - ib$，记为 $\overline{a + ib}$。矩阵 A 的共轭转置 $A^\dagger$ 定义为：对任意 $j, i \in [n]$，有 $(A^\dagger)_{ji} = \overline{A_{ij}}$。若 $A^\dagger = A$，称 A 为自共轭的。若 A 为实数矩阵且 $A^\dagger = A$，称 A 为对称的。

基 用 $\mathbf{0}$ 表示零向量。称 $\sum_{i \in [n]} r_i a_i$ 为 $a_1, \cdots, a_n$ 的一个线性组合。若方程 $\sum_{i \in [k]} x_i a_i = \mathbf{0}$ 只有唯一解 $\mathbf{0}$，称 $a_1, \cdots, a_k$ 线性无关。若 $n \times n$-矩阵 A 的所有列是线性无关的，称该矩阵为非奇异的。矩阵 A 是非奇异的当仅当 A 的逆矩阵存在当仅当线性变化 A 是可逆的当仅当方程 $Ax = b$ 有唯一解。向量空间 $\mathbb{C}^n$ 的一个基是一组线性无关向量 $a_1, \cdots, a_n$。任意 $a \in \mathbb{C}^n$ 可表示为基的线性组合，即 $\mathbb{C}^n$ 可由基中的向量张成。若矩阵 A 的列向量定义了一个基，可将 Av 视为一个如下的向量：该向量在 A 所定义的基里表示为 v。

我们感兴趣的一类基是由 $e_1, \cdots, e_n$ 通过旋转后得到的。为定义此类基，需引入内积的概念。向量 u 和 v 的内积 $u^\dagger v$，常记为 $\langle u, v \rangle$，是对 u 和 v 的共线性的一种度量。若 $u^\dagger v = 0$，称 u 和 v 正交，记为 $u \perp v$。向量 u 的模（L^2-范数）$\|u\| = \sqrt{u^\dagger u}$ 给出了 u 的长度。若 $\|u\| = 1$，称 u 为单位向量。向量 u 的归一化定义为单位向量 $\frac{1}{\|u\|} u$。若 a 和 b 为单位向量，$a^\dagger b$ 给出的是

Cauchy-Schwartz

a 在 b 上（b 在 a 上）的投影长度。著名的柯西-施瓦茨不等式指的是该投影长度不超过 1，即 $\dfrac{u^\dagger v}{\|u\|\|v\|} \leqslant 1$。

若 $c_1, \cdots, c_n$ 为单位向量且两两正交，称 $c_1, \cdots, c_n$ 为 C^n 的标准正交基。如果矩阵 $A = (a_1, \cdots, a_n)$ 的列向量构成标准正交基，称该矩阵为正交矩阵。容易验证，若 A 为正交矩阵，$A^{-1} = A^\dagger$，并且从 $I = AA^\dagger$ 可得

orthonormal basis
orthogonal matrix

$$I = \sum_{i \in [n]} a_i a_i^\dagger \tag{4.10.1}$$

eigen vector
eigen value
eigen pair

特征向量   称方程 $Av = \lambda v$ 的非零解 v 为矩阵 A 的一个特征向量，称 λ 为相应的特征值，称 (λ, v) 为 A 的一个特征对。显然 $A - \lambda I$ 必须是奇异的，即 $\det(A - \lambda I) = 0$。若 λ 为方程 $\det(A - \lambda I) = 0$ 的 k 重根，称 k 为 λ 的代数重数；若 λ 所对应的特征向量张成 k' 维子空间，称 k' 为 λ 的几何重数。设 $(\lambda_1, v_1), \cdots, (\lambda_n, v_n)$ 为特征对，并且 $v_1, \cdots, v_n$ 线性无关。对任意向量 $u = c_1 v_1 + \cdots + c_n v_n$，根据线性性有 $Au = c_1 \lambda_1 v_1 + \cdots + c_n \lambda_n v_n$，即线性变换 A 的效果是沿着每个基轴 $v_1, \cdots, v_n$ 进行伸缩。称 $S = (v_1, \cdots, v_n)$ 为特征矩阵，按定义 $AS = S\Lambda$。若 $\lambda_1, \cdots, \lambda_n$ 两两不等且 $c_1 v_1 + \cdots + c_n v_n = 0$，有 $c_1 \lambda_1 v_1 + \cdots + c_n \lambda_n v_n = 0$。由此得 $c_1(\lambda_1 - \lambda_n)v_1 + \cdots + c_{n-1}(\lambda_{n-1} - \lambda_n)v_{n-1} = 0$。用归纳法可得 $c_1(\lambda_1 - \lambda_2) \cdots (\lambda_1 - \lambda_n)v_1 = 0$。所以 $c_1 = 0$。同理可证 $c_2 = \cdots = c_n = 0$。结论：特征向量 $v_1, \cdots, v_n$ 必定线性独立，且 $A = S\Lambda S^{-1}$，其中 Λ 是由 A 的特征值构成的对角矩阵，即 $\Lambda = I_n \begin{pmatrix} \lambda_1 \\ \vdots \\ \lambda_n \end{pmatrix}$。称 $\lambda_1, \lambda_2, \cdots, \lambda_n$

spectrum

为矩阵 A 的谱，我们将始终假定 $|\lambda_1| \geqslant |\lambda_2| \geqslant \cdots \geqslant |\lambda_n|$。

自共轭矩阵   自共轭矩阵有非常好的代数性质。假设 $A^\dagger = A$，有如下结论：① 因 $x^\dagger A x = (x^\dagger A x)^\dagger$，所以对所有向量 x，$x^\dagger A x$ 为实数；② 因此 $v^\dagger A v = \lambda v^\dagger v = \lambda \|v\|^2$，即所有特征值均为实数；③ 设 (λ, u) 和 (λ', u') 为特征对且 $\lambda \neq \lambda'$，则有 $\lambda u^\dagger u' = u^\dagger A u' = \lambda' u^\dagger u'$，因此 $u^\dagger u' = 0$，即特征值不同的特征向量正交，所以自共轭矩阵的所有特征向量两两正交；④ 特征值的代数重数和几何重数相等。用 U 表示由归一化的特征向量构成的特征矩阵，

algebraic
multiplicity
geometric
multiplicity

称 U 为酉矩阵，此矩阵为正交矩阵，有 $U^{-1} = U^{\dagger}$。若 A 为对称矩阵，常用 unitary
Q 表示特征矩阵。根据自共轭矩阵的定义，有 $I = UU^{\dagger} = \sum_{i \in [n]} u_i u_i^{\dagger}$。酉矩阵（对称矩阵）给出了自共轭矩阵（对称矩阵）的对角化：若 A 为自共轭的，$U^{\dagger}AU = \Lambda$；若 A 为对称的，$Q^{\dagger}AQ = \Lambda$。自共轭矩阵 A 有如下标准的分解，称为谱分解：

$$A = U\Lambda U^{\dagger} = \sum_{i \in [n]} \lambda_i u_i u_i^{\dagger} \tag{4.10.2}$$

矩阵 A 和非零向量 x 的瑞雷商定义如下： Rayleigh quotient

$$R(A, x) = \frac{x^{\dagger}Ax}{x^{\dagger}x} = \frac{\sum_{i \in [n]} \lambda_i \|v_i^{\dagger}x\|^2}{\sum_{i \in [n]} \|v_i^{\dagger}x\|^2} \tag{4.10.3}$$

其中第二个等式可由 (4.10.1) 和 (4.10.2) 以及特征方程推出。从 (4.10.3) 知：若 $\lambda_1 \geqslant \cdots \geqslant \lambda_n$，则 $\lambda_i = \max_{x \perp v_1, \cdots, x \perp v_{i-1}} R(A, x)$；若 $|\lambda_1| \geqslant \cdots \geqslant |\lambda_n|$，则 $|\lambda_i| = \max_{x \perp v_1, \cdots, x \perp v_{i-1}} |R(A, x)|$。所以可以用瑞雷商构造 λ_i 和 $|\lambda_i|$ 的下界，即找某个垂直于 $v_1, \cdots, v_{i-1}$ 的具体向量 v，再计算 $R(A, v)$。

范数　向量的范数是对向量长度的一个度量。范数函数 $\|\_\| : C^n \to R^{\geqslant 0}$ 需 norm
满足如下条件：① $\|v\| = 0$ 当仅当 $v = 0$；② $\|av\| = |a| \cdot \|v\|$；③ $\|v + w\| \leqslant \|v\| + \|w\|$。常用的范数有：

1. L^p-范数：$\|v\|_p = \sqrt[p]{|v_1|^p + \cdots + |v_n|^p}$。
2. L^{∞}-范数：$\|v\|_{\infty} = \max\{|v_1|, \cdots, |v_n|\}$。

常用的 L^p-范数有 L^1-范数，定义为 $\|v\|_1 = |v_1| + \cdots + |v_n|$；$L^2$-范数（亦称谱范数），定义为 $\|v\|_2 = \sqrt{|v_1|^2 + \cdots + |v_n|^2} = \sqrt{v^{\dagger}v}$，谱范数 $\|v\|_2$ 中的下标常被省略。偶尔会用到 L^0-范数 $\|v\|_0$，定义为 v 中非零元素的个数。

矩阵的范数度量的是矩阵的放大能力。矩阵范数函数 $\|\_\| : C^{n \times n} \to R^{\geqslant 0}$ 的定义如下：

$$\|A\| = \max_{v \neq 0} \frac{\|Av\|}{\|v\|}$$

上述定义的一个直接推论是：对所有 x，有 $\|Ax\| \leqslant \|A\| \cdot \|x\|$。矩阵范数满足如下性质：① $\|A\| = 0$ 当仅当 $A = 0$；② $\|aA\| = |a| \cdot \|A\|$；③ $\|A + B\| \leqslant \|A\| + \|B\|$；④ $\|AB\| \leqslant \|A\| \cdot \|B\|$。矩阵范数必须与向量范数一致。例如，当用

L^1-范数度量向量时，我们用 L^1-范数 $\|\boldsymbol{A}\|_1 = \max_{1\leqslant j\leqslant n}\sum_{i=1}^{n}|\boldsymbol{A}_{i,j}|$ 度量矩阵；当用 L^∞-范数度量向量时，我们用 L^∞-范数 $\|\boldsymbol{A}\|_\infty = \max_{1\leqslant i\leqslant n}\sum_{j=1}^{n}|\boldsymbol{A}_{i,j}|$ 度量矩阵。矩阵 $\boldsymbol{A}$ 的谱范数 $\|\boldsymbol{A}\|_2$ 下标也常被省略。在一定意义上，不同的范数是等价的。例如，有不等式

$$\frac{1}{\sqrt{n}}\|\boldsymbol{A}\|_1 \leqslant \|\boldsymbol{A}\|_2 \leqslant \sqrt{n}\|\boldsymbol{A}\|_1 \tag{4.10.4}$$

说明如果维数固定，L^1-范数和 L^2-范数是等价的。

设 $\boldsymbol{A}$ 为 $n\times n$-维对称矩阵，设 $(\lambda_1,\boldsymbol{v}_1),\cdots,(\lambda_n,\boldsymbol{v}_n)$ 为 $\boldsymbol{A}$ 的所有的特征对。根据对称矩阵的性质，$\boldsymbol{v}_1,\cdots,\boldsymbol{v}_n$ 两两正交。设 $\boldsymbol{v}\perp\boldsymbol{v}_1,\cdots,\boldsymbol{v}\perp\boldsymbol{v}_{i-1}$，可将 $\boldsymbol{v}$ 表示成 $c_i\boldsymbol{v}_i + \cdots + c_n\boldsymbol{v}_n$。用勾股定理，可推导：

$$\begin{aligned}
\|\boldsymbol{Av}\| &= \|\boldsymbol{A}(c_i\boldsymbol{v}_i + \cdots + c_n\boldsymbol{v}_n)\| \\
&= \|c_i\lambda_i\boldsymbol{v}_i + \cdots + c_n\lambda_n\boldsymbol{v}_n\| \\
&= \|c_i\lambda_i\boldsymbol{v}_i\| + \cdots + \|c_n\lambda_n\boldsymbol{v}_n\| \\
&\leqslant |\lambda_i|\cdot(\|c_i\boldsymbol{v}_i\| + \cdots + \|c_n\boldsymbol{v}_n\|) \\
&= |\lambda_i|\cdot\|\boldsymbol{v}\|
\end{aligned} \tag{4.10.5}$$

本节所概述的线性代数知识，均可在 [216] 或 [20] 中找到。

4.10.2　图的谱

很多组合问题和图性质有关，图的矩阵表示打开了用线性代数和矩阵理论研究图性质的一条渠道。当所关注的图是无向图时，这一方法尤其有效。本章讨论的图都是多重无向图，图的结点允许有自环，结点之间允许有并行边。在定义无向图的邻接矩阵/随机游走矩阵时，可将不同结点之间的一条无向边想象成两条有向边，将一条自环想象成一条有向边。在做上述转换之后，一个结点的度等于它的出边数，也等于它的入边数。若图的所有结点的度为 d，称其为d-正则图。左图是一个 3-正则图。通过添加自环，可将任意图转换成正则图。在第4.8节，我们讨论了图 G 的随机游走矩阵，在本章里，我们将一个图等同于它的随机游走矩阵。我们会使用诸如图的特征值、图的特征向量等术语。因

为讨论的是无向图，G 是对称矩阵，因此 G 的特征值均为实数，并且 G 的特征向量构成一个标准正交基。易验证，$\mathbf{1} = \begin{pmatrix} \frac{1}{n} \\ \vdots \\ \frac{1}{n} \end{pmatrix}$ 是稳态分布，其中 n 是 G 的结点数。由定理4.21知，$\mathbf{1}$ 是 G 的唯一的稳态分布，$(1, \mathbf{1})$ 是 G 的特征对。设 $(\lambda, \boldsymbol{v})$ 是 G 的一个特征对，设 v_j 是 $\boldsymbol{v}$ 中绝对值最大的元素。从等式 $G\boldsymbol{v} = \lambda\boldsymbol{v}$ 可看出，$|\lambda| > 1$ 会导致矛盾不等式 $|\boldsymbol{r}_i\boldsymbol{v}| < |\lambda v_i|$，其中 $\boldsymbol{r}_i$ 是由 G 的第 i 行构成的行向量。

引理 4.27　无向图的随机游走矩阵的特征值的绝对值都不超过 1。

谱图论研究用图的随机游走矩阵/邻接矩阵/拉普拉斯矩阵的谱性质刻画图的性质和结构 [50,112]。谱图论的研究已有相当长的历史。在二十世纪五六十年代，线性代数和矩阵理论等代数工具已被用来研究正则无向图的性质，之后，几何直观和工具被引入谱图论的研究。这些研究表明，几乎所有的图结构性质都可用图的谱刻画，图的特征值在理解图时扮演着关键的角色。先看一些简单的结果。

spectral 图论

引理 4.28　① G 是非连通的当仅当 G 的特征值 1 的代数重数至少是 2；② 设 G 是连通的，G 是二分图当仅当 -1 是 G 的特征值。

证明　① 不失一般性，设 G 有两个连通分量，结点个数分别是 n_0 和 n_1。显然 $\left(\frac{1}{n_0}, \cdots, \frac{1}{n_0}, 0, \cdots, 0 \right)^{\dagger}$ 和 $\left(0, \cdots, 0, \frac{1}{n_1}, \cdots, \frac{1}{n_1} \right)^{\dagger}$ 都是特征向量，相关的特征值为 1。反之，设 G 的特征值 1 的代数重数至少是 2，设 $\boldsymbol{v}$ 为特征值是 1 的特征向量。设 v_i 是所有元素中绝对值最大的。若 G 是连通的，容易看出 $\boldsymbol{v}$ 的所有元素都是 v_i，即 $\boldsymbol{v}$ 本质上就是 $\mathbf{1}$。换言之，1 的代数重数是 1，矛盾；② 设 G 的边都在 n_0 个结点和另外 n_1 个结点之间，特征值为 -1 的特征向量是 $\left(\underbrace{1, \cdots, 1}_{n_0}, \underbrace{-1, \cdots, -1}_{n_1} \right)^{\dagger}$。反之，设 $(-1, \boldsymbol{v})$ 是 G 的特征对，设 v_i 是所有元素中绝对值最大的。从等式 $G\boldsymbol{v} = \lambda\boldsymbol{v}$ 推出：v_i 的邻居在 $\boldsymbol{v}$ 中的取值是 $-v_i$；v_i 的邻居的邻居在 $\boldsymbol{v}$ 中的取值是 v_i；以此类推。所以 G 中的结点分成

了两堆，边只出现在两堆之间。 $\square$

设 G 为正则图，$\boldsymbol{p}$ 是结点上的一个分布。从定理4.20和命题21知，$G^n\boldsymbol{p}$ 趋于稳态分布，即 $\lim_{n\to\infty} G^n\boldsymbol{p} = \mathbf{1}$。为刻画这一现象，引入如下参数：

$$\lambda_G = \max_{\boldsymbol{p}} \frac{\|G\boldsymbol{p} - \mathbf{1}\|_2}{\|\boldsymbol{p} - \mathbf{1}\|_2} \tag{4.10.6}$$

在 (4.10.6) 中，分母 $\|\boldsymbol{p}-\mathbf{1}\|_2$ 表示分布 $\boldsymbol{p}$ 与稳态分布的距离，分子 $\|G\boldsymbol{p}-\mathbf{1}\|_2$ 表示经过一步随机游走后的分布与稳态分布的距离。换言之，λ_G 刻画的是随机游走趋向稳态分布的速率，其值越小，趋向稳态分布的速度越快。

引理 4.29 $\lambda_G = \max_{\boldsymbol{v}\perp\mathbf{1}} \frac{\|G\boldsymbol{v}\|_2}{\|\boldsymbol{v}\|_2} = \max_{\boldsymbol{v}\perp\mathbf{1}, \|\boldsymbol{v}\|_2=1} \|G\boldsymbol{v}\|_2$。

证明   第二个等式显然，我们得解释第一个等式。易证 $(\boldsymbol{p}-\mathbf{1})\perp\mathbf{1}$ 和 $G\boldsymbol{p}-\mathbf{1} = G(\boldsymbol{p}-\mathbf{1})$。所以 $\frac{\|G\boldsymbol{p}-\mathbf{1}\|_2}{\|\boldsymbol{p}-\mathbf{1}\|_2}$ 可写成 $\frac{\|G\boldsymbol{v}\|_2}{\|\boldsymbol{v}\|_2}$ 的形式，因此 $\max_{\boldsymbol{p}} \frac{\|G\boldsymbol{p}-\mathbf{1}\|_2}{\|\boldsymbol{p}-\mathbf{1}\|_2} \leqslant \max_{\boldsymbol{v}\perp\mathbf{1}} \frac{\|G\boldsymbol{v}\|_2}{\|\boldsymbol{v}\|_2}$。反之，设 $\boldsymbol{v}\perp\mathbf{1}$，即 $\sum_{i\in[n]} v_i = 0$。取一个很小的 ϵ，向量 $\boldsymbol{p} = \epsilon\boldsymbol{v} + \mathbf{1}$ 是一个分布。有

$$\frac{\|G\boldsymbol{v}\|_2}{\|\boldsymbol{v}\|_2} = \frac{\|G\epsilon\boldsymbol{v}\|_2}{\|\epsilon\boldsymbol{v}\|_2} = \frac{\|G(\boldsymbol{p}-\mathbf{1})\|_2}{\|\boldsymbol{p}-\mathbf{1}\|_2} = \frac{\|G\boldsymbol{p}-\mathbf{1}\|_2}{\|\boldsymbol{p}-\mathbf{1}\|_2}$$

由上述等式推出，$\max_{\boldsymbol{p}} \frac{\|G\boldsymbol{p}-\mathbf{1}\|_2}{\|\boldsymbol{p}-\mathbf{1}\|_2} \geqslant \max_{\boldsymbol{v}\perp\mathbf{1}} \frac{\|G\boldsymbol{v}\|_2}{\|\boldsymbol{v}\|_2}$。 $\square$

可将 λ_G 的定义推广到矩阵。设 $\boldsymbol{A}$ 为对称矩阵，定义 $\lambda_A = \max_{\boldsymbol{v}\perp\mathbf{1}} \frac{\|\boldsymbol{A}\boldsymbol{v}\|_2}{\|\boldsymbol{v}\|_2}$。

引理 4.30   若 $\boldsymbol{C}$ 为对称矩阵且 $\|\boldsymbol{C}\|_2 \leqslant 1$，则 $\lambda_C \leqslant 1$。

证明 $\lambda_C = \max_{\boldsymbol{v}\perp\mathbf{1}} \frac{\|\boldsymbol{C}\boldsymbol{v}\|_2}{\|\boldsymbol{v}\|_2} \leqslant \max_{\boldsymbol{v}\perp\mathbf{1}} \frac{\|\boldsymbol{C}\|_2\|\boldsymbol{v}\|_2}{\|\boldsymbol{v}\|_2} \leqslant \|\boldsymbol{C}\|_2 \leqslant 1$。 $\square$

引理 4.31   若 $\boldsymbol{A}$ 和 $\boldsymbol{B}$ 为对称矩阵，则有 $\lambda_{A+B} \leqslant \lambda_A + \lambda_B$。

证明　$\lambda_{\boldsymbol{A}+\boldsymbol{B}} = \max_{\boldsymbol{v}\perp\boldsymbol{1}} \dfrac{\|(\boldsymbol{A}+\boldsymbol{B})\boldsymbol{v}\|_2}{\|\boldsymbol{v}\|_2} \leqslant \max_{\boldsymbol{v}\perp\boldsymbol{1}} \dfrac{\|\boldsymbol{A}\boldsymbol{v}\|_2 + \|\boldsymbol{B}\boldsymbol{v}\|_2}{\|\boldsymbol{v}\|_2} \leqslant \lambda_{\boldsymbol{A}} + \lambda_{\boldsymbol{B}}$。
$\hfill\square$

根据引理4.29，对所有满足 $\boldsymbol{v}\perp\boldsymbol{1}$ 的向量 $\boldsymbol{v}$，G 的放大能力不超过 λ_G，即

$$\|G\boldsymbol{v}\|_2 \leqslant \lambda_G \|\boldsymbol{v}\|_2 \tag{4.10.7}$$

等式 (4.10.7) 和不等式 (4.10.3) 暗示了下述结果。

引理 4.32　$\lambda_G = |\lambda_2|$。

证明　设 $\boldsymbol{v}_2, \cdots, \boldsymbol{v}_n$ 是对应 $\lambda_2, \cdots, \lambda_n$ 的特征向量。对任意 $\boldsymbol{v}\perp\boldsymbol{1}$，有 $\boldsymbol{v} = c_2\boldsymbol{v}_2 + \cdots + c_n\boldsymbol{v}_n$，由此得下述推导：

$$\begin{aligned}
\|\boldsymbol{A}\boldsymbol{v}\|_2^2 &= \|\lambda_2 c_2 \boldsymbol{v}_2 + \cdots + \lambda_n c_n \boldsymbol{v}_n\|_2^2 \\
&= \lambda_2^2 c_2^2 \|\boldsymbol{v}_2\|_2^2 + \cdots + \lambda_n^2 c_n^2 \|\boldsymbol{v}_n\|_2^2 \\
&\leqslant \lambda_2^2 (c_2^2 \|\boldsymbol{v}_2\|_2^2 + \cdots + c_n^2 \|\boldsymbol{v}_n\|_2^2) \\
&= \lambda_2^2 \|\boldsymbol{v}\|_2^2
\end{aligned}$$

所以 $\lambda_G \leqslant |\lambda_2|$。因 $\|\boldsymbol{A}\boldsymbol{v}_2\|_2^2 = \lambda_2^2 \|\boldsymbol{v}_2\|_2^2$，所以按 λ_G 的定义有 $\lambda_G = |\lambda_2|$。$\hfill\square$

若 $\boldsymbol{p} \neq \boldsymbol{1}$，因 $G^i \boldsymbol{p}$ 为分布，反复使用 (4.10.6) 可得

$$\frac{\|G^\ell \boldsymbol{p} - \boldsymbol{1}\|_2}{\|\boldsymbol{p} - \boldsymbol{1}\|_2} = \frac{\|G^{\ell-1}\boldsymbol{p} - \boldsymbol{1}\|_2}{\|G^{\ell-1}\boldsymbol{p} - \boldsymbol{1}\|_2} \cdots \frac{\|\boldsymbol{A}\boldsymbol{p} - \boldsymbol{1}\|_2}{\|\boldsymbol{p} - \boldsymbol{1}\|_2} \leqslant \lambda_G^\ell$$

因为 $\boldsymbol{p}$ 是一个分布，所以 $\|\boldsymbol{p}\|_2^2 \leqslant 1$。在上述表达式中，分母 $\|\boldsymbol{p} - \boldsymbol{1}\|_2^2 = \|\boldsymbol{p}\|_2^2 + \|\boldsymbol{1}\|_2^2 - 2\langle \boldsymbol{p}, \boldsymbol{1}\rangle \leqslant 1 + \dfrac{1}{n} - 2\dfrac{1}{n} < 1$。由此推出下述命题。

命题 24　设 G 是 n-结点正则图，$\boldsymbol{p}$ 是 G 的结点上的一个分布。若 $\ell > 0$，有

$$\|G^\ell \boldsymbol{p} - \boldsymbol{1}\|_2 \leqslant \lambda_G^\ell \tag{4.10.8}$$

在 (4.10.8) 中，当 $\lambda_G = 0$ 时，等式成立。若 $\lambda_G < 1$，取 $\ell = \log_{\frac{1}{\lambda_G}} n$，得 $\|G^\ell \boldsymbol{p} - \boldsymbol{1}\|_2 < \dfrac{1}{n}$。从此不等式看出，对任意 $i \in [n]$，$(G^\ell \boldsymbol{p})(i) > 0$。用随机

游走的语言说，无论初始分布 $\boldsymbol{p}$ 如何，随机游走 $\log_{\lambda_G^{-1}}(n)$ 步后，任何一点被访问过的概率大于零。根据引理4.28，此断言成立的前提是：G 是连通图，且非二分图。若 G 是非连通的，或 G 为二分图，$\lambda_G = |\lambda_2| = 1$，此时不等式 (4.10.8) 不可用。

引理4.33 若 n-结点 d-正则连通图 G 的每个结点都有自环，则 $\lambda_G \leqslant 1 - \dfrac{1}{12n^2}$。

证明   设 $\boldsymbol{u}$ 是满足引理4.29的单位向量（即 $\|\boldsymbol{u}\|_2 = 1$），$\boldsymbol{u} \perp \boldsymbol{1}$ 和 $\lambda_G = \|G\boldsymbol{u}\|_2$。设 $\boldsymbol{v} = G\boldsymbol{u}$，则 $\lambda_G = \|\boldsymbol{v}\|_2$。欲证 $\|\boldsymbol{v}\|_2 \leqslant 1 - \dfrac{1}{12n^2}$，只需证 $1 - \|\boldsymbol{v}\|_2^2 \geqslant \dfrac{1}{6n^2}$。有下述的等式推导：

$$1 - \|\boldsymbol{v}\|_2^2 = \|\boldsymbol{u}\|_2^2 - \|\boldsymbol{v}\|_2^2 = \|\boldsymbol{u}\|_2^2 - 2\langle G\boldsymbol{u}, \boldsymbol{v}\rangle + \|\boldsymbol{v}\|_2^2 = \sum_{i,j} G_{i,j}(u_i - v_j)^2$$

其中第三个等式可证明如下：

$$\begin{aligned}
\sum_{i,j} G_{i,j}(u_i - v_j)^2 &= \sum_{i,j} G_{i,j} u_i^2 - 2\sum_{i,j} G_{i,j} u_i v_i + \sum_{i,j} G_{i,j} v_i^2 \\
&= \sum_i u_i^2 - 2\langle G\boldsymbol{u}, \boldsymbol{v}\rangle + \sum_i v_i^2 \qquad\qquad (4.10.9) \\
&= \|\boldsymbol{u}\|_2^2 - 2\langle \boldsymbol{v}, \boldsymbol{v}\rangle + \|\boldsymbol{v}\|_2^2
\end{aligned}$$

因 $\|\boldsymbol{u}\|_2 = 1$ 和 $\boldsymbol{u} \perp \boldsymbol{1}$，后者即 $\sum_{i\in[n]} u_i = 0$。取绝对值最大的正的 u_i 和绝对值最大的负的 u_j，就有 $u_i - u_j \geqslant \dfrac{1}{\sqrt{n}}$（否则 $\boldsymbol{u}$ 的每个分量的绝对值都小于 $\dfrac{1}{\sqrt{n}}$，这和 $\|\boldsymbol{u}\|_2 = 1$ 矛盾）。根据连通性，设 $i \to i_1 \to \cdots \to i_k \to j$ 是从 i 到 j 的最短路径。在下述不等式推导中，D 是 G 的直径。

$$\begin{aligned}
1/\sqrt{n} &\leqslant u_i - u_j \\
&\leqslant |u_i - v_i| + |v_i - u_{i_1}| + |u_{i_1} - v_{i_1}| + \cdots + |v_{i_k} - u_j| \qquad (4.10.10) \\
&\leqslant \sqrt{(u_i - v_i)^2 + (v_i - u_{i_1})^2 + \cdots + (v_{i_k} - u_j)^2} \cdot \sqrt{2D}
\end{aligned}$$

在 (4.10.10) 中，下标所定义的路径含有 k 条边和 k 个环，总长度不超过 $2D$。从上述不等式推出

$$(u_i - v_i)^2 + (v_i - u_{i_1})^2 + \cdots + (v_{i_k} - u_j)^2 \geqslant \frac{1}{n(2D)}$$

因为 $G_{h,h} \geqslant 1/d$ 和 $G_{h,h+1} \geqslant 1/d$，所以

$$\begin{aligned}
\sum_{i,j} G_{i,j}(u_i - v_j)^2 &\geqslant \frac{1}{d} \sum_{i,j} (u_i - v_j)^2 \\
&\geqslant \frac{1}{d}\left((u_i - v_i)^2 + (v_i - u_{i_1})^2 + \cdots + (v_{i_k} - u_j)^2\right) \\
&\geqslant \frac{1}{dn(2D)} \\
&\geqslant \frac{1}{6n^2}
\end{aligned}$$

在最后一个不等式中，用到了不等式 $D \leqslant 3n/d$，其证明如下：考察一条长度是 D 的最短路径。若其中的两点 u 和 v 的距离是 3，结点 u 和其邻居最多有 $d+1$ 个结点，结点 v 和其邻居最多有 d 个结点，这两组结点必不相交。所以 $d \cdot \dfrac{D}{3} \leqslant n$。　　　　　　　　　　　　　　　□

　　尽管引理4.33给出的上界依赖于 n，该上界足以让我们为 Connectivity 设计单侧误差随机算法。在第4.8节，我们用马尔可夫链证明了定理4.24。这里我们再用图的谱给出本质上同样的证明。

证明　设输入为 (G, s, t)，图 G 有 n 个结点。在 G 的每个结点上加足够多个环，使其变成正则的非二分图。设 $\ell = 24n^2 \log n$。根据引理4.33和引理24，有

$$\|G^\ell e_s - \mathbf{1}\|_2 < \left(1 - \frac{1}{12n^2}\right)^{24n^2 \log n} < \frac{1}{n^2}$$

由此推出 $(G^\ell e_s)(t) - \dfrac{1}{n} > -\dfrac{1}{n^2}$，因此 $(G^\ell e_s)(t) > \dfrac{1}{n} - \dfrac{1}{n^2} \geqslant \dfrac{1}{2n}$。此不等式的意思是：从任一结点 s 出发随机游走 ℓ 步，到达任意结点 t 的概率至少是 $\dfrac{1}{2n}$。将

ℓ 步随机游走独立地重复 $2n^2$ 遍，得到一个出错率不超过 $\left(1 - \dfrac{1}{2n}\right)^{2n^2} < 2^{-n}$ 的单侧误差随机算法。 $\square$

从下一节开始，我们对此算法做去随机化。在本节最后，我们证明第 6.6 节要用到的一些不等式。

引理 4.34 设 G 为 n 个结点 d-正则图，S 为结点集的非空非全子集。有

$$|E(S, \overline{S})| \geqslant (1 - \lambda_G)\frac{d}{n}|S||\overline{S}| \tag{4.10.11}$$

证明 下述等式定义的向量 $\boldsymbol{x}$ 满足 $\|\boldsymbol{x}\|_2^2 = |S||\overline{S}|(|S| + |\overline{S}|)$ 和 $\boldsymbol{x} \perp \mathbf{1}$。

$$x_i = \begin{cases} +|\overline{S}|, & 若 i \in S \\ -|S|, & 若 i \in \overline{S} \end{cases}$$

设 $Z = \sum_{i,j} G_{i,j}(x_i - x_j)^2$。按定义有 $Z = \dfrac{2}{d}|E(S, \overline{S})|(|S| + |\overline{S}|)^2$。另一方面，

$$Z = \sum_{i,j} G_{i,j}x_i^2 - 2\sum_{i,j} G_{i,j}x_ix_j + \sum_{i,j} G_{i,j}x_j^2 = 2\|\boldsymbol{x}\|_2^2 - 2\langle\boldsymbol{x}, G\boldsymbol{x}\rangle$$

因为 $\boldsymbol{x} \perp \mathbf{1}$，所以根据瑞雷商公式得 $\langle x, Ax\rangle \leqslant \lambda_G\|x\|_2^2$。结合 Z 的两个等式，有

$$\frac{2}{d}|E(S, T)|(|S| + |T|)^2 = 2\|\boldsymbol{x}\|_2^2 - 2\langle\boldsymbol{x}, G\boldsymbol{x}\rangle$$

$$\geqslant 2\|\boldsymbol{x}\|_2^2 - 2\lambda_G\|\boldsymbol{x}\|_2^2$$

$$= 2(1 - \lambda_G)|S||T|(|S| + |\overline{S}|)$$

由此推得 (4.10.11)。 $\square$

我们还需要用到扩张图的一个概率不等式。设 $G = (V, E)$ 为扩张图，$S \subseteq V$ 且 $|S| \leqslant |V|/2$。显然有

$$|S|/|V| = \Pr_{(u,v) \in E}[u \in S, v \in S] + \Pr_{(u,v) \in E}[u \in S, v \in \overline{S}]$$

根据引理4.34，得

$$\Pr_{(u,v)\in E}[u\in S, v\in \overline{S}] = E(S,\overline{S})/d|V| \geqslant \frac{|S|}{|V|} \cdot \frac{1}{2} \cdot (1-\lambda_G)$$

将 $|S|/|V| - \Pr_{(u,v)\in E}[u\in S, v\in S]$ 代入上式左边即得下述不等式

$$\Pr_{(u,v)\in E}[u\in S, v\in S] \leqslant \frac{|S|}{|V|}\left(\frac{1}{2} + \frac{\lambda_G}{2}\right) \qquad (4.10.12)$$

根据引理4.38，不等式 (4.10.12) 可推广为

$$\Pr_{(u,v)\in E^\ell}[u\in S, v\in S] \leqslant \frac{|S|}{|V|}\left(\frac{1}{2} + \frac{\lambda_G^\ell}{2}\right) \qquad (4.10.13)$$

引理4.38的证明将在第4.11节给出。

4.10.3　扩张图

在搭建电话网络时人们有如下考虑：一是希望网络尽可能地稀疏以节约成本；二是希望网络具有较好的连通性以提高性能。这听上去矛盾的需求似乎很难满足。平斯克于 1973 年研究了一类随机图 [172]，并证明了该类随机图具有这些好的性质。兼具这两类性质的图就是扩张图。在过去三十多年，扩张图在数学和理论计算机科学的诸多领域 [50,112]，如伪随机理论、去随机化、容错网络，扮演着越来越重要的角色。扩张图的稀疏性要从渐进的角度去理解，一个扩张图族为任意规模的城市的电话网提供了解决方案。好的连通性可从至少三个角度刻画：① 从代数的角度，扩张图的 λ_G 由一个严格小于 1 的常数界定；② 从组合的角度，每个结点子集都有足够多的连接外部结点的边，要将图的一个大的子图从图中删掉，必须割去足够多的边；③ 从概率的角度，扩张图上的随机游走以极快的速度趋于稳态分布。首先看一下代数的刻画。

Pinsker

expander graph

定义 4.22　设 $d\in \mathbf{N}$ 和 $\lambda\in(0,1)$ 为两常数。若具有 n 个结点的 d-正则图 G 满足 $\lambda_G \leqslant \lambda$，则称其为 (n,d,λ) 扩张图。

根据引理4.28的第一点，(n,d,λ)-图是连通的。在算法设计时，往往需要根据不同的输入长度而使用不同大小的 (n,d,λ)-图，因此算法需要知道的是一族 (n,d,λ)-图而非单个 (n,d,λ)-图。显然一族图必须是一致的（可计算的），否则算法无法引用该族中任意指定的图。

expander family

定义 4.23 若对所有 n，G_n 是 (n, d, λ)-图，称 $\{G_n\}_{n \in \mathbf{N}}$ 为 (d, λ)-扩张图族。

在 (d, λ)-扩张图族中，d 可以很大，但必须为固定常量。(d, λ)-扩张图族的稀疏性体现在所有图的度数均为 d。

(n, d, λ)-扩张图上的随机游走在对数步就能非常接近稳态分布。根据命题24，有如下不等式：

$$\|G^{\log_{\frac{1}{\lambda}}(n)} \mathbf{p} - \mathbf{1}\|_2 < \lambda^{\log_{\frac{1}{\lambda}}(n)} = \frac{1}{n} \tag{4.10.14}$$

即 (n, d, λ)-图的均混时间是对数的。从不等式 (4.10.14) 知，对任意 $i \in [n]$，有

$$\left(G^{\log_{\frac{1}{\lambda}}(n)} \mathbf{p} \right)(i) > 0$$

即经过对数步，随机游走击中任意结点的概率大于 0，由此得出下述推论。

推论 4.3 扩张图的直径是对数大小的。

直径描述了图的一个重要性质，实际中有广泛应用。在通信网络中，直径可用来衡量网络延迟。正如不等式 (4.10.14) 揭示的，图的直径和 λ_G 有紧密的联系。

entropy

我们可以从熵的角度看一下随机游走。一个概率分布的熵刻画了该分布所拥有的不确定性。不同的熵突出了分布的不同方面，它们之间有关联关系。对于随机游走而言，比较方便的是瑞尼 2-熵，其定义如下：

Rényi

$$H_2(\mathbf{p}) = \log \left(\frac{1}{\|\mathbf{p}\|_2^2} \right) \tag{4.10.15}$$

设 G 是 (n, d, λ)-扩张图，$\mathbf{p}$ 是结点上的一个分布。定义 $\mathbf{w} = \mathbf{p} - \mathbf{1}$。显然有 $\mathbf{w} \perp \mathbf{1}$，并且 $\langle G\mathbf{w}, \mathbf{1} \rangle = \mathbf{w}^\dagger G^\dagger \mathbf{1} = \mathbf{w}^\dagger G \mathbf{1} = \mathbf{w}^\dagger \mathbf{1} = 0$。根据瑞雷商公式，有推导

$$\|G\mathbf{p}\|_2^2 = \|\mathbf{1}\|_2^2 + \|G\mathbf{w}\|_2^2$$

$$\leqslant \|\mathbf{1}\|_2^2 + \lambda^2 \|\mathbf{w}\|_2^2$$

$$= \|\mathbf{p}\|_2^2 - \|\mathbf{w}\|_2^2 + \lambda^2 \|\mathbf{w}\|_2^2$$

$$= \left(1 - \frac{\|\mathbf{w}\|_2^2}{\|\mathbf{p}\|_2^2} + \lambda^2 \frac{\|\mathbf{w}\|_2^2}{\|\mathbf{p}\|_2^2} \right) \cdot \|\mathbf{p}\|_2^2$$

按等式定义 (4.10.15)，有

$$H_2(G\mathbf{p}) \geqslant H_2(\mathbf{p}) - \log\left(1 - (1-\lambda^2)\frac{\|\mathbf{w}\|_2^2}{\|\mathbf{p}\|_2^2}\right) \geqslant H_2(\mathbf{p})$$

当 $\mathbf{p}$ 为均匀分布时，等号成立。所以随机游走增加熵（随机性、不确定性），并且 λ 越小，熵增加得越快。

我们再从组合的角度考察扩张图。设 $G = (V, E)$ 是 n-结点的 d-正则图。若 $S \subseteq V$，用 $\overline{S}$ 表示 $V \setminus S$。集合 $E(S, T)$ 包含所有 S 中结点和 T 中结点之间的边。对所有满足 $|S| \leqslant \frac{n}{2}$ 的 $S \subseteq V$，引入符号 $\partial S = E(S, \overline{S})$。因为 $E(\overline{S}, S) = E(S, \overline{S})$，所以没有必要考虑结点个数多于 $\frac{n}{2}$ 的结点子集。集合 $E(S, \overline{S})$ 就是 S 和外界的割。结点集 S 和外界的连通性可以用 $\frac{|\partial S|}{|S|}$ 衡量。直 cut

观上，该比值越大，连通性越好。图 G 的扩张率 h_G 定义如下： expansion ratio

$$h_G = \min_{0 < |S| \leqslant \frac{n}{2}} \frac{|\partial S|}{|S|} \tag{4.10.16}$$

扩张率 h_G 也常称为奇格常量。根据定义，奇格常量衡量的是图的瓶颈的大小。 Cheeger constant
一个环型网络的瓶颈非常小，网络的结点越多，它的奇格常量越小。一个常常被提到的反例由下图示意：两个完全图之间通过一条边相连。此图的扩张率依赖于结点数的倒数。

对于 d-正则图而言，和 S 关联的边有 $d|S|$ 条，所以在定义 (4.10.16) 中给出的比值可能大于 1，我们可以用比值 h_G/d 衡量边扩张率。设 $\rho \in (0, 1)$ 为常量。

定义 4.24　称有 n 个结点的 d-正则图 G 为 (n, d, ρ)-边扩张图当仅当 $\frac{h_G}{d} \geqslant \rho$。 edge expander

对边扩张图而言，比值 $\frac{h_G}{d}$ 越大，连通性越好。我们希望建立两类扩张图之间的联系。定义 $\gamma_G = 1 - \lambda_G$，称 γ_G 为谱扩张。因为 $\lambda_1 = 1$，$\lambda_G = |\lambda_2|$， spectral expansion
spectral gap

有些文献中称 γ_G 为谱间隙。下述定理给出了边扩张和谱扩张之间的一个不等式关系 [11, 13, 50, 66]。此不等式称为奇格不等式。

定理 4.27（奇格不等式） 设 $G = (V, E)$ 为连通的，d-正则图。有不等式

$$\frac{\gamma_G}{2} \leqslant \frac{h_G}{d} \leqslant \sqrt{2\gamma_G}。$$

证明 设 S 是满足 $|S| \leqslant \frac{n}{2}$ 和 $\frac{|\partial(S)|}{|S|} = h_G$ 的结点集合。定义 $\mathbf{1}_S$ 如下：

$$\mathbf{1}_S(x) = \begin{cases} 1, & x \in S \\ 0, & x \notin S \end{cases}$$

定义 $\mathbf{x} = |\overline{S}|\mathbf{1}_S - |S|\mathbf{1}_{\overline{S}}$，显然 $\mathbf{x} \perp \mathbf{1}$。用此符号，有下面的推导：

$$\|\mathbf{x}\|_2^2 = n|S||\overline{S}|$$

$$\mathbf{x}^\dagger G\mathbf{x} = (|\overline{S}|\mathbf{1}_S - |S|\mathbf{1}_{\overline{S}})^\dagger G(|\overline{S}|\mathbf{1}_S - |S|\mathbf{1}_{\overline{S}})$$

$$= \frac{1}{d}\left(|\overline{S}|^2|E(S,S)| + |S|^2|E(\overline{S},\overline{S})| - 2|S||\overline{S}||E(S,\overline{S})|\right)$$

$$= \frac{1}{d}\left(dn|S||\overline{S}| - n^2|E(S,\overline{S})|\right)$$

最后一个等式推导用到了等式 $d|S| = |E(S,\overline{S})| + |E(S,S)|$ 和 $d|\overline{S}| = |E(\overline{S},S)| + |E(\overline{S},\overline{S})|$。瑞雷商 $R(G, \mathbf{x})$ 给出了 λ_G 的一个下界。

$$\lambda_G \geqslant \frac{\mathbf{x}^\dagger G\mathbf{x}}{\|\mathbf{x}\|_2^2} = \frac{1}{d}\frac{dn|S||\overline{S}| - n^2|E(S,\overline{S})|}{n|S||\overline{S}|} = 1 - \frac{1}{d}\cdot\frac{n}{|\overline{S}|}\cdot\frac{|\partial(S)|}{|S|} \geqslant 1 - \frac{2h_G}{d}$$

这证明了定理的第一部分。

设 $\mathbf{u}$ 满足 $\mathbf{u} \perp \mathbf{1}$ 和 $G\mathbf{u} = \lambda_2\mathbf{u}$。将 $\mathbf{u}$ 中的负元素换成 0 得 $\mathbf{v}$，将 $\mathbf{u}$ 中的正元素换成 0 得 $\mathbf{w}$。显然有 $\mathbf{u} = \mathbf{v} + \mathbf{w}$。不失一般性，设 $\mathbf{v}$ 正元素个数 $\leqslant \frac{n}{2}$，并假定 $\mathbf{v}$ 满足 $v_1 \geqslant v_2 \geqslant \cdots \geqslant v_n$。有下述推导：

$$\sum_{i,j} G_{i,j}|v_i^2 - v_j^2| = 2\sum_{i<j} G_{i,j}(v_i^2 - v_I^2)$$

$$= 2\sum_{i<j} G_{i,j}\sum_{k=i}^{j-1}(v_k^2 - v_{k+1}^2)$$

$$= 2 \sum_{i=1}^{n/2} \sum_{j=i+1}^{n/2} G_{i,j} \sum_{k=i}^{j-1} (v_k^2 - v_{k+1}^2) \qquad (4.10.17)$$

$$= \frac{2}{d} \sum_{k=1}^{n/2} |\partial[k]| (v_k^2 - v_{k+1}^2) \qquad (4.10.18)$$

$$\geqslant \frac{2}{d} \sum_{k=1}^{n/2} h_G k (v_k^2 - v_{k+1}^2)$$

$$= \frac{2h_G}{d} \|\mathbf{v}\|_2^2 \qquad (4.10.19)$$

等式 (4.10.17) 成立的原因是，对所有 $k > n/2$，$v_k = 0$。等式 (4.10.18) 成立的原因得仔细分析。当 $i = 1$ 时，$\sum\limits_{j=2}^{n/2} \sum\limits_{k=i}^{j-1} (v_k^2 - v_{k+1}^2)$ 为

$$(v_1^2 - v_2^2) +$$
$$(v_1^2 - v_2^2) + (v_2^2 - v_3^2) +$$
$$\vdots$$
$$(v_1^2 - v_2^2) + (v_2^2 - v_3^2) + \cdots + (v_{n/2-1}^2 - v_{n/2}^2)_\circ$$

而 $\sum\limits_{j=2}^{n/2} G_{1,j} \sum\limits_{k=i}^{j-1} (v_k^2 - v_{k+1}^2)$ 含有这些相加项（每一行算一个相加项）中的 $\partial[1]$ 个。当 $i = 2$ 时，$\sum\limits_{j=3}^{n/2} \sum\limits_{k=i}^{j-1} (v_k^2 - v_{k+1}^2)$ 为

$$(v_2^2 - v_3^2) +$$
$$(v_2^2 - v_3^2) + (v_3^2 - v_4^2) +$$
$$\vdots$$
$$(v_2^2 - v_3^2) + (v_3^2 - v_4^2) + \cdots + (v_{n/2-1}^2 - v_{n/2}^2)_\circ$$

而 $\sum\limits_{j=3}^{n/2} G_{2,j} \sum\limits_{k=i}^{j-1} (v_k^2 - v_{k+1}^2)$ 含有这些相加项中的 $\partial[\{1,2\}]$ 个。容易看出，$v_1^2 - v_2^2$ 出现了 $\partial[1]$ 次，$v_2^2 - v_3^2$ 出现了 $\partial[\{1,2\}]$ 次，以此类推。等式 (4.10.19) 成立的原因是

$$\sum_{k=1}^{n/2} k(v_k^2 - v_{k+1}^2) = \left(\sum_{k=1}^{n/2} v_k^2\right) - v_{n/2+1}^2 = \left(\sum_{k=1}^{n/2} v_k^2\right) = \|\boldsymbol{v}\|_2^2$$

因 $G\boldsymbol{u} = \lambda_2 \boldsymbol{u}$，$\langle \boldsymbol{w}, \boldsymbol{v} \rangle = 0$ 和 $\langle G\boldsymbol{w}, \boldsymbol{v} \rangle \leqslant 0$，所以可做如下推导：

$$\langle G\boldsymbol{v}, \boldsymbol{v} \rangle \geqslant \langle G\boldsymbol{v}, \boldsymbol{v} \rangle + \langle G\boldsymbol{w}, \boldsymbol{v} \rangle = \langle G\boldsymbol{u}, \boldsymbol{v} \rangle = \lambda_2 \langle \boldsymbol{u}, \boldsymbol{v} \rangle = \lambda_2 \langle \boldsymbol{v}, \boldsymbol{v} \rangle = \lambda_2 \|\boldsymbol{v}\|_2^2$$

根据瑞雷商公式和等式 (4.10.9)，有

$$1 - \lambda_G \geqslant 1 - \frac{\langle G\boldsymbol{v}, \boldsymbol{v} \rangle}{\|\boldsymbol{v}\|_2^2} = \frac{\|\boldsymbol{v}\|_2^2 - \langle G\boldsymbol{v}, \boldsymbol{v} \rangle}{\|\boldsymbol{v}\|_2^2} = \frac{\sum_{i,j} G_{i,j}(v_i - v_j)^2}{2\|\boldsymbol{v}\|_2^2} \qquad (4.10.20)$$

由柯西-施瓦茨不等式得

$$\sum_{i,j} G_{i,j}(v_i - v_j)^2 \cdot \sum_{i,j} G_{i,j}(v_i + v_j)^2 \geqslant \left(\sum_{i,j} G_{i,j}|v_i^2 - v_j^2|\right)^2 \qquad (4.10.21)$$

又因 $\langle G\boldsymbol{v}, \boldsymbol{v} \rangle \leqslant \lambda_1 \|\boldsymbol{v}\|_2^2 = \|\boldsymbol{v}\|_2^2$，所以

$$2\|\boldsymbol{v}\|_2^2 \cdot \sum_{i,j} G_{i,j}(v_i + v_j)^2 \leqslant 2\|\boldsymbol{v}\|_2^2 \cdot (2\|\boldsymbol{v}\|_2^2 + 2\langle G\boldsymbol{v}, \boldsymbol{v} \rangle) \leqslant 8\|\boldsymbol{v}\|_2^4 \qquad (4.10.22)$$

依次用 (4.10.19)、(4.10.21)、(4.10.20)、(4.10.22) 可推导：

$$\begin{aligned}
\frac{2h_G}{d} &\leqslant \frac{\sum_{i,j} G_{i,j}|v_i^2 - v_j^2|}{\|\boldsymbol{v}\|_2^2} \\
&\leqslant \sqrt{\frac{\sum_{i,j} G_{i,j}(v_i - v_j)^2}{\|\boldsymbol{v}\|_2^2}} \cdot \sqrt{\frac{\sum_{i,j} G_{i,j}(v_i + v_j)^2}{\|\boldsymbol{v}\|_2^2}} \\
&\leqslant \sqrt{8(1 - \lambda_G)}
\end{aligned}$$

因此 $\dfrac{h_G}{d} \leqslant \sqrt{2\gamma_G}$。 $\qquad\qquad\qquad\qquad\qquad\qquad\qquad\qquad\qquad\qquad\quad$ $\square$

定理4.27指出，组合的定义和代数的定义是等价的。不等式 $\dfrac{1 - \lambda_G}{2} \leqslant \dfrac{h_G}{d}$ 说明，若 G 是 (n, d, λ)-扩张图，它也是 $\left(n, d, \dfrac{1-\lambda}{2}\right)$-边扩张图。不等式 $\dfrac{h_G}{d} \leqslant$

$\sqrt{2(1-\lambda_G)}$ 说明，若 G 是 (n,d,ρ)-边扩张图，它也是 $\left(n,d,1-\dfrac{\rho^2}{2}\right)$-扩张图。

还有一点值得指出的是，对于 n-结点 d-正则图而言，由于 $h_G \geqslant \dfrac{1}{n}$，从定理4.27可推出 $\lambda_G \leqslant 1-\dfrac{1}{2d^2n^2}$。利用这个不等式，也可为 Connectivity 设计单侧误差随机算法，见第205页。

除了上述三个角度之外，还可以从几何的角度解释扩张图。等周问题是个 isoperimetric
古老的问题。古希腊人坚信，在周长固定的情况下，圆的面积最大。换个角度，在面积固定的情况下，圆的周长最短。如果将离散的图看成是连续的欧几里得空间中面的退化，图的一个结点集 S 的大小 $|S|$ 可看成是面积，$|\partial S|$ 可看成是周长。从等周问题的角度看，$\min_{|S|=a}|\partial S|$ 就是面积为 a 的面的最小周长，而 $h_G = \min_{|S|\leqslant \frac{n}{2}} \dfrac{|\partial S|}{|S|}$ 就是周长面积比的最小值。扩张图的一些定理来自于几何（如黎曼几何），一些定理的证明直觉也来自于几何。如果读者对这一重要的联系感兴趣，可参阅 [50, 112]。

下述的扩张图均混引理出现在文献 [14] 中，之前曾在研究者中口口相传。 Expander Mixing
Lemma
此定理的证明用到了扩张图研究中的向量分解法。设 $(1,\boldsymbol{u})$ 为 G 的特征对，其中 $\boldsymbol{u}$ 为单位向量 $\left(\dfrac{1}{\sqrt{n}},\cdots,\dfrac{1}{\sqrt{n}}\right)^{\dagger}$。将我们关心的向量 $\boldsymbol{v}$ 分解成平行于 $\boldsymbol{u}$ 和垂直于 $\boldsymbol{u}$ 的两部分：$\boldsymbol{v}=\boldsymbol{v}^{\|}+\boldsymbol{v}^{\perp}=\alpha\boldsymbol{u}+\boldsymbol{v}^{\perp}$。因为 $G\boldsymbol{u}=\boldsymbol{u}$，所以

$$G\boldsymbol{v}^{\|}=\boldsymbol{v}^{\|} \text{ 并且 } \langle \boldsymbol{u},G\boldsymbol{v}^{\perp}\rangle=0 \tag{4.10.23}$$

易见 $\alpha=\langle \boldsymbol{u},\boldsymbol{v}\rangle$。我们可以用 $\boldsymbol{v}$ 的分解讨论 $G\boldsymbol{v}$ 的性质。

引理 4.35（扩张图均混引理）　设 $G=(V,E)$ 是 (n,d,λ)-扩张图，S、$T\subseteq V$。有

$$\left| |E(S,T)|-\dfrac{d}{n}|S||T| \right| \leqslant \lambda d\sqrt{|S||T|} \tag{4.10.24}$$

证明　设 $\boldsymbol{u}$ 表示特征值为 1 的单位向量 $\left(\dfrac{1}{\sqrt{n}},\cdots,\dfrac{1}{\sqrt{n}}\right)^{\dagger}$。将 $\boldsymbol{1}_S$ 和 $\boldsymbol{1}_T$ 按上述方法进行分解，得

$$\boldsymbol{1}_S=\boldsymbol{1}_S^{\|}+\boldsymbol{1}_S^{\perp}=\alpha_S\boldsymbol{u}+\boldsymbol{1}_S^{\perp}=\dfrac{|S|}{\sqrt{n}}\boldsymbol{u}+\boldsymbol{1}_S^{\perp} \text{ 和 } \boldsymbol{1}_T=\boldsymbol{1}_T^{\|}+\boldsymbol{1}_T^{\perp}=\alpha_T\boldsymbol{u}+\boldsymbol{1}_T^{\perp}=\dfrac{|T|}{\sqrt{n}}\boldsymbol{u}+\boldsymbol{1}_T^{\perp}$$

按定义有 $(\mathbf{1}_S)^\dagger \boldsymbol{u} = \dfrac{|S|}{\sqrt{n}}$ 和 $(\mathbf{1}_T)^\dagger \boldsymbol{u} = \dfrac{|T|}{\sqrt{n}}$，因此 $(\mathbf{1}_S)^\dagger \mathbf{1}_T = (\mathbf{1}_S)^\dagger \mathbf{1}_T \boldsymbol{u}^\dagger \boldsymbol{u} = \dfrac{|S||T|}{n}$。图 G 的邻接矩阵是 dG。故 $|E(S,T)| = (\mathbf{1}_S)^\dagger (dG) \mathbf{1}_T$，且由 (4.10.23) 得

$$(\mathbf{1}_S)^\dagger (dG) \mathbf{1}_T = \left(\frac{|S|}{\sqrt{n}} \boldsymbol{u} + \mathbf{1}_S^\perp \right)^\dagger (dG) \left(\frac{|T|}{\sqrt{n}} \boldsymbol{u} + \mathbf{1}_T^\perp \right) = d\frac{|S||T|}{n} + \left(\mathbf{1}_S^\perp \right)^\dagger (dG) \mathbf{1}_T^\perp$$

设 $(\lambda_2, \boldsymbol{v}_2), \cdots, (\lambda_n, \boldsymbol{v}_n)$ 为 $(1, \boldsymbol{u})$ 之外的特征对。因 $\boldsymbol{u} \perp \mathbf{1}_S^\perp$，可设 $\mathbf{1}_S^\perp = \sum_{i=2}^n a_i \boldsymbol{v}_i$，同理可设 $\mathbf{1}_T^\perp = \sum_{i=2}^n b_i \boldsymbol{v}_i$。下述推导的最后一步用了柯西-施瓦茨不等式：

$$\left| |E(S,T)| - \frac{d}{n}|S||T| \right| = \left| \left(\mathbf{1}_S^\perp \right)^\dagger (dG) \mathbf{1}_T^\perp \right|$$

$$= d \cdot \left| \sum_{i=2}^n a_i b_i \lambda_i \right|$$

$$\leqslant d \cdot \sum_{i=2}^n |a_i b_i \lambda_i|$$

$$\leqslant \quad d\lambda \cdot \sum_{i=2}^n |a_i| \cdot |b_i|$$

$$\leqslant d\lambda \cdot \|\mathbf{1}_S^\perp\| \cdot \|\mathbf{1}_T^\perp\|$$

最后再用 $\|\mathbf{1}_S^\perp\| \cdot \|\mathbf{1}_T^\perp\| \leqslant \|\mathbf{1}_S\| \cdot \|\mathbf{1}_T\| = \sqrt{|S||T|}$，即可推得定理。   □

quasirandom   图论中，称满足 $\left| \dfrac{|E(S,T)|}{dn} - \dfrac{|S|}{n} \cdot \dfrac{|T|}{n} \right| = O(1)$ 的图为准随机的。从不等式 (4.10.24) 推出

$$\left| \frac{|E(S,T)|}{dn} - \frac{|S|}{n} \cdot \frac{|T|}{n} \right| \leqslant \lambda \tag{4.10.25}$$

因此，扩张图都是准随机图。不等式 (4.10.25) 可解释为：边密度约等于结点密度的积。因此扩张图很像随机图。从应用的角度，不等式 (4.10.25) 还有一个解释。假设我们要随机地独立地选图中的一对结点，第一个结点落在 S 中算成功，第二个结点落在 T 中算成功。总的成功概率是 $\dfrac{|S|}{n} \cdot \dfrac{|T|}{n}$。我们可以换一个方法选择这对结点：先随机地选一个结点，然后再随机地选这个结点的一

个邻居。这样选的成功概率是 $\dfrac{|E(S,T)|}{dn}$。如果 λ 很小，这两种方法成功的概率近似。用第一种方案，我们要用一个长度是 $2\log n$ 的随机串，用第二种方案，我们要用一个长度是 $\log n + \log d$ 的随机串。对于扩张图而言，d 是常数。所以后者有明显优点。这一想法在下一节将得到体现。

4.10.4　扩张图上的随机游走

设 $\mathbb{A}$ 是蒙特卡罗算法，当算法回答"是"时，一定是正确的；当算法回答"否"时，有一个不超过 ρ 的出错概率。在输入长度为 n 时，算法用 $r(n)$ 个随机位。误差压缩定理的证明用下述方法指数地降低出错概率：在输入 x 后，独立地计算 $\mathbb{A}(x)$ 总共 $t(n)$ 遍，得到 $t(n)$ 个答案，若其中有一次的答案为"是"，回答"是"，否则回答"否"。此算法总共用了 $r(n)t(n)$ 个随机位。用扩张图均混引理及其后说明的方法，可给出另一个误差压缩算法 $\mathbb{B}_1$：

算法 $\mathbb{B}_1$. 用一个 (d,λ)-扩张图族 $\{G_n\}_{n\in\omega}$。

1. 当输入长度为 n 的 x 时，随机地选 $G_{2^{r(n)}}$ 中的一个结点 v_1。
2. 从结点 v_1 出发产生一个 $t(n)-1$ 步随机游走 $v_1,\cdots,v_{t(n)}$。
3. 以 $v_1,\cdots,v_{t(n)}$ 为随机串分别计算 $\mathbb{A}(x)$，设结果为 $b_1,\cdots,b_{t(n)}$。
4. 输出 $\bigvee_{i\in[t(n)]} b_i$。

此算法使用的随机位数降至 $r(n)+\log(d)t(n)$。除了第一个串，算法产生的后面的 $t(n)-1$ 个串均为伪随机串，并非真正意义的随机串，我们需要重新估算出错概率。为此，需要研究扩张图上随机游走的概率性质。

有 n 个结点的完全图 K_n 有完美的连通性。无论初始分布是如何，经过一步随机游走后，就达到稳态分布。用 $J_n = [\mathbf{1},\cdots,\mathbf{1}]$ 表示具有自环的完全图 K_n 的随机游走矩阵。根据引理4.29，有

$$\lambda_{J_n} = \max_{\mathbf{v}\perp\mathbf{1}} \frac{\|J_n\boldsymbol{v}\|}{\|\boldsymbol{v}\|} = \max_{\mathbf{v}\perp\mathbf{1}} \frac{\mathbf{0}}{\|\boldsymbol{v}\|} = 0 \tag{4.10.26}$$

下面的引理给出了扩张图上随机游走的一个分解引理。

引理 4.36　设 G 是 n-结点 d-度正则图，并且 $\lambda \in (0,1)$。则 $\lambda_G \leqslant \lambda$ 当仅当存在满足 $\|E\| \leqslant 1$ 的矩阵 E 使得 $G = (1-\lambda)J_n + \lambda E$。

证明   设 $E = \frac{1}{\lambda}(G - (1-\lambda)J_n)$。只需证明对所有 $\boldsymbol{v}$，不等式 $\|E\boldsymbol{v}\| \leqslant \|\boldsymbol{v}\|$ 成立。已知 $E\boldsymbol{v}^{\|} = \boldsymbol{v}^{\|}$。用 $\boldsymbol{v}^{\perp}\perp\mathbf{1}$，$\lambda_G = |\lambda_2|$ 和不等式 (4.10.5) 可做如下推导：

$$\|E\boldsymbol{v}^{\perp}\| = \frac{1}{\lambda}\|G\boldsymbol{v}^{\perp} - (1-\lambda)J_n\boldsymbol{v}^{\perp}\| = \frac{1}{\lambda}\|G\boldsymbol{v}^{\perp}\| \leqslant \frac{1}{\lambda}(\lambda_G\|\boldsymbol{v}^{\perp}\|) \leqslant \|\boldsymbol{v}^{\perp}\|$$

利用范数的三角不等式可推得 $\|E\boldsymbol{v}\| = \|E\boldsymbol{v}^{\|} + E\boldsymbol{v}^{\perp}\| \leqslant \|E\boldsymbol{v}^{\|}\| + \|E\boldsymbol{v}^{\perp}\| \leqslant \|\boldsymbol{v}^{\|}\| + \|\boldsymbol{v}^{\perp}\| = \boldsymbol{v}$。所以 $\|E\| \leqslant 1$。

假设存在满足 $\|E\| \leqslant 1$ 的矩阵 E 使得 $G = (1-\lambda)J_n + \lambda E$。对所有垂直于 $\mathbf{1}$ 的向量 $\boldsymbol{w}$，有 $\|G\boldsymbol{w}\| = \lambda\|E\boldsymbol{w}\| \leqslant \lambda\|\boldsymbol{w}\|$。取 $\boldsymbol{w}$ 为特征值 λ_2 所对应的特征向量，就有 $\lambda_G\|\boldsymbol{w}\| = \|A\boldsymbol{w}\| \leqslant \lambda\|\boldsymbol{w}\|$。所以 $\lambda_G \leqslant \lambda$。$\quad\square$

根据引理4.36，可将扩张图上的随机游走看作是在两个图上的随机游走的凸组合：① 以概率 $1-\lambda$ 在完全图上的随机游走；② 以概率 λ 在一个误差矩阵上的"随机游走"，该误差矩阵不会放大与稳态分布的距离。之所以随机游走是代引号的，是因为引理4.36中的 E 一般不是随机游走矩阵。事实上 E 中可能含有负的元素。

引理4.36的证明给出了分析扩张图的又一个一般方法，矩阵分解法。在用矩阵分解法讨论 $G\boldsymbol{v}$ 的性质时，我们并不需要知道向量 $\boldsymbol{v}$ 的任何性质。

回到本节开始的场景，即蒙特卡罗算法 $\mathbb{A}$ 的出错率不超过 ρ，使用的随机串长度为 $r(n)$。这相当于在扩张图 $G_{2^{r(n)}}$ 中有一个结点子集 $B \subseteq \{0,1\}^{r(n)}$，算法 $\mathbb{A}$ 在使用 B 中的随机串时会给出错误的结果。估算改进后的误差压缩算法的出错概率，等价于估算在扩张图 $G_{2^{r(n)}}$ 中一个 $t(n)$ 步随机游走全部落在 B 中的概率。扩张图随机游走定理给出了一个估算 [98]，其证明用到了矩阵分解法。

定理 4.28(扩张图随机游走定理)   设 G 是 (n,d,λ)-扩张图，$B \subseteq [n]$，$\rho \in (0,1)$ 且 $|B| \leqslant \rho n$。设随机变量 X_1 表示 $[n]$ 上的均匀分布，随机变量 X_i 表示从 X_1 出发随机游走 $i-1$ 步后的分布。下述不等式成立。

$$\Pr\left[\bigwedge_{i\in[k]} X_i \in B\right] \leqslant ((1-\lambda)\sqrt{\rho} + \lambda)^{k-1}$$

证明 设 B_i 表示事件 $X_i \in B$。我们要估算下述多事件条件概率的一个上界。

$$\Pr[B_1 \cdots B_k] = \Pr[B_1] \cdot \Pr[B_2|B_1] \cdots \Pr[B_k|B_1 \cdots B_{k-1}] \qquad (4.10.27)$$

视 B 为对角线矩阵，即 $B_{j,i} = 1$ 当仅当 $j = i \in B$，否则 $B_{j,i} = 0$。定义如下分布：

$$\mathbf{p}_i = \frac{BG}{\Pr[B_i|B_1 \cdots B_{i-1}]} \cdots \frac{BG}{\Pr[B_2|B_1]} \cdot \frac{B\mathbf{1}}{\Pr[B_1]}$$

这里，$\dfrac{B\mathbf{1}}{\Pr[B_1]}$ 是对 $B\mathbf{1}$ 的归一化，$\dfrac{BG}{\Pr[B_2|B_1]} \cdot \dfrac{B\mathbf{1}}{\Pr[B_1]}$ 是对 $BG \cdot \dfrac{B\mathbf{1}}{\Pr[B_1]}$ 的归一化，以此类推。因此，$\mathbf{p}_i$ 是一概率分布，即 $\|\mathbf{p}_i\|_1 = 1$。从 $\mathbf{p}_k$ 的定义容易看出 $\|(BG)^{k-1}B\mathbf{1}\|_1$ 和 (4.10.27) 中的概率值相等。鉴于 (4.10.4) 中的不等式，只需证

$$\|(BG)^{k-1}B\mathbf{1}\|_2 \leqslant \frac{1}{\sqrt{n}} \left((1-\lambda)\sqrt{\rho} + \lambda\right)^{k-1}$$

必须对 $\|BG\|_2$ 进行估算，为了利用矩阵分解，得估算 $\|BJ_n\|_2$。设 $\|\boldsymbol{v}\|_2 = 1$，$\alpha = \sum_{i \in [n]} v_i$ 和 $\boldsymbol{v} = \alpha\mathbf{1} + \boldsymbol{w}$。显然 $\boldsymbol{w} \perp \mathbf{1}$，并且 $\alpha = \sum_{i \in [n]} v_i \leqslant \|\boldsymbol{v}\|_1 \leqslant \sqrt{n}\|\boldsymbol{v}\|_2 = \sqrt{n}$。因此，

$$\begin{aligned}
\|BJ_n\boldsymbol{v}\|_2 &= \|BJ_n\alpha\mathbf{1}\|_2 + \|BJ_n\boldsymbol{w}\|_2 \\
&= \alpha\|B\mathbf{1}\|_2 \\
&\leqslant \sqrt{n}\|B\mathbf{1}\|_2 \\
&\leqslant \sqrt{n} \cdot \frac{\sqrt{\rho}}{\sqrt{n}} \\
&= \sqrt{\rho}
\end{aligned}$$

取 $\boldsymbol{v} = \left(\dfrac{1}{\sqrt{n}}, \cdots, \dfrac{1}{\sqrt{n}}\right)^{\dagger}$ 时等式成立。由此得 $\|BJ_n\| = \max\{\|BJ_n\boldsymbol{v}\|_2 \mid \|\boldsymbol{v}\|_2 = 1\} = \sqrt{\rho}$。用引理4.36中的分解，有 $G = (1-\lambda)J_n + \lambda E$，其中 $\|E\| \leqslant 1$。因此，

$$\begin{aligned}
\|BG\| &= \|B((1-\lambda)J_n + \lambda E)\| \\
&\leqslant (1-\lambda)\|BJ_n\| + \lambda\|BE\| \\
&\leqslant (1-\lambda)\sqrt{\rho} + \lambda\|B\| \cdot \|E\|
\end{aligned}$$

$$\leqslant (1-\lambda)\sqrt{\rho}+\lambda$$

模 $\|BG\|$ 就是我们要估算的，它是对在扩张图上的一步随机游走可能导致的最大错误的度量。随机游走 $k-1$ 步所能产生的最大错误的度量是：

$$\|(BG)^{k-1}B\mathbf{1}\|_2 \leqslant \|BG\|_2^{k-1}\cdot\|B\mathbf{1}\|_2$$
$$\leqslant ((1-\lambda)\sqrt{\rho}+\lambda)^{k-1}\cdot\frac{\sqrt{\rho}}{\sqrt{n}}$$
$$\leqslant \frac{1}{\sqrt{n}}((1-\lambda)\sqrt{\rho}+\lambda)^{k-1}$$

定理得证。   □

定理4.28确保算法 $\mathbb{B}_1$ 实现了对误差的指数压缩。如果 $\mathbb{A}$ 是一个 **BPP** 中问题的随机算法，可用同样思路设计误差压缩算法 $\mathbb{B}_2$ 如下：

算法 $\mathbb{B}_2$.
1. 同算法 $\mathbb{B}_1$ 的第 1 步-第 3 步。
2. 输出 $Maj\{b_i \mid i \in [t(n)]\}$。

给定输入 x，设 B_x 为使算法 $\mathbb{A}$ 做出错误判断的随机串集，出错率不超过 ρ。固定下标集 $K \subseteq [t(n)]$，满足条件 $|K| \geqslant \frac{t(n)+1}{2}$。可推出下述概率不等式：

$$\Pr[\forall i \in K.v_i \in B_x] \leqslant ((1-\lambda)\sqrt{\rho}+\lambda)^{|K|} \leqslant ((1-\lambda)\sqrt{\rho}+\lambda)^{\frac{t(n)+1}{2}} \leqslant \left(\frac{1}{4}\right)^{t(n)}$$

其中最后一个不等式的推导中假定了 $(1-\lambda)\sqrt{\rho}+\lambda \leqslant 1/16$。集合 K 有很多选择，用一致界不等式得到一个很松的上界：

$$\Pr[\mathbb{B}_2 \text{失败}] \leqslant 2^{t(n)}\left(\frac{1}{4}\right)^{t(n)} = O(2^{-t(n)})$$

所以用扩张图上的随机游走也可指数地降低双向误差随机算法的出错概率。

要使算法 $\mathbb{B}_1$ 和 $\mathbb{B}_2$ 实际可用，我们必须使用一个可被计算操作的扩张图族。当知道输入长度 n 时，算法必须能构造 G_n 或至少能在 G_n 中进行随机游走。这是下一节要研究的内容。

4.11　扩张图的构造

在理论计算机科学的很多领域，我们知道某个对象一定存在，但我们无法把它找出来。让我们看一个让计算机科学家足够尴尬的复杂性类包含序列：

$$\mathbf{L} \subseteq \mathbf{NL} \subseteq \mathbf{P} \subseteq \mathbf{NP} \subseteq \mathbf{PSPACE} \subseteq \mathbf{EXP} \qquad (4.11.1)$$

根据时间谱系定理和空间谱系定理，(4.11.1) 中必定有一些包含关系是严格的。事实上，大多数研究者认为 (4.11.1) 中的每个包含关系都是严格的。我们知道一定存在一个问题在其中的一个类中但不在其左相邻的类中，但我们就是找不到那个问题。在电路复杂性领域，我们用概率方法证明了绝大多数布尔函数的电路复杂性是指数的，但迄今为止我们就是找不到任何一个电路复杂性是指数的布尔函数。我们可以用概率方法证明存在很多满足一定条件的扩张图族，幸运的是，我们能构造很多具体的扩张图族例子。有些扩张图族的构造需要用到深刻的数学结果（比如数论中的一些结果），有些扩张图族可以通过归纳构造获得 [183]。本节讨论两个归纳构造的例子。

随机算法使用的扩张图族 $\{G_n\}_{n\in\omega}$ 的高效计算性有两种解释。第一种情况是：当指定下标 n 后，G_n 可在多项式时间里构造出来，此时 G_n 有多项式个结点，结点的编码长度是对数的。

定义 4.25　扩张图族 $\{G_n\}_{n\in\mathbf{N}}$ 是显式的当仅当存在多项式时间算法，当输入 1^n 后输出扩张图 G_n。　　explicit

第二种情况是 G_n 的结点大小是多项式的，结点个数是指数的。在此情况下，程序要能在多项式时间算出扩张图族 $\{G_n\}_{n\in\omega}$ 中指定的扩张图 G_n 中指定的结点的指定的邻居。如果程序能做这件事，程序就能通过投硬币在 G_n 中进行随机游走。

定义 4.26　扩张图族 $\{G_n\}_{n\in\mathbf{N}}$ 是强显式的当仅当存在多项式时间算法，当输入 $\langle n,v,i\rangle$ 后输出 G_n 中编码为 v 的结点的第 i 个邻居。　　strongly explicit

在上述定义中，v 是多项式长的，i 的长度是常量。

本节其余部分将介绍扩张图的几个构造算子，并在这些构造算子的基础上给出一个显式扩张图族和一个强显式扩张图族 [183]。

4.11.1 扩张图的构造算子

path product

设 G 是 n-结点 d-度图, G' 是 n-结点 d'-度图。若 G 和 G' 有同一个结点集合,可以在两个图上进行交叉的随机游走。G 和 G' 的路径积$G'G$ 就是 G 和 G' 的随机游走矩阵的乘积,$G'G$ 中的一条边由 G 中的一条边接着 G' 中的一条边构成。显然 $G'G$ 是 n-结点 dd'-度图。与 G 和 G' 相比,从 $G'G$ 中的一点到另一点有了更多的路径,所以连通性会更好。

引理 4.37　$\lambda_{G'G} \leqslant \lambda_{G'} \lambda_G$。

证明　设 $\boldsymbol{v} \perp \boldsymbol{1}$。就有 $G\boldsymbol{v} \perp \boldsymbol{1}$。因此,

$$
\begin{aligned}
\lambda_{G'G} &= \max_{\mathbf{v} \perp \mathbf{1}} \frac{\|G'G\boldsymbol{v}\|_2}{\|\boldsymbol{v}\|_2} \quad = \quad \max_{\mathbf{v} \perp \mathbf{1}} \frac{\|G'G\boldsymbol{v}\|_2}{\|G\boldsymbol{v}\|_2} \cdot \frac{\|G\boldsymbol{v}\|_2}{\|\boldsymbol{v}\|_2} \\
&\leqslant \max_{\mathbf{v} \perp \mathbf{1}} \frac{\|G'G\boldsymbol{v}\|_2}{\|G\boldsymbol{v}\|_2} \cdot \max_{\mathbf{v} \perp \mathbf{1}} \frac{\|G\boldsymbol{v}\|_2}{\|\boldsymbol{v}\|_2} \\
&\leqslant \max_{\mathbf{u} \perp \mathbf{1}} \frac{\|G'\boldsymbol{u}\|_2}{\|\boldsymbol{u}\|_2} \cdot \max_{\mathbf{v} \perp \mathbf{1}} \frac{\|G\boldsymbol{v}\|_2}{\|\boldsymbol{v}\|_2} \quad = \quad \lambda_{G'} \lambda_G
\end{aligned}
$$

引理得证。　　　　　　　　　　　　　　　　　　　　　　　　　　　　□

由此引理推出,扩张图的路径积也是扩张图。常用的路径积是在单个图上通过多步游走得到的。这类路径积的谱扩张可精确算出。

引理 4.38　$\lambda_{G^k} = (\lambda_G)^k$。

证明　若 $(\lambda_1, \boldsymbol{v}_1), \cdots, (\lambda_n, \boldsymbol{v}_n)$ 是 G 的特征对,则 $(\lambda_1^k, \boldsymbol{v}_1), \cdots, (\lambda_n^k, \boldsymbol{v}_n)$ 是 G^k 的特征对。因 $\lambda_G = |\lambda_2|$,所以 $\lambda_{G^k} = |\lambda_2^k| = (\lambda_G)^k$。　　　　□

tensor product

单独用路径积无法构造扩张图族,因为路径积不增加图的结点个数。图的张量积能显著地增加图的结点个数。G 和 G' 的张量积$G \otimes G'$ 是如下定义的 nn'-结点 dd'-度图:

$$
G \otimes G' = \begin{pmatrix}
a_{11}G' & a_{12}G' & \cdots & a_{1n}G' \\
a_{21}G' & a_{22}G' & \cdots & a_{2n}G' \\
\vdots & \vdots & \cdots & \vdots \\
a_{n1}G' & a_{n2}G' & \cdots & a_{nn}G'
\end{pmatrix}
$$

张量积 $G{\otimes}G'$ 中的结点是由 G 中的一个结点和 G' 中的一个结点构成的有序对，$(u,u') \to (v,v')$ 是 $G{\otimes}G'$ 中的一条边当仅当 $u \to v$ 是 G 中的边且 $u' \to v'$ 是 G' 中的边。直观上，$G{\otimes}G'$ 的连通性和其中较弱的那个一样好。

引理 4.39 $\lambda_{G{\otimes}G'} = \max\{\lambda_G, \lambda_{G'}\}$。

证明 若 $(\lambda, \boldsymbol{v})$ 是 G 的特征对，$(\lambda', \boldsymbol{v}')$ 是 G' 的特征对，那么 $(\lambda\lambda', \boldsymbol{v}{\otimes}\boldsymbol{v}')$ 是 $G{\otimes}G'$ 的特征对。所以 $\lambda_{G{\otimes}G'}$ 一定是 $|\lambda_2|$ 和 $|\lambda'_2|$ 中较大的那个。 $\square$

无论路径积还是张量积都会增加图的度数。为了构造扩张图族，需要将增加的度数降下来的操作。图论中有个常用的技巧，用来降低图的度数。如果图中的一个结点的度数是 d，通过引入一个结点个数是 d 的环，可得到 d 个度数是 3 的结点。在图4.9中，一个 8-度的结点转换成 4 个 4-度的结点。用同样的思路，我们可以将一个扩张图中的结点用另一个扩张图代替，达到降低度数的目的。首先看一个退化的情况。设 G 是 n-结点 D-正则图。图 G 的矩阵表示自然地定义了"一个结点是另一个结点的第几个邻居"这一概念。图 G 的<u>旋转矩阵</u> $\widehat{\boldsymbol{G}}$ 是如下定义的 $(nD){\times}(nD)$ 邻接矩阵：$\widehat{\boldsymbol{G}}_{(v,j),(u,i)} = 1$ 当仅当 v 是 u 的第 i 个邻居且 u 是 v 的第 j 个邻居。矩阵 $\widehat{\boldsymbol{G}}$ 的任何一行任何一列有且只有一个 1，其余的均为 0，所以 $\widehat{\boldsymbol{G}}$ 也是随机游走矩阵。图 $\widehat{\boldsymbol{G}}$ 就是将 G 中的每个结点替换成 D 个独立的点得到的。 rotation matrix

图 4.9 图的正则化

设 G 是 n-结点 D-度正则图，H 是 D-结点 d-度正则图。<u>置换积</u>$G{\circledR}H$ replacement 是定义为 $\frac{1}{2}\widehat{\boldsymbol{G}} + \frac{1}{2}(\boldsymbol{I}_n \otimes H)$ 的 $2d$-度图。按定义，G 的每个结点 u 被换成了图 H 的一个拷贝，用 H_u 表示，并称其为 u 上的云。换言之，$G{\circledR}H$ 就是将 $\widehat{\boldsymbol{G}}$ 中的每条边换成 d 条平行边，将每一堆离散的 D 个结点换成了图 H 的一个拷贝。若 $\widehat{\boldsymbol{G}}(u,l) = (v,m)$，在 H_u 的第 l 个结点和 H_v 的第 m 个结点之间有 d 条边，如图4.10所示。在讨论 $G{\circledR}H$ 时常用到下述引理中叙述的等式。

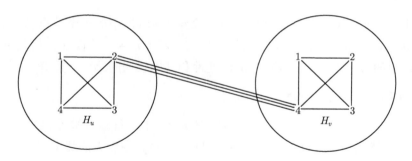

图 4.10　置换积

引理 4.40　$(\boldsymbol{I}_n \otimes \boldsymbol{J}_D)\widehat{\boldsymbol{G}}(\boldsymbol{I}_n \otimes \boldsymbol{J}_D) = G \otimes \boldsymbol{J}_D$。

证明　首先说明，$\boldsymbol{I}_n$ 为 $n \times n$ 单位矩阵，$\boldsymbol{J}_n$ 为所有元素均为 $1/n$ 的矩阵（即完全图 K_n 的随机游走矩阵）。设 $\left((\boldsymbol{I}_n \otimes \boldsymbol{J}_D)\widehat{\boldsymbol{G}}(\boldsymbol{I}_n \otimes \boldsymbol{J}_D)\right)_{(v,m),(u,l)} = \frac{1}{D} \cdot 1 \cdot \frac{1}{D}$，则在 G 中 u 和 v 之间有边。因为在完全图里任何两结点之间都有边，所以 $(G \otimes \boldsymbol{J}_D)_{(v,m),(u,l)} = \frac{1}{D} \cdot \frac{1}{D}$。　　　　□

在下述引理的证明中，引理4.30、引理4.31和引理4.40的作用是推出 $\lambda_{\boldsymbol{M}} \leqslant 1$，其中 $\boldsymbol{M}$ 是一矩阵表达式。在此证明中矩阵分解法扮演了重要角色。

引理 4.41　$\lambda_{G \circledR H} \leqslant 1 - \dfrac{(1-\lambda_G)(1-\lambda_H)^2}{24}$，即 $\gamma_{G \circledR H} \geqslant \dfrac{1}{24}\gamma_G \gamma_H^2$。

证明　根据引理4.36，存在满足 $\|\boldsymbol{E}\| \leqslant 1$ 的矩阵 $\boldsymbol{E}$，使得 $H = (1-\lambda)\boldsymbol{J}_n + \lambda\boldsymbol{E}$。在下面的推导中，最后一个等式用了引理4.40。

$$
\begin{aligned}
(G \circledR H)^3 &= \left(\frac{1}{2}\widehat{\boldsymbol{G}} + \frac{1}{2}(\boldsymbol{I}_n \otimes H)\right)^3 \\
&= \left(\frac{1}{2}\widehat{\boldsymbol{G}} + \frac{1}{2}\left(\boldsymbol{I}_n \otimes (\lambda_H \boldsymbol{E} + \gamma_H \boldsymbol{J}_D)\right)\right)^3 \\
&= \frac{1}{8}\left(\widehat{\boldsymbol{G}} + \lambda_H(\boldsymbol{I}_n \otimes \boldsymbol{E}) + \gamma_H(\boldsymbol{I}_n \otimes \boldsymbol{J}_D)\right)^3 \\
&= \frac{1}{8}\left(\widehat{\boldsymbol{G}}^3 + \cdots + \gamma_H^2(\boldsymbol{I}_n \otimes \boldsymbol{J}_D)\widehat{\boldsymbol{G}}(\boldsymbol{I}_n \otimes \boldsymbol{J}_D)\right) \\
&= \frac{1}{8}\widehat{\boldsymbol{G}}^3 + \cdots + \frac{\gamma_H^2}{8}(G \otimes \boldsymbol{J}_D)
\end{aligned}
\tag{4.11.2}
$$

表达式 (4.11.2) 中，系数之和为 1，最后一项以外的所有项的系数之和为 $1-\frac{\gamma_H^2}{8}$。单位矩阵 $\boldsymbol{I}_n$ 有重数为 n 的特征值 1，所以有 $\lambda_{I_n}=1$。旋转矩阵 $\widehat{\boldsymbol{G}}$ 可通过对单位矩阵进行行交换得到，因此 $\|\widehat{\boldsymbol{G}}\|=1$，由引理4.30得 $\lambda_{\widehat{G}}\leqslant 1$。用这些事实，并用引理4.38、引理4.39、引理4.31和 (4.10.26)，可推得

$$
\begin{aligned}
(\lambda_{G\circledR H})^3 &= \lambda_{(G\circledR H)^3}\\
&= \lambda_{\frac{1}{8}\left(\widehat{G}^3+\cdots+\gamma_H^2(G\otimes \boldsymbol{J}_D)\right)}\\
&\leqslant \frac{1}{8}\lambda_{\widehat{G}^3}+\cdots+\frac{1}{8}\gamma_H^2\lambda_{G\otimes \boldsymbol{J}_D}\\
&\leqslant \frac{1}{8}(\lambda_{\widehat{G}})^3+\cdots+\frac{1}{8}\gamma_H^2\max\{\lambda_G,\lambda_{\boldsymbol{J}_D}\}\\
&\leqslant 1-\frac{\gamma_H^2}{8}+\frac{\gamma_H^2}{8}\lambda_G\\
&= 1-\frac{\gamma_H^2}{8}\gamma_G
\end{aligned}
$$

因此 $(\lambda_{G\circledR H})^3\leqslant 1-\frac{\gamma_G\gamma_H^2}{8}\leqslant\left(1-\frac{\gamma_G\gamma_H^2}{24}\right)^3$，开三次方后得 $\lambda_{G\circledR H}\leqslant 1-\frac{\gamma_G\gamma_H^2}{24}$，所以 $\gamma_{G\circledR H}\geqslant\frac{1}{24}\gamma_G\gamma_H^2$。 □

引理4.41的证明暗示我们，如果直接考虑图 $(\boldsymbol{I}_n\otimes H)\widehat{\boldsymbol{G}}(\boldsymbol{I}_n\otimes H)$ 的话，我们会得到一个更好的谱扩张。称 d^2-度的正则图 $(\boldsymbol{I}_n\otimes H)\widehat{\boldsymbol{G}}(\boldsymbol{I}_n\otimes H)$ 为 G 和 H 的之字积，记为 $G\circledz H$。正如图4.11所示，在 $G\circledz H$ 中，一条边呈之字形，由 zig-zag product 结点 u 之上的"云"中的一条边，$\widehat{\boldsymbol{G}}$ 中的一条边，结点 v 之上的"云"中的一条边连接组成。结点 (u,l) 的第 (i,j) 个邻居是 (v,m) 当仅当下述 3 个条件满足：① 在图 H 中，l' 是 l 的第 i 个邻居；② v 是 u 的第 l' 个邻居，u 是 v 的第 m' 个邻居；③ 在图 H 中，m 是 m' 的第 j 个邻居。

用类似于引理4.41的证明中使用的矩阵分解法，可给出之字积谱扩张的一个界。

引理 4.42　$\lambda_{G\circledz H}\leqslant\lambda_G+2\lambda_H$ 和 $\gamma_{G\circledz H}\geqslant\gamma_G\gamma_H^2$。

证明　设 $\widehat{\boldsymbol{G}}$ 是 G 的 $(nD)\times(nD)$ 旋转矩阵。根据引理4.36，存在满足 $\|\boldsymbol{E}\|_2\leqslant 1$

的矩阵 $\boldsymbol{E}$ 使得 $H = (1 - \lambda_H)\boldsymbol{J}_D + \lambda_H \boldsymbol{E}$。有下述推导：

$$
\begin{aligned}
G\text{⑳}H &= (\boldsymbol{I}_n \otimes H)\widehat{\boldsymbol{G}}(\boldsymbol{I}_n \otimes H) \\
&= ((1 - \lambda_H)\boldsymbol{I}_n \otimes \boldsymbol{J}_D + \lambda_H \boldsymbol{I}_n \otimes \boldsymbol{E})\, \widehat{\boldsymbol{G}}\, ((1 - \lambda_H)\boldsymbol{I}_n \otimes \boldsymbol{J}_D + \lambda_H \boldsymbol{I}_n \otimes \boldsymbol{E}) \\
&= (1 - \lambda_H)^2 (\boldsymbol{I}_n \otimes \boldsymbol{J}_D)\widehat{\boldsymbol{G}}(I_n \otimes \boldsymbol{J}_D) + \cdots \\
&= (1 - \lambda_H)^2 (G \otimes \boldsymbol{J}_D) + \cdots
\end{aligned}
$$

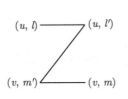 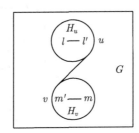

图 4.11   之字积

其中最后一个 $=$ 用到了引理4.40。用引理4.30、引理4.31、引理4.39，可得

$$
\begin{aligned}
\lambda_{G\text{⑳}H} &\leqslant (1 - \lambda_H)^2 \lambda_{G \otimes J_D} + 1 - (1 - \lambda_H)^2 \qquad (4.11.3) \\
&\leqslant \max\{\lambda_G, \lambda_{J_D}\} + 2\lambda_H \\
&= \lambda_G + 2\lambda_H
\end{aligned}
$$

不等式 $\gamma_{G\text{⑳}H} \geqslant \gamma_G \gamma_H^2$ 可用 1 减去不等式 (4.11.3) 的两端得到。 $\square$

在使用之字积时，常常是 $d \ll D$，即 d 远小于 D。一个 t 步随机游走用了 $O(t\log d)$ 个随机位而非 $O(t\log D)$ 个随机位。只有当 λ_G 和 λ_H 很小时，引理4.42给出的上界才有意义。当其中的一个过大时，可用从 $\gamma_{G\text{⑳}H} \geqslant \gamma_G \gamma_H^2$ 得出的不等式 $\lambda_{G\text{⑳}H} \leqslant 1 - \gamma_G \gamma_H^2$。后者有很多变种 [112, 182, 183]。当 λ_H 很大时，下述引理给出了一个更好的上界 [183]。此引理在本书中其他地方不会用到，读者可略去其证明，但理解此证明不失为一个好练习。

引理 4.43 $\lambda_{G\text{⑳}H} \leqslant 1 - \dfrac{\gamma_G \gamma_H}{8}$。

证明   证明的基本思路是将向量分解法用在每朵云上。设 $\boldsymbol{v}$ 为 nD-维向量。定义 n-维向量 $\overline{\boldsymbol{v}}$ 如下：对 G 中的任意结点 u，置 $\overline{v}_u = \sum_{l \in [D]} v_{u,l}$。

定义 $\boldsymbol{v}^{\parallel} = \overline{\boldsymbol{v}} \otimes \mathbf{1}_D$。直观上，$\boldsymbol{v}^{\parallel}$ 对 $\boldsymbol{v}$ 在每朵云上的向量进行了平均化。设 $\boldsymbol{v}^{\perp} = \boldsymbol{v} - \boldsymbol{v}^{\parallel}$。按定义，$\boldsymbol{v}^{\perp}$ 在每朵云上的向量和 $\mathbf{1}_D$ 垂直。因此有 $\langle \boldsymbol{v}^{\perp}, \boldsymbol{v}^{\parallel} \rangle = 0$ 和 $\|\boldsymbol{v}\|^2 = \|\boldsymbol{v}^{\perp}\|^2 + \|\boldsymbol{v}^{\parallel}\|^2$。

设单位向量 $\boldsymbol{w}$ 垂直于 $\mathbf{1}_{nD}$，即 $\|\boldsymbol{w}\| = 1$ 且 $\boldsymbol{w} \perp \mathbf{1}_{nD}$。并设 $\boldsymbol{x} = (\boldsymbol{I}_n \otimes H)\boldsymbol{w}$，$\boldsymbol{y} = \widehat{\boldsymbol{G}}\boldsymbol{x}$ 和 $\boldsymbol{z} = (\boldsymbol{I}_n \otimes H)\boldsymbol{y}$。先推出一些有用的等式和不等式：

1. 由于 $\widehat{\boldsymbol{G}}$ 是一个置换矩阵，所以 $\|\boldsymbol{y}\| = \|\boldsymbol{x}\|$。
2. 根据 (4.10.23)，有 $\boldsymbol{x}^{\parallel} = \boldsymbol{w}^{\parallel}$、$\|\boldsymbol{x}^{\perp}\| \leqslant \lambda_H \|\boldsymbol{w}^{\perp}\|$、$\boldsymbol{z}^{\parallel} = \boldsymbol{y}^{\parallel}$ 和 $\|\boldsymbol{z}^{\perp}\| \leqslant \lambda_H \|\boldsymbol{y}^{\perp}\|$。由此推得 $\|\boldsymbol{z}\| \leqslant \|\boldsymbol{y}\| = \|\boldsymbol{x}\| \leqslant \|\boldsymbol{w}\| = 1$。
3. 根据线性性，$\boldsymbol{y}^{\parallel} = (\widehat{\boldsymbol{G}}\boldsymbol{x}^{\parallel})^{\parallel} + (\widehat{\boldsymbol{G}}\boldsymbol{x}^{\perp})^{\parallel}$ 和 $\boldsymbol{y}^{\perp} = (\widehat{\boldsymbol{G}}\boldsymbol{x}^{\parallel})^{\perp} + (\widehat{\boldsymbol{G}}\boldsymbol{x}^{\perp})^{\perp}$。
4. 平均化算子 $(\_)^{\parallel}$ 的作用就是让在 $\widehat{\boldsymbol{G}}$ 上的随机游走看上去像在 G 上的随机游走。利用瑞雷商不等式得 $\|(\widehat{\boldsymbol{G}}\boldsymbol{x}^{\parallel})^{\parallel}\| \leqslant \lambda_G \|\boldsymbol{x}^{\parallel}\|$。

利用上述这些等式和不等式，可推出 $\|\boldsymbol{z}\| = \|(G \ⓩ H)\boldsymbol{w}\|$ 的一个上界。因为 $\|\boldsymbol{w}\| = 1$，此上界也是 $\lambda_{G \ⓩ H}$ 的上界。考虑两种情况：

- 设 $\|\boldsymbol{w}^{\perp}\|^2 \geqslant \min \left\{ \dfrac{\sqrt{1 - \lambda_G^2}}{4\lambda_H}, \dfrac{1}{4} \right\}$。有下述推导：

$$
\begin{aligned}
1 - \|\boldsymbol{z}\|^2 &\geqslant 1 - \|\boldsymbol{x}\|^2 \\
&\geqslant 1 - \left(\|\boldsymbol{w}^{\parallel}\|^2 + \lambda_H^2 \|\boldsymbol{w}^{\perp}\|^2 \right) \\
&= (1 - \lambda_H^2)\|\boldsymbol{w}^{\perp}\|^2 \\
&\geqslant \min \left\{ (1 - \lambda_H^2)\frac{\sqrt{1 - \lambda_G^2}}{4\lambda_H}, \frac{1 - \lambda_H^2}{4} \right\} \\
&> \min \left\{ \frac{\gamma_H \sqrt{\gamma_G}}{4(1 - \gamma_H)}, \frac{\gamma_H}{4} \right\}
\end{aligned}
$$

- 设 $\|\boldsymbol{w}^{\perp}\|^2 \leqslant \min \left\{ \dfrac{\sqrt{1 - \lambda_G^2}}{4\lambda_H}, \dfrac{1}{4} \right\}$，$\delta^2 = \dfrac{\|(\widehat{\boldsymbol{G}}\boldsymbol{x}^{\parallel})^{\perp}\|^2}{\|\boldsymbol{x}^{\parallel}\|^2}$。从前面推出的不等式可得

$$
\delta^2 = \frac{\|(\widehat{\boldsymbol{G}}\boldsymbol{x}^{\parallel})\|^2 - \|(\widehat{\boldsymbol{G}}\boldsymbol{x}^{\parallel})^{\parallel}\|^2}{\|\boldsymbol{x}^{\parallel}\|^2} \geqslant \frac{\|\boldsymbol{x}^{\parallel}\|^2 - \lambda_G^2 \|\boldsymbol{x}^{\parallel}\|^2}{\|\boldsymbol{x}^{\parallel}\|^2} = (1 - \lambda_G^2)
$$

有如下推导：

$$
1 - \|\boldsymbol{z}\|^2 \geqslant 1 - \left(\|\boldsymbol{y}^{\parallel}\|^2 + \lambda_H^2 \|\boldsymbol{y}^{\perp}\|^2 \right)
$$

$$= (1 - \lambda_H^2)\|\boldsymbol{y}^\perp\|^2$$

$$= (1 - \lambda_H^2)\|(\widehat{G}\boldsymbol{x}^\|)^\perp + (\widehat{G}\boldsymbol{x}^\perp)^\perp\|^2$$

$$= (1 - \lambda_H^2)(\|(\widehat{G}\boldsymbol{x}^\|)^\perp\|^2 + \|(\widehat{G}\boldsymbol{x}^\perp)^\perp\|^2 + 2\langle(\widehat{G}\boldsymbol{x}^\|)^\perp, (\widehat{G}\boldsymbol{x}^\perp)^\perp\rangle)$$

$$\geqslant (1 - \lambda_H^2)(\delta^2 \cdot \|\boldsymbol{x}^\|\|^2 - 2\|(\widehat{G}\boldsymbol{x}^\|)^\perp\| \cdot \|(\widehat{G}\boldsymbol{x}^\perp)^\perp\|) \tag{4.11.4}$$

$$\geqslant (1 - \lambda_H^2)(\delta^2 \cdot \|\boldsymbol{x}^\|\|^2 - 2\delta \cdot \|\boldsymbol{x}^\|\| \cdot \|\widehat{G}\boldsymbol{x}^\perp\|) \tag{4.11.5}$$

$$\geqslant (1 - \lambda_H^2)(\delta^2 \cdot \|\boldsymbol{x}^\|\|^2 - 2\delta \cdot \|\boldsymbol{x}^\|\| \cdot \|\boldsymbol{x}^\perp\|) \tag{4.11.6}$$

$$\geqslant (1 - \lambda_H^2)(\delta^2 \cdot \|\boldsymbol{w}^\|\|^2 - 2\delta\lambda_H \cdot \|\boldsymbol{w}^\|\| \cdot \|\boldsymbol{w}^\perp\|)$$

$$\geqslant (1 - \lambda_H^2)\left(\frac{3}{4}\delta^2 - 2\delta\lambda_H \cdot \frac{\sqrt{3}}{2} \cdot \frac{\sqrt{1 - \lambda_G^2}}{4\lambda_H}\right) \tag{4.11.7}$$

$$\geqslant (1 - \lambda_H^2)\left(\frac{3}{4}\delta^2 - \frac{\sqrt{3}}{4}\delta\sqrt{1 - \lambda_G^2}\right)$$

$$\geqslant \frac{1}{4}(1 - \lambda_H^2)(1 - \lambda_G^2)$$

$$> \frac{1}{4}\gamma_G\gamma_H$$

在上述推导中，不等式 (4.11.4) 用的是柯西-施瓦茨不等式，不等式 (4.11.5) 用的是 δ 的定义和 $\|\widetilde{H}\boldsymbol{x}^\perp\|^2 = \|(\widetilde{H}\boldsymbol{x}^\perp)^\perp\|^2 + \|(\widetilde{H}\boldsymbol{x}^\perp)^\|\|^2$，不等式 (4.11.6) 用的是 $\|\widetilde{H}\boldsymbol{x}^\perp\| \leqslant \lambda_{\widetilde{H}}\|\boldsymbol{x}^\perp\| \leqslant \|\boldsymbol{x}^\perp\|$，不等式 (4.11.7) 用的是 $\|\boldsymbol{w}^\|\|^2 \geqslant \frac{3}{4}$。从上述两个不等式立即得到 $1 - \lambda_{G\circledS H} \geqslant 1 - \|z\| \geqslant \frac{1}{2}(1 - \|z\|^2) > \frac{1}{8}\gamma_G\gamma_H$。 □

4.11.2 固定大小扩张图构造

尽管我们可以用概率方法证明某一类扩张图存在，做算法时我们需要一个算法可操作的具体的扩张图。在第4.11.3节定义的扩张图族显式构造中，我们需要使用固定大小的 $(D^6, D, 1/4)$-图和 $(D^{12}, D, 1/16)$-图。本节将给出一个构造这类扩张图的几何方法 [183]。

prime power

设 $\mathbb{F}$ 为有限域，用 F 表示其元素个数，设 F 为一个素数幂，即 $F = p^t$，其中 p 为素数。定义基于 $\mathbb{F}$ 的无向图 $G_{\mathbb{F}}$ 如下：结点为有限域 $\mathbb{F}^2$（$\mathbb{F}$ 与自身的笛卡尔积）的元素，(a, b) 与 (c, d) 之间存在边当仅当 $ac = b + d$。与 (a, b)

为邻居的结点均为满足 $y = ax - b$ 的 $\mathbb{F}^2$ 中的元素，因此 (a, b) 有 F 个邻居。构造路径积 $G_{\mathbb{F}}^2$，此图和完全图很接近。两点 $(a_1, b_1), (a_2, b_2)$ 之间边的个数就是线段 $y = a_1 x - b_1$ 和线段 $y = a_2 x - b_2$ 共享的结点数，具体地就是：

1. 若斜率相等，即 $a_1 = a_2$，但 $b_1 \neq b_2$，则两线段平行不相交，结点 (a_1, b_1) 与 (a_2, b_2) 之间没有边。

2. 若斜率相等，即 $a_1 = a_2$，并且 $b_1 = b_2$，则两线段共享所有 F 个点，结点 (a_1, b_1) 与 (a_2, b_2) 之间有 F 条边。

3. 若斜率不等，即 $a_1 \neq a_2$，则两线段相交于一点，结点 (a_1, b_1) 与 (a_2, b_2) 之间有一条边。

设 $\boldsymbol{I}_F$ 为 $F \times F$-对角线矩阵，$\boldsymbol{J}_F$ 为 $F \times F$-全 1 矩阵。不难看出：

$$
\boldsymbol{A}_F = \frac{1}{F^2}
\begin{pmatrix}
F\boldsymbol{I}_F & \boldsymbol{J}_F & \cdots & \boldsymbol{J}_F & \boldsymbol{J}_F \\
\boldsymbol{J}_F & F\boldsymbol{I}_F & \cdots & \boldsymbol{J}_F & \boldsymbol{J}_F \\
\vdots & \vdots & \vdots & \vdots & \vdots \\
\boldsymbol{J}_F & \boldsymbol{J}_F & \cdots & \boldsymbol{J}_F & F\boldsymbol{I}_F
\end{pmatrix}
= \frac{\boldsymbol{I}_F \otimes F\boldsymbol{I}_F + (\boldsymbol{J}_F - \boldsymbol{I}_F) \otimes \boldsymbol{J}_F}{F^2}
$$

下述代数性质的验证留给读者：

- $\boldsymbol{J}_F$ 的特征值是：F（重数为 1）、0（重数为 $F - 1$）；
- $\boldsymbol{J}_F - \boldsymbol{I}_F$ 的特征值是：$F - 1$（重数为 1）、-1（重数为 $F - 1$）。

根据矩阵扩张积的特征值计算方法知，$(\boldsymbol{J}_F - \boldsymbol{I}_F) \otimes \boldsymbol{J}_F$ 的特征值是 $(F-1)F$（重数为 1）、$-F$、0。矩阵 $\boldsymbol{I}_F \otimes F\boldsymbol{I}_F$ 的作用就是在特征值 $(F - 1)F$、$-F$、0 上都加 F。故 $\boldsymbol{I}_F \otimes F\boldsymbol{I}_F + (\boldsymbol{J}_F - \boldsymbol{I}_F) \otimes \boldsymbol{J}_F$ 的最大特征值为 F^2（重数为 1），绝对值第二大的特征值为 F。所以 $\boldsymbol{A}_{\mathbb{F}}$ 的最大特征值为 1（重数为 1），绝对值第二大的特征值为 $1/F$。这些结论说明 $G_{\mathbb{F}}^2$ 是 $\left(F^2, F^2, \frac{1}{F}\right)$-扩张图。从引理4.38立即推出下述结论。

引理 4.44　$G_{\mathbb{F}}$ 是 $\left(F^2, F, \frac{1}{\sqrt{F}}\right)$-扩张图。

根据引理4.39，张量积 $G_{\mathbb{F}} \otimes G_{\mathbb{F}}$ 是 $\left(F^4, F^2, \frac{1}{\sqrt{F}}\right)$-扩张图。根据引理4.42，之字积 $(G_{\mathbb{F}} \otimes G_{\mathbb{F}}) \circledz G_{\mathbb{F}}$ 是 $\left(F^6, F^2, \frac{3}{\sqrt{F}}\right)$-扩张图。做 $(G_{\mathbb{F}} \otimes G_{\mathbb{F}}) \circledz G_{\mathbb{F}}$ 和 $G_{\mathbb{F}}$ 的

路径积，得到一个 $\left(F^6, F, \frac{3}{F}\right)$-扩张图。取 $\mathbb{F}$ 为足够大的有限域，并设 $D = F$，即得一个具体的 $(D^6, D, 1/4)$-扩张图，此扩张图将在第4.12节定义的算法中用到。事实上，从具体的 $\left(F^6, F^2, \frac{3}{\sqrt{F}}\right)$-扩张图和 $\left(F^4, F^2, \frac{1}{\sqrt{F}}\right)$-扩张图可以算法构造 $\left(F^{2k}, F^2, p\left(F^{-\frac{1}{2}}\right)\right)$-扩张图，这里 $k > 0$，p 是一个依赖于 k 的多项式。取 F 足够大，并设 $C = F^2$，得下述结论。

引理 4.45   对于任意 $c > 1$，有具体的 $(C^k, C, 2^{-c})$-扩张图。

4.11.3   显式扩张图族

图4.12对第4.11.1节中定义的三个扩张图构造算子的优劣进行了比较。路径积能显著增加图的谱扩张，代价是要增加图的度数。之字积能显著降低图的度数，代价是降低图的谱扩张。构造扩张图族的一个基本方法是对路径积和之字积进行恰当的组合，产生一个扩张图族。本节定义两个扩张图族，一个是显式的，另一个是强显式的。构造的基本思想是用一个指定的正则图迫使所有的图具有同样的度数（指定图的结点数）。

	图大小	结点度数	谱扩张
路径积	—	↑	⇑
张量积	↑	↑	↓
之字积	↑	⇓	↓

图 4.12   扩张图构造算子的参数比较

显式扩张图构造   设 H 是第4.11.2节中构造的 $(D^6, D, 1/4)$-扩张图。定义

$$G_0 = H^6$$
$$G_{k+1} = (G_k \textcircled{z} H)^3$$

定理 4.29（显式扩张图构造） G_k 是显示 $(D^{6(k+1)}, D^2, 1/4)$-扩张图。

证明　用引理4.38，可证明 $k=0$ 时引理成立。归纳证明时，用引理4.42。　□

在 G_k 中访问一个结点的邻居需要走过的 H 中的边数是：

$$
\begin{aligned}
边(G_k) &= 3\cdot(边(G_{k-1}) + 2\cdot边(H)) \\
&= 3^k\cdot边(H^2) + (3^{k-1} + \cdots + 3 + 1)\cdot2\cdot边(H) \\
&= 2^{O(k)} \\
&= \mathtt{poly}(|G_k|)
\end{aligned}
$$

因此从 G_k 中指定的一点访问其第 (i,j) 个邻居需要花费输入图大小的多项式时间。所以基于 G_k 构造的扩张图族是显式的，而非强显式的。在第4.12节，我们将从空间复杂性的角度再次考察此扩张图族的构造。

仔细考察 G_k 的构造发现，随着 k 的增长，G_k 的结点数呈指数增长。如果我们让结点数呈双指数增长，我们就能得到一个强显式的扩张图族。方法之一是在构造中嵌入向量积实现结点数的双指数增长。具体构造如下：

强显式扩张图构造　设 H 是 $(D^{12}, D, 1/16)$-扩张图（见第4.11.2节），$k>1$。

$$
G_1 = H^2
$$
$$
G_k = (G_{\lceil k/2 \rceil} \otimes G_{\lfloor k/2 \rfloor})^3 \textcircled{z} H
$$

定理 4.30（强显式扩张图构造）　G_k 是强显示 $(D^{12\cdot(2k-1)}, D^2, 7/8)$-扩张图。

证明　先证明 G_k 是 $(D^{12\cdot(2k-1)}, D^2, 7/8)$-扩张图。

1. 设 n_k 是图 G_k 的结点个数。用归纳假设可得

$$
n_k = D^{12\cdot(2\lceil k/2 \rceil - 1)} D^{12\cdot(2\lfloor k/2 \rfloor - 1)} D^{12} = D^{12\cdot(2k-1)}
$$

2. 根据归纳假定，图 $G_{\lceil k/2 \rceil}, G_{\lfloor k/2 \rfloor}$ 的度数为 D^2，因此 $G_{\lceil k/2 \rceil} \otimes G_{\lfloor k/2 \rfloor}$ 的度数为 D^4，所以 $(G_{\lceil k/2 \rceil} \otimes G_{\lfloor k/2 \rfloor})^3$ 的度数为 D^{12}，故 G_k 的度数为 D^2。

3. 根据归纳假定，有不等式 $\lambda_{G_{\lceil k/2 \rceil}} \leqslant 7/8$ 和 $\lambda_{G_{\lfloor k/2 \rfloor}} \leqslant 7/8$，用引理4.39可得 $\lambda_{G_{\lceil k/2 \rceil} \otimes G_{\lfloor k/2 \rfloor}} \leqslant 7/8$，用引理4.38可得 $\lambda_{(G_{\lceil k/2 \rceil} \otimes G_{\lfloor k/2 \rfloor})^3} \leqslant (7/8)^3$，再用引理4.42可得 $\lambda_{G_k} \leqslant (7/8)^3 + 1/8 < 7/8$。

接着证明强显式性。给定 G_k 的结点 v 和 $(i,j) \in [D^2]$，找出 v 的第 (i,j) 个邻居。需要强调的是，$|\langle n, v, (i,j)\rangle| = \text{polylog}(n)$，这里 $n = D^{12\cdot(2k+1)}$。计算时间推导如下：

$$时间(G_k) = 3\cdot时间(G_{\lceil k/2 \rceil}) + 3\cdot时间(G_{\lfloor k/2 \rfloor}) + 2\cdot时间(H)$$

$$= 2^{O(\log k)}\cdot时间(H^2) + \left(\sum_{i=1}^{\log k} 2^{O(i)} + O(1)\right)\cdot 2\cdot时间(H)$$

$$= 2^{O(\log k)}$$

$$= \text{poly}(k)$$

$$= \text{polylog}(|G_k|)$$

寻找指定邻居的时间是 $\text{polylog}(n)$。 $\square$

对于满足 $D^{12\cdot(2k-1)} < h < D^{12\cdot(2(k+1)-1)}$ 的 h，需要定义结点数为 h 的扩张图。设 $D^{12\cdot(2(k+1)-1)} = xh + r$。定义结点个数为 h 的图 F_h 如下：

1. 将 $D^{12\cdot(2(k+1)-1)}$ 个结点分成 h 类，其中 r 个类的大小是 $x+1$，$h-r$ 个类的大小是 x。

2. 将每个类视为一个合并的结点，因为 $D^{12\cdot(2(k+1)-1)}/D^{12\cdot(2k-1)} = D^{24}$，每个合并结点有不超过 $D^2(x+1) \leqslant D^{26}$ 条边。在每个合并点上添加足够的自环，使其度数增至 D^{26}。

按定义，F_h 是 D^{26}-正则图。因 G_k 是一个 $(D^{12\cdot(2k-1)}, D^2, 7/8)$-扩张图，所以由定理4.27后的讨论知，$G_k$ 是一个 $(D^{12\cdot(2k-1)}, D^2, 1/16)$-边扩张图。设 S 是 F_h 的一个结点子集，则 $\bigcup S$ 是 G_k 的一个结点子集。显然 $|\partial S| \geqslant \dfrac{|\partial(\bigcup S)|}{D^{24}}$，由此推出 $\dfrac{|\partial S|}{|S|} \geqslant \dfrac{|\partial(\bigcup S)|}{D^{24}|S|} \geqslant \dfrac{1}{D^{24}}\cdot\dfrac{|\partial(\bigcup S)|}{|\bigcup S|}$，进一步可推出 $h_{F_h} \geqslant \dfrac{1}{D^{24}}\cdot h_{G_k}$。所以有

$$\frac{h_{F_h}}{D^{26}} \geqslant \frac{h_{G_k}}{D^{50}} \geqslant \frac{1}{16D^{50}}$$

因此 F_h 是一个 $\left(F_h, D^{26}, \dfrac{1}{16D^{50}}\right)$-边扩张图。这就证明了下面的定理。

推论 4.4 $\{F_h\}_{h\in\omega}$ 是强显式的 $\left(D^{26}, \dfrac{1}{16D^{50}}\right)$-边扩张图族。

4.12　莱因戈尔德定理

我们用马尔可夫链方法和扩张图方法给出了 Connectivity 的单侧出错随机算法。莱因戈尔德定理指出该算法可被完全去随机。前几节介绍的有关扩张图的知识足以让我们理解莱因戈尔德定理的证明 [181]。

Reingold

定理 4.31　　Connectivity $\in \mathbf{L}$。

设 (G,s,t) 为输入实例。如果输入图是一个扩张图，那么因为扩张图的直径长度是 $O(\log(n))$，用遍历算法可在对数空间内测试输入图的连通性。莱因戈尔德算法的基本思路是：① 将输入图 G 转换成另一个图 G'，使得 G 中的一个连通分量被转换成了 G' 中的一个扩张图，在 G 中不连通的结点在 G' 中也不连通。由于 G' 是多项式大小的，不能存放在工作带上，所以图 G' 是虚拟的；② 给定 G' 中的一个结点，找其指定邻居可在对数空间内完成。莱因戈尔德算法描述如下：

选定第4.11.2节构造的 $(D^6, D, 1/4)$-扩张图 H，然后进行如下操作：

1. 将输入 n-结点的图 G 实时转换成 D^6-度正则图 G_0。

on the fly

   (a) 将输入图 G 中的每个度数大于 3 的结点用一个环代替，环的长度等于该结点的度数，得到一个所有结点度数都不超过 3 的图 G'。

   (b) 在 G' 中的每个结点上添加足够多个自环，得到 D^6-度正则图 G_0。

2. 实时构造 $G_k = (G_{k-1}\textcircled{z}H)^3$，直至获得 G_m，这里 $m = O(\log(|G|))$。

3. 在 G_m 中遍历所有长度为 m 的路径，并对所有路径实时判定初始点和终止点是否分别对应 s 和 t。

图 G_k 的构造和第228页上定义的显式扩张图构造的区别在于 G_0 的定义。图 G_0 的结点个数 $V \leqslant |G|^2$。易见，每个 G_k 是一个 D^6-度正则图。对于 $k>0$，图 G_k 的结点个数为 $V\cdot D^{6k}$。我们首先得证明 G_m 是个扩张图。在下述论证中，引入了阈值 $\left(\frac{7}{9}\right)^2$。假定 $k\in[m-1]$。

1. 设 $\lambda_{G_k} < \left(\frac{7}{9}\right)^2$。根据引理4.42，$\lambda_{G_k\textcircled{z}H} \leqslant 1-\gamma_H^2\gamma_{G_k} \leqslant 1-\frac{9}{16}\gamma_{G_k} < \frac{7}{9}$。

显然就有 $\lambda_{G_{k+1}} = (\lambda_{G_k \circledS H})^3 < \left(\dfrac{7}{9}\right)^2$。

2. 设 $\lambda_{G_k} \geqslant \left(\dfrac{7}{9}\right)^2$。从 $\lambda_{G_k} \geqslant \left(\dfrac{7}{9}\right)^2$ 容易推出 $\left(1 - \dfrac{9}{16}\gamma_{G_k}\right)^2 \leqslant 1 - \gamma_{G_k} = $

λ_{G_k}。因此，$\lambda_{G_{k+1}} = \left(1 - \dfrac{9}{16}\gamma_{G_k}\right)^3 < \lambda_{G_k}^{3/2}$。

结论是，或者 $\lambda_{G_m} < \left(\dfrac{7}{9}\right)^2$，或者 $\lambda_{G_m} < (\lambda_{G_0})^{(3/2)^m} = (\lambda_{G_0})^{\mathtt{poly}(|G|)}$。若后者成立，由引理4.33知一定存在 $\lambda < 1$ 使得

$$\lambda_{G_m} < \left(1 - \dfrac{1}{12|G|^2}\right)^{\mathtt{poly}(|G|)} \leqslant \lambda$$

所以无论哪种情况，G_m 必为扩张图。

由于空间限制，算法不能把图 G_0 写在工作带上，但算法可以在对数空间里实时地将 G_0 产生出来。同理，算法只能实时地构造 G_{k+1}，而不能把它写在工作带上。如果 u 与 v 在 G 中有一条边，一定有 i 与 j，$u_0 = (u, i)$ 和 $v_0 = (v, j)$，u_0 在 u 上的云中，v_0 在 v 上的云中，u_0 和 v_0 之间有一条边。设 u_k 与 v_k 在 G_k 中有一条边。设 v_k 是 u_k 的第 i 个邻居，u_k 是 v_k 的第 j 个邻居，则在 $\widehat{G_k}$ 中 (u_k, i) 和 (v_k, j) 之间有边。因为 H 是连通的，所以在 u_k 上的云 H_{u_k} 中存在边 (u_k, i')-(u_k, i)。同样，在 v_k 上的云中 H_{v_k} 存在边 (v_k, j)-(v_k, j')。因此，在 $G_k \circledS H$ 中，有无向边 (u_k, i')-(u_k, i)-(v_k, j)-(v_k, j')。因为无向边可以来回走，此无向边走三遍就得到 $G_{k+1} = (G_k \circledS H)^3$ 中的一条边。由归纳知：存在 $(u_0, v_0), (u_1, v_1), (u_2, v_2), \cdots, (u_m, v_m)$，满足如下条件：

1. 对任意 $k \in \{0, 1, \cdots, m\}$，$u_k$ 和 v_k 在 G_k 中，它们之间有边；

2. 对任意 $k \in [m]$，u_k 在 u_{k-1} 之上的云中，v_k 在 v_{k-1} 之上的云中。

称满足上述性质的序列 $(u_0, v_0), (u_1, v_1), (u_2, v_2), \cdots, (u_m, v_m)$ 为 (u, v) 的一个提升序列。对任意 $\{0, 1, \cdots, m\}$，也称 u_i 在 u 之上，v_k 在 v 之上。

上述分析表明，当输入 (G, s, t) 时，s 和 t 连通当且仅当存在 G_m 中连通的结点 s_m 和 t_m，其中 s_m 在 s 之上，t_m 在 t 之上。因为 G_m 的直径是 $c = C\log(|G|)$，所以算法只需在 G_m 中遍历所有长度是 c 的路径即可。显然我们不能将 G_m 中长度是 c 的路径存放在工作带上，该路径的大小是 $O(\log(|G|)^2)$。但我们可

以忽略结点，只将这样一条路径在云中的走法存放在工作带上，做法是将 G_m 中的一条边用如下形状的三个有序对链表示，

$$(i_1, j_1)(i_2, j_2)(i_3, j_3) \tag{4.12.1}$$

其中 i_1、j_1、i_2、j_2、i_3、$j_3 \in [D]$。G_m 中的一条边是 $G_{m-1}\textcircled{z}H$ 中一条长度是 3 的路径

$$V_0 \text{———} V_1 \text{———} V_2 \text{———} V_3$$

其中 V_1 是 V_0 的第 (i_1, j_1) 个邻居，V_2 是 V_1 的第 (i_2, j_2) 个邻居，V_3 是 V_2 的第 (i_3, j_3) 个邻居。值得指出的是，因为 D 是个常量，所以 (4.12.1) 的大小是常量。因此对数长路径在云中的走法占用的空间是对数大小的。通过枚举所有的部分信息，可以遍历所有可能的路径。

我们还必须验证在 G_m 中查询一个结点的邻居可以在对数空间里完成。比如要找出 G_m 中 V_0 的第 $(i_1, j_1)(i_2, j_2)(i_3, j_3)$ 个邻居，需要构造一棵树，树的根结点的标号是 $(i_1, j_1)(i_2, j_2)(i_3, j_3)$。该结点有三个儿子，每个儿子的标号也是长度为 3 的有序对序列，这些序列表示的是在 G_{m-1} 中的边的部分信息，用这种方法构造一棵高度是 m 的三叉树，树的叶子表示在 G_0 中的一条边，见图4.13。算法用深度优先法遍历所有可能的这类三叉树，找出 V_0 的第 $(i_1, j_1)(i_2, j_2)(i_3, j_3)$ 个邻居。注意，此算法只需记住树的一条分支，这只需对数空间，还需要记住当前结点，这也只需要对数空间。

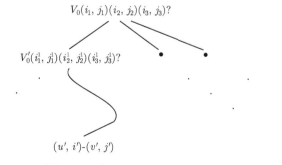

图 4.13　莱因戈尔德所用的数据结构

至此，我们已给出了莱因戈尔德定理的完整证明。

第4章练习

1. 设多项式时间概率图灵机 $\mathbb{P}$ 以零误差判定 L，即 $\Pr[\mathbb{P}(x) = L(x)] = 1$。证明 $L \in \mathbf{P}$。

2. 证明 $\mathbf{RP} \subseteq \mathbf{NP}$。

3. $\mathbf{RP}$ 中的问题的单侧误差随机算法的出错概率可以是 $1 - \dfrac{1}{\mathtt{poly}(n)}$。证明：$\mathbf{NP}$ 中的问题有出错概率是 $1 - \dfrac{1}{2^{\mathtt{poly}(n)}}$ 的单侧误差随机算法。

4. 设拉斯维加斯算法 $\mathbb{A}$ 的期望运行时间为 $T(n)$，运行时间超过 $99T(n)$ 的概率是 $\dfrac{1}{e(n)}$，这里 $e(n)$ 为多项式。说明如何构造满足如下条件的斯维加斯算法 $\mathbb{A}'$：① 算法 $\mathbb{A}'$ 和算法 $\mathbb{A}$ 判定同样的问题；② 算法 $\mathbb{A}'$ 运行时间超过 $99T(n)$ 的概率不超过 $\dfrac{1}{2^{e(n)}}$。

5. 在定理 2.3 的证明之后的一段，我们解释了如何从 SAT 的判定算法找出一个可满足公式的一个可满足真值指派。用此算法思想证明 $\mathbf{NP} \subseteq \mathbf{BPP}$ 蕴含 $\mathbf{NP} \subseteq \mathbf{RP}$。结合练习2，后者等价于 $\mathbf{NP} = \mathbf{RP}$。

6. 由定理4.7知 $\mathbf{BPP}^{\mathbf{BPP}} = \mathbf{BPP}$。证明 $\mathbf{ZPP}^{\mathbf{ZPP}} = \mathbf{ZPP}$。若 $\mathbf{RP}^{\mathbf{RP}} = \mathbf{RP}$，你能推出什么结果？

7. $L \in \mathbf{BPL}$ 当仅当存在对数空间概率图灵机 $\mathbb{P}$ 满足 $\Pr[\mathbb{P}(x) = L(x)] \geqslant \dfrac{2}{3}$。证明 $\mathbf{BPL} \subseteq \mathbf{P}$。

8. 证明：若 $\mathbf{NP} \neq \mathbf{P}$，则 $\sharp$CYCLE 就没有常数近似比的近似算法。

9. 证明引理4.8。

10. 证明：定义在有限域 $\mathbf{F}_2$ 上的方阵的积和式和行列式值相等，并以此说明 $\oplus$Matching $\in \mathbf{P}$。

11. 构造满足 (4.7.2) 和 (4.7.3) 的公式 $\varphi(x) \cdot \psi(y)$ 和 $\varphi(x) + \psi(y)$。

12. 证明 $\oplus\mathbf{P} \subseteq \mathbf{P}^{\sharp\mathbf{P}}$。

13. 证明 $\oplus\mathbf{P}$ 在补运算下是封闭的。

14. 语言 L 在 $\mathbf{UP}$中当仅当有一个非确定时间图灵机 $\mathbb{N}$ 接受 L，并且对任意输入 x，$\mathbb{N}(x)$ 最多有一条接受路径 [228]。也可用确定图灵机定义 $\mathbf{UP}$。不难看出，$\mathbf{P} \subseteq \mathbf{UP} \subseteq \mathbf{NP}$。一个合取范式在语言 USAT $\subseteq$ SAT 中当仅当它只有一个可满足真值指派。证明 USAT 为 $\mathbf{UP}$-完全的。

Unambiguous **P**

15. 证明 [232]：若 USAT $\in$ **RP**，则 **NP** = **RP**。

16. 证明定理4.12。

17. 设 $k < n$，从 m-独立哈希函数族 $\mathcal{H}_{n,n}$ 构造 m-独立哈希函数族 $\mathcal{H}_{n,k}$ 和 $\mathcal{H}_{k,n}$，并证明其正确性。

18. 证明 **NP** $\subseteq$ **RP**$^{\oplus \mathbf{P}}$。此结论出自 [232]。定理4.14可改成 $\Sigma_i^p \subseteq$ **RP**$^{\oplus \mathbf{P}}$ 吗？

19. 证明 Reachability $\in$ **RL**。

20. 证明：若将条件 (4.9.1) 改成 $\Pr[|\mathbb{A}(x) - f(x)| \leqslant \epsilon f(x)] \geqslant 2/3$，并要求算法的时间函数是 $|x|$ 和 $\dfrac{1}{\epsilon}$ 的多项式，得到的是一个等价的定义。

21. 下图是一无限状态马尔可夫链。证明其为时间可逆的。

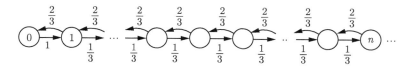

22. 设 **x** 为 $\widehat{G}$ 上的分布。证明 $\langle (\widehat{\boldsymbol{G}}\mathbf{x}^{\|})^{\|}, (\widehat{\boldsymbol{G}}\mathbf{x}^{\perp})^{\|} \rangle = -\langle (\widehat{\boldsymbol{G}}\mathbf{x}^{\|})^{\perp}, (\widehat{\boldsymbol{G}}\mathbf{x}^{\perp})^{\perp} \rangle$。

23. 借鉴引理4.43的证明，推出 $\lambda_{G \circledcirc H} \leqslant \sqrt{\lambda_G^2 + \lambda_H^2 + \lambda_G \lambda_H + \lambda_H^4}$。

24. 在强显式扩张图构中，重新定义 $\{G_k\}_{k \in \omega}$ 如下：

$$G_0 = H^2$$

$$G_{k+1} = (G_k \otimes G_k)^3 \circledz H$$

用推论4.4之前的那一段中所描述的方法将 $\{G_k\}_{k \in \omega}$ 扩展到扩张图族，会遇到什么困难？

25. 莱因戈尔德算法（见第231页）中，如果我们用一个 $(D^8, D, 1/4)$-扩张图 H，并归纳定义 $G_{k+1} = (G_k \circledz H)^4$，证明会遇到哪些困难？如果在设计莱因戈尔德算法时我们使用的是置换积而非之字积，是否会遇到同样的困难？

第 5 章　交互证明系统

　　数学中的证明是满足一定语法的符号串，在逻辑上，该符号串描述的是一个推理过程。定理的证明过程可能极富创造性，但验证证明正确性的过程是一个简单的机械过程。对我们所知的形式化系统，如皮亚诺算术和策梅洛-弗兰克尔集合论，其验证都是多项式时间可计算的。既然验证是个计算过程，那么我们可以从计算的视角审视证明-验证系统。在第 2 章，我们讨论过这类系统。任何一个 NP 问题 L 都有一个验证器 M，当给定问题实例 x 和证书 u 时，$M(x, u)$ 能算出 $x \in L$ 是否成立。这里 $x \in L$ 是 "定理"，u 是 "证明"，M 定义了验证算法。NP 问题的验证系统过于简单，为了一般化，我们从一个更加动态的角度来看一下验证过程。一位在读博士生给出的一个证明会用到一些已经证明的引理和定理，其导师在验证该证明时，不需验证被引用的那些引理和定理的证明，而只需关注博士生给出的证明本身的逻辑推导过程。为了快速验证博士生的证明的正确性，导师可以和博士生进行一次面对面交流。期间，导师向博士生提出问题，博士生必须回答所有的提问。导师最终根据博士生提供的所有信息，判定证明是否有效。在动态场景中，导师和博士生构成一个问答系统，导师持怀疑态度，博士生尽全力说服导师。导师可提多个问题，博士生必须正确地回答每个提问。问答的目的是让导师用尽可能少的时间判定证明是否为真。不能排除下述情况：博士生的证明可能含有一个他自己未意识到的错误，在问答过程中，导师所提问题并未涉及到该错误，最终导师做出了一个错误判断。

interactive proof
verifier, prover

　　可将上述的导师-博士生问答系统形式化为一个计算系统。交互证明系统有两个参与者，验证者和证明者。验证者的目的是通过和证明者对话获得信息并以此判定给定的命题是否为真，证明者的任务是尽可能地说服验证者相信当前的证明是真的。从实际可计算的角度，我们对验证者和证明者做如下限制：

　　I. 验证者的工作必须是容易的，即验证者是一台多项式时间图灵机。

II. 证明者的计算能力没有限制，但证明者对问题的回复必须是短的。

设 x 为当前要验证的命题，验证者的计算时间是 $\texttt{poly}(|x|)$，证明者的答复长度也是 $\texttt{poly}(|x|)$。如果对验证者的计算时间不做任何限制，验证者完全可以自己完成计算而无需向证明者提任何问题。一旦对验证者的计算能力做了上述限制，验证者就无法接受证明者给出的指数长的回复。设 $\mathbb{V}$ 和 $\mathbb{P}: \{0,1\}^* \to \{0,1\}^*$ 分别为验证者图灵机和证明者图灵机。$\mathbb{V}$ 和 $\mathbb{P}$ 在输入 $x \in \{0,1\}^*$ 上的 k-轮交互是一个 0-1 串序列 $a_1, \cdots, a_k \in \{0,1\}^*$，其定义如下：

$$a_1 = \mathbb{V}(x)$$

$$a_2 = \mathbb{P}(x, a_1)$$

$$\vdots$$

$$a_{2i+1} = \mathbb{V}(x, a_1, \cdots, a_{2i}), \quad \text{若} 2i < k$$

$$a_{2i+2} = \mathbb{P}(x, a_1, \cdots, a_{2i+1}), \quad \text{若} 2i+1 < k$$

$$\vdots$$

将此交互记为 $\langle \mathbb{V}, \mathbb{P} \rangle(x)$。称 $\mathbb{V}(x, a_1, \cdots, a_k) \in \{0,1\}$ 为交互的结果，记为 $\text{out}_{\mathbb{V}}\langle \mathbb{V}, \mathbb{P} \rangle(x)$。因验证者必须在多项式时间给出判定结果，可以假定 k 是多项式。值得注意的是，我们称验证者的一个提问为一轮，证明者的一个回复也为一轮，称一个验证者和证明者的问答为一个回合。交互协议可规定验证者先问，也可以让证明者先答。在 NP 问题的一轮交互证明中，证明者先给答案，验证者随即做出判断。

可以用交互证明系统定义问题类。设 L 为一语言，$\mathbb{V}$ 为验证者，k 为多项式。若对任意输入实例 x，$\mathbb{V}$ 可以和任意证明者 $\mathbb{P}$ 进行 $k(|x|)$ 轮交互，并且交互的结果满足下述的完备性和可靠性，称 L 具有 k-轮交互证明系统。

完备性： $x \in L \Rightarrow \exists \mathbb{P}: \{0,1\}^* \to \{0,1\}^*.\text{out}_{\mathbb{V}}(\mathbb{V}, \mathbb{P}) = 1$ (5.0.1)

可靠性： $x \notin L \Rightarrow \forall \mathbb{P}: \{0,1\}^* \to \{0,1\}^*.\text{out}_{\mathbb{V}}(\mathbb{V}, \mathbb{P}) = 0$

完备性和可靠性一起，确保验证者的判定结果永远是对的。读者必然会问，什么样的语言具有交互证明系统？请看下面的推导：

$$x \in L \quad \text{当仅当} \quad \exists \mathbb{P}: \{0,1\}^* \to \{0,1\}^*.\text{out}_{\mathbb{V}}(\mathbb{V}, \mathbb{P}) = 1$$

$$\text{当仅当} \quad \exists a_1, a_2, \cdots, a_k.\mathbb{V}(x) = a_1 \wedge \mathbb{V}(x, a_1, a_2) = a_3 \quad (5.0.2)$$

$$\wedge \cdots \wedge \mathbb{V}(x, a_1, \cdots, a_k) = 1$$

串 $a_1, a_2, \cdots, a_k$ 是多项式长的，$\mathbb{V}(x), \mathbb{V}(x, a_1, a_2), \cdots, \mathbb{V}(x, a_1, \cdots, a_k)$ 是多项式时间可计算的，故 $\mathbb{V}(x) = a_1 \wedge \mathbb{V}(x, a_1, a_2) = a_3 \wedge \cdots \wedge \mathbb{V}(x, a_1, \cdots, a_k) = 1$ 是多项式时间可判定的。因此，上述等价关系告诉我们，$L \in \mathbf{NP}$。换言之，一个多项式轮的交互证明系统和一个 1-轮交互证明系统是等价的！认真思考上述的等价性推导，读者就会恍然大悟：验证者其实无需计算 $a_1, a_3, \cdots$，证明者可以模拟 $\mathbb{V}$ 计算出这些问题，然后一次性将 $a_1, a_2, a_3, \cdots, a_k$ 发送给验证者。一台确定图灵机计算出的问题都是可预测的，而可预测的计算对证明者而言不构成任何挑战。要使交互证明系统定义出有意思的复杂性类，验证者必须问更"聪明"的问题。何谓"聪明"的问题？从计算的角度，不可预测的问题就是聪明的问题。下面是个常用的例子，很好地解释了为什么"不可预测的问题 = 聪明的问题"：甲患色盲症，乙希望知道甲是否能区别红色和绿色。做法是乙左手拿一个红球，右手拿一个同样大小的绿球，乙让甲闭上眼睛，投硬币，若面朝上，乙将红球和绿球换手，若面朝下，则什么也不做，然后乙让甲睁开眼，问甲两个球是否换手了。如果甲每次都能答对，乙就有很大的把握判断甲能区分红和绿。如果甲答对的概率和投硬币差不多，则有很大的概率甲无法区别红色和绿色。这个例子告诉我们，如果我们让验证者随机地提问，我们能得到强得多的交互证明系统。因此，我们将前述的对验证者的限制更新如下：

III. 验证者 $\mathbb{V}$ 是一台多项式时间概率图灵机，即 $\mathbb{V} \in \mathbf{BPP}$。

限制 III 的一个明显的推论是，验证者做出的最终判断一般不满足（5.0.1）中所陈述的完备性，我们得允许验证者犯小概率错误。在上述例子中，如果乙将交互协议重复 10 遍，其犯错概率可降至 2^{-10}。

综上所述，我们感兴趣的交互证明系统有三个核心概念，即交互（问与答）、提问的随机性、允许小概率错误，三者缺一不可。利用随机性，我们似乎可以为如下形式的量化布尔公式

$$\forall x_1 \exists x_2 \cdots Q_n x_x.\varphi(x_1, \cdots, x_n)$$

设计一个简单的交互系统：验证者随机地取 x_1 的一个赋值，证明者给出 x_2 的

一个赋值，以此类推，最后验证者对 $\varphi(x_1,\cdots,x_n)$ 进行求值并给出结果。这个系统的问题在于很难对验证算法的出错概率进行分析。我们将证明，**PSPACE** 中的每个问题都有交互证明系统，我们的任务是为验证者找出我们能提供正确性证明的算法。

交互证明系统在密码学、近似算法、复杂性理论中有很多重要应用。本章将讨论满足限制 II 和限制 III 的交互证明系统的性质和表达能力。

5.1　私币交互证明

戈德瓦塞尔、米卡利和拉科夫在二十世纪八十年代中叶提出并研究了*私币交互证明系统* [91]。在这类交互证明系统中，验证者在交互开始前要生成一个多项式长的随机串 $r \in_R \{0,1\}^l$，然后用此随机串计算多项式个随机的问题，即

$$a_1 = \mathbb{V}(x,r),\ a_3 = \mathbb{V}(x,r,a_1,a_2),\ \cdots$$

Goldwasser,
Micali, Rackoff
private-coin

证明者无法看到随机串 r，所以依旧有

$$a_2 = \mathbb{P}(x,a_1),\ a_4 = \mathbb{P}(x,a_1,a_2,a_3),\ \cdots$$

在此框架下，验证者的判定结果 $\mathsf{out}_\mathbb{V}\langle\mathbb{V},\mathbb{P}\rangle(x)$ 可视为一个随机变量。

设 k 为多项式。类型 **IP**$[k(n)]$ 的定义如下：$L \in$ **IP**$[k(n)]$ 当仅当存在多项式时间概率图灵机（验证者）$\mathbb{V}$，当输入为 x 时，可和任意图灵机（证明者）$\mathbb{P}$ 进行 $k(|x|)$-轮交互，然后验证者做出判定，其判定结果满足如下定义的完备性和可靠性：

完备性：　$x \in L \Rightarrow \exists\mathbb{P} : \{0,1\}^* \to \{0,1\}^*.\Pr[\mathsf{out}_\mathbb{V}(\mathbb{V},\mathbb{P}) = 1] \geqslant 2/3$ (5.1.1)

可靠性：　$x \notin L \Rightarrow \forall\mathbb{P} : \{0,1\}^* \to \{0,1\}^*.\Pr[\mathsf{out}_\mathbb{V}(\mathbb{V},\mathbb{P}) = 1] \leqslant 1/3$ (5.1.2)

复杂性类 **IP** 定义为 $\bigcup_{c\geqslant 1}$ **IP**$[cn^c]$。完备性参数 $2/3$ 和可靠性参数 $1/3$ 只是无数可供选择的参数对中的一个，这对参数甚至可以依赖于输入长度。在证明此事实之前，我们先看一下交互证明系统的若干性质。

我们首先刻画证明者的计算能力，这点对我们后续的讨论极其重要。对特定的验证者 $\mathbb{V}$，我们可以设计一个最优的证明者 $\mathbb{P}_{opt}$。设 $\mathbb{V}$ 使用的随机串长度为 l，证明者的答案长度为 d。假定已经进行了 j-轮交互，问题和答案串为

$a_1, \cdots, a_j$。在第 $(j+1)$-轮，$\mathbb{P}_{opt}$ 必须给出一个在概率意义上最优的答案。证明者用暴力法选出最优回答：对每个可能的答案 a，证明者依次考察所有长度为 l 的随机串，用暴力法算出让验证者接受输入的最大条件概率 p_a。因为交互的轮数是多项式的，所以在多项式空间里 $\mathbb{P}_{opt}$ 可以算出 p_a。因此，$\mathbb{P}_{opt}$ 在多项式空间里可以算出最佳答案 $a = \max_{a \in \{0,1\}^d} p_a$。我们可将交互证明系统的限制 II 更新如下：

IV. 证明者 $\mathbb{P}$ 是一台多项式空间图灵机，即 $\mathbb{P} \in \textbf{PSPACE}$。

限制 IV 极大地简化了可靠性证明，我们不需要说明不等式 (5.1.2) 对所有的证明者都成立，而只需说明它对那个最优的证明者成立即可。而且，最优的证明者可以处理所有的输入。因此，我们可以给出下述简化了的定义。

定义 5.1 $L \in \textbf{IP}[k(n)]$ 当仅当存在验证者 $\mathbb{V} \in \textbf{BPP}$ 和证明者 $\mathbb{P} \in \textbf{PSPACE}$，当输入为 x 时，$\mathbb{V}$ 和 $\mathbb{P}$ 进行 $k(|x|)$-轮交互，交互的结果满足如下条件：

$$\text{完备性：} \quad x \in L \Rightarrow \Pr[\text{out}_{\mathbb{V}}(\mathbb{V}, \mathbb{P}) = 1] \geqslant 2/3 \qquad (5.1.3)$$

$$\text{可靠性：} \quad x \notin L \Rightarrow \Pr[\text{out}_{\mathbb{V}}(\mathbb{V}, \mathbb{P}) = 1] \leqslant 1/3 \qquad (5.1.4)$$

利用此定义，容易推出 **IP** 的一些重要性质。

命题 25 $\textbf{IP} \subseteq \textbf{PSPACE}$。

证明   因为 $\textbf{BPP} \subseteq \textbf{PSPACE}$，所以一台多项式空间图灵机既可以模拟证明者，也可以模拟验证者，因而可以把所有的交互过程模拟一遍并计算出成功概率。当成功概率大于等于 2/3 时回答"是"，小于等于 1/3 时回答"否"。   □

下述引理的证明是另一个利用限制 IV 的例子。

引理 5.1   在复杂性类 **IP** 的定义中，可将完备性参数 2/3 换成 $1 - 2^{-n^s}$，可靠性参数 1/3 换成 2^{-n^s}。

证明   将交互协议重复 $O(n^s)$ 遍，按多数原则给出结果。由切诺夫不等式即可推得引理的结果。   □

在上述证明中，我们无需担心交互协议是顺序地还是并行地重复了 $O(n^s)$ 遍。只要我们每遍用的都是那个最优的证明者，以任何方式重复都不会影响验证结果。引理5.1告诉我们可以将可靠性参数指数地降低，但一般地，我们无法降得更低。如果一个交互证明系统的可靠性参数为 0，(5.0.2) 中给出的等价关系就会成立，系统所判定的就是一个 NP 问题。所以一般的，我们必须放弃完美可靠性。换言之，在一个表达能力强于 NP 问题验证器的交互证明系统中，错误在所难免。另一方面，交互证明系统的可靠性参数可以为 1，称此类系统具有完美完备性。可能意想不到的是，完美完备性不是一个实质性限制。与引理5.1一样，下述命题反映了 **IP** 定义的稳健性。

robust

命题 26 具有完美完备性的交互证明系统所接受的语言类也是 **IP**。

证明   根据命题25，每个 **IP** 中的问题都可卡普归约到 PSPACE-完全问题 QBF。我们将证明，QBF 有一个具有完美完备性的交互证明系统，见定理5.6。因此，我们可以为 **IP** 中的任意问题设计一个具有完美完备性的交互证明系统。 □

让我们看几个著名的交互证明系统。第一个例子取自 [89]。图同构 GI 是一个著名的未被准确定位的问题。我们已知，若 GI 是 NP-完全的，则多项式谱系塌陷到第二层，但我们不知 GI 是否在 **P** 中。另一方面，我们不知道图不同构问题 NGI 是否在 **NP** 里，但我们可以为 NGI 设计一个两轮的交互证明系统。给定具有 n 个结点的两个图 G_0 和 G_1，用 $1, \cdots, n$ 表示图的结点。图 G_0 和 G_1 之间的一个同构映射定义了 $[n]$ 上的一个置换。反之，$[n]$ 上的一个置换可作为 G_0 和 G_1 同构的证据。基于这一现象，可设计图5.1中定义的交互证明系统，其中 V 表示验证者，P 表示证明者。

> V：选$i \in_R \{0, 1\}$；对 G_i 的结点做一随机置换得到图H；将 H 发给P。
>
> P：判定H 是由G_0还是G_1生成，若为前者，将0发给V，否则将1发给V。若从P接收的和i一样，V接受，否则V拒绝。

图 5.1　图不同构协议

命题 27 图不同构问题在 **IP** 中。

证明   用图5.1中定义的协议，可知：若 G_0 和 G_1 不同构，证明者能准确地判定 H 是由哪个图生成的。若 G_0 和 G_1 同构，证明者只能猜，猜对的概率是 1/2。因此 NGI 有一个具有完美完备性的两轮交互证明系统。 □

quadratic residue　　　第二个例子源自 [91]。设 a 和 p 为自然数，若存在满足 $a \equiv b^2 \pmod{p}$ 的自然数 b，称 a 是模 p 的二次剩余。非二次剩余问题 QNR 包含满足下述条件的所有的自然数对 (a, p)：

　　1. $p > 1$ 为素数，$a \neq 0$。

　　2. a 不是模 p 的二次剩余。

易见，$\overline{\text{QNR}} \in \mathbf{NP}$。　　尽管素数判定问题有多项式算法 [7]，目前我们尚不知道 QNR 是否在 $\mathbf{NP}$ 中。与前例一样，我们可为 QNR 设计一个两轮交互协议，见图5.2。

> V：选 $r \in_{\mathrm{R}} \mathbf{F}_p$ 和 $i \in_{\mathrm{R}} \{0, 1\}$；若 $i = 0$，将 $r^2 \bmod p$ 发给P，否则将 $ar^2 \bmod p$ 发给P。
>
> P：判定是否 $i = 0$，若是，将0发给V，若否，将1发给V。
>
> 若从P接收的和 i 一样，V接受，否则V拒绝。

图 5.2　二次剩余协议

命题 28　非二次剩余问题在 $\mathbf{IP}$ 中。

证明　图5.2中定义的协议基于有限域 $\mathbf{F}_p$ 中的运算性质。若 a 不是二次剩余，则 ar^2 也不是二次剩余。这是因为在有限域 $\mathbf{F}_p$ 中：若 $ar^2 = c^2$，则 $a = (c/r)^2$，即 a 为模 p 的二次剩余，矛盾。这种情况下，证明者一定能将二次剩余 r^2 和非二次剩余 ar^2 区分，让验证者接受 a。若 $a \equiv b^2 \pmod{p}$，即 a 为模 p 的二次剩余，则 r^2 和 ar^2 均为二次剩余。由于对任意 $b \in \mathbf{F}_p$，函数 $f(x) = bx$ 是有限域 $\mathbf{F}_p \setminus \{0\}$ 上的双射，所以 br 和 r 都是 $\mathbf{F}_p$ 上的一致分布。在这种情况下，证明者只能猜测。结论：QNR 有具有完美完备性的两轮交互证明系统。　□

　　　在第三个例子里，我们为积和式计算设计一个交互证明系统，这是隆德、福特纳、卡洛夫和尼桑在文 [150] 中给出的。设 $\boldsymbol{A} = (a_{j,k})_{1 \leqslant j,k \leqslant n}$ 为定义在有

cofactor　　限域 $\mathbf{F}_p$ 上的 $(n \times n)$-方阵。矩阵 $\boldsymbol{A}$ 中元素 $a_{i,j}$ 的余子式 $\boldsymbol{A}_{i,j}$ 是删去 $\boldsymbol{A}$ 中第 i 行和第 j 列后得到的 $((n-1) \times (n-1))$-方阵。矩阵 $\boldsymbol{A}$ 的积和式 $\mathbf{perm}(\boldsymbol{A})$ 可由下列递归等式计算。

$$\mathbf{perm}(\boldsymbol{A}) = \sum_{i=1}^{n} a_{1i} \mathbf{perm}(\boldsymbol{A}_{1,i}) \tag{5.1.5}$$

式 (5.1.5) 给出了积和式的自归约算法。所谓自归约指的是将一个问题的求解 self-reduction
分解成几个比该问题规模小的同类问题的求解。当给定自然数 k 和方阵 $\boldsymbol{A}$ 后，
我们的交互证明系统能大概率地验证 $k = \mathrm{perm}(\boldsymbol{A})$ 是否成立。利用自归约，可
以设计如下的协议：

1. 证明者将 n 个自然数 $k_1, \cdots, k_n$ 发给验证者。
2. 验证者测试 $a_{11}k_1 + \cdots + a_{1n}k_n$ 是否等于 k。若等式成立，则对~~每~~
   个 $i \in [n]$，将 $(k_i, \boldsymbol{A}_{1,i})$ 作为协议的输入递归地验证。

此协议的问题是它的交互轮数是 $n!$。读者会马上想到，验证者无需测试所
有需要测试的，它可以随机地选 $i \in [n]$，然后将 $(k_i, \boldsymbol{A}_{1,i})$ 作为协议的输入递归
地验证。这一思路本质上是对的，但其误差分析较复杂。我们有一个实现这一
思路的代数方案。首先将余子式 $\boldsymbol{A}_{1,1}, \cdots, \boldsymbol{A}_{1,n}$ 用一个含变量 x 的矩阵 $\boldsymbol{A}(x)$
表示，使得对所有 $i \in [n]$，有 $\boldsymbol{A}(i) = \boldsymbol{A}_{1,i}$。这里 $\boldsymbol{A}(x)$ 是 $((n-1)\times(n-1))$-方
阵，它的每个元素是 x 的 $n-1$ 次多项式。矩阵 $\boldsymbol{A}(x)$ 的积和式 $\mathrm{perm}(\boldsymbol{A}(x))$
是 x 的 $(n-1)^2$ 次多项式。必须强调的是，$\mathrm{perm}(\boldsymbol{A}(x))$ 无法在多项式时间算
出，故需证明者提供。设

$$\boldsymbol{A}(x)_{j,k} = b_{n-1}x^{n-1} + b_{n-2}x^{n-2} + \cdots + b_1 x + b_0$$

为求系数 $b_{n-1}, b_{n-2}, \cdots, b_1, b_0$，分别令 $x = 1, \cdots, n$，得 n 元线性方程组

$$\begin{pmatrix} 1 & 1 & \cdots & 1 & 1 \\ \vdots & \vdots & \vdots & \vdots & \vdots \\ 1 & k & \cdots & k^{n-2} & k^{n-1} \\ 1 & k+1 & \cdots & (k+1)^{n-2} & (k+1)^{n-1} \\ \vdots & \vdots & \vdots & \vdots & \vdots \\ 1 & n & \cdots & n^{n-2} & n^{n-1} \end{pmatrix} \begin{pmatrix} b_0 \\ \vdots \\ b_k \\ b_{k+1} \\ \vdots \\ b_{n-1} \end{pmatrix} = \begin{pmatrix} a_{(j+1)(k+1)} \\ \vdots \\ a_{(j+1)(k+1)} \\ a_{(j+1)k} \\ \vdots \\ a_{(j+1)k} \end{pmatrix}$$

上式中的矩阵是著名的范德蒙矩阵。根据范德蒙矩阵的非奇异性，上述
方程有唯一解。解线性方程可在 $O(n^3)$ 时间完成，故验证者可算出 $\boldsymbol{A}(x)$。基 Vandermonde
于这些代数性质，我们给出图5.3中定义的积和式协议。设 PERM 为如下语言
$\{\langle \boldsymbol{A}, p, k \rangle \mid p > n^4, \ k = \mathrm{perm}(\boldsymbol{A}), \ \boldsymbol{A}$ 为有限域 $\mathbf{F}_p$ 上的 $(n \times n)$-方阵$\}$。

双方知道 k 和矩阵 $\boldsymbol{A}$。证明者的目的是说服验证者 $k = \mathrm{perm}(\boldsymbol{A})$ 成立。
若 $k \neq \mathrm{perm}(\boldsymbol{A})$，验证者应该以较大的概率拒绝。

P：发送给 V 一个 $(n-1)^2$-次一元多项式 $f(x)$，该多项式应为 $\mathrm{perm}(\boldsymbol{A}(x))$。

V：若 $k \neq \sum_{i=1}^{n} a_{1i} f(i)$，拒绝，否则随机选 $b \in_R \boldsymbol{F}_p$，并要求 P 给出等式
$$f(b) = \mathrm{perm}(\boldsymbol{A}(b)) \text{ 的证明。}$$

图 5.3　积和式协议

命题 29　$\mathrm{PERM} \in \mathbf{IP}$。

证明　若 $n \leqslant 3$，用暴力法进行验证，否则用积和式协议。若 $k = \mathrm{perm}(\boldsymbol{A})$，证明者一定能让验证者接受输入。若 $k \neq \mathrm{perm}(\boldsymbol{A})$，验证者的出错概率可估算如下：假定证明者给出的 $f(x)$ 是假的，即 $f(x) \neq \mathrm{perm}(\boldsymbol{A}(x))$ 但 $k = \sum_{i=1}^{n} a_{1i} f(i)$。在这种情况下，方程 $f(x) - \mathrm{perm}(\boldsymbol{A}(x)) = 0$ 最多有 $(n-1)^2$ 个根。随机挑选的 b 为根之一的概率不超过 $(n-1)^2/p$。若 b 的确为根，证明者被要求证明一个正确的等式，在这种情况下，证明者的欺骗行为将无法被发现，验证者必然做出错误的判定。若 b 不是根，证明者被要求证明一个错误的等式。如果证明者一直蒙混过关，他的欺骗行为一定会在倒数第三轮被发现。因此，出错概率不超过
$$\frac{(n-1)^2}{p} + \frac{(n-2)^2}{p} + \cdots + \frac{4^2}{p} < \frac{n^3}{p} < \frac{1}{n} < \frac{1}{3}$$
命题得证。　　　　　　　　　　　　　　　　　　　　　　　　　　　　□

隆德、福特纳、卡洛夫和尼桑的证明用到了立普顿发现的定义在有限域上的方阵的随机自归约性质 [147]，立普顿的证明基于文 [29] 中的构造。

根据户田定理（定理 4.15），多项式谱系中的问题可以库克归约到 $\sharp\mathbf{P}$-完全问题，而积和式问题是 $\sharp\mathbf{P}$-完全的，所以多项式谱系中的问题都有交互证明系统，即 $\mathbf{HP} \subseteq \mathbf{IP}$。

5.2　公币交互证明

帕帕季米特里乌在 [167] 中写道："可将不确定条件下的判定问题形式化为一类新的博弈——'与大自然的对弈'。博弈一方随机地移动棋子，对博弈过程毫无兴趣；博弈的另一方试图遵守一个能极大化其赢率的策略。"为了刻画一类决策优化问题，帕帕季米特里乌对交替图灵机进行了修改，将所有 ∀-状态

换成随机状态，并用此类图灵机定义了多项式空间类 **PPSPACE**，证明了该类和 **PSPACE** 相同。可将这类图灵机的计算视为一博弈过程，大自然只管掷骰子，对手是一台多项式空间图灵机。显而易见，这类博弈等同于一类特殊的交互证明系统，在交互过程中，验证者每轮产生一随机串，并将随机串作为问题发给证明者；换个角度看，验证者在一开始产生一个随机串，然后在随后的交互中依次将随机串的一段告诉证明者。我们称这类系统为公币交互证明系统。在公币交互证明系统中，验证者除了掷骰子外无需做任何计算，因为证明者有能力做这些计算。

public-coin

巴柏称公币交互证明系统为亚瑟-梅林博弈 [22]。亚瑟是验证者，梅林是证明者。若亚瑟先掷骰子，有 $k(n)$-轮的亚瑟-梅林博弈所接受的问题类用 **AM**$[k(n)]$ 表示；若梅林先给出一个答案，有 $k(n)$-轮的亚瑟-梅林博弈所接受的问题类用 **MA**$[k(n)]$ 表示。为了行文方便，我们称一个亚瑟先下棋的亚瑟-梅林博弈为亚瑟博弈，一个梅林先下棋的亚瑟-梅林博弈为梅林博弈。显然

Arthur-Merlin

$$\mathbf{AM}[k(n)], \mathbf{MA}[k(n)] \subseteq \mathbf{IP}[k(n)] \tag{5.2.1}$$

易见，**MA**$[1] = $**NP** 和 **AM**$[1] = $**BPP**。由此两等式推出 **NP** $\cup$ **BPP** $\subseteq$ **MA**$[2]$。

具有常数轮的亚瑟-梅林博弈常用 **A** 和 **M** 的一个交替串表示，如

$$\mathbf{MA, AM, AMA, MAM, MAMAMA}$$

等。这里 **MA** 表示可由两轮梅林博弈接受的语言类，**AMA** 表示可被三轮亚瑟博弈判定的语言。巴柏注意到一个重要的事实，即有限轮的亚瑟-梅林博弈没有看上去的那么复杂。首先看一个在 [22] 中称为交换引理的重要结果。

Switching Lemma

引理 5.2（交换引理）　**MA** $\subseteq$ **AM**。

证明　设 $L \in$ **MA**。在接受 L 的两轮梅林博弈中，梅林先给出一个答案 a，然后亚瑟产生随机串 r，最后亚瑟做出判断。如果我们简单地交换梅林和亚瑟的动作次序，让亚瑟先掷骰子，然后梅林给出一个回答，最后亚瑟做出判断，那么从下面的推导可看出：交换后得到的亚瑟博弈的完备性参数不会降低，完美完备性会保留。

$$x \in \mathbf{L} \Rightarrow \exists a. \Pr_r[\mathbb{A}(x,a,r)=1] \geqslant 1-\epsilon \;\; \Rightarrow \;\; \Pr_r[\exists a. \mathbb{A}(x,a,r)=1] \geqslant 1-\epsilon$$

但可靠性会受到影响，这是因为

$$x \notin \mathbf{L} \Rightarrow \forall a. \Pr_r[\mathbb{A}(x,a,r)=1] \leqslant \epsilon \;\; \Rightarrow \;\; \Pr_r[\exists a. \mathbb{A}(x,a,r)=1] \leqslant 2^{|a|}\epsilon$$

此问题容易解决，只要先将原来的梅林博弈并行地进行多项式次，就可将其可靠性参数降到 $\epsilon/2^{|a|}$（引理5.1）。这一算法同时将原来的梅林博弈的完备性参数提升为 $1 - \epsilon/2^{|a|}$。若原来的梅林博弈具有完美完备性，交换后得到的亚瑟博弈也具有完美完备性。   □

Collapse Theorem　利用交换引理的证明思路，我们可以通过倍增一个回合里交换的信息量来降低交互次数。巴柏用此方法证明了如下的塌陷定理 [22]。我们将介绍一个稍微不一样的证明 [27]。

定理 5.1（塌陷定理）　若 $k(n) > 2$，则 $\mathbf{AM}(k(n)-1) = \mathbf{AM}(k(n)) = \mathbf{MA}(k(n))$。

证明　包含 $\mathbf{AM}(k(n)-1) \subseteq \mathbf{AM}(k(n))$ 和 $\mathbf{AM}(k(n)-1) \subseteq \mathbf{MA}(k(n))$ 是简单的。首先证：在一个至少含有类型为 $\mathbf{AMAMA}$ 的五轮亚瑟-梅林博弈中，我们可以减少两轮。设 $L \in \mathbf{AM}(k(n))$，输入为 x，梅林的答案长度为 m。假设在这五轮交换片段交互的信息是 $(a_1, b_1, a_2, b_2, a_3)$。我们要将这五轮中的第二轮和第三轮进行交换，并且修改第五轮的交互内容。在梅林回答 b_1 后，亚瑟在第三轮产生的绝大部分随机串应最终导致其接受 x。基于这一事实，在交换后的博弈，亚瑟在第二轮随机地产生 t 个窜 $a_2^1, \cdots, a_2^t$，第三轮梅林给出一个回答 b_1'，第四轮梅林给出 t 个答案 $b_2^1, \cdots, b_2^t$，并行地进行 t 个博弈，第五轮亚瑟随机地选 $i \in_{\mathrm{R}} [t]$ 和 a_3'，选定第 i 个博弈继续。对于交换前的博弈，亚瑟的期望判断值是

$$A_x \overset{\text{def}}{=} \mathrm{E}_{a_2}[\mathbb{A}(x, \cdots, b_1, a_2, \cdots)] \tag{5.2.2}$$

对于交换后的博弈，亚瑟的期望判断值是

$$\mathrm{E}_{a_2^1, \cdots, a_2^t}\left[\max_{b_1' \in \{0,1\}^m} \left\{\mathrm{E}_{i \in [t]}[\mathbb{A}(x, \cdots, b_1', a_2^i, \cdots)]\right\}\right] \tag{5.2.3}$$

此值不超过

$$\mathrm{E}_{a_2^1, \cdots, a_2^t}\left[\max_{b_1' \in \{0,1\}^m} \left\{\frac{1}{t}\sum_{i=1}^{t} \mathbb{A}(x, \cdots, b_1', a_2^i, \cdots)\right\}\right] \tag{5.2.4}$$

当梅林看到 $a_2^1, \cdots, a_2^t$ 后，给出的回答 b_1' 至少应和回答 b_1 一样优。我们刚才描述的操作将一个亚瑟-梅林博弈中的一个片段 $\mathbf{AMAMA}$ 转换成了一个 $\mathbf{AAMMA}$ 片段，通过合并得到类型为 $\mathbf{AMA}$ 的如下交互片段：

1. 亚瑟发 a_1 和 $a_2^1, \cdots, a_2^t$；

2. 梅林发 b'_1 和 $b^1_2, \cdots, b^t_2$；

3. 亚瑟发 i 和 a'_3。

交互减少了两轮。交换后的期望判断值超出交换前的期望判断值 δ 的概率是

$$\Pr_{a^1_2,\ldots,a^t_2}\left[\max_{b'_1\in\{0,1\}^m}\left\{\mathrm{E}_{i\in[t]}[\mathbb{A}(x,\ldots,b'_1,a^i_2,\ldots)]\right\}-A_x>\delta\right]$$

$$\leqslant\Pr_{a^1_2,\ldots,a^t_2}\left[\max_{b'_1\in\{0,1\}^m}\left\{\frac{1}{t}\sum_{i=1}^t\mathbb{A}(x,\ldots,b'_1,a^i_2,\ldots)\right\}-A_x>\delta\right]$$

$$\leqslant\Pr_{a^1_2,\ldots,a^t_2}\left[\max_{b'_1\in\{0,1\}^m}\left|\sum_{i=1}^t\mathbb{A}(x,\ldots,b'_1,a^i_2,\ldots)-tA_x\right|>t\delta\right]$$

$$\leqslant\Pr_{a^1_2,\ldots,a^t_2}\left[\exists b'_1\in\{0,1\}^m\cdot\left|\sum_{i=1}^t\mathbb{A}(x,\ldots,b'_1,a^i_2,\ldots)-tA_x\right|>t\delta\right]$$

$$\leqslant 2^m\cdot\Pr_{a^1_2,\ldots,a^t_2}\left[\left|\sum_{i=1}^t\mathbb{A}(x,\ldots,b_1,a^i_2,\ldots)-tA_x\right|>\frac{\delta}{A_x}(tA_x)\right]$$

$$\leqslant 2^m\cdot 2\cdot e^{-\frac{1}{3}\cdot(tA_x)\cdot\frac{\delta^2}{A_x^2}} \tag{5.2.5}$$

$$\leqslant 2^{m+1}\cdot e^{-\frac{1}{3}t\frac{\delta^2}{A_x}}$$

$$\leqslant 2^{m+1}\cdot e^{-\frac{1}{3}t\delta^2} \tag{5.2.6}$$

$$<2^{-h}$$

上述推导中，第四个不等式用了一致限 (4.1.1)，不等式 (5.2.5) 用了期望的相加性和切诺夫不等式 (4.1.11)，不等式 (5.2.3) 用到了条件 $0<A_x\leqslant 1$。为使最后一个不等式成立，可取 $t=O((m+h)/\delta^2)$。我们需要估算输入 $x\notin L$ 时的出错概率。设事件 $\max_{b'_1\in\{0,1\}^m}\left\{\mathrm{E}_{i\in[t]}[\mathbb{A}(x,\ldots,b'_1,a^i_2,\ldots)]\right\}>A_x+\delta$ 发生的概率为 p，那么事件 $\max_{b'_1\in\{0,1\}^m}\left\{\mathrm{E}_{i\in[t]}[\mathbb{A}(x,\ldots,b'_1,a^i_2,\ldots)]\right\}\leqslant A_x+\delta$ 发生的概率为 $1-p$。因为 $\mathrm{E}_{i\in[t]}[\mathbb{A}(x,\ldots,b'_1,a^i_2,\ldots)]\leqslant 1$，且根据上面推得的不等式有 $p<2^{-h}$，所以 $\Pr_{a^1_2,\ldots,a^t_2}\left[\max_{b'_1\in\{0,1\}^m}\left\{\mathrm{E}_{i\in[t]}[\mathbb{A}(x,\ldots,b'_1,a^i_2,\ldots)]\right\}\right]$ 不超过 $p\cdot 1+(1-p)\cdot(A_x+\delta)<2^{-h}\cdot 1+1\cdot(A_x+\delta)<A_x+\delta+2^{-h}$。设交换前的博弈的出错概率是 $1/8$。取 $\delta=2^{-h}=1/8$ 可确保交换后的博弈的出错概率不超过 $3/8$。结论：交换后的亚瑟-梅林博弈也接受 L。

第五个不等式用了期望的相加性和切诺夫不等式 (4.1.11)；为使最后一个不等式成立，可取 $t = O((m+h)/\delta^2)$。对于交换后的博弈，若 $x \notin L$，亚瑟的出错概率不超过 (5.2.3) 中的期望值，后者小于 $A_x + \delta + 2^{-h}$。设交换前的博弈的出错概率是 1/8。取 $\delta = 2^{-h} = 1/8$ 可确保交换后的博弈的出错概率不超过 3/8。结论：交换后的亚瑟-梅林博弈也接受 L。

交互轮数大于 2 的不包含 **AMAMA** 片段的亚瑟-梅林博弈有五个，它们都可用同样方法至少减少一轮交互。   □

定理5.1的一个重要推论是，常数回合的亚瑟-梅林博弈所能接受的语言全在 **AM** 中 [22]。

推论 5.1   对任意严格大于 2 的常数 k，有 $\mathbf{AM}[k] = \mathbf{MA}[k] = \mathbf{AM}$。

所以常数回合的亚瑟-梅林博弈定义了两个复杂性类，**MA** 和 **AM**。到目前为止，我们不知包含 $\mathbf{MA} \subseteq \mathbf{AM}$ 是否严格。

塌陷定理的证明中定义的新博弈有如下好处：交换片段后的博弈规则没有任何改变，因此我们可以对剩余的博弈做同样的交换操作。按此思路，易证明如下的交互加速定理 [27]。

定理 5.2（交互加速定理）   若 $k(n) \geqslant 2$，则有 $\mathbf{AM}[2k(n)] = \mathbf{AM}[k(n)]$。

证明   利用定理5.1的证明思路，可将 $L \in \mathbf{AM}[2k(n)]$ 的亚瑟-梅林博弈中的所有 **AMAMA** 片段换成 **AMA** 片段。值得指出的是，一个九轮交互片段 **AMAMAMAMA** 可视为两个五轮交互片段 **AMAMA**，两个交换操作都可以做。一个九轮交互片段 $(a_1, b_1, a_2, b_2, a_3, b_3, a_4, b_4, a_5)$ 可变换成

1. 亚瑟发 a_1 和 $a_2^1, \cdots, a_2^t$；
2. 梅林发 b_1' 和 $b_2^1, \cdots, b_2^t$；
3. 亚瑟发 i 和 a_3' 和 $a_4^1, \cdots, a_4^t$；
4. 梅林发 b_3' 和 $b_4^1, \cdots, b_4^t$；
5. 亚瑟发 i' 和 a_5'。

每个片段进行交换操作后博弈的出错概率减去未进行前博弈的出错概率不会超过 $\delta + 2^m \cdot \left(2 \cdot e^{-t\delta^2/3}\right)$，见 (5.2.6) 中的公式。因此总的出错概率不会超过

$$A_x + \frac{k}{4} \cdot \delta + \frac{k}{4} \cdot 2^m \cdot \left(2 \cdot e^{-t\delta^2/3}\right)$$

取 $\delta = \dfrac{1}{4k}$ 和 $t = 48k^4 m$，上式的值小于 $1/2$。 $\qquad\square$

在第5.1节，我们证明了图不同构问题在 **IP**[2]。在本节的其余部分，我们证明该问题在 **AM** 中。这一结果是由戈德赖希、米卡利和威格森发现的 [89,90]。我们将给出的证明使用了近似下界技术。斯托克迈尔在研究近似计数问题时首次使用了该技术 [215]。戈德瓦塞尔和西普塞用该技术证明了私币交互证明系统和亚瑟-梅林博弈的等价性 [92]。我们将给出的证明可看成是戈德瓦塞尔-西普塞证明的一个实例化。

approximate lower bound

利用两两独立的高效哈希函数族 $\mathcal{H}_{n,k}$（见第4.2节），我们可讨论集合的近似下界技术。该技术的应用场景是：设 $S \subseteq \{0,1\}^n$ 并且有多项式长的证书证明 $x \in S$，自然数 K 满足不等式 $2^{k-2} < K \leqslant 2^{k-1}$；我们希望知道 $|S|$ 是不小于 K 还是比 K 小很多。若 $|S| \geqslant K$ 且 $y \in_R \{0,1\}^k$，则根据两两独立性有

$$\mathrm{Pr}_{h \in_R \mathcal{H}_{m,k}}[y \in h(S)] = \sum_{x \in S} \mathrm{Pr}_{h \in_R \mathcal{H}_{m,k}}[h(x) = y] = \frac{|S|}{2^k} \geqslant \frac{K}{2^k} > \frac{1}{4}$$

设 $\kappa = k/(2 - \log 3)$，得

$$\mathrm{Pr}_{h_1,\cdots,h_\kappa \in_R \mathcal{H}_{m,k}}\left[y \notin \bigcup_{i=1}^{\kappa} h_i(S) \right] \leqslant \left(\frac{3}{4} \right)^\kappa < 2^{-k}$$

因此

$$\mathrm{Pr}_{h_1,\cdots,h_\kappa \in_R \mathcal{H}_{m,k}}\left[\exists y \in \{0,1\}^k . y \notin \bigcup_{i=1}^{\kappa} h_i(S) \right] < 1$$

所以存在 $h_1,\cdots,h_\kappa \in \mathcal{H}_{m,k}$ 使得

$$\{0,1\}^k = \bigcup_{i=1}^{\kappa} h_i(S) \tag{5.2.7}$$

另一方面，设 $|S| \leqslant \dfrac{K}{p(k)}$，其中 $p(k)$ 是满足 $p(k) \geqslant 2\kappa$ 的多项式。那么对任意哈希函数 $h_1,\cdots,h_\kappa$，均有

$$\left| \bigcup_{i=1}^{\kappa} h_i(S) \right| \leqslant \sum_{i=1}^{\kappa} |h_i(S)| \leqslant \frac{K}{p(k)}\kappa \leqslant \frac{K}{p(k)} \cdot \frac{1}{2} \cdot p(k) \leqslant \frac{1}{4} \cdot 2^k \tag{5.2.8}$$

如果我们能肯定 $S \subseteq \{0,1\}^n$ 的大小要么不小于 $\frac{1}{4} \cdot 2^k$（值域大小的四分之一），要么不大于 $\frac{1}{p(n)} \cdot \frac{1}{4} \cdot 2^k$，那么 (5.2.7) 和 (5.2.8) 告诉我们如何设计一个亚瑟-梅林博弈来判定究竟是哪种情况，见图5.4。因为有 (5.2.7) 中的等号，所以集合近似下界协议具有完美完备性。

亚瑟和梅林知道：$2^{k-2} < K \leqslant 2^{k-1}$，$\kappa = k/(2-\log 3)$，多项式 $p(n)$ 满足 $p(k) \geqslant 2\kappa$。梅林要证明 $|S| \geqslant K$。若 $|S| \leqslant \dfrac{K}{p(k)}$，则亚瑟的接受率不超过1/4。

  M: 发给亚瑟 κ 个哈希函数 $h_1, ..., h_\kappa$。

  A: 随机选 $y \in_R \{0,1\}^k$，将 y 发给梅林。

  M: 将 i、x 和 $x \in S$ 的一个证书发给亚瑟。

若证书证明了 $x \in S$，并且 $h_i(x) = y$，A接受，否则A拒绝。

图 5.4   戈德瓦塞尔-西普塞近似下界协议

让我们回到图不同构问题。

定理 5.3   图不同构在 **AM** 中。

证明   设图 G_0 和 G_1 都有 n 个结点。定义集合 S 为

$$\{\langle H, \pi \rangle \mid H \simeq G_0 \text{ 或 } H \simeq G_1, \text{且} \pi : [n] \to [n] \text{是结点置换}\}$$

用邻接矩阵表示，图 G_0, G_1, H 是长度相等的 0-1 串，π 也可用 0-1 串表示。设有序对 $\langle H, \pi \rangle$ 的 0-1 串编码长度为 m。则 $S \subseteq \{0,1\}^m$，并且一个长度是 m 的 0-1 串是否在 S 中是多项式时间可判定的。

若 G_0 与 G_1 同构，则 $|S| = n!$；若 G_0 与 G_1 不同构，则 $|S| = 2n!$。为了能用集合近似下界协议，我们用笛卡儿积将差别放大。设 $K = (2n!)^\ell$，设 k 满足不等式 $2^{k-2} < K \leqslant 2^{k-1}$，此不等式可写成

$$k - 2 < \ell + \ell \log(n!) \leqslant k - 1 \tag{5.2.9}$$

另外，$n!$ 和 K 相比要足够小，即 $n! = \dfrac{K}{2^\ell} \leqslant \dfrac{K}{2p(n)} \leqslant \dfrac{K}{2\kappa}$。由此推得

$$2^\ell \geqslant 2\kappa = \frac{2}{2 - \log(3)} k \tag{5.2.10}$$

由斯特林公式推出，取 $\ell = O(n/\log(n))$ 和 $k = O(n^2)$ 可同时满足 (5.2.9) 和 (5.2.10)。固定 ℓ 和 k，用戈德瓦塞尔-西普塞近似下界协议即可设计公币交互证明系统判定 G_0 和 G_1 是否不同构。　　　　　　　$\square$

$$\lim_{n\to\infty}\frac{n!}{\sqrt{2\pi n}\left(\frac{n}{e}\right)^n}=1$$

如果我们不追求完美完备性，定理5.3的证明可简化 [17]。

作为定理5.3的一个重要应用，我们证明波佩纳、哈斯塔德、扎克斯的著名结果 [40]。

Boppana,　Håstad,
Zachos

定理 5.4（波佩纳-哈斯塔德-扎克斯定理）　若图同构问题是 **NP**-完全的，则多项式谱系塌陷到第二层。

证明　若 GI 是 **NP**-完全的，则 GNI 是 **coNP**-完全的。任给 2QBF 的一个输入实例

$$\psi = \exists x \in \{0,1\}^n. \forall y \in \{0,1\}^n. \varphi(x,y)$$

和 0-1 串 $\sigma \in \{0,1\}^n$，可在多项式时间将 $\overline{\text{SAT}}$ 的输入实例 $\forall y \in \{0,1\}^n. \varphi(\sigma, y)$ 归约到一对图 (G, G')，使得 $\forall y \in \{0,1\}^n. \varphi(\sigma, y)$ 为真当仅当 G 和 G' 不同构。因此，有多项式时间图灵机 $\mathbb{G}$ 使得下述等价关系成立：

$$\psi \text{ 当仅当 } \exists x \in \{0,1\}^n. \mathbb{G}(x) \in \text{GNI} \tag{5.2.11}$$

根据定理5.3，$\text{GNI} \in \mathbf{AM}$。所以有一个具有完美完备性的两轮亚瑟-梅林博弈接受 $\mathbb{G}(x)$，其出错概率小于 2^{-n}。设亚瑟的问题长度和梅林的答案长度由多项式 $p(n)$ 界定，设亚瑟的算法是 $\mathbb{A}$。从 (5.2.11) 知，ψ 为真当仅当

$$\exists x \in \{0,1\}^n. \forall q \in \{0,1\}^{p(n)}. \exists a \in \{0,1\}^{p(n)}. \mathbb{A}(\mathbb{G}(x), q, a) = 1 \tag{5.2.12}$$

为真。因为逻辑公式 $\exists x. \forall y. \varphi(x, y)$ 蕴含公式 $\forall y. \exists x. \varphi(x, y)$，所以 (5.2.12) 蕴含如下的 $\overline{\text{2QBF}}$ 实例

$$\forall q \in \{0,1\}^{p(n)}. \exists x \in \{0,1\}^n. \exists a \in \{0,1\}^{p(n)}. \mathbb{A}(\mathbb{G}(x), q, a) = 1 \tag{5.2.13}$$

我们需要证明反方向的蕴含关系，即 (5.2.13) 蕴含 ψ。设 (5.2.13) 为真，一定存在 x_0 使得至少有 $2^{p(n)-n}$ 个 $q \in \{0,1\}^m$ 满足

$$\exists a \in \{0,1\}^{p(n)}. \mathbb{A}(\mathbb{G}(x_0), q, a) = 1 \tag{5.2.14}$$

用反证法，假设 ψ 是假的，(5.2.14) 说的是 $\mathbb{A}$ 对 $\mathbb{G}(x_0)$ 是同构的判断误差至少是 $\geqslant \frac{1}{2^n}$，这与假定矛盾。所以 ψ 必须为真。结论是：ψ 和 (5.2.13) 是逻辑等价的，换言之，2QBF 可卡普归约到 $\overline{\text{2QBF}}$。所以 $\Sigma_2^p \subseteq \Pi_2^p$。此包含关系等价于 $\Sigma_2^p = \Pi_2^p$。 $\square$

5.3　IP = PSPACE

戈德瓦塞尔、米卡利和拉科夫在文章 [89,90] 中给出了不少 **IP** 中的例子，这些例子一般被认为是不在 **NP** 中的。对 **IP** 的一个准确刻画曾一度是个重要的公开问题。1989 年的最后一个月，三组研究者通过电子邮件交流讨论的方式最终得出了一个意想不到的结果 [17,22]，即 **IP = PSPACE**。这些邮件上讨论的内容最终均以论文形式发表 [26,150,197]。尽管最后的一步是萨莫尔做出的 [197]，但将此结果单独归功于萨莫尔似乎也不完全公平。巴柏、福特纳和隆德的工作 [26] 将在第5.5节介绍，其重要性在第6章将得到进一步体现。隆德、福特纳、卡洛夫和尼桑 [150] 证明了 $\mathbf{P}^{\sharp\mathbf{P}} \subseteq \mathbf{IP}$，此结果及其证明方法对最终完成 **IP** 的刻画起了关键作用 [150]。为了介绍他们的证明思想，我们先解释如何为 **coNP** 设计一个亚瑟-梅林博弈。

隆德、福特纳、卡洛夫和尼桑的证明使用了代数方法，其基本思路是将布尔公式的可满足性验证扩展到有限域上的多项式的等式验证，通过取一个足够大的有限域 $\mathbf{F}_p$，增大随机串的取值空间，降低亚瑟的误判概率。设 $\#\phi$ 是所有满足布尔公式 ϕ 的真值指派个数。若 $\phi(x_1,\cdots,x_n)$ 含有 n 个变量 $x_1,\cdots,x_n$，$\#\phi$ 为以下表达式的值

$$\sum_{b_1,\cdots,b_n\in\{0,1\}} \phi(b_1,\cdots,b_n) \tag{5.3.1}$$

明显地，ϕ 不可满足当且仅当 $\#\phi = 0$，ϕ 恒真当且仅当 $\#\phi = 2^n$。这两种极端情况都是如下问题的输入实例：

$$(\#\text{SAT})_D \stackrel{\text{def}}{=} \{\langle\phi,\#\phi\rangle \mid \phi\,\text{为3CNF}\}$$

若要判定 ϕ 不可满足，只需证明 $\langle\phi,0\rangle \in (\#\text{SAT})_D$。问题 $(\#\text{SAT})_D$ 是计数问题 #SAT 的判定版本，它的一个交互证明系统可作为 $\overline{\text{SAT}}$ 的交互证明系统。

在 (5.3.1) 中的表达式既可理解成是一个析取形式的布尔表达式，也可理解成是有限域 $\mathbf{F}_2$ 上的一个算术表达式。布尔真值对应数 1，布尔假值对应数 0。设 $x_0, x_1, x_2, \cdots$ 为布尔变量，$X_0, X_1, X_2, \cdots$ 为（相应的）算术变量。布尔公式 $x_i \vee \overline{x_j} \vee x_k$ 的算术化指的是如下的过程：

$$x_i \vee \overline{x_j} \vee x_k \;\mapsto\; 1 - (1 - X_i)X_j(1 - X_k) \tag{5.3.2}$$

利用德·摩根律，公式 $x_i \vee \overline{x_j} \vee x_k$ 等价于 $\overline{\overline{x_i} \wedge x_j \wedge \overline{x_k}}$，将逻辑并翻译成算术乘，将逻辑补翻译成 "$1-\_$"，即得到上式的右边。如果我们把 $x_i \vee \overline{x_j} \vee x_k$ 的算术化记为 $(x_i \vee \overline{x_j} \vee x_k)^\flat$，那么合取范式 $\phi_1 \wedge \phi_2 \wedge \cdots \wedge \phi_m$ 的算术化 $(\phi_1 \wedge \phi_2 \wedge \cdots \wedge \phi_m)^\flat$ 定义为 $(\phi_1)^\flat \cdot (\phi_2)^\flat \cdots (\phi_m)^\flat$。必须指出的是，尽管 $(\phi_1)^\flat \cdot (\phi_2)^\flat \cdots (\phi_m)^\flat$ 是多项式长的，将其展开并合并同类项一般需要指数时间，因为一般会有指数多个单项式。在设计交互协议时，我们保留 $(\phi_1)^\flat \cdot (\phi_2)^\flat \cdots (\phi_m)^\flat$ 的形式，不做任何展开。设 $\phi \stackrel{\text{def}}{=} \phi_1 \wedge \phi_2 \wedge \cdots \wedge \phi_m$ 含有变量 $x_1, \cdots, x_n$，用 $P_\phi(X_1, \cdots, X_n)$ 表示 $(\phi_1)^\flat \cdot (\phi_2)^\flat \cdots (\phi_m)^\flat$。

算术化的好处是，算术公式在任何一个有限域上有定义。取足够大的有限域 $\mathbf{F}_p$。对 $i \in \{0, \cdots, n\}$，定义下述表达式

$$P_i(X_1, \cdots, X_i) \stackrel{\text{def}}{=} \sum_{X_{i+1} \in \{0,1\}} \cdots \sum_{X_n \in \{0,1\}} P_\phi(X_1, \cdots, X_n) \tag{5.3.3}$$

多项式 $P_1(X_1)$ 显然满足下面的等式

$$P_1(0) + P_1(1) = \sharp\phi \tag{5.3.4}$$

如果在第一回合里，亚瑟要求梅林提供 $P_1(X_1)$ 展开并合并同类项后的一元 m 次多项式，而梅林提供的是一个错误的多项式 $P'(X_1)$，即 $P'_1(X_1) \neq P_1(X_1)$，等式 $P'_1(0) + P'_1(1) = \sharp\phi$ 也可能成立。此时，$P'_1(X_1) - P_1(X_1) = 0$ 最多有 m 个根。随机选 $a_1 \in_{\text{R}} \mathbf{F}_p$，等式 $P'_1(a_1) = P_1(a_1)$ 成立的概率是 $\dfrac{m}{p}$，换言之，下述等式

$$P'_1(a_1) = \sum_{X_2 \in \{0,1\}} \sum_{X_3 \in \{0,1\}} \cdots \sum_{X_n \in \{0,1\}} P_\phi(a_1, X_2, \cdots, X_n) \tag{5.3.5}$$

不成立的概率至少是 $1 - \dfrac{m}{p}$。所以，如果梅林在第一轮的欺骗未被亚瑟发现，就有 $1 - \dfrac{m}{p}$ 的概率他在下一轮要被迫向亚瑟证明一个不成立的等式 (5.3.5)。

在第二个回合，亚瑟随机为 X_2 取一个值 a_2，并要求梅林发送将下述表达式

$$P_2(a_1, X_2) = \sum_{X_3 \in \{0,1\}} \cdots \sum_{X_n \in \{0,1\}} P_\phi(a_1, X_2, X_3 \cdots, X_n)$$

合并同类项后得到的一元多项式 $P_2'(X_2)$。亚瑟在到 $P_2'(X_2)$ 后做一致性验证：

$$P_2'(0) + P_2'(1) = P_1'(a_1)$$

若上述等式不成立，拒绝；若上述等式成立，做随机赋值 $X_2 = a_2$ 并继续下一个回合。用归纳法可以证明，有 $\left(1 - \dfrac{m}{p}\right)^i$ 的概率梅林被迫在第 $i+1$ 个回合向亚瑟证明下述形式的不成立的等式

$$P_i'(a_1, \cdots, a_i) = \sum_{X_{i+1} \in \{0,1\}} \sum_{X_3 \in \{0,1\}} \cdots \sum_{X_n \in \{0,1\}} P_\phi(a_1, \cdots, a_i, X_{i+1}, \cdots, X_n)$$

如果到了最后一个回合，亚瑟做的一致性验证

$$P_n'(0) + P_n'(1) = P_{n-1}'(a_{n-1})$$

也通过了，做随机赋值 $X_n = a_n$，并做最后的验证

$$P_n'(a_n) = P_\phi(a_1, \cdots, a_n)$$

若最后的验证成功，亚瑟最终接受输入。取 $p = 3mn$，亚瑟能发现梅林欺骗的概率至少是 $\left(1 - \dfrac{m}{p}\right)^{n-1} \geqslant \dfrac{2}{3}$，故亚瑟判断错误的概率不超过 $\dfrac{1}{3}$。基于上述分析，我们可定义图5.5中的总和测试协议。此协议具有完美完备性，利用它可证下述定理。

Sumcheck Protocol

定理 5.5 $(\#\mathrm{SAT})_D \in \mathbf{IP}$。

证明 当输入 $\langle \phi, K \rangle$ 时，亚瑟先计算并提供 ϕ 的算术化公式 $P_\phi(X_1, \cdots, X_n)$，然后调用总和测试协议证明 $K = \sharp\phi$。 □

鉴于 $\mathrm{SAT}、\overline{\mathrm{SAT}} \subseteq \mathrm{QBF}$，我们可以尝试推广定理5.5的证明，给出 **PSPACE** 完全问题 QBF 的一个交互证明系统。萨莫尔的证明即基于此想法 [197]。我们下面介绍的证明是舍恩给出的简化版本 [201]。

Shen

定理 5.6 **IP = PSPACE**。

系统参数：n 元多项式 $P_\phi(X_1, ..., X_n)$ 和数 K。

目标：验证 $\sum_{X_1 \in \{0,1\}} \sum_{X_2 \in \{0,1\}} \cdots \sum_{X_n \in \{0,1\}} P_\phi(X_1, X_2, ..., X_n) = K$？

A：若 $n = 1$，且 $P_\phi(0) + P_\phi(1) = K$，接受；否则拒绝。若 $n \geq 2$，要求 M 发送一个等于下述表达式的多项式：

$$\sum_{X_2 \in \{0,1\}} \sum_{X_3 \in \{0,1\}} \cdots \sum_{X_n \in \{0,1\}} P_\phi(X_1, X_2, ..., X_n)$$

M：将一个多项式 $P_1(X_1)$ 发给 A。

A：若 $P_1(0) + P_1(1) \neq K$，拒绝；否则随机选 $a \in_R \mathbf{F}_p$ 发送给 M，递归验证

$$P_1(a) = \sum_{X_2 \in \{0,1\}} \sum_{X_3 \in \{0,1\}} \cdots \sum_{X_n \in \{0,1\}} P_\phi(a, X_2, ..., X_n)$$

递归时的系统参数为 $P_\phi(a, X_1, ..., X_n)$ 和 $P_1(a)$。
$$\vdots$$
A 最终测试 $P_n(a_n) = P_\phi(a_1, ..., a_n)$ 是否成立。若成立，接受；否则，拒绝。

图 5.5 总和测试协议

证明 沿用算术化的思想，可将量化布尔公式

$$\forall x_1 \exists x_2 \forall x_3 \cdots \exists x_n . \phi(x_1, \cdots, x_n) \tag{5.3.6}$$

算术化成

$$\prod_{b_1 \in \{0,1\}} \sum_{b_2 \in \{0,1\}} \prod_{b_3 \in \{0,1\}} \cdots \sum_{b_n \in \{0,1\}} p_\phi(b_1, \cdots, b_n) \tag{5.3.7}$$

使得 (5.3.6) 为真当仅当 (5.3.7) 大于 0。在概念上，此方法是对的，在计算时，这一方法会有障碍，问题出在乘法运算可能使得表达式

$$\sum_{b_2 \in \{0,1\}} \prod_{b_3 \in \{0,1\}} \cdots \sum_{b_n \in \{0,1\}} p_\phi(X_1, b_2, \cdots, b_n)$$

在展开后得到的多项式的次数是指数的，因而多项式的长度是指数的。不难看出如何绕过此问题，在有限域中，等式 $X^d = X$ 对零元和幺元成立，所以我

们可以将一个指数次数的多项式降到多项式次数。为了实现"降次"目标，引入线性化操作子。先对多项式 $P(X_1, \cdots, X_{i-1}, 0, X_{i+1}, \cdots, X_n)$ 引入符号

$$P_i^0 = P(X_1, \cdots, X_{i-1}, 0, X_{i+1}, \cdots, X_n)$$

$$P_i^1 = P(X_1, \cdots, X_{i-1}, 1, X_{i+1}, \cdots, X_n)$$

然后定义

$$L_{X_i(P)} = (1 - X_i)P_i^0 + X_i P_i^1 \tag{5.3.8}$$

$$\forall_{X_i}(P) = P_i^0 P_i^1$$

$$\exists_{X_i}(P) = 1 - (1 - P_i^0)(1 - P_i^1)$$

用 $O(n^2)$ 时间可将 (5.3.7) 转换成

$$\forall_{X_1} L_{X_1} \exists_{X_2} L_{X_1} L_{X_2} \cdots \exists_{X_{n-1}} L_{X_1} \cdots L_{X_{n-1}} \exists_{X_n} L_{X_1} \cdots L_{X_n}.p_\phi(X_1, \cdots, X_n)$$

在 $L_{X_n}.p_\phi(X_1, \cdots, X_n)$ 中，X_i 的次数为 1，但前面的 $\sum$ 和 $\prod$ 可能会将其次数再次升为指数的，所以线性化操作子要反复使用。我们可修改图5.5中定义的总和测试协议，处理形如上式的输入，见图5.6中定义的 QBF 总和测试协议。使用 QBF 总和测试协议，可得到 QBF 的一个具有完美完备性的亚瑟-梅林博弈。此系统的误差分析与 $(\#\mathbf{SAT})_D$ 的交互证明系统的误差分析类似。   □

关于定理5.6，有一点值得指出。若 $\mathbf{IP} = \mathbf{PSPACE}$ 有一个可相对化的证明，$\mathbf{coNP} \subseteq \mathbf{IP}$ 就有一个可相对化的证明，即对所有神谕 O，关系 $\mathbf{coNP}^O \subseteq \mathbf{IP}^O$ 成立。西普塞和福特纳在 [80] 中证明了，存在某个神谕 O，使得 $\mathbf{coNP}^O \not\subseteq \mathbf{IP}^O$。因此，$\mathbf{IP} = \mathbf{PSPACE}$ 没有一个可相对化的证明。

上述证明给出了 QBF 的一个亚瑟-梅林博弈，所以有下面明显的结果。

定理 5.7 $\mathbf{IP} = \bigcup_{c \geqslant 1} \mathbf{AM}[cn^c]$。

证明   QBF 为 $\mathbf{PSPACE}$-完全的，故 $\mathbf{IP} = \mathbf{PSPACE} \subseteq \bigcup_{c \geqslant 1} \mathbf{AM}[cn^c] \subseteq \mathbf{IP}$。   □

定理5.7在定理5.6被证明之前已被证明。第5.4节将讨论定理5.7最早的那个证明。定理5.7的另外一个重要推论是有关完美完备性的。

系统参数：数 K 和（不失一般性）多项式

$$\forall_{X_1} L_{X_1} \exists_{X_2} L_{X_1} L_{X_2} ... \forall_{X_{n-1}} L_{X_1} ... L_{X_{n-1}} \exists_{X_n} L_{X_1} ... L_{X_n} \cdot p_\phi(X_1, ..., X_n)$$

M：发给 A 多项式 $s_1(X_1)$，此多项式应为上述红色表达式展开并合并同类项后得到的多项式。

A：若 $s_1(0) \cdot s_1(1) = K$，拒绝；否则，随机选 $r_1 \in_R \mathbf{F}_p$，并要求 M 证明

$$(L_{X_1} \exists_{X_2} L_{X_1} L_{X_2} ... \exists_{X_n} L_{X_1} ... L_{X_n} \cdot p_\phi(X_1, ..., X_n))\{r_1/X_1\} = s_1(r_1)$$

M：发给 A 多项式 $s_2(X_1)$，此多项式应为上述蓝色表达式展开并合并同类项后得到的多项。

A：若 $(1-r_1) \cdot s_2(0) + r_1 \cdot s_2(1) = s_1(r_1)$，拒绝；否则，随机选 $r_1 \in_R \mathbf{F}_p$，并要求 M 证明

$$(\exists_{X_2} L_{X_1} L_{X_2} ... \exists_{X_n} L_{X_1} ... L_{X_n} \cdot p_\phi(X_1, ..., X_n))\{r_1'/X_1\} = s_2(r_1')$$

M：...

图 5.6　QBF 总和测试协议

定理 5.8（完美完备性定理）　**IP** 中的任何问题都有完美完备的交互证明系统。

证明　**IP** 中的每个问题都可以卡普归约到 QBF，后者有个具有完美完备性的交互证明系统。　□

QBF 总和测试协议是本章讨论的唯一的一个多项式回合的交互证明系统协议，事实上，它是一个平方回合的交互证明系统协议。定理 5.6 告诉我们，**IP** 中的任何一个问题都可以卡普归约到 QBF。因为卡普归约是验证者可以做的，所以 **IP** 中的每个问题都可用 QBF 总和测试协议。

5.4　两类系统的等价性

戈德瓦塞尔、米卡利和拉科夫的关于私币交互证明系统的文章 [91] 和巴柏的关于亚瑟-梅林博弈的文章均发表于 1985 年 [22]。一年后，戈德瓦塞尔和西普塞在文章 [92] 中证明了这两类系统的等价性。我们给出的简化证明取自 [88]。

定理 5.9（戈德瓦塞尔-西普塞定理） 对所有多项式 $k(n) > 2$，有 $\mathbf{IP}[k(n)] = \mathbf{AM}[k(n)]$。

证明 假定有判定语言 L 的 $2k$ 轮私币交互证明系统 $(\mathbb{V}, \mathbb{P})$。不失一般性，假定验证者先发问，交互过程中验证者 $\mathbb{V}$ 的问题长度和证明者 $\mathbb{P}$ 的回复长度均为 h，验证者用的随机串总长度为 ℓ。不失一般性，假定 $2kh < \ell$。根据塌陷定理（定理5.1）和交互加速定理（定理5.2），我们只需设计一个判定 L 的具有 $O(k)$ 轮的亚瑟-梅林博弈 $(\mathbb{A}, \mathbb{M})$。戈德瓦塞尔和西普塞的设计思路很直观：若 $x \in L$，梅林设法让亚瑟确信，私币交互证明系统 $(\mathbb{V}, \mathbb{P})$ 在接收了输入 x 后，让验证者 $\mathbb{V}$ 最终说"是"的随机串足够多；若 $x \notin L$，则梅林说服 $\mathbb{V}$ 的概率很小。用戈德瓦塞尔-西普塞近似下界协议，可以在亚瑟-梅林博弈中判定随机串集合 $\{0,1\}^\ell$ 的一个子集的大小。亚瑟-梅林博弈 $(\mathbb{A}, \mathbb{M})$ 将模拟私币交互证明系统 $(\mathbb{V}, \mathbb{P})$ 的每一个回合，亚瑟在每一个回合里要验证有足够多的随机串会让证明者最终说"是"。算法的设计要让我们能较容易地估算亚瑟的出错概率。根据定理5.1，我们可以假定原来的私币交互证明系统的可靠性参数为 $\dfrac{1}{p(\ell)^{k+1}}$，其中 p 是一个足够大的多项式（因此 $p(\ell)^{k+1}$ 为指数表达式）。

在进一步讨论之前，先引入几个记号。固定输入 x。用 $\gamma_i = a_1, b_1, \cdots, a_i, b_i$ 表示 $\mathbb{V}$ 和 $\mathbb{P}$ 的前 i 个回合的对话，这里 $i \in \{0, \cdots, k-1\}$，规定 γ_0 为空串 ϵ。用 $\mathsf{Yes}_x(\gamma_i)$ 表示所有满足如下条件的随机串 $r \in \{0,1\}^\ell$ 的集合：当输入为 x 且 $\mathbb{V}$ 产生的随机串为 r 时，$\mathbb{V}$ 和 $\mathbb{P}$ 的交互证明的前 i 个回合为 γ_i，并且交互结束后 $\mathbb{V}$ 的判断结果为"是"。按定义，有下述等式

$$|\mathsf{Yes}_x(\gamma_i)| = \sum_{a_{i+1} \in \{0,1\}^h} |\mathsf{Yes}_x(\gamma_i, a_{i+1})| \tag{5.4.1}$$

假定 $\mathbb{P}$ 是最优的，则有等式

$$|\mathsf{Yes}_x(\gamma_i, a_{i+1})| = \max_{b_{i+1} \in \{0,1\}^h} |\mathsf{Yes}_x(\gamma_i, a_{i+1}, b_{i+1})| \tag{5.4.2}$$

为了使用戈德瓦塞尔-西普塞近似下界协议（见图5.4），我们用归纳法定义一组界 $K_0 \geqslant \cdots \geqslant K_k$。在下述推理中，假定 $x \in L$。

1. 初值 $K_0 = 2^\ell$；

2. 设 $|\mathsf{Yes}_x(\gamma_i)| \geqslant K_i$。将满足不等式 $|\mathsf{Yes}_x(\gamma_i, a)| > 0$ 的亚瑟的答复分为 ℓ 类。对于 $j \in \{0, \cdots, \ell - 1\}$，第 j 类亚瑟的答复集 A_j 定义为

$$A_j = \left\{ a \in \{0,1\}^h \mid 2^j \leqslant |\mathsf{Yes}_x(\gamma_i, a)| < 2^{j+1} \right\} \tag{5.4.3}$$

按归纳假定，有 j 使得 $|\{r \in \mathsf{Yes}_x(\gamma_i, a) \mid a \in A_j\}| \geqslant K_i/\ell$。对此 j，有

$$|A_j| > \frac{K_i}{2^{j+1}\ell} \tag{5.4.4}$$

并且对任意 $a \in A_j$，按定义有

$$|\mathsf{Yes}_x(\gamma_i, a)| \geqslant 2^j \tag{5.4.5}$$

由 (5.4.2) 知，证明者的答复 b 满足 $|\mathsf{Yes}_x(\gamma_i, a, b)| = |\mathsf{Yes}_x(\gamma_i, a)| \geqslant 2^j$。取 $K_{i+1} = 2^j$。

亚瑟将要求梅林证明 (5.4.4) 中的 A_j 和 (5.4.5) 中的 $\mathsf{Yes}_x(\gamma_i, a, b)$ 这两个集合的大小都不小于梅林指定的阈值。利用常数界 $K_0 \geqslant \cdots \geqslant K_i$，图5.7中

如下数据对亚瑟和梅林是公开的：输入 x、私币交互证明系统$(\mathbb{V}, \mathbb{P})$、前 i 个回合的对话 $\gamma_i = a_1, b_1, ..., a_i, b_i$、界 $K_0 \geqslant ... \geqslant K_i$。

M：发给A两两独立的哈希函数 $h_1, ..., h_\kappa$ 和 j。这里 $\kappa = g/(2 - \log 3)$，其中 g 满足不等式 $2^{g-2} \leqslant \dfrac{K_i}{2^{j+1}\ell} < 2^{g-1}$。

A：随机地选 $\alpha \in_{\mathrm{R}} \{0,1\}^g$，将 α 发给M。

M：给A发 $s \in \{0,1\}^\ell$、$f \in [\kappa]$ 和 a_{i+1}, b_{i+1}, γ。同时发给A两两独立的哈希函数 $h_1', ..., h_\kappa'$，此处 $\kappa' = (j+2)/(2 - \log 3)$。

A：若 $\gamma_i, a_{i+1}, b_{i+1}, \gamma$ 不是由 x, s 确定的对话，或 $\mathbb{V}(x, s, \gamma_i, a_{i+1}, b_{i+1}, \gamma) = 0$，或 $h_f(a_{i+1}) \neq \alpha$，都拒绝；否则随机地选 $\beta \in_{\mathrm{R}} \{0,1\}^{j+2}$，将 β 发给M。

M：给A发 $t \in \{0,1\}^\ell$、$f' \in [\kappa']$ 和 γ'。

A：若 $\gamma_i, a_{i+1}, b_{i+1}, \gamma'$ 不是由 x, t 确定的对话，或 $\mathbb{V}(x, t, \gamma_i, a_{i+1}, b_{i+1}, \gamma') = 0$，或 $h_{f'}'(t) \neq \beta$，都拒绝；否则，设 $\gamma_{i+1} = \gamma_i, a_{i+1}, b_{i+1}$ 和 $K_{i+1} = 2^j$，然后进入第 $i+2$ 阶段。

图 5.7　戈德瓦塞尔-西普塞协议：第 $i + 1$ 阶段的测试

定义了第 $i+1$ 回合的交互协议。此协议嵌入了两个戈德瓦塞尔-西普塞近似下界协议用以判定不等式 (5.4.4) 和不等式 (5.4.5)。在第一个近似下界协议中，梅林发给亚瑟规定数量的类型为 $\{0,1\}^h \to \{0,1\}^g$ 的两两独立的哈希函数 $h_1, \cdots, h_\kappa$。亚瑟随机地选 $\{0,1\}^g$ 中的一个元素 α（这相当于近似地做了"随机选 A_j 中的元素 a_{i+1}"），梅林必须找出 α 在某个哈希函数 h_f 的原像 a_{i+1}，并提供证据证明 $s \in \mathsf{Yes}_x(\gamma_i, a_{i+1})$。在第二个近似下界协议中，梅林发给亚瑟规定数量的类型为 $\{0,1\}^\ell \to \{0,1\}^{j+2}$ 的两两独立的哈希函数 $h'_1, \cdots, h'_{\kappa'}$。亚瑟随机地选 $\{0,1\}^{j+2}$ 中的元素 β（这相当于近似地做了"随机选 $\mathsf{Yes}_x(\gamma_i, a_{i+1})$ 中的元素"）。梅林出示证据，告诉亚瑟他随机选的是 $\mathsf{Yes}_x(\gamma_i, a_{i+1})$ 中的 t。

因为近似下界协议具有完美完备性，所以戈德瓦塞尔-西普塞协议具有完美完备性。我们还需对它的出错概率进行估计。设 $x \notin L$。按出错率假设，有

$$|\mathsf{Yes}_x(\epsilon)| < \frac{1}{p(\ell)^{k+1}} \cdot 2^\ell = \frac{1}{p(\ell)^{k+1}} \cdot K_0 \tag{5.4.6}$$

不等式 (5.4.6) 成立的概率是 1。假定下述不等式成立：

$$|\mathsf{Yes}_x(\gamma_i)| < \frac{1}{p(\ell)^{k+1-i}} \cdot K_i$$

在此条件下，我们证明下述不等式成立的概率至少是 $1 - \frac{1}{3k}$。

$$|\mathsf{Yes}_x(\gamma_{i+1})| < \frac{1}{p(\ell)^{k+1-(i+1)}} \cdot K_{i+1} \tag{5.4.7}$$

设 $S' = \left\{ a \;\middle|\; |\mathsf{Yes}_x(\gamma_i, a)| \geqslant \frac{1}{p(\ell)^{k+1-(i+1)}} \cdot K_{i+1} \right\}$。根据 (5.4.1) 和条件假设，知

$$|S'| \cdot \frac{1}{p(\ell)^{k+1-(i+1)}} \cdot K_{i+1} \leqslant |\mathsf{Yes}_x(\gamma_i)| < \frac{1}{p(\ell)^{k+1-i}} \cdot K_i$$

由上述不等式和不等式 (5.4.4) 知

$$|S'| < \frac{1}{p(\ell)} \cdot \frac{1}{2^j} \cdot K_i < 2\ell \cdot \frac{1}{p(\ell)} \cdot |A_j|$$

当多项式 p 足够大时，有概率不等式

$$\Pr_{a_{i+1} \in_{\mathrm{R}} \{0,1\}^h}[a_{i+1} \in S'] < \frac{|S'|}{|A_j|} < \frac{2\ell}{p(\ell)} \leqslant \frac{1}{3k}$$

根据 S' 的定义，不等式 $|\mathsf{Yes}_x(\gamma_i, a_{i+1})| \geqslant \frac{1}{p(\ell)^{k+1-(i+1)}} \cdot K_{i+1}$ 成立的概率就是 $\Pr_{a_{i+1} \in_{\mathrm{R}} \{0,1\}^h}[a_{i+1} \in S']$。因为 $|\mathsf{Yes}_x(\gamma_{i+1})| = |\mathsf{Yes}_x(\gamma_i, a_{i+1})|$，所以 (5.4.7) 成

立的条件概率至少是 $1 - \frac{1}{3k}$。根据多事件条件概率公式（见第123页），事件

$$\bigwedge_{i=0}^{k} \left(|\mathsf{Yes}_x(\gamma_i)| < \frac{1}{p(\ell)^{k+1-i} \cdot K_i} \right)$$

发生的概率大于 $\left(1 - \frac{1}{3k}\right)^k \geqslant 1 - \frac{1}{3k} \cdot k = \frac{2}{3}$。不等式 (5.2.8) 的最右项可改

成 $\frac{1}{8k} \cdot 2^k$，只要 $p(k)$ 是满足 $p(k) \geqslant 8k\kappa$ 的多项式。这样修改后戈德瓦塞尔-西

普塞近似下界协议的出错概率不超过 $\frac{1}{8k}$。在本例，总共用了 $2k$ 次戈德瓦塞

尔-西普塞近似下界协议，所以根据一致界，总的出错概率不超过 $\frac{1}{8k} \cdot (2k) = \frac{1}{4}$。

结论是：戈德瓦塞尔-西普塞协议的出错概率严格小于 $\frac{1}{3} + \frac{2}{3} \cdot \frac{1}{4} = \frac{1}{2}$。

　　从上述推导、定理 5.1和定理 5.2可得 $\mathbf{IP}[k(n)] \subseteq \mathbf{AM}[3k(n)] \subseteq \mathbf{AM}[k(n)]$。
需要强调的是，定理 5.1和定理 5.2均保持完美完备性。　　　　　　　　　□

　　设 $\mathbf{AM}[k(n)]^+$ 表示所有可被具有完美完备性的 $k(n)$-轮交互证明系统接
受的语言。利用戈德瓦塞尔-西普塞协议定义的交互证明系统的完美完备性，可
推出一些有用的结果。

推论 5.2　　若 $k(n) > 2$，有 $\mathbf{IP}[k(n)] = \mathbf{IP}[k(n)]^+ = \mathbf{AM}[k(n)]^+ = \mathbf{AM}[k(n)]$。

　　用图5.7定义的戈德瓦塞尔-西普塞协议，可给出 $\mathbf{AM}$ 中的任一问题的一个
具有完美完备性的常数回合的亚瑟-梅林博弈。因此有下述结论。

推论 5.3　　$\mathbf{AM} = \mathbf{AM}^+ \subseteq \Pi_2^p$。

　　对常数 $c > 2$，当然也有 $\mathbf{IP}[c] = \mathbf{AM}^+$。具有限回合的交互证明系统的问
题就是 $\mathbf{AM}$ 中的问题。

　　对于 $\mathbf{MA}$，有下面简单的结论。

推论 5.4　　$\mathbf{NP} \subseteq \mathbf{MA}$。

证明　　一个 NP-验证器可看成是亚瑟在做决定时忽略了随机串。因此按照定
义必有引理结论。　　　　　　　　　　　　　　　　　　　　　　　　　□

对于包含关系 $\mathbf{NP} \subseteq \mathbf{MA} \subseteq \mathbf{AM}$，可以说的是，$\mathbf{MA}$ 和 $\mathbf{AM}$ 均为 $\mathbf{NP}$ 的随机版本。如果 $\mathbf{BPP} = \mathbf{P}$，那么 $\mathbf{NP} = \mathbf{MA}$，这是因为亚瑟的计算可以被一台多项式时间图灵机所替代。

定理5.4的结果可进一步加强。首先我们有如下结果。

推论 5.5   若 $\mathbf{coNP} \subseteq \mathbf{AM}$，则有 $\mathbf{PH} = \mathbf{AM}$。

证明   设 $O \in \mathbf{NP}$，则 $\overline{O} \in \mathbf{coNP}$。有 O 的一个亚瑟-梅林博弈，若 $x \notin O$，该博弈以大概率正确回答"否"；有 $\overline{O}$ 的一个亚瑟-梅林博弈，若 $x \in O$，该博弈以大概率回答"否"。并行地运行这两个博弈，将其作为神谕 O 的近似。若并行博弈的结果为（是，否），近似神谕回答"是"；否则近似神谕回答"否"。设 $L \in \Sigma_2^p$。存在多项式时间神谕图灵机 $\mathbb{M}^O$ 和多项式 p 使得 $x \in L$ 当仅当 $\exists y \in \{0,1\}^{p(n)}.\mathbb{M}^O(x,y) = 1$。用库克-莱文归约将 $\mathbb{M}^O(x,y) = 1$ 转换成公式 $\exists z \ldots (w \in O) \ldots$。不难看出，$L$ 可由一个 $\mathbf{MAM}$ 博弈判定，因此 $L \in \mathbf{AM}$。设 $L \in \Pi_2^p$。存在多项式时间神谕图灵机 $\mathbb{M}^O$ 和多项式 p 使得 $x \in L$ 当仅当 $\forall y \in \{0,1\}^{p(n)}.\mathbb{M}^O(x,y) = 1$。用库克-莱文归约将 $\mathbb{M}^O(x,y) = 1$ 转换成公式 $\exists z \ldots (w \in O) \ldots$。这种情况下，$L$ 可由一个 $\mathbf{AMAM}$ 博弈判定，因此 $L \in \mathbf{AM}$。

设 $i > 1$ 且 $\Sigma_i^p, \Pi_i^p \subseteq \mathbf{AM}$，用同样方法可证 $\Sigma_{i+1}^p, \Pi_{i+1}^p \subseteq \mathbf{AM}$。 □

下述推论强于定理5.4。

推论 5.6   若图同构问题是 $\mathbf{NP}$-完全的，则 $\mathbf{PH} = \mathbf{AM}$。

证明   若 GI 是 $\mathbf{NP}$-完全的，则 GNI 是 $\mathbf{coNP}$-完全的。根据定理5.3，GNI $\in \mathbf{AM}$。所以 $\mathbf{coNP} \subseteq \mathbf{AM}$。再根据推论5.5，$\mathbf{PH} = \mathbf{AM}$。 □

5.5 多证明者交互证明系统

尽管我们已知 $\mathbf{NP} \subseteq \mathbf{MA} \subseteq \mathbf{AM} \subseteq \mathbf{PH} \subseteq \mathbf{IP} = \mathbf{PSAPCE}$，我们却无法证明其中的任何一个包含关系是严格的，换言之，我们无法证明交互证明系统的能力确实是大于 $\mathbf{NP}$ 验证器的能力。本-奥、戈德瓦塞尔、克利安、维格森在研究零知识证明时引入了一类新的计算模型，*多证明者交互证明系统* [33]。后继研究表明，这类系统的计算能力严格大于单证明者交互证明系统。多证明者交互证明系统是交互证明系统的推广，两者不同之处在于前者由一个验证者

Ben-Or, Kilian

和多个证明者构成。在交互开始前，多个证明者可以协商出任何策略，但一旦交互开始，证明者之间就不允许有任何交流，他们只能和验证者做一对一的交流。验证者可以通过和一个证明者的交互，验证另一个证明者提供的信息的真伪，这样可以基本确保证明者给出的回答是非适应性的（即他的回答不依赖于他之前给出的回答）。生活中类似的场景是，两名罪犯在被捕前可能会统一口径，但有经验的审讯者会问一些罪犯预先没料到的问题组合，并通过交叉审讯找出破绽。非适应性证明者可看成是（有限）函数，而函数可用神谕表示。多证明者交互证明系统中验证者迫使证明者进行非适应性答复这一策略让我们可以用带神谕的图灵机研究多证明者交互证明系统。

在文献 [33] 中，作者证明了所有 NP-问题都有用多证明者交互证明系统给出的零知识证明系统。而用交互证明系统构造 NP-问题的零知识证明时，需要用到密码学的基本假定，即单向函数的存在性假定 [89]。在多证明者交互证明系统中，证明者之间的物理隔离代替了逆函数的难解性。

在结构复杂性方面，多证明者交互证明系统有如下重要结果：

1. 多证明者交互证明系统接受的问题类被证明是 **NEXP** [26]。由时间谱系定理（定理 1.9）知，多证明者交互证明系统的判别能力严格强于 **NP** 问题验证器的判定能力。

2. **IP** 中的所有问题都可被单回合的多证明者交互证明系统所接受。即验证者可一次将所有的问题提交给第一个证明者，并通过和第二个证明者交互来验证第一个证明者给出的回复是"好"的。

本节将着重介绍这第一方面的内容，第5.8节将讨论第二方面的结果。在这之前，我们先介绍多证明者交互证明系统的几个等价刻画。

5.5.1 定义

设 k 和 t 为多项式，n 为输入长度。一个 $t(w)$-回合$k(n)$-证明者交互证明系统由一个验证者 $\mathbb{V}$ 和 $k(n)$ 个证明者 $\mathbb{P}_1,\cdots,\mathbb{P}_{k(n)}$ 构成，验证者为多项式时间概率图灵机，证明者为图灵机（函数）。验证者和所有证明者均可看到输入。验证者可以和每个证明者进行交互，但证明者之间不允许有任何交互，交互总回合数为 $t(n)$，交互中各方发送的信息均为多项式长的。当交互结束后，验证者做出判定 $\mathbb{V}(x,r,\gamma_1\natural\gamma_2\natural\cdots\natural\gamma_{k(n)})$，这里 r 是验证者产生的随机串，对

下文中，当我们说"交互证明系统"，我们指的是只有一个证明者的交互证明系统。
nonadaptive

one-way function

$i \in [k(n)]$，γ_i 是验证者 $\mathbb{V}$ 和证明者 $\mathbb{P}_i$ 的交互信息记录。当多项式 $k(n)$ 为常数 2 时，称 $k(n)$-证明者交互证明系统为双证明者交互证明系统。

若对任意长度为 n 的输入 x，下述两条件满足，称被 $t(w)$-回合 $k(n)$-证明者交互证明系统接受：(1) 若 $x \in L$，存在证明者 $\mathbb{P}_1, \cdots, \mathbb{P}_{k(n)}$，使得

$$\mathrm{Pr}_{r \in \{0,1\}^{q(n)}}[\mathbb{V}(x, r, \gamma_1 \sharp \gamma_2 \sharp \cdots \sharp \gamma_{k(n)}) = 1] \geqslant 1 - \frac{1}{2^n}$$

(2) 若 $x \notin L$，对任意证明者 $\mathbb{P}_1, \cdots, \mathbb{P}_{k(n)}$，有

$$\mathrm{Pr}_{r \in \{0,1\}^{q(n)}}[\mathbb{V}(x, r, \gamma_1 \sharp \gamma_2 \sharp \cdots \sharp \gamma_{k(n)}) = 1] < \frac{1}{2^n}$$

上述不等式中，多项式 $q(n)$ 为验证者产生的随机串长度。用 **MIP**$[k, t]$ 表示所有可被 t-回合 k-证明者交互证明系统接受的语言。下文中，我们将"多项式回合"简称为"多回合"，将"多项式个证明者"简称为"多证明者"。用 **MIP** 表示所有可被多回合多证明者交互证明系统接受的语言。

adaptive 证明者的答复一般是适应性的，即他的答复一般依赖于他之前给出的答复。在一个双证明者交互证明系统中，验证者可以强迫第一个证明者的答复（在概率意义上）是非适应性的。假定验证者和第一个证明者的交互内容为 $a_1, b_1, \cdots, a_t, b_t$。为了保证答复 b_j 只依赖于 a_j 而不依赖于 $a_1, \cdots, a_{j-1}$，验证者可以随机地选 $i \in_{\mathrm{R}} [t]$，并将 a_i 发给第二个证明者，若后者的回复与 b_i 不一样，立即拒绝。需要强调的是，第二个证明者的答复 b_i 是非适应性的。非适应性的证明者可以用神谕代替。所有的神谕在交互开始之前已经定义，在交互进行过程中不能修改。福特纳、罗姆佩尔、西普塞在文献 [79] 中引入了下述定义。

Rompel

定义 5.2　L 被多项式时间神谕概率图灵机 $\mathbb{P}^?$ 接受当仅当下述条件满足：

　　1. 若 $x \in L$，则存在神谕 O，使得 $\mathbb{P}^O(x) = 1$ 成立的概率至少为 $1 - \frac{1}{2^n}$。

　　2. 若 $x \notin L$，则对任意神谕 O，$\mathbb{P}^O(x) = 1$ 成立的概率小于 $\frac{1}{2^n}$。

必须强调的是，"$\mathbb{P}^?$ 接受 L"不同于"$\mathbb{P}^O$ 接受 L"。定义5.2要求对每个 $x \in L$ 存在一个神谕 O 满足一定的条件。处理不同的输入，$\mathbb{P}^?$ 可调用不同的神谕 O。福特纳、罗姆佩尔、西普塞证明了下述很有用的结论 [79]。

Rompel

定理 5.10（福特纳-罗姆佩尔-西普塞定理）　L 被一个多回合多证明者交互证明系统接受当仅当 L 被一个多项式时间的神谕概率图灵机接受。

证明　设 L 被一个多回合 k-证明者交互证明系统接受。设 x 为输入。定义神谕概率图灵机 $\mathbb{Q}^O$ 如下：$\mathbb{Q}^O$ 模拟验证者的计算，并记住已经交换的所有信息。设在第 j 个回合，已经交换的信息为 $\gamma_1 \sharp \cdots \sharp \gamma_k$，验证者向第 i 个证明者发送了问题 a。设 h 为证明者的答复的长度。对每个 $d \in [h]$，神谕概率图灵机 $\mathbb{Q}^O$ 向神谕提出问题 $(x, i, j, d, \gamma_1 \sharp \cdots \sharp \gamma_k)$，并将神谕回答的 1 或 0 视为第 i 个证明者在第 j 个回合给出的回复的第 d 位。交互结束后，$\mathbb{Q}^O$ 接受 x 当仅当验证者接受 x。显然存在一个神谕 O，它的回复和证明者给出的回复完全一样。所以当 $x \in L$ 时，$\mathbb{Q}^O$ 接受 x 的概率至少是 $1 - \frac{1}{2^n}$。如果 $x \notin L$ 并且存在神谕 O' 使得 $\mathbb{Q}^{O'}$ 接受 x 的概率至少是 $\frac{1}{2^n}$，我们可以让证明者模拟 O'，迫使验证者以至少 $\frac{1}{2^n}$ 的概率接受 x。这与假设矛盾，因此这样的神谕 O' 不存在。换言之，若 $x \notin L$，则对任何神谕 O'，$\mathbb{Q}^{O'}$ 接受 x 的概率不超过 $\frac{1}{2^n}$。

反之，设 L 由运行时间为 n^k 的神谕概率图灵机 $\mathbb{M}$ 所接受。我们设计一个有 $4n^{k+1}$ 个证明者的交互证明系统判定 L。设输入为 x，其长度为 n。验证者模拟 $\mathbb{M}$ 进行计算，每当 $\mathbb{M}$ 问神谕问题时，验证者随机地选 n 个未与之交互过的证明者，向他们提交同样的问题，若得到的回复不一致，拒绝；否则验证者将该回复作为神谕的回复，继续模拟 $\mathbb{M}$。如果验证者顺利模拟完 $\mathbb{M}$ 的计算，他将 $\mathbb{M}$ 的判定结果作为判定结果。分两种情况讨论：

- 若 $x \in L$，只要所有的证明者的答复与那个神谕给出的答复一致，验证者接受 x 的概率至少是 $1 - \frac{1}{2^n}$。

- 设 $x \notin L$。定义神谕 O 如下：对任意一个问题，O 的回复和一半以上的证明者对该问题的回复是一样的，如果没有一个回复占绝对多数，O 可以随便给出一个回复。根据假定，$\mathbb{M}^O$ 接受 x 的概率小于 $\frac{1}{2^n}$。若验证者接受 x，有两种情况：第一种情况是，如果证明者的答复都和 O 的答复一致，显然证明者接受 x 的概率小于 $\frac{1}{2^n}$；第二种情况是，证明者给出的答案与神谕 O 给出的不一致。设最早在第 i 个回合 n 个证明者的答复和神谕的答复不一样。第 $i-1$ 个回合后，还有 $4n^{k+1} - n(i-1) < 3n^{k+1}$

个证明者未参与交互。按照 O 的定义，如果 O 的答复是按照绝大多数原则定义的，最多有不超过 $2n^{k+1}$ 个证明者的答复和 O 不一致，所以此种情况发生的概率不超过

$$\binom{2n^{k+1}}{n}\Big/\binom{3n^{k+1}}{n} = O((2/3)^n)$$

如果 O 的答复不是按照绝对多数原则定义的（因为没有绝对多数），那么随机挑选的 n 个证明者给出一致答复的概率为 $O(1/2^n)$。因为总共有 n^k 个回合，所以发生这种错误的概率不超过 $O(n^k \cdot (2/3)^n + 1/2^n) = O(n^k \cdot (2/3)^n)$。故有

$$\begin{aligned}
\Pr[\text{验证者接受} x] &= \Pr[\text{接受} x，\text{第一种情况}] + \Pr[\text{接受} x，\text{第二种情况}] \\
&\leqslant \Pr[\text{接受} x|\text{第一种情况}] + \Pr[\text{第二种情况}|\text{接受} x] \\
&\leqslant 1/2^n + O(n^k \cdot (2/3)^n) \\
&\leqslant O(n^k \cdot (2/3)^n)
\end{aligned}$$

通过重复此协议多项式遍，可将出错概率降至 $1/2^n$ 之下。   □

一个有意思的问题是，证明者的个数对交互证明系统的表达能力是否有影响？本·奥、戈德瓦塞尔、克利安、维格森在第一篇关于多证明者交互证明系统的文章中回答了此问题 [33]。

定理 5.11（本·奥-戈德瓦塞尔-克利安-维格森定理） L 被多回合多证明者交互证明系统接受当仅当 L 被多回合双证明者交互证明系统接受。

证明 设 L 被多回合 k-轮多证明者交互证明系统 $(\mathbb{P}_1, \cdots, \mathbb{P}_k, \mathbb{V})$ 所接受，设 x 为长度为 n 的输入。我们将设计接受 L 的多回合双证明者交互证明系统 $(\mathbb{Q}_1, \mathbb{Q}_2, \mathbb{U})$。验证者 $\mathbb{U}$ 使用的算法很简单，和 $\mathbb{Q}_1$ 模拟 $\mathbb{V}$ 与 $\mathbb{P}_1, \cdots, \mathbb{P}_k$ 之间的交互，若 $\mathbb{V}$ 拒绝，则 $\mathbb{U}$ 拒绝，否则随机地选 i 并和 $\mathbb{Q}_2$ 模拟 $\mathbb{V}$ 与 $\mathbb{P}_i$ 之间的交互；若 $\mathbb{U}$ 与 $\mathbb{Q}_2$ 的交互过程和 $\mathbb{V}$ 与 $\mathbb{P}_i$ 之间的交互过程完全一样，则 $\mathbb{V}$ 接受 x，否则 $\mathbb{V}$ 拒绝 x。形式化定义在图5.8中给出。这样定义的双证明者交互证明系统显然满足完备性。设 $x \notin L$。在下述推导中，我们用 $\mathbb{Q}_2(i)$ 表示 $\mathbb{U}$ 向 $\mathbb{Q}_2$ 依次提交给 $\mathbb{P}_i$ 提过的问题后得到的对话记录。有下列概率不等式推导：

$$\Pr[\mathbb{U}\text{接受} x]$$

$$\leqslant \Pr[\mathbb{U}\text{接受}x \mid \forall i \in [k].\mathbb{Q}_2(i) = \gamma_i] + \Pr[\mathbb{U}\text{接受}x \mid \exists i \in [k].\mathbb{Q}_2(i) \neq \gamma_i]$$

$$\leqslant \Pr[\mathbb{V}\text{接受}x] + \left(1 - \frac{1}{k}\right)$$

$$\leqslant 1 - \frac{1}{k} + \frac{1}{2^n}$$

设 $(\mathbb{P}_1, ..., \mathbb{P}_k, \mathbb{V})$ 为 t-回合 k-证明者 t-轮多证明者交互证明系统。设 x 是长度为 n 的输入。

$\mathbb{U}$ 和 $\mathbb{Q}_1$ 模拟 $\mathbb{V}$ 和 $\mathbb{P}_1, ..., \mathbb{P}_k$ 之间的交互。设交互中使用的随机串为 r，和 k 个证明者的交互记录分别为 $\gamma_1, ..., \gamma_k$。

$\mathbb{U}$：若 $\mathbb{V}(x, r, \gamma_1 \sharp ... \sharp \gamma_k)$ 拒绝，$\mathbb{U}$ 拒绝，否则随机选 $i \in [k]$，将发给 $\mathbb{P}_i$ 的问题依次发给 $\mathbb{Q}_2$，$\mathbb{Q}_2$ 依次回答 $\mathbb{U}$ 的问题。设 γ_i' 为交互记录。若 $\gamma_i' = \gamma_i$，则 $\mathbb{U}$ 接受，否则 $\mathbb{U}$ 拒绝。

图 5.8 模拟多证明者交互系统的双证明者协议

若将图5.8中的交互证明系统重复 k^2 遍，出错概率降至 $\frac{1}{e^k} < \frac{1}{2^n}$。 □

综合定理5.10和定理5.11，可推知如下三类模型是等价的：多回合多证明者交互证明系统、多回合双证明者交互证明系统、神谕概率图灵机。基于此事实，我们可以假定多回合多证明者交互证明系统由一个验证者和两个证明者组成。

定义 5.3 $L \in \mathbf{MIP}$ 当仅当存在多回合双证明者交互证明系统 $(\mathbb{V}, \_, \_)$ 满足下述条件 1（完备性）和条件 2（可靠性）：

1. 若 $x \in L$，存在 $\mathbb{P}_1$ 和 $\mathbb{P}_2$ 使得 $\Pr_{r \in \{0,1\}^{q(n)}}[\mathbb{V}_{\mathbb{P}_1,\mathbb{P}_2}(x, r, \gamma_1 \sharp \gamma_2) = 1] \geqslant 1 - \frac{1}{2^n}$。

2. 若 $x \notin L$，对任意 $\mathbb{P}_1'$ 和 $\mathbb{P}_2'$，有 $\Pr_{r \in \{0,1\}^{q(n)}}[\mathbb{V}_{\mathbb{P}_1',\mathbb{P}_2'}(x, r, \gamma_1 \sharp \gamma_2) = 1] < \frac{1}{2^n}$。

上述定义中，符号 $\mathbb{V}_{\mathbb{P}_1,\mathbb{P}_2}$ 指定了证明者。从这些等价性我们容易定义交互证明系统的变种，它们所接受的语言类也是 $\mathbf{MIP}$。下述引理给出了一个例子。

引理 5.3 $L \in \mathbf{MIP}$ 当仅当存在多回合交互证明系统 $(\mathbb{V}^?, \_)$，其中 $\mathbb{V}^?$ 为多项式时间神谕概率图灵机，满足下述条件 1（完备性）和条件 2（可靠性）：

1. 若 $x \in L$，存在 O 和 $\mathbb{P}$ 使得 $\Pr_{r \in \{0,1\}^{q(n)}}[\mathbb{V}_{\mathbb{P}}^O(x, r, \gamma_1 \sharp \gamma_2) = 1] \geqslant 1 - \frac{1}{2^n}$。

2. 若 $x \notin L$, 对任意 O 和 $\mathbb{P}$, 有 $\mathrm{Pr}_{r \in \{0,1\}^{q(n)}}[\mathbb{V}_{\mathbb{P}}^O(x, r, \gamma_1 \sharp \gamma_2) = 1] < \frac{1}{2^n}$.

证明 因神谕是特殊的证明者, 引理中的交互证明系统介于多回合双证明者交互证明系统和多项式时间神谕概率图灵机之间, 其判定能力当然也介于两者之间. □

神谕概率图灵机对 **MIP** 的刻画使得下述命题的证明变得很简单. 此证明方法是由福特纳、罗姆佩尔、西普塞发现的 [79]。

命题 30 **MIP** $\subseteq$ **NEXP**。

证明 设 L 被一台计算时间为 n^c 的神谕概率图灵机 $\mathbb{Q}^?$ 接受. 当输入长度为 n 时, $\mathbb{Q}^?$ 最多问 n^c 个问题, 得到的回复的总长度不会超过 n^c. 所以所有可能的回复的组合数不超过 2^{n^c}. 神谕概率图灵机 $\mathbb{Q}^?$ 所使用的随机串长度不超过 n^c, 随机串个数不超过 2^{n^c}. 一台非确定图灵机用 $2^{O(n^c)}$ 时间猜测一个神谕 O, 然后顺序地模拟神谕概率图灵机在每个随机串上的计算, 若成功率至少 $1 - 2^{-n}$, 则接受, 否则拒绝. 不难看出, 这台非确定图灵机接受 L, 并且其计算时间是 $2^{O(n^c)}$. □

（左侧边注）问题的总长度和回复的总长度都不会超过计算的总步数。

在本节最后, 我们提一下多回合多证明者交互证明系统的完美完备性. 不难看出, 就像在单证明者交互证明系统中一样, 我们可以用总和测试协议(见图5.5)证明 **MIP** 中的问题都具有满足完美完备性的多回合多证明者交互证明系统. 证明留作练习.

定理 5.12（MIP 的等价刻画） $L \in$ **MIP** 当仅当存在多回合双证明者交互证明系统 $(\mathbb{V}, \_, \_)$ 满足下述条件 1(完备性)和条件 2(可靠性):

1. 若 $x \in L$, 存在 $\mathbb{P}_1$ 和 $\mathbb{P}_2$ 使得 $\mathrm{Pr}_{r \in \{0,1\}^{q(n)}}[\mathbb{V}_{\mathbb{P}_1, \mathbb{P}_2}(x, r, \gamma_1 \sharp \gamma_2) = 1] = 1$。

2. 若 $x \notin L$, 对任意 $\mathbb{P}_1'$ 和 $\mathbb{P}_2'$, 有 $\mathrm{Pr}_{r \in \{0,1\}^{q(n)}}[\mathbb{V}_{\mathbb{P}_1', \mathbb{P}_2'}(x, r, \gamma_1 \sharp \gamma_2) = 1] < \frac{1}{2^n}$。

5.5.2 NEXP 的多证明者协议

鉴于命题30, 一个自然的问题是 **NEXP** $\subseteq$ **MIP** 是否成立. 巴柏、福特纳和隆德在一篇承前启后的文献 [26] 里给出了肯定的回答. 他们的证明 [26] 巧妙运用了库克-莱文归约、总和测试协议、纠错码(低次多项式测试)等技术.

费热、戈德瓦塞尔、洛瓦茨、萨弗拉、塞盖迪简化了巴柏等人的证明 [75]。后者讨论的是 **NP** 类，追求的是交互次数和随机串长度尽可能地小，但他们的证明并不能用来说明 **NEXP** $\subseteq$ **MIP**，原因是他们的验证器在处理指数长的输入时计算时间是指数的。本节要介绍的是一个更简化的证明。

Feige
Szegedy

设 $L \in$ **NP** 被一台计算时间为 $T(n)$ 的非确定图灵机所接受，设 x 为输入。用库克-莱文归约可在多项式时间内构造出和 $x \in L$ 等价的 3-合取范式

$$\psi(z) = \bigwedge_{c \in [O(T(|x|))]} \psi_c(z_c^1, z_c^2, z_c^3)$$

其中 x 为 z 的一部分。因 z 有多项式个变量，对变量进行编码的长度是对数 $t = \log|z| = O(\log(|x|))$ 的。我们用变量 $v_1, \cdots, v_t$ 指代变量 z，对 $v = v_1, \cdots, v_t$ 的一个真值指派指定了 z 中的一个变量。利用此编码，对变量 z 的真值指派可视为如下的函数：

$$A : \{0,1\}^t \to \{0,1\}$$

同样，设 $s = O(\log(T(|x|))) = O(\log(|x|))$。我们用变量 $u = u_1, \cdots, u_s$ 对 c 进行编码。从引理 1.5 推出如下重要结论。

引理 5.4　从 u 和 v 计算 $\psi_c(z_u^1, z_u^2, z_u^3)$ 需要 polylog$(|x|)$ 时间。

对于 $u \in \{0,1\}^s$ 和 $h \in [3]$，定义常量 $s_{h,u}$ 如下：

$$s_{h,u} = \begin{cases} 1, & \text{若}\psi_u\text{的第}h\text{个变量 } z_u^h \text{ 是正出现} \\ 0, & \text{若}\psi_u\text{的第}h\text{个变量 } z_u^h \text{ 是负出现} \end{cases}$$

定义指示函数 $\chi_{h,u} : \{0,1\}^t \to \{0,1\}$ 如下：

$$\chi_{h,u}(v) = \begin{cases} 1, & \text{若}\psi_u\text{的第}h\text{个变量 } z_u^h \text{ 的编码是}v \\ 0, & \text{否则} \end{cases}$$

易见，真值指派 A 满足 $\psi_u(z_u^1, z_u^2, z_u^3)$，即布尔公式 $\psi_u(z_u^1, z_u^2, z_u^3)$ 在真值指派 A 下的值为 1，当仅当

$$\bigvee_{v^1,v^2,v^3 \in \{0,1\}^t} \bigwedge_{h \in [3]} \chi_{h,u}(v^h)(s_{h,u} - A(v^h)) = 0 \tag{5.5.1}$$

同理，真值指派 A 满足 $\psi(z)$ 当仅当

$$\bigvee_{u\in\{0,1\}^s}\bigvee_{v^1,v^2,v^3\in\{0,1\}^t}\bigwedge_{h\in[3]}\chi_{h,u}(v^h)(s_{h,u}-A(v^h))=0 \qquad (5.5.2)$$

一个自然想到的判定 (5.5.1) 的方法是用总和测试协议（见图5.5）。在总和测试协议中，交互的回合数是变量个数，在本例中就是对数多次，即 $s+3t$ 次。我们还必须有个对真值指派 A 求值的方法。因为验证者要判定的是，是否存在一个真值指派使得 (5.5.2) 成立，所以该由证明者提供 A。因为真值指派是函数，可将 A 视为神谕。为提高交互证明系统的正确率，我们将神谕 A 的定义拓展到一个足够大的有限域 $\mathbf{F}_p$ 上，同时将 $\bigwedge_{h\in[3]}\chi_{h,u}(v^h)(s_{h,u}-A(v^h))$ 算术化成定义在 $\mathbf{F}_p$ 上的表达式。对此过程做两点说明：

- 若 $t=3$ 且 ψ_4 的第一个变量是 u_5，则 $\chi_{1,4}(v^h)=v_1^h(1-v_2^h)v_3^h$；算术函数 $\chi_{1,4}$ 在输入 101 上的值为 1，在 $\{0,1\}^3$ 的其他元素上的值为 0。
- 若 ρ 为 $v=v_1,\cdots,v_t$ 的一个真值指派，符号 v^ρ 为极大项 $v_1^\rho\vee\cdots\vee v_t^\rho$，这里 v_1^ρ 的定义如下：若 $\rho(v_1)=1$，则 $v_1^\rho=\overline{v_1}$，若 $\rho(v_1)=0$，则 $v_1^\rho=v_1$；以此类推。假定 $A(\rho)=1$ 表示真值指派 A 对编码为 ρ 的变量的赋值为真，可将 A 的算术化定义如下：先用分配律将下述 t-合取公式

$$\bigwedge_{A(\rho)=1}v^\rho$$

  转换成 t-析取范式 ψ，然后将 ψ 中的析取换成算术加，将合取换成算术乘，将变量的否定换成 1 减去该变量。由于验证者不知道 A 的定义，所以对 A 的算术化由证明者提供。

值得注意的是，若将 $\bigwedge_{h\in[3]}\chi_{h,u}(v^h)(s_{h,u}-A(v^h))$ 的算术化后的表达式展开，得到的是一个 $3t$-元 9-次多项式，即每一项中每个变元的次数不超过 9。

上述的算术化并不彻底，我们还应将 (5.5.2) 中的 $u=u_1\cdots u_s\in\{0,1\}^s$ 拓展成 $\mathbf{F}_p$ 中的变量。根据引理5.4, 在等式 (5.5.1) 中，$s_{1,u}$、$s_{2,u}$、$s_{3,u}$ 可从 u 计算出，$\chi_{1,u}(v^1)$、$\chi_{2,u}(v^2)$、$\chi_{3,u}(v^3)$ 可分别从 u,v^1、u,v^2、u,v^3 计算出。并且

计算 $s_{h,u}$ 和 $\chi_{h,u}(v)$ 的时间 = 计算 $\psi_u(u_c^1,z_u^2,z_u^3)$ 的时间 = `polylog`$(|x|)$。

根据库克-莱文归约，有 `polylog` 长的 3-合取范式 $\theta_h(u_1,\cdots,u_s,s_{h,u})$ 表示这个计算过程，其中 $s_{h,u}$ 表示计算的输出。满足 $\theta_h(u_1,\cdots,u_s,s_{h,u})$ 的一个真值指

派对应于一个合法计算。同理，有 polylog 长的 3-合取范式 $\vartheta_h(u_1, \cdots, u_s, v^h)$ 表示从 $u_1, \cdots, u_s$ 计算出第 $u = u_1 \cdots u_s$ 个语句 $\psi_{u_1, \cdots, u_s}$ 的第 h 个变量 z_u^h 的编码 v^h。注意，为了简化符号，我们忽略了库克-莱文归约引入的额外的变量，这些变量不会引入额外的难度。用 $O_h(u_1, \cdots, u_s, s_{h,u})$ 表示 $\theta_h(u_1, \cdots, u_s, s_{h,u})$ 的算术化，用 $Q_h(u_1, \cdots, u_s, v^h)$ 表示 $\vartheta_h(u_1, \cdots, u_s, v^h)$ 的算术化。现在可把 $\chi_{h,u}(v^h)(s_{h,u} - A(v^h))$ 进一步算术化成下述表达式：

$$Q(u_1, \cdots, u_s, v^h) \cdot O(u_1, \cdots, u_s, s_{h,u}) \cdot (s_{h,u} - A(v^h))$$

用 $\Psi_{u,v^1,v^2,v^3}(A(v^1), A(v^2), A(v^3))$ 表示上述表达式。算术化过程需要把 3-合取范式转换成 3-析取范式，确保 $\Psi_{u,v^1,v^2,v^3}(A(v^1), A(v^2), A(v^3))$ 是个低次多项式。完成算术化后，我们用总和测试协议给出验证下述等式的交互证明系统。

$$\sum_{u \in \mathbf{F}_p^s} \sum_{v^1,v^2,v^3 \in \mathbf{F}_p^t} \prod_{h \in [3]} \Psi_{u,v^1,v^2,v^3}(A(v^1), A(v^2), A(v^3)) = 0 \tag{5.5.3}$$

但直接验证 (5.5.3) 是不对的。因为变量取值于有限域，即便有些

$$\prod_{h \in [3]} \Psi_{u,v^1,v^2,v^3}(A(v^1), A(v^2), A(v^3)) \tag{5.5.4}$$

的取值不等于零，等式 (5.5.3) 依然可以成立。一个通常的解决办法是在有限域中随机地选元素作为式 (5.5.4) 这些项的系数，然后判定式 (5.5.3)。在本例中，此方法需要产生多项式个随机串，这不满足我们对随机串长度的限制。文献 [75] 的作者给出了一个巧妙的解决方案。设 $\ell = s + 3t$。验证者随机地选 $\mathbf{F}_p$ 中 ℓ 个元素 $r_1, \cdots, r_\ell$。对每个 $d = u, v^1, v^2, v^3 \in \{0,1\}^\ell$，设 $r_{u,v^1,v^2,v^3} = \prod_{d_i=1} r_i$。若 (5.5.4) 的值不等于零，下述等式

$$\sum_{u \in \mathbf{F}_p^s} \sum_{v^1,v^2,v^3 \in \mathbf{F}_p^t} r_{u,v^1,v^2,v^3} \cdot \prod_{h \in [3]} \Psi_{u,v^1,v^2,v^3}(A(v^1), A(v^2), A(v^3)) = 0 \tag{5.5.5}$$

不成立的概率至少是 $\left(1 - \dfrac{1}{p}\right)^\ell$。这是因为若将 $r_1, \cdots, r_\ell$ 看作变量的话，只要有系数非零，上述不等式左面的函数取非零值的比例至少是 $\left(1 - \dfrac{1}{p}\right)^\ell$。

根据引理5.3，我们假定验证者是一台神谕概率图灵机，它与一个证明者进行交互后给出判定结果，神谕 A 扮演真值指派的角色。在此交互证明系统中，验证者的算法包括两部分：

multi-linear，即每个变量的次数为 1。

1. 测试神谕 A 是否为一个定义在有限域 $\mathbf{F}_p$ 上的多线性函数。若成功，$\Psi_{u,v^1,v^2,v^3}(A(v^1),A(v^2),A(v^3))$ 就大概率是 3-次多项式。多线性性测试算法在第5.6节讨论。

2. 在上一步测试通过后，可假定 $\prod_{h\in[3]}\Psi_{u,v^1,v^2,v^3}(A(v^1),A(v^2),A(v^3))$ 是 9-次多项式，然后用总和测试协议验证 (5.5.5)。

在总和测试协议中，验证者依次对 $u_1,\cdots,u_s,v_1^1,\cdots,v_t^1,v_1^2,\cdots,v_t^2,$ $v_1^3,\cdots,v_t^3$ 随机赋值 $b_1,\cdots,b_s,a_1^1,\cdots,a_t^1,a_1^2,\cdots,a_t^2,a_1^3,\cdots,a_t^3$，证明者依次提供多项式 $g_1,\cdots,g_{s+3t}$，每个回合后验证者做一致性测试。如果前 $s+3t-1$ 次一致性验证都通过了，验证者在得到 a_s^3 后做最后一次验证时，通过访问神谕 A 得到值 $A(a^1)$、$A(a^2)$ 和 $A(a^3)$，然后验证等式

$$g_{s+3t}(a_t^3) = r' \cdot \prod_{h\in[3]} \Psi_{b,a^1,a^2,a^3}(A(a^1),A(a^2),A(a^3))$$

这最后一步验证让验证者以一定的概率确信证明者提供的简化后的 9-次多项式都是正确的。根据总和测试协议，此交互证明系统的交互回合数为 $s+3t = O(\log|x|)$。取有限域 $\mathbf{F}_p$ 的大小为 $p = O(\log|x|)$，可将总和测试协议的出错概率和导致随机生成的等式 (5.5.5) 测试失效的概率

$$\left(1 - \frac{9}{O(\log|x|)}\right)^{O(\log|x|)} \cdot \left(1 - \frac{1}{O(\log|x|)}\right)^{O(\log|x|)}$$

降至任意指定常数。如果将此协议重复 $O(\log|x|)$ 遍，可将出错概率降至多项式倒数。交互系统使用的随机串长度为 $(s+3t)\log(p) = O(\log|x|\log\log|x|) = \texttt{polylog}(|x|)$。第5.6节讨论的对神谕 A 的多线性性测试可在 $\texttt{polylog}(|x|)$ 时间里完成，因此计算过程中访问神谕的次数不超过 $\texttt{polylog}(|x|)$。最后，验证者在读取输入之后的时间开销是 $\texttt{polylog}(|x|)$，这点很重要。

若刚才描述的多证明者交互系统不得不将输入归约到一个指数长的 3-合取范式，验证者的随机串长度、交互轮数、时间复杂性就都是多项式的，故有下述结论。

定理 5.13 **MIP = NEXP**。

上述定理的证明中，我们为每个 **NEXP** 中的问题设计了一个协议，该协议由总和测试协议和多线性性测试协议构成。这两个协议有一个共同点，即验证者只是简单地将产生的随机串作为问题发送给证明者。定理5.10的证明表明，若一个多证明者交互证明系统的验证者将随机串作为问题提交给证明者，模拟他的双证明者系统也简单地将随机串作为问题提交给证明者；定理5.11的证明表明，若验证者将随机串作为问题提交给神谕概率图灵的神谕，模拟他的双证明者系统也简单地将随机串作为问题提交给证明者。基于这些观测，我们得出下述结论 [72]。

定理 5.14（MIP= 公币 MIP） **MIP** 中的任何一个问题都有公币双证明者交互系统，即验证者的问题就是投硬币的结果。

5.6 多线性性测试算法

定理5.6的证明用到了多线性函数。如果验证者只能用黑盒方法测试一个函数的输入输出性质，他有何办法让自己相信该函数差不多就是一个多线性函数？巴柏、福特纳和隆德在文献 [26] 中为这种场景设计了一个随机判定算法，费热、戈德瓦塞尔、洛瓦茨、萨弗拉、塞盖迪在文献 [75] 中改进了该算法的效率，但两者的思路完全一样。

Szegedy

考虑 s-元多项式/函数 $f(x_1, \cdots, x_s) : \mathbf{F}_p^s \to \mathbf{F}_p$。设 $a_h \in \mathbf{F}_p$，并设 $f_{x_h=a_h}$ 为限制在 $s-1$ 维空间 $\left(\mathbf{F}_p^s\right)^{x_h=a_h} = \{(a_1', \cdots, a_s') \in \mathbf{F}_p^s \mid a_h' = a_h\}$ 上的函数 $f(x_1, \cdots, a_h, \cdots, x_s)$。称 f 为 x_h-轴线性的，如果固定除 x_h 之外的所有输入后，f 是 x_h 的线性函数。多线性性测试算法基于如下简单的事实：

> f 是多线性的当仅当，对任意 $(a_1, \cdots, a_s) \in \mathbf{F}_p^s$，$f_{x_1=a_1}$ 是多线性的且 $f(x_1, a_2, \cdots, a_s)$ 是 x_1-轴线性的。

换言之，f 是多线性的当仅当将 f 投影到和一个轴平行的一维空间上是线性的并且将 f 投影到和该轴垂直的超平面上是多线性的。多线性性测试算法的难度在于可靠性分析。

我们将要描述的测试算法是随机算法，算法成功时，虽然无法保证被测试函数一定是多线性的，但能保证它和一个多线性函数非常近似。我们用海明距离衡量函数的近似程度。

Hemming distance **定义 5.4** 函数 $f, g : \mathbf{F}_p^s \to \mathbf{F}_p$ 的海明距离 $\mathrm{dist}(f, g)$ 定义为使得输出不等的输入的比例，即 $\mathrm{Pr}_{x \in_R \mathbf{F}_p^s}[f(x) \neq g(x)]$。

用 ML 表示所有的类型为 $\mathbf{F}_p^s \to \mathbf{F}_p$ 的多线性函数集合，用下列参数衡量 f 在多大程度上是多线性函数：

$$\Delta_{ML}(f) = \min_{\mathfrak{l} \in ML} \mathrm{dist}(f, \mathfrak{l})$$

当我们用黑盒方法测试函数性质时，我们能测试的是函数的几何形状，而不是其代数表示。一个可行的方法是比较 f 和多线性函数在采样点上的输出的一致性。最简单的情况是从与轴平行的直线上进行采样。一条与 x_h-轴平行的直线含有 p 个点 $a^1, \cdots, a^p$，这些点只有在第 x_h 个分量上不一样。该直线上的一个三元组 (a, b, c) 称为一个（x_h-向）共线三元组。共线三元组将是算法的采样点。

定义 5.5 设 (a, b, c) 为 x_h-向共线三元组。若存在 x_h-轴线性函数 $g : \mathbf{F}_p^s \to \mathbf{F}_p$ 使得 $f(a) = g(a)$，$f(b) = g(b)$ 和 $f(c) = g(c)$，称 (a, b, c) 为 f-线性的。

我们将用下述参数衡量 f 不是多线性函数的程度：

$$\tau(f) = \frac{\text{所有非 } f\text{-线性的共线三元组个数}}{\text{所有共线三元组个数}}$$

若 f 是多线性的，它必定是 x_h-轴线性函数，按定义就有 $\tau(f) = 0$。我们将通过测试 f-线性性来判定 f 的多线性性。下述定理是测试算法的基础。

定理 5.15（多线性性与共线性性） 设 $p > 20s$。若 $\Delta_{ML}(f) \geqslant \dfrac{1}{10}$，则 $\tau(f) > \dfrac{1}{10s}$。

证明 首先证明一个关于 $\Delta_{ML}(f)$ 和 $\tau(f)$ 之间关系的不等式：

$$\tau(f) \geqslant \frac{3\Delta_{ML}(f)(1 - \Delta_{ML}(f))}{s} - \frac{3}{p} \tag{5.6.1}$$

设多线性函数 $\mathfrak{l}$ 满足 $\mathrm{dist}(f, \mathfrak{l}) = \Delta_{ML}(f)$。称共线三元组 (a, b, c) 是单色的，如果 $f(a) = \mathfrak{l}(a)$ 且 $f(b) = \mathfrak{l}(b)$ 且 $f(c) = \mathfrak{l}(c)$，或者 $f(a) \neq \mathfrak{l}(a)$ 且 $f(b) \neq \mathfrak{l}(b)$ 且 $f(c) \neq \mathfrak{l}(c)$；否则称其为异色的。设 E 为以下三个不相交事件的并：

1. 事件 E_1：$f(a) = \mathfrak{l}(a)$ 并且 $f(b) \neq \mathfrak{l}(b)$。
2. 事件 E_2：$f(b) = \mathfrak{l}(b)$ 并且 $f(c) \neq \mathfrak{l}(c)$。
3. 事件 E_3：$f(c) = \mathfrak{l}(c)$ 并且 $f(a) \neq \mathfrak{l}(a)$。

由对称性知，$\Pr[E] = 3 \cdot \Pr[E_1]$。不难看出，$\Pr[E]$ 就是下面的概率值

$$\Pr_{(a,b,c) \text{共线}}[(a,b,c)\text{是异色的}]$$

若 a、b 为独立随机的，按定义显然有 $\Pr_{a,b \in \mathbf{F}_p^s}[E_1] = \Delta_{ML}(f)(1 - \Delta_{ML}(f))$。
但 (a,b,c) 必须是共线三元组，所以 a, b, c 除了在一个分量上，它们处处相等。
为了估算 $\Pr[E_1]$，随机元素 a, b 可用如下的等价方法选取（见练习4）：

1. 独立随机地选 $d, e \in_R \mathbf{F}_p^s$。
2. 随机选 $s' \in_R [s]$。取 d 的前 $s' - 1$ 位为 a, b 的前 $s' - 1$ 位，取 e 的后 $s - s'$ 位为 a, b 的后 $s - s'$ 位，取 d 的第 s' 位为 a 的第 s' 位，取 e 的第 s' 位为 b 的第 s' 位。

不难看出，若 $f(d) = \mathfrak{l}(d)$ 且 $f(e) \neq \mathfrak{l}(e)$，下述 s 个相等和不相等关系：

$$f(d) = \mathfrak{l}(d), f(d_1, \cdots, d_{s-1}, e_s) \overset{?}{=} \mathfrak{l}(d_1, \cdots, d_{s-1}, e_s), \cdots, f(e) \neq \mathfrak{l}(e)$$

读者可以想象从 d 出发沿着和 x_s-轴平行的线段走，再沿着和 x_{s-1}-轴平行的线段走，$\cdots\cdots$，最后沿着与 x_1-轴平行的线段走，然后到达 e。一定存在最小的 s' 使得事件 E_1 发生。由此可推出

$$\Pr[E] = 3 \cdot \Pr[E_1] \geqslant 3 \cdot \frac{\Delta_{ML}(f)(1 - \Delta_{ML}(f))}{s} \tag{5.6.2}$$

上述不等式表明，异色的共线三元组足够多。我们还要证明，这些异色的共线三元组中，只有不足 $3/p$ 部分是 f-线性的。这就证明了不等式 (5.6.1)。因为两点决定一直线，所有 f-线性的共线三元组不可能和 $\mathfrak{l}$ 在两点上相等而在第三点上不等。所以若 (a,b,c) 是 x_h-轴共线三元组并且是 f-线性的，不失一般性，假定 $E_3: f(c) = \mathfrak{l}(c)$ 并且 $f(a) \neq \mathfrak{l}(a)$ 并且 $f(b) \neq \mathfrak{l}(b)$。从 (a,b,c) 的 f-线性性知，有 x_h-轴线性函数 g 满足 $f(a) = g(a)$、$f(b) = g(b)$ 和 $f(c) = g(c)$。对任意满足 $c' \neq c$ 和 $f(c') = \mathfrak{l}(c')$ 的 c'，共线三元组 (a, b, c') 不可能是 f-线性的，否则就存在 x_h-轴线性函数 g' 满足 $f(a) = g'(a)$、$f(b) = g'(b)$ 和 $f(c') = g'(c')$。因为两点成一线，所以从 $g(a) = f(a) = g'(a)$ 和 $g(b) = f(b) = g'(b)$ 推得

$$g(c') = g'(c') = f(c') = \mathfrak{l}(c')$$

另一方面，$g(c) = f(c) = \mathfrak{l}(c)$。所以 g 和 $\mathfrak{l}$ 在点 c 和 c' 处相等，因此在这两点确定的直线上处处相等。这就推出矛盾 $\mathfrak{l}(a) = g(a) = f(a) \neq \mathfrak{l}(a)$。从与某个轴平行的直线上取三个点的方法有 $\binom{p}{3}$ 种。根据刚才讨论的结论，若该直线上有 c 满足 $f(c) = \mathfrak{l}(c)$，那么从该直线上取 a 和 b 满足 $f(a) \neq \mathfrak{l}(a)$ 和 $f(b) \neq \mathfrak{l}(b)$ 的点对最多有 $\binom{p-1}{2}$ 个。因此异色的 f-线性的共线三元组占所有共线三元组的比例不超过 $3/p$。

设 $p \geqslant 20s$ 和 $1/10 \leqslant \Delta_{ML}(f) \leqslant 9/10$，由式 (5.6.1) 可计算得

$$\tau(f) > \frac{1}{9s} \tag{5.6.3}$$

还需讨论 $\Delta_{ML}(f) > 9/10$ 这种情况。我们拟通过对 s 进行归纳证明

$$\tau(f) > \left(1 - \frac{1}{p}\right)^{s-1} \frac{1}{9s} \tag{5.6.4}$$

当 $s = 1$ 时，必有 $\tau(f) > 1/9$，即式 (5.6.4) 成立。如若 $\tau(f) \leqslant 1/9$，则一个随机挑选的共线三元组是 f-线性的概率是 $8/9$。根据平均原理，必有一条平行于某个轴的直线，由该直线上三点确定的共线三元组中至少有 $8/9$ 的是 f-线性的，由此不难看出该直线和 f 的海明距离远小于 $8/9$，与假定矛盾。当 $s > 1$ 时，对每个分量赋值 $x_1 = a_1$，函数 $f_{x_1=a_1}$ 表示 f 限制在 $\left(\mathbf{F}_p^s\right)^{x_1=a_1}$ 上的 $s-1$ 维函数。除了考虑降维后的 $\left(\mathbf{F}_p^s\right)^{x_1=a_1}$ 中的共线三元组外，还需考虑垂直于 $\left(\mathbf{F}_p^s\right)^{x_1=a_1}$ 的共线三元组。为此设

$$\tau_{a_1} = \frac{|T'_{a_1}|}{|T_{a_1}|}$$

其中 T_{a_1} 为所有与 x_1-轴平行的并且其中的一个元素在 $\left(\mathbf{F}_p^s\right)^{x_1=a_1}$ 中的共线三元组的集合，T'_{a_1} 是 T_{a_1} 中所有非 f-线性的三元组构成的子集。先考查如下两个概率不等式成立的情况：

$$\Delta_{ML}(f_{x_1=a_1}) < \frac{1}{10} \tag{5.6.5}$$

$$\tau_{a_1} < \frac{1}{3} \tag{5.6.6}$$

假定存在某个 $b_1 \neq a_1$ 满足同样的不等式:

$$\Delta_{ML}(f_{x_1=b_1}) < \frac{1}{10} \tag{5.6.7}$$

$$\tau_{b_1} < \frac{1}{3} \tag{5.6.8}$$

我们证明 (5.6.5)、(5.6.6) 和 (5.6.7)、(5.6.8) 这两组不等式不能同时成立。设 $\mathfrak{l}_{a_1}$ 为离 $f_{x_1=a_1}$ 最近的多线性函数, $\mathfrak{l}_{b_1}$ 为离 $f_{x_1=b_1}$ 最近的多线性函数。按假定有 $\mathtt{dist}(f_{x_1=a_1}, \mathfrak{l}_{a_1}) < 1/10$ 和 $\mathtt{dist}(f_{x_1=b_1}, \mathfrak{l}_{b_1}) < 1/10$。定义多线性函数

$$\mathfrak{l}_{a_1,b_1}(x_1,\cdots,x_s) = \mathfrak{l}_{a_1}(x_2,\cdots,x_s) + \frac{x_1-a_1}{b_1-a_1}(\mathfrak{l}_{b_1}(x_2,\cdots,x_s) - \mathfrak{l}_{a_1}(x_2,\cdots,x_s))$$

我们要证明

$$\mathtt{dist}(f, \mathfrak{l}_{a_1,b_1}) < \frac{9}{10} \tag{5.6.9}$$

随机地选沿着 x_1-轴方向的两个点 $r = (r_1,\cdots,r_s)$ 和 $r' = (r'_1,\cdots,r'_s)$。若 $r_1 \in \{a_1, b_1\}$, 根据 (5.6.5) 和 (5.6.7), 有概率不等式 $\Pr[f(r) = \mathfrak{l}_{r_1}(r)] \geqslant 9/10$。设 $r_1 \notin \{a_1, b_1\}$, 同时不失一般性, 设 $r'_1 \notin \{a_1, b_1\}$。记通过 r 和 r' 的直线和超平面 $(\mathbf{F}_p^s)^{x_1=a_1}$ 的交点为 r^{a_1}, 与超平面 $(\mathbf{F}_p^s)^{x_1=b_1}$ 的交点为 r^{b_1}。由 (5.6.6) 和 (5.6.8) 得知, (r^{a_1}, r, r') 和 (r^{b_1}, r, r') 为非 f-线性的概率均不超过 $1/3$。由 (5.6.5) 和 (5.6.7) 得知, $f_{x_1=a_1}(r^{a_1}) \neq \mathfrak{l}_{a_1}(r^{a_1})$ 和 $f_{x_1=b_1}(r^{b_1}) \neq \mathfrak{l}_{b_1}(r^{b_1})$ 成立的概率均小于 $1/10$。当这四个事件均不发生时, $f(r) = \mathfrak{l}_{a_1,b_1}(r)$, 因此

$$\Pr[f(r) = \mathfrak{l}_{a_1,b_1}(r)] \geqslant 1 - 1/3 - 1/3 - 1/10 - 1/10 > 1/10$$

此即 (5.6.9)。总之, 无论 r_1 是否在 $\{a_1, b_1\}$ 中, (5.6.9) 都成立。但是 (5.6.9) 与本段的假定 $\Delta_{ML}(f) > 9/10$ 矛盾。结论: 在与 x_1-轴平行的直线上, 最多只有一个 a_1 满足不等式 (5.6.5) 和 (5.6.6)。

根据上一段的结论, 若 $\Delta_{ML}(f) > 9/10$, 最多只有一个 a_1 满足 (5.6.5) 和 (5.6.6)。对于 $b_1 \neq a_1$, 可分三种情况进行讨论。

1. $1/10 \leqslant \Delta_{ML}(f_{x_1=b_1}) \leqslant 9/10$。按定义, T 是所有共线三元组的集合。固定了 $x_1 = b_1$, 在 p 个超平面中取了一个, 在与该超平面垂直的线上的三元组也排除了, 所以总共有 $\frac{s-1}{sp}|T|$ 个共线三元组。根据归纳和

(5.6.3) 可推得非 $f_{x_1=b_1}$-线性的共线三元组的个数至少为

$$\frac{(s-1)|T|}{sp}\cdot\frac{1}{9(s-1)} \tag{5.6.10}$$

2. $\Delta_{ML}(f_{x_1=b_1})>9/10$。对 (5.6.4) 进行归纳推得非 $f_{x_1=b_1}$-线性的共线三元组的个数至少为

$$\frac{(s-1)|T|}{sp}\cdot\left(1-\frac{1}{p}\right)^{s-2}\frac{1}{9(s-1)} \tag{5.6.11}$$

3. $\Delta_{ML}(f_{x_1=b_1})<\frac{1}{10}$，此时必有 $\tau_{b_1}\geqslant 1/3$。超平面与 s 个轴中的一个垂直，与每个轴垂直的超平面有 p 个，所以在平均意义下，$\tau_{b_1}T_{b_1}$ 至少为

$$\frac{1}{3}\cdot\frac{|T|}{sp} \tag{5.6.12}$$

因为 b_1 的取值有 $p-1$ 种，综合 (5.6.10)、(5.6.11) 和 (5.6.12) 可得

$$\tau(f)\geqslant(p-1)\min\left\{\frac{(s-1)}{sp}\cdot\frac{1}{9(s-1)},\frac{(s-1)}{sp}\cdot\left(1-\frac{1}{p}\right)^{s-2}\frac{1}{9(s-1)},\frac{1}{3}\cdot\frac{1}{sp}\right\}$$

$$\geqslant\left(1-\frac{1}{p}\right)^{s-1}\cdot\frac{1}{9s}$$

不等式 (5.6.4) 得证。用不等式 $p>20s$ 可得下述推导

$$\tau(f)>\left(1-\frac{1}{20s}\right)^{s-1}\cdot\frac{1}{9s}>\frac{1}{10s}$$

定理得证。　　　　　　　　　　　　　　　　　　　　　　　　□

基于定理5.15可设计多线性测试算法 ML 如下：

1. 随机选共线三元组 (a,b,c)，询问神谕 f 得到 $f(a)$、$f(b)$ 和 $f(c)$。

2. 若 $f(a)$、$f(b)$ 和 $f(c)$ 共线，则报成功。

3. 将上述两步重复 $10s$ 次，若均报成功，则接受输入。

算法 ML 满足如下性质：

1. 若 f 为多线性的，测试一定接受。

2. 若 $\Delta_{ML}(f) \geqslant 0.1$，则拒绝的概率大于 $1/2$。

第二点性质可证明如下：若 $\Delta_{ML}(f) \geqslant 0.1$，定理5.15指出第二步报成功的概率不超过 $1 - \dfrac{1}{10s}$。重复 $10s$ 遍，都报成功的概率 $\left(1 - \dfrac{1}{10s}\right)^{10s} < e^{-1} < 1/2$。换言之，若成功率大于一半，$f$ 和多线性函数的近似度至少为 0.9。算法的第一步要产生 $O(s\log(p)) = O(s\log(s))$ 个随机位，算法总共要产生 $O(s^2\log(s))$ 个随机位。对于定理5.13的证明，这就足够好了。不过可用第 4.2 节讨论的两两独立哈希函数族方法将所需的随机位降至 $O(s\log(s))$，读者可通过做本章练习6了解此改进方案。

5.7　并行重复定理

福特纳在其博士论文中指出，将一个出错率为 $\dfrac{1}{2}$ 的多证明者协议并行地重复两遍，得到的协议的出错概率可能会比 $\dfrac{1}{4}$ 大不少。他构造了下面的协议：

1. $\mathbb{V}$ 独立随机地选布尔值 a 和 b，然后将 a 发给 $\mathbb{P}_1$，将 b 发给 $\mathbb{P}_2$ 者。
2. $\mathbb{P}_1$ 发给 $\mathbb{V}$ 布尔值 c，$\mathbb{P}_2$ 发给 $\mathbb{V}$ 布尔值 d。
3. 若 $a \vee c \neq b \vee d$，则 $\mathbb{V}$ 接受，否则 $\mathbb{V}$ 拒绝。

容易看出证明者的最优策略可导致 $\mathbb{V}$ 的出错概率为 $\dfrac{1}{2}$。再看下面的并行协议：

1. $\mathbb{V}$ 独立随机地选布尔值 a_1 与 a_2 和 b_1 与 b_2，然后将 a_1 与 a_2 发给 $\mathbb{P}_1$，将 b_1 与 b_2 发给 $\mathbb{P}_2$ 者。
2. $\mathbb{P}_1$ 发给 $\mathbb{V}$ 布尔值 c_1 与 c_2，$\mathbb{P}_2$ 发给 $\mathbb{V}$ 布尔值 d_1 与 d_2。
3. 若 $(a_1 \vee c_1 \neq b_1 \vee d_1) \wedge (a_2 \vee c_2 \neq b_2 \vee d_2)$，则 $\mathbb{V}$ 接受，否则 $\mathbb{V}$ 拒绝。证明者 $\mathbb{P}_1$ 用如下策略回复：若 $a_1 = a_2 = 0$，则 $c_1 = c_2 = 0$，否则 $c_1 = c_2 = 1$。同样，证明者 $\mathbb{P}_2$ 用如下策略回复：若 $b_1 = b_2 = 0$，则 $d_1 = d_2 = 0$，否则 $d_1 = d_2 = 1$。容易验证，此策略可导致 $\mathbb{V}$ 的出错概率为 $\dfrac{3}{8}$。这个例子可在文献 [79] 中找到。费热和洛瓦兹在文献 [74] 中对这个例子稍作了修改，在并行协议中，取 $(0,0)$、$(0,1)$、$(1,0)$ 上的均匀分布，如果证明者接收到的是 $(0,0)$，他们回复 $(0,0)$，否则回

复 $(1,1)$。这个并行协议的出错概率为 $\frac{1}{2}$，即出错概率并未降低。所以，将一个出错概率为 ρ 的协议并行重复 k 遍，所得到的协议的出错概率一般要比 ρ^k 大。那么，并行重复协议能在多大程度上降低出错概率？

为了进一步讨论方便，我们将一个最简单的场景重新形式化，即将双证明者单回合交互证明系统抽象成一类博弈 [43, 72, 74]。在本节，我们用 $\mathcal{S}$、$\mathcal{X}$、$\mathcal{Y}$、$\mathcal{A}$、$\mathcal{B}$ 表示有限空间，用 S、X、Y、U、V 表示分别取值于这些有限空间的随机变量。我们用符号 P_X 表示随机变量 X 所基于的概率空间的分布函数。取值于 $\mathcal{X}$ 的不同的随机变量 X' 和 X'' 基于不同的概率空间的分布函数 $P_{X'}$ 和 $P_{X''}$。在本节的其余部分，我们将诸如 P_X 视为定义在样本空间 $\mathcal{X}$ 上的概率分布，将诸如 P_{XYUV} 表示定义在积空间 $\mathcal{X} \times \mathcal{Y} \times \mathcal{A} \times \mathcal{B}$ 上的一个联合分布。

定义 5.6　博弈 $\mathfrak{G}$ 由下述几部分组成：

1. 有限集 $\mathcal{X}$、$\mathcal{Y}$、$\mathcal{A}$、$\mathcal{B}$；
2. 概率分布 $P_{XY} : \mathcal{X} \times \mathcal{Y} \to \mathbf{R}^{\geqslant 0}$；
3. 命题 $Q : \mathcal{X} \times \mathcal{Y} \times \mathcal{A} \times \mathcal{B} \to \{0, 1\}$，常将 Q 等同于一个集合；
4. 证明者策略，即一对函数 $h_1 : \mathcal{X} \to \mathcal{A}$ 和 $h_2 : \mathcal{Y} \to \mathcal{B}$。

策略 (h_1, h_2) 的值 $w(h_1, h_2)$ 定义为

$$\sum_{(x,y) \in_{\mathrm{R}} \mathcal{X} \times \mathcal{Y}} P_{XY}(x, y) \cdot Q(x, y, h_1(x), h_2(y))$$

博弈 $\mathfrak{G}$ 的值 $v(\mathfrak{G})$ 定义为所有策略值中最大者。博弈的大小 $s(\mathfrak{G})$ 为 $|\mathcal{A}| \cdot |\mathcal{B}|$。

样本空间 $\mathcal{X} \times \mathcal{Y}$ 就是验证者的问题空间，函数 h_1、h_2 分别是证明者一和证明者二使用的策略。验证者按分布 P_{XY} 随机选 (x, y)，并将 (x, y) 分别发给证明者一和证明者二，证明者一回复 $a = h_1(x)$，证明者二回复 $b = h_2(y)$，博弈的结果由 $Q(x, y, a, b)$ 给出。

用 $P_{X^nY^n}$ 表示 P_{XY} 的 n-次积，即 $P_{X^nY^n}(x^n, y^n) = \prod_{i \in [n]} P_{XY}(x_i, y_i)$，用 Q^n 表示命题 $Q^n(x^n, y^n, a^n, b^n) = \bigwedge_{i \in [n]} Q(x_i, y_i, a_i, b_i)$。下述定义形式化了验证者和证明者的并行博弈。

定义 5.7   博弈 $\mathfrak{G}$ 的 n-次并行重复 $\mathfrak{G}^n$ 是定义在 $\mathcal{X}^n \times \mathcal{Y}^n \times \mathcal{A}^n \times \mathcal{B}^n$ 上的博弈 $(P_{X^n Y^n}, Q^n)$。

博弈并行化的目的当然是提高验证者的决策信心。我们关心的是给出 $v(\mathfrak{G})$ 和 $v(\mathfrak{G}^n)$ 之间的代数不等式。早期的一些结果考虑了一些特殊的博弈 [43, 142]。韦比茨基证明了一个适用于一般博弈的结果 [234]，但他使用的证明方法无法给出 n 的界，即无法从指定的 $v(\mathfrak{G}^n)$ 值推出需要多大的 n。拉兹为我们解决了这个问题 [178]，他证明了如下结果：存在全局函数 $W : [0,1] \to [0,1]$ 满足下述条件：①对任意 $z < 1$，有 $W(z) < 1$；②对任意满足 $s(\mathfrak{G}) \geqslant 2$ 的博弈 $\mathfrak{G}$，有   Verbitsky

$$v(\mathfrak{G}^n) \leqslant W(v(\mathfrak{G}))^{\overline{\log(|\mathcal{A}| \cdot |\mathcal{B}|)}}$$

拉兹的证明比较复杂。霍伦斯坦 [109] 极大地简化了拉兹的证明，得到的结果更强，并且给出了 $W(v(\mathfrak{G}))$ 的一个显式上界，其结果可叙述如下。   Holenstein

定理 5.16（并行重复定理）   对任意博弈 $\mathfrak{G}$ 和正整数 $n > 1$，下述不等式成立：

$$v(\mathfrak{G}^n) \leqslant \left(1 - \frac{(1 - v(\mathfrak{G}))^3}{6000}\right)^{\overline{\log(|\mathcal{A}| \cdot |\mathcal{B}|)}} \tag{5.7.1}$$

从不等式 (5.7.1) 知，当 $v(\mathfrak{G}) \leqslant 1 - \dfrac{1}{p}$ 时，不等式右边可放大成

$$\left(1 - \frac{1}{6000p^3}\right)^{\overline{\log(|\mathcal{A}| \cdot |\mathcal{B}|)}} \leqslant e^{-\frac{n}{6000p^3 \log(|\mathcal{A}| \cdot |\mathcal{B}|)}} = 2^{-\frac{n}{O(p^3)}} \leqslant e^{-\frac{6000p^3 n}{\log(|\mathcal{A}| \cdot |\mathcal{B}|)}}$$

因为 p 一般是输入长度的多项式，上式左边小于指数的倒数。虽然 n-次并行博弈无法将出错概率 ρ 降低到 ρ^n，它依然能指数地降低出错概率。

本节的主要任务是介绍霍伦斯坦的证明。我们先用一句话解释一下证明思路。定义并行博弈 $\mathfrak{G}^n$ 中证明者赢的事件：

$$W^n = \left\{(x^n, y^n, a^n, b^n) \mid \bigwedge_{i \in [n]} Q(x_i, y_i, a_i, b_i) = 1\right\}$$

证明者赢得并行博弈当仅当他们赢得每个局部博弈，因此，$W^n = \bigwedge_{i \in [n]} W_i$，其中 $W_i = \{(x_i, y_i, a_i, b_i) \mid Q(x_i, y_i, a_i, b_i) = 1\}$。因为 $v(\mathfrak{G}^n) = \Pr[W^n]$，要证

明定理5.16就是要证明不等式 (5.7.1) 的右边是 $\Pr[W^n]$ 的上界。文章 [109,178] 中使用的证明思路是用多事件条件概率公式（见第 4.1 节）计算 $\Pr[W^n]$ 的一个上界，首先推出不等式

$$\Pr[W_j|W_{i_1} \wedge \cdots \wedge W_{i_m}] \leqslant v(\mathfrak{G}) + \epsilon \tag{5.7.2}$$

然后用归纳法得到 $\Pr[W_1 \wedge \cdots \wedge W_n]$ 的所需上界。

5.7.1 统计距离、詹森不等式、相对熵

本节先确定有关条件概率分布的一些记号，然后解释标题所示的三个术语。固定一个样本空间 $\mathcal{X} \times \mathcal{Y}$ 上的分布 P_{XY}，策略函数为 h_1、h_2 的博弈 $\mathfrak{G}$ 及其 n-次并行博弈 $\mathfrak{G}^n$。分布 P_{XYAB} 定义如下：

$$P_{XYAB}(x,y,a,b) = \begin{cases} P_{XY}(x,y), & \text{若} h_1(x) = a \text{且} h_2(y) = b \\ 0, & \text{否则} \end{cases} \tag{5.7.3}$$

分布 $P_{X^n Y^n A^n B^n}$ 的定义类同。

在讨论联合分布 P_{XYAB} 这一语境下，P_X、P_A、P_{YA}、P_{XYB} 等表示 P_{XYAB} 的边缘分布。例如，$P_{YA}(y,a) = \sum_{x \in \mathcal{X}} \sum_{b \in \mathcal{B}} P_{XYAB}(x,y,a,b)$。用边缘分布求条件分布 $P_{Y|X=x}$ 的公式为

$$P_{Y|X=x}(y) = \frac{P_{XY}(x,y)}{P_X(x)}$$

我们规定 $\frac{0}{0} = 0$，不再讨论 $P_X(x)$ 为 0 的情况。

设分布 P_{X_0} 定义在 $\mathcal{X}$ 上，分布 $P_{X_1 Y_1}$ 定义在 $\mathcal{X} \times \mathcal{Y}$ 上，我们用 $P_{X_0} P_{Y_1|X_1}$ 表示如下定义的分布

$$P_{X_0} P_{Y_1|X_1}(x,y) = P_{X_0}(x) \cdot P_{Y_1|X_1=x}(y)$$

在用这个符号时，若 $P_{X_1}(x) = 0$，我们假定 $P_{Y_1|X_1=x}$ 可为任意指定分布。

statistical distance   **统计距离** 图5.9给出了两个定义在同一区间的密度函数。红线在上蓝线在下的两块面积和蓝线在上红线在下的两块面积是相等的，此面积反映了两个分布的差异。基于此直观，定义在同一样本空间 $\mathcal{X}$ 上的两个分布 P_{X_0}、P_{X_0} 之间

的统计距离为

$$\|P_{X_0} - P_{X_1}\| = \frac{1}{2} \sum_{x \in \mathcal{X}} |P_{X_0}(x) - P_{X_1}(x)| \qquad (5.7.4)$$

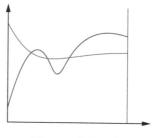

图 5.9　统计距离

扫码查看彩图

由图 5.9 不难看出，(5.7.4) 等价于

$$\|P_{X_0} - P_{X_1}\| = \max_{S \subseteq \mathcal{X}} \{\Pr[X_0 \in S] - \Pr[X_1 \in S]\} \qquad (5.7.5)$$

常将等式 (5.7.5) 的右端称为偏差距离。将 S 用特征函数表示，就得到

variation distance

$$\|P_{X_0} - P_{X_1}\| = \max_{f: \mathcal{X} \to \{0,1\}} \{\Pr[f(X_0) = 0] - \Pr[f(X_1) = 0]\}$$

我们要用到统计距离的另外一个刻画，即

$$\|P_{X_0} - P_{X_1}\| = \min_{P_{XX'}: P_X = P_{X_0} \wedge P_{X'} = P_{X_1}} \{\Pr[X \neq X']\}$$

设 P_{XX}，满足 $P_X = P_{X_0}$ 及 $P_{X'} = P_{X_1}$，设 $D(x) = \min\{P_{X_0}(x), P_{X_1}(x)\}$。有

$$\begin{aligned}
\Pr[X = X'] &= \sum_{x \in \mathcal{X}} \Pr[X = X' = x] \\
&\leqslant \sum_{x \in \mathcal{X}} D(x) \\
&= \sum_{x \in \mathcal{X}} \frac{P_{X_0}(x) + P_{X_1}(x)}{2} - \frac{|P_{X_0}(x) - P_{X_1}(x)|}{2} \\
&= 1 - \|P_{X_0} - P_{X_1}\|
\end{aligned}$$

因此，$\|P_{X_0} - P_{X_1}\| \leqslant \Pr[X \neq X']$。若 $P_{XX'}$ 定义如下：$P_{XX'}(x_0, x_1)$ 取值为

$$\delta_{x_0, x_1} D(x_0) + \frac{1}{\|P_{X_0} - P_{X_1}\|} \left(P_{X_0}(x_0) - D(x_0) \right) \left(P_{X_1}(x_1) - D(x_1) \right)$$

Kronecker 的 δ 函数定义为：若 $i = j$，则 $\delta_{ij} = 1$，否则 $\delta_{ij} = 0$。

不难验证此分布满足等式 $\|P_{X_0} - P_{X_1}\| = \Pr[X \neq X']$。

设 P_{Z_0} 和 P_{Z_1} 为 $\mathcal{Z}$ 上的分布，设 $\mathcal{S} \subseteq \mathcal{Z}$ 满足 $\Pr[Z_0 \in \mathcal{S}] = \Pr[Z_1 \in \mathcal{S}] = \frac{1}{2}$。利用 (5.7.5) 中给出的刻画可看出，限制在 $\mathcal{S}$ 中的样本点，其距离不可能超过 $\|P_{Z_0} - P_{Z_1}\|$，归一化后即有

$$\|P_{Z_0|Z_0 \in \mathcal{S}} - P_{Z_1|Z_1 \in \mathcal{S}}\| \leqslant 2\|P_{Z_0} - P_{Z_1}\| \tag{5.7.6}$$

Jensen's inequality
convex，凸的

詹森不等式　定义在 (a, b) 上的函数 f 是凸的当仅当对任意 x_0、$x_1 \in (a, b)$ 和 $0 \leqslant \lambda \leqslant 1$ 有不等式

$$f(\lambda x_0 + (1 - \lambda)x_1) \leqslant \lambda f(x_0) + (1 - \lambda)f(x_1) \tag{5.7.7}$$

concave，凹的

函数 f 是凹的当仅当 $-f$ 是凸的。如果函数在某区间有非负二阶导，该函数在该区间是凸的。估算统计距离时常用到詹森不等式，詹森不等式也是信息论中常用的一个不等式。

引理 5.5　若 f 为凸函数，则有不等式 $\mathrm{E}[f(X)] \geqslant f(\mathrm{E}[X])$。

证明　对有限样本空间的大小进行归纳。不等式 (5.7.7) 提供了归纳基础。　□

log sum inequality

詹森不等式的一个例子是对数和不等式：

$$\sum_{i=1}^{n} a_i \log \frac{a_i}{b_i} \geqslant \left(\sum_{i=1}^{n} a_i \right) \log \frac{\sum_{i=1}^{n} a_i}{\sum_{i=1}^{n} b_i} \tag{5.7.8}$$

此不等式成立的原因是 $f(x) = x \log(x)$ 为凸函数。

相对熵　信息论 [59] 讨论数据压缩和数据传输率。设 X 为取值于数据集 $\mathcal{X}$ 上的随机变量，P_X 是 $\mathcal{X}$ 上的分布，相对于该分布的随机变量 X 的熵定义为

entropy

$$H(X) = \sum_{x \in \mathcal{X}} P_X(x) \cdot \log \left(\frac{1}{P_X(x)} \right)$$

熵值 $H(X)$ 表示对随机变量 X 的非确定性在期望意义上的度量。从数据编码的角度，熵 $H(X)$ 表示对数据集 $\mathcal{X}$ 的最优编码的期望长度（对数底数 2 表示二进制编码）。举例来说，若 $|\mathcal{X}| = 8$，均匀分布的熵为 3，而非均匀分布 $\left\{\dfrac{1}{2}, \dfrac{1}{4}, \dfrac{1}{8}, \dfrac{1}{16}, \dfrac{1}{64}, \dfrac{1}{64}, \dfrac{1}{64}, \dfrac{1}{64}\right\}$ 的熵为 2。后者的非确定性提供了数据的更多信息，将这些数据编码成 0、10、110、1110、111100、111101、111110、111111，其平均长度即为 2。

相对熵是对两个分布之间"距离"的度量，之所以带引号是因为这个关系既非对称，也不满足三角不等式。因为我们要对"距离"取对数，所以我们用两个分布的比值作为它们的"距离"。

定义 5.8　设 X_0、X_1 为取值于空间 $\mathcal{X}$ 的随机变量，它们的相对熵定义为　　　relative entropy

$$D(P_{X_0}\|P_{X_1}) = \sum_{x\in\mathcal{X}} P_{X_0}(x) \log\left(\frac{P_{X_0}(x)}{P_{X_1}(x)}\right)$$

上式中，我们规定 $0\log\dfrac{0}{0} = 0$ 且 $p\log\dfrac{p}{0} = \infty$。相对熵也常称为KL-散度。相　　　Kullback-Leibler
对熵是非负的，其值为 0 当仅当 P_{X_0} 和 P_{X_1} 为相等的分布，这可用詹森不等　　　divergence
式证明如下：

$$
\begin{aligned}
D(P_{X_0}\|P_{X_1}) &= \sum_{x\in\mathcal{X}} P_{X_0}(x) \log\left(\frac{P_{X_0}(x)}{P_{X_1}(x)}\right)\\
&= -\sum_{x\in\mathcal{X}} P_{X_0}(x) \log\left(\frac{P_{X_1}(x)}{P_{X_0}(x)}\right)\\
&\geqslant -\log\left(\sum_{x\in\mathcal{X}} P_{X_0}(x)\frac{P_{X_1}(x)}{P_{X_0}(x)}\right)\\
&= -\log(1)\\
&= 0
\end{aligned}
$$

就编码而言，相对熵 $D(P_{X_0}\|P_{X_1})$ 指的是用分布 P_{X_1} 的编码对分布 P_{X_0} 进行编码所需的额外的编码长度。相对熵和统计距离有如下关系。

引理 5.6　$D(P_{X_0}\|P_{X_1}) \geqslant \dfrac{1}{2\ln 2}\|P_{X_0} - P_{X_1}\|^2$。

证明 证明可在文献 [59] 中找到（引理 11.6.1）。首先假设 X_0、X_1 取值于布尔域。记 $p = P_{X_0}(0)$ 和 $q = P_{X_1}(0)$。设

$$f(p,q) = p \log \frac{p}{q} + (1-p)\frac{1-p}{1-q} - \frac{4}{2\ln 2}(p-q)^2$$

由对称性，只需考虑 $p \geqslant q$ 的情况。设 $f(p,q)$ 为变元为 q 的函数，对其求导：

$$f(p,q)' = -\frac{p}{q \ln 2} + \frac{1-p}{(1-q)\ln 2} - \frac{4}{2\ln 2}2(q-p)$$

$$= \frac{q-p}{q(1-q)\ln 2} - \frac{4}{\ln 2}(q-p)$$

$$\leqslant 0$$

其中的不等式用到了 $q(1-q) \leqslant \frac{1}{4}$ 和 $q \leqslant p$。因此 $f(p,q)$ 是递减的。由于 $f(p,p) = 0$，所以 $f(p,q) \geqslant 0$，即

$$p \log \frac{p}{q} + (1-p)\frac{1-p}{1-q} \geqslant \frac{4}{2\ln 2}(p-q)^2 \tag{5.7.9}$$

设有限空间 $\mathcal{X}$ 满足 $|\mathcal{X}| > 2$。设 $A = \{x \mid P_{X_0}(x) > P_{X_1}(x)\}$。定义 X_A 为 A 的指示变量，P_0、P_1 分别为对应于 P_{X_0}, P_{X_1} 的分布。有下述推导：

$$D(P_{X_0} \| P_{X_1}) \geqslant D(P_0 \| P_1)$$

$$\geqslant \frac{4}{2\ln 2}(P_{X_0}(A) - P_{X_1}(A))^2$$

$$\geqslant \frac{1}{2\ln 2}\|P_0 - P_1\|^2$$

其中的第一个不等式用到了对数和不等式 (5.7.8)。 $\qquad\square$

我们还需要用到下述引理。

引理 5.7 设 $P_{U^k} = P_{U_1} \cdots P_{U_k}$ 和 P_{V^k} 是采样空间 $\mathcal{U}^k$ 上的概率分布。有不等式 $\sum_{j \in [k]} D(P_{V_j} \| P_{U_j}) \leqslant D(P_{V^k} \| P_{U^k})$。

证明 考虑 $k = 2$ 的情况，有：

$$D(P_{V_1 V_2} \| P_{U_1 U_2}) = \sum_{u_1, u_2} P_{V_1 V_2}(u_1, u_2) \log \frac{P_{V_1 V_2}(u_1, u_2)}{P_{U_1 U_2}(u_1, u_2)}$$

$$= \sum_{u_1, u_2} P_{V_1 V_2}(u_1, u_2) \log \frac{P_{V_1}(u_1)}{P_{U_1}(u_1)} \cdot \frac{P_{V_2}(u_2)}{P_{U_2}(u_2)} \cdot \frac{P_{V_1 V_2}(u_1, u_2)}{P_{V_1}(u_1) P_{V_2}(u_2)}$$

$$= D(P_{V_1} \| P_{U_1}) + D(P_{V_2} \| P_{U_2}) + D(P_{V_1 V_2} \| P_{V_1} P_{V_2})$$

$$\geqslant D(P_{V_1} \| P_{U_1}) + D(P_{V_2} \| P_{U_2})$$

不等式用到了相对熵的非负性。一般情况可用归纳法证明。　　　　　　$\square$

下一个引理说明，除非事件 W 的发生概率很小，否则事件 W 对分布 P_{U_j} 的影响不大。

引理 5.8　设 $P_{U^k} = P_{U_1} \cdots P_{U_k}$ 是采样空间 $\mathcal{U}^k$ 上的概率分布，W 为事件。有

$$\sum_{j \in [k]} (\| P_{U_j | W} - P_{U_j} \|)^2 \leqslant \log \left(\frac{1}{\Pr[W]} \right) \tag{5.7.10}$$

证明　由引理5.6和引理5.7可推得

$$\sum_{j \in [k]} (\| P_{U_j | W} - P_{U_j} \|)^2 \leqslant \sum_{j \in [k]} D(P_{U_j | W} \| P_{U_j})$$

$$\leqslant D(P_{U^k | W} \| P_{U^k})$$

$$= \sum_{u^k} P_{U^k | W}(u^k) \log \left(\frac{P_{U^k | W}(u^k)}{P_{U^k}(u^k)} \right)$$

$$= \sum_{u^k} P_{U^k | W}(u^k) \log \left(\frac{\Pr[W | U^k = u^k]}{\Pr[W]} \right)$$

$$= \log \left(\frac{1}{\Pr[W]} \right) + \sum_{u^k} P_{U^k | W}(u^k) \log \Pr[W | U^k = u^k]$$

$$\leqslant \log \left(\frac{1}{\Pr[W]} \right)$$

引理得证。　　　　　　$\square$

用不等式 $\left(\sum_{i \in [n]} a_i \right)^2 \leqslant k \sum_{i \in [n]} a_i^2$，从 (5.7.10) 可推出

$$\sum_{j \in [k]} \| P_{U_j | W} - P_{U_j} \| \leqslant \sqrt{k \log \left(\frac{1}{\Pr[W]} \right)} \tag{5.7.11}$$

我们还需将不等式 (5.7.11) 推广到这样的场景：分布 $U_1,\cdots,U_k$ 依赖于某个分布 T，还有一个分布 V 给出了分布 $U_1,\cdots,U_k$ 的额外信息。

推论 5.7 设 $P_{TU^kV} = P_T P_{U_1|T}\cdots P_{U_k|T} P_{V|TU^k}$ 是采样空间 $\mathcal{T}\times\mathcal{U}^k\times\mathcal{V}$ 上的概率分布，W 为事件。有不等式

$$\sum_{j\in[k]} \|P_{TU_jV|W} - P_{TV|W}P_{U_j|T}\| \leqslant \sqrt{k\log\left(\frac{|\mathcal{V}^*|}{\Pr[W]}\right)}$$

其中 $\mathcal{V}^* = \{v\in\mathcal{V}\mid P_{V|W}(v)>0\}$。

证明 容易想到，我们可以考虑在事件 $Y=t, V=v$ 发生的前提下用不等式 (5.7.10) 进行推导。设 $d=\sum_{j\in[k]}\|P_{TU_jV|W}-P_{TV|W}P_{U_j|T}\|$。依次用 (5.7.11) 和詹森不等式可得如下推导：

$$d = \sum_{P_{TV|W}(t,v)>0} P_{TV|W}(t,v)\cdot\sum_{j\in[k]}\|P_{U_j|T=t,V=v,W} - P_{U_j|T=t}\|$$

$$\leqslant \sum_{P_{TV|W}(t,v)>0} P_{TV|W}(t,v)\cdot\sqrt{k\log\left(\frac{1}{\Pr[W\wedge V=v|T=t]}\right)}$$

$$\leqslant \sqrt{k\log\left(\sum_{P_{TV|W}(t,v)>0} P_{TV|W}(t,v)\cdot\frac{1}{\Pr[W\wedge V=v|T=t]}\right)}$$

对数函数内的表达式 $d'=\sum_{P_{TV|W}(t,v)>0}\frac{P_{TV|W}(t,v)}{\Pr[W\wedge V=v|T=t]}$ 可简化如下：

$$d' = \sum_{P_{TV|W}(t,v)>0}\frac{\Pr[T=t\wedge V=v|W]}{\Pr[W\wedge V=v|T=t]}$$

$$= \sum_{P_{TV|W}(t,v)>0}\frac{\Pr[T=t\wedge V=v\wedge W]\cdot\Pr[T=t]}{\Pr[W]\cdot\Pr[W\wedge V=v\wedge T=t]}$$

$$= \frac{\sum_{P_{TV|W}(t,v)>0}\Pr[T=t]}{\Pr[W]}$$

$$= \frac{|\mathcal{V}^*|}{\Pr[W]}$$

将最后这个项代入前面的不等式右边即可。　　　　　　　　　$\square$

5.7.2　随机变量的近似嵌入

假定在证明者赢第 i_1 个博弈、第 i_2 个博弈、直至第 i_m 个博弈的前提下，将验证者的问题分布记为

$$P_{\widetilde{X}^n \widetilde{Y}^n} = P_{X^n Y^n | W_{i_1} \wedge \cdots \wedge W_{i_m}} \tag{5.7.12}$$

设 $j \notin \{i_1, \cdots, i_m\}$，设 (x, y) 按分布 P_{XY} 选出。不等式 (5.7.2) 的证明思路是：证明者进行如下局部随机计算模拟产生验证者的问题（所谓局部计算指的是计算过程中两个证明者不能通信，但允许他们共享随机串）：

1. 证明者利用共享随机性，以概率分布 $P_{\widetilde{X}_{i_1} \widetilde{Y}_{i_1} \widetilde{A}_{i_1} \widetilde{B}_{i_1} \cdots \widetilde{X}_{i_m} \widetilde{Y}_{i_m} \widetilde{A}_{i_m} \widetilde{B}_{i_m}}$ 选取 $(x_{i_1}, y_{i_1}, a_{i_1}, b_{i_1}), \cdots, (x_{i_m}, y_{i_m}, a_{i_m}, b_{i_m})$，此分布是概率分布 $P_{\widetilde{X}^n \widetilde{Y}^n \widetilde{A}^n \widetilde{B}^n}$ 的边缘分布，而 $P_{\widetilde{X}^n \widetilde{Y}^n \widetilde{A}^n \widetilde{B}^n}$ 是条件概率分布 $P_{X^n Y^n A^n B^n | W_{i_1} \wedge \cdots \wedge W_{i_m}}$，最后，条件概率分布 $P_{X^n Y^n A^n B^n | W_{i_1} \wedge \cdots \wedge W_{i_m}}$ 是 (5.7.3) 的推广。必须指出的是，由于共享随机性，两个证明者选出的是相同的四元组。证明者要尽可能地用全局分布的边缘分布产生局部的问题-答案，否则最终产生的问题-答案分布可能和全局的问题-答案分布距离较大。

2. 对于 $i \notin \{i_1, \cdots, i_m, j\}$，证明者共享随机位 d_i。若 $d_i = 1$，双方按照边缘分布 $P_{\widetilde{X}_{i_1}}$ 产生相同的 x_i，否则双方按照边缘分布 $P_{\widetilde{Y}_{i_1}}$ 产生相同的 y_i。我们可以假定并行博弈的两个证明者都知道 $\mathfrak{G}$ 的问题分布。

3. 对于任一 $i \notin \{i_1, \cdots, i_m, j\}$，若 $d_i = 1$，第一个证明者按照边缘分布 $P_{\widetilde{X}_i}$ 产生 x_i；若 $d_i = 0$，第二个证明者按照边缘分布 $P_{\widetilde{Y}_i}$ 产生 y_i。在前两步产生的局部样本的基础上，这一步两个证明者的行为是独立的。

最终，证明者模拟产生出 $(\overline{x}^n, \overline{y}^n, \overline{a}^n, \overline{b}^n)$。如果这样产生的分布和 $P_{\widetilde{X}^n \widetilde{Y}^n \widetilde{A}^n \widetilde{B}^n}$ 的统计距离不超过 ϵ，我们可为博弈 $\mathfrak{G}$ 设计如下的策略：

当证明者接收到问题对 (x, y) 后，按照上述定义的分布将 (x, y) 扩展到 (x^n, y^n)，然后利用并行博弈 $\mathfrak{G}^n$ 的策略 h_1, h_2 分别计算出 $h_1(x^n)$ 和 $h_2(y^n)$ 的第 j-个分量作为他们的回复。

因为 Q^n 是布尔函数，所以证明者的赢率必定不超过 $\Pr[W_j | W_{i_1} \wedge \cdots \wedge$

根据平均原理，若有一个使用共享随机串的好的策略，一定有一个不使用共享随机串的好的策略。

$W_{i_m}] - \epsilon$。因为 $v(\mathfrak{G})$ 表示的是最优策略的赢率，所以必有 $v(\mathfrak{G}) \geqslant \Pr[W_j | W_{i_1} \wedge \cdots \wedge W_{i_m}] - \epsilon$，由此得 (5.7.2)。

本节将定义一种局部计算，其产生的分布的确满足上述性质。首先引入近似嵌入的概念。

定义 5.9 设 $P_{X_0 Y_0}$ 是定义在 $\mathcal{X} \times \mathcal{Y}$ 上的分布，$P_{X_1 S Y_1 T}$ 是定义在 $\mathcal{X} \times \mathcal{S} \times \mathcal{Y} \times \mathcal{T}$ 上的分布。若存在定义在 $\mathcal{R}$ 上的概率分布 P_R 和函数 $f_A : \mathcal{X} \times \mathcal{R} \to \mathcal{S}$ 及函数 $f_B : \mathcal{Y} \times \mathcal{R} \to \mathcal{T}$，使得

$$\| P_{X_0 Y_0} P_{F_A F_B | XY} - P_{X_1 Y_1 S T} \| \leqslant \epsilon$$

称 (X_0, Y_0) 可 $(1-\epsilon)$-嵌入到 $(X_1 S, Y_1 T)$ 中的 (X_1, Y_1)。这里 $P_{F_A F_B | X=x, Y=y}$ 是由随机变量 $(f_A(x, R), f_B(y, R))$ 定义的分布。

定义5.9中使用的随机变量 $(f_A(x, R), f_B(y, R))$ 用到了一项关键性技术，即一致采样 [156]，样本点 $f_A(x, r)$ 和样本点 $f_B(y, r)$ 使用了同一个随机串 r。霍伦斯坦对证明的简化主要归功于使用了一致采样。

consistent sampling

我们首先看一个特殊情况下的分布嵌入。尽管特殊，但其构造已经体现了一致采样的能力。

引理 5.9 给定分布 P_{SXY}。若

$$\| P_{SXY} - P_{XY} P_{S|X} \| \leqslant \epsilon_1,$$
$$\| P_{SXY} - P_{XY} P_{S|Y} \| \leqslant \epsilon_2,$$

则 (X, Y) 可 $(1-2\epsilon_1-2\epsilon_2)$-嵌入到 (XS, YS) 中的 (X, Y)。

证明 需要定义两个函数 $f_A : \mathcal{X} \times \mathcal{R} \to \mathcal{S}$ 及 $f_B : \mathcal{Y} \times \mathcal{R} \to \mathcal{S}$。直观上，给定 $x \in \mathcal{X}$，f_A 应以概率 $P_{S|X=x}(s)$ 产生 $s \in \mathcal{S}$。问题是，证明者一使用一个什么样的随机源，该随机源如何处理实数 $P_{S|X=x}(s)$。设集合 $\mathcal{R} = (\mathcal{S} \times [0,1])^\infty$ 中的元素为 $\mathcal{S} \times [0,1]$ 中元素的无限长串。固定 $x \in \mathcal{X}, y \in \mathcal{Y}$，并设 $r = \{(s_i, \rho_i)\}_{i \geqslant 0} \in \mathcal{R}$。定义

$$f_A(x, r) = s_i, \quad \text{若 } i \text{ 是满足 } P_{S|X=x}(s_i) > \rho_i \text{ 的最小值} \tag{5.7.13}$$

$$f_B(x, r) = s_j, \quad \text{若 } j \text{ 是满足 } P_{S|Y=y}(s_j) > \rho_j \text{ 的最小值} \tag{5.7.14}$$

$$f_{AB}(x,y,r) = s_k, \quad \text{若 } k \text{ 是满足 } P_{S|X=x,Y=y}(s_k) > \rho_k \text{ 的最小值} \qquad (5.7.15)$$

如果没有一个下标满足三个条件中的任一个，可将这些函数的输出定义为 $\mathcal{S}$ 中的任意元素，此种情况发生的概率为 0。在图5.10中，证明者一用的是蓝色线表示的分布，证明者二用的是红色线表示的分布。证明者一因为 ρ_2 而挑选 s_3，证明者二因为 ρ_4 而挑选 s_4。

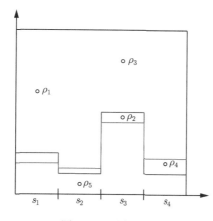

扫码查看彩图

图 5.10　随机源 R

以边缘分布 P_{XY} 选 x,y，以均匀分布选 r，定义分布 $P_{XYF_AF_BF_{AB}}$ 为 $(x,y,f_A(x,r),f_B(x,r),f_{AB}(x,y,r))$。按定义有下述等式：

$$P_{F_A|X=x} = P_{S|X=x} \qquad (5.7.16)$$

$$P_{F_B|Y=y} = P_{S|Y=y} \qquad (5.7.17)$$

$$P_{F_{AB}|X=x,Y=y} = P_{S|X=x,Y=y} \qquad (5.7.18)$$

这是因为，在假定函数等式 (5.7.13)、(5.7.14)、(5.7.15) 的前提下，等式 (5.7.16)、(5.7.17)、(5.7.18) 分别成立。

不存在 h 满足 $\rho_h < P_{S|X=x}(s_h)$ 和 $\rho_h < P_{S|X=x,Y=y}(s_h)$ 的概率是 0。假设 $\rho_h < \max\{P_{S|X=x}(s_h), P_{S|X=x,Y=y}(s_h)\}$。在此条件下，事件 $F_A = F_{AB}$ 发生的概率即为 $\rho_h < \min\{P_{S|X=x}(s_h), P_{S|X=x,Y=y}(s_h)\}$ 成立的概率。因此，

$$\Pr[F_A = F_{AB}|X=x,Y=y] = \frac{\sum_{s_h \in \mathcal{S}} \min\{P_{S|X=x}(s_h), P_{S|X=x,Y=y}(s_h)\}}{\sum_{s_h \in \mathcal{S}} \max\{P_{S|X=x}(s_h), P_{S|X=x,Y=y}(s_h)\}}$$

$$= \frac{1 - \|P_{F_A|X=x} - P_{F_{AB}|X=x,Y=y}\|}{1 + \|P_{F_A|X=x} - P_{F_{AB}|X=x,Y=y}\|}$$

$$\geqslant 1 - 2\|P_{F_A|X=x} - P_{F_{AB}|X=x,Y=y}\|$$

第二个等式用到了 $\sum_{s\in\mathcal{S}} P_{S|X=x}(s) = 1$ 和 $\sum_{s\in\mathcal{S}} P_{S|X=x,Y=y}(s) = 1$。由假定推得 $\Pr[F_A=F_{AB}] \geqslant 1 - 2\epsilon_1$。同理，$\Pr[F_B=F_{AB}] \geqslant 1 - 2\epsilon_2$。故有 $\Pr[F_A=F_B=F_{AB}] \geqslant 1 - 2\epsilon_1 - 2\epsilon_2$。

定义分布 P_{XYSS} 如下：若 $s' = s$，则 $P_{XYSS}(x,y,s,s') = P_{XYS}(x,y,s)$，否则 $P_{XYSS}(x,y,s,s') = 0$。根据等式 (5.7.18)，有 $P_{XYSS} = P_{XYF_{AB}F_{AB}}$。由此得 $\|P_{XY}P_{F_AF_B|XY} - P_{XYSS}\| = \|P_{XYF_AF_B} - P_{XYF_{AB}F_{AB}}\| \leqslant 2\epsilon_1 + 2\epsilon_2$。引理得证。 $\square$

稍微推广一下上述结果，得到下述推论。

推论 5.8   给定分布 P_{SXY} 和 $P_{X_0Y_0}$。若

$$\|P_{SXY} - P_{X_0Y_0}P_{S|X}\| \leqslant \epsilon_1 \tag{5.7.19}$$

$$\|P_{SXY} - P_{X_0Y_0}P_{S|Y}\| \leqslant \epsilon_2 \tag{5.7.20}$$

则 (X_0, Y_0) 可 $(1-2\epsilon_1-2\epsilon_2-\min\{\epsilon_1,\epsilon_2\})$-嵌入到 (XS, YS) 中的 (X, Y)。

证明   由 (5.7.19) 得 $\|P_{XY} - P_{X_0Y_0}\| \leqslant \epsilon_1$。同理，$\|P_{XY} - P_{X_0Y_0}\| \leqslant \epsilon_2$。根据引理5.9和三角不等式即可得本引理结论。 $\square$

这些结论说明，如果分布 P_{XSYT} 近似于相应边缘分布的积分布，并且分布 $P_{X'Y'}$ 近似于分布 P_{XY}，那么 (X', Y') 就能近似地嵌入到 (XS, YT) 中的 (X, Y)。我们接着描述一种更特殊的情况。为此，得引入一个在信息论中常用的概念。

若随机变量 S, T, U 满足 $P_{STU} = P_T P_{S|T} P_{U|T}$，称其为马尔可夫链，记为 $S \leftrightarrow T \leftrightarrow U$。根据条件概率公式可知，$P_T P_{S|T} P_{U|T} = P_S P_{T|S} P_{U|T}$，所以有些书中把马尔可夫性质记为 $S \rightarrow T \rightarrow U$。马尔可夫链性质并没有要求 S 和 U 相互独立，而是要求在假定 T 的前提下它们相互不依赖。

引理 5.10   设 P_{XYST} 为分布。若 $S \leftrightarrow X \leftrightarrow YT$ 和 $XS \leftrightarrow Y \leftrightarrow T$，则 (X, Y) 可 1-嵌入到 (XS, YT) 中的 (X, Y)。

证明　$P_{XYST} = P_{XY}P_{ST|XY} = P_{XY}P_{S|XY}P_{T|SXY} = P_{XY}P_{S|X}P_{T|Y}$。用各自的随机串，证明者一从 $x \in \mathcal{X}$ 产生 $s \in \mathcal{S}$，证明者二从 $y \in \mathcal{Y}$ 产生 $t \in \mathcal{T}$。马尔可夫性质确保没有误差被引入。　　　　□

后面的证明需用到以下两个关于马尔可夫链的引理。

引理 5.11　设 $P_{X_0 Y_0}P_{X_1 Y_1}$ 为 $\mathcal{X}_0 \times \mathcal{Y}_0 \times \mathcal{X}_1 \times \mathcal{Y}_1$ 上的分布，$f : \mathcal{X}_0 \times \mathcal{X}_1 \to \mathcal{U}$ 和 $g : \mathcal{Y}_0 \times \mathcal{Y}_1 \to \mathcal{V}$ 为函数，有 $X_0 X_1 \leftrightarrow X_0 f(X_0, X_1) Y_1 g(Y_0, Y_1) \leftrightarrow Y_0 Y_1$。

证明　对于任意 $x_0 \in \mathcal{X}_0$ 和任意 $y_1 \in \mathcal{Y}_1$，因为 X_1 和 Y_0 互不依赖，所以有

$$P_{Y_0 X_1 | X_0 = x_0, Y_1 = y_1} = P_{Y_0 | X_0 = x_0, Y_1 = y_1} P_{X_1 | X_0 = x_0, Y_1 = y_1} = P_{Y_0 | X_0 = x_0} P_{X_1 | Y_1 = y_1}$$

此等式说明，在条件 $X_0 = x_0, Y_1 = y_1$ 下，$X_1 \leftrightarrow f(x_0, X_1) g(Y_0, y_1) \leftrightarrow Y_0$。由 x_0, y_1 的任意性，可将此推广到引理结论。　　　　□

引理 5.12　设 P_{TUV} 为定义在 $\mathcal{T} \times \mathcal{U} \times \mathcal{V}$ 上的分布，W 为事件，并且 $T \leftrightarrow U \leftrightarrow V$ 和 $W \leftrightarrow U \leftrightarrow TV$。若 $P_{\widetilde{T}\widetilde{U}\widetilde{V}} = P_{TUV|W}$，则 $\widetilde{T} \leftrightarrow \widetilde{U} \leftrightarrow \widetilde{V}$。

证明　有下述简单推导：

$$\begin{aligned}
P_{\widetilde{T}\widetilde{U}\widetilde{V}}(t, u, v) &= P_{TUV|W}(t, u, v) \\
&= P_{U|W}(u) P_{TV|U=u, W}(t, v) \\
&= P_{U|W}(u) P_{TV|U=u}(t, v) \\
&= P_{U|W}(u) P_{T|U=u}(t) P_{V|U=u}(v) \\
&= P_{U|W}(u) P_{T|U=u, W}(t) P_{V|U=u, W}(v)
\end{aligned}$$

引理得证。　　　　□

5.7.3　博弈的近似生成

在讨论了随机变量的嵌入技术后，我们可以讨论博弈的嵌入。博弈的嵌入不仅要关注分布的近似生成，还要说明近似嵌入在很大程度上控制了证明者获胜的可能性。这两个性质的推导是递归的，下述引理讨论的是分布近似性。

引理 5.13　给定并行博弈 $\mathfrak{G}^n = (Q^n, P_{XY}^n)$、策略 (h_A, h_B) 和 $k \leqslant n$。设

$$P_{\widetilde{X}^n \widetilde{Y}^n} = P_{X^n Y^n | W_{k+1} \wedge \cdots \wedge W_n}$$

对每个 $j \in [k]$ 有 $\epsilon_j \geqslant 0$ 使得 (X, Y) 可 $(1-\epsilon_j)$-嵌入到 $(\widetilde{X}^n, \widetilde{Y}^n)$ 中的 $(\widetilde{X}_j, \widetilde{Y}_j)$，并且

$$\sum_{j=1}^{k} \epsilon_j \leqslant 15\sqrt{k}\sqrt{(n-k)\log(|\mathcal{A}| \cdot |\mathcal{B}|) + \log \frac{1}{\Pr[W_{k+1} \wedge \cdots \wedge W_n]}} \qquad (5.7.21)$$

证明 设 $W = W_{k+1} \wedge \cdots \wedge W_n$。设 $D_1, \cdots, D_k$ 为独立的随机位。对每个 $j \in [k]$，定义

$$U_j = \begin{cases} X_j, & \text{若} D_j = 0 \\ Y_j, & \text{若} D_j = 1 \end{cases}$$

和

$$\overline{U}_j = \begin{cases} Y_j, & \text{若} D_j = 0 \\ X_j, & \text{若} D_j = 1 \end{cases}$$

设

$$T = (X_{k+1}, \cdots, X_n, Y_{k+1}, \cdots, Y_n, D^k, \overline{U}^k)$$
$$V = (A_{k+1}, \cdots, A_n, B_{k+1}, \cdots, B_n)$$

根据推论5.7，有不等式

$$\sum_{j \in [k]} \|P_{TU_jV|W} - P_{TV|W}P_{U_j|T}\| \leqslant \epsilon_{[k]} \qquad (5.7.22)$$

其中

$$\epsilon_{[k]} = \sqrt{k \log\left(\frac{(|\mathcal{A}| \cdot |\mathcal{B}|)^{n-k}}{\Pr[W]}\right)} \qquad (5.7.23)$$

不失一般性，设事件 $D_j = 0$ 发生，根据 (5.7.6) 和 (5.7.22) 可得

$$\sum_{j \in [k]} \|P_{TU_jV|W, D_j=0} - P_{TV|W, D_j=0}P_{U_j|T, D_j=0}\| \leqslant 2\epsilon_{[k]}$$

不难看出，$P_{U_j|T,D_j=0} = P_{U_j \wedge T \wedge D_j=0}/P_{T \wedge D_j=0} = P_{X_j|Y_j}$。对于固定的 j，用记号 T^{-j} 表示将多元组 T 中的 D_j 和 $\overline{U}_j$ 删去后得到的多元组。上式可写成

$$\sum_{j\in[k]} \|P_{T^{-j}X_jY_jV|W,D_j=0} - P_{T^{-j}Y_jV|W,D_j=0}P_{X_j|Y_j}\| \leqslant 2\epsilon_{[k]}$$

在上式中，$D_j = 0$ 是独立事件，因此不等式可重写成

$$\sum_{j\in[k]} \|P_{T^{-j}X_jY_jV|W} - P_{T^{-j}Y_jV|W}P_{X_j|Y_j}\| \leqslant 2\epsilon_{[k]}$$

设 $S = (T^{-j}, V)$，并记 $P_{\widetilde{S}\widetilde{X}^n\widetilde{Y}^n} = P_{SX^nY^n|W}$。上述不等式成为

$$\sum_{j\in[k]} \|P_{\widetilde{S}\widetilde{X}^n\widetilde{Y}^n} - P_{\widetilde{S}\widetilde{Y}^n}P_{X_j|Y_j}\| \leqslant 2\epsilon_{[k]}$$

此不等式等价于

$$\sum_{j\in[k]} \|P_{\widetilde{S}\widetilde{X}^n\widetilde{Y}^n} - P_{\widetilde{Y}^n}P_{\widetilde{S}|\widetilde{Y}^n}P_{X|Y}\| \leqslant 2\epsilon_{[k]}$$

利用不等式 (5.7.11) 可得

$$\sum_{j\in[k]} \|P_{\widetilde{Y}_j} - P_Y\| \leqslant \sqrt{k\log\left(\frac{1}{\Pr[W]}\right)} \leqslant \epsilon_{[k]}$$

由上述两个不等式得

$$\sum_{j\in[k]} \|P_{\widetilde{S}\widetilde{X}^n\widetilde{Y}^n} - P_{\widetilde{Y}^n}P_{\widetilde{S}|\widetilde{Y}^n}P_{X|Y}\| \leqslant \sum_{j\in[k]} \|P_{\widetilde{S}\widetilde{X}^n\widetilde{Y}^n} - P_YP_{\widetilde{S}|\widetilde{Y}^n}P_{X|Y}\| + \epsilon_{[k]}$$

$$\leqslant \sum_{j\in[k]} \|P_{\widetilde{S}\widetilde{X}^n\widetilde{Y}^n} - P_{XY}P_{\widetilde{S}|\widetilde{Y}^n}\| + \epsilon_{[k]}$$

$$\leqslant 3\epsilon_{[k]} \tag{5.7.24}$$

同理可得

$$\sum_{j\in[k]} \|P_{\widetilde{S}\widetilde{X}^n\widetilde{Y}^n} - P_{XY}P_{\widetilde{S}|\widetilde{X}^n}\| \leqslant 3\epsilon_{[k]} \tag{5.7.25}$$

从 (5.7.24)、(5.7.25) 和推论5.8知，(X, Y) 可 $(1-\epsilon_j)$-嵌入到 $(\widetilde{X}_j\widetilde{S}, \widetilde{Y}_j\widetilde{S})$ 中的 $(\widetilde{X}_j, \widetilde{Y}_j)$，并且 $\sum_{j\in[k]} \epsilon_j \leqslant 15\epsilon_{[k]}$。 $\qquad\square$

继续讨论之前，先建立一些马尔可夫链。首先有

$$X^k \leftrightarrow TV \leftrightarrow Y^k \tag{5.7.26}$$

这是因为，若固定 D^k 和 $X_{k+1}, \cdots, X_n, Y_{k+1}, \cdots, Y_n$ 的任意取值，从引理5.11可立即看出 (5.7.26) 成立。从 (5.7.26) 得到马尔可夫链：

$$X^n \quad \leftrightarrow \quad X_j S \quad \leftrightarrow \quad Y^n Y_j S$$
$$X^n X_j S \quad \leftrightarrow \quad Y_j S \quad \leftrightarrow \quad Y^n$$

用引理5.12得

$$\widetilde{X}^n \quad \leftrightarrow \quad \widetilde{X}_j \widetilde{S} \quad \leftrightarrow \quad \widetilde{Y}^n \widetilde{Y}_j \widetilde{S}$$
$$\widetilde{X}^n \widetilde{X}_j \widetilde{S} \quad \leftrightarrow \quad \widetilde{Y}_j \widetilde{S} \quad \leftrightarrow \quad \widetilde{Y}^n$$

最后，由引理5.10知，$(\widetilde{X}_j \widetilde{S}, \widetilde{Y}_j \widetilde{S})$ 可 1-嵌入到 $(\widetilde{X}^n \widetilde{X}_j \widetilde{S}, \widetilde{Y}^n \widetilde{Y}_j \widetilde{S})$。所以，$(X, Y)$ 可 $(1-\epsilon_j)$-嵌入到 $(\widetilde{X}^n \widetilde{X}_j \widetilde{S}, \widetilde{Y}^n \widetilde{Y}_j \widetilde{S})$ 中的 $(\widetilde{X}_j, \widetilde{Y}_j)$，证明者在做嵌入时只需忽略掉不需要的信息即可。

我们需要说明上述证明中构造的分布的近似嵌入并没有给证明者带来多少可利用的机会，这就是下面的引理。

引理 5.14 给定博弈 $\mathfrak{G} = (Q, P_{XY})$ 及其并行博弈 $\mathfrak{G}^n = (Q^n, P_{XY}^n)$，设并行博弈的证明者策略为 (h_A, h_B)。设 $i_1, \cdots, i_m$ 为给定下标。存在下标 i_{m+1} 满足

$$\Pr[W_{i_{m+1}} | W_{i_1} \wedge \cdots \wedge W_{i_m}] \leqslant v(\mathfrak{G}) + 15\sqrt{\frac{1}{n-m} \log \frac{(|\mathcal{A}| \cdot |\mathcal{B}|)^m}{\Pr[W_{i_1} \wedge \cdots \wedge W_{i_m}]}}$$

证明 不失一般性，设 $i_1, i_2, \cdots, i_m$ 为 $n-m+1, n-m+2, \cdots, n$，设 $P_{\widetilde{X}^n \widetilde{Y}^n} = P_{X^n Y^n | W_{n-m+1} \wedge \cdots \wedge W_n}$。根据引理5.13和平均原理，存在 j 使得 (X, Y) 可 $(1-\epsilon)$-嵌入到 $(\widetilde{X}^n, \widetilde{Y}^n)$ 中的 $(\widetilde{X}_j, \widetilde{Y}_j)$，并且

$$\epsilon \leqslant \frac{1}{n-m} \cdot 15\sqrt{n-m}\sqrt{m \log(|\mathcal{A}| \cdot |\mathcal{B}|) + \log \frac{1}{\Pr[W_{n-m+1} \wedge \cdots \wedge W_n]}}$$
$$\leqslant 15\sqrt{\frac{1}{n-m} \log \frac{(|\mathcal{A}| \cdot |\mathcal{B}|)^m}{\Pr[W_{i_1} \wedge \cdots \wedge W_{i_m}]}}$$

可为 $\mathfrak{G}$ 设计如下策略：

在接收分布为 (X, Y) 的输入后，证明者将输入 $(1-\epsilon)$-嵌入到分布 $(\widetilde{X}^n, \widetilde{Y}^n)$ 中的 $(\widetilde{X}_j, \widetilde{Y}_j)$，然后应用策略 (h_A, h_B)，取出策略函数输出的第 j 个分量作为证明者的回答。

此分布和 $P_{\widetilde{X}^n \widetilde{Y}^n}$ 的统计距离不超过 ϵ，因此其赢率至少为 $\Pr[W_I | W_{n-m+1} \wedge \cdots \wedge W_n] - \epsilon$。按定义，$v(\mathfrak{G})$ 是最优策略的值，所以必有 $v(\mathfrak{G}) \geqslant \Pr[W_I | W_{n-m+1} \wedge \cdots \wedge W_n] - \epsilon$。证明者的策略使用了共享随机串，根据平均原理，去随机性后近似嵌入对证明者而言至少能做到一样好。　　□

5.7.4　证明的最后一步

从引理5.14给出的递归不等式推出拉兹定理，只需做一些归纳推导。下述引理严格地定义了这一过程。

引理 5.15　固定 $v \in (0, 1)$，$c \geqslant 12$，$\ell \geqslant 1$，设 $1 = p_0, p_1, \cdots, p_n$ 为非负非递增实数序列，并且

$$p_{m+1} \leqslant p_m \left(v + \sqrt{\frac{c}{n-m}} \sqrt{m\ell + \log \frac{1}{p_m}} \right) \tag{5.7.27}$$

那么

$$p_n \leqslant \left(1 - \frac{(1-v)^3}{26c} \right)^{\frac{n}{\ell}} \tag{5.7.28}$$

证明　当 $m = 0$ 时，下述不等式显然成立：

$$p_m \leqslant \left(\frac{1+v}{2} \right)^m \tag{5.7.29}$$

假设 (5.7.29) 成立，只需考虑 $p_m \geqslant \left(\dfrac{1+v}{2} \right)^{m+1}$ 的情况。用假设 (5.7.27) 得

$$\begin{aligned}
p_{m+1} &\leqslant p_m \left(v + \sqrt{\frac{c}{n-m}} \sqrt{m\ell + \log \frac{1}{p_m}} \right) \\
&\leqslant p_m \left(v + \sqrt{\frac{c}{n-m}} \sqrt{m\ell + m + 1} \right)
\end{aligned}$$

$$\leqslant p_m \left(v + \sqrt{\frac{1}{n-m}} \sqrt{3cm\ell} \right)$$

$$\leqslant p_m \left(v + \frac{1-v}{2} \right)$$

$$\leqslant \left(\frac{1+v}{2} \right)^{m+1}$$

第三个不等式需要 m 满足条件 $m \leqslant \dfrac{(1-v)^2}{12c\ell}(n-m)$。取 $m^* = \dfrac{n(1-v)^2}{13c\ell}$，易见 m^* 满足此条件，即 $m^* \leqslant \dfrac{(1-v)^2}{12c\ell}(n-m^*)$。根据上述归纳和非递增性，

$$p_n \leqslant p_{m^*} \leqslant \left(\frac{1+v}{2} \right)^{m^*} \leqslant \left(1 - \frac{1-v}{2} \right)^{\frac{n(1-v)^2}{13c\ell}} \leqslant \left(1 - \frac{(1-v)^3}{26c} \right)^{\frac{n}{\ell}}$$

引理得证。 $\square$

现在可以证明拉兹定理了。设 $p_0 = 1$，设 $p_m = \Pr[W_{i_1} \wedge \cdots \wedge W_{i_m}]$。显然 $p_0, p_1, \cdots, p_n$ 为非负非递增实数序列。从 $W_{i_1}, \cdots, W_{i_m}$ 挑选 $W_{i_{m+1}}$，我们选使得 $\Pr[W_{i_{m+1}} | W_{i_1} \wedge \cdots \wedge W_{i_m}]$ 最小的那个 $W_{i_{m+1}}$，这样可以确保引理5.14的结论成立。从引理5.14的结论和条件概率等式推出

$$p_{m+1} \leqslant p_m \left(v(\mathfrak{G}) + 15 \sqrt{\frac{1}{n-m} \log \frac{(|\mathcal{A}| \cdot |\mathcal{B}|)^m}{\Pr[W_{i_1} \wedge \cdots \wedge W_{i_m}]}} \right)$$

在上式中，$c = 15^2 = 225$，用引理5.15即得

$$v(\mathfrak{G}^n) \leqslant \left(1 - \frac{(1-v(\mathfrak{G}))^3}{6000} \right)^{\frac{n}{\log(|\mathcal{A}| \cdot |\mathcal{B}|)}}$$

5.8　单回合双证明者交互系统

MIP 是否具有谱系定理？常数回合的双证明者交互系统和多项式回合的双证明者交互系统之间是否具有严格包含关系？对于单证明者交互证明系统而言，这两个问题的答案至今未知。对于多证明者交互系统而言，这两个问题

已经解决。在拉兹定理（定理5.16）出现之前，若干研究者讨论了这些问题。福特纳、罗姆佩尔和西普塞在文献 [79] 中给出了如何用单回合双证明者系统模拟任何一个（单证明者）交互证明系统，该双证明者交互系统的可靠性参数为 $1 - \frac{1}{p(n)}$，其中 $p(n)$ 为多项式。蔡、康登和立普顿在文献 [41] 中用并行交互技术改进了该结果，将可靠性参数降低到 7/8。在文献 [42] 中，他们将文献 [41] 中的并行化方法用于总和测试协议，进一步将可靠性参数降至 $1/2^n$，最终证明了 **IP** $\subseteq$ **MIP**[2, 1]。对于 **MIP** 本身，基里安 [132] 证明了双证明者交互证明系统接受的语言都有两个回合的双证明者交互证明系统。费热证明了 **NEXP** 中的问题都具有一个回合的双证明者交互系统 [72]，这些系统的可靠性参数为大于 $\frac{1}{2}$ 的常量。借鉴文献 [42] 中提出的证明思路，拉皮多特、萨莫尔将巴柏、福特纳、隆德在证明 **NEXP** = **MIP** 时使用的多证明者交互协议（见第5.5.2节）进行了并行化，证明了 **MIP** 中的任何一个语言都可由一个回合的四个证明者的交互证明系统判定，该系统的可靠性参数为 $1/2^n$，因此 **MIP** 塌陷至一层。最终，费热和洛瓦兹证明了单回合多证明者交互系统接受的语言均有单回合双证明者交互系统 [74]，即 **MIP** = **MIP**[2, 1]。所有上述这些研究工作都是在拉兹定理为大家所知晓之前开展的。回头看，利用强有力的拉兹定理和文献 [41] 中提出的证明方法，我们可以相对简单地证明 **MIP** = **MIP**[2, 1]。本节的主要任务就是介绍这个短的证明。

设 $\mathbb{V}$ 是判断问题 L 的双证明者交互证明系统的验证者，$\mathbb{V}$ 的交互轮数为多项式 t，验证者的问题长度和证明者的回复长度均为多项式 q。将多个回合压缩至一个回合的前提是，验证者的问题不能依赖于证明者的回复。好在根据定理5.14，可假定验证者 $\mathbb{V}$ 发给第一个证明者 $\mathbb{P}_1$ 的问题依次是随机串 $r_1^1, \cdots, r_t^1$，发给第二个证明者 $\mathbb{P}_2$ 的问题依次是随机串 $r_1^2, \cdots, r_t^2$，这些问题当然不依赖于任何证明者的任何回复。交互结束后，验证者做出判定 $\mathbb{V}_{\mathbb{P}_1,\mathbb{P}_2}(x, r_1^1 \cdots r_t^1, r_1^2 \cdots r_t^2)$。验证者 $\mathbb{V}$ 接受语言 L 指的是对任意长度为 n 的输入 x，下述条件满足：

1. 若 $x \in L$，存在证明者 $\mathbb{P}_1, \mathbb{P}_2$，使得

$$\Pr_{r_1^1, \cdots, r_t^1, r_1^2, \cdots, r_t^2 \in \{0,1\}^q} [\mathbb{V}_{\mathbb{P}_1,\mathbb{P}_2}(x, r_1^1 \cdots r_t^1, r_1^2 \cdots r_t^2) = 1] \geqslant 1 - \frac{1}{2^n}$$

2. 若 $x \notin L$，对任意证明者 $\mathbb{P}_1, \mathbb{P}_2$，有

Rompel

Kilian

$$\Pr_{r_1^1, \cdots, r_t^1, r_1^2, \cdots, r_t^2 \in \{0,1\}^q}[\mathbb{V}_{\mathbb{P}_1, \mathbb{P}_2}(x, r_1^1 \cdots r_t^1, r_1^2 \cdots r_t^2) = 1] < \frac{1}{2^n}$$

我们拟设计一个模拟 $\mathbb{V}$ 的一个回合的双证明者交互证明系统 $(\mathbb{V}^*, \mathbb{P}_1^*, \mathbb{P}_2^*)$。我们假定 $\mathbb{V}$ 不是单回合的,即 $t > 1$,否者无需做任何事。当接收长度为 n 的输入 x,验证者 $\mathbb{V}^*$ 产生两个随机串序列 $r^1 = r_1^1, \cdots, r_t^1$ 和 $r^2 = r_1^2, \cdots, r_t^2$,并将它们发送给第一个证明者 $\mathbb{P}_1^*$;后者发给 $\mathbb{V}^*$ 两个相应的回复序列 $a^1 = a_1^1, \cdots, a_t^1$ 和 $a^2 = a_1^2, \cdots, a_t^2$。验证者 $\mathbb{V}^*$ 和第二个证明者 $\mathbb{P}_2^*$ 的交互协议如下:

1. $\mathbb{V}^*$ 独立随机地选 $s_1, s_2 \in [t]$,并将 $r_1^1, \cdots, r_{s_1}^1$ 和 $r_1^2, \cdots, r_{s_2}^2$ 发送给 $\mathbb{P}_2^*$。

2. $\mathbb{P}_2^*$ 发给 $\mathbb{V}^*$ 相应的回复序列 $b_1^1, \cdots, b_{s_1}^1$ 和 $b_1^2, \cdots, b_{s_2}^2$。

验证者 $\mathbb{V}^*$ 的最终决定取决于下述两个问题的答案:

1. $\mathbb{V}(x, r^1, a^1, r^2, a^2) = 1$? 注意 $\mathbb{V}$ 是被模拟的双证明者交互证明系统的验证者。

2. $a_1^1, \cdots, a_{s_1}^1 = b_1^1, \cdots, b_{s_1}^1$ 并且 $a_1^2, \cdots, a_{s_2}^2 = b_1^2, \cdots, b_{s_2}^2$?

若两个问题的答案都是肯定的,则 $\mathbb{V}^*$ 接受输入 x,否则拒绝输入 x。显然,$\mathbb{V}^*$ 的完备性参数不逊于 $\mathbb{V}$ 的完备性参数,$\mathbb{V}^*$ 的可靠性参数估算要稍微费点笔墨。下文中,我们将 $\mathbb{V}(x, r^1, a^1, r^2, a^2)$ 写成 $\mathbb{V}_{\mathbb{P}_1^*, \mathbb{P}_2^*}^*(x, r^1, r^2)$。下述定理给出的可靠性参数比较大,但鉴于有拉兹定理,这个参数可以降到所要求的程度。

定理 5.17(双证明者系统的可靠性)   双证明者交互证明系统 $(\mathbb{V}^*, \mathbb{P}_1^*, \mathbb{P}_2^*)$ 的可靠性参数为 $1 - \frac{1}{t^2}$。

设 $x \notin L$。定义 $\mathbb{P}_2^*$ 的答复空间 $T = \{c^1, \cdots, c^s \mid s \in [t] \wedge c^1, \cdots, c^s \in \{0,1\}^q\}$。可将 $\mathbb{P}_2^*(x, \_, \_)$ 视为从 T^2 到 T^2 的函数。对于 $r', r'' \in T$,我们将 $\mathbb{P}_2^*(x, r', r'')$ 的第一个分量(即对 r' 的回复)写成 $\mathbb{P}_2^*(x, r', r'')_1$,第二个分量(即对 r'' 的回复)写成 $\mathbb{P}_2^*(x, r', r'')_2$。设 $r^1 = r_1^1, \cdots, r_t^1 \in T$ 和 $r^2 = r_1^2, \cdots, r_t^2 \in T$。定义多票者函数 $M_{r^2}^1 : T \to T$ 如下:

$$M_{r^2}^1(r) = \{\mathbb{P}_2^*(x, r, r')_1 \mid r' 是 r^2 的前缀\} 中出现次数最多的元素,$$

$$M_{r^1}^2(r) = \{\mathbb{P}_1^*(x, r', r)_2 \mid r' 是 r^1 的前缀\} 中出现次数最多的元素。$$

定义中的集合是多重集,若有几个元素出现次数相等,随便取一个。因为 $x \notin L$,

从 $\mathbb{V}^*$ 的角度看，验证者 $\mathbb{V}$ 拒绝输入和证明者 $\mathbb{P}_2^*$ 被发现欺骗是同等性质的信息，故引入下述定义。

定义 5.10　若下述条件之一满足，称 (r^1, r^2) 是合理的：

1. $\mathbb{V}(x, r^1, M_{r^2}^1(r^1), r^2, M_{r^1}^2(r^2)) = 0$；
2. 存在 $s \in [t-1]$ 使得 $M_{r^2}^1(r_1^1, \cdots, r_s^1)$ 不是 $M_{r^2}^1(r_1^1, \cdots, r_{s+1}^1)$ 的前缀；
3. 存在 $s \in [t-1]$ 使得 $M_{r^1}^2(r_1^2, \cdots, r_s^2)$ 不是 $M_{r^1}^2(r_1^2, \cdots, r_{s+1}^2)$ 的前缀。

因为 $\mathbb{V}$ 的出错概率很小，所以大多数的 (r^1, r^2) 应该是合理的。下述引理说明这个直觉是对的。

引理 5.16　$\Pr_{r^1, r^2 \in_R \{0,1\}^{qt}}[(r^1, r^2)\text{是合理的}] \geqslant 1 - 1/2^n$。

证明　将 $M_{r^2}^1$ 和 $M_{r^1}^2$ 视为证明者，验证者 $\mathbb{V}^+$ 本质上就是 $\mathbb{V}$，但它还必须验证证明者发送的信息是否一致（即验证定义5.10中的第 2 和第 3 条性质）。易见，$\mathbb{V}^+$ 的完备性和可靠性都至少和 $\mathbb{V}$ 的一样好。如果 (r^1, r^2) 不是合理的，验证者 $\mathbb{V}$ 一定接受输入 x。因为 $\mathbb{V}$ 接受输入 x 的概率小于 $1/2^n$，所以随机选取的 (r^1, r^2) 是不合理的概率小于 $1/2^n$。　□

我们继续讨论在所有的合理的有序对 (r^1, r^2) 中，被证明系统 $(\mathbb{V}^*, \mathbb{P}_1^*, \mathbb{P}_2^*)$ 拒绝的比例。考虑大小为 $t \times t$ 的平面网格，将网格中的每个点 (g, h) 赋值 $\mathbb{P}_2^*(x, r', r'')$，其中 r' 是 r^1 的长度为 g 的前缀，r'' 是 r^2 的长度为 h 的前缀。我们将用符号 $\mathbb{P}_2^*(g, h)$ 表示对点 (g, h) 的赋值。我们说有序对 (r_1', r_1'') 是有序对 (r_2', r_2'') 的前缀当仅当 r_1' 是 r_2' 的前缀并且 r_1'' 是 r_2'' 的前缀。

引理 5.17　若 (r^1, r^2) 是合理的且 $\mathbb{V}_{\mathbb{P}_1^*, \mathbb{P}_2^*}^*(x, r^1, r^2) = 1$，则集合

$$R = \{(g, h) \mid \mathbb{P}_2^*(g, h) \text{ 不是 } \mathbb{P}_1^*(x, r^1, r^2) \text{ 的前缀}\}$$

的大小至少为 $t-1$。

证明　设 $\mathbb{P}_1^*(x, r^1, r^2) = (a^1, a^2)$。对任意 $g \in [t]$，用 V_g 表示网格中横坐标为 g 的垂直线段上的点的集合，即 $V_g = \{(g, h) \mid h \in [t]\}$。考查如下问题：

是否有 $g \in [t]$ 使得 V_g 中有 $t/2$ 个点的值与 $M_{r^2}^1(r_1^1, \cdots, r_g^1)$ 不同？

如果答案是肯定的，那么 V_g 中不可能有一半的结点具有相同的值，因此该线段上至少有 $t/2$ 个点的值不是 $\mathbb{P}_1^*(x, r^1, r^2)$ 的前缀。如果问题的答案是否定的，那么对所有 $g \in [t]$，V_g 中至少有一半的结点的值的第一个分量为 $M_{r^2}^1(r_1^1, \cdots, r_g^1)$。因为 (r^1, r^2) 是合理的且 $\mathbb{V}_{\mathbb{P}_1^*, \mathbb{P}_2^*}^*(x, r^1, r^2) = 1$，根据定义，要么 $M_{r^2}^1(r_1^1, \cdots, r_t^1) \neq a^1$，要么存在 $g' \in [t-1]$ 使得 $M_{r^2}^1(r_1^1, \cdots, r_{g'}^1)$ 不是 $M_{r^2}^1(r_1^1, \cdots, r_{g'+1}^1)$ 的前缀，若为后者，$M_{r^2}^1(r_1^1, \cdots, r_{g'}^1)$ 和 $M_{r^2}^1(r_1^1, \cdots, r_{g'+1}^1)$ 至少有一个不是 a^1 的前缀。总之，存在 g 使得 $M_{r^2}^1(r_1^1, \cdots, r_g^1)$ 不是 a^1 的前缀，因此在这种情况下，V_g 至少也有 $t/2$ 个点的值不是 $\mathbb{P}_1^*(x, r^1, r^2)$ 的前缀。用同样推理方法，可知有一个水平线段 H_h 包含至少 $t/2$ 个点的值不是 $\mathbb{P}_1^*(x, r^1, r^2)$ 的前缀。因为 V_g 和 H_h 最多交于一点，所以 $|V_g \cup H_h| \geqslant t-1$。 □

设 $\mathbb{V}^*$ 将合理的 (r^1, r^2) 发给 $\mathbb{P}_1^*$。若 $\mathbb{V}_{\mathbb{P}_1^*, \mathbb{P}_2^*}^*(x, r^1, r^2) = 0$，$\mathbb{V}^*$ 百分之百拒绝输入 x。若 $\mathbb{V}_{\mathbb{P}_1^*, \mathbb{P}_2^*}^*(x, r^1, r^2) = 1$，根据引理5.17，如果 $\mathbb{V}^*$ 将 R 中的点的赋值发给 $\mathbb{P}_2^*$，$\mathbb{V}^*$ 也会拒绝输入 x，因为此时 $\mathbb{P}_2^*$ 的回复不是 (a^1, a^2) 的前缀。第二种情况发生的概率至少是 $|R|/t^2 \geqslant (t-1)/t^2$。根据引理5.16，$\mathbb{P}_1^*$ 收到的随机串 (r^1, r^2) 是合理的概率至少为 $1 - 1/2^n$。所以 $\mathbb{V}^*$ 拒绝的概率至少是 $\dfrac{1}{2^n} + \left(1 - \dfrac{1}{2^n}\right)\dfrac{t-1}{t^2} > \dfrac{1}{t^2}$，不等式用到了条件 $t > 1$。我们最终得到如下结论：$\mathbb{V}^*$ 接受 x 的概率不超过 $1 - \dfrac{1}{t^2}$。定理5.17得证。 □

从定理5.16和定理5.17，我们立即得到本节的主要结论。

定理 5.18 $\mathbf{MIP} = \mathbf{MIP}[2, 1]$。

单回合双证明者协议在密码学、PCP 定理证明、不可近似性证明中都有应用。有些应用将在第6章介绍。

第 5 章练习

1. 证明 $\mathbf{SPACE}(S(n)) \subseteq \mathbf{IP}[S(n)^4]$。
2. 证明 QBF 总和测试协议的可靠性。
3. 证明定理5.12。
4. 证明在不等式 (5.6.2) 之前定义的随机选取 a, b 的方法等价于随机选取和一个轴平行的直线上的两点。

5. 设对每个 $c \in \{0,1\}^m$，$P_c(X_1, \cdots, X_n)$ 定义在有限域 $\mathbf{F}_p^n$ 上。可用下面两种方法测试是否对每个 $c \in \{0,1\}^m$ 等式 $P_c(X_1, \cdots, X_n) = 0$ 对所有的 $X_1, \cdots, X_n \in \{0,1\}$ 都成立。

(a) 独立随机地选 $r_1, \cdots, r_{2^m} \in \mathbf{F}_p$，验证是否有

$$\sum_{c \in [\{0,1\}^m]} \sum_{X_1 \in \{0,1\}} \cdots \sum_{X_n \in \{0,1\}} P_c(X_1, \cdots, X_n) \cdot r_c = 0$$

(b) 独立随机地选 $r_1, \cdots, r_m \in \mathbf{F}_p$，验证是否有

$$\sum_{c_1, \cdots, c_m \in \{0,1\}^m} \sum_{X_1 \in \{0,1\}} \cdots \sum_{X_n \in \{0,1\}} P_c(X_1, \cdots, X_n) \cdot \prod_{c_i=1}^{i \in [m]} r_i = 0$$

分析两种方法的随机复杂性和可靠性。

6. 第5.6节定义的算法 $\mathbb{MIL}$ 使用了 $O(\log(n)^2 \log \log(n))$ 长的随机串。说明如何将所需的随机串长度降至 $O(\log(n) \log \log(n))$。请参阅文献 [75]。

7. 非交互协议 NA 定义如下 [72]：

Noninteractive
Agreement

(a) $\mathbb{V}$ 独立随机地选 $b_1, b_2 \in_R \{0,1\}$，将 b_1 发送给 $\mathbb{P}_1$，将 b_2 发送给 $\mathbb{P}_2$。

(b) $\mathbb{P}_1$ 和 $\mathbb{P}_2$ 分别发送有序对 $(i_1, a_1), (i_2, a_2) \in_R \{0,1\}^2$ 给 $\mathbb{V}$。

若 $i_1 = i_2$、$a_1 = a_2$ 且 $b_{i_1} = a_1$，$\mathbb{V}$ 接受，否则拒绝。这个协议想要实现的是一个证明者猜中另一个证明者从验证者 $\mathbb{V}$ 接收到的随机位。证明：① $w(\text{NA}) = 1/2$；② $w(\text{NA}^2) = 1/2$。

第 6 章　近似计算与不可近似性

等式 **IP = PSPACE** 的发现是交互证明系统研究中的里程碑事件。与原先的猜测不同，**IP** 是个非常大的类。在此认识上，一个有意义的研究方向是通过限制交互证明系统使用的资源去试图刻画 **PSPACE** 的子类。早期的研究包括对交互证明系统使用的空间和时间进行限制，不过对这两方面的限制似乎都没有取得特别有用的结果。对多项式时间做进一步划分也不太可能得到一个模型无关的问题类。对多证明者交互证明系统的研究揭示了 **IP** 的又一有趣的刻画：**IP** 是所有具有一个回合的双交互证明系统所判定的问题类。这一刻画似乎在暗示，应该重点研究一下一个回合的交互证明系统。一个回合的交互证明系统不仅是对 **NP** 和 **MA** 的交互证明系统的自然拓展，也是一类比较容易实现的系统。一回合系统的特点是证明者给出的信息都是非适应性的，给定输入后，证明者可以预先将所有的答案写在一条只读带上。在对证明者的能力做了限制之后，我们对验证者再做限制。研究表明，真正具有理论和应用意义的是对验证者所使用的随机位个数和查看证明中的位数同时做限制。基于这些限制，阿罗拉与萨弗拉引入了对交互证明系统所判定的语言进行分类的所谓 PCP-验证器 [18]。

Arora, Safra
Probabilistic
Checkable Proof

定义 6.1　设 $q, r : \mathbf{N} \to \mathbf{N}$。若下述条件满足，称多项式时间神谕图灵机 $\mathbb{V}^?$ 为语言 L 的 $(r(n), q(n))$-PCP-验证器:

1. 高效性. 当输入 x 和长度不超过 $q(n)2^{r(n)}$ 的 0-1 串 π 后，验证器使用长度为 $r(n)$ 的随机串，读取 π 中的 $q(n)$ 个位，计算后输出 1 或 0。
2. 完备性. 若 $x \in L$，存在 π 使得 $\Pr[\mathbb{V}^{\pi}(x) = 1] = 1$。
3. 可靠性. 若 $x \notin L$，则对所有 π 有 $\Pr[\mathbb{V}^{\pi}(x) = 1] \leqslant 1/2$。

称 π 为PCP-证明。固定 x 和 π，用 $\mathbb{V}^{\pi}(x)$ 表示输出的随机变量。

一个 PCP-证明可看成是一个有限大小的神谕。验证器 $\mathbb{V}^?$ 在读取 PCP-证明 π 中的一位之前，要计算出该位所在的地址，即 $0, \cdots, |\pi| - 1$ 中的一个数。因

为最多有 $2^{r(n)}$ 个随机串，并且验证器 $\mathbb{V}^?$ 在使用一个随机串时最多查询证明 π 中的 $q(n)$ 个位，所以总可以假定证明的长度不超过 $q(n)2^{r(n)}$。我们称 $r(n)$ 为验证器的随机复杂性，$q(n)$ 为验证器的询问复杂性，$q(n)2^{r(n)}$ 为验证器的证明复杂性。用 PCP-验证器可以定义一类健壮的复杂性类。

定义 6.2　语言 L 在 $\mathbf{PCP}(r(n), q(n))$ 中当仅当，存在常数 c、d，语言 L 有一个 $(cr(n), dq(n))$-PCP-验证器。

要说明定义6.2的健壮性，基本的一点是要说明定义6.1中的可靠性参数 $1/2$ 可以用区间 $(0,1)$ 中的任意常数代替。等价地，我们必须说明对任意正整数 k，将定义6.1中的可靠性参数 $1/2$ 换成 $\frac{1}{2^k}$ 不改变定义6.2所给出的复杂性类。提高验证算法的可靠性（即降低可靠性参数）的一般方法是将验证重复独立地进行多遍。PCP-验证器是一个回合的交互证明系统，所以无法通过顺序地重复进行验证来降低可靠性参数。为了将交互保持在一个回合，可以将验证并行地进行 k 遍，若其中的一个验证失败，就报错。拉兹定理保证，单回合并行重复交互的确可指数地降低可靠性参数。下述结论是拉兹定理的一个简化版本。

定理 6.1（拉兹定理）　存在常数 $e \in (0,1)$，若将满足定义6.1的验证器独立并行运行 k 遍，所得的并行验证器的可靠性参数为 2^{-ek}。

并行验证的确可以指数地降低出错率，其带来的额外开销是：随机复杂性和询问复杂性均有线性扩张。因此，从可靠性参数的角度看，定义6.2是健壮的。

我们首先对 $\mathbf{PCP}$ 类做一个基本的界定。若 $L \in \mathbf{PCP}(r(n), q(n))$，按定义，存在常数 c、d 和多项式时间 $T(n)$ 的 $(cr(n), dq(n))$-验证器 $\mathbb{V}^?$ 判定 L。设 $\mathbb{N}$ 为如下定义的非确定图灵机：

1. 猜测一个长度为 $q(n)2^{cr(n)}$ 的证明。
2. 依次对每个长度为 $cr(n)$ 的 0-1 串 π，模拟 $\mathbb{V}^\pi(x)$ 的计算。若所有的模拟都接受，则接受，否则拒绝。

此非确定图灵机 $\mathbb{N}$ 显然判定 L，其计算时间为 $q(n)2^{cr(n)} \cdot 2^{cr(n)} \cdot T(n) \log(T(n))$。我们将始终假定

$$r(n) = \Omega(\log(n))$$

因此 $\mathbb{N}$ 的计算时间为 $q(n)2^{O(r(n))}$，由此得下述简单而重要的结论。

命题 31　　$\mathbf{PCP}(r(n), q(n)) \subseteq \mathbf{NTIME}(q(n)2^{O(r(n))})$。

命题31表明，用非确定图灵机刻画 $\mathbf{PCP}(r(n), q(n))$，其复杂性与 $q(n)$ 线性相关，与 $r(n)$ 指数相关。不难看出，$\mathbf{PCP}(0, \log) = \mathbf{P}$ 和 $\mathbf{PCP}(0, \text{poly}) = \mathbf{NP}$。命题31还告诉我们包含关系 $\mathbf{PCP}(\log(n), 1) \subseteq \mathbf{NP}$ 是成立的。我们常用一类函数定义 $\mathbf{PCP}$ 类，比如 $\mathbf{PCP}(\text{poly}, 1)$ 定义为 $\bigcup_{c \in \mathbb{N}} \mathbf{PCP}(n^c, 1)$。

在第5.5节中，我们介绍了巴柏、福特纳和隆德的著名结果 [26]，即 $\mathbf{MIP} = \mathbf{NEXP}$。从 PCP-验证器的角度看，他们设计的协议要求证明者提供一个指数长的证明，验证者随机地查看证明中多项式个位，为了做到这点，验证者必须使用一个多项式长的随机串。换言之，巴柏、福特纳和隆德事实上证明了

$$\mathbf{NEXP} \subseteq \mathbf{PCP}(\text{poly}, \text{poly}) \tag{6.0.1}$$

注意，根据命题31，可将 (6.0.1) 中的 $\subseteq$ 换成 $=$。若将巴柏、福特纳和隆德的协议用来判定 $\mathbf{NP}$ 中的问题，能得到 (6.0.1) 的一个缩减版本 [25]：

$$\mathbf{NP} \subseteq \mathbf{PCP}(\text{polylog}, \text{polylog}) \tag{6.0.2}$$

文献 [26] 中的证明方法（如多线性性测试算法）及其推论 (6.0.2) 对后续研究产生了重要影响。在文献 [26] 发表之后不久，费热、戈德瓦塞尔、洛瓦茨、萨弗拉、塞盖迪给出了一个简化的证明 [75]，并将 (6.0.2) 改进为

$$\mathbf{NP} \subseteq \mathbf{PCP}(\log(n) \cdot \log\log(n), \log(n) \cdot \log\log(n)) \tag{6.0.3}$$

文献 [75] 的一个更有影响的贡献是首次指出了交互证明系统和近似算法难解性之间的联系，这部分内容将在第6.2节详细讨论。包含关系 (6.0.3) 不太可能是故事的结局，难道不应该有如下的包含关系吗？

$$\mathbf{NP} \subseteq \mathbf{PCP}(\log(n), \log(n)) \tag{6.0.4}$$

inner/outer verifier
文献 [18,75]、[19] 的作者获得第一届哥德尔奖。

阿罗拉与萨弗拉在文献 [18] 中证明了上述的包含关系。事实上，他们的工作证明了 $\mathbf{NP} \subseteq \mathbf{PCP}(\log(n), o(\log(n)))$。文献 [18] 引入了很多证明技术，包括更高效的多线性性测试和对内验证器和外验证器进行复合的验证器构造技术。在对这些技术进一步改进的基础上，阿罗拉、隆德、莫特瓦尼、苏丹和塞盖迪在文献 [19] 中最终证明了 PCP 定理。

定理 6.2（PCP 定理，随机可验证性）　　$\mathbf{NP} = \mathbf{PCP}(\log(n), 1)$。

综合上述文章中使用的技术，可证明定理6.2的如下提升版本。

定理 6.3　　$\mathbf{NEXP} = \mathbf{PCP}(\text{poly}, 1)$。

从 $\mathbf{NEXP}$ 的一个有意思的刻画 (6.0.1) 出发，研究者最终得到了一个更强的刻画，即定理6.3。过程中，研究者证明了被称为继库克-莱文定理之后复杂性理论中第二个最重要的结果 [238] —— PCP 定理。PCP 定理的原始证明正式发表于 1992 年，证明相对较长，用的是初等的代数方法，如代数基本定理、低次多项式的测试算法等。2006 年，第纳尔给出了 PCP 定理的第二个证明 [64]，该证明的篇幅相对较短，用的是非初等的组合方法（扩张图），证明的直观性更容易解释。

Dinur

PCP 定理的一个重要应用是在近似计算领域。事实上，我们可以用近似算法的语言陈述 PCP 定理。本章在简要介绍近似算法的基本概念和方法的基础上，给出完整的 PCP 定理的证明，指出其在近似算法理论中所扮演的角色。

6.1　近似算法

现实生活和工业生产中有大量的离散组合优化问题，其中大量的问题是 NP-难的。若一个优化问题的判定版本在 $\mathbf{NP}$ 中，称其为 NP-优化问题。就很多 NP-优化问题而言，一个好的近似解在多数情况下就够用了。这类问题的近似算法在 NP 概念提出之前已有研究 [94]，对这类问题近似算法更多的研究是在 NP 概念被发现之后，事实上"近似算法"这一术语也是在 1974 年才由约翰逊提出的 [119]。从一开始，研究者就意识到，对于大多数优化问题而言，找好的近似解似乎和找精确解一样难。利用归约技术研究者也证明了一些优化问题的确没有好的近似算法，除非 $\mathbf{NP} = \mathbf{P}$。例如，加里和约翰逊在他们著名的介绍 NP 问题的书 [83] 中证明了图色数的 $\frac{1}{2}$-近似问题是 NP-难的。然而，这方面的研究进展并非差强人意。在一段时间里，研究者不知道为什么不同优化问题的近似算法难度会如此不同，也缺乏强有力的证明工具去印证他们的猜测。在继续讨论之前，让我们先回忆一下有关近似算法的一些术语。

approximation algorithm

设 $\rho : \mathbf{N} \to (0, 1]$。一个极大问题的 ρ-近似算法 $\mathbb{A}$ 是满足如下性质的算法：

对任意输入 I，下述不等式成立：

$$\frac{\mathbb{A}(I)}{OPT(I)} \geqslant \rho(|I|)$$

这里 $OPT(I)$ 表示输入实例 I 的最优解，$\mathbb{A}(I)$ 表示算法输出的可行解，所谓可行解指的是不一定是最优的一个解。同样地，一个极小问题的 ρ-近似算法 $\mathbb{A}$ 是满足如下性质的算法：对任意输入 I，下述不等式成立：

$$\frac{OPT(I)}{\mathbb{A}(I)} \geqslant \rho(|I|)$$

称 ρ 为算法 $\mathbb{A}$ 的近似比（函数）。按定义，$\rho(|x|) \in (0,1)$。近似比函数 ρ 可以是递增函数，也可以是递减函数，还可以是常函数。用 APX 表示所有具有某个近似比算法的优化问题类。不同的问题有不同的近似比算法。

在不少文献里，近似比定义为本书中所用的近似比的倒数。

不同的问题有不同的代数和组合结构，成功的近似算法基于对这些结构的深刻认识。对于某些结构，我们可以尝试用启发式方法找到最优解的近似解，对于另一些结构，我们可以用熟悉的线性规划方法给出近似解决方案。近似算法理论已经沉淀出若干主要的设计与分析技术，本节将通过一些例子介绍这些技术。若希望了解更多的近似算法理论，请参阅教材 [67,233,242]。由霍克鲍姆主编的一本早期的介绍性文选也有参考价值 [106]。

Hochbaum

k-center

facility location problem

k-中心问题　如果要在一个社区建立 k 所小学，我们希望学校地点的选择能使学生步行上学的时间最短。为医院、购物中心、垃圾回收厂选址时，会面临同样的问题。运筹学里，这类问题称为资源选址问题，可形式化为图上的优化问题。设 $G = (V,E)$ 为无向完全图，图的每条边 (u,v) 的权重 $d(u,v)$ 可解释为该边两端点之间的距离。假设结点到自身的距离为 0，结点间距离满足三角不等式。设 C 为非空结点子集。结点 v 到"中心" C 的距离 $\mathrm{dist}(v,C)$ 定义为 $\min_{c \in C} d(v,c)$。中心 C 定义的半径 r_C 为 $\max_{v \in V} \mathrm{dist}(v,C)$。资源选址问题有不少变种，我们关心的是其中最简单的版本，即 k-中心问题。

k-Center：求大小为 k 的结点集 C，使得半径 r_C 最小。

设 $C = \{c_1, \cdots, c_k\}$ 为最优的 k 结点中心，该中心将结点集合 V 划分成了 k 个子集 $V_1, V_2, \cdots, V_k$，满足 $c_i \in V_i$ 并且 V_i 中的每个结点和 c_i 的距离均不超过 r_C。如果我们将结点之间边的权重理解成结点的近似程度，k-中心问

题就是 k-聚类问题。聚类算法有巨大的商业价值。电商对不同的顾客做个性化推送，搜索引擎对不同的网站进行分类，新产品设计针对特定人群，这些都基于对采集到的数据进行聚类分析。

k-clustering

因为 k-Center 是 NP-难的，所以实际系统中聚类算法都是近似算法。冈萨雷斯给出了此问题的一个简单的 $\frac{1}{2}$-近似贪心算法 [93]，其定义如下：

Gonzalez

1. 设集合 S 包含输入图的一个结点。
2. 当 $|S| < k$，重复做：选 $u \in V \setminus S$ 使得 $\mathrm{dist}(u, S)$ 最大；$S := S \cup \{u\}$。
3. 输出 S。

贪心算法是最基本的近似算法设计方法，是所谓的启发式算法中常见的一种，其基本思路是在计算过程中寻找局部最优解，期望逐步逼近全局最优解。本算法的第 2 步找出和局部解 S 最远的点 u，并以该点为中心增加一个新的聚类。从全局的角度看，这个新的聚类不一定是全局最好的选择，不过这个选择不会坏到哪去。

greedy algorithm
heuristic

设 C^* 为最优解，其定义的半径为 r^*。设以 C^* 为中心的 k 个聚类是 $V_1, V_2, \cdots, V_k$。根据三角不等式，任意 V_i 中的任意两点的距离小于 $2r^*$。设算法已经依次选出了 $V_1, V_2, \cdots, V_i$ 中的结点 $v_1, v_2, \cdots, v_i$。对每个 $j \in [i]$，V_j 中的每个结点和 v_j 的距离小于 $2r^*$。若算法选出的第 $i+1$ 个结点在 $V_1, V_2, \cdots, V_i$ 中，那么 $V \setminus \bigcup_{j \in [i]} V_j$ 中的任意点和 $\bigcup_{j \in [i]} V_j$ 的距离小于 $2r^*$。在这种情况下，算法产生的新的类中的任意两点的距离都不超过 $2r^*$。因此上述近似算法的近似比为 $\frac{1}{2}$。

霍克鲍姆和史莫斯给出了 k-中心问题的另一个 $\frac{1}{2}$-近似算法 [107]。　□

Shmoys

是否存在近似比优于 $\frac{1}{2}$ 的 k-中心问题的近似算法？给定顶点覆盖问题 (G, k)，其中 G 为无向图，k 为正整数。将 G 的每条边的权重定义为 1，若两点之间没有边，引入一条权重为 2 的边。得到的完全图 G' 和 k 构成 k-中心问题实例。显然，(G, k) 有大小为 k 的顶点覆盖当仅当 k-中心问题 (G', k) 最优解的半径为 1。若 k-Center 有近似比大于 $\frac{1}{2}$ 的近似算法，则顶点覆盖问题有多项式时间算法。因此，假定 $\mathbf{NP} \neq \mathbf{P}$，$k$-中心问题没有比 $\frac{1}{2}$-近似算法更好的近似算法，这就是一个不可近似性结论。

与 k-中心问题不同，有些问题具有任意近似比的算法。下一个例子在算法课里讲过。

Knapsack

背包问题 背包问题是最著名的组合优化问题之一，其定义如下：

> KnapSack：给定 m 种物品，其大小分别为正整数 $s_1, s_2, \cdots, s_m$，价值分别为正整数 $v_1, v_2, \cdots, v_m$，给定正整数 C，求这些物品集的一个子集，使得子集中的物品大小之和不超过 C 且价值之和最大。

背包问题在实际中有很多应用，如对投资组合的选择，对原材料切割的优化等。背包问题有个简单的动态规划算法。设 $A(i, v)$ 是满足如下条件的最小值：此值为前 i 个物品中的若干个物品的大小之和，这些物品的价值之和为 v。用双重循环可算出所有的 $A(i, v)$，这里 $i \in [m]$ 且 $v \in [C]$。此算法的时间复杂性为 $O(m^2 V)$，其中 $P = \max_{i \in [m]} v_i$。因为 P 一般是输入长度的指数，所以这不是个多项式时间算法。此算法的特点是，对输入参数进行归纳，通过计算

dynamic programming

所有局部最优解而最终得到全局最优解。常将这类算法称为动态规划算法。作为背包问题输入实例的一部分，如果 $v_1, v_2, \cdots, v_m$ 用一进制表示，此算法就是多项式时间的，这类算法称为伪多项式时间算法。已知的伪多项式时间算法几乎都是动态规划算法。

pseudopolynomial

如果 P 是 m 的多项式，动态规划算法就是多项式的。此性质告诉我们如何设计背包问题的近似算法，即将输入的部分值进行指数缩小，再调用动态规划算法，这就是伊巴拉和基姆提出的算法 [115]。设 x 为输入，ϵ 为大于 0 的参数，他们的算法定义如下：

Ibarra
Kim

1. $K := \dfrac{\epsilon}{m} \cdot P$。

2. 对每个 $i \in [m]$，$v_i := v_i / K$，这里结果 v_i / K 向下取整。

3. 调用动态规划算法，并输出结果。

因为每个物品的价值误差不超过 K，所以总误差不超过 $mK = \epsilon P$。因为最优解大于 P（大小超过 C 的物品可以通过预处理排除掉），所以算法输出的结果至少为 $(1 - \epsilon) OPT(x)$，因此是 $(1-\epsilon)$-近似算法。算法的计算时间为 $O\left(|x|^2 \cdot \dfrac{P}{K}\right) = \text{poly}\left(n, \dfrac{1}{\epsilon}\right)$，即计算时间既是输入长度的多项式，也是误差倒数 $\dfrac{1}{\epsilon}$ 的多项式。这类近似算法是最理想的近似算法。 □

定义 6.3　设 n 为输入长度, $\epsilon \in (0,1)$ 为误差参数。一个计算时间为 $\mathrm{poly}\left(n, \frac{1}{\epsilon}\right)$ 的 $(1-\epsilon)$-近似算法称为一个完全多项式时间近似方案。

用 FPTAS 表示所有具有完全多项式时间近似方案的问题类。伊巴拉-基姆算法 说明 KnapSack $\in$ FPTAS。大多数优化问题没有完全多项式时间近似方案。在 一定意义下，动态规划算法、伪多项式时间算法、完全多项式时间近似方案有 密切的联系，参阅文献 [83] 中的讨论。

fully polynomial time approximation scheme

对输入值进行缩减的技巧只适用于一小部分问题，对于其他问题的近似算 法，我们得降低期望。

定义 6.4　设 n 为输入长度, $\epsilon \in (0,1)$ 为误差参数。一个时间为 $T\left(n, \frac{1}{\epsilon}\right)$ 的 $(1-\epsilon)$-近似算法称为一个多项式时间近似方案，若 $T\left(n, \frac{1}{\epsilon}\right)$ 是 n 的多项式。

在上述定义中, $T\left(n, \frac{1}{\epsilon}\right)$ 可以任何方式依赖于 $\frac{1}{\epsilon}$, 比如时间函数 $T\left(n, \frac{1}{\epsilon}\right)$ 可 以是 $O\left(\left(\frac{1}{\epsilon} - 1\right) \cdot n^{\frac{1}{\epsilon}}\right)$。用 PTAS 表示所有具有多项式时间近似方案的问题类。 在研究近似算法时，我们最关心的是：某个问题是否在 PTAS 中？

装箱问题　装箱问题也是常见的优化问题。在交通运输中，我们希望使用的集 装箱尽可能地少。在批量生产某款衣服时，我们希望一次生产使用尽可能少匹 的布料。装箱问题的定义如下：

Bin Packing

> **BinPacking:** 给定 m 个大小为 $s_1, s_2, \cdots, s_m \in (0,1]$ 的物品，求 若将这些物品装入单位大小的箱子，至少需要多少个箱子。

这个问题不在 FPTAS 中。事实上，除非 $\mathbf{NP} = \mathbf{P}$, 否则 BinPacking 没有近 似比好于 2/3 的近似算法。这可以通过将划分问题归约到此问题得到。

> **Partition:** 给定 m 个正整数 $n_1, n_2, \cdots, n_m$, 其和 $N = \sum_{i \in [m]} n_i$ 为偶数，问是否存在 $[m]$ 的划分 S 和 T, 使得 $\sum_{i \in S} n_i = \sum_{i \in T} n_i$。

划分问题是 NP-完全问题。定义归约 Partition $\rightarrow$ BinPacking 为将 n_i 映射 到 $a_i = 2n_i/N$。显然，存在满足 $\sum_{i \in S} n_i = \sum_{i \in T} n_i$ 的划分 S 和 T 当仅当 $a_1, \cdots, a_m$ 可装进 2 个箱子。用一个近似比优于 2/3 的背包问题算法可在多

项式时间内解决划分问题。此否定结论不仅说明 BinPacking $\notin$ FPTAS，而且说明 BinPacking $\notin$ PTAS。

Vega
Lueker

尽管有这些否定的结论，文献 [76] 的作者维伽和鲁克指出 BinPacking 还是有很好的近似算法。

命题 32　对于任意 $\epsilon \in (0, 1/2)$，有 BinPacking 的多项式时间近似算法，该算法计算出的盒子数不超过 $(1 + 2\epsilon)OPT(x) + 1$，其中 x 表示输入。

首先考虑一种特殊的情况，即物品的大小至少为 ϵ（因此一个箱子中放的物品数不超过 $M = 1/\epsilon$），并且物品只有 K 个大小尺寸。将 M 个相同的球扔进 K 个盒子的组合数不超过常量 $R = \binom{M + K}{M}$（见例子 4.1），所以每个盒子里物品的装法不超过 R。因为最多使用 m 个盒子，装箱总数不超过 $\binom{m + R}{R}$。因为 $\binom{m + R}{R}$ 为多项式，所以可以在多项式时间内通过枚举找出最优解。

然后考虑上述情况的推广，即取消条件"物品只有 K 个大小尺寸"。设 I 是这类实例中的一个。假设 $s_1, s_2, \cdots, s_m$ 非递减，将其分成 $K = 1/\epsilon^2$ 组，每组有 $m\epsilon^2$ 个元素。将每组中的所有元素都换成该组的最大元素，得到实例 $\overline{J}$；将每组中的所有元素都换成该组的最小元素，得到实例 $\underline{J}$。用前一段定义的暴力算法算出输入实例 $\overline{J}$ 和 $\underline{J}$ 的最优解 $Opt(\overline{J})$ 和 $Opt(\underline{J})$。显然，$Opt(\underline{J}) \leqslant Opt(I)$。如果忽略 $\overline{J}$ 中最大的 $m\epsilon^2$ 个元素，$\underline{J}$ 的装箱方法也给出了 $\overline{J}$ 的一个装箱方法。因此，

$$Opt(\overline{J}) \leqslant Opt(\underline{J}) + m\epsilon^2 \leqslant Opt(I) + m\epsilon^2$$

因为 I 中的物品的大小至少为 ϵ，所以 $Opt(I) \geqslant m\epsilon$。由此推出 $Opt(\overline{J}) \leqslant Opt(I) + m\epsilon^2 \leqslant Opt(I) + \epsilon Opt(I) = (1 + \epsilon)Opt(I)$。

基于上述分析，装箱问题的近似算法可设计如下：将输入实例 I 中的所有的尺寸小于 ϵ 的物品删去，得 I'。用上述算法，得到的解需要的箱子数不超过 $(1 + \epsilon)Opt(I')$。再将尺寸小于 ϵ 的物品放入箱子。若不需要新的箱子，则需要的箱子数不超过 $(1 + \epsilon)Opt(I') \leqslant (1 + \epsilon)Opt(I)$。若需要用新的箱子，并设 L 是所需箱子数，则除了一个箱子外，其余的箱子里放的物品的总的大小均超过 $1 - \epsilon$。所以 $(L - 1)(1 - \epsilon) \leqslant Opt(I)$，由此推出

$$L \leqslant Opt(I)/(1 - \epsilon) + 1 \leqslant (1 + 2\epsilon)Opt(I) + 1$$

其中第二个不等式用到了条件 $\epsilon \in (0, 1/2)$。

综上，对任意 $\epsilon \in (0, 1/2)$，装箱问题有多项式时间算法 $\mathbb{A}_\epsilon$，使得对任意输入实例 I，有

$$\mathbb{A}_\epsilon(I) \leqslant (1 + 2\epsilon)Opt(I) + 1$$

因为有常数项，所以 $\mathbb{A}_\epsilon$ 不是一个多项式时间近似方案。通常将这类算法称为渐进多项式时间近似方案，并用 APTAS 表示所有具有渐进多项式时间近似方案的问题类。装箱问题的特点是，我们无法对问题实例中的参数进行缩放，将渐进多项式时间近似方案转变成多项式时间近似方案。　□

Asymptotic PTAS

负载均衡问题　在调度理论中，一个最基本的问题是如何分配多个生产任务给多条生产线，使得最长生产时间最短。这就是负载均衡问题。

load-balancing

Makespan

> **Makespan：**给定 m 个处理时间分别为 $p_1, p_2, \cdots, p_m$ 的任务以及 J 个完全相同的机器，求将 m 个任务分配到 J 台机器的一个方案，使总的处理时间最短。

早在 1966 年，格雷厄姆在近似算法领域最早的几篇文章之一已为负载均衡问题设计了一个简单的贪心算法 [94]，该算法总是将下一个任务分配给最早结束当前任务的那台机器，其近似比为 1/2。此算法的一个明显的下界是

Graham

$$LB = \max\left\{\frac{1}{m}\sum_{i\in[m]} p_i, \max_{i\in[m]}\{p_i\}\right\}$$

最后一个任务分配给的那台机器已消耗的总时间不会超过 $\frac{1}{m}\sum_{i\in[m]} p_i$，因此算法给出的解不会超过 $2LB$。

霍克鲍姆和史莫斯在文献 [108] 中给出了负载均衡问题的多项式时间近似方案。他们的算法基于从负载均衡问题到装箱问题的如下归约：将 $p_1, p_2, \cdots, p_m$ 视为 m 个物品的大小，t 为负载均衡问题的可行解当仅当这些物品可以装进 J 个大小为 t 的盒子里。负载均衡问题的最优解就是盒子的最小尺寸。这个尺寸是介于 LB 和 $2LB$ 的，所以可以用二分法求得。关键是确保二分法的每一步都是多项式时间的，这可以用解装箱问题时使用的近似算法思想，即设置物品的最小尺寸和限制物品尺寸的种类为常量。设 ϵ 为误差参数，$t \in [LB, 2LB)$。根据 LB 的定义，物品的最大尺寸不超过 t。暂时忽略尺寸小于 $t\epsilon$ 的物品，将

其余的物品按照区间

$$[t\epsilon, t\epsilon(1+\epsilon)), \cdots, [t\epsilon(1+\epsilon)^i, t\epsilon(1+\epsilon)^{i+1}), \cdots, [t\epsilon(1+\epsilon)^{k-1}, t\epsilon(1+\epsilon)^k)$$

进行分类,其中 $k = \log_{1+\epsilon} \dfrac{1}{\epsilon}$。对于每个 $j \in [m]$,若 $p_j \in [t\epsilon(1+\epsilon)^i, t\epsilon(1+\epsilon)^{i+1})$,引入 $p'_j = t\epsilon(1+\epsilon)^i$。做此舍入后,物品的尺寸只有 k 个。设 m_i 为大小为 $t\epsilon(1+\epsilon)^i$ 的物品数量。设 $m'_i \in [0, m_i]$,用 $opt(m'_1, \cdots, m'_k)$ 表示能装入 $m'_1, \cdots, m'_k$ 这么多个物品的最小盒子数。用动态规划算法可在 $O(n^{2k})$ 时间内将所有 $Opt(m'_1, \cdots, m'_k)$ 算出。定义算法 $\mathbb{B}$ 如下:

1. 用动态规划算法算出 $B = Opt(m_1, \cdots, m_k)$。
2. 按动态规划给出的装箱方案将输入物品中尺寸不小于 $t\epsilon$ 的物品装入大小为 $(1+\epsilon)t$ 的 B 个箱子。
3. 将尺寸小于 $t\epsilon$ 的物品装入 B 个箱子,如需要,可以用新的箱子。

用 $\mathbb{B}(t, \epsilon)$ 表示算法的输出。用 $Bin(t)$ 表示箱子大小为 t 时最少装箱数。有下述结论。

引理 6.1 $\mathbb{B}(t, \epsilon) \leqslant Bin(t)$。

证明 若算法 $\mathbb{B}$ 的第三步不使用新箱子,此不等式显然。若算法 $\mathbb{B}$ 的第三步使用了新箱子,那么除了最后一个箱子外,其余的箱子至少用了 t 大小的空间,此时不等式也是显然的。 □

原负载均衡问题的最优解是 $Opt = \min\{t \mid Bin(t) \leqslant J\}$。由上述引理知

$$\min\{t \mid \mathbb{B}(t, \epsilon) \leqslant J\} \leqslant Opt$$

如果能准确地计算出 $\min\{t \mid \mathbb{B}(t, \epsilon) \leqslant J\}$,我们就找到了原问题的一个大小不超过 $(1+\epsilon)Opt$ 的解。因为 $LB \leqslant t < 2LB$,二分算法递归进行 $\log \dfrac{1}{\epsilon}$ 次后,t 落入大小为 ϵLB 的区间里,设 T 为该区间的右端点。显然应有

$$T \leqslant \min\{t \mid \mathbb{B}(t, \epsilon) \leqslant J\} + \epsilon LB \leqslant Opt + \epsilon Opt = (1+\epsilon)Opt$$

若将 T 作为算法的最终输出的话,最优解和算法给出的解的比值不超过 $1/(1+\epsilon)^2 \geqslant 1 - 3\epsilon$。算法的总计算时间为 $O\left(n^{2\log_{1+\epsilon}\frac{1}{\epsilon}} \log \dfrac{1}{\epsilon}\right)$。

　　因此，Makespan $\in$ **PTAS**。　　　　　　　　　　　　　　　□

集合覆盖问题　　集合覆盖问题是组合学和运筹学研究的一个经典问题，其判定
版本是卡普在其著名的文章中提到的 21 个 NP-完全问题中的一个 [126]。集
合覆盖问题在近似算法研究中扮演了重要的角色，被用来对近似算法中的诸多
技术进行比较研究。　　　　　　　　　　　　　　　　　　　　　　set cover

> Set-Cover：给定全集 $U = \{e_1, \cdots, e_m\}$ 以及 U 的幂集的子集
> $\mathcal{S} = \{S_1, \cdots, S_n\}$。给定 $\mathcal{S}$ 的成本函数 c，假定每个 S_i 的成本 $c(S_i)$
> 为非负有理数。求 $K \subseteq [n]$ 使得 $\bigcup_{i \in K} S_i = U$ 并且 $\sum_{i \in K} c(S_i)$
> 最小。

集合覆盖问题的一个特例就是顶点覆盖问题，只需将边集看成全集 U，图的每
个结点的邻边定义了 $\mathcal{S}$ 中的一个集合，其成本就是该结点的权重。覆盖问题
的贪心算法很早就被提出 [48,119,148]。设 $I = (U, \mathcal{S})$ 为输入实例，算法的定
义如下：

1. $C := \emptyset$。
2. 若 $C \neq U$，重复做。

   (a) 找出未被挑选的 S 使得比值 $\dfrac{c(S)}{|S \setminus C|}$ 最小；

   (b) $C := C \cup S$。

3. 输出 C。

假定算法挑选的子集依次覆盖元素 $e_1, \cdots, e_m$。设算法在某次循环中选了 S，
并且 $e_i \in S \setminus C$，定义 e_i 的单位成本为 $c'(e_i) = \dfrac{c(S)}{|S \setminus C|}$。此单位成本满足不
等式：

$$c'(e_i) \leqslant OPT(I)/(m - i + 1) \tag{6.1.1}$$

这是因为在进入覆盖 e_i 的那次循环时，可用最优覆盖中相关的集合覆盖那些未
被覆盖的元素 $e_i, \cdots, e_m$，这些集合的总成本不超过 $OPT(I)$，因此 $e_i, \cdots, e_m$
的平均单位成本不超过 $OPT(I)/(m - i + 1)$。因为 e_i 的单位成本是这些单位
成本中最小的，所以有 (6.1.1)。由 (6.1.1) 推出

$$\text{算法输出的集合的成本} \leqslant \left(1 + \frac{1}{2} + \cdots + \frac{1}{m}\right) OPT(I) \leqslant H_N \cdot OPT(I)$$

其中 N 为输入大小，H_N 为调和级数的部分和。这个简单的贪心算法的近似比是 $1/H_N$，可以设计任意大小的输入，使得这个界是紧的。调和级数是发散的，所以这个近似算法的性能是不好的。但这个贪心算法是我们能得到的集合覆盖问题的最好的近似算法。隆德和扬纳卡基斯证明了集合覆盖问题没有近似比为 $2/\log(N)$ 的近似算法 [151]，除非 **NP** 有拟多项式时间算法。在同样假设下，费热证明了此问题没有近似比为 $(1 + o(1))/\ln(N)$ 的近似算法 [73]。第纳尔和施托伊雷尔在文献 [65] 中进一步加强了费热的结论，将假设弱化为 **NP** $\neq$ **P**。   □

最大可满足问题　有些优化问题具有某个固定常数比的近似算法，但找不到更好的近似算法，一个著名的例子是 Max-3SAT。合取范式 φ 的值 $\mathrm{val}(\varphi)$ 指的是它的可满足语句数占其总语句数的最大比值。按定义，φ 是可满足的当仅当 $\mathrm{val}(\varphi) = 1$。

> Max-3SAT：给定 3-合取范式 φ，求 $\mathrm{val}(\varphi)$。

用简单的贪心算法就能设计出 Max-3SAT 的 $\frac{1}{2}$-近似算法。故 Max-3SAT $\in$ APX。用 Max-E3-SAT 表示 Max-3SAT 的子问题，其每个实例中的每个语句准确地包含三个字。一个随机选取的真值指派满足一个含三个字的语句的概率是 7/8。基于此概率值可设计出一个 Max-E3-SAT 的 $\frac{7}{8}$-近似算法，这是最早的几个近似算法之一 [119]。让我们花点时间看一下约翰逊设计的 Max-3SAT 的近似算法：

1. 设 $\varphi = \varphi_1 \wedge \cdots \wedge \varphi_m$ 为输入合取范式。设 $L = \{\varphi_1, \cdots, \varphi_m\}$。对每个 $j \in [m]$，定义权重 $w(\varphi_j) = \dfrac{1}{2^{|\varphi_j|}}$，其中 $|\varphi_j|$ 表示 φ_j 中出现的变量数。

2. 重复做以下操作：设已被赋值的变量为 $x_1, \cdots, x_{i-1}$。设 L_i 为 L 中含有 x_i 的语句，$\overline{L_i}$ 为 L 中含有 $\overline{x_i}$ 的语句。若 $\sum_{C \in L_i} w(C) \geqslant \sum_{C \in \overline{L_i}} w(C)$，给 x_i 赋真值，将 L_i 中的语句从 L 中删去，并将 $\overline{x_i}$ 从 L 中的语句中删去。若 $\sum_{C \in L_i} w(C) < \sum_{C \in \overline{L_i}} w(C)$，给 x_i 赋假值，将 $\overline{L_i}$ 中的语句从 L 中删去，并将 x_i 从 L 中的语句中删去。

设 φ 为 3-合取范式。开始时 L 中语句的总权重为 $m/8$。当对 x_i 赋值后，从 L 中删去的含有 x_i 或 $\overline{x_i}$ 的语句的总权重至少和留在 L 中的被删去了 $\overline{x_i}$ 或 x_i 的语句的总权重一样，尽管后者这部分语句的权重都翻倍了，修

Yannakakis

quasi-polynomial
是指 2^{polylog}

Steurer

改后的 L 中语句的总权重依然不超过 $m/8$。当算法终止时，L 中的每条语句的权重都为 1，所以 L 中的语句数不超过 $m/8$。因此被删去的语句数至少为 $m-m/8=\dfrac{7}{8}m$。在算法所定义的真值指派下，被删去的语句均被满足，因此上述定义的算法的近似比为 $\dfrac{7}{8}$。哈斯塔德在文献 [102] 中证明了，假定 $\mathbf{P}\neq\mathbf{NP}$，Max-E3-SAT 没有更好的近似算法。　□

大多数近似算法基于线性规划问题的多项式时间算法。线性规划问题的标准形式如下：

$$求表达式\ c_1x_1+\cdots+c_nx_n\ 的极小值 \tag{6.1.2}$$
$$满足不等式:\quad a_{11}x_1+\cdots+a_{1n}x_n\geqslant b_1$$
$$\vdots$$
$$a_{i1}x_1+\cdots+a_{in}x_n\geqslant b_i \tag{6.1.3}$$
$$\vdots$$
$$a_{m1}x_1+\cdots+a_{mn}x_n\geqslant b_m$$
$$x_1,\cdots,x_n\geqslant 0$$

其中的系数和变量均取实数。不失一般性，假定矩阵 $(a_{ij})_{i\in[m],j\in[n]}$ 的秩是 m。若变量取整数，称此问题为整数规划问题。称满足线性不等式的 $x_1,\cdots,x_n$ 的一组取值为可行解（feasible solution），使得目标值 $c_1x_1+\cdots+c_nx_n$ 最小的可行解为最优解。解线性规划问题最著名的算法是由丹齐格在二十世纪中叶提出的单纯形算法（Dantzig simplex algorithm）[61]。单纯形算法有强的几何直观。方程组 (6.1.3) 的可行解均落在由 $m+n$ 个超平面界定的多面体内（包括边界）。如果最优解存在的话，一定有一个最优解是该多面体的极点（extremal point）（也称顶点）。单纯形算法从一个极点走到另一个极点，找出使目标函数值最小的那个极点。该算法在实际中的表现非常好，尽管可以构造出使其计算时间为指数的输入实例。线性规划问题的第一个多项式时间算法是由哈奇扬给出的 [130]，其算法常称为椭球法（Khachijan ellipsoid method），时间复杂性为 $O(n^6)$。在实际中，椭球法的表现不如单纯形算法。卡玛卡提出了一个更快的多项式时间算法 [125]，其方法称为内点法（Karmarkar interior-point method），时间复杂性为 $O(n^3)$。在实际应用中，内点法也常常不如单纯形算法快。在线性代数教材中可以找到对这三个算法的一般介绍 [216]，更详细的介绍可在一些专著中找到 [194]。

很多组合优化问题可叙述为整数规划问题。利用线性规划算法解此类问

relax

LP-rounding

release time

题的方法之一是：先将该整数规划问题松弛为线性规划问题，然后用线性规划问题的多项式时间算法解该线性规划问题，最后通过对解进行舍入得到原问题的近似解。此方法常称为LP-舍入法。松弛不仅意味着我们将整数解空间扩大到有理数解空间，松弛还意味着在将问题表示成整数规划的过程中，我们将整数解空间放大了。我们用单机任务调度问题解释松弛方法。

单机任务调度问题　我们需要在一台机器上处理多项任务，使得总消耗最少。问题的严格定义如下：

> 给定 n 项任务 $J_1, \cdots, J_n$，每项任务 J_i 有一个权重 w_i、一个释放时间 r_i 和一个处理时间 p_i，这里 w_i, r_i, p_i 均为正整数。设 C_i 表示处理任务 J_i 的结束时间。求 $\sum_{i \in [n]} w_i C_i$ 的极小值。

我们要求每项任务一旦开始就必须完成，不允许执行过程中因为其他任务的释放而被挂起。此问题是 NP-难的。我们尝试将问题松弛为整数规划问题，然后从相应的线性规划问题的解构造出原问题的近似解。我们的目标是

$$\min \sum_{i \in [n]} w_i C_i \tag{6.1.4}$$

因为第 j 个任务的释放时间是 r_j，处理时间是 p_j，所以有显然的不等式

$$C_j \geqslant r_j + p_j \tag{6.1.5}$$

为简化叙述，我们用 $j \in [n]$ 表示任务 J_j。用 $Pr(j)$ 表示所有完成时间不超过 C_j 的任务集合。显然有 $C_j \geqslant \sum_{i \in Pr(j)} p_i$，因此 $p_j C_j \geqslant \sum_{i \in Pr(j)} p_i p_j$。因为任何两个任务的完成时间总是一前一后，所以对于任何任务子集 $S \subseteq [n]$，总有 $\sum_{j \in S} p_j C_j \geqslant \sum_{j,j' \in S, j \leqslant j'} p_j p_{j'}$。因为 $\sum_{j,j' \in S, j \leqslant j'} p_j p_{j'} \geqslant \frac{1}{2} \sum \left(\sum_{j \in S} p_j \right)^2$，所以我们将第二个约束设为

$$\sum_{j \in S} p_j C_j \geqslant \frac{1}{2} \left(\sum_{j \in S} p_j \right)^2 \tag{6.1.6}$$

可将 (6.1.4)、(6.1.5) 和 (6.1.6) 所定义的线性规划问题视为对原问题的松弛。用 $C_1^*, \cdots, C_n^*$ 表示线性规划问题的最优解，不失一般性，设 $C_1^* < \cdots < C_n^*$。

这个线性规划的解给出了原问题的一个可行解，即先完成任务 J_1，再完成任务 J_2，最后完成任务 J_n。将由此得到的原问题的解记为 $C_1, \cdots, C_n$。不难看出，最优解 $C_j^* \leqslant \max_{k \in [j]} r_k + \sum_{k \in [j]} p_k$。从 C_j^* 构造 C_j 的过程保持这个不等式，即

$$C_j \leqslant \max_{k \in [j]} r_k + \sum_{k \in [j]} p_k \tag{6.1.7}$$

对于任意 $k \in [j]$，有 $C_j^* \geqslant C_k^* \geqslant r_k$，所以

$$C_j^* \geqslant \max_{k \in [j]} r_k \tag{6.1.8}$$

根据 (6.1.6)，有

$$\sum_{k \in [j]} p_k C_k^* \geqslant \frac{1}{2} \left(\sum_{k \in [j]} p_k \right)^2$$

利用假设 $C_1^* < \cdots < C_n^*$，可从上式得

$$\left(\sum_{k \in [j]} p_k \right) C_j^* \geqslant \frac{1}{2} \left(\sum_{k \in [j]} p_k \right)^2$$

因此

$$C_j^* \geqslant \frac{1}{2} \left(\sum_{k \in [j]} p_k \right) \tag{6.1.9}$$

从 (6.1.7)、(6.1.8) 和 (6.1.9) 得 $C_j \leqslant 3C_j^*$。由此推出 $\sum_{i \in [n]} w_i C_i \leqslant 3 \sum_{i \in [n]} w_i C_i^*$。我们证明了这个近似算法的近似比是 $1/3$。

　　读者是否在质疑这个算法的合法性？在 (6.1.6) 中，我们引入了指数多个不等式。如何确保在多项式时间里找到线性规划问题的解？我们证明，只需考虑 (6.1.6) 中的 n 个不等式即可，即只需考虑 S 取 $[1], [2], \cdots, [n]$ 的情况。设

$$\sum_{k \in S} p_k C_k < \frac{1}{2} \left(\sum_{k \in S} p_k \right)^2 \tag{6.1.10}$$

即 $C_1, \cdots, C_n$ 不是可行解。设 j 为 S 中最大元素，且

$$p_j C_j \geqslant p_j \left(\sum_{k \in S \setminus \{j\}} p_k \right) + \frac{1}{2} p_j^2$$

则有

$$\sum_{k \in S \setminus \{j\}} p_k C_k < \frac{1}{2} \left(\sum_{k \in S \setminus \{j\}} p_k \right)^2 \tag{6.1.11}$$

若 $S \neq [j]$，且

$$p_j C_j < p_j \left(\sum_{k \in S \setminus \{j\}} p_k \right) + \frac{1}{2} p_j^2$$

取 $i \in [j] \setminus S$，则有

$$C_i \leqslant C_j < \left(\sum_{k \in S \setminus \{j\}} p_k \right) + \frac{1}{2} p_j < \sum_{k \in S} p_k < \left(\sum_{k \in S} p_k \right) + \frac{1}{2} p_i$$

这说明

$$\sum_{k \in S \cup \{i\}} p_k C_k < \frac{1}{2} \left(\sum_{k \in S \cup \{i\}} p_k \right)^2 \tag{6.1.12}$$

不等式 (6.1.11) 和 (6.1.12) 说明我们总是可以将不等式 (6.1.10) 中的 S 换成某个 $[h]$，其中 $h \in [n]$。因此，上述定义的指数大小的线性规划问题等价于一个多项式大小的线性规划问题。　　　　　　　　　　　　　　　　　　　　□

　　回到线性规划问题 (6.1.3)。有一种给出目标函数 (6.1.2) 下界估算的方法：引入非负整数变量 $y_1, \cdots, y_m$，若能找到 $y_1, \cdots, y_m$ 的一组赋值使得

$$a_{11} y_1 + \cdots + a_{m1} y_m \leqslant c_1$$

$$\vdots$$

$$a_{1j} y_1 + \cdots + a_{mj} y_m \leqslant c_j \tag{6.1.13}$$

$$\vdots$$

$$a_{1n}y_1 + \cdots + a_{mn}y_m \leqslant c_n$$

$$y_1, \cdots, y_m \geqslant 0$$

那么 $\sum_{j \in [m]} b_j y_j$ 就是目标函数 (6.1.2) 的一个下界。这是因为

$$\sum_{i \in [m]} b_i y_i = yb \leqslant yAx \leqslant cx = \sum_{j \in [n]} c_j x_j \tag{6.1.14}$$

其中 $A = (a_{i,j})_{i \in [m], j \in [n]}$，$x = (x_1, \cdots, x_n)$，$y = (y_1, \cdots, y_m)$。不等式 (6.1.14) 告诉我们，此方法能给出的最好的 $\sum_{j \in [n]} c_j x_j$ 的下界是满足不等式 (6.1.13)、目标函数为

$$\max \sum_{i \in [m]} b_i y_i \tag{6.1.15}$$

的最优解。称由不等式 (6.1.13) 和目标函数 (6.1.15) 构成的线性规划为由不等式 (6.1.3) 和目标函数 (6.1.2) 构成的线性规划问题的对偶问题。相应地，称由不等式 (6.1.3) 和目标函数 (6.1.2) 构成的线性规划为原始问题。从不等式 (6.1.14) 可看出：若对偶问题有可行解但没有最优解，原始问题无可行解；若原始问题有可行解但没有最优解，对偶问题无可行解；若原始问题和对偶问题都有可行解，则它们都有最优解。在最后一种情况，原始问题和对偶问题的目标函数值一定相等，这就是著名的对偶定理。

定理 6.4（对偶定理）　假定原始问题和对偶问题都有可行解。设 x^* 为原始问题的最优解，y^* 为对偶问题的最优解。则有 $\sum_{i \in [m]} b_i y_i = \sum_{j \in [n]} c_j x_j$。

据说冯·诺依曼是第一个意识到线性规划及其对偶应满足某种形式的不动点性质。丹齐格用单纯形算法所使用的技术证明了对偶定理。本书并未对单纯形算法做介绍，也将略去对偶定理的证明。有兴趣的读者可查阅文献 [216]。

将对偶定理用于算法设计的方法称为原始对偶方法。最早使用原始对偶方法研究近似算法的是巴尔–耶胡达和埃文 [28]。他们研究了第315页上定义的集合覆盖问题的原始对偶方案。我们简述他们的算法。首先将问题形式化为 0-1 整数规划问题。引入变量 $x_1, \cdots, x_n$。对于 $j \in [n]$，用 $x_j = 1$ 表明集合 S_j 被选中，用 $x_j = 0$ 表明集合 S_j 未被选中。对元素 e_i 的覆盖可表示成

dual problem

primal problem

Duality Theorem

primal-dual method

Bar-Yehuda, Even

$\sum_{e_i \in S_j} x_j \geqslant 1$。集合覆盖问题可等价地表示成下述的整数规划问题：

$$\min \sum_{j \in [n]} w_j x_j$$

$$\sum_{e_i \in S_j} x_j \geqslant 1, \qquad i = 1, \cdots, m \qquad (6.1.16)$$

$$x_j \in \{0, 1\}, \qquad j = 1, \cdots, n$$

将此问题松弛成线性规划问题，然后构造该线性规划问题的对偶问题如下：

$$\max \sum_{i \in [m]} y_i$$

$$\sum_{e_i \in S_j} y_i \leqslant w_j, \qquad j = 1, \cdots, n \qquad (6.1.17)$$

$$y_i \geqslant 0, \qquad i = 1, \cdots, m$$

考虑到 $w_j \geqslant 0$，零向量 $\mathbf{0}$ 是 (6.1.17) 的可行解。从此可行解出发，我们可以不断地优化可行解。设 $(y_1^*, \cdots, y_m^*)$ 为可行解，且存在元素 e_i 满足如下性质：

对所有包含元素 e_i 的集合 S_j，不等式 $\sum_{e_{i'} \in S_j} y_{i'}^* < w_j$ 成立。 $\qquad (6.1.18)$

设

$$\delta_i = \min_{e_i \in S_j} \left(w_j - \left(\sum_{e_{i'} \in S_j} y_{i'}^* \right) \right)$$

不难看出，$(y_1^*, \cdots, y_{i-1}^*, y_i^* + \delta_i, y_{i+1}^*, \cdots, y_m^*)$ 也是可行解，此可行解将 (6.1.18) 中的至少一个不等式变成了等式。通过至多 m 次此类优化，所得可行解不再有满足 (6.1.18) 的元素，算法终止。定义

$$K = \left\{ S_j \,\middle|\, \sum_{e_i \in S_j} y_i^* = w_j \right\}$$

倘若某个 $e_i \notin K$，此元素 e_i 就一定满足 (6.1.18)，这与上述算法的终止性条件矛盾。因此 K 一定是原问题的可行解。

算法的近似比分析也简单。按定义有如下推导：

$$\sum_{j \in K} w_j = \sum_{j \in K} \sum_{e_i \in S_j} y_i^*$$

$$= \sum_{i \in [m]} |\{j \in K \mid e_i \in S_j\}| \cdot y_i^*$$

$$\leqslant \max |\{j \in K \mid e_i \in S_j\}| \cdot \sum_{i \in [m]} y_i^*$$

根据不等式 (6.1.14)，$\sum_{i \in [m]} y_i^*$ 不超过原始问题的最优值，更不会超过原问题的最优解。若 $\max |\{j \in K \mid e_i \in S_j\}|$ 有个常数界 c，则算法的近似比为 $1/c$。

此算法是丹齐格、福特-富尔克森于 1956 年提出的原始对偶方案 [62] 的一个例子。起初，原始对偶方案用于给出组合优化问题（如匹配问题、网络流问题、最短路径问题）的快速算法。只要原始问题的最优解是整数解，就可以通过满足对偶定理给出的等式来设计原问题的准确算法。如果原始问题的最优解不一定是整数解，此方案给出的就是近似解。和 LP-舍入法相比，原始对偶方案的优势在于可以利用对偶问题的具体特点，设计出比线性规划问题算法更快的算法。原始问题中的约束多了，对偶问题中的约束就少，后者的可行解构造就相对容易。为了进一步阐释原始对偶方案背后的逻辑，还是要回到对偶定理。从 (6.1.3)、(6.1.13) 和定理6.4得知，x 为原始问题的最优解并且 y 为对偶问题的最优解当仅当原始互补松弛条件

$$(c - yA)x = 0 \tag{6.1.19}$$

和对偶互补松弛条件

$$y(Ax - b) = 0 \tag{6.1.20}$$

均成立。由不等式 (6.1.13) 知，原始互补松弛条件等价于

$$\forall j \in [n].(x_j = 0) \vee \left(\sum_{i \in [m]} a_{i,j} y_i = c_j \right) \tag{6.1.21}$$

由不等式 (6.1.3) 知，对偶互补松弛条件等价于

$$\forall i \in [m].(y_i = 0) \vee \left(\sum_{j \in [n]} a_{i,j} x_j = b_i \right) \tag{6.1.22}$$

Ford, Fulkerson

complementary
slackness condition

原始对偶方案通过不断优化对偶问题的可行解，以期满足互补松弛条件。在上述算法中，每次循环会使某个约束 $\sum_{i\in[m]} a_{i,j}y_i \leqslant c_j$ 被极大地满足（即使得等式成立）。从另一个角度看，算法试图找出原始问题可行解中取 0 值的那些分量（即找出多面体的一个顶点）。

原始对偶方案并非一个算法模板，而是一个算法设计方法。利用每个具体问题的特点，为该问题设计原始对偶方案，对该方案做适当修改，可以为该问题的各类变种问题设计出近似算法。有些近似算法在设计初始借鉴了原始对偶方案，但在最终算法里已很难找到原始对偶方案的影子了。欲系统地了解原始对偶方案及其在近似算法中的应用，请参阅文献 [169,233,242]。

6.2 不可近似性

用 OPT 表示所有的优化问题。根据第6.1节中给出的定义，显然有

$$\text{FPTAS} \subseteq \text{PTAS} \subseteq \text{APX} \subseteq \text{OPT}$$

在近似算法的早期研究中，最大的挑战是证明上述的哪些包含关系是严格的，哪些问题在一个类里，不在另一个类里。很长时间，证明无从下手。对许多 NP 优化问题，我们非常想知道它们是否在 APX 甚至 PTAS 里，比如最小顶点覆盖问题 Min-VC 和最大独立集问题 Max-IS。对任意图 G，Min-VC(G) + Max-IS(G) = G的结点数，但从近似算法的角度看，这两个问题似乎很不一样。Min-VC 有一个加维尔给出的 $\frac{1}{2}$-近似算法，见文献 [83]，其定义如下：

Gavil

1. 将覆盖集置为空集。
2. 从图中选一条边，将该边的两个结点放在覆盖集里，并将这两个结点的所有邻接边从图中删除。若图中还有边，重复第2步。

已被证明，这个简单的算法是 Min-VC 的最好的近似算法 [131]。从 Min-VC 的这个常数近似比算法，能否推出 Max-IS 的一个常数近似比算法？设 G 有 n 个结点，从上述的 $\frac{1}{2}$-近似算法可得 Max-IS 的一个近似比为 $\dfrac{n - MIS(G)}{n - MIS(G)/2}$ 的算法，其中 $MIS(G)$ 为 G 的最大独立集的大小。若 $MIS(G)$ 很接近 n，此比值可任意接近 0。因此，尽管知道 Min-VC $\in$ APX，我们也回答不了 Max-IS $\in$ APX？

近似算法领域的理论突破发生在 20 世纪 90 年代初。在文献 [75] 中，作者证明了如下的否定结果：若 $\mathbf{NP} \nsubseteq \mathbf{NTIME}(2^{O(\log n \log\log(n))})$，则最大团问题没有常数近似比算法。因为绝大多数人认为 NP-完全问题没有亚指数算法，所以对大多数人而言这是一个很好的结果。很快，这一结果被改进，文献 [18] 的作者在一个相比而言更弱的假定下证明了一个更强的不可近似性结果。他们的结论是：若 $\mathbf{P} \neq \mathbf{NP}$，则最大团问题没有一个近似比是 $1/2^{O(\log^{0.5+\epsilon}(n))}$ 的算法。紧接着，文献 [19] 的作者证明了：若 $\mathbf{P} \neq \mathbf{NP}$，则 Max-IS $\notin$ APX。这三篇文章使用了一个全新的技术，即在交互证明系统的交互格局上定义相应的图问题，交互证明系统所使用的随机串越短，所得的图越小，不可近似性结论需要的假设就越弱。

为了向读者解释如何从判定问题的交互证明系统推出相应的优化问题的不可近似性结论，我们简述文献 [75] 中给出的构造，请参阅第 5.6 节的测试算法。设 $L \in \mathbf{PCP}[\log n]$ 有一个 PCP-验证器 $\mathbb{V}^?$，该验证器计算时需要一个长度为 $c\log n$ 的随机串，询问常数 ℓ 个问题。设 x 为输入，验证器在该输入下的交互格局是一个元组 $\langle r, q_1, a_1, \cdots, q_\ell, a_\ell \rangle$，其中 r 为验证器产生的随机串，$q_1, \cdots, q_\ell$ 为验证器询问的问题（地址），$a_1, \cdots, a_\ell$ 为相应的答案（地址上的内容）。当随机串 r 和 $a_1, \cdots, a_\ell$ 确定后，交互格局是唯一确定的，并且从 $a_1, \cdots, a_\ell$ 计算 $\langle r, q_1, a_1, \cdots, q_\ell, a_\ell \rangle$ 的过程可在多项式时间内完成。因此可用长度为 $\ell + c\log n$ 的 0-1 串表示交互格局。因为随机串长度和问题长度都是对数的，所以只有多项式个随机串和多项式个问题。又因为验证器一次运行只问了常数个问题，所以只有多项式个交互格局。多项式大小的无向图 G_x 定义如下：

- 结点为所有最终导致验证器接受的交互格局。
- 结点 $\langle r, q_1, a_1, \cdots, q_\ell, a_\ell \rangle$ 和结点 $\langle r', q_1', a_1', \cdots, q_\ell', a_\ell' \rangle$ 之间有边当仅当这两个交互格局是一致的，这里一致性是指对任意 $g, h \in [\ell]$，若 $q_g = q_h'$，则 $a_g = a_h'$。

通过模拟 $\mathbb{V}^?$ 的计算，可在多项式时间内构造出图 G_x。用 $\omega(G_x)$ 表示图 G_x 的最大团包含的结点个数，关于 $\omega(G_x)$ 有下述重要等式。

引理 6.2 $\omega(G_x) = \max_\Pi \Pr[\mathbb{V}^\Pi \text{接受} x] \cdot 2^{c\log n}$。

证明 固定一个 PCP-证明 Π，每个随机串确定了一个交互过程。不难看出，

$\mathbb{V}^{\Pi}(x)$ 的所有接受证明构成一个团,因此 $\omega(G_x) \geqslant \max_{\Pi} \Pr[\mathbb{V}^{\Pi}(x)接受] \cdot 2^{c \log n}$。图 G_x 的团满足两个性质:(1) 一个团里不可能含有两个随机串相同的结点,否则根据一致性它们应该是同一个结点;(2) 一个团里出现的(问题,回答)对都是不矛盾的,否则就会出现两点之间没有边的情况,所以可以将一个团里的所有的(问题,回答)对拓展成一个 PCP-证明 Π'。从 (1) 和 (2) 即可推出 $\omega(G_x) \leqslant \Pr[\mathbb{V}^{\Pi'}(x)接受] \cdot 2^{c \log n}$。引理得证。 $\square$

从定理6.2和引理6.2立即可得下述不可近似性结果:除非 **NP** = **P**,否则最大团问题没有近似比为 $1/2$ 的算法。通过将 PCP-验证器并行地运行多遍,可将可靠性参数指数地降低,从图的角度看,这相当于对 G_x 做了幂运算。用此方法,不难证明图的团问题没有任何常数比的近似算法(本章练习2)。引理6.2的证明所用的技术打开了一扇门,随后的研究者用这一技术证明了不同优化问题的不可近似性结果。PCP 定理及其证明提供了研究不可近似性理论的核心技术,几乎所有的不可近似性结果都用到了此证明技术。

有了最初的几个不可近似性结果,我们能否用归约方法证明新的不可近似性结果?设 $L \in$ **NPC**,设 $f : L \to$ 3SAT 为库克-莱文归约。若 $x \in L$,则 $\mathsf{val}(f(x)) = 1$;若 $x \notin L$,则 $\mathsf{val}(f(x)) < 1$。问题是,当 $x \notin L$ 时,可能存在一个真值指派,在该真值指派下,$f(x)$ 只有一条语句不满足。输入的 $x \notin L$ 越大,$\mathsf{val}(f(x))$ 的值越接近 1 [170]。不管 L 有什么样的不可近似结果,库克莱文归约无法让我们推出关于 Max-3SAT 的任何不可近似结果。如果 L 的优化版本具有某种不可近似性,我们希望构造出具有一定间隙性质的卡普归约。设 $\rho \in (0,1)$,若下述蕴含关系成立,称卡普归约 $f : L \to$ 3SAT 满足 ρ-间隙性质:

gap property

$$x \notin L \Rightarrow \mathsf{val}(f(x)) < \rho \tag{6.2.1}$$

假定卡普归约 $f : L \to$ 3SAT 满足 ρ-间隙性质,那么 Max-3SAT 就没有 ρ-近似算法。这是因为,如果 $\mathbb{A}$ 是 Max-3SAT 的 ρ-近似算法,那么对于在 L 中的输入 x,一定有

$$\frac{\mathbb{A}(f(x))}{\mathsf{val}(f(x))} = \frac{\mathbb{A}(f(x))}{1} \geqslant \rho$$

而对于不在 L 中的输入 x,根据性质 (6.2.1) 就一定有 $\mathbb{A}(f(x)) < \rho$。故可用近似算法 $\mathbb{A}$ 构造判定 L 的多项式时间算法,结合假定 $L \in$ **NPC**,就得到 **P** = **NP**。研究表明,具有间隙性质的卡普归约给出了 PCP 定理的另一刻画。

定理 6.5（PCP 定理，不可近似性） *存在* $\rho \in (0,1)$，*使得对任意* $L \in \mathbf{NP}$，*有满足* ρ-*间隙性质的卡普归约* $f : L \to 3\mathrm{SAT}$。

在第6.3节，我们将证明定理6.2和定理6.5的等价性。

由定理6.5知，存在常数 $\rho \in (0,1)$，优化问题 Max-3SAT 没有 ρ-近似算法，除非 $\mathbf{NP} = \mathbf{P}$。按定义，Max-3SAT $\notin$ PTAS。因此，假定 $\mathbf{NP} \neq \mathbf{P}$，包含关系 PTAS $\subsetneq$ APX 是严格的。在文献 [170] 中帕帕季米特里乌和扬纳卡基斯用二阶逻辑定义了一类优化问题 MAX-SNP。他们还定义了优化问题之间的保持可近似性的归约。在此归约下，Max-3SAT 是 MAX-SNP 中的完全问题，因此所有 MAX-SNP-难的问题（包括 Max-Cut、Min-VC）都不在 PTAS 中。

Papadimitriou

6.3 局部可验证性与不可近似性

3SAT 有一个很有用的推广，即约束可满足性问题。设 q 为正整数，问题 qCSP 的一个含 n 个变量的实例 φ 包含一组约束 $\varphi_1, \cdots, \varphi_m : \{0,1\}^n \to \{0,1\}$，其中对每个 $i \in [m]$，函数 φ_i 只依赖于 q 个输入变量的值。显然 3SAT 是一个 3CSP。我们总是假定 $n \leqslant qm$。称 q 为 φ 的元数，m 为 φ 的大小，常将 φ 的大小记为 $|\varphi|$。关于约束可满足问题实例做两点说明：

constraint satisfaction problem

arity

1. 每个约束可用一个大小不超过 $q2^q$ 的合取范式表示，该合取范式含有 2^q 个语句。因为 q 是常量，所以每个约束的大小是常量。这解释了为什么我们用约束个数来表示可满足约束实例的大小。

2. 因为 n 个变量的编码长度为 $\log(n)$，所以在一个 qCSP 实例里，每个约束的编码大小是 $O(\log n)$，而 qCSP 实例的编码长度是 $cm\log m$，这里 c 是某个依赖于 q 的常量。

设 $u \in \{0,1\}^n$ 为真值指派。若 $\varphi_i(u) = 1$，称该真值指派满足约束 φ_i。定义 φ 的值 $\mathrm{val}(\varphi)$ 如下：

$$\mathrm{val}(\varphi) = \max_{u \in \{0,1\}^n} \left\{ \frac{\sum_{i=1}^{n} \varphi_i(u)}{m} \right\}$$

显然，$\mathrm{val}(\varphi) = 1$ 当仅当 φ 可满足。用类似于 3SAT 的 7/8-近似算法，可给出 MAXqCSP 的一个贪心算法。

　　　　我们感兴趣的是 qCSP 的一类子问题。设 $\rho \in (0,1)$。问题 ρ-GAPqCSP 的输入实例包含满足下述条件的约束 φ：

$$\text{要么 } \mathtt{val}(\varphi) = 1，\text{要么 } \mathtt{val}(\varphi) < \rho$$

promise problem　　　　这类问题常称为承诺问题。若对所有 $L \in \mathbf{NP}$，存在满足间隙性质 (6.2.1) 的卡普归约 $f : L \to \rho$-GAPqCSP，称 ρ-GAPqCSP 是 NP-难的。称 ρ 为 ρ-GAPqCSP 的间隙参数，$\epsilon = 1 - \rho$ 为 ρ-GAPqCSP 的间隙值。下面的图中，左边表示 NP-问题 L，右边表示 ρ-GAPqCSP。性质 (6.2.1) 确保从前者到后者的卡普归约制造了一个间隙。

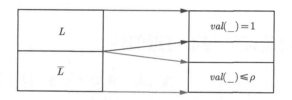

用约束可满足性问题，可给出 PCP 定理的另一个等价描述。

定理 6.6（PCP 定理，约束可满足性）　*存在 $\rho \in (0,1)$ 和 $q > 1$，问题 ρ-GAPqCSP 是 NP-难的。*

　　　　定理6.5显然蕴含定理6.6。反向蕴含的证明就像 SAT 和 3SAT 的等价性证明。设 $\epsilon \in (0,1)$，且 $f : L \to (1-\epsilon)$-GAPqCSP 是卡普归约。设 $f(x) = \{\varphi_i\}_{i=1}^m$ 是含有 n 个变量的 qCSP 实例。根据之前的讨论，每个约束 φ_i 可表示成 2^q 个语句的合取范式，其中的每个语句含有 q 个字。因此，我们可以把 $f(x)$ 想象成一个含有 $2^q m$ 个语句的 q-合取范式。如果每个真值指派使得至少 ϵ-比例的约束为假，它至少会使 $2^q m$ 个语句中的 $m\epsilon$ 个语句为假，即至少会使得 $\frac{\epsilon}{2^q}$ 比例的语句为假。再将 q-合取范式转换成 3-合取范式，出错率会有个 $1/q$ 比例的衰减。取 $\rho = \frac{\epsilon}{q2^q}$，即得定理6.5。

　　　　接着证明定理6.2蕴含定理6.6。设 $\mathbf{NP} \subseteq \mathbf{PCP}(\log, 1)$。设 $\mathbb{V}^?$ 为 3SAT 的 PCP 验证器，该验证器询问 q 个问题，使用 $c\log n$ 个随机位。给定长度为 n 的输入 x、PCP-证明 π 和随机串 $r \in \{0,1\}^{c\log n}$，用库克-莱文归约，可在多项式时间将 $\mathbb{V}^\pi(x,r)$ 的计算转换成一个合取范式 $\varphi_{x,r}$，该布尔公式可看成是类型为

$\{0,1\}^q \to \{0,1\}$ 的函数。定义多项式大小的 qCSP 实例 $\varphi_x = \{\varphi_{x,r}\}_{r\in\{0,1\}^{c\log n}}$。那么，

- 根据完备性，若 $x \in$ 3SAT，则有 $\mathtt{val}(\varphi_x) = 1$；
- 根据可靠性，若 $x \notin$ 3SAT，则有 $\mathtt{val}(\varphi_x) \leqslant \rho = 1/2$。

因 $\mathbb{V}^?$ 是多项式时间的，所以实际上我们定义了一个从 3SAT 到 $\frac{1}{2}$-GAPqCSP 的满足 $1/2$ 间隙性质的卡普归约。

现在证明定理6.6蕴含定理6.2。设 $L \in \mathbf{NP}$，设 $f : L \to \rho$-GAPqCSP 是满足 (6.2.1) 的卡普归约。定义 L 的验证器如下：

1. 输入 x 后，计算 qCSP 实例 $f(x) = \{\varphi_i\}_{i\in[m]}$。
2. 证明 π 就是对变量的一个真值指派。验证器随机选 $i \in [m]$，读取 π 中相关的 q 位，验证 φ_i 在该真值指派下是否为真，并将验证结果输出。

按定义，若 $x \in L$，验证器一定接受，否则它接受的概率不超过 ρ。证毕。

我们证明了 PCP 定理的局部可验证性形式（定理6.2）与不可近似性形式（定理6.6）是等价的。从等价性证明可看出，

- PCP-验证器对应于 CSP 实例；
- PCP-证明对应于变量的真值指派。

除此之外，更加量化的对应关系还有：

$$\text{PCP-验证器的询问次数 } q \leftrightarrow \text{CSP 实例的元数 } q \qquad (6.3.1)$$

$$\text{随机串位数 } r \leftrightarrow \text{约束数的对数 } \log m \qquad (6.3.2)$$

$$\text{可靠性参数 } \rho \leftrightarrow \text{间隙参数 } \rho \qquad (6.3.3)$$

是时候看一个用 PCP 定理证明不可近似性的例子了。前文提到的 Min-VC 和 Max-IS 有下述不可近似性结果。

定理 6.7（Min-VC 和 Max-IS 的不可近似性） 下述命题成立：

1. 存在 $\rho' \in (0,1)$，除非 $\mathbf{NP} = \mathbf{P}$，否则 Min-VC 没有 ρ'-近似算法；
2. 对所有 $\rho \in (0,1)$，除非 $\mathbf{NP} = \mathbf{P}$，否则 Max-IS 没有 ρ-近似算法。

证明 命题 1。由定理6.5知，存在 ρ 和满足 (6.2.1) 的卡普归约 $f : L \to$ 3SAT，其中 L 是 NP-完全的。设 $f(x)$ 有 m 个语句。用引理4证明中定义的归约，将 $f(x)$ 归约到含有 $7m$ 个结点的图 $G_{f(x)}$，此图的最小顶点覆盖集有 $7m - \mathtt{val}(f(x))m$

个结点。置 $\rho' = \dfrac{6}{7-\rho}$。假设 Min-VC 有 ρ'-近似算法。若 $\mathrm{val}(f(x)) = 1$，那么最小顶点覆盖有 $7m - m = 6m$ 个结点。按定义有

$$\frac{6m}{\rho'\text{-近似算法输出的集合的大小}} \geqslant \rho'$$

因此 ρ'-近似算法将给出一个大小不超过 $\dfrac{6m}{\rho'} = 7m - \rho m$ 的顶点覆盖。若 $\mathrm{val}(f(x)) < \rho$，最小顶点覆盖的大小大于 $7m - \rho m$，ρ'-近似算法输出的顶点覆盖的大小也至少是 $7m - \rho m$。这样，我们就得出了 NP-完全问题的一个多项式时间算法。

命题 2. 首先，引理 4 告诉我们，对某个 $\rho \in (0,1)$ 而言，Max-IS 的 ρ-近似问题是 NP-难的。我们证明：Max-IS 的 $\dfrac{\rho}{2}$-近似问题也是 NP-难的。证明用的是图论中一个常用的方法，即用图的幂放大图的性质。考虑独立集结点数不小于某个 K 的输入图和某个整数 $k \in (1, \rho K)$。取 K, k 足够大使得 $\dfrac{\rho}{2}\dbinom{K}{k} > \dbinom{\rho K}{k}$。不难看出，对任意 $K' > K$，都有 $\dfrac{\rho}{2}\dbinom{K'}{k} > \dbinom{\rho K'}{k}$。假设 Max-IS 有 $\dfrac{\rho}{2}$-近似算法。设 G 为输入图，其最大独立集大小为 $K' > K$，构造 G^k 如下：

- G^k 的一个结点 S 是包含 k 个 G 中结点的集合；
- 结点 S_1, S_2 之间没有边当仅当 $S_1 \cup S_2$ 是 G 的一个独立集。

将 G^k 作为 $\dfrac{\rho}{2}$-近似算法的输入，从算法的输出可得到 G 的一个独立集：

1. 易见，G^k 的最大独立集大小为 $\dbinom{K'}{k}$。
2. $\dfrac{\rho}{2}$-近似算法输出的独立集大小至少为 $\dfrac{\rho}{2}\dbinom{K'}{k} > \dbinom{\rho K'}{k}$。
3. 由此可得一个结点个数大于 $\rho K'$ 的独立集。

根据上述分析，若假定图的最大独立集的 $\dfrac{\rho}{2}$-近似算法存在，可设计图的最大独立集的 ρ-近似算法，方法如下：用暴力法判定输入图是否有大小为 K 的独立集，若无，用暴力法找出一个极大独立集；否则用上述方法得到一个近似比大于 ρ 的解。

从上述推导得知，Max-IS 不存在任意常数近似比的近似算法，因此包含

关系 $\text{APX} \subsetneq \text{OPT}$ 是严格的。　　　　　　　　　　　　□

6.4　错误放大

在讨论 PCP 定理的证明之前，让我们先看个具体的 PCP-验证器。构造 PCP 证明的基本原则是错误放大，错误放大得越多，随机测试所需查看的位数就越少。纠错码理论中的沃尔什-阿达玛编码将任何小的错误放大到了码字长的一半。沃尔什-阿达玛函数 $\text{WH}:\{0,1\}^n \to \{0,1\}^{2^n}$ 将长度为 n 的 0-1 串编码成长度为 2^n 的 0-1 串。对于 $u \in \{0,1\}^n$，函数值 $\text{WH}(u)$ 可理解为如下定义的函数： *（Walsh-Hadamard）*

$$\text{WH}(u): \quad x \quad \mapsto \quad u{\cdot}x$$

其中 $u{\cdot}x = \sum_{i=1}^{n} u_i x_i \pmod 2$，即 u 和 x 的点积。称 $\text{WH}(u)$ 为沃尔什-阿达玛码字。纠错码的一个基本性能参数是海明距离。沃尔什-阿达玛码字的海明距离为 $1/2$，即不管两个串的差别有多小，只要 $u \neq v$，沃尔什-阿达玛码字 $\text{WH}(u)$ 和 $\text{WH}(v)$ 就有且只有一半的位不一样，这是沃尔什-阿达玛码字最重要的性质。下述引理证明留作练习。 *（codeword / Hamming distance）*

引理 6.3　若 $u \neq v$，有且只有一半的 x 满足不等式 $u{\cdot}x \neq v{\cdot}x$。

为了给出沃尔什-阿达玛函数的等价刻画，引入如下定义。

定义 6.5　布尔函数 $f:\{0,1\}^n \to \{0,1\}$ 为线性函数的条件是 $f(x+y) = f(x)+f(y)$，这里"+"是有限域 $\mathbf{F}_2$ 的加法运算，$x+y$ 中的 + 为按位相加。

根据线性性，$f(x) = x_1 f(\mathbf{e}_1) + \cdots + x_n f(\mathbf{e}_n)$。因为 $u{\cdot}(x+y) = u{\cdot}x + u{\cdot}y$，所以沃尔什-阿达玛码字是从 $\mathbf{F}_2^n$ 到 $\mathbf{F}_2$ 的线性变换。反之，任何从 $\mathbf{F}_2^n$ 到 $\mathbf{F}_2$ 的线性变换 f 可表示成 $\text{WH}(\widetilde{f})$，其中

$$\widetilde{f} = (f(\mathbf{e}_1), f(\mathbf{e}_2), \cdots, f(\mathbf{e}_n))^{\dagger}$$

沃尔什-阿达玛码字和 $\mathbf{F}_2^n$ 到 $\mathbf{F}_2$ 的线性变换是同一类函数。如果一个函数 f 看上去和一个沃尔什-阿达玛码字 $\text{WH}(u)$ 很像，我们可以从 f 把 u 恢复出来。如果 f 和 $\text{WH}(u)$ 的距离很大，那么从 f 恢复出来的是另一个 u'。对纠错码而言，我们需要严格刻画函数之间"近"的程度。设 $f,g:\{0,1\}^n \to \{0,1\}$。

ρ-close

定义 6.6   若有 $\rho \in [0,1]$ 和 $\mathrm{Pr}_{x \in_{\mathrm{R}}\{0,1\}^n}[f(x) = g(x)] \geqslant \rho$，称 f, g 是 ρ-近的。

设 $\boldsymbol{A} = (a_{i,j})_{i,j \in [n]}$ 为取值于 $\mathbf{F}_2$ 的 n-维方阵，$b \in \mathbf{F}_2$，x 为取值于 $\mathbf{F}_2^n$ 的

quadratic equation

n-维向量变量。有序对 $(\boldsymbol{A}, b)$ 定义了有限域 $\mathbf{F}_2$ 上的二次方程：

$$x^{\dagger} \boldsymbol{A} x = b \tag{6.4.1}$$

tensor product

此方程也可写成 $\sum_{i,j \in [n]} a_{i,j} x_i x_j = b$。向量 $\boldsymbol{x}$ 与自身的张量积记为：

$$x \otimes x = (x_1 x_1, \cdots, x_1 x_n, \cdots, x_n x_1, \cdots, x_n x_n)^{\dagger}$$

在本节其余部分，将方阵 $\boldsymbol{A}$ 等同于向量 $\boldsymbol{a} = (a_{1,1}, \cdots, a_{1,n}, \cdots, a_{n,1}, \cdots, a_{n,n})$。用此约定，方程 (6.4.1) 还可写成 $a \cdot (x \otimes x) = b$。设 $A_1, \cdots, A_m$ 为取值于 $\mathbf{F}_2$ 的 n-维方阵，$b \in \mathbf{F}_2^m$。二次方程组

$$x^{\dagger} \boldsymbol{A}_1 x = b_1$$
$$\vdots \tag{6.4.2}$$
$$x^{\dagger} \boldsymbol{A}_m x = b_m$$

是二次方程问题QUADEQ 的一个实例，此方程组在 QUADEQ 里当仅当它有解，即存在 $u \in \mathbf{F}_2^n$ 使得 (6.4.2) 中的所有等式成立。下面的两个等式构成变量 x_1、x_2、x_3、x_4、x_5 的二次方程组：

$$x_1 x_2 + x_3 x_4 + x_1 x_5 = 1$$
$$x_1 x_1 + x_2 x_3 + x_1 x_4 = 0$$

它的一个解是 $(0, 0, 1, 1, 0)$，所以这个二次方程组在 QUADEQ 中。

二次方程问题 QUADEQ 是 NP-完全的，从 CKT-SAT 到 QUADEQ 的卡普归约直截了当。给电路中的每根连接线关联一个变量。电路中的一个或门可表示成布尔公式 $x \vee y = z$，此公式等价于有限域 $\mathbf{F}_2$ 上的等式 $(1-x)(1-y) = 1 - z$，后者等价于二次方程 $xx + yy + xy + zz = 0$。一个与门用布尔公式表示为 $x \wedge y = z$，其等价的代数公式为 $xy + zz = 0$。一个非门用布尔公式表示为 $x = \neg z$，其等价的代数公式为 $xx + zz = 1$。二次方程问题 QUADEQ 实例的一个 NP-证书 u 就是方程 (6.4.1) 的一个解，即对变量 $x_1, \cdots, x_n$ 的一个真值指

派。用错误放大的思想，我们将 NP-证书 u 转换成长度为 $2^n + 2^{n^2}$ 的 PCP-证明 $\mathrm{WH}(u)\mathrm{WH}(u \otimes u)$。如果 v 不是二次方程的解，即便它和解 u 只对一个变量的赋值不同，那么 $\mathrm{WH}(v)\mathrm{WH}(v \otimes v)$ 和 $\mathrm{WH}(u)\mathrm{WH}(u \otimes u)$ 也必定有一半的位不同。如果随机测试三位的话，有 7/8 的概率发现两者的区别。用此思想，我们可以设计一个 PCP-验证器，判定一个长度为 $2^n + 2^{n^2}$ 的 0-1 串是否是一个二次方程组的 PCP-证明。设 fg 为输入证明，其中 f 的长度为 2^n，g 的长度为 2^{n^2}。PCP-验证器首先检查 fg 的合法性，然后验证 fg 给出的是否是二次方程组 (6.4.2) 的解，其定义如下：

1. 测试 f、g 是否和线性函数是 $\dfrac{1}{2^8}$-近的。我们将在第6.9.3节详细讨论如何做此测试。这一步测试只访问了证明 fg 常数多位。

这一步测试通过后，算法将假定 f、g 均为线性函数，换言之，存在 u、w 使得 $f(r) = u \cdot r$ 和 $g(z) = w \cdot z$。

2. 验证 $w = (u \otimes u)$，即 $g = \mathrm{WH}(u \otimes u)$。此步验证算法定义如下：

   (a) 独立随机选取 $r, r' \in_{\mathrm{R}} \mathbf{F}_2^n$。

   (b) 若 $f(r)f(r') \neq g(r \otimes r')$，拒绝。

   (c) 将前两步重复 10 遍。

   将 w 和 $u \otimes u$ 分别写成方阵形式 $\boldsymbol{W}$ 和 $\boldsymbol{U}$。

   - $g(r \otimes r') = w \cdot (r \otimes r') = \sum_{i,j} w_{ij} r_i r'_j = r \boldsymbol{W} r'$，另一方面
   - $f(r)f(r') = (u \otimes r)(u \otimes r') = (\sum_i u_i r_i)(\sum_j u_j r'_j) = r \boldsymbol{U} r'$。

若 $w = u \otimes u$，则 $f(r)f(r') = g(r \otimes r')$。若 $w \neq u \otimes u$，则有 $\dfrac{1}{2}$ 的 r 使得 $r\boldsymbol{W} \neq r\boldsymbol{U}$，因此有 $\dfrac{1}{4}$ 的 (r, r') 使得 $r\boldsymbol{W}r' \neq r\boldsymbol{U}r'$，故算法拒绝的概率为 $1 - \left(\dfrac{3}{4}\right)^{10} > 0.9$。在这一部分，算法随机查看了证明 fg 中的 30 位。

这一步测试通过后，算法将假定 $g(\boldsymbol{A}) = (u \otimes u) \cdot \boldsymbol{A} = \boldsymbol{A} \cdot (u \otimes u) = u^\dagger \boldsymbol{A} u$。

3. 验证 u 是二次方程组的解。此步验证算法定义如下：

   (a) 随机选 $[m]$ 的子集 S。

   (b) 若 $g(\sum_{k \in S} \boldsymbol{A}_k) \neq \sum_{k \in S} b_k$，拒绝。

在 g 是线性函数的假定下，$g(\sum_{k \in S} \boldsymbol{A}_k) = \sum_{k \in S} g(\boldsymbol{A}_k) = \sum_{k \in S} u^\dagger \boldsymbol{A}_k u$。若集

合 $\{k \in [m] \mid u^\dagger A_k u \neq b_k\}$ 非空，则

$$\Pr_{S \subseteq_R [m]} \left[交集 S \cap \{k \in [m] \mid u^\dagger A_k u \neq b_k\} 的大小为奇数 \right] = \frac{1}{2}。$$

如果 u 不是二次方程组 (6.4.2) 的解，此步算法拒绝的概率为 $1/2$。将此步重复 8 遍，可将错误率降至 2^{-8}。

根据一致限，算法的正确率为 0.8。在第 3 步验证时，算法并没有去验证二次方程组 (6.4.2) 中的每个方程，这样做的必要性是算法只访问了证明 g 中的常数位，而不是 m 位，后者依赖于输入实例的长度。

本节定义了一个 NP-完全问题的 PCP 验证器，它用了多项式长的随机串，访问了 PCP-证明 q_0 个位（q_0 是常量），因此有下述结论。

引理 6.4 $\mathbf{NP} \subseteq \mathbf{PCP}(\mathrm{poly}, 1)$。

6.5   证明思想

根据 PCP 定理，有常量 $\rho \in (0,1)$ 及多项式时间算法，当接受一个 q-CSP 实例 $\varphi = \{\varphi_i\}_{i \in [m]}$ 后，输出另一个约束可满足性问题实例 $\varphi' = \{\varphi_i'\}_{i \in [m']}$，后者满足两个条件：①若 $\mathtt{val}(\varphi) = 1$，则 $\mathtt{val}(\varphi') = 1$；②若 $\mathtt{val}(\varphi) < 1$，则 $\mathtt{val}(\varphi') \leqslant \rho$。输入实例 φ 的值可能很大，极端情况下 $\mathtt{val}(\varphi) = 1 - \dfrac{1}{m}$，即存在一个真值指派，使得 m 个约束中只有一个约束不满足。如果随机地选 $\{\varphi_i\}_{i \in [m]}$ 中的 $(1-\rho)m$ 个约束并构造它们的合取式，该合取式不可满足的概率至少是 $1 - \rho$，可满足的概率至多是 ρ。基于此分析的第一个想法是：将 φ' 定义为所有由 φ 中 $(1-\rho)m$ 个约束的合取式构成的约束可满足性问题，此问题显然满足上述的①和②。但这个简单的思路行不通，因为构造出来的 φ' 包含指数多个约束。

进一步的想法是在 φ 上引入一些组合和代数结构，使得我们能更有效地构造合取式。一个巧妙的思路是，将 φ 转换成无向图，将约束视为图的边，合取式对应于图中的路径 [64]。为了简化讨论，假设 $\varphi = \{\varphi_i\}_{i \in [m]}$ 为 2CSP 实例，并设 φ 有 n 个变量 $x_1, \cdots, x_n$。构造有 n 个结点的图 G_φ 如下：

- 图的结点为变量 $x_1, \cdots, x_n$；

- 图的边为约束。若约束 φ_i 含有变量 $x_{i'}$ 和 $x_{i''}$，它就是结点 $x_{i'}$ 和结点 $x_{i''}$ 之间的一条无向边。

称 G_φ 为 φ 的约束图。在约束图中，一条长度为 t，边分别为 $\varphi_{i_1}, \cdots, \varphi_{i_t}$ 的路径对应于合取式 $\bigwedge_{j\in[t]} \varphi_{i_j}$。所有长度为 t 的路径定义了一个 $(t+1)$CSP 实例 φ'。为了进一步简化讨论，假定 G_φ 是 d-正则图，即图的每个结点有 d 条邻接边。这里 d 是一个不依赖于 φ 的常量。在一个 n 个结点 m 条边的正则图里，

$$m = \frac{1}{2}dn \tag{6.5.1}$$

利用等式 (6.5.1)，容易看出图中长度为 t 的路径总共有 md^{t-1} 条。所以实例 φ' 有 $O(md^{t-1})$ 个约束。如果 d、t 均为常量，φ' 的大小就是 φ 的大小的一个线性放大；如果要求 $t = O(\log m)$，实例 φ' 就是 φ 的多项式放大。如果多项式放大能让我们达到目标，那当然就很好，这还得估算一下 $\mathtt{val}(\varphi')$。假设 G_φ 满足额外的代数性质，即它是扩张图。在第 4.10 节，我们证明了扩张图的直径为 $O(\log m)$。随机地选图中的一个结点，从该结点出发做 $\log m$ 步的随机游走终止于某个指定结点的概率是 $O(1/m)$，最后一步是某条指定边的概率也是 $O(1/m)$。根据一致界，该随机游走包含某条指定边的概率不超过 $O\left(\dfrac{\log m}{m}\right)$。因此，即便 $\mathtt{val}(\varphi')$ 可能比 $\mathtt{val}(\varphi)$ 小很多，也无法保证 $\mathtt{val}(\varphi')$ 小于某个常量。

第纳尔的证明基于第二个想法 [64]，她的解决方案是：如果我们连续做对数多步随机游走会导致某些参数过大的话，我们可以每次走常数步，然后通过一些额外的操作降低那些变大的参数，并将这一过程重复对数多次。在解释第纳尔的证明之前，我们先要说明，上述对约束可满足性问题做的一些假设是非实质性的，即有个高效算法，将任意输入的约束可满足问题实例转换成满足这些假设的约束可满足问题实例。首先说明如何将 qCSP 转换成 2CSP，这是将约束可满足性问题视为图的基础。为此，我们要引入字母表 $[W] = \{1, \cdots, W\}$。　　alphabet

定义 6.7　设 $W > 1$ 为自然数。约束可满足性问题 qCSP$_W$ 的实例为有限约束集 $\varphi = \{\varphi_i\}_{i\in[m]}$，其中 $\varphi_i : [W]^q \to \{0,1\}$，即变量取值于 $[W]$。

对于 $\rho \in (0,1)$，我们同样可以定义承诺问题 ρ-GAPqCSP$_W$。我们还需对卡普归约做限制。

定义 6.8 设 $f : q\mathrm{CSP}_W \to q'\mathrm{CSP}_{W'}$ 为卡普归约。若存在常数 C, 对含 m 个约束的 $q\mathrm{CSP}_W$ 实例 φ, $f(\varphi)$ 的约束数不超过 Cm, 则称 f 为线性放大归约。

必须指出的是, 常量 C 可以是 q 和 W 的函数, 但 C 不得依赖于任何输入实例。我们将对约束可满足性问题实例做高效变换, 分两步进行。第一步解释如何将一个 q-元约束可满足实例转换成二元约束可满足实例。

引理 6.5 对任意正整数 $q > 1$, 存在线性放大归约 $f : q\mathrm{CSP} \to 2\mathrm{CSP}_{2^q}$, 对任何 $q\mathrm{CSP}$ 实例 φ, 若 $\mathrm{val}(\varphi) \leqslant 1 - \epsilon$, 则 $\mathrm{val}(f(\varphi)) \leqslant 1 - \dfrac{\epsilon}{q}$。

证明 设 $\varphi = \{\varphi_i\}_{i \in [m]}$ 含变量 $x_1, \cdots, x_n$。构造 $2\mathrm{CSP}_{2^q}$ 实例如下:

- ψ 含有变量 $x_1, \cdots, x_n, y_1, \cdots, y_m$, 其中 y_i 在字母表 $\{0,1\}^q$ 中取值。直观上, 对 y_i 的真值指派就是对 φ_i 中变量的真值指派。
- 对 φ_i 用到的每个变量 x_j, 构造约束 $\psi_{i,j}$。直观上, $\psi_{i,j}$ 表示 y_i 满足 φ_i 并且 y_i 的取值和 x_j 的取值不矛盾。

在具体定义 $\psi_{i,j}$ 时, 需要用到一些算术函数。不难看出, 使 ψ 为真的真值指派就是使 φ 为真的真值指派。因为 φ 的一个约束分裂成了 ψ 中的 q 个约束, 所以有 $\mathrm{val}(f(\varphi)) \leqslant 1 - \dfrac{\epsilon}{q}$。这同时也说明了上述算法给出的卡普归约是线性放大归约, 其线性放大系数为 q。   □

如果二元约束可满足性问题的约束图是 d-正则图, 称该问题是 d-正则的。第二步解释如何将二元约束可满足性问题转换成正则的二元约束可满足性问题。

引理 6.6 存在正整数 d, 对任意 W, 存在线性放大归约 $f : 2\mathrm{CSP}_W \to 2\mathrm{CSP}_W$, 对任意 $2\mathrm{CSP}_W$ 实例 φ, 若 $\mathrm{val}(\varphi) \leqslant 1 - \epsilon$, 则 $\mathrm{val}(f(\varphi)) \leqslant 1 - \dfrac{\epsilon}{40Wd}$; 并且 $G_{f(\varphi)}$ 为 ($G_{f(\varphi)}$ 的结点数, d, 0.9)-扩张图, 而且图 $G_{f(\varphi)}$ 的每个结点都有自环。

证明 设 $2\mathrm{CSP}_W$ 实例 φ 有 n 个变量 $x_1, \cdots, x_n$。设 $\{G_k\}_{k \in \mathbf{N}}$ 为 ($d'-1$, 0.1)-扩张图。可用标准的方法将约束图 G_φ 转换成 d'-正则图 G_ψ, 方法如下: 若图 G_φ 中的一个结点 x_i 的度数为 k, 将结点 x_i 替换成图 G_k, 并将该结点的 k 条邻接边分别连到 G_k 的 k 个结点, 将图 G_k 中的结点分别记为 $x_i^1, \cdots, x_i^k$, 如下图所示 ($k = 5$, 红边表示 G_k 中的边, 蓝边表示原约束图中的边)。

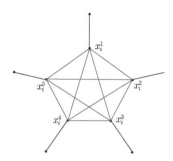

对边 $(x_i^{k'}, x_i^{k''})$，引入约束 $x_i^{k'} = x_i^{k''}$。设 $\texttt{val}(\varphi) \leqslant 1 - \epsilon$，并且 v 是 ψ 的一个真值指派。定义 φ 的真值指派 u 如下：$u(x_i)$ 是多重集 $\{v(x_i^1), \cdots, v(x_i^k)\}$ 中出现次数最多的那个 $[W]$ 中的元素。设 S_i 为多重集 $\{v(x_i^1), \cdots, v(x_i^k)\}$ 的元素值为 $u(x_i)$ 的多重子集，$\overline{S_i}$ 为 $\{v(x_i^1), \cdots, v(x_i^k)\} \setminus S_i$。设 $s_i = |S_i|$，设 $t_i = k - s_i$。显然 $s_i \geqslant \dfrac{k}{W}$。按 $\sum\limits_{i=1}^{n} t_i$ 的大小分情况讨论：

1. 设 $\sum\limits_{i=1}^{n} t_i \geqslant \dfrac{1}{4}\epsilon m$，即对图 G_k 中结点的赋值不一致性比较大。这种情况下 G_k 中不被 v 满足的约束（图中红边）数已经不少，至少是

$$
\begin{aligned}
|E(S_i, \overline{S_i})| &\overset{(4.10.11)}{\geqslant} (1 - \lambda_{G_k})\frac{(d-1)|S_i||\overline{S_i}|}{|S_i| + |\overline{S_i}|} \\
&= \frac{1}{10}\frac{d-1}{k}|S_i||\overline{S_i}| \\
&\geqslant \frac{d-1}{10k}\frac{k}{W}|\overline{S_i}| \\
&\geqslant \frac{d-1}{10k}\frac{k}{W}(k - s_i) \\
&\geqslant \frac{1}{10W}(k - s_i) \\
&= \frac{1}{10W}t_i
\end{aligned}
$$

因此，$\sum_{i \in [n]} |E(S_i, \overline{S_i})| \geqslant \dfrac{1}{10W}\sum_{i \in [n]} t_i \geqslant \dfrac{\epsilon m}{40W} = \dfrac{\epsilon}{40Wd'} \cdot d'm$。

2. 设 $\sum\limits_{i=1}^{n} t_i < \dfrac{1}{4}\epsilon m$，即对图 G_k 中结点的赋值一致性比较大。这种情况下 ψ 从 φ 继承了不少比例的不可满足约束（图中蓝边的一部分）。因为

$\mathrm{val}(\varphi) \leqslant 1-\epsilon$，所以 φ 中至少有 ϵm 个约束不被 u 满足。这 ϵm 个约束也在 ψ 中。因为每个约束含有两个变量，这些 ψ 中的约束有不超过 $\frac{1}{4}\epsilon m + \frac{1}{4}\epsilon m = \frac{1}{2}\epsilon m$ 个约束，其在真值指派 u 下的值和它们在真值指派 v 下的值可能不等。所以这些 ψ 中的约束至少有 $\epsilon m - \frac{1}{2}\epsilon m = \frac{\epsilon}{2d'}\cdot d'm$ 个约束在真值指派 u 和 v 下的值是相等的，即不可满足。

根据定义 ψ 有 $2m$ 个变量和 $d'm$ 个约束，因此 $\mathrm{val}(\psi) \leqslant 1-\dfrac{\epsilon}{40Wd'}$，并且图 G_ψ 是 d'-正则的。

设 G_ψ 有 n' 个结点。将 G_ψ 和扩张图 $G_{n'}$ 的结点重叠，并在每个结点上加一个自环，得到 $2d'$-正则图 $G_{f(\varphi)}$，新加的边上的约束均理解为永真式。不难看出，$\mathrm{val}(f(\varphi)) \leqslant 1-\dfrac{\epsilon}{40W(2d')}$。根据引理 4.31 有

$$\lambda_{G_{f(\varphi)}} \leqslant \frac{d'+1}{2d'}\cdot\lambda_{G'_\psi} + \frac{d'-1}{2d'}\cdot\lambda_{G_{n'}} < 0.9$$

其中 G'_ψ 表示在 G_ψ 的每个结点上加一个自环后得到的图。设 $d = 2d'$ 即得引理结论。   □

综合引理6.5和引理6.6得知，存在正整数 $d > 1$，对任意正整数 $q > 1$，有线性放大归约

$$\mathbb{G} : q\mathrm{CSP} \to 2\mathrm{CSP}_{2^q} \tag{6.5.2}$$

满足下述引理中陈述的性质。

引理 6.7　对任意 $q\mathrm{CSP}$ 实例 φ，若 $\mathrm{val}(\varphi) \leqslant 1-\epsilon$，则 $\mathrm{val}(\mathbb{G}(\varphi)) < 1-\dfrac{\epsilon}{40dq2^q}$，并且 $G_{\mathbb{G}(\varphi)}$ 是 d-正则扩张图，图的每个结点至少有一个自环。

称满足引理6.7所述性质的 $2\mathrm{CSP}_W$ 实例为*良连通的*。在 (6.5.2) 中的 $\mathbb{G}$ 还满足一个重要性质，此性质对第6.10节的证明很关键。

定义 6.9　若下述性质成立，称 $2\mathrm{CSP}_W$ 实例 $\varphi = \{\varphi_I(x_{j_1}, x_{j_2})\}_{j\in[m]}$ 满足投影性质：存在函数 $h_j : [W] \to [W]$ 使得 $\varphi_j(x_{j_1}, x_{j_2})$ 为真当仅当 $h_j(x_{j_1}) = x_{j_2}$。

引理6.5的证明中定义的线性放大归约将一个约束可满足性问题实例映射到一个满足投影性质的约束可满足性问题实例。引理6.6的证明中给出的构造保持投影性质。因此，有下述结论。

引理 6.8 $\mathbb{G}(\varphi)$ 是正则的且满足投影性质。

对于满足投影性质的二元约束可满足性问题实例，可将每个约束等同于一个从字母表到字母表的函数。正则性保证每个变量出现在固定数目的约束中。

6.6　线性增强

固定算法要引用的一个特定的 $(d, 0.9)$-扩张图族。设 $\varphi = \{\varphi_i\}_{i \in [m]}$ 为 2CSP_W 的良连通实例，含变量 $x_1, \cdots, x_n$，其约束图 G_φ 是 $(d, 0.9)$-扩张图。第纳尔设计了一个线性放大归约，将良连通的实例 φ 归约到良连通的实例 φ'，并且 φ' 满足如下性质：若 $\text{val}(\varphi) = 1 - \epsilon$ 并且 ϵ 小于某个阈值，那么 $\text{val}(\varphi') = 1 - \ell\epsilon$，这里 ℓ 是某个可控常量。本节将定义此线性放大归约并讨论其性质。

设 t 为常量，其具体值待定。根据第6.5节中的分析，我们考查 G_φ 中长度为 t 的路径所定义的合取式。约束可满足实例 φ^t 定义如下（参考图6.1）：

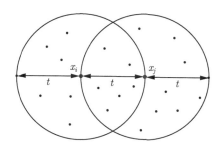

图 6.1　半径为 t 的球为图的结点

- 对变量 x_i，引入以 x_i 为中心的球变量 $z_i = (x_i, V_i)$，其中 V_i 包含了图 G_φ 中从 x_i 出发在 t 步之内（包括 0 步和 t 步）能到达的所有结点。根据定义，$x_i \in V_i$ 且 $|V_i| \leqslant d^t + 1$。要强调的是，V_i 是集合，而非多重集。集合 V_i 含有的变量数不超过 $d^t + 1$，这是因为约束图 G_φ 中的每个结点都有自环。对 z_i 的一个真值指派等价于对 V_i 中变量的一个真值指派。在算法里，可将 V_i 表示成一个向量 $(i_1, i_2, \cdots, i_{d^t+1})$，满足 $i_1 < i_2 < \cdots < i_{d^t+1}$。对 z_i 的一个真值指派可用 $[W]^{d^t+1}$ 中的向量表示。

- 若在 G_φ 中有一条从 x_i 到 x_j 的长度为 t 的路径, 该路径所定义的合取式为 ψ, 则 φ^t 包含约束 $\psi \wedge \kappa(z_i, z_j)$, 其中 $\kappa(z_i, z_j)$ 表示对 V_i 的真值指派和对 V_j 的真值指派是一致的。若 V_i 表示成向量 $(i_1, i_2, \cdots, i_{d^t+1})$, V_j 表示成向量 $(j_1, j_2, \cdots, j_{d^t+1})$, 并且 $i_g = j_h$, 则 $\kappa(z_i, z_j)$ 应包含约束 $(z_i)_g = (z_j)_h$。显然 $\kappa(z_i, z_j)$ 最多包含 $d^t + 1$ 个这样的等式约束。

设 $x \in V_i$。对变量 z_i 的一个赋值给出了对变量 x 的一个赋值, 称此赋值为变量 x 的第 i 个局部赋值。给定变量 $z_1, \cdots, z_n$ 的一个真值指派 v, 可用多数原则定义变量 $x_1, \cdots, x_n$ 的一个真值指派 u 如下: $u(x_i)$ 为大多数局部赋值给 x_i 赋的值。如果有两个值出现频率一样, 随便选一个。称 u 为最多票数赋值。不难看出, $\Pr_x[u(x)$ 为最多票数赋值$] \geqslant \dfrac{1}{W}$。

接着考查一下最多票数赋值 u 有多好。首先看一个非常有用的事实。因为 G_φ 是 d-正则图, 所以在 G_φ 中长度是 t 的路径总共有 $\dfrac{1}{2}nd^t = md^{t-1}$ 条。如果在 G_φ 中随机地选长度为 t 的路径, 某条特定路径被选中的概率是 $\dfrac{1}{md^{t-1}}$。这样随机选的一条路径有另外两种等价的选法: 设 $0 \leqslant s \leqslant t-1$。

1. 随机地选一条边, 从该边的一个端点随机游走 s 步, 从另一个端点随机游走 $t - s - 1$ 步。
2. 随机地选一个结点, 从该结点出发分别随机游走 s 步和 $t - s$ 步。

这些等价性说明, 若在 G_φ 中随机地选长度为 t 的路径, 该路径中的每条边都是随机的, 尽管这些边的选取不是独立的; 该路径中的每个点也是随机的, 尽管这些点也不是相互独立的。设 $x_{i_0} \to x_{i_1} \to \cdots \to x_{i_t}$ 为 G_φ 中的路径, 设 $\varphi_{i_1}, \cdots, \varphi_{i_t}$ 为这条路径上的边依次所对应的约束。若 $0 \leqslant s \leqslant t-1$, 称边 $x_{i_s} \to x_{i_{s+1}}$ 是如实的当仅当变量 x_{i_s} 的第 i_0 个局部赋值为 $u(x_{i_s})$ 且变量 $x_{i_{s+1}}$ 的第 i_t 个局部赋值为 $u(x_{i_{s+1}})$。根据最多票数赋值 u 的定义, 有不等式

$$\Pr_{x_{i_0} \to x_{i_1} \to \cdots \to x_{i_t}}[(x_{i_s}, x_{i_{s+1}}) \text{是如实的}] \geqslant \frac{1}{W} \cdot \frac{1}{W} = \frac{1}{W^2} \tag{6.6.1}$$

从不等式 (6.6.1) 立即推出

$$\Pr_{x_{i_0} \to x_{i_1} \to \cdots \to x_{i_t}} \left[\begin{array}{l} (x_{i_s}, x_{i_{s+1}}) \text{是如实的, 并且} \\ \varphi_{i_s} \text{在最多票数赋值} u \text{下为假} \end{array} \right] \geqslant \frac{1}{W^2} \epsilon \tag{6.6.2}$$

对每个 $s \in [t-1]$，定义指示变量 X_s 如下：对路径 $p = x_{i_0} \to x_{i_1} \to \cdots \to x_{i_t}$，

$$X_s(p) = \begin{cases} 1, & (x_{i_s}, x_{i_{s+1}}) \text{是如实的，并且} \varphi_{i_s} \text{在最多票数赋值} u \text{下为假} \\ 0, & \text{否则} \end{cases}$$

设 $X = X_0 + \cdots + X_{t-1}$。由 (6.6.2) 和期望值的线性性得

$$\mathrm{E}[X] \geqslant \frac{t\epsilon}{W^2} \tag{6.6.3}$$

我们需要的是对 $\Pr[X > 0]$ 的下界做估算。一般地，若设随机变量 X 的取值为非负，则根据函数 $g(x) = x^2$ 的凸性质，有不等式

$$\mathrm{E}[X|X>0]^2 \leqslant \mathrm{E}[X^2|X>0] \tag{6.6.4}$$

从随机变量 X 取值的非负性容易推得下述等式：

$$\mathrm{E}[X^2|X>0] = \frac{\mathrm{E}[X^2]}{\Pr[X>0]} \tag{6.6.5}$$

$$\mathrm{E}[X|X>0]^2 = \left(\frac{\mathrm{E}[X]}{\Pr[X>0]}\right)^2 \tag{6.6.6}$$

由 (6.6.4)、(6.6.5)、(6.6.6) 得

$$\Pr[X > 0] \geqslant \frac{\mathrm{E}[X]^2}{\mathrm{E}[X^2]} \tag{6.6.7}$$

用不等式 (6.6.7) 估算 $\Pr[X > 0]$ 的下界常称为二阶矩方法。在最多票数赋值 u 下值为假的边数当然不超过 $\epsilon m = \epsilon \dfrac{dn}{2}$，这些边的邻接点构成的集合 S 满足 $|S| \leqslant 2\epsilon m$，因此 $\dfrac{|S|}{n} \leqslant d\epsilon$。线性增强算法的目标是当 ϵ 小于某个阈值时倍增 ϵ 的值，设 $\dfrac{1}{dt}$ 为 ϵ 的阈值。若 $\epsilon \geqslant \dfrac{1}{dt}$，算法终止；否则，算法继续。假设下述不等式成立：

$$\epsilon < \frac{1}{dt} \tag{6.6.8}$$

对于指示变量 X_j 有等式 $X_j^2 = X_j$。随机选长度为 t 的路径，其中的第 j 条边也是随机的。因为 X_j 指示的是第 j 条边是随机的并且如实的，所以一定有 $\mathrm{E}[X_j] \leqslant \epsilon$。故 $\mathrm{E}\left[\sum_j X_j^2\right] = \mathrm{E}[X] \leqslant \epsilon t$。利用条件 (6.6.8) 可做如下推导：

$$
\begin{aligned}
\mathrm{E}[X^2] &= \mathrm{E}\left[\sum_j X_j^2\right] + \mathrm{E}\left[\sum_{j \neq j'} X_j X_{j'}\right] \\
&\leqslant \epsilon t + 2 \sum_{j < j'} \Pr[\text{第}j\text{条边取假值，第}j'\text{条边取假值}] \\
&\leqslant \epsilon t + 2 \sum_{j < j'} \Pr[\text{第}j\text{个结点在}S\text{中，第}j'\text{个结点在}S\text{中}] \\
&\leqslant \epsilon t + 2 \sum_I \Pr[\text{第}j\text{个结点在}S\text{中}] \cdot \sum_{1 \leqslant k \leqslant t} \Pr_{(a,b) \in G^k}[a \in S, b \in S] \\
&\overset{(4.10.13)}{\leqslant} \epsilon t + 2 \sum_I d\epsilon \cdot \sum_{1 \leqslant k \leqslant t} d\epsilon \left(\frac{1}{2} + \frac{(\lambda_G)^k}{2}\right) \\
&< \epsilon t + t^2 (d\epsilon)^2 \left(1 + \sum_{k \geqslant 1} (\lambda_G)^k\right) \\
&\overset{(6.6.8)}{<} 12 t d\epsilon
\end{aligned}
$$

用 (6.6.7) 可推得想要的下界：

$$
\Pr[X > 0] \geqslant \frac{\mathrm{E}[X]^2}{\mathrm{E}[X^2]} \geqslant \left(\frac{t}{W^2}\epsilon\right)^2 \cdot \frac{1}{12 t d\epsilon} > \frac{t}{12 d W^4}\epsilon = \ell'\epsilon
$$

若希望 $\ell = 6$，则可设 $\ell' \geqslant 240 d q 2^q$（$\ell'$ 至少是引理6.7中对间隙系数减少倍数的 6 倍），上述推导中最后的等式告诉我们可取 $t = 12 d W^4 \ell' = 2880 d^2 q 2^{5q}$。我们用下面的引理对本节的推理结论做一总结。

引理 6.9（线性增强）　　存在线性放大归约 $\mathbb{D}$，对任意良连通的 $2\mathrm{CSP}_W$ 实例 $\varphi = \{\varphi_i\}_{i \in [m]}$ 和常量 $t = 2880 d^2 q 2^{5q}$，若 $\mathtt{val}(\varphi) = 1 - \epsilon$ 且 $\epsilon < \frac{1}{dt}$，则由 $\mathbb{D}$ 生成的 $2\mathrm{CSP}_{W^{d^t+1}}$ 实例 φ^t 满足如下条件：

1. $|\varphi^t| \leqslant d^{2t} \cdot |\varphi|$。
2. $\mathtt{val}(\varphi^t) \leqslant 1 - (240 d q 2^q)\epsilon$。

证明　根据构造，φ^t 的变量数和 φ 的变量数相同，φ^t 的约束数不超过 φ 的约束数的 d^{t-1} 倍。算法的其余复杂性只依赖于 d 和 W。问题实例 φ^t 的每个约束形如 $\psi \wedge \kappa(z_i, z_j)$，其中 ψ 是 φ 的 t 个约束的合取，$\kappa(z_i, z_j)$ 含有最多 t^2 个等式命题，因此 φ^t 的约束数不超过 $md^{t-1} \cdot (t + t^2) < md^{2t}$。　□

从引理6.7和引理6.9我们立即得到下述推论。

推论 6.1　线性放大归约 $\mathbb{D} \circ \mathbb{G} : q\text{CSP} \to 2\text{CSP}_U$ 满足：若 $\text{val}(\varphi) \leqslant 1 - \epsilon$，则 $\text{val}(\mathbb{D}(\mathbb{G}(\varphi))) < 1 - 6\epsilon$。这里 $U = W^{d^t+1}$，$W = 2^q$，$t = 2880d^2q2^{5q}$。

6.7　线性归减

引理6.9定义的归约 $\mathbb{D}$ 的输入 2CSP_W 实例的间隙值 ϵ 可能是 $\Theta(1/m)$。当然我们可以反复使用 $\mathbb{D}$ 提高间隙值。为了将间隙值提高到某个常量，需要连续使用 $\mathbb{D}$ 对数多次。这是不可行的，因为这样做最终会产生一个大小依赖于输入长度的字母表。解决方案很容易想到，我们可以将 $\mathbb{D}$ 输出的 2CSP_U 实例的字母表 $[U]$ 转换成 $\{0, 1\}$，将取值于 $[U]$ 的变量用 $\log(U)$ 个布尔变量替换，含两个变量的约束变成了含 $2\log(U)$ 个布尔变量的约束。这个过程显然是从 2CSP_U 到 $2\log(U)\text{CSP}$ 的线性放大归约。如果我们把归约 $\mathbb{D}$ 和这个简单的线性放大归约进行复合，然后将复合后的从 2CSP 到 $2\log(U)\text{CSP}$ 的线性放大归约连续使用对数多次，那么最终得到的约束可满足性问题的元数会依赖于输入大小，这是不合法的，因为元数必须是常量。我们得对这个简单的字母表转换想法进行修正，使得输出的约束可满足性问题实例的元数是个不依赖于输入问题参数（即字母表大小）的固定常数。这就是第6.4节所讨论的错误放大思想！利用沃尔什-阿达玛变换，可以确保无论输入实例含有多少变量，PCP-验证器只访问证明的固定常数个位；另外，沃尔什-阿达玛变换保证：无论输入实例有多么少的约束不可满足，输出的实例一定有一半的约束不可满足。下面我们花点篇幅将这一想法的技术细节梳理一下。

设 $\varphi = \{\varphi_i\}_{i \in [m]}$ 是 2CSP_U 实例。因为每个 φ_i 的大小是常量，编码是对数长的，所以可在 `polylog` 时间将 $\varphi_i(x_{i_1}, x_{i_2})$ 归约到一个含有 $2\log(U)$ 个输入的电路 $C_i(x_{i_1}, x_{i_2})$，这里我们用同样的符号 x_{i_1}、x_{i_2} 表示电路 C_i 的 $2\log(U)$ 个布尔输入。再在 `polylog` 时间将电路 C_i 归约到 QUADEQ 实例 $\mathbf{E}_i$，设 $\mathbf{E}_i$ 包

含变量 z_i，并规定 z_i 的前 $2\log(U)$ 个变量就是 x_{i_1}、x_{i_2}。用此方法，2CSP_U 实例 $\varphi = \{\varphi_i\}_{i \in [m]}$ 被归约到一组二次方程组 $\{\mathbf{E}_i\}_{i \in [m]}$，这组二次方程组可看成是一个大的二次方程组。用第6.4节中给出的方法，可以将这个大的二次方程组的 PCP-证明设计为

$$\text{WH}(v_1) \cdots \text{WH}(v_n)\text{WH}(u_1)\text{WH}(w_1) \cdots \text{WH}(u_n)\text{WH}(w_m)$$

其中，对每个 $i \in [n]$，0-1 串 v_i 是对二进制形式的 x_i 的真值指派，u_i 是对 $\mathbf{E}_i$ 中变量的真值指派，w_i 是 $\mathbf{E}_i$ 的解。给定 PCP-证明 $\pi_1 \cdots \pi_n \varpi_1 \Pi_1 \cdots \varpi_m \Pi_m$，每个二次方程组 $\mathbf{E}_i$ 的 PCP-验证器 $\mathbb{A}_i$ 定义如下：

1. 调用第6.4节中定义的算法，验证 π_{i_1} 和 π_{i_2} 均为沃尔什-阿达玛码字，验证 ϖ_i 沃尔什-阿达玛码字。若验证都通过，则存在 v_{i_1}、v_{i_2}、u_i 使得 $\pi_{i_1}(\_) = v_{i_1} \cdot \_$、$\pi_{i_2}(\_) = v_{i_2} \cdot \_$ 和 $\varpi_i(\_) = u_i \cdot \_$。

concatenation test

2. 验证 v_{i_1}, v_{i_2} 是 u_i 的前 $2\log(U)$ 位，这可用下面的串联测试实现：
   (a) 独立随机选 a、$b \in_{\text{R}} \{0,1\}^{\log U}$。
   (b) 测试等式 $\varpi_i(ab0^{|u_i|-2\log U}) = \pi_{i_1}(a) + \pi_{i_2}(b)$ 是否成立。

3. 通过访问证明 $\varpi_i \Pi_i$ 常数多位，验证 Π_i 是方程组 $\mathbf{E}_i$ 的一个解的沃尔什-阿达玛码字。

在第 2(b) 步，被测试等式的左边应为 $u_i[1-2\log(U)] \cdot (ab)$，右边应为 $(v_{i_1} v_{i_2}) \cdot (ab)$，这里 $u_i[1-2\log(U)]$ 表示 u_i 的前 $2\log(U)$ 位。根据引理6.3，若将串联测试进行 8 次，可将出错率降为 2^{-8}。我们必须指出算法 $\mathbb{A}_i$ 的一个重要性质，关键的一点是：引理6.9中陈述的线性放大归约 $\mathbb{D}$ 输出的约束可满足性问题的每个约束都是常数大小的，约束的大小只依赖于 d 和 U！尽管算法 $\mathbb{A}_i$ 使用了相对于输入而言多项式长的随机串，但如果它的输入是算法 $\mathbb{D}$ 的输出，那么 $\mathbb{A}_i$ 计算时只使用了常数个随机位 r_i，询问了 PCP-证明常数 q_i 位。总之，算法 $\mathbb{A}_i$ 的计算时间是常数。总共有 m 个这类常数大小的 PCP-验证器 $\mathbb{A}_1, \cdots, \mathbb{A}_m$，我们可以假定所有这些验证器询问证明的位数为 q_0，这里的 q_0 是第6.4节定义的 PCP-验证器询问证明的次数。

用第6.3节给出的定理6.5和定理6.2的等价性证明，可将验证器 $\mathbb{A}_i$ 转换成一个约束可满足性问题实例 $\Phi_i = \{\Phi_{i_g}\}_g$。根据对应关系 (6.3.1)，$\Phi_i$ 是一个 $q_0\text{CSP}$ 实例；根据上面的讨论和对应关系 (6.3.2)，Φ_i 有常数个约束。因此，$\Phi = \bigcup_{j \in [m]} \Phi_i$ 是大小为 m 的 $q_0\text{CSP}$ 实例。这一将常量大小的 PCP-验证器

复合后得到验证器的方法称为~~就近~~ PCP。很明显，将 $\varphi = \{\varphi_i\}_{j\in[m]}$ 归约到 $\Phi = \bigcup_{j\in[m]} \Phi_i$ 是线性放大归约，记其为 $\mathbb{A}$。可对归约 $\mathbb{A}$ 做下述概括。 PCP of proximity

引理 6.10　线性放大归约 $\mathbb{A} : 2\mathrm{CSP}_U \to q_0\mathrm{CSP}$ 满足条件：若 $\mathrm{val}(\varphi) \leqslant 1 - \epsilon$，则 $\mathrm{val}(\mathbb{A}(\varphi)) \leqslant 1 - \dfrac{1}{3}\epsilon$。

证明　首先把归约 $\mathbb{A}$ 梳理一下：

> "$(1-\epsilon)$-GAP2CSP$_U$ 实例 $\varphi = \{\varphi_i\}_{i\in[m]}$" 归约到 "电路族 $\{C_i\}_{i\in[m]}$" 归约到 "二次方程组 $\{\mathbf{E}_i\}_{i\in[m]}$" 归约到 "$\{\mathbf{E}_i\}_{i\in[m]}$ 的 PCP-验证器，该验证器的可靠性参数为 $\dfrac{1}{2}$，询问 PCP-证明的 q_0 位" 归约到 "GAPq_0CSP 实例 Φ"。

使 φ 为真的真值指派映射到使 $\{C_i\}_{i\in[m]}$ 输出均为 1 的输入，后者再映射到二次方程组 $\{\mathbf{E}_i\}_{i\in[m]}$ 的解。这两个映射都是 1-1 的。根据引理6.3，每个 $\mathbf{E}_i$ 的 PCP-验证器的可靠性参数为 $1/2$。如果对变量的真值指派不满足 $\mathbf{E}_i$，那么 $\mathbf{E}_i$ 的 PCP-验证器就有一半的概率拒绝，再根据第6.3节里给出的等价性证明和等价关系 (6.3.3)，从这个 $\mathbf{E}_i$ 的 PCP-验证器构造出来的约束可满足性问题实例的值就是 $1/2$。假设有一个真值指派不满足 Φ 且 $\mathrm{val}(\Phi) > 1 - \dfrac{1}{3}\epsilon$。通过对表示真值指派的沃尔什-阿达玛码字进行解码，得到 φ 的一个真值指派。设该真值指派不满足 φ 中约束的比例为 δ。每个 φ_i 被转换成了 Φ_i，若 φ_i 不被满足，并且假定 $\mathbb{A}_i$ 对 φ_i 的判定是正确的，那么 Φ_i 就有一半不可满足。如果所有的 $\mathbb{A}_i$ 都是正确的，那么 $\mathbb{A}(\varphi)$ 就有 $\dfrac{1}{2}\delta$ 比例的约束不可满足。但随机算法 $\mathbb{A}$ 有个出错概率，比如 $1/9$，并且是单向出错，所以 $\dfrac{8}{9}\dfrac{1}{2}\delta < \dfrac{1}{3}\epsilon$，由此得 $1 - \delta \geqslant 1 - \dfrac{3}{4}\epsilon > 1 - \epsilon$。这与引理假定矛盾，因此必须有 $\mathrm{val}(\Phi) \leqslant 1 - \dfrac{1}{3}\epsilon$。　$\square$

6.8　PCP 定理的证明

本节证明 $\mathbf{NP} = \mathbf{PCP}(\log n, 1)$。设 $L \in \mathbf{NP}$，需证 $L \in \mathbf{PCP}(\log(n), 1)$。用库克-莱文归约，将 L 的大小为 n 的输入实例归约到大小为 $\mathrm{poly}(n)$ 的 3-合取

范式 φ，设 φ 的间隙值为 ϵ。不妨将 φ 看成是 $q_0 \mathrm{CSP}$ 实例。第6.5节、第6.6节和第6.7节构造了如下的三个线性放大归约：

$$q_0\mathrm{CSP} \xrightarrow{\mathbb{G}} \mathrm{CSP}_{2^{q_0}} \xrightarrow{\mathbb{D}} 2\mathrm{CSP}_{2^{q_0(d^{2880d^2q_0 2^{5q_0}}+1)}} \xrightarrow{\mathbb{A}} q_0\mathrm{CSP}$$

其中 $2^{q_0} = W$，$2^{q_0(d^{2880d^2q_0 2^{5q_0}}+1)} = U$。若 $\epsilon < \epsilon_0 = \dfrac{1}{dt} = \dfrac{1}{2880d^3 q_0 2^{5q_0}}$ 且 $val(\varphi) = 1 - \epsilon$，输出的 $\varphi' = \mathbb{A}(\mathbb{D}(\mathbb{G}(\varphi)))$ 满足如下条件：存在依赖于 q_0, d 的常量 C，满足如下条件：

- φ' 是 $q_0 \mathrm{CSP}$ 实例；
- $|\varphi'| \leqslant C|\varphi'|$；
- φ' 的间隙值至少是 2ϵ。

将线性放大归约 $\mathbb{A} \circ \mathbb{D} \circ \mathbb{G}$ 重复 $O(\log(m))$ 多次，最终输出的 $q_0 \mathrm{CSP}$ 实例 ψ 满足下述性质：

- ψ 的大小为 $C^{O(\log(m))} \cdot \mathtt{poly}(m) = \mathtt{poly}(m)$。
- ψ 的值 $\mathtt{val}(\psi) \leqslant 1 - \max\left\{2^{O(\log(m))} \cdot \dfrac{1}{\mathtt{poly}(m)}, \epsilon_0\right\} \leqslant 1 - \epsilon_0$。

总的归约时间为 $\mathtt{poly}(m) \cdot O(\log(m)) = \mathtt{poly}(m)$。定理6.2得证。

6.9 布尔函数的分析技术

布尔函数是计算机科学中最重要的函数，理论上，布尔是计算机科学的先驱者。研究具体计算复杂性时，布尔函数的分析技术是主要的研究工具 [68, 121]。在第6.4节，我们使用了一类布尔函数，即沃尔什-阿达玛函数，并指出它们就是布尔域上的线性函数。利用线性性，我们给出了沃尔什-阿达玛码字的近似测试算法，但我们并没有讨论该测试算法的正确性。纠错码理论中的测试算法往往很简单，它们的正确性分析则往往不简单。我们需要一个对基于线性性的测试算法进行分析的工具。为了介绍这一工具，我们首先给出线性函数的另一个等价定义。

早期的工程师称布尔函数为开关函数，即 switching functions。

引理 6.11 设 $f : \mathbf{F}_2^n \to \mathbf{F}_2$，下述两个叙述是等价的：

1. f 是线性函数，即 $f(x+y) = f(x) + f(y)$ 对所有 $x, y \in \mathbf{F}_2^n$ 成立。
2. f 是奇偶函数，即存在 $a \in \mathbf{F}_2^n$ 使得 $f(x) = a \cdot x = \sum_{a(i)=1} x_i$。

证明　引理中，$a{\cdot}x$ 是 a 和 x 的点积。设 f 是线性函数。定义 $a \in \mathbf{F}_2^n$ 如下：

$$a(i) = \begin{cases} 1, & \text{若}\,f(\mathbf{e}_i) = 1 \\ 0, & \text{若}\,f(\mathbf{e}_i) = 0 \end{cases}$$

显然有 $f(x) = f(\sum_{i\in[n]} x_i \mathbf{e}_i) = \sum_{i\in[n]} x_i f(\mathbf{e}_i) = a{\cdot}x$。反向蕴含更明显。　□

　　沃尔什-阿达玛函数、线性函数、奇偶函数是等价的概念。向量 $a \in \mathbf{F}_2^n$ 对应于 $[n]$ 的一个子集。设 $S \subseteq [n]$，由 S 定义的奇偶函数记为 χ_S，即

$$\chi_S(x) = \sum_{i\in S} x_i$$

值 $\chi_S(x)$ 表示的是集合 $\{x_i \mid x_i = 1 \wedge i \in S\}$ 元素个数的奇偶性，1 表示奇数，0 表示偶数。按定义有 $\chi_\emptyset(x) = 0$。奇偶函数是对独裁函数的推广。一个独裁 dictator function 函数是形如 $\chi_{\{i\}}$ 的函数；按定义，$\chi_{\{i\}}(x) = x_i$。

　　总供有 2^n 个 n-维奇偶函数，这些函数的最根本的性质是它们构成了 2^n-维希尔伯特空间 $\mathbf{R}^{2^n}$ 的一组基。类型为 $\mathbf{F}_2^n \to \mathbf{F}_2$ 的布尔函数可看成是空间 $\mathbf{R}^{2^n}$ 中的点，因此任何类型为 $\mathbf{F}_2^n \to \mathbf{R}$ 的函数可表示成奇偶函数的线性组合。为了方便用希尔伯特空间的语言讨论奇偶函数，我们将 $\mathbf{F}_2^n \to \mathbf{R}$ 中的函数转换成从积空间 $\{-1, 1\}^n$ 到实数域 $\mathbf{R}$ 的函数，这里 $\mathbf{F}_2$ 和 $\{-1, 1\}$ 之间的对应关系定义为：

$$x \quad \mapsto \quad (-1)^x$$

有限域 $\mathbf{F}_2$ 中的 0 变成了 $+1$，有限域 $\mathbf{F}_2$ 中的 1 变成了 -1。称 $\mathbf{F}_2$ 的这种表示为傅里叶表示。我们将 $\{-1, 1\}$ 简写成 $\{\pm 1\}$。在此对应下，有限域 $\mathbf{F}_2$ 中的加法运算就是实数域中的乘法。视 χ_S 为如下定义的向量：设 i 取值于 $[n]$，

$$\chi_S(i) = \begin{cases} 1, & \text{若}\,i \notin S \\ -1, & \text{若}\,i \in S \end{cases}$$

按奇偶性的定义，应有 $\chi_\emptyset = \mathbf{e}$，即所有分量均为 1 的向量。对于多线性项 x，函数值 $\chi_S(x)$ 定义如下：

$$\chi_S(x) = (-1)^{\sum_{i\in S} x_i} = \prod_{i\in S} x_i$$

有限域 $\mathbf{F}_2^n$ 上的向量加法 $x + y = \langle x_1 + y_1, \cdots, x_n + y_n \rangle$ 变成了按位乘,即 $x \circ y = \langle x_1 y_1, \cdots, x_n y_n \rangle$。用此符号,奇偶函数的线性性应表示为等式

$$\chi_S(x \circ y) = \chi_S(x) \chi_S(y) \tag{6.9.1}$$

6.9.1 傅里叶展开式

设 $f, g \in \mathbf{R}^{2^n}$。为了得到一组标准正交基,将内积 $\langle f, g \rangle$ 做归一化,得:

$$\langle f, g \rangle = \mathrm{E}_{x \in_{\mathrm{R}} \{\pm 1\}^n}[f(x)g(x)] = \frac{1}{2^n} \sum_{x \in \{\pm 1\}^n} f(x)g(x)$$

当 $f(x) = g(x)$ 时,$f(x)g(x) = 1$;当 $f(x) \neq g(x)$ 时,$f(x)g(x) = -1$。利用等式 $\mathrm{Pr}_x[f(x) = g(x)] + \mathrm{Pr}_x[f(x) \neq g(x)] = 1$,可把上述等式重新写成

$$\langle f, g \rangle = \mathrm{Pr}_x[f(x) = g(x)] - \mathrm{Pr}_x[f(x) \neq g(x)] = 1 - 2\mathtt{dist}(f, g) \tag{6.9.2}$$

两函数的内积越大,它们的海明距离就越小,两者就越接近,这和直观一致。

定理 6.8(奇偶函数构成标准正交基) 奇偶函数构成希尔伯特空间 $\mathbf{R}^{2^n}$ 的一组标准正交基。

证明 按定义有 $\langle \chi_S, \chi_S \rangle = 1$。另一方面,若 $S \neq \emptyset$,有

$$\mathrm{E}_{x \in_{\mathrm{R}} \{\pm 1\}^n}[\chi_S(x)] = \mathrm{E}_{x \in_{\mathrm{R}} \{\pm 1\}^n}\left[\prod_{i \in S} x_i\right] = \prod_{i \in S} \mathrm{E}_{x \in_{\mathrm{R}} \{\pm 1\}^n}[x_i] = 0 \tag{6.9.3}$$

在 (6.9.3) 中,最后一个等式用到了 $x_1, \cdots, x_n$ 的独立性和 $\mathrm{E}_{x \in_{\mathrm{R}} \{\pm 1\}^n}[x_i] = 0$。若 $S \neq T$,对称差 $S \Delta T = S \cup T \setminus (S \cap T)$ 非空,有

$$\chi_S(x)\chi_T(x) = \left(\prod_{i \in S} x_i\right)\left(\prod_{i \in T} x_i\right) = \left(\prod_{i \in S \Delta T} x_i\right)\left(\prod_{i \in S \cap T} x_i^2\right) = \chi_{S \Delta T}(x)$$

从上式和等式 (6.9.3) 可推出 $\langle \chi_S, \chi_T \rangle = \mathrm{E}_{x \in_{\mathrm{R}} \{\pm 1\}^n}[\chi_{S \Delta T}(x)] = 0$。 $\square$

定理6.8告诉我们,任何函数 $f: \{\pm 1\}^n \to \mathbf{R}$ 可唯一表示成奇偶函数的线性组合:

$$f = \sum_{S \subseteq [n]} \widehat{f}_S \chi_S \tag{6.9.4}$$

称等式 (6.9.4) 的右边为 f 的傅里叶展开式，$\widehat{f}_S$ 为 f 的第 S 个傅里叶系数。相应地，我们也称奇偶函数为傅里叶基函数。为了书写清晰，常将 $\widehat{f}_S$ 写成 $\widehat{f}(S)$。利用奇偶函数的正交性，可计算傅里叶系数如下：

$$\widehat{f}_S = \langle f, \chi_S \rangle = \mathrm{E}_{x \in_{\mathrm{R}} \{\pm 1\}^n}[f(x)\chi_S(x)] \tag{6.9.5}$$

函数 f、g 的内积可以通过将它们的傅里叶系数做点积得到：

$$\begin{aligned}
\langle f, g \rangle &= \left\langle \sum_{S \subseteq [n]} \widehat{f}_S \chi_S, \sum_{S \subseteq [n]} \widehat{g}_T \chi_T \right\rangle \\
&= \sum_{S, T \subseteq [n]} \widehat{f}_S \widehat{g}_T \langle \chi_S, \chi_T \rangle \\
&= \sum_{S \subseteq [n]} \widehat{f}_S \widehat{g}_S
\end{aligned} \tag{6.9.6}$$

帕塞瓦尔等式是上述等式的如下特例：对任意 $f : \{\pm 1\}^n \to \mathbf{R}$，有　　Parseval's equality

$$\langle f, f \rangle = \sum_{S \subseteq [n]} (\widehat{f}_S)^2 = \mathrm{E}_{x \in_{\mathrm{R}} \{\pm 1\}^n}[f(x)^2] \tag{6.9.7}$$

若 f 为布尔函数，即 $f : \{\pm 1\}^n \to \{\pm 1\}$，则明显有

$$\sum_{S \subseteq [n]} (\widehat{f}_S)^2 = 1 \tag{6.9.8}$$

对于布尔函数 f，傅里叶展开式 (6.9.4) 给出了 f 的一个解析，等式 (6.9.8) 则帮助我们设计随机算法。鉴于 (6.9.8)，我们将概率分布 $\mathcal{S}_f : S \mapsto (\widehat{f}_S)^2$ 称为 f 的普样本，将 $(\widehat{f}_S)^2$ 称为 S 的傅里叶权重。若 $\widehat{f}_S > 0$ 接近于 1，函数 f 和多线性函数 χ_S 就非常近。如果我们以概率 $(\widehat{f}_S)^2$ 选择 χ_S 的话，测试算法的成功率就相对较大。

常把 $\{\widehat{f}_S\}_{S \subseteq [n]}$ 称为 f 的傅里叶谱。

　　关于布尔函数的傅里叶展开式的一个最基本的事实是：布尔函数的很多性质可由傅里叶系数刻画。一个最简单的例子是求一个函数 f 的平均值$\mathrm{E}[f]$。按定义有 $\mathrm{E}[f] = \langle f, \mathbf{e} \rangle = \langle f, \chi_\emptyset \rangle = \widehat{f}_\emptyset$。

　　布尔函数的傅里叶展开式在一百年前就已提出 [236]。自二十世纪六十年代开始，傅里叶变换技术是布尔函数在诸多领域应用推广的有力工具 [121]。让

我们看个具体例子。在社会选择理论里，将布尔函数 $f : \{\pm 1\}^n \to \{\pm 1\}$ 视为一个社会选择函数，即一种从 n 位选举人对两位候选人的投票结果做出谁当选的规则。多数票函数 $\mathrm{Maj}_n : \{\pm 1\}^n \to \{\pm 1\}$ 是一个最常用的社会选择函数，该规则说得票多者当选。用 (6.9.5) 容易计算出 Maj_3 的傅里叶展开式为

$$\mathrm{Maj}_3(x) = \frac{1}{2}x_1 + \frac{1}{2}x_2 + \frac{1}{2}x_3 - \frac{1}{2}x_1 x_2 x_3$$

一般地，n-元布尔函数 $f : \{\pm 1\}^n \to \{\pm 1\}$ 的傅里叶展开式可用下列公式推出：

$$f(x) = \sum_{a \in \{\pm 1\}^n} f(a) \cdot \frac{1 + a_1 x_1}{2} \cdot \ldots \cdot \frac{1 + a_n x_n}{2}$$

6.9.2 卷积定理

在傅里叶变换理论里，卷积能简化计算。设 f、$g : \{\pm 1\}^n \to \{\pm 1\}$。显然有

$$\mathrm{E}_{y \in_{\mathrm{R}} \{\pm 1\}^n}[f(y)g(x \circ y)] = \mathrm{E}_{y \in_{\mathrm{R}} \{\pm 1\}^n}[f(x \circ y)g(y)]$$

上式中的期望值称为卷积。

定义 6.10 函数 f、g 的卷积 $f*g$ 定义如下：$(f*g)(x) = \mathrm{E}_{y \in_{\mathrm{R}} \{\pm\}^n}[f(y)g(x \circ y)]$。

定义之前的等式说明卷积操作是对称的，下述推导说明卷积也满足结合律：

$$\begin{aligned}
((f*g)*h)(x) &= \mathrm{E}_{y \in_{\mathrm{R}} \mathbf{F}_2^n}[(f*g)(y)h(x \circ y)] \\
&= \mathrm{E}_{y \in_{\mathrm{R}} \mathbf{F}_2^n}[\mathrm{E}_{z \in_{\mathrm{R}} \mathbf{F}_2^n}[f(z)g(y \circ z)]h(x \circ y)] \\
&= \mathrm{E}_{z \in_{\mathrm{R}} \mathbf{F}_2^n}[f(z)\mathrm{E}_{y \in_{\mathrm{R}} \mathbf{F}_2^n}[g(y \circ z)h(x \circ y)]] \\
&= \mathrm{E}_{z \in_{\mathrm{R}} \mathbf{F}_2^n}[f(z)\mathrm{E}_{w \in_{\mathrm{R}} \mathbf{F}_2^n}[g(w)h(x \circ z \circ w)]] \\
&= \mathrm{E}_{z \in_{\mathrm{R}} \mathbf{F}_2^n}[f(z)(g*h)(x \circ z)] \\
&= (f*(g*h))(x)
\end{aligned}$$

卷积操作对计算的简化基于下述定理。

定理 6.9（卷积定理） 对所有 $S \subseteq [n]$，有等式 $\widehat{f*g}(S) = \widehat{f}(S)\widehat{g}(S)$。

证明　有下述等式推导：

$$\widehat{f*g}(S) = \mathrm{E}_{x\in_{\mathrm{R}}\{\pm1\}^n}[\widehat{f*g}(x)\chi_S(x)]$$

$$= \mathrm{E}_{x\in_{\mathrm{R}}\{\pm1\}^n}[\mathrm{E}_{y\in_{\mathrm{R}}\{\pm1\}^n}[f(y)g(x\circ y)]\chi_S(x)]$$

$$= \mathrm{E}_{x,z\in_{\mathrm{R}}\{\pm1\}^n}[f(y)g(z)\chi_S(y\circ z)]$$

$$= \mathrm{E}_{x,z\in_{\mathrm{R}}\{\pm1\}^n}[f(y)g(z)\chi_S(y)\chi_S(z)]$$

$$= \widehat{f}(S)\widehat{g}(S)$$

倒数第二个等式用了线性性，见等式 (6.9.1)。 □

6.9.3　BLR-测试

设 $\mathcal{B}$ 为 $\{\pm1\}^n \to \{\pm1\}$ 的一个子集，称为 n-元布尔函数的一个性质。我们可以用黑盒方法测试某个函数是否在 $\mathcal{B}$ 中。给定一个布尔函数 f，可以通过考查 f 在所有输入上的值判定 f 是否在 $\mathcal{B}$ 中。对 f 的一次求值是对 f 的一次访问。暴力测试方法访问 f 指数多次。在很多场景里，我们希望对被测试函数的访问次数是一个不依赖于 n 的常数。我们称这类测试方法为局部测试。局部测试为随机算法，当算法回答"是"时有一定的出错率。通常，一个局部测试算法首先产生常数个随机串 $x_1,\cdots,x_h$，计算 $f(x_1),\cdots,f(x_h)$，然后根据局部测试结果 $f(x_1),\cdots,f(x_h)$ 做出是否接受 f 的判断。局部测试算法是所谓的近似随机算法，其性能可用下述定义中给出的标准评估。

local testing

定义 6.11　$\mathcal{B}$ 的拒绝率为 λ 的局部测试算法满足如下条件：设 f 为输入，

1. 若 $f\in\mathcal{B}$，则算法接受 f；
2. 若 $\mathrm{dist}(f,\mathcal{B}) = \min_{g\in\mathcal{B}}\mathrm{dist}(f,g) > \rho \in (0,1)$，则算法拒绝 f 的概率大于 $\lambda\rho$。换言之，若算法接受 f 的概率至少为 $1-\lambda\rho$，则存在 $g\in\mathcal{B}$ 满足 $\mathrm{dist}(f,g) \leqslant \rho$。

第6.7节中定义的验证器使用了测试输入的布尔函数是否为线性函数的近似算法，文献中将该算法称为BLR-算法。BLR-算法 [38] 的定义见图6.2。利用傅里叶变化技术，可证明 BLR-算法满足定义6.11中的性质。原始的证明使用的是组合方法 [38]，下面给出的简洁证明取自文献 [68]。

BLR 为布鲁姆、卢比、鲁宾菲尔德的首字母缩写。

> 输入：函数$f: \{\pm 1\}^n \to \{\pm 1\}$。
>
> 1. 独立随机选$x, y \in_{\mathrm{R}} \{\pm 1\}^n$；
>
> 2. 计算$f(x)$、$f(y)$、$f(x \circ y)$；
>
> 3. 若$f(x)f(y) = f(x \circ y)$，输出"是"，否则输出"否"。

图 6.2　BLR-算法

定理 6.10（BLR-算法的正确性）　若 BLR-算法以 $\dfrac{1}{2} + \epsilon$ 概率接受 f，则存在 $S \subseteq [n]$ 满足 $\widehat{f}_S \geqslant 2\epsilon$。

证明　根据假定，$\mathrm{E}_{x,y \in_{\mathrm{R}}\{\pm 1\}^n}[f(x)f(y)f(x \circ y)] = \dfrac{1}{2} + \epsilon - \left(\dfrac{1}{2} - \epsilon\right) = 2\epsilon$。因此，

$$
\begin{aligned}
2\epsilon &= \mathrm{E}_{x,y \in_{\mathrm{R}}\{\pm 1\}^n}[f(x)f(y)f(x \circ y)] \\
&= \mathrm{E}_{x \in_{\mathrm{R}}\{\pm 1\}^n}\left[f(x)\mathrm{E}_{y \in_{\mathrm{R}}\{\pm 1\}^n}[f(y)f(x \circ y)]\right] \\
&= \mathrm{E}_{x \in_{\mathrm{R}}\{\pm 1\}^n}[f(x)(f * f)(x)] \\
&\stackrel{(6.9.6)}{=} \sum_{S \subseteq [n]} \widehat{f}(S)^3 \\
&\leqslant \max_{S \subseteq [n]}\{\widehat{f}(S)\} \sum_{S \subseteq [n]} \widehat{f}(S)^2 \\
&\stackrel{(6.9.8)}{=} \max_{S \subseteq [n]}\{\widehat{f}(S)\}
\end{aligned}
$$

引理得证。　　　　　　　　　　　　　　　　　　　　　　　　　　　　　　　　　□

　　若 $\Pr_{x,y \in \{\pm 1\}^n}[f(x \circ y) = f(x)f(y)] = \dfrac{1}{2} + \epsilon$，根据定理6.10，最大的傅里叶系数 $\widehat{f}_S$ 满足 $\langle f, \chi_S \rangle \geqslant 2\epsilon$。所以 f 和多线性函数 χ_S 在至少 $\dfrac{1}{2} + \epsilon$ 比例的输入上是相等的。故得下述推论。

推论 6.2　若 $\Pr_{x,y \in \{\pm 1\}^n}[f(x \circ y) = f(x)f(y)] = \rho > \dfrac{1}{2}$，则 f 和某个线性函数是 ρ-近的。

　　设 $\delta \in (0, 1/2)$。由推论6.2知，若 f 不和任何线性函数是 $(1-\delta)$-近的，BLR-算法接受的概率小于 $1 - \delta$，即 BLR-算法的拒绝率为 1。将算法运行 $1/\delta$

遍，算法接受的概率小于 $(1-\delta)^{1/\delta} < \frac{1}{e} < \frac{1}{2}$，拒绝的概率大于 $1/2$。将 BLR-算法重复常数次，可将出错概率降至很小。

　　BLR-算法判定在多大程度上 f 近似于某个多线性函数 χ_S，但并不能告诉我们 S 是哪个集合。好在可以通过访问 f 来计算任意输入 x 上函数值 $\chi_S(x)$。这就是所谓的 局部解码，其定义如下：设 $\delta < \frac{1}{4}$，且 f 和 χ_S 是 $(1-\delta)$-近的。　　　　local decoding

1. 随机选 $x' \in_{\mathrm{R}} \{\pm 1\}^n$。
2. 设 $x'' = x \circ x'$。
3. 输出 $f(x')f(x'')$。

根据一致限，$\chi_S(x) = \chi_S(x')\chi_S(x'') = f(x')f(x'')$ 成立的概率至少为 $1 - 2\delta$。

　　我们已解释完第6.4节定义的 PCP-验证器，并完成了全部正确性证明。

6.9.4　长码

　　设 $x = x_1 \cdots x_n$。对 $x_1, \cdots, x_n$ 的一个真值指派就是将空间 $\{\pm 1\}^n$ 中的一个点赋给 x。设 $\mathcal{F}_n = \{\pm 1\}^n \to \{\pm 1\}$，空间 $\mathcal{F}_n$ 包含所有 n-元布尔函数，等价地，$\mathcal{F}_n$ 中的一点是一个长度为 2^n 的取值于 $\{\pm\}$ 的向量。在文献 [32] 中，贝拉尔、戈德赖希、苏丹将 x 的真值指派编码为某个函数 $A_x: \mathcal{F}_n \to \{\pm 1\}$，即

$$x \in \{\pm 1\}^n \quad \mapsto \quad A_x: \mathcal{F}_n \to \{\pm 1\} \qquad (6.9.9)$$

因为 $\mathcal{F}_n$ 的大小为 2^{2^n}，A_x 等同于一个长度为 2^{2^n} 的串，即

$$x \in \{\pm 1\}^n \quad \mapsto \quad A_x \in \{\pm 1\}^{2^{2^n}} \qquad (6.9.10)$$

称这类编码为 长码。直观上，一个长度为 n 的串被编码成所有 n-元布尔函数　　long code
在该输入上的输出值构成的列表（即长度为 2^n 的串）。在 (6.9.9) 中的 A_x 定义为：对任意 $f \in \mathcal{F}_n$，有 $A_x(f) = f(x)$。如果我们把 $f \in \mathcal{F}_n$ 看成是长度为 2^n 的串，那么 (6.9.9) 中的 A_x 就是独裁函数

$$A_x(f_1, \cdots, f_{2^n}) = f_x$$

换言之，x 的编码就是 $\chi_{\{x\}}$。如果我们把 $\{\pm 1\}^n$ 理解成字母表 $[W]$，那么字母 $w \in [W]$ 的长码就是 $\chi_{\{w\}}$。

用第6.9.3节介绍的 BLR-算法可以测试一个输入串是否接近某个多线性函数 χ_S。当 BLR-算法通过后，可以进一步测试该多线性函数是否接近某个独裁函数，具体算法见文献 [32]。就近似算法而言，线性性测试就够了：当输入的是长码时，算法回答"是"；当算法拒绝输入时，它认为输入是多线性函数的可能性较小，是长码的可能性当然就更小。在实际算法中，我们希望限制 S 的大小为一个常数，因为局部测试只允许访问输入函数常数多次。这需要测试算法做一些额外的操作。哈斯塔德提出的解决方案基于傅里叶变换中的噪声稳定性技术。回到将布尔函数视为社会选择函数的观点，一位选举人在投票时可能会受到某种"噪声"干扰。可以按如下定义的*扰动分布*N 随机地选择*ρ-噪声函数*$z \in_N \{\pm 1\}^{2^n}$：

对所有 $i \in [2^n]$，以概率 $1 - \rho$ 取 $z_i = 1$，以概率 ρ 取 $z_i = -1$。

可用 $x \circ z$ 表示受了噪声 z 影响后的 x。我们感兴趣的是噪声对选举结果的影响，可用稳定性参数来衡量此影响。

定义 6.12　期望值 $\text{Stab}_\rho(f) = \text{E}_{x \in_R \{\pm\}^n, z \in_N \{\pm\}^n}[f(x)f(x \circ z)]$ 称为 f 的ρ-噪声

noise stability 稳定性，这里 $f : \{\pm\}^{2^n} \to \mathbf{R}$。

按定义，$\text{Stab}_\rho(f)$ 等于

$$\text{Pr}_{x \in_R \{\pm\}^n, z \in_N \{\pm\}^n}[f(x) = f(x \circ z)] - \text{Pr}_{x \in_R \{\pm\}^n, z \in_N \{\pm\}^n}[f(x) \neq f(x \circ z)]$$

换一种写法就是 $\text{Pr}_{x \in_R \{\pm\}^n, z \in_N \{\pm\}^n}[f(x) = f(x \circ z)] = \frac{1}{2} + \frac{1}{2}\text{Stab}_\rho(f)$。此等式解释了"稳定性"术语。另一方面，$\text{Stab}_\rho(f) = \text{E}_{z \in_N \{\pm\}^n}[(f * f)(z)]$。用期望值等式 $\text{E}_{z \in_N \{\pm\}^n}[z_w] = 1 - 2\rho$，可对任意 $h : \{\pm\}^{2^n} \to \mathbf{R}$ 进行下述推导：

$$\text{E}_{z \in_N \{\pm\}^n}[h(z)] = \text{E}_{z \in_N \{\pm\}^n}\left[\sum_{S \subseteq [n]} \widehat{h}_S \chi_S\right]$$

$$= \sum_{S \subseteq [n]} \widehat{h}_S \text{E}_{z \in_N \{\pm\}^n}[\chi_S]$$

$$= \sum_{S \subseteq [n]} \widehat{h}_S \text{E}_{z \in_N \{\pm\}^n}\left[\prod_{w \in S} z_w\right]$$

$$= \sum_{S \subseteq [n]} \widehat{h}_S \prod_{w \in S} \mathrm{E}_{z \in_{\mathrm{N}} \{\pm\}^n} [z_w]$$

$$= \sum_{S \subseteq [n]} \widehat{h}_S (1 - 2\rho)^{|S|} \tag{6.9.11}$$

从等式 (6.9.11) 和卷积定理可得

$$\mathtt{Stab}_\rho(f) = \sum_{S \subseteq [n]} (\widehat{f}_S)^2 (1 - 2\rho)^{|S|} \tag{6.9.12}$$

等式 (6.9.12) 指出，在稳定性测试时，可忽略那些 S 较大的傅里叶系数 $\widehat{f}_S$。

将线性测试 $f(x)f(y) = f(x \circ y)$ 和稳定性测试 $f(x \circ y) = f(x \circ y \circ z)$ 合二为一，哈斯塔德定义了如图6.3所示的局部测试算法。若 f 是独裁函数 $\chi_{\{w\}}$，由定理6.9得 $f(x)f(y)f(x \circ y \circ z) = x_w y_w (x_w y_w z_w) = z_w$。此时算法接受 f 当仅当 $z_w = 1$，并且算法回答"是"的概率为 $1 - \rho$。接下来讨论下算法的可靠性。

设 $\delta \in (0, 1/2)$ 为算法的一个参量，f 为输入函数。

1. 独立随机选 $x, y \in_{\mathrm{R}} \{\pm 1\}^{2n}$。

2. 随机选 $z \in_{\mathrm{N}} \{\pm 1\}^{2n}$。

3. 若 $f(x)f(y) = f(x \circ y \circ z)$，接受，否则拒绝。

图 6.3　哈斯塔德局部测试算法

引理 6.12　若哈斯塔德算法接受的概率为 $\frac{1}{2} + \delta$，则 $\sum_S \widehat{f}_S^3 (1 - 2\rho)^{|S|} = 2\delta$。

证明　若测试接受的概率是 $\frac{1}{2} + \delta$，则 $\mathrm{E}_{z \in_D \{\pm\}^n} \mathrm{E}_{x,y}[f(x)f(y)f(x \circ y \circ z)] = 2\delta$。因 $\mathrm{E}_{z \in_D \{\pm\}^n} \mathrm{E}_{x,y}[f(x)f(y)f(x \circ y \circ z)] = \mathrm{E}_{z \in_{\mathrm{N}} \{\pm\}^n}[(f * f * f)(z)]$，所以利用类似于 (6.9.11) 的推导可得引理结论。　□

根据引理6.12，当 S 很大时，$\left(\widehat{f}_S\right)^3 (1 - 2\rho)^{|S|}$ 的贡献很小。我们寻求的是给出一个常数大小的 S 所对应的傅里叶系数的下界。下述推论给出了一个答案。

推论 6.3　设 f 以概率 $\dfrac{1}{2}+\delta$ 通过了哈斯塔德测试算法，设 $k=\dfrac{1}{2\rho}\log\dfrac{1}{\epsilon}$。必存在 $S\subseteq[n]$ 满足 $|S|\leqslant k$ 且 $\widehat{f}_S\geqslant 2\delta-\epsilon$。

证明　根据引理6.12，有

$$
\begin{aligned}
2\delta &\leqslant \sum_{S\subseteq[n]}\widehat{f}_S^3(1-2\rho)^{|S|} \\
&= \sum_{|S|\leqslant k}\widehat{f}_S^3(1-2\rho)^{|S|} + \sum_{|S|>k}\widehat{f}_S^3(1-2\rho)^{|S|} \\
&\leqslant \max_{|S|\leqslant k}\widehat{f}_S + \sum_{|S|>k}\widehat{f}_S^2(1-2\rho)^{|S|} \\
&\leqslant \max_{|S|\leqslant k}\widehat{f}_S + (1-2\rho)^k \\
&\leqslant \max_{|S|\leqslant k}\widehat{f}_S + \epsilon
\end{aligned}
$$

其中第二个不等式用了 $|\widehat{f}_S|\leqslant 1$，最后一个不等式用了前提 $k=\dfrac{1}{2\rho}\log\dfrac{1}{\epsilon}$。　□

长码有个有用的性质，即 $\chi_{\{w\}}(-x)=-\chi_{\{w\}}(x)$。我们需要一个术语描述此性质。

定义 6.13　若对所有 $x\in\{\pm1\}^{2^n}$ 有 $f(-x)=-f(x)$，称 $f:\{\pm1\}^{2^n}\to\{\pm1\}$ 是对折的。

bifolded

因为独裁函数都是对折的，我们可以假定对真值指派的编码都是对折的，无论它们是否为独裁函数。对折编码的长度可以减少一半，但更重要的是它们满足如下引理所描述的性质。

引理 6.13　设 $f:\{\pm1\}^n\to\{\pm1\}$ 是对折的。对任意偶数大小的 S，有 $\widehat{f}_S=0$。

证明　若 $|S|$ 为偶数，那么 $\prod_{i\in S}x_i=\prod_{i\in S}(-x_i)$。因此，

$$
\widehat{f}_S=\langle f,\chi_S\rangle=\mathrm{E}_{x\in_{\mathrm{R}}\{\pm1\}^n}\left[f(x)\prod_{i\in S}x_i\right]=0
$$

引理得证。　□

相对于一般的布尔函数的傅里叶基函数，对折函数的非零的傅里叶基函数更像独裁函数，它们是奇数个独裁函数之和。

6.10　哈斯塔德 3-比特 PCP-定理

强的不可近似性结论需要强的 PCP-验证器，更准确地说，不同的不可近似性结论需要不同的 PCP 定理，文献 [32] 中给出了很多例子说明这一点。如何为一个具体的 NP 问题构造一个特定的 PCP-验证器？根据第5.8节的结论，任何一个 **NEXP** 问题都有单回合的双证明者交互系统，当然任何一个 **NP** 问题也都有单回合的双证明者交互系统。一个简单的设计 NP 问题验证器的思路是将该问题的一个双证明者交互系统看成是一个单证明者交互系统。这样做不会影响完备性，但由于单证明者欺骗成功的可能性更大，可靠性会受影响。有几种提高可靠性的方法。其一，在单回合双证明交互系统中，验证者先提随机的问题，证明者再回复。而 PCP-验证器要求证明者一次性提供所有可能问题的答案，然后再随机挑选问题，这在一定程度上提高了可靠性。其二，可以要求证明者说明他的答案满足什么性质，这些性质应该唯一地确定他的答案。所提供的性质越多，证明者欺骗成功的可能性就越低。如果要求证明者提供这些性质的编码，验证者可以通过既验证可满足性，也验证证明者所提供的答案的合法性来提高可靠性。在第6.4节我们讨论过此方法的一个案例。证明者提供真值指派的沃尔什-阿达玛码字，验证者验证所提供的编码的确是沃尔什-阿达玛码字。这里沃尔什-阿达玛码字是对真值指派一类性质的描述。其三，验证者可以通过牺牲完美完备性来提高可靠性，这可通过引入额外的随机性实现。最后，我们可以通过独立地多问一些问题来提高判定的可靠性。因为 PCP-验证器是单回合的验证器，所以无法通过顺序地重复验证来降低可靠性参数。但是验证者可以将他的询问次数增加常数倍（这相当于并行地问几个问题），根据拉兹定理（定理6.1），此方法可显著提高可靠性参数。

基于并行测试的思想，图6.4中定义了 **3SAT** 的并行双证明者协议，其中 t 是某个预先指定的常量。验证者随机选 t 个语句，要求证明者一给出对这些语句中出现的变量的赋值，要求证明者二给出从所选语句中随机选的一个变量的赋值。验证者做一致性验证，并验证证明者一给出的真值指派满足所选语句。本节不讨论由此协议定义的双证明者交互系统的正确性 [102]，而将集中讨论如何将此双证明者交互系统转换成 PCP-验证器。因为我们已经有了一个 PCP-定理（定理6.2），所以没必要从头构造 PCP-验证器，而应利用已有定理和其证明。为此，我们考虑 $2\mathrm{CSP}_W$ 问题，并利用下面特殊形式的 PCP-定理。

输入：3-合取范式 $\varphi = C_1 \wedge ... \wedge C_m$，其中 C_j 包含变量 x_{j_1}、x_{j_2}、x_{j_3}。

1. 独立随机选 $j_1, ..., j_t \in_{\mathrm{R}} [m]$，对每个 j_h，随机选 $j_{h,g} \in_{\mathrm{R}} \{j_{h,1}, j_{h,2}, j_{h,3}\}$。

2. 从第一个证明者接受对变量 $x_{j_{1,1}}, x_{j_{1,2}}, x_{j_{1,3}}, ..., x_{j_{t,1}}, x_{j_{t,2}}, x_{j_{t,3}}$ 的赋值 $a_{j_{1,1}}, a_{j_{1,2}}, a_{j_{1,3}}, ..., a_{j_{t,1}}, a_{j_{t,2}}, a_{j_{t,3}}$。从第二个证明者接受对变量 $x_{j_{1,g_1}}, ..., x_{j_{t,g_t}}$ 的赋值 $b_{j_{1,g_1}}, ..., b_{j_{t,g_t}}$。

3. 若对每个 j_h，有 $a_{j_{h,g}} = b_{j_{h,g}}$，并且 $C_{j_h}(a_{j_{h,1}}, a_{j_{h,2}}, a_{j_{h,3}})$ 为真，接受；否则拒绝。

图 6.4   并行双证明者协议

推论 6.4   存在 $\varrho \in (0,1)$ 和 W，对任意 $L \in \mathbf{NP}$，存在卡普归约 $\varphi\_ : L \to \varrho\mathrm{GAP}\text{-}2\mathrm{CSP}_W$，对任意输入 x，约束 φ_x 满足正则性和投影性质。

证明   给定 x，用 PCP-定理将其归约到一个 CSP 实例，再用引理6.8即可。   □

若需要，可将可靠性参数 ϱ 进一步降低。由引理6.4和拉兹定理得下述推论。

推论 6.5   对任意整数 $t > 1$，存在依赖于推论6.4中 ϱ 的常数 $\varrho' \in (0,1)$ 和依赖于推论6.4中 W 的常数 $W' > 2$，使得 $(\varrho')^t \mathrm{GAP}\text{-}2\mathrm{CSP}_{(W')^t}$ 是 NP-难的，并且可以假定 $(\varrho')^t \mathrm{GAP}\text{-}2\mathrm{CSP}_{(W')^t}$ 中的实例都满足正则性和投影性质。

在 $2\mathrm{CSP}_W$ 实例中，每个约束就是一个函数，对变量的真值指派被编码成一个函数，验证者除了验证约束函数的可满足性外，还要验证真值指派编码的合法性。此外，我们还需要用本节第一段提到的技术确保可靠性。贝拉尔、戈德赖希、苏丹在文献 [32] 中做出的一步关键贡献是将真值指派编码成长码，长码是对真值指派的性质的更全面的描述，其傅里叶分析技术是现成的。哈斯塔德在文献 [102] 中做出的一步贡献是通过引入扰动分布以提高可靠性参数。扰动的引入牺牲了完美完备性，但这是必须的，如果验证者算法要迷惑对方，他的决策正确性也会受影响。引入扰动的好处还有：验证器的询问次数降至常数，并且约束可满足性验证和编码合法性验证可合二为一，前者是 PCP-验证器必须满足的性质，后者能尽可能地减少验证者的询问次数，并由此推出一些强的不可近似性结论。本节介绍哈斯塔德的方法，并证明其下述定理 [102]。

定理 6.11（哈斯塔德 3-比特 PCP-定理）　对任意 $\delta \in (0, 1/4)$，存在 NP-难的 ϵGAP-2CSP$_W$ 的 PCP 验证器 $\mathbb{V}_H^?$ 满足如下条件：设 φ 为输入，$\Pi_\varphi \in \{0,1\}^M$ 为相应的 PCP-证明，则有

1. $\mathbb{V}_H^{\Pi_\varphi}$ 独立随机地选 i_1、$i_2 \in_R [M]$，并按某个分布选 $i_3 \in [M]$，然后判断是否 $\Pi_\varphi[i_1] + \Pi_\varphi[i_2] + \Pi_\varphi[i_3] = 0$，其中 $+$ 为有限域 $\mathbf{F}_2$ 的加法。

2. 若 $\varphi \in L$，则 $\Pi_\varphi[i_1] + \Pi_\varphi[i_2] + \Pi_\varphi[i_3] = 0$ 成立的概率至少为 $1 - \delta$，即完备性参数为 $1 - \delta$。

3. 若 $\varphi \notin L$，则 $\Pi_\varphi[i_1] + \Pi_\varphi[i_2] + \Pi_\varphi[i_3] = 0$ 成立的概率小于 $\frac{1}{2} + \delta$，即可靠性参数为 $\frac{1}{2} + \delta$。

注意，$\mathbb{V}_H^{\Pi_\varphi}(x)$ 在计算过程中只查看了 PCP-证明 Π_φ 的三位，因此上述定理也称为哈斯塔德 3-比特 PCP-定理。根据推论6.4，有 NP-难的 ϵGAP-2CSP$_W$，并且根据推论6.5，我们可以对 ϵ 的大小（相应地，对 W 的大小）进行调节。哈斯塔德为此 ϵGAP-2CSP$_W$ 设计了一个验证器。

6.10.1　哈斯塔德验证器

设 $\varphi = \{\varphi_j\}_{j \in [m]}$ 为满足投影性质的 ϵGAP-2CSP$_W$ 实例，含取值于字母表 $[W]$ 的变量 $y_1, \cdots, y_n$。每个约束 $\varphi_j(y_{j_1}, y_{j_2})$ 可等价地表示成 $h_j(y_{j_1}) = y_{j_2}$，其中 $h_j : [W] \to [W]$。可将 y_i 的真值指派理解成对 $\log W$ 个布尔变量的真值指派。对 $y_1, \cdots, y_n$ 的真值指派分别被编码成对折的长码 $f_1, \cdots, f_n : \{\pm 1\}^W \to \{\pm 1\}$，因此 PCP-证明 Π 的总长度为 $n2^W$。哈斯塔德验证器 $\mathbb{V}_H$ 随机地选 $j \in_R [m]$，验证 PCP-证明 Π 中的 f_{j_1}, f_{j_2} 是否分别为满足 $h_j(w_{j_1}) = w_{j_2}$ 的 w_{j_1} 和 w_{j_2} 的长码。哈斯塔德验证器的巧妙之处在于利用第6.9.4节讨论过的长码的局部测试算法同时验证如下三个性质：

- f_{j_1} 是 w_{j_1} 的长码；
- f_{j_2} 是 w_{j_2} 的长码；
- $h_j(w_{j_1}) = w_{j_2}$。

给定证明 Π，$\mathbb{V}_H^\Pi$ 的这部分验证算法的定义见图6.5。文献 [102] 中，哈斯塔德

并没有引入 h^{-1}，而是定义了"基于 h 的函数 f"的操作。两种方法均基于如下直观：

已知函数 $h:[W]\to[W]$，输入函数 f 和 $g:\{\pm1\}^W\to\{\pm1\}$，目标是测试 f 和 g 分别为 w 和 u 的长码，并且 $h(w)=u$。

1. 独立随机选 x 和 $y\in_R\{\pm1\}^W$。
2. 按第 354 页上定义的扰动分布随机选 $z\in_N\{\pm1\}^W$。
3. 若 $f(x)g(y)=f(x\circ h^{-1}(y)\circ z)$，接受，否则拒绝。这里，$h^{-1}(y)\in\{\pm1\}^W$ 为如下定义的函数：$\forall w\in[W].(h^{-1}(y))(w)=y_h(w)$。

图 6.5　哈斯塔德验证器

　　1. 图6.3的哈斯塔德局部测试算法要求测试 $f(x)f(y')=f(x\circ y'\circ z)$，

　　2. 若将 y' 限制为 $h^{-1}(y)$，等式变成了 $f(x)f(h^{-1}(y))=f(x\circ h^{-1}(y)\circ z)$。

若 $h(w)=u$，受限后的等式应该就是 $f(x)g(y)=f(x\circ h^{-1}(y)\circ z)$。

若 $f(x)g(y)=f(x\circ h^{-1}(y)\circ z)$，即 $f(x)g(y)f(x\circ h^{-1}(y)\circ z)=1$，验证器接受。用傅里叶表示就是：$\mathbb{V}_H^\Pi$ 接受当仅当对相应的 $i_1,i_2,i_3\in[n2^W]$ 满足等式

$$\Pi[i_1]+\Pi[i_2]+\Pi[i_3]=0\pmod 2 \tag{6.10.1}$$

我们需要证明 $\mathbb{V}_H^?$ 具有定理6.11所要求的完备性和可靠性，完备性比较简单。设 f 和 g 分别为 w 和 $u\in[W]$ 的长码，满足 $h(w)=u$。有

$$\begin{aligned}
f(x)g(y)f(x\circ h^{-1}(y)\circ z) &= x_w y_u(x_w h^{-1}(y)_w z_w)\\
&= x_w y_u(x_w y_{h(w)} z_w)\\
&= x_w^2 y_u^2 z_w\\
&= z_w
\end{aligned}$$

这解释了定理6.11的第 1 点。验证器 $\mathbb{V}_H^\Pi$ 接受当仅当 $z_w=+1$，其发生概率为 $1-\rho$，这是定理6.11的第 2 点。可靠性证明要复杂一点，下述引理是关键。

引理 6.14　若 $\mathrm{val}(\varphi)\leqslant\epsilon$，则不存在 PCP-证明 Π 使得 $\mathbb{V}_H^\Pi$ 接受 x 的概率超过 $1/2+\delta$，这里 $\delta=\sqrt{\epsilon/\rho}$。

将上述引理中的参数做如下设置：$\delta = \epsilon^{1/3} = \rho$，则完备性参数至少为 $1 - \delta$，可靠性参数小于 $1/2 + \delta$。结合上述的完备性结论和引理6.14，定理6.11得证。下一小节给出引理6.14的证明。

6.10.2　哈斯塔德算法的可靠性

设 $R \subseteq [W]$，定义

$$h_2(R) = \{u \in [W] \mid \text{交集} \{w \in W \mid h(w) = u\} \cap R \text{ 的大小为奇数}\} \quad (6.10.2)$$

定义中的奇数性确保对于每个 $v \in h_2(R)$，至少有一个 $w \in R$ 满足等式 $h(w) = v$。假定对于对折函数 f、$g\colon \{\pm 1\}^W \to \{\pm 1\}$ 和函数 $h\colon [W] \to [W]$，验证器 $\mathbb{V}_{\mathrm{H}}^{\Pi}$ 至少以 $1/2 + \delta$ 的概率接受。首先证明在此假设下的一个结论：

$$\sum_{S \subseteq [n],\ |S| \text{为奇数}} \widehat{f}_S^2 \widehat{g}_{h_2(S)} (1 - 2\rho)^{|S|} \geqslant 2\delta \quad (6.10.3)$$

不等式 (6.10.3) 的证明与引理6.12的证明类似。从假设、傅里叶展开式、傅里叶基的正交性、卷积定理可做如下推导：

$$2\delta \leqslant \mathrm{E}_{x,y,z}[f(x)g(y)f(x{\circ}h^{-1}(y){\circ}z)]$$

$$= \mathrm{E}_{y,z}[g(y)(f{*}f)(h^{-1}(y){\circ}z)]$$

$$= \mathrm{E}_{y,z}\left[\left(\sum_R \widehat{g}_R \chi_R(y)\right)\left(\sum_S \widehat{f}_S^2 \chi_S(h^{-1}(y){\circ}z)\right)\right] \quad (6.10.4)$$

$$= \sum_{R,S} \widehat{f}_S^2 \widehat{g}_R \mathrm{E}_{y,z}[\chi_R(y)\chi_S(h^{-1}(y))\chi_S(z)]$$

$$= \sum_{R,S} \widehat{f}_S^2 \widehat{g}_R \mathrm{E}_z[\chi_S(z)] \mathrm{E}_y[\chi_R(y)\chi_S(h^{-1}(y))]$$

$$= \sum_{R,S} \widehat{f}_S^2 \widehat{g}_R (1 - 2\rho)^{|S|} \langle \chi_R, \chi_{h_2(S)} \rangle \quad (6.10.5)$$

$$= \sum_{S \subseteq [n],\ |S| \text{为奇数}} \widehat{f}_S^2 \widehat{g}_{h_2(S)} (1 - 2\rho)^{|S|} \quad (6.10.6)$$

等式 (6.10.4) 用到了卷积定理；等式 (6.10.5) 成立的理由是：若将 $h^{-1}(y)$ 视为复合函数 $y(h(\_))$，$\chi_S(h^{-1}(y))$ 就是下标 i 在 S 中的那些 $y(h(i))$ 相乘，此

值就是 $\chi_{h_2(S)}$；等式 (6.10.6) 用了引理6.13。不等式 (6.10.3) 得证。

哈斯塔德证明使用的一个重要技巧是：从假定"验证器 $\mathbb{V}_H^\Pi$ 至少以 $1/2+\delta$ 的概率接受"，构造一个双证明者证明，该证明给出了一个满足 $\text{val}(\varphi) > \epsilon$ 的真值指派。我们只需用概率方法说明这样的证明者存在，为此定义下述分布：

> 对每个 $i \in [n]$，PCP-证明 Π 中包含长码 l_i。利用普样本 $\mathcal{S}_f$ 对 $[W]$ 进行采样，即定义 $[W]$ 上的分布 A_i 如下：
>
> 1. 以概率 $\widehat{l}_i(S)^2$ 随机选 $S \subseteq [W]$。
> 2. 随机选 $w \in_{\mathsf{R}} S$。引理6.13确保 $\widehat{l}_i(\emptyset) = 0$，因此是良定义的。

定义分布 $\mathsf{A} = \prod_{i \in [n]} \mathsf{A}_i$。证明者 P_1, P_2 定义如下：

1. P_1 按分布 A 取 π，即 $\pi \in_{\mathsf{A}} [W]^n$，即对每个 $i \in [n]$，随机选 $\pi[i] \in_{\mathsf{A}_i} [W]$。
2. P_2 按分布 A 取 π'，即 $\pi' \in_{\mathsf{A}} [W]^n$。

我们的方案是证明下面的期望值不等式：

$$\mathrm{E}_{\pi \in_{\mathsf{A}}[W]^n, \pi' \in_{\mathsf{A}}[W]^n}[\mathrm{E}_{j \in [m]}[\varphi_j(\pi[j_1], \pi'[j_2])\text{为真}]] = \epsilon > \rho\delta^2 \qquad (6.10.7)$$

设 $\Pr[\mathbb{V}_H^\Pi \text{接受} \mid \varphi_j \text{被选中}]$ 为 $\frac{1}{2}+\delta_j$。根据全概率公式，$\mathrm{E}_{j \in [m]}\left[\frac{1}{2}+\delta_j\right] \geqslant \frac{1}{2}+\delta$，此等式蕴含 $\mathrm{E}_{j \in [m]}[\delta_j] \geqslant \delta$。从下述不等式

$$\mathrm{E}_{\pi \in_{\mathsf{A}}[W]^n, \pi' \in_{\mathsf{A}}[W]^n}[\varphi_j(\pi[j_1], \pi'[j_2])\text{为真}] > \rho\delta_j^2 \qquad (6.10.8)$$

可推出不等式 (6.10.7)，这是因为

$$
\begin{aligned}
(6.10.7) \text{ 的左边} &= \mathrm{E}_{j \in [m]}[\mathrm{E}_{\pi \in_{\mathsf{A}}[W]^n, \pi' \in_{\mathsf{A}}[W]^n}[\varphi_j(\pi[j_1], \pi'[j_2])\text{为真}]] \\
&> \mathrm{E}_{j \in [m]}[\rho\delta_j^2] \\
&\geqslant \rho\mathrm{E}_{j \in [m]}[\delta_j]^2 \\
&\geqslant \rho\delta^2
\end{aligned}
$$

设 $\varphi_j(x_{j_1}, x_{j_2})$ 为 $h_j(x_{j_1}) = x_{j_2}$，其中 $h_j : [W] \to [W]$。欲证 (6.10.8)，只需证

$$P \stackrel{\text{def}}{=} \Pr_{\pi \in_{\mathsf{A}}[W]^n, \pi' \in_{\mathsf{A}}[W]^n}[h_j(\pi[j_1]) = \pi'[j_2]] > \rho\delta_j^2$$

根据定义，证明者一以概率 $\widehat{f}_S^2$ 选 S，证明者二以概率 $\widehat{g}_R^2$ 选 R，然后分别随机选 $\pi[j_1] \in_R S$ 和 $\pi[j_2] \in_R R$。按此分布，可做如下推导：

$$
\begin{aligned}
P &= \sum_S \widehat{f}_S^2 \sum_R \widehat{g}_R^2 \cdot \mathrm{Pr}_{\pi \in_A[W]^n, \pi' \in_A[W]^n} \left[h_j(\pi[j_1]) = \pi'[j_2] \mid \pi[j_1] \in S, \pi'[j_2] \in R \right] \\
&\geqslant \sum_S \widehat{f}_S^2 \widehat{g}_{h_2(S)}^2 \cdot \mathrm{Pr}_{\pi \in_A[W]^n, \pi' \in_A[W]^n} \left[h_j(\pi[j_1]) = \pi'[j_2] \mid \pi[j_1] \in S, \pi'[j_2] \in h_2(S) \right] \\
&\geqslant \sum_S \widehat{f}_S^2 \widehat{g}_{h_2(S)}^2 \frac{1}{|S|}
\end{aligned}
$$

上述第一个不等式成立是因为部分小于全部，第二个不等式成立的理由是：当指定 $h_2(S)$ 中的一个元素后，随机选的 S 中的元素恰好是指定元素的原像的概率至少是 $\dfrac{1}{|S|}$。对于 $x > 0$，有 $1 - x < e^{-x} < x^{-1}$，由此可推出

$$
(1 - 2\rho)^{|S|} < (e^{-2\rho})^{|S|} = (e^{-4\rho|S|})^{1/2} < (4\rho|S|)^{-1/2} < \frac{2}{\sqrt{\rho|S|}} \tag{6.10.9}
$$

由不等式 (6.10.3) 和不等式 (6.10.9) 得

$$
\begin{aligned}
\delta_j \sqrt{\rho} &< \sum_S \widehat{f}_S^2 \widehat{g}_{h_2(S)} \frac{1}{\sqrt{|S|}} \\
&\leqslant \left(\sum_S \widehat{f}_S^2 \right)^{1/2} \left(\sum_S \widehat{f}_S^2 \widehat{g}_{h_2(S)}^2 \frac{1}{|S|} \right)^{1/2} \\
&= \left(\sum_S \widehat{f}_S^2 \widehat{g}_{h_2(S)}^2 \frac{1}{|S|} \right)^{1/2}
\end{aligned}
$$

上述第二个不等式用的是柯西-施瓦茨不等式，等式用的是 (6.9.8)。最后

$$
\begin{aligned}
\rho \delta_j^2 &< \sum_S \widehat{f}_S^2 \widehat{g}_{h_2(S)}^2 \frac{1}{|S|} \\
&\leqslant \mathrm{Pr}_{\pi \in_A[W]^n, \pi' \in_A[W]^n} [h_j(\pi[j_1]) = \pi'[j_2]] \\
&= \mathrm{E}_{\pi \in_A[W]^n, \pi' \in_A[W]^n} [\varphi_j(\pi[j_1], \pi'[j_2]) \text{为真}]
\end{aligned}
$$

不等式 (6.10.7) 得证。

从期望值不等式 (6.10.7) 可推出，存在真值指派 π 使得

$$\mathrm{E}_{j\in[m]}[\varphi_j(\pi[j_1],\pi'[j_2])\text{为真}] > \epsilon$$

换言之，$\mathtt{val}(\varphi) > \epsilon$。这和引理6.14的前提矛盾。引理得证。

6.11 阈值定理

Jury Theorem

本节解释如何应用哈斯塔德 3-比特 PCP-定理推出若干阈值结果，所有结果及其证明均取自文献 [102]。为了说服读者不要对阈值结论感到太惊讶，首先回忆一下概率论中的陪审团定理。假定陪审团中的每一位独立地做出判决，通过简单多数得出整个陪审团的最终判决。进一步假定陪审团的每位成员判被告有罪的概率是 49%，那么当陪审团人数很多时，陪审团做出有罪判决的概率几乎是 0。如果陪审团的每位成员判被告有罪的概率是 51%，那么当陪审团人数很多时，陪审团做出有罪判决的概率几乎是 1。这就是所谓的阈值结果，当某个参数从低于某个阈值变到了高于那个阈值，某一事件的发生概率会从接近 0 突变成接近 1。此类结果是大数定理的简单推论，系统存在阈值是一种普遍现象。在我们为优化问题设计近似算法时，常会发现有个近似比临界点（阈值），当近似比超越此临界点时，近似算法会从多项式时间可行突变到 NP-难的 [123]。本节将给出几个例子。

在很多方面和可满足性问题 SAT 扮演同样角色的是有限域 $\mathbf{F}_2$ 上的方程组问题。一个 Max-E3-Lin-2 问题实例是一组在有限域 $\mathbf{F}_2$ 中取值的三元方程：

$$x_1^1 + x_2^1 + x_3^1 = b_1$$
$$\vdots$$
$$x_1^k + x_2^k + x_3^k = b_k$$

其中的每个方程必须含有并且只能含有三个变量。要求找出对变量的一个真值指派使得能满足最多的方程。随机地选一个真值指派，该指派满足每个方程的概率是 1/2。由此得此问题的一个 $\frac{1}{2}$-近似算法：

1. 假设已经对 $x_1, \cdots, x_{i-1}$ 进行了赋值。对 x_i 赋一个值，使得在未被删除的方程中，不被满足的方程数不超过被满足的方程数。

2. 将只包含变量 x_i 的方程删去，重复上一步。

因为每一步删去的方程中，不满足的方程个数不超过满足的方程个数，所以这是一个 $\frac{1}{2}$-近似算法。

定理 6.12（Max-E3-Lin-2 的阈值定理）　对于 $\epsilon \in (0, 1/2)$，Max-E3-Lin-2 的 $\left(\frac{1}{2}+\epsilon\right)$-近似问题是 NP-难的。换言之，Max-E3-Lin-2 没有比 1/2 近似比更好的近似算法。

证明　取 $\delta = 2^{-s}$ 使得 $\frac{1/2+\delta}{1-\delta} < \frac{1}{2}+\epsilon$。根据定理6.11，对此 δ 和任意 NP-完全问题 L，存在完备性参数为 $1-\delta$ 可靠性参数为 $\frac{1}{2}+\delta$ 的 PCP-验证器 $\mathbb{V}^?$，当给定输入 x 和 PCP-证明 Π_x 时，独立随机地选 i_1、$i_2 \in_{\mathsf{R}} [M]$，并按某个分布选 $i_3 \in [M]$，验证器 $\mathbb{V}^{\Pi_x}$ 验证是否 $\Pi_x(i_1) + \Pi_x(i_2) + \Pi_x(i_3) = b$。这里 b 不一定是 0，也可以是 1，原因如下：定理6.11的证明要求只考虑 ϵGAP-2CSP$_W$ 的对折的真值指派，但引理6.4和引理6.5的证明并没有假定只考虑 ϵGAP-2CSP$_W$ 的对折的真值指派；将一个非对折的真值指派做对折化可能会将一些输入上的值取反。为 PCP-证明 Π_x 的每一位 i 引入一个变量 x_i。这样可将等式 $\Pi_x(i_1) + \Pi_x(i_2) + \Pi_x(i_3) = b$ 变成方程 $x_{i_1} + x_{i_2} + x_{i_3} = b$。因为 Π_x 的长度是多项式的（等价地，随机串长度是对数的），所以所有可能的方程有多项式个。算法以一定的概率挑选 i_1, i_2, i_3，将此概率视为 $x_{i_1} + x_{i_2} + x_{i_3} = b$ 的权重。算法产生的权重均为有理数，所以可以按一定比例将方程 $x_{i_1} + x_{i_2} + x_{i_3} = b$ 重复若干遍，得到一个新方程组，新方程组的方程个数是老方程组中方程个数的线性膨胀，对新方程组就没有权重之说。这个归约可以通过运行 $\mathbb{V}^{\Pi_x}$ 多项式次实现，所以是从 NP-完全问题 L 到 E3-Lin-2 的卡普归约。如果 Max-E3-Lin-2 有 $\left(\frac{1}{2}+\epsilon\right)$-近似算法，$L$ 就有 $\frac{1/2+\delta}{1-\delta}$-近似算法，这就能推出 L 有多项式时间算法，矛盾。定理得证。　□

我们刚刚证明的是一个阈值结论：Max-E3-Lin-2 有 $\frac{1}{2}$-近似算法，但没有近似比超过 $\frac{1}{2}$ 的近似算法。从定理6.12的证明可看出为什么定理6.11的完备性参数不可能是 1。因为线性方程组有多项式时间的解，所以完美完备性能让我们推出所有 NP-问题都有多项式时间解。

对于 $k > 3$，问题 Max-Ek-Lin-2 与问题 Max-E3-Lin-2 的不同之处在于前者的每个方程含有 k 个变量。通过引进新变量，可将一个三元方程 $x_1+x_2+x_3 = b$ 转换成一个 k 元方程 $x_1 + x_2 + x_3 + y_4 + \cdots + y_k = b$。不难看出，用这种方法可将一个 Max-E3-Lin-2 实例卡普归约到一个 Max-Ek-Lin-2 实例。如果三元方程组的最大可满足方程数的比例为 ρ，归约后得到的 k-元方程组的最大可满足方程数的比例亦为 ρ，反之亦然。问题 Max-Ek-Lin-2 也有 $\frac{1}{2}$-近似算法，因此下述定理给出的是一个阈值结果。

定理 6.13（Max-Ek-Lin-2 的阈值定理） 对于 $\epsilon > 0$，Max-Ek-Lin-2 的 $\left(\frac{1}{2}+\epsilon\right)$-近似问题是 NP-难的。换言之，Max-E$k$-Lin-2 没有比 1/2 近似比更好的近似算法。

我们接着探讨 Max-E2-Lin-2 的不可近似性结果。我们将文献 [222] 中引入的一个证明技巧用于此例。假设我们切换到布尔域的傅里叶表示，给定三元方程 $xyz = b$，构造常数个包含变量 x、y、z 和其他一些新引入变量的二元约束，并为每个约束设置一个权重。假设存在 α 满足下述条件：若局限在所有满足 $xyz = b$ 的对 x、y、z 和新引入变量的真值指派，可满足二元约束的最大权重之和为 α；若局限在所有不满足 $xyz = b$ 的对 x、y、z 和新引入变量的真值指派，可满足二元约束的最大权重之和为 $\alpha - 1$。称这组约束为一个 α-组件。将

α-gadget

Max-E3-Lin-2 的输入实例中的每个三元方程转换成一个 α-组件，得到的二元可满足约束实例（某个优化问题 O 的实例）。若 Max-E3-Lin-2 的一个输入实例最多可满足 w 比例的方程，用 α-组件归约后得到一个带权重的二元约束可满足性问题，后者最大的可满足权重为 $w\alpha + (1-w)(\alpha-1) = \alpha - 1 + w$。分别取 $w = \frac{1}{2} + \delta$ 和 $w = 1 - \delta$，得到近似比

$$\frac{\alpha - 1 + \left(\frac{1}{2} + \delta\right)}{\alpha - 1 + (1 - \delta)} = \frac{\alpha - \frac{1}{2} + \delta}{\alpha - \delta}$$

如果 O 有一个上述近似比的算法，那么 Max-E3-Lin-2 就有一个近似比为 $\dfrac{\frac{1}{2} + \delta}{1 - \delta}$ 的算法。结合定理6.11就能推出矛盾结论 **NP = P**。用此技巧我们可以证明

Max-E2-Lin-2 没有 $\frac{11}{12}$-近似算法。

定理 6.14（Max-E2-Lin-2 的阈值定理） 对于 $\epsilon \in \left(0, \frac{1}{12}\right)$, Max-E2-Lin-2 的 $\left(\frac{11}{12} + \epsilon\right)$-近似算法是 NP-难的。

证明 此证明用了索金构造的 α-组件。考虑三元方程 $x_1 x_2 x_3 = 1$。将此方程 ~~Sorkin~~ 归约到含八个变量 $y_{000}, \cdots, y_{111}$ 的二元约束，不妨把这些变量想象成在三维空间里单位立方体的八个顶点，见图6.6。设 $\alpha, \alpha' \in \{0,1\}^3$。若 (α, α') 为立方体的一条边，引入等式

$$y_\alpha y_{\alpha'} = -1$$

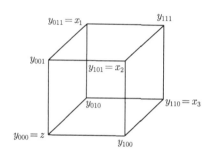

图 6.6 一个 α-组件构造

若 (α, α') 为立方体的一条主对角线，即 (α, α') 不在立方体的面上（等价地，α' 是 α 的按位取反），引入等式

$$y_\alpha y_{\alpha'} = 1$$

因有 12 条边和 4 条主对角线，所以总共有 16 个上述类型的二元约束。每个方程的权重设为 1/2。将 y_{011} 换成 x_1，y_{101} 换成 x_2，y_{110} 换成 x_3，将所有的 α-组件中的 y_{000} 换成同一个 z，其他的四个变量在不同的 α-组件中都不一样。将所有变量的真值指派取反，并不改变方程的可满足性，所以我们可以假定对 z 的真值指派为 1。给定一个三元方程组的变量赋值，可以构造一个二元约束的真值指派。分两种情况继续讨论。一、对变量的赋值满足 $x_1 x_2 x_3 = 1$，这时又有四种情况：

- 对 x_1, x_2, x_3 的赋值均为 1。若将 $(-1)^{\alpha_1+\alpha_2+\alpha_3}$ 作为 y_α 的赋值，所有 12 个"边方程"都成立，4 个"主对角线方程"都不成立。
- 对 x_1 的赋值为 1，对 x_2, x_3 的赋值均为 -1。若将 $(-1)^{\alpha_2+\alpha_3}$ 作为 y_α 的赋值，8 个"边方程"成立，4 个"主对角线方程"也成立。
- 另外两种情况和第二种情况对称。

所以最多可以满足 12 个二元约束。若一个真值指派满足 $x_1x_2x_3 = -1$，用同样的分析方法，可推知最多可以满足 10 个二元约束。结论：我们构造的是 $\alpha = 6$ 的 α-组件。利用之前的分析，立即得到本定理结论。□

最后，我们回到第6.2节讨论的 MAX-3SAT 的。

定理 6.15（MAX-3SAT 的阈值定理）   对于任意 $\epsilon \in (0, 1/8)$，MAX-3SAT 的 $\left(\frac{7}{8}+\epsilon\right)$-近似算法是 NP-难的。

证明   将方程 $x+y+z=0$ 转换成四个语句 $\overline{x} \vee y \vee z$、$x \vee \overline{y} \vee z$、$x \vee y \vee \overline{z}$、$\overline{x} \vee \overline{y} \vee \overline{z}$，将方程 $x+y+z=1$ 转换成四个语句 $x \vee \overline{y} \vee \overline{z}$、$\overline{x} \vee y \vee \overline{z}$、$\overline{x} \vee \overline{y} \vee z$、$x \vee y \vee z$。如果一个真值指派满足一个方程，它必满足相应的四个语句；否则它满足其中的三个语句。这样定义了一个从 E3-Lin-2 到 3SAT 的卡普归约。将此归约和定理6.12中定义的归约进行复合，得到的归约满足如下性质：若输入在 L 中，最终得到的 3-合取范式中至少有 $1 - \delta$ 的比例是可同时满足的，若输入不在 L 中，最多有 $1 - \left(\frac{1}{2} - \delta\right) \times \frac{1}{4} = \frac{7}{8} + \frac{\delta}{4}$ 比例的语句是可同时满足的。若 MAX-3SAT 有 $\left(\frac{7}{8}+\epsilon\right)$-近似算法，我们总可以取一个足够小的 δ 使得

$$\left(\frac{7}{8} + \frac{\delta}{4}\right) / (1 - \delta) < \frac{7}{8}+\epsilon$$

并由此推出 L 有多项式时间算法。□

因为 MAX-3SAT 有近似比为 $\frac{7}{8}$ 的算法，所以定理6.15给出了又一个阈值结果。

本节讨论的问题均为约束可满足优化问题的特例。对某一类型的约束可满足优化问题，我们可以问三个问题：①随机赋值算法有多好？②如何将随机算法去随机化，得到一个近似算法？③如此得到的近似算法的近似比是否是不

可近似结论的阈值？本节介绍了几个这方面的结论，欲了解更多的不可近似性
结论和阈值结论，可参考文献 [32, 102]。

第 6 章练习

1. 假定读者熟悉网络最大流问题的最大流-最小割定理和福特-富尔克森
的*增广路径*算法 [77]。请说明最大流-最小割定理是定理6.4的推论，请
从原始对偶方案的角度解释福特-富尔克森算法 [78]。　　　　　augmenting path

2. 假设 $\mathbf{NP} = \mathbf{P}$。用定理6.2和引理6.2证明最大团问题没有近似比为 $1/2$
的算法，并由此证明图的团问题没有任何常数近似比的近似算法。

3. 设计 $q\text{CSP}$ 的近似算法。你设计的算法的近似比是多少？

4. 证明引理6.3。

5. 证明引理6.8。

6. 证明两个不等的从 $\{\pm 1\}^n$ 到 $\{\pm 1\}$ 的线性函数的海明距离为 $1/2$。

7. 给出 Maj_5 的傅里叶展开式。

8. 证明定理6.3。

参考文献

定 理 索 引

图 索 引

术 语 索 引